普通高等教育“十四五”规划教材
中国石油和石化工程教材出版基金资助项目

过程装备控制技术

赵东亚　邵伟明　蒋秀珊　张　兰　编

中国石化出版社

内容提要

本书针对过程装备运行参数检测与控制的特点，结合现场需求编写而成，内容包括过程装备动态特性、运行参数检测、简单与复杂控制系统设计、计算机控制系统设计及典型装备和流程控制方法等。

本书作为过程装备与控制工程专业本科教材，既注重相关技术的基本原理，又注重现场应用需要，可供相关专业领域高年级本科生、研究生和从事相关工程的技术人员阅读，亦可用作相关专业人员的培训教材。

图书在版编目(CIP)数据

过程装备控制技术/赵东亚等编. —北京：中国石化出版社，2022.11

普通高等教育“十四五”规划教材

ISBN 978-7-5114-6941-0

Ⅰ.①过…　Ⅱ.①赵…　Ⅲ.①过程控制-高等学校-教材　Ⅳ.①TP273

中国版本图书馆 CIP 数据核字(2022)第 222102 号

中国石化出版社出版发行

地址:北京市东城区安定门外大街 58 号

邮编:100011　电话:(010)57512500

发行部电话:(010)57512575

http://www.sinopec-press.com

E-mail:press@sinopec.com

北京柏力行彩印有限公司印刷

全国各地新华书店经销

*

787×1092 毫米 16 开本 23 印张 580 千字

2023 年 1 月第 1 版　2023 年 1 月第 1 次印刷

定价:68.00 元

前　　言

在工业4.0大背景下，以绿色、低碳为目标的智能制造成为流程行业技术革命的重要方向。过程装备智能化是流程行业智能制造的核心技术，其相关的控制与检测是过程装备智能化的基础。本书系统地介绍了过程装备自动控制与参数检测技术的基本原理与应用，既可用作过程装备与控制工程专业高年级本科生、研究生的教材，也可为从事相关工程的技术人员提供参考。

近年来，我国过程装备设计、制造和运维能力得到很大提升，特别是先进的控制技术与过程装备融合极大提高了装备安全、高效运行水平。随着数字经济的发展，流程工业对装备智能化提出了许多新的需求。在此背景下，本书围绕过程装备自动控制的基础需求，较为系统地介绍了装备控制所需的测控仪表、简单控制与复杂控制系统设计、计算机控制技术、典型设备和流程的控制方法。在阅读本书之前，读者最好掌握自动控制原理的基本知识。

全书共分13章。第1章绪论、第2章被控对象的特性、第3章过程测量仪表由赵东亚编写，第4章成分检测由邵伟明编写，第5章过程执行仪表由赵东亚编写，第6章简单控制系统、第7章控制系统的投运与参数整定、第8章复杂控制系统由张兰编写，第9章计算机控制系统基础、第10章典型计算机控制系统、第11章计算机控制系统可靠性及抗干扰技术由蒋秀珊编写，第12章过程设备的自动控制、第13章炼油生产过程的控制由邵伟明编写。

全书由赵东亚统稿。

本书得到了中国石油大学（华东）和中国石油和石化工程教材出版基金的资助；在编写过程中，中国石化出版社给予了很多帮助，在此表示衷心感谢。最后对为本书做出贡献的同事和学生一并表示感谢。

由于作者水平有限，疏漏和不足之处在所难免，恳请广大读者批评指正。

目　录

第1章　绪　论

安全、高效是现代化生产过程的必要目标，过程装备的自动化是实现这个目标的基础技术。特别是近年来人工智能和数据技术的发展极大推动了生产过程的智能化进程，需要指出的是生产过程自动化是其智能化的基石，过程装备控制的原理和技术既是相关专业本科生的专业基础，也是从事相关工程技术人员必备的知识。

过程装备控制是一项融合工艺、装备、控制原理、检测与控制技术等的综合技术，既有一定的理论深度，又有很强的实用性，涉及自动控制原理与技术、过程参数检测原理与实现、计算机技术及生产工艺机理等相关知识。本章主要介绍过程装备控制中涉及的基本概念和控制系统构成，并对被控对象的特性加以分析，为后续学习奠定基础。

1.1　过程装备控制技术概述

过程装备是过程设备和过程机器的统称。二者是过程工业的基本组成部分，这些设备和机器按照一定的流程方式，用管道和阀门等连接起来，组成一个独立的密闭系统，配以必要的控制仪表和设备后，能平稳连续地把以流体为主的过程性材料产品，经过必要的物理化学反应，制造出人们所需的新的过程性材料产品。一般来说，在化工过程中，过程装备可分为5类：热力流体过程装备(如泵、压缩机、冷冻机、离心机、搅拌釜等)、机械过程装备(如输送设备、粉碎设备、过筛设备等)、传热过程装备(如蒸发器、换热器、工业炉等)、传质过程装备(如干燥器、结晶器、萃取塔、吸收塔、蒸馏塔等)、化学反应过程装备(如搅拌反应釜、移动床、固定床、流化床反应器等)。其中热力流体过程装备与机械过程装备可统称为过程机器。传热过程装备、传质过程装备、化学反应过程装备可统称为过程装备。

过程装备自动化是指石油、化工、电力、冶金、轻工等工业部门以连续性物流为主要特征的生产装备的自动控制，主要解决生产过程装备的温度、压力、流量、液位(或物位)、成分(或物性)等参数的自动监测和控制问题。通过在生产设备、装置或管道上配置的自动化装置，部分或全部替代现场工作人员的手动操作，使过程装备能在不同程度上自动地进行。这种用自动化装置来管理连续或间歇生产过程的综合性技术就称为过程装备自动化。

1.1.1　过程装备及其特点

过程装备是生产的关键核心，是推动化工业发展的重要力量。过程装备与生产工艺即加工流程性材料紧密结合，有其独特的过程单元设备和工程技术，如混合工程、反应工程、分离工程及其设备等，与一般机械设备完全不同，有其独特之处。过程装备所涉及的范围非常之广，极为复杂，覆盖多个方面的内容。不仅在类型和规模上差别较大，而且装备的工作原理和工作过程也完全不同。只有对过程装备的特性进行深入的了解，才能有效地对它们实施自动控制。连续生产的装备主要在以下几类过程中工作：

1. 传热过程

通过冷热物流之间的热量传递，达到控制介质温度、改变介质相态或回收热量的目的。热量的传递方式有3种：热传导、对流和热辐射。在实际传热过程中，经常是几种方式同时发生。常见的传热设备有：各种换热器、蒸汽加热器、再沸器、冷凝冷却器、加热炉等。

2. 燃烧过程

通过燃料与空气混合后燃烧为生产过程提供动力和热源。其中空气与燃料的比例是控制燃烧过程的关键因素。燃烧过程在过程工业中应用极广，如热电厂的加热蒸汽锅炉、冶炼厂的各种冶炼炉及热处理炉、石化企业的加热炉、建材行业的干燥炉和各种窑炉等。

3. 化学过程

由两种或多种物料反应生成一种或多种更有价值的产品的反应过程。反应条件的选择和控制对化学反应的质量至关重要。化学过程通常是在各类化学反应器设备中进行的，某些化学反应会在无任何外界干扰下，突然发生变化，给生产过程造成破坏或事故。

4. 精馏过程

精馏是一种提纯或分离的过程。整个过程是在多层塔板构成的精馏塔内进行的。由于塔板层数较多，塔内的精馏过程作用很慢，而对来自外界的干扰却很敏感，是一种难以自动控制的过程。

5. 传质过程

不同组分的分离和结合，如液体和气体之间的解吸、汽提、去湿或润湿，不同非溶液体的萃取、结晶、蒸汽或干燥等都是传质过程。其目的是获得纯的出口物料。因为该过程的最终检验指标是物料的成分，故对产品成分的测量和控制有较高要求。

上述各种生产过程虽然在工作机理上截然不同，但并不是孤立存在的。在大多数生产工艺中经常是几种过程同时发生。比如，燃烧过程伴随着传热过程，精馏过程伴随着传热和传质过程，化学过程伴随着传热过程等。而且影响任何生产过程的参数都不止一个，不同参数的变化规律各异，对过程的影响作用也极不一致。即便对于同一个过程，在不同的操作条件或工况下，有时也会表现出完全不同的工作特性。有些生产过程的特性至今仍无法准确地用数学表达式来描述，只能用适当的简化方法来近似处理。这些分析说明，生产过程具有复杂性、关联性、时变性、非线性以及不确定性，在某些高温高压或有害介质存在的场合，还具有相当的危险性。生产过程的这些特点极大地促进了过程控制技术的发展，使得过程控制在自动控制领域乃至国民经济中都占有极其重要的地位。

1.1.2 过程装备控制系统

过程装备控制是指在过程装备上，配上一些自动化装置及合适的自动控制装置来代替操作人员部分或者全部直接劳动，使设计、制造、装配、安装等在不同程度上自动进行，包含生产过程自动化在过程装备领域中的所有内容。其中不但包含传统意义上的自动控制，还包含过程检测、自动控制、顺序控制和信号联锁等系统。

1. 过程检测系统

为使过程装备中的各种物理化学变化能够顺利进行，必须了解其中各过程参数，如温度、压力、流量和液位等的变化情况。为此，采用各种检测仪表，如热电偶、热电阻、压力传感器、流量传感器和液位传感器等，连续自动地对各过程参数进行测量，并将测量结果用仪表指示出来或记录下来，供操作人员观察和分析，或将测量到的信息传送给自动控制系统，作为自动控制的依据。

2. 自动控制系统

利用一些自动控制仪表及装置，对过程装备中某些重要的过程参数，如温度、压力、流量和液位等进行自动调节，使这些参数在受到外界干扰影响而偏离正常状态时，能够自动地重新回复到规定的范围内，从而保证过程装备的正常运行及生产的顺利进行。自动控制系统是过程装备控制最重要的内容，上述的自动控制系统也称过程控制系统。

3. 顺序控制系统

在没有人工的直接干预下，根据预先规定的程序，对过程装备自动地进行顺序操作的控制装置称为顺序控制系统。顺序控制系统与自动控制系统有很大差别，前者不以维持某一过程参数在设定值上下波动为目的，而是根据预先规定的程序进行操作。顺序控制系统可以极大地减轻操作人员的繁重或重复性体力劳动。例如，合成氨造气车间煤气发生炉的操作就是按照预先规定的操作程序进行的，这些程序包括吹风、上吹、下吹、制气和吹净等步骤。顺序控制系统在过程装备控制中也称为装备控制系统。

4. 信号联锁系统

信号联锁系统是过程装备控制中的一种附属安全装置。在生产过程中，有时由于一些偶然因素的影响会导致某些过程参数超出允许的变化范围，使生产不能正常运行，严重时甚至会引起燃烧、爆炸等事故。为了确保安全生产，常对这些关键的过程参数设置信号报警或联锁保护装置。其作用是在事故发生前，也就是过程参数超过信号的报警值时会自动地发出声光报警信号，引起操作员的注意，以便及早采取措施；若工况已接近危险状态，信号联锁系统将启动：打开安全阀，切断某些通路或紧急停车，从而防止事故的发生或扩大。

1.1.3 生产过程对过程装备控制的要求

工业生产对过程装备控制的要求是多方面的，随着工业技术的不断进步，生产工艺对控制的要求也越来越高。在目前的发展阶段，主要可以归结为 3 个方面：安全性、稳定性和经济性。

(1)安全性

安全性是指在整个生产运行过程中，能够及时预测、监控和防止发生事故，以确保生产设备和操作人员的安全，这是最重要也是最基本的要求。为此，必须采用自动检测、故障诊断、越限报警、联锁保护以及容错技术等措施加以保证。随着控制技术和计算机技术的不断发展，越来越多的在线故障预测和诊断、容错控制技术被应用，这进一步提高了系统的安全性。

(2)稳定性

稳定性是指系统应具有抵抗外部干扰，保持生产过程长期稳定运行的能力，当工业生产环境发生变化或受到随机因素的干扰或影响时，生产过程仍能不间断地平稳运行，并保持产品质量稳定。生产过程中原材料成分变化、反应器内催化剂老化、换热器表面结垢等都会或多或少地影响生产过程的稳定性。采用的各类控制系统主要是针对各种干扰而设计的，它们对生产过程的平稳运行起到关键性的作用。

(3)经济性

经济性是指在保证生产安全和产品质量的前提下，以最小的投资、最低的能耗和成本，使生产装置在高效率运行中获取最大的经济收益。这是随着市场竞争的日益加剧，对过程控制提出的一项高标准要求。现在，经济性受到前所未有的重视。

目前，生产过程全局最优化的问题已成为亟待解决的迫切任务，大系统的协调控制、最优控制及决策管理系统正在研究中，并逐渐走向成熟。

过程控制的任务就是在了解、掌握工艺流程和生产过程的各种特性的基础上，根据工艺生产提出的要求，应用控制理论对控制系统进行分析、设计和综合，并采用相应的自动化装置和适宜的控制手段加以实现，最终达到优质、高产、低耗的控制目标。

生产过程自动化，对于保证生产的安全和稳定、降低生产成本和能耗、提高产品的产量和质量、改善劳动生产条件、提高生产设备的使用率、促进文明生产和科技进步、提高企业的经济效益和市场竞争力等都具有十分重要的意义，是科学与技术进步的显著特征。目前，自动化装置已成为大型生产设备不可分割的重要组成部分，没有自动控制系统，大型生产过程根本无法长时间正常运行。实际上，生产过程自动化的程度已成为衡量工业企业现代化水平的一个重要标志。

1.1.4 生产过程装备与控制技术自动化的发展历程

生产过程自动化的发展与生产过程本身的发展有着密切联系，它经历了一个从简单形式到复杂形式，从局部自动化到全局自动化，从低级经验管理到高级智能决策的发展过程。回顾生产过程自动化的发展历史，大致可分为3个发展阶段。

1. 初级阶段

20世纪50年代以前，工业生产的规模较小，设备也相对简单，大多数生产过程处于手工操作状态。生产过程自动化局限于简单的检测仪表和笨重的基地式仪表，因此，只能在局部生产环节就地实现一些简单的自动控制。控制系统设计仅仅凭借实际经验，过程控制的主要目的是维持生产的平稳运行。

2. 仪表化阶段

20世纪50~60年代，随着人们对生产过程机理认识的深化和各种单元操作技术的开发，使得工业生产朝着大型化、连续化和综合化的方向迅速发展。为了适应工业生产发展的客观需要，各种自动化仪表应运而生，先后出现了单元组合仪表和巡回检测仪表。同时，现代控制理论也取得了惊人的进展，控制系统的设计不再完全依赖于经验，各种较为复杂的过程控制系统相继投运成功。由单元组合仪表组成的常规控制系统已经从原来分散的单个设备向装置级的规模发展，并实现了集中监视和操作，对强化生产过程和提高设备效率起到了重要作用。尽管当时计算机集中控制系统已经在生产过程中有了应用，但单元组合仪表无疑是这一时期生产过程自动化的主角。

3. 综合自动化阶段

20世纪70年代以来，由于大规模集成电路的研制和微处理器的问世，为生产过程实现高水平的自动化创造了强有力的技术条件，不仅各种多功能组装仪表、数字仪表和智能仪表层出不穷，而且适合工业自动化要求的商品化控制计算机系列也相继推出。尤其是70年代中期出现的以微处理器为核心，以集中管理和分散控制为特征的集散型计算机控制系统，给生产过程自动化的发展带来了深远的影响，使其进入了全车间、全厂甚至整个企业全面实现自动化的新时期。这一时期的过程控制已经突破了局部控制的旧模式，实现了过程控制最优化和生产调度与经营管理自动化相结合的管理控制一体化新模式，并且正在朝着高度智能化的计算机集成生产系统的方向发展。

总之，生产过程自动化是由自动控制理论、计算机科学、仪器仪表技术和生产工艺知识相结合而构成的一门综合性的技术科学。它是适应工业生产发展的需要而发展起来的。在现代过程工业中，自动化装置与生产工艺及设备之间相互依存，相互促进，并已结合成有机的整体。因此，作为工艺技术人员，学习和掌握生产过程自动化方面的知识，对于研究和开发新的生产工艺，解决生产操作中的关键技术问题，合理确定控制方案，保证生产优质、高产、低耗的顺利运行，促进生产企业的现代化管理等都具有十分重要的意义。

1.2 过程控制系统的组成及分类

1.2.1 过程控制系统的组成

工业生产过程在运行中会受到各种干扰因素的影响，使得工艺参数经常偏离所希望的数值。为了保证生产安全、优质、高产地平稳运行，必须对生产过程实施有效的控制。尽管人工操作也能控制生产，但由于受到生理上的限制，人工控制满足不了大型现代化生产的需要。在人工控制基础上发展起来的自动控制系统，可以借助一整套自动化装置，自动地克服各种干扰因素对工艺生产过程的影响，使生产能够正常运行。我们把以温度、压力、流量、液位和成分等工艺参数作为被控变量的自动控制系统称为过程控制系统。

下面以液体贮槽的液位控制为例来说明过程控制系统的基本构成。

在生产中液体贮槽常用作进料罐、成品罐或者中间缓冲容器。从上一道工序来的物料连续不断地流入槽中，而槽中的液体又被连续不断地送至下一道工序进行处理。为了保证生产过程的物料平衡，工艺上要求将贮槽内的液位控制在一个合理的范围。由于液体的流入量受到上一道工序的制约，因此是不可控的。流入量的变化是影响槽内液体波动的主要因素，严重时会使槽内液体溢出或抽空。解决这一问题的最简单方法，就是根据槽内液位的变化，相应地改变液体的流出量。

如图 1－1(a)所示，采用人工控制时，人眼观察玻璃管液位计(测量元件)的指示高度，通过神经系统传入大脑；大脑将观察的液位高度与所期望的液位高度进行比较，判断出液位的偏离方向和程度，并经过思考估算出需要改变的流出量，然后发出动作命令，手根据大脑的指示，改变出口阀门的开度，相应地增减流出量，使液位保持在合理的范围内。

如图 1－1(b)所示，采用自动控制时，槽内液体的高度由液位变送器检测并将其变换成统一的标准信号后送到控制器；控制器将接收到的变送器信号与事先置入的液位期望值进行比较，并根据两者的偏差按某种规律运算，然后将结果发送给执行器调节阀；执行器将控制器送来的指令信号转换成相应的位移信号，驱动阀门动作，从而改变液体流出量，实现液位的自动控制。

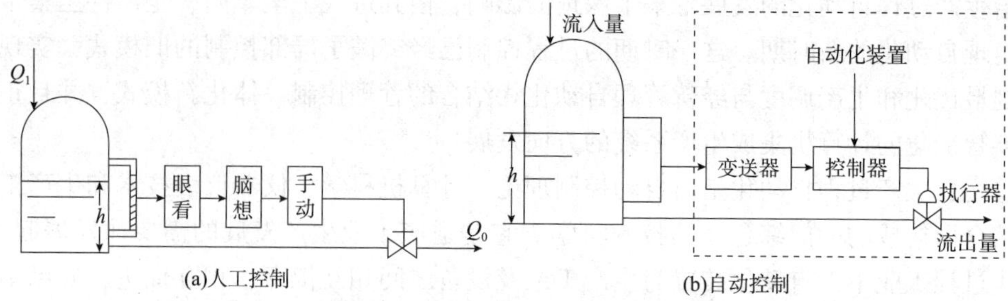

图 1－1　贮槽液位控制原理

上述液位的人工控制和自动控制的工作原理相似，操作者的眼睛类似于测量装置；操作者的大脑类似于控制器；操作者的肌体类似于执行器。

结合液体贮槽液位控制的例子，介绍以下几个过程系统中常用的术语。

(1)被控对象

需要控制的设备、机器或生产过程称为被控对象，简称对象，如本例中的液体贮槽。当需要控制的工艺参数只有一个时，则生产设备与被控对象是一致的；当需要控制的参数不止一个，且同时有几个控制系统存在时，被控对象就不一定是整个生产设备，可能是与某一控制系统相对应的那一部分。

(2)被控变量

对象中需要进行控制(保持数值在某一范围内或按预定规律变化)的物理量称为被控变量，如本例中的液体贮槽液位。

(3)操纵变量

受到控制装置的操纵，用以使被控变量保持在设定数值的物料或能量称为操纵变量，如本例中的液体流出量。

(4)干扰(扰动)

除操纵变量外，作用于对象并使被控变量发生变化的因素称为干扰(扰动)，如本例中的液体流入量。由系统内部因素变化造成的扰动称为内扰，其他来自外部的影响统称为外扰。不论是内扰还是外扰，过程控制系统都应对其有较好的抑制作用。

(5)给定值(设定值)

按照生产工艺的要求为被控变量规定的所要达到或保持的数值称为给定值(设定值)。如在本例中，为了防止槽内液体溢出或抽空，规定液体贮槽液位保持在贮槽 50% 的高度比较合理。

(6)偏差

在理论上偏差应该是给定值与被控变量的实际值之差。但是我们能够直接获取的信息是被控变量的测量值而非实际值。因此，在过程控制系统中通常把被控变量的给定值与测量值之差称为偏差。

由液体贮槽液位控制可知，实现液位的自动控制需要 3 大环节，即测量与变送装置、控制器、执行器。测量与变送装置的作用是自动检测被控变量的变化，并将其转换成统一的标准信号后传送给控制器。控制器的作用是根据偏差的大小、方向以及变化情况，按照某种预定的控制规律计算后，发出控制信号。执行器的作用是将控制信号转换成位移信号，并驱动阀门动作，使操纵变量发生相应的变化。如果把测量与变送装置、控制器、执行器统称为自动化装置，则过程控制系统由被控对象和自动化装置2部分组成。显然，不论被控对象是什么，作为生产过程自动化装置必须具备测量、比较、决策、执行这些基本功能。过程控制系统的任务就是当被控对象受到干扰使被控变量(温度、压力、流量、液位、成分等)产生偏差时，能够及时检测，并通过合理的调节操纵变量使被控变量回到给定值。

1.2.2 过程控制系统的分类

过程控制系统的分类方法很多，每一种分类方法只反映出过程控制系统在某一方面的特点。比如，按被控变量的名称来分类，有温度控制系统、压力控制系统、流量控制系统及液位控制系统等。按被控变量的数量来分类，有单变量控制系统和多变量控制系统。按控制系统的难易程度分类，有简单控制系统和复杂控制系统。按控制系统所完成的功能分类，有反馈控制系统、串级控制系统、前馈控制系统、比值控制系统等。按控制系统处理的信号分类，有模拟控制系统和数字控制系统。按控制系统的结构分类，有开环控制系统和闭环控制系统。按控制系统的自动化装置分类，有常规仪表控制系统和计算机控制系统等。当我们分析自动控制系统的特性时，经常将控制系统按照被控变量的给定值的不同情况来分类，可以分为以下3类。

1. 定值控制系统

定值控制系统是被控变量的给定值始终固定不变的控制系统。它的主要作用是克服来自系统内部或外部的随机干扰，使被控变量长期保持在一个期望值附近。图1-1所示的液体贮槽液位控制就是一个定值控制系统，它可以使液体贮槽液位在一个合理的小范围内波动。在工业生产过程中，大多数工艺参数(温度、压力、流量、液位、成分等)都要求保持恒定。因此，定值控制系统是工业生产过程中应用最多的一种控制系统。下面将要介绍的各种过程控制系统，如果没有特别说明，都属于定值控制系统。

2. 随动控制系统

随动控制系统是被控变量的给定值随时间不断变化的控制系统，且给定值的变化不是预先规定的，是未知的时间函数。随动控制系统的目的是使被控变量快速而准确地随着给定值变化。例如，在锅炉的燃烧控制系统中，为保证燃料充分燃烧，要求空气量与燃料量保持一定比例。为此，可以采用燃料量与空气量的比值控制系统，使空气量跟随燃烧量变化。由于燃料量的负荷是随机变化的，相当于空气量的给定值也是随机变化的，所以是一个随动控制系统。

3. 程序控制系统(顺序控制系统)

程序控制系统是被控变量的给定值按预定的时间程序变化的控制系统。这类控制系统多用于工业炉、干燥设备和周期性工作的加热设备中。例如，合成纤维锦纶生产中的熟化缸的温度控制和冶金工业中金属热处理的温度控制，其给定值都是按预定的升温、恒温和降温等程序而变化的，它们都属于程序控制系统。

1.3 过程控制系统的框图与工艺控制流程图

1.3.1 过程控制系统的框图

过程控制系统的框图(简称框图)是从信号流的角度出发，依据信号的流向将组成控制系统的各个环节相互连接起来的一种图解表达方式。在方块图中不仅明确表明了每个环节在系统中的作用，而且能够清楚地看出自动控制系统中各组成环节之间的相互关系及信号在系统中的流动情况。我们在对过程控制系统进行分析研究时，经常用框图来表示一个过程控制系统的组成。

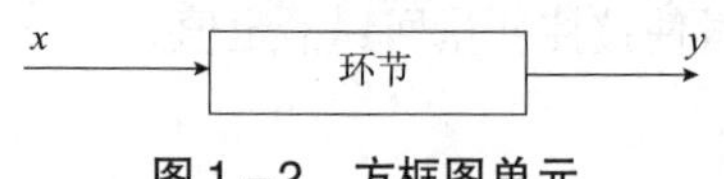

图1－2　方框图单元

图1－2所示为一个简单的方框图单元。图中的方框表示控制系统的一个组成部分，称为“环节”。箭头指向方框的信号 x 表示该环节的输入，称为输入变量。箭头离开方框的信号 y 表示该环节的输出，称为输出变量。箭头所指的方向就是信号的流向，它表明信号的作用方向。对于一个环节来说，它的输入变量与输出变量之间具有因果关系。输入信号就是作用于该环节的信号，它一定会影响输出变量。输出变量则是输入变量施加于该环节后所产生的结果，它不会反过来影响输入变量，但它可能是下一个环节的输入变量。该环节可以理解为输入变量与输出变量之间的某函数关系，它表达的是环节本身的特性，而不是一个具体的物理结构。因此，许多物理性质不同，但特性相同的系统，可以用同一种形式的方块图来表达。

在框图中有2种形式的交点，即相加点和分支点。相加点如图1－3所示，表示2个以上具有相同单位的变量(或信号)之间的加和运算。箭头指向圆圈的信号为需要相加的量。箭头离开圆圈的信号为相加后的和。至于具体进行的是加法运算还是减法运算，则由标注在箭头旁边的符号来决定。如图1－3(a)所示 $e=r-z$；如图1－3(b)所示 $x=x_1-x_2$。为简化起见，通常将“＋”号省略。在有些资料中，相加点中的圆圈是以⊗表示的。分支点如图1－4所示，当一个变量(或信号)要同时作用于几个不同的环节时，就应使用分支点，由分支点引出的各路信号都相等。

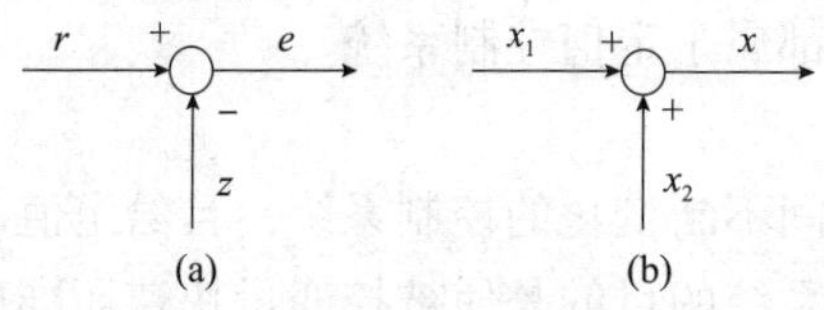

图1－3　框图中的相加点

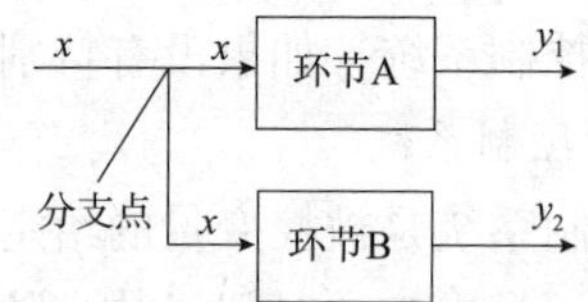

图1－4　框图中的分支点

有了框图，我们就可以根据变量间的相互作用，按照信号的流向较方便地将系统中的各个环节连接起来，构成一个完整的过程控制系统。以图1－1所示的液体贮罐液位自动控制系统为例，画出自动控制系统的方块图如图1－5所示。从图中可以看出，该系统由4个环节组成。其中对象环节就是液位贮槽，它的输出变量是被控变量 y，即液位。当进料流量作为主要干扰因素发生波动时，必然影响液位的变化，所以干扰是作用于对象的输入变量。另外，作为操纵变量的出料流量，其变化受到执行器阀门开度的制约。显然，它是执行器环节的输出变量。同时，出料流量的变化又影响液位的变化，所以它又是对象环节的输入变量。出料流量 q 在框图中将执行器和对象2个环节连接在一起。同理，贮槽液位信号作为测量变送环节的输入变量，经过变送器转换所得到的测量值 z，便是该环节的输出变量。测量值 z 在相加点(又称比较机构)与给定值 r 经过运算比较后，产生偏差信号 e，并送往控制器，作为输入信号。比较机构实际上是控制器的一个组成部分，并不是一个独立元件，我们把它单独画出来，目的是更清楚地说明比较的功能。控制器对输入的偏差信号 e 按一定的规律进行运算后，其结果便是输出的控制信号 u，该信号作用于执行器，使出料流量发生相应的改变以抵消干扰对被控变量(液位)造成的影响。

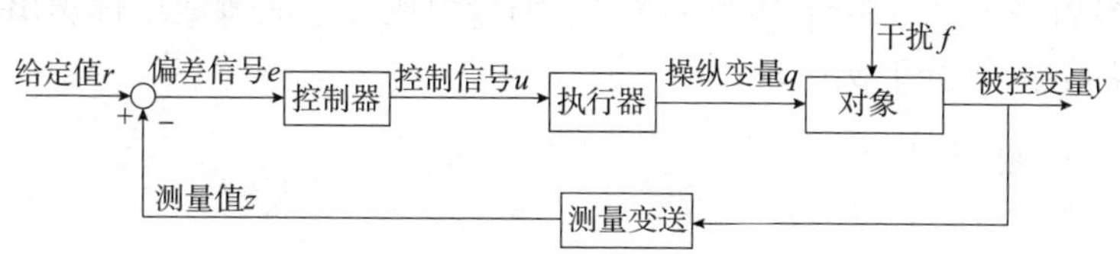

图1-5 自动控制系统的框图

为了便于分析，有时将控制器以外的各个环节(包括执行器、被控对象、测量变送)组合在一起作为一个对象看待，称为广义对象，这样，图1-5所示的框图就可以简化成图1-6的形式。如果从自动控制系统的整体角度来考察，可以发现，影响系统的干扰f和给定值r是系统的输入变量，而系统的输出变量则是被控变量y(或其测量值z)。

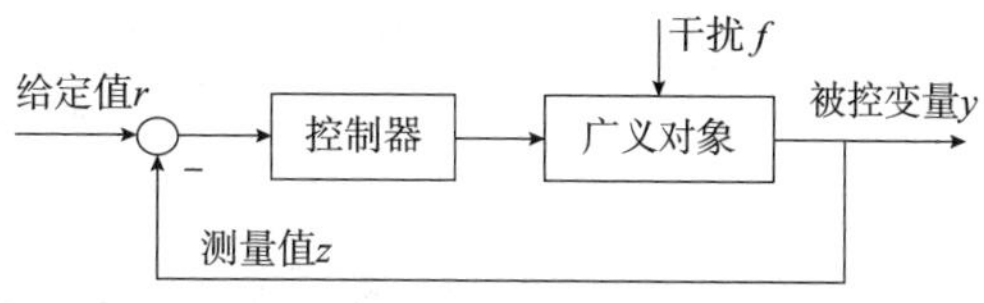

图1-6 自动控制系统简化框图

从自动控制系统的框图可以看出，组成系统的各个环节在信号传递关系上形成了一个闭合回路。其中任何一个信号，只要沿箭头方向流动，最终总会回到它的起始点。我们把这样的系统称为闭环控制系统，而不具备这种特性的系统则称为开环控制系统。在一个闭环控制系统中，其输出变量(或信号)沿着回路中的信号流动方向总会返回系统的输入端，与给定值进行比较。这种把系统(或方框)的输出信号引回到系统输入端的做法叫作反馈。若反馈信号(被控变量的测量值z)与给定值信号的方向相反，即反馈信号z取负值，则叫作负反馈。反之，测量信号与给定位信号方向相同，则叫作正反馈。闭环控制系统通过负反馈达到控制的目的。例如，当被控变量y受到干扰f作用后，若使测量得到的反馈信号z高于给定值信号r，得到的偏差值e则为负值，控制器将根据偏差的大小向执行器发出相应信号使其动作，其控制作用的方向与干扰作用正好相反，以抵消干扰作用对被控变量的影响。闭环控制系统实质上是利用负反馈原理，根据偏差进行工作的。因此，闭环控制系统又称为反馈控制系统。

1.3.2 过程控制系统的工艺控制流程图

在进行过程控制系统的工程设计时，自控专业人员必须与工艺专业人员协作，按工艺流程的顺序和要求，将所确定的控制方案标注到工艺流程图中。这种将控制点和控制系统与工艺流程图相结合的图形文档就称为工艺控制流程图，或称为带有控制点的工艺流程图。在工艺控制流程图中，各种工艺参数的控制方案一目了然。对于工艺专业人员来说，读懂工艺控制流程图，有利于全面把握生产流程的自动化水平，加深对生产工艺的了解以及正确地操作生产过程。

图1-7所示为液体贮槽的工艺控制流程图。可以看出，工艺控制流程图主要由工艺设备、管道、元件以及构成控制系统的仪表及信号线等图形符号组成。

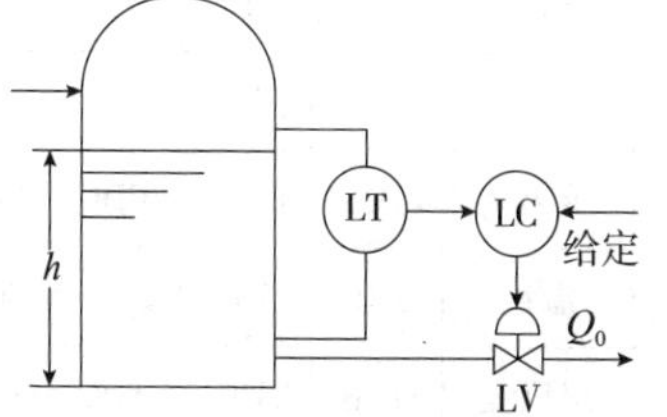

图1-7 液体贮槽的工艺控制流程图

下面重点介绍一下仪表图形符号。

在工艺控制流程图中，仪表图形符号可用来表达工业自动化仪表所处理的被测变量和功能，以及仪表或元件的名称。仪表图形符号是直径为 12mm(或 10mm)的细实圆圈，并在其中标有仪表符号。仪表符号由字母代号组合和阿拉伯数字编号组成，它能清楚地标识出控制回路中的每一个仪表(或元件)，如下例所示。

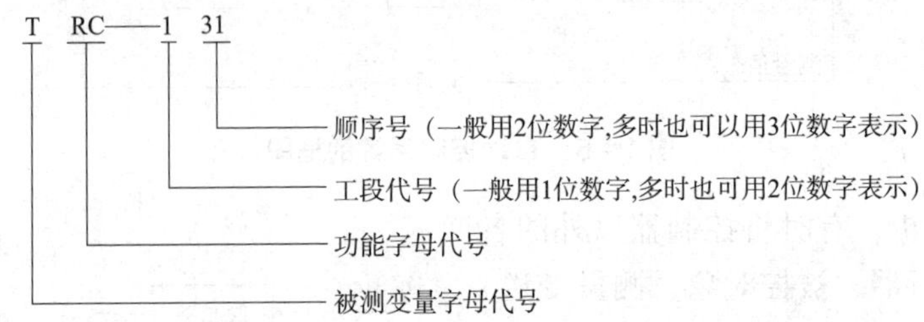

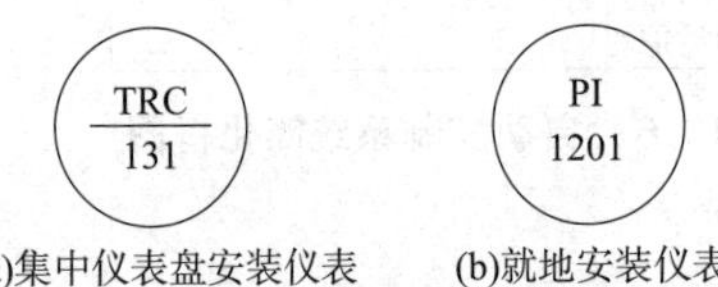

(a)集中仪表盘安装仪表　(b)就地安装仪表

图 1-8　常见仪表图形符号及位号的标注

表位号按被测变量不同进行分类，即同一个装置(或工段)的同类被测变量的仪表位号中顺序号是连续的，中间允许有空号；不同被测变量的仪表号应分别编号。

在工艺控制流程图上，标注仪表位号的方法是：字母代号填写在圆圈上半圆中，数字编号填写在下半圆中，如图 1-8 所示。在本书所画的工艺控制流程图中，由于回路数较少，故将数字编号省略。

表 1-1 列出了在仪表位号中用到的被测变量和仪表功能的字母代号。表 1-2 给出了常见的字母组合。从表中可以查出在液体贮槽的液位控制回路(图 1-7)中，采用了 1 台液位变送器(LT)、1 台液位控制器(LC)和 1 个用于控制液位的执行器(LV)。

表 1-1　字母代号的含义

第1位字母	被测变量或引起变量	控制器			读出仪器		开关和报警装置			变送器			电磁阀继动器	检测元件	最终执行元件
		记录	指示	无指示	记录	指示	高	低	高低组合	记录	指示	无指示			
A	分析	ARC	AIC	AC	AR	AI	ASH	ASL	ASHL	ART	AIT	AT	AY	AE	AV
D	密度	DRC	DIC	DC	DR	DI	DSH	DSL	DSHL		DIT	DT	DY	DE	DV
F	流量	FRC	FIC	FC	FR	FI	FSH	FSL	FSHL	FRT	FIT	FT	FY	FE	FV
FQ	流量累计	FQRC	FQIC		FQR	FQI	FQSH	FQSL			FQIT	FQT	FQY	FQE	FQV
FF	流量比	FFRC	FFIC	FFC	FFR	FFI	FFSH	FFSL							FFV
H	手动		HIC	HC					H						HV
L	物位	LRC	LIC	LC	LR	LI	LSH	LSL	LSHL	LRT	LIT	LT	LY	LE	LV
P	压力真空	PRC	PIC	PC	PR	PI	PSH	PSL	PSHLP	PRT	PIT	PT	PY	PE	PV
PD	压力差	PDRC	PDIC	PDC	PDR	PDI	PDSH	PDSL		PDRT	PDIT	PDT	PDY		PDV
T	温度	TRC	TIC	TC	TR	TI	TSH	TSL	TSHL	TRT	TIT	TT	TY	TE	TV
TD	温度差	TDRC	TDIC	TDC	TDR	TDI	TDSH	TDSL		TDRT	TDIT	TDT	TDY		TDV

表 1 -2 常见字母组合

字母	被测变量	修饰词（第 1 位字母）	功能（后继字母）	字母	被测变量	修饰词（第 1 位字母）	功能（后继字母）
A	分析		报警	P	压力、真空	连接点测试点	
B	烧嘴、火焰			Q	数量	积算、累计	
C	电导率		控制（调节）	R	核辐射		记录
D	密度	差		S	速度、频率	安全	开关、联锁
E	电压（电动势）		检测元件	T	温度		传送
F	流量	比（分数）		U	多变量		多功能
H	手动		高	V	黏度		阀、挡板、百叶窗
I	电流		指示	W	重力		套管
J	功率			Y	事件、状态		继动器、计算器、转换器
K	时间或时间程序	变化速率					
L	物位		低	Z	位置、尺寸		驱动器、执行器或终端执行机构
M	水分式湿度	瞬动					

1.4 过程控制系统的过渡过程和性能指标

1.4.1 过程控制系统的过渡过程

过程控制系统在运行中有两种状态：一种是系统的被控变量不随时间而变化的平衡状态，称为静态（或稳态）；另一种是系统的被控变量随时间而变化的不平衡状态，称为动态。

当系统处于静态时，没有受到任何外来的干扰，给定值也保持恒定，系统中控制器和执行器的输出都维持不变，因此被控变量不会发生变化，整个系统处于稳定状态。需要指出的是，过程控制系统的静态，是指系统中的各变量（或信号）的变化率为零，而不是指物料或能量处于静止的不流动状态。因此，对于连续生产过程，静态特性反映出物料平衡、能量平衡或化学反应平衡的规律，其本质是一种动态的平衡。例如，图 1 -7 所示的液位控制系统，不论进料量与出料量有多大，只要两者相等，且保持不变，液位都是恒定的，这种平衡状态就是静态。

当系统受到外来的干扰，或者在改变了给定值后，原来的稳定状态便遭到破坏，使被控变量产生波动，偏离给定值。这时，控制器和执行器产生相应的动作，来改变操纵变量，使被控变量尽快回到给定值，以恢复平衡状态。从干扰的发生或给定值的改变，直到系统重新建立平衡的整个过程，系统中各环节的输入输出变量都处于不断变化的状态中，因此，在这段时间里，系统处于动态。我们将系统从一个平衡状态（稳态）到达另一个平衡状态（稳态）的动态历程称为过渡过程，它反映了被控变量随时间而变化的规律。由于在生产过程中，被控对象总是不断地受到各种外来干扰的影响，控制系统要不断地克服这些干扰，就要使系统经常处于动态变化中。要想评价一个过程控制系统的质量，只看静态特性是不够的，还应考核系统的动态过渡过程。

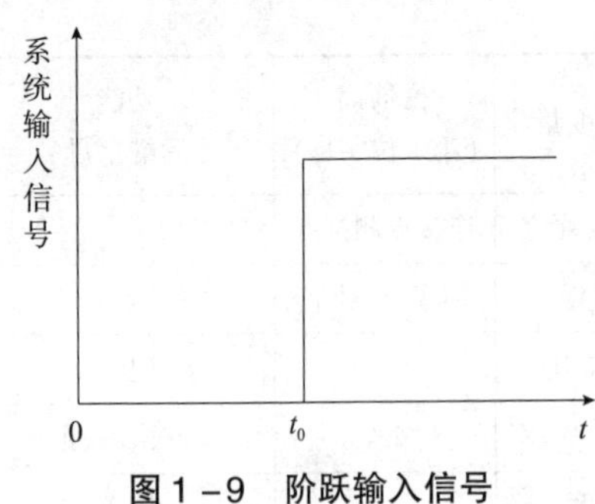

图 1－9　阶跃输入信号

当过程控制系统由一个平衡状态到达另一个平衡状态时，其系统的输出随时间变化的规律与系统输入信号的作用方式有很大关系。为了便于了解控制系统的动态特性，通常在系统的输入端施加一些特殊的试验输入信号，然后研究系统对该输入信号的响应。最常采用的试验信号是阶跃输入信号，其作用方式如图 1－9 所示。

由于阶跃输入信号是突然阶跃式地施加于系统之上，而且作用的时间长，它对受控变量的影响较大。如果一个控制系统对这类输入信号具有良好的动态响应特性，那么它对其他比较平缓的干扰信号就有更强的抑制。

对于一个定值控制系统来说，当系统受到阶跃干扰作用时，系统的过渡过程有图 1－10所示的几种典型形式。

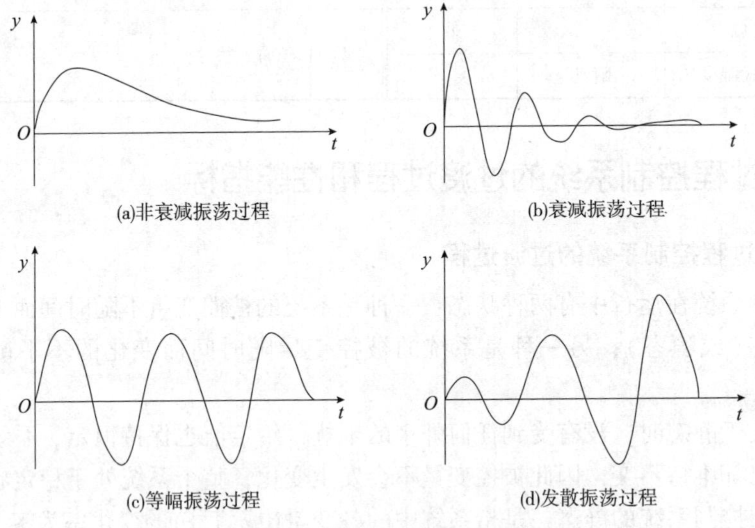

图 1－10　过渡过程的几种典型形式

如图 1－10(a)所示为非衰减振荡过程，其特点是被控变量在给定值的某一侧缓慢变化，没有来回波动。最后稳定在某一数值上。如图 1－10(b)所示为衰减振荡过程，其特点是被控变量在给定值附近上下波动，但幅度逐渐减小，经过几个振荡周期后，逐渐收敛到某一数值。以上这 2 种过渡过程都属于稳定的过渡过程，即经过一段时间的调节后，系统总能克服外界干扰，使被控变量最终回到给定值上。但是，对于非衰减振荡过程，由于被控变量长时间偏离给定值，恢复平衡状态的变化过程较慢，所以调节效果不够理想。相比之下，衰减振荡过程能够较快地对外界干扰做出反应，使系统恢复平衡的时间较短。因此，在多数情况下，我们希望过程控制系统在干扰作用下，能够保持如图 1－10(b)所示的动态响应特性。

如图 1－10(c)所示为等幅振荡过程，其特点是被控变量在给定值附近来回波动，且波动幅度保持不变，既不衰减又不发散。这种过渡过程反映出控制系统处于稳定与不稳定的边界状态，由于被控变量始终不能稳定下来，一般认为等幅振荡过程是一种不稳定的过

渡过程。在实际生产系统中，除了某些对控制质量要求不高的场合外，我们不希望得到这样的过渡过程。

如图1-10(d)所示为发散振荡过程，其特点是当干扰进入系统后，使被控变量产生振荡，控制作用不仅无法将被控变量稳定到给定值，反而使振荡的幅度越来越大，并最终超出工艺允许的范围，直至引起生产事故。显然，这是一种不稳定的过渡过程，是生产工艺所不允许的，应竭力避免。

1.4.2 过程控制系统的性能指标

过程控制系统的性能指标要根据工业生产过程对控制的要求来制定，这种要求可概括为稳定性、准确性和快速性。在多数情况下，我们希望得到略有振荡的衰减过程，通常取衰减振荡过程的形式来讨论控制系统的性能指标。下面主要针对时间域中的一些性能指标进行讨论。

假设性能指标的出发点是以控制系统原先所处的平衡状态时刻的被控变量 $y(0)$ 作为基准值，且被控变量等于给定值。从 $t=0$ 时刻开始，系统受到阶跃输入作用，于是被控变量开始变化。经过一段时间的衰减振荡后，最终达到新的平衡状态，使被控变量稳定在 $y(\infty)$。在干扰或给定值做阶跃变化时，被控变量的响应曲线分别如图1-11(a)和图1-11(b)所示。通常用以下几个特性参数作为衡量控制系统的主要性能指标。

1. 最大偏差 e_{max}（或超调量 σ）

最大偏差和超调量是描述被控变量偏离给定值程度的物理量。对于干扰作用下的定值控制系统来说，最大偏差是指在过渡过程中，被控变量的第1个波峰值与给定值的差。在图1-11(a)中，$e_{max}=B+C$。但对于给定值变化的随动控制系统来说，通常采用超调量来表示被控变量偏离给定值的程度。超调量的定义为：

$$\sigma=\frac{y(t_p)-y(\infty)}{y(\infty)-y(0)}\times 100\% \tag{1-1}$$

在图1-11(b)中，超调量 $\sigma=\frac{B}{C}\times 100\%$ 。

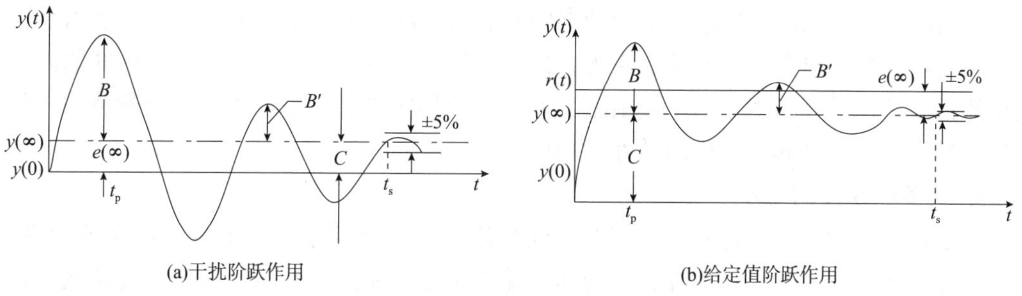

(a)干扰阶跃作用　　(b)给定值阶跃作用

图1-11 系统输入阶跃信号下的响应曲线

最大偏差或超调量表示被控变量瞬间偏离给定值的最大偏差，它是衡量控制系统动态准确性的重要指标。从准确性的角度考虑，通常希望它越小越好，至少不应超过工艺生产所允许的极限值。

2. 余差 $e(\infty)$

余差，又称残余偏差，是指在过渡过程终了时，系统的给定值与被控变量新的稳态值之间的差值，在图1－11(a)中，余差$e(\infty)=C$；在图1－11(b)中，余差$e(\infty)=r(t)-y(\infty)$。余差是衡量控制系统稳态准确性的重要指标。从自动控制的角度来看，余差越小越好，只要控制器设计得合理，是完全有可能消除余差的。但在实际生产中，有些系统允许存在一定的余差，如液体贮槽的液位控制对余差的要求不是很高。在这种情况下，可以采用一些相对简单的控制方式达到自动控制的目的，从而降低系统的成本。

3. 衰减比n

衰减比是衡量控制系统稳定性的一个动态指标，它反映了一个振荡过程的衰减程度，它等于两个相邻的同向波峰值之比。在图1－11中，衰减比$n=B/B'$，习惯上表示为$n:1$。显然，对衰减振荡而言，n恒大于1。n越小意味着控制系统的振荡幅度越剧烈，稳定性越差，当$n=1$时，控制系统的过渡过程就是一个等幅振荡过程；反之，n越大，则控制系统的稳定性越好，当n趋于无穷大时，控制系统的过渡过程接近于非振荡过程。此时，尽管系统的波动很小，但过渡过程可能过于缓慢。衰减比究竟多大合适，没有确切的定论。根据实际操作经验，为使控制系统快速达到新的平衡状态，同时保持足够的稳定性，一般希望衰减比在(4：1)～(10：1)的范围内。

4. 过渡时间t_s

过渡时间，又称控制时间，或回复时间，它是控制系统在受到外界作用后，被控变量从原来的稳态值达到新的稳态值所需的时间。从理论上讲，被控变量达到新的平衡状态需要无限长的时间。但实际上，当被控变量的变化幅度衰减到足够小，并保持在一个极小的范围内，所需的时间还是有限的。一般认为当被控变量已进入其新稳态值的±5%(或±2%)的范围内，并不再越出时，就认为控制系统已重新回复到稳定状态。在图1－11中，过渡时间以t_s表示。过渡时间是衡量控制系统快速性的一个指标。过渡时间短，说明过渡过程结束得较快，这时即使干扰频繁出现，系统也有较强的适应力。反之，控制系统的过渡过程时间就会拖得很长，出现前波未平、后波又起的现象，使被控参数长期偏离工艺规定的要求，影响生产。

上述介绍的都是单项性能指标，有时候各指标之间可能是相互矛盾的。比如，当系统的稳态精度要求很高时，可能会引起动态的不稳定，解决了稳定问题后，又可能因反应迟钝而失去快速性。对于不同的控制系统，这些性能指标各有其重要性，要高标准的同时满足全部各项指标是相当困难的。应根据工艺生产的具体要求，分清主次，统筹兼顾，保证优先满足那些对生产起主导作用的性能指标。

5. 偏差积分性能指标

除了以上各种单项指标外，人们时常还采用一些综合性指标来衡量控制系统的性能，偏差积分性能指标就属于这类综合性指标。偏差积分性能指标是过渡过程中被控变量偏离其新稳态值的误差沿时间轴的积分，误差幅度大或是时间拖长都会使偏差积分增大，因此，它能综合反映出控制系统的工作质量，我们希望它越小越好。偏差积分性能指标主要有以下几种形式：

(1)偏差绝对值的积分(*IAE*)

$$IAE=\int_0^{\infty}|e(t)|\mathrm{d}t \tag{1-2}$$

(2)偏差平方的积分(*ISE*)

$$ISE = \int_0^\infty e^2(t)\mathrm{d}t \tag{1-3}$$

(3)时间与偏差绝对值乘积的积分($ITAE$)

$$ITAE = \int_0^\infty t|e(t)|\mathrm{d}t \tag{1-4}$$

(4) 时间与偏差平方乘积的积分($ITSE$)

$$ITSE = \int_0^\infty te^2(t)\mathrm{d}t \tag{1-5}$$

采用以上几种偏差积分性能指标对控制系统的过渡过程进行优化时，其侧重点是不同的。例如，IAE 和 ISE 对于偏差的幅值比较敏感，着重于抑制过渡过程中的较大偏差；而 $ITAE$ 和 $ITSE$ 对偏差所持续的时间长短比较敏感，着重于抑制过渡过程拖得过长。

1－1　何谓生产过程自动化？它有什么重要意义？

1－2　连续生产过程主要有哪几种形式？

1－3　简述过程控制的任务。

1－4　简述生产过程自动化的发展历程。

1－5　哪种自动控制系统被称为过程控制系统？

1－6　过程控制系统中的常用术语有哪些？

1－7　试述在过程控制系统中，测量变送装置、控制器、执行器的作用。

1－8　按给定值形式不同，自动控制系统可分成哪几类？

1－9　何谓定值控制系统？其输入量是什么？

1－10　自动控制系统的框图主要由什么构成？并说明各部分的作用。

1－11　试说明广义对象由哪些环节组成。

1－12　什么是反馈？负反馈在自动控制系统中有何重要意义？

1－13　已知贮槽水位控制系统如图1－12所示。

(1)试分析当出水量变然增大时，该系统如何实现水位调节？

(2)试画出该系统的组成框图。

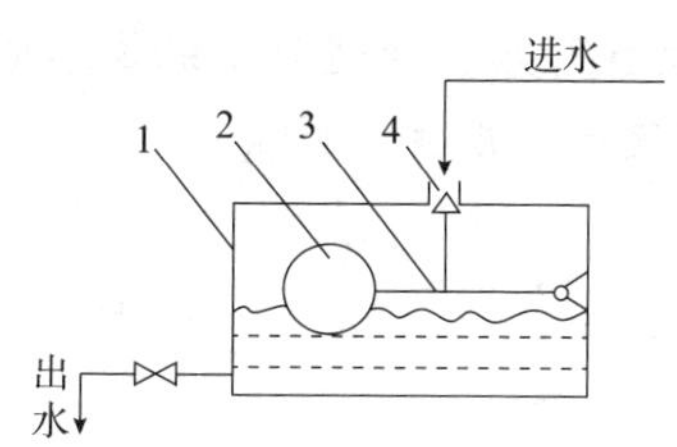

图1－12　贮槽水位控制系统

1—贮槽；2—浮球；3—杠杆；4—针形阀

1－14　在控制点工艺流程图中，字母代号和数字编号各有什么含义？

1－15　何谓过程控制系统的静态与动态？为什么说研究过程控制系统的动态比研究其静态更为重要？

1－16　图1－13所示形式的过渡过程：

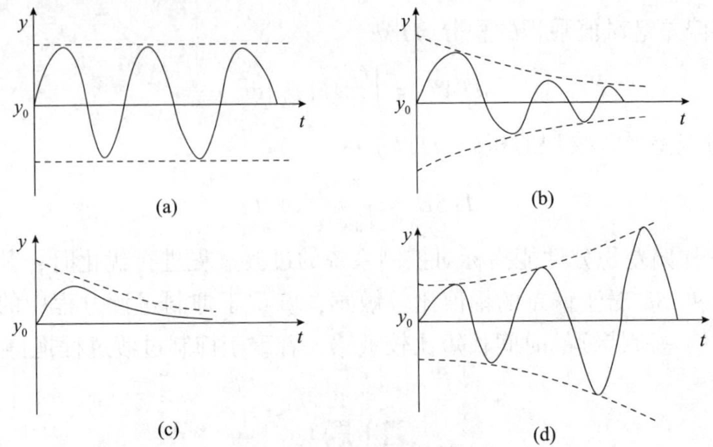

图1－13　过渡过程曲线

(1)试指出哪些过程基本能满足控制要求，哪些不能。为什么？

(2)你认为哪个过渡过程最理想？为什么？

1－17　过程控制系统衰减振荡过程的性能指标有哪些？简述其含义及其对过渡过程质量的影响。

1－18　图1－14所示为换热器出料温度控制系统。

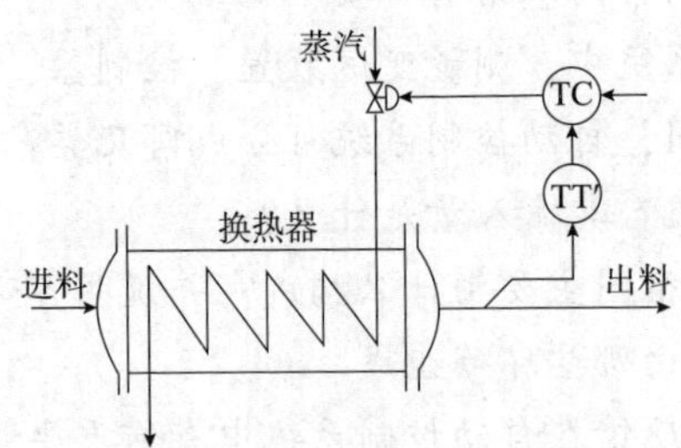

图1－14　换热器出料温度控制系统

(1)试画出该控制系统的具体组成框图。

(2)试指出该系统的被控对象、被控变量、操纵变量是什么。

(3)若蒸汽压力 P_s 突然增大 ΔP_s 后，简述该系统是怎样实现控制作用的。

(4)试画出上述衰减振荡过程的过渡过程曲线。

第 2 章　被控对象的特性

2.1　概述

2.1.1　基本概念

过程控制系统的控制品质，是由组成系统各环节的特性所决定的，特别是被控对象的特性对整个控制系统运行的好坏有着重大影响。人们在对各种生产过程进行自动控制时，之所以得到不同的控制效果，归根结底，在于被控对象本身的特性。只有依据被控对象的特性进行控制方案的设计和控制器参数的选择，才可能获得预期的控制效果。因此，研究被控对象的特性，对控制系统的分析、设计和运行十分重要。

在过程控制中，常见的被控对象有各种类型的换热器、反应器、精馏塔、加热炉、贮罐及流体输送设备等。尽管这些对象的几何形状和尺寸各异，内部所进行的物理、化学过程也各不相同，但是，从控制的观点来看，它们在本质上有许多共性，这便是我们研究被控对象的特性的基础。

被控对象中所进行的过程大都离不开物质或能量的流动，可以把被控对象视为一个具有储能特性的隔离体。从外部流入对象内部的物质或能量为流入量，从对象内部流出的物质或能量为流出量。当物质或能量经过时，对象内要储备一定的物质或能量，其数量的多少可通过一个或多个工艺参数(温度、压力、流量、液位等)反映出来。显然，当流入量与流出量保持平衡时，对象便处于平衡状态，内部所储存的物质或能量没有变化，对应的工艺参数也是稳定的。而一旦平衡关系遭到破坏，必然会引起某个(些)工艺参数的变化，如液位的变化反映出物料平衡关系遭到破坏，温度的变化则意味着热量平衡关系遭到破坏。只要从被控对象的这个主要特点出发，就不难发现它们的内在规律。

被控对象的特性是指对象的输入变量与输出变量之间的关系，对象的特性有静态与动态之分。静态特性是指对象的输入变量与输出变量达到平衡时的关系。动态特性则是指对象的输出变量在输入变量影响下的变化过程。对象特性的数学描述则称为对象的数学模型。与对象的特性相对应，数学模型也有静态数学模型和动态数学模型之分。动态数学模型描述了对象的输出变量与输入变量之间随时间而变化的规律。可以认为，静态数学模型是动态数学模型达到平衡的一个特例。

过程控制中被控对象的输出变量通常是控制系统的被控变量，而所有对被控变量有影响的变量都可看作被控对象的输入变量。具有多个输入变量时，一般只选 1 个输入变量作为操纵变量(u)，而其余输入变量都作为扰动变量(f_i)，这种被控对象称为多输入单输出对象，如图 2－1 所示。有些被控对象可能有多个被控变量，这种被控对象称为多输入多输出对象。在这样的被控对象(过程)中，执行器和被控变量的数量(m)相等，且大于 1，如图 2－2 所示。

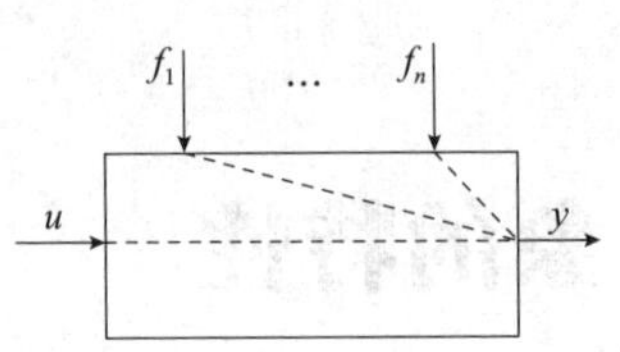

图 2－1　多输入单输出对象

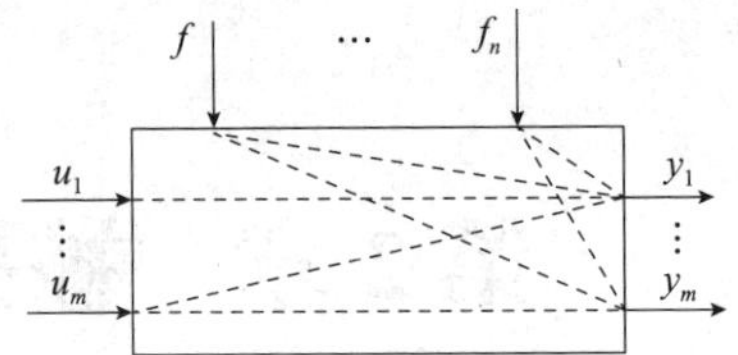

图 2－2　多输入多输出对象

对象的输入变量与输出变量的信号关系称为通道。控制作用(操纵变量)至被控变量的通道称为调节通道；干扰作用(干扰变量)至被控变量的通道称为干扰通道。对于同一个对象，调节通道的特性描述操纵变量与被控变量之间的关系；干扰通道的特性描述干扰变量与被控变量之间的关系。这两个特性在许多场合下是不同的。由于扰动作用对被控变量的影响是短暂且随机的，而控制作用对被控变量的影响却是反复不断地进行，认识和掌握调节通道的特性更为重要。

用数学表达式来精确地描述被控对象的特性，即建立被控对象的数学模型，是一项艰巨而困难的工作，目前主要有机理建模和实测建模两类方法。机理建模是根据被控对象(或过程)内在的物理或化学规律，通过静态与动态物料和能量平衡关系，用数学分析的方法求取对象特性的数学表达式。这种建模方法，不依赖于工艺设备，在设备投产前就可得到对象的数学模型，但需要对生产过程的机理有比较深入的了解。显然，对于那些复杂的生产过程来说，做到这一点相当困难。实测建模是根据实验测试或日常累积得到的对象输入和输出数据，通过参数估计与辨识处理后得到的对象的数学模型。这种方法不需要深入掌握对象的内部机理，但只有在设备投产后才能得到，同时还需要考虑测试对生产所造成的影响。与机理建模相比，实测建模相对简单。在许多应用场合，尤其是复杂的工艺过程中广泛应用实例建模。

被控对象的特性具有非线性的特征，为了便于研究，常常对数学模型进行一些简化，把非线性特性线性化。当输入变量和输出变量在一个小范围内变化时，这种简化的假设是可以成立的。如果输入变量和输出变量的变化范围较大，则可将其分成若干个小的区域，在每个相应的区段内仍可认为对象是线性的。线性对象的一个重要特征就是满足叠加原理，即当对象同时受到多个输入变量的作用时，它的输出(被控变量)所受的影响等于每个输入变量单独作用所引起的效果之和。这样，只要分别研究对象的每个输入变量与输出变量之间的关系，然后再运用叠加原理，即可得到对象的完整特性。

2.1.2　被控对象的阶跃响应特性

在研究被控对象的特性时，用被控变量对阶跃输入信号的响应曲线来描述对象的动态特性是最简捷、常用的方法之一。下面介绍两种常见对象的阶跃响应特性。

1. 有自衡能力对象的动态特性

对于有自衡能力的对象，当它受到阶跃干扰作用使平衡状态遭到破坏后，在没有任何外力作用(不进行控制)下，依靠对象自身的能力，对象的输出(被控变量)便可自发地恢复到新的平衡状态。

在图 2－3 中，当进料阀的开度突然开大时，进料量将阶跃增加。此时，由于出料阀的开度并没有变化，进料量大于出料量，破坏了贮槽原有物料的平衡状态。多余的进料量

便在贮槽内蓄积起来，使贮槽的液位迅速升高。但在液位上升的过程中，出料量也因静压头的增加而逐渐增大。这样进、出料量之差会逐渐减小，液位的上升速度也逐渐变慢，最后，当液位上升到一定高度时，出料量便等于进料量，建立起一种新的平衡状态，液位也就稳定在一个新的位置上。由于这种平衡是自发形成的，因此，这是一个有自衡能力的对象。

图 2－4 所示的蒸汽加热器也有类似特性。在初始状态下，进入系统的热量与流出系统的热量相等，被加热冷流体的出口温度恒定在 $\theta(0)$。当蒸汽阀突然开大，流入的蒸汽流量阶跃增大时，热平衡被破坏。由于流入热量大于流出热量，多余的热量便先开始加热换热管壁，继而又使管内被加热流体的温度升高，出口温度也随之升高。这样，随着流出热量的不断增大，流入与流出热量之差会逐渐减小，被加热流体的出口温度的上升速度也随之逐渐变慢。最终加热系统自发地建立起新的热量平衡，使出口温度稳定在一个新的数值上。

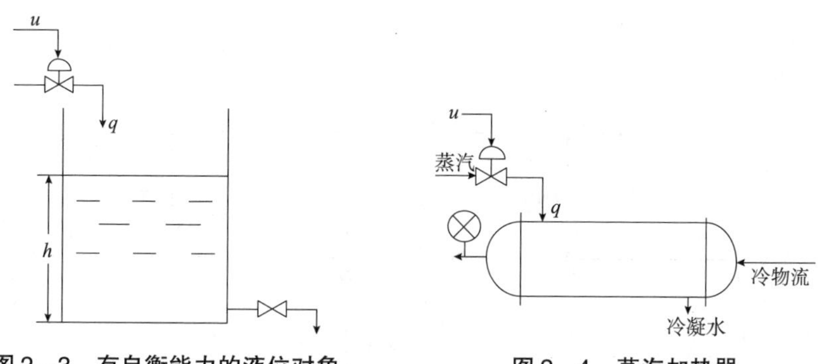

图 2－3 有自衡能力的液位对象　　图 2－4 蒸汽加热器

以上两个有自衡能力的对象在阶跃输入下的响应曲线分别如图 2－5(a)和图 2－5(b)所示。有自衡能力的对象在过程控制系统中最为常见，而且也比较容易控制。

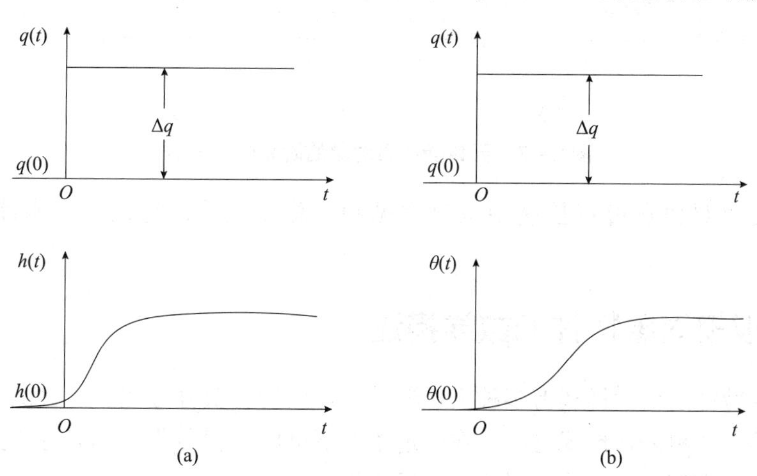

图 2－5 有自衡能力对象的阶跃响应曲线

2. 无自衡能力对象的动态特性

如果一个被控对象(或过程)在受到阶跃输入干扰作用使平衡状态遭到破坏后，在没有其他外力的作用下，依靠自身能力无法再达到新的平衡状态，则该对象就是无自衡能力对象。

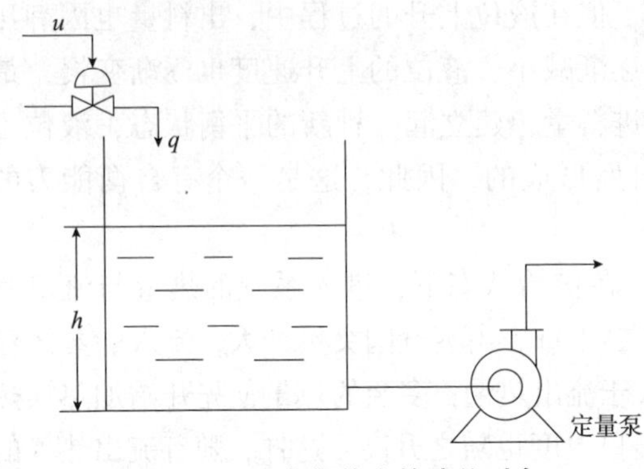

图 2-6 无自衡能力的液位对象

图 2-6 所示为一个液体贮槽，它与图 2-3 所示的液体贮槽的差别在于出料不是用阀门控制，而是用定量泵抽出。因此，该贮槽的出料量是始终恒定的，当进料阀的开度突然开大，使进料量阶跃增加后，物料平衡被破坏，多余的进料量便在贮槽内蓄积起来。由于出料量不受液位高度的影响，始终保持不变，系统无法建立起新的物料平衡，液位呈等速上升状态，直至溢出。显然，这个对象是一个无自衡能力对象，它的阶跃响应曲线如图 2-7(a)所示。有些无自衡能力对象的阶跃响应特性呈非线性变化，如图 2-7(b)所示。

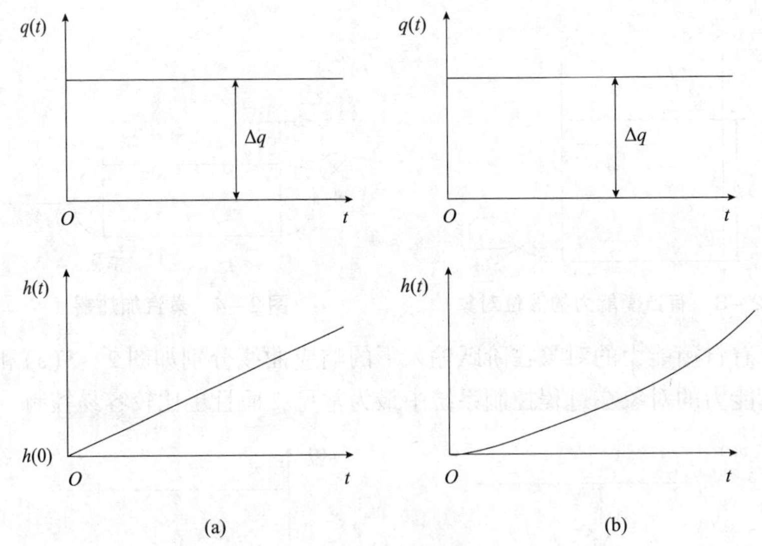

图 2-7 无自衡能力对象的阶跃响应曲线

无自衡能力对象在过程控制中也时常见到。总体上看，它比有自衡能力对象难以控制。

2.2 被控对象特性的数学描述

被控对象特性的数学描述有多种表达形式，常见的有微分方程、传递函数、差分方程及状态方程等，各种表达形式之间，在一定条件下可以互相转化。本节将主要介绍单输入单输出线性微分方程的数学表达形式，它属于机理建模方法。

2.2.1 一阶对象的机理建模及特性分析

1. 一阶对象的数学模型

当对象的动态特性可以用一阶线性微分方程描述时，该对象一般称为一阶对象或单容对象。下面以一个简单的单容对象(水槽)为例，推导出一阶对象的数学模型。

图 2-8 所示为一个单容水槽的示意。液体经过阀门 1 不断流入水槽，同时槽内的水

又由阀门 2 不断流出，液体流入量 Q_i 由阀门 1 的开度控制，流出量 Q_0 则根据工艺需要通过阀门 2 的开度来改变，液位 A 的变化反映了 Q_i 和 Q_0 不相等时引起槽中蓄水或泄水的变化过程。如果阀门 2 的开度已经调好，并保持不变，则当阀门 1 的开度改变引起流入量 Q_i 变化时，将引起液位的变化。在这种情况下，液位 h 是对象的输出变量，流入量 Q_i 是对象的输入变量。下面推导表征 h 与 Q_i 之间关系的数学表达式。

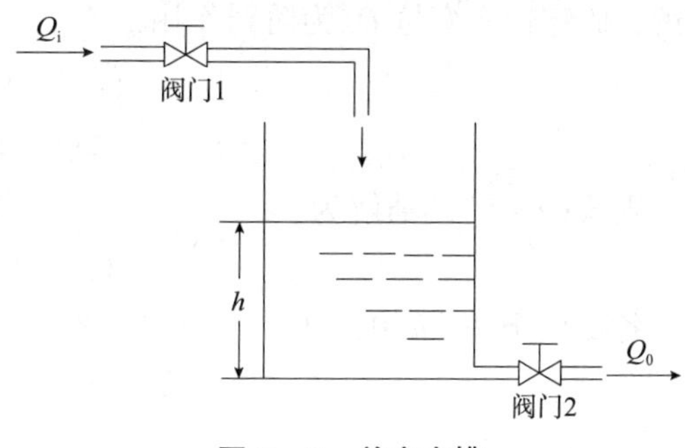

图 2－8　单容水槽

根据动态物料平衡关系，有：

$$\frac{\mathrm{d}M}{\mathrm{d}t}=Q_i-Q_0 \tag{2-1}$$

式中　M——槽中的储液量。

该式的物理意义是槽中储液量的变化率为单位时间内液体的流入量与流出量之差。若贮槽的横截面积 A 为一常数，则有 $M=Ah$。假设在输入量 Q_i 阶跃变化前的平衡状态下，液位为 h_0，流入量和流出量均为 Q_s，则阶跃变化后这些变量分别为：

$$h=h_0+\Delta h,\ Q_i=Q_s+\Delta Q_i,\ Q_0=Q_s+\Delta Q_0$$

将这些变量代入式(2－1)中，即可得到：

$$A\frac{\mathrm{d}\Delta h}{\mathrm{d}t}=\Delta Q_i-\Delta Q_0 \tag{2-2}$$

在式(2－2)中，我们还不能清楚地看出 h 与 Q_i 的关系。由工艺设备的特性可知，Q_0 与 h 的关系是非线性的，考虑到 h 和 Q_0 的变化量相对较小，假定 ΔQ_0 与 Δh 成正比，与出水阀的阻力系数 R(简称液阻)成反比(在出水阀开度不变时，R 可视为常数)，即：

$$\Delta Q_0=\frac{\Delta h}{R} \tag{2-3}$$

将式(2－3)代入式(2－2)中，整理可得：

$$AR\frac{\mathrm{d}\Delta h}{\mathrm{d}t}+\Delta h=R\Delta Q_i \tag{2-4}$$

令 $T=AR$，$K=R$，得：

$$T\frac{\mathrm{d}\Delta h}{\mathrm{d}t}+\Delta h=K\Delta Q_i \tag{2-5}$$

如果式(2－5)中各变量都以各自的稳态值为起算点，即 $h_0=Q_s=0$，则可去掉式中的增量符号，直接写成：

$$T\frac{\mathrm{d}h}{\mathrm{d}t}+h=KQ_i \tag{2-6}$$

式(2－5)或式(2－6)就是描述简单水槽对象特性的数学模型。它是一个一阶常系数微分方程。其中，T 为时间常数，K 为放大系数。所有的一阶对象的数学模型都有类似的结构形式，但时间常数 T 和放大系数 K 是不同的。

2. 一阶对象的特性分析

为了求得单容水槽对象的输出 h 在输入 Q_i 作用下的变化规律。可以对式(2－5)进行求解。假定输入变量 Q_i 为阶跃作用，即：

$$\begin{cases}\Delta Q_i=0,\ t=0\\ \Delta Q_i=\Delta Q,\ t>0\end{cases} \tag{2-7}$$

则式(2-5)的通解为：

$$\Delta h(t)=K\Delta Q+Ce^{-t/T} \tag{2-8}$$

各初始条件 $\Delta h(0)=0$ 代入式(2-8)，得：

$$\Delta h(t)=K\Delta Q(1-e^{-t/T}) \tag{2-9}$$

式(2-9)就是单容对象受到阶跃输入作用后，其输出随时间的变化规律。所有的一阶对象都具有这种动态特性，其阶跃响应曲线如图2-9所示。

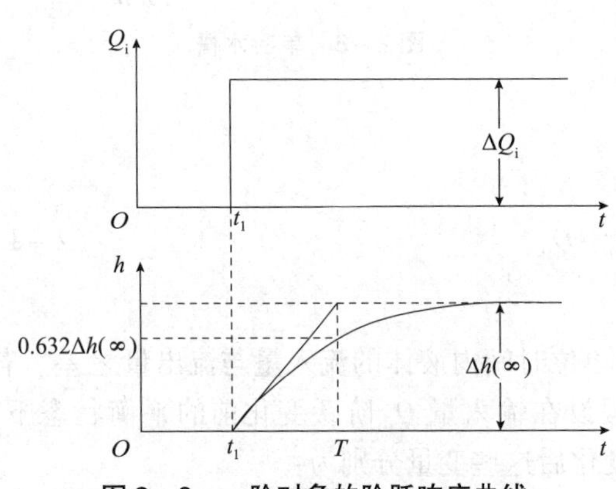

图2-9 一阶对象的阶跃响应曲线

为了进一步认识一阶对象的特性，可以对式(2-9)做以下分析。

(1)对象输出的变化特点

对式(2-9)求导，可以得到液位 h 在 t 时刻的变化速度，即：

$$\frac{\mathrm{d}\Delta h}{\mathrm{d}t}=\frac{K\Delta Q}{T}e^{-t/T} \tag{2-10}$$

当 $t=0$ 时，得 h 的初始变化速度：

$$\left.\frac{\mathrm{d}\Delta h}{\mathrm{d}t}\right|_{t=0}=\frac{K\Delta Q}{T}=\frac{\Delta h(\infty)}{T} \tag{2-11}$$

当 $t=\infty$ 时，得 h 的最终变化速度：

$$\left.\frac{\mathrm{d}\Delta h}{\Delta t}\right|_{t=\infty}\to 0 \tag{2-12}$$

以上几式说明，一阶对象在阶跃输入作用后，输出变量在输入变量变化的瞬间具有最大的变化速度。随着时间增加，变化速度逐渐变缓，当时间趋于无穷大时，变化速度趋近于零，这时输出参数达到新的稳态值。换句话说，一阶对象的输出变量具有单调变化的特点，并能最终稳定下来。

(2)放大系数 K

由式(2-9)可以看出，在阶跃输入 ΔQ_i 的作用下，随着时间 $t\to\infty$，液位将达到新的稳态值，其最终的变化量为 $\Delta h(\infty)=K\Delta Q$。这就是说，一阶水槽的输出变化量与输入变化量之比是一个常数，即：

$$K=\frac{\Delta h(\infty)}{\Delta Q} \tag{2-13}$$

放大系数 K 的物理意义可以理解为：如果有一定的输入变化量 ΔQ，通过对象就被放大了 K 倍，最终变为输出变化量 $\Delta h(\infty)$。它只与对象从一个平衡状态到另一个平衡状态时的稳态值有关，而与中间的变化过程无关。K 是反映对象静态特性的参数。

K 的大小反映了对象的输入对输出影响的灵敏程度，K 越大，对被控变量的影响就越大。如果对象的数学模型描述的是干扰通道的特性，则对应的 K 为干扰通道的放大系数；如果描述的是调节通道的特性，则对应的 K 为调节通道的放大系数。显然，调节通道的 K

越大，抑制外界干扰的能力就越强；而干扰通道的 K 越小，则越有利于生产的稳定。因此，在设计过程控制系统时，应充分考虑 K 的影响。

(3)时间常数 T

在建立单容水槽的数学模型时，我们曾经定义一阶水槽对象的时间常数 $T = AR$，即 T 与水槽的横截面面积 A 以及出口阀的阻力系数 R 有关。由一般的工艺常识可知，在进口流量发生同样变化的情况下，如果阀门开度一定，则水槽的横截面面积越大，储水能力就越强，惯性也就越大，液位需经较长时间才能达到稳态值；反之，水槽的横截面面积越小，储水能力就越差，只需较短的时间就趋于稳态值。对于阻力系数 R 的分析，也可得到同样的结论。由此可见，时间常数 T 是反映对象响应速度的一个重要的动态特性参数，T 越小，对象输出变量的变化就越快；T 越大，对象输出变量的变化就越慢。

从图 2－9 的阶跃响应曲线可以看出，该曲线在起始点处切线的斜率，就是由式(2－11)计算出的液位初始变化速度 $\Delta h(\infty)/T$，这条切线与新的稳态值的交点所对应的时间正好等于 T。因此，可以把时间常数 T 的物理意义理解为：当对象受到阶跃输入作用后，对象的输出变量始终保持初始速度变化而达到新的稳态值所需的时间。由于对象输出的变化速度越来越小，输出变量达到新稳态值所需的实际时间要长得多。理论上说，需要无限长的时间，即只有当 $t\to\infty$ 时，才有 $\Delta h(\infty) = K\Delta Q$。但是，当我们分别把时间 T，$2T$，$3T$ 和 $4T$ 代入式(2－9)，就会发现：

$$\Delta h(T) = K\Delta Q(1-e^{-1}) \approx 0.632K\Delta Q = 0.632\Delta h(\infty)$$
$$\Delta h(2T) = K\Delta Q(1-e^{-2}) \approx 0.865K\Delta Q = 0.865\Delta h(\infty)$$
$$\Delta h(3T) = K\Delta Q(1-e^{-3}) \approx 0.950K\Delta Q = 0.950\Delta h(\infty)$$
$$\Delta h(4T) = K\Delta Q(1-e^{-4}) \approx 0.982K\Delta Q = 0.982\Delta h(\infty)$$

也就是说，在加入阶跃输入后，只需经过时间 $3T$，液位已经变化了全部变化范围的 95%。这时，可以近似认为动态过程基本结束，即便是按照严格的 ±2% 的指标来计算过渡时间，也只要时间 $4T$。

对于干扰通道的特性来说，时间常数 T 大些有一定的好处，相当于对扰动信号进行滤波，使干扰作用对输出变量的影响比较平缓，容易被控制作用所克服。相反，如果调节通道的时间常数太大，则会使控制作用不及时，引起较大的动态偏差，过滤时间会很长。因此，调节通道的时间常数小一点，有利于获得较好的控制质量。但是，如果调节通道的时间常数过小，响应太快，容易引起振荡，系统的稳定性将会下降。

【例 2－1】 某直接蒸汽加热器具有一阶对象特性，当热物料的出口温度从 70℃ 提高到 80℃ 时，需要将注入的蒸汽量在原有基础上增加 10%。在蒸汽量阶跃变化 10% 后，经过 1min，出口温度已达到 78.65℃。试写出相应的微分方程式，并画出该对象的输出阶跃响应曲线。

解 设该对象的输出为出口温度 y(℃)，输入为蒸汽量 x(%)。已知输入的阶跃幅值 $\Delta x = 10\%$，输出的最终变化量：

$$\Delta y = 80℃ - 70℃ = 10℃$$

则有：

$$K = \frac{\Delta y}{\Delta x} = \frac{10}{10} = 1\left(\frac{℃}{\%}\right)$$

当 $t=60\text{s}$ 时，输出变化量，则有 $\Delta y=78.65℃-70℃=8.65℃$，则有：

$$8.65=10(1-e^{-\frac{60}{T}})$$

解得：

$$T\approx 30\text{s}$$

由此可写出描述该对象的微分方程为：

$$30\frac{\mathrm{d}\Delta y}{\mathrm{d}t}+\Delta y=\Delta x$$

该对象的输出阶跃响应曲线如图 2-10 所示。

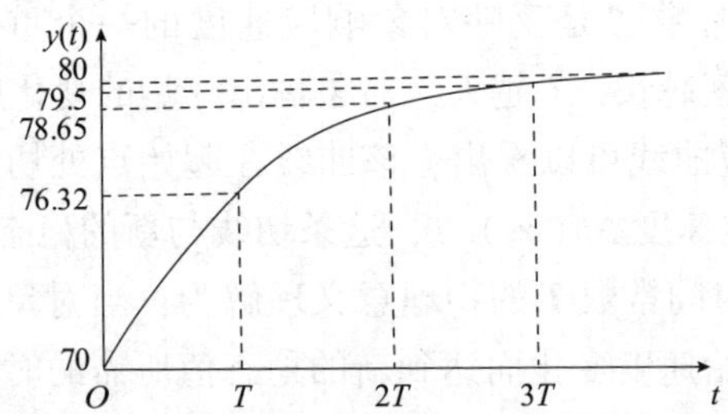

图 2-10　直接蒸汽加热器输出阶跃响应曲线

2.2.2　二阶对象的机理建模及特性分析

1. 二阶对象的数学模型

在过程工业中，有一些对象或元件的特性需用二阶微分方程来近似地描述，这类对象称为二阶对象或双容对象。

下面以双容水槽为例，推导二阶对象的数学模型。

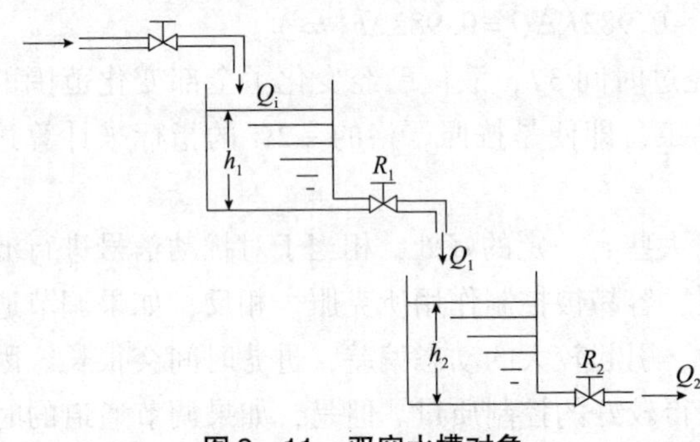

图 2-11　双容水槽对象

图 2-11 所示为双容水槽对象，其数学模型的建立和单容水槽对象的情况类似。假定对象的输入变量为 Q_i，输出变量为 h_2，且各变量都以其稳态值为起算点，现在来研究当输入变量 Q_i 发生阶跃变化时，第 2 个水槽的液位 h_2 随时间变化的情况。假设对象的输入和输出变量在平衡状态附近变化，则可以近似地认为，水槽的液位与输出变量之间具有线性关系，即：

$$Q_1=\frac{h_1}{R_1} \tag{2-14}$$

$$Q_2=\frac{h_2}{R_2} \tag{2-15}$$

式中，R_1、R_2 分别为第 1 个和第 2 个水槽出水阀的阻力系数。

假定 2 个水槽的横截面面积均为常数，分别用 A_1 和 A_2 来表示，则对于每个水槽，都具有与式(2-2)相同的物料平衡关系，即：

$$A_1 \frac{dh_1}{dt} = Q_i - Q_1 \tag{2-16}$$

$$A_2 \frac{dh_2}{dt} = Q_1 - Q_2 \tag{2-17}$$

将式(2－14)和式(2－15)代入式(2－16)和式(2－17)中，得：

$$A_1 \frac{dh_1}{dt} = Q_i - \frac{h_1}{R_1} \tag{2-18}$$

$$A_2 \frac{dh_2}{dt} = \frac{h_1}{R_1} - \frac{h_2}{R_2} \tag{2-19}$$

将式(2－18)与式(2－19)相加，整理得：

$$\frac{dh_1}{dt} = \frac{1}{A}(Q_i - A_2 \frac{dh_2}{dt} - \frac{h_2}{R_2}) \tag{2-20}$$

对式(2－19)求导，得：

$$A_2 \frac{d^2 h_2}{dt^2} = \frac{1}{R_1}\frac{dh_1}{dt} - \frac{1}{R_2}\frac{dh_2}{dt} \tag{2-21}$$

将式(2－20)代入式(2－21)，整理得：

$$A_1 R_1 A_2 R_2 \frac{d^2 h_2}{dt^2} + (A_1 R_1 + A_2 R_2)\frac{dh_2}{dt} + h_2 = R_2 Q_i \tag{2-22}$$

令 $T_1 = A_1 R_1$，$T_2 = A_2 R_2$，$K = R_2$，并代入式(2－22)中，得到：

$$T_1 T_2 \frac{d^2 h_2}{dt^2} + (T_1 + T_2)\frac{dh_2}{dt} + h_2 = KQ_i \tag{2-23}$$

式中，T_1、T_2 分别为两个水槽的时间常数；K 为整个对象的放大系数。

式(2－23)就是用来描述双容对象串联水槽的数学表达式，它是一个二阶常系数微分方程。

2. 二阶对象的特性分析

要知道以上二阶微分方程式所代表的对象具有什么性质，比较直观的方法是分析阶跃输入作用后输出变量变化的过渡过程，为此需要对上述二阶常系数微分方程进行求解。

上述二阶常系数微分方程的通解为：

$$h^2(t) = h^{2t}(t) + h^{2s}(t) \tag{2-24}$$

其中，$h^{2t}(t)$对应的齐次方程的通解，它决定了对象的过渡状态；$h^{2s}(t)$为非齐次方程的一个特解，它决定了当 $t \to \infty$ 时，输出变量的最终状态。如果输入变量 Q_i 为阶跃函数，且幅值为 A，则当对象达到新的稳态值时，可作为一个特解。此时，$h^2(t)$各阶系数均为0，因此，有：

$$h^{2s}(t) = KA \tag{2-25}$$

由于齐次方程的特征方程为：

$$T_1 T_2 S^2 + (T_1 + T_2)S + 1 = 0$$

可求得两个特征根分别为：

$$S_1 = -\frac{1}{T_1},\ S_2 = -\frac{1}{T_2}$$

故齐次方程的通解为：

$$h^{2t}(t) = C_1 e^{-\frac{t}{T_1}} + C_2 e^{-\frac{t}{T_2}} \tag{2-26}$$

式中 C_1、C_2 是待定系数，可由初始条件确定。

将式(2-25)和式(2-26)代入式(2-24)中，得到：

$$h^2(t)=C_1e^{-\frac{t}{T_1}}+C_2e^{-\frac{t}{T_2}}+KA \tag{2-27}$$

可以证明，当 $t=0$ 时，$h^1=0$，$h^2=0$，将这些初始条件代入式(2-27)中可解得：

$$C_1=\frac{T_1}{T_2-T_1}KA \tag{2-28}$$

$$C_2=\frac{T_2}{T_2-T_1}KA \tag{2-29}$$

将式(2-28)和式(2-29)代入式(2-27)中，最终可得：

$$h^2(t)=KA\left(1+\frac{T_1}{T_2-T_1}e^{-\frac{t}{T_1}}-\frac{T_2}{T_2-T_1}e^{-\frac{t}{T_2}}\right) \tag{2-30}$$

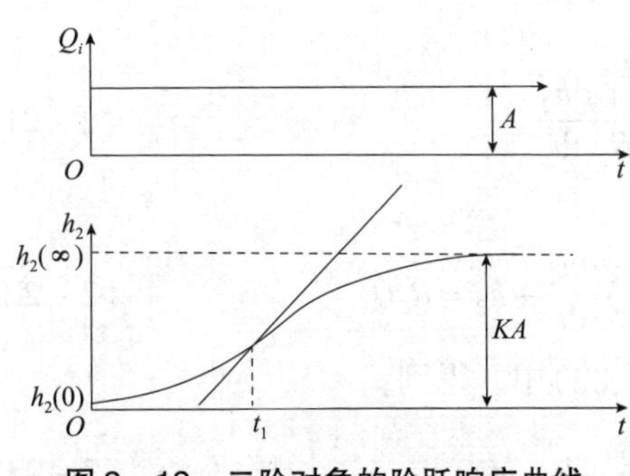

图 2-12　二阶对象的阶跃响应曲线

式(2-30)便是双容对象串联在阶跃输入作用下，输出随时间变化的规律。该式所对应的阶跃响应曲线如图 2-12 所示。从中可以看出，$t=0$ 和 $t\to\infty$ 时，曲线的斜率均为 0。这说明在输入变量做阶跃变化的瞬间，输出变量的变化速度等于 0。以后随着时间的增加，变化速度逐渐增大，但当 $t>t_2$ 时，变化速度开始慢慢减小，直至 $t\to\infty$ 时，变化速度趋近 0。因此，根据这一特点，可以从阶跃响应曲线的形态来区别对象是一阶对象还是二阶对象。

2.2.3　纯滞后对象的机理建模及特性分析

在连续生产中，有的被控对象或过程，在输入变量发生变化后，输出变量并不立刻随之变化，而是一段时间后才产生响应。我们把具有这种特性的对象称为纯滞后对象，输出变量落后于输入变量变化的这段时间称为纯滞后时间，常用 τ 表示。

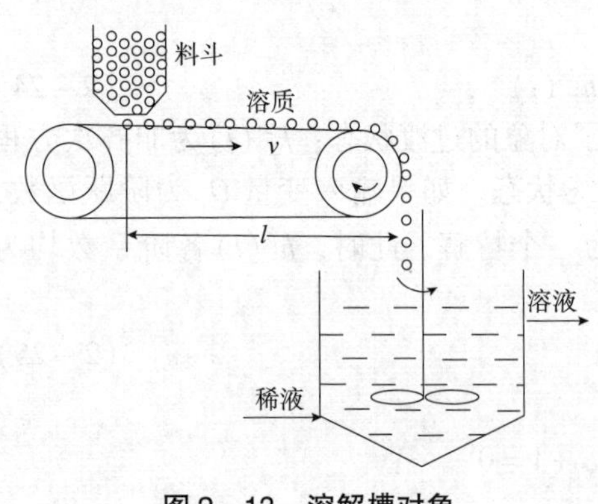

图 2-13　溶解槽对象

对象产生纯滞后的原因有多种，其中物料传输过程所引起的滞后是最常见的。在如图 2-13 所示的溶解槽对象中，料斗中的固体溶质由皮带输送机送至加料口。若在料斗处突然加大送料量，溶解槽中的溶液浓度并不会马上改变，只有当增加的固体溶质被输送到加料口，并落入槽中后，溶液浓度才开始变化。也就是说，溶液浓度变化落后溶质变化一个输送时间。假设皮带输送机的传送速度为 v，传送距离为 l，则输送时间为 $\frac{l}{v}$，该时间就是纯滞后时间 τ。

造成对象滞后特性的另一个原因是被控变量的测量滞后问题。比如，测量点的位置选择不当、测量元件安装不合适等是最常见的问题，尤其在测量成分参数时，纯滞后时间尤为突出。因为多数成分测量仪表本身就存在较长的响应时间，再加上有些仪表还有取样系统或预处理系统，这些都导致输出变量测量滞后。

纯滞后对象的动态特性与一阶对象或二阶对象的特性类似，数学模型的形式也基本相同，只不过输出的响应相对于输入向后平移了时间 τ。

如果一阶无纯滞后对象的数学模型为：

$$T\frac{\mathrm{d}y(t)}{\mathrm{d}t}+y(t)=Kx(t)$$

则一阶纯滞后对象的数学模型为：

$$T\frac{\mathrm{d}y(t)}{\mathrm{d}t}+y(t)=Kx(t-\tau) \tag{2-31}$$

如果二阶无纯滞后对象的数学模型为：

$$T_1T_2\frac{\mathrm{d}^2y(t)}{\mathrm{d}t^2}+(T_1+T_2)\frac{\mathrm{d}y(t)}{\mathrm{d}t}+y(t)=Kx(t)$$

则二阶纯滞后对象的数学模型为：

$$T_1T_2\frac{\mathrm{d}^2y(t)}{\mathrm{d}t^2}+(T_1+T_2)\frac{\mathrm{d}y(t)}{\mathrm{d}t}+y(t)=Kx(t-\tau) \tag{2-32}$$

式(2-31)和式(2-32)所对应的阶跃响应曲线分别如图2-14(a)和图2-14(b)所示。

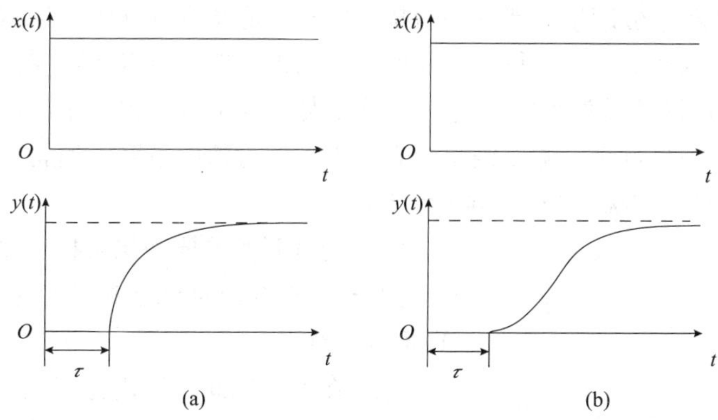

图2-14 纯滞后对象的阶跃响应曲线

2.3 被控对象的实验测试建模

机理建模方法具有较大的普遍性。但是，实际生产过程中许多对象的机理较为复杂，直接从机理分析出发推导出描述对象特性的数学表达式相当困难，即使能够得到对象特性方程，有时也难以求解。另外，在建模过程中，经常要做一些假设和近似，省略一些表面上看是次要的因素。这些简化可能与实际情况不完全相符，或者原来认为是次要的因素，由于工作条件的改变变成了主要因素。因此，在实际工程应用中，常常采用实验测试的方法获取对象的数学模型。

实验测试建模的主要特点是把所研究的工业过程(对象)视为一个黑匣子，完全从外部特性上测试和描述其动态性质，即在对象的输入端加入某种测试信号，然后测得对象的输出响应数据，最后通过某种数学方法对这些输入输出数据进行处理，得到对象的数学模型。

实验测试建模大致可分为经典辨识法和现代辨识法两大类。

经典辨识法一般不考虑测试数据中偶然性误差的影响，输入测试信号比较简单，它只需对少量的测试数据进行较简单的数学处理，计算工作量小。这类方法主要包括：阶跃信号测试法、矩形脉冲信号测试法及正弦波信号测试法等。

现代辨识法的特点是可以消除测试数据中的偶然性误差，即噪声的影响，为此需要处理大量的测试数据。测试所用信号通常为伪随机信号，它可以在生产正常运行期间进行，不会对生产造成影响。该方法所涉及的内容极为丰富，已形成一个专门的学科分支。

下面以阶跃信号测试法为例介绍实验测试建模的一般原理。必须指出的是，由于实验测试建模是在实际生产装置上进行的，输入测试信号通常是施加在调节阀上，而对象的输出响应曲线则是通过测量仪表和记录装置得到。由实验测试建模得到的对象特性，通常是广义对象的特性，它包括调节阀、被控对象及测量变送 3 个环节，其对应的响应曲线一般都具有 S 形，很少得到标准的一阶对象。实验测试建模实际上求的是广义对象的等效时间常数、放大系数及纯滞后时间。

2.3.1 阶跃响应曲线的获取

测取阶跃响应曲线的原理很简单，如前所述，只要使阀门的开度做一阶跃变化，然后通过记录仪就能得到测试结果。然而，在实际测试中会遇到许多具体问题。例如，如何使测试过程对正常生产不会产生太严重的干扰，怎样才能减少其他干扰因素的影响，如何考虑系统中的非线性因素等。为了得到可靠的测试结果，应注意以下事项：

(1) 合理选择阶跃测试信号的幅度。信号过大，会使生产超过正常的操作范围，严重时还会造成事故，信号过小，测试结果失真，模型的可信度下降。通常取阶跃信号幅度为正常输入信号的 5% ~15%，以不影响生产为宜。

(2) 测试开始前要确保被控对象处于某一选定的稳定工况，并在记录纸上标注好开始施加阶跃输入的准确时刻。

(3) 在测试期间设法避免其他与测试无关的扰动发生，并制定好异常情况出现时的应急措施。

(4) 实验应在相同的测试条件下重复几次，至少应获得 2 次比较接近的响应曲线，以避免随机干扰对测试的影响。

(5) 考虑到实际对象的非线性，测试工作点应该在工艺生产额定负荷的平衡点附近选取，以保证所测得的特性具有代表性。

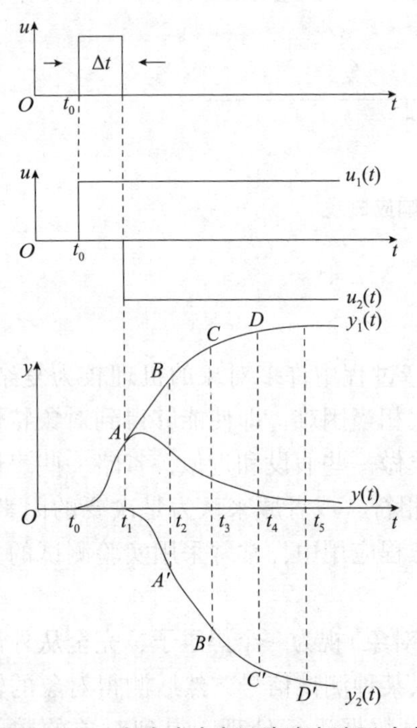

图 2－15 由脉冲响应矩阵确定阶跃响应

为了能够施加比较大的扰动幅度又不至于严重干扰正常生产，可以用矩形脉冲输入代替通常的阶跃输入，即在较大幅度的阶跃扰动施加一小段时间后立即将它切除。虽然这样得到的响应曲线不同于正规阶跃响应，但是两者之间有密切联系，可以从中间接获得所需的阶跃响应曲线，如图 2－15 所示。

由图 2－15 可以看出，矩形脉冲输入 $u(t)$ 相当

于2个阶跃扰动 $u_1(t)$ 和 $u_2(t)$ 的叠加，它们的幅度相等，方向相反，且开始作用的时间相差 Δt。这2个输入信号的阶跃响应之间的关系为 $y_2(t)=-y_1(t-\Delta t)$，如果对象在测试点附近没有明显的非线性，则实测的矩形脉冲响应 $y(t)$ 就是2个阶跃响应 $y_1(t)$ 和 $y_2(t)$ 的和。即：

$$y(t)=y_1(t)+y_2(t)=y_1(t)-y_1(t-\Delta t) \tag{2-33}$$

因此，所需的阶跃响应即为

$$y_1(t)=y(t)+y_1(t-\Delta t) \tag{2-34}$$

根据式(2-34)可以用逐点递推的作图方法得到阶跃响应 $y_1(t)$ 的曲线。

2.3.2　一阶纯滞后对象特性参数的确定

由实验测试得到的阶跃响应曲线大多是一条如图2-16所示的S形单调变化曲线。其特点是输出变量在阶跃响应的开始和达到新的稳态时，变化速度为0，而中间各点的变化速度经历了一个由小到大，又由大到小的过程，中间出现一个拐点。这种对象可用一阶纯滞后或二阶对象的数学模型描述。用一阶纯滞后模型描述，则模型的结构形式为：

$$T\frac{\mathrm{d}y(t)}{\mathrm{d}t}+y(t)=Kx(t-\tau)$$

假设阶跃输入量为 Δu，则放大系数 K 可以按式(2-35)求得：

$$K=\frac{y(\infty)-y(0)}{\Delta u} \tag{2-35}$$

时间常数 T 和纯滞后时间 τ 可通过作图法得到。

在图2-16(a)中响应曲线的拐点 P 处作切线，它与时间轴交于点 A，与曲线稳态值的渐近线交于点 B，点 B 在时间轴上的投影点为点 C。这样就可由图确定 T 和 τ 的数值。

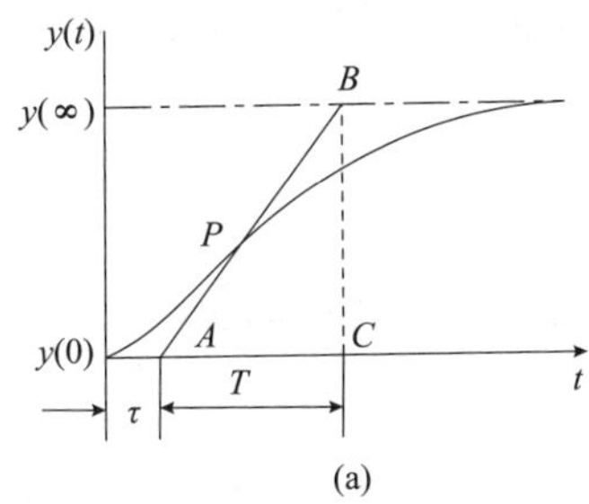

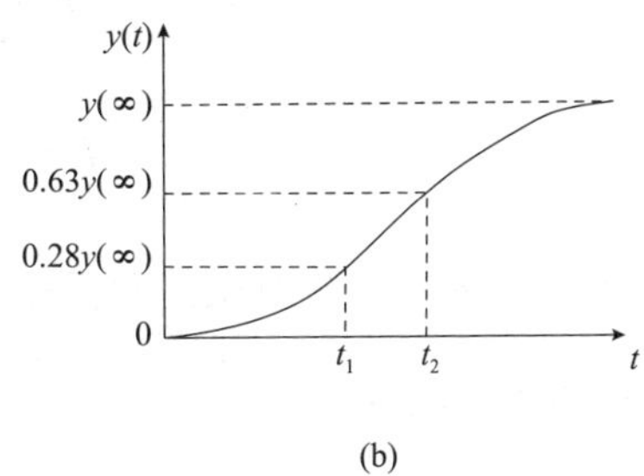

图2-16　用作图法求 T 和 τ

当阶跃响应曲线的拐点不易确定时，也可以用两点法来求取参数 T 和 τ。其具体做法是：直接在阶跃曲线上测得阶跃响应曲线达到稳态变化幅度的28%和63%所对应的时间 t_1 和 t_2，联立求解下面的方程组，即可得 T 和 τ。

$$\begin{cases} t_1=\tau+\dfrac{T}{3} \\ t_2=\tau+T \end{cases} \tag{2-36}$$

2.3.3　二阶对象特性参数的确定

在用一阶纯滞后模型拟合阶跃响应曲线时，作图法和两点法都存在一定的随意性。如果得到的结果不理想，可以考虑采用二阶对象模型来拟合。由于二阶对象是由两个一阶环节组成的，因此，可以期望拟合得更好。在这种情况下，数学模型具有以下结构形式：

$$T_1T_2\frac{d^2y(t)}{dt^2}+(T_1+T_2)\frac{dy(t)}{dt}+y(t)=Kx(t) \tag{2-37}$$

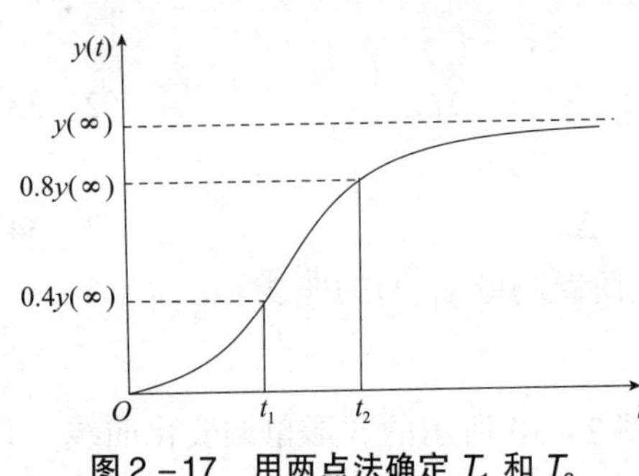

图2-17 用两点法确定 T_1 和 T_2

其中，K 的求法与式(2-35)完全相同，时间常数 T_1 和 T_2 则可利用两点法求取。经验表明，取输出最终变化量的40%和80%点来拟合结果比较理想。如果这两点分别对应于时间 t_1 和 t_2，如图2-17所示，则可以运用如下联立方程近似计算 T_1 和 T_2：

$$\begin{cases} T_1+T_2\approx\dfrac{t_1+t_2}{2.16} \\ \dfrac{T_1T_2}{(T_1+T_2)^2}\approx1.74\dfrac{t_1}{t_2}-0.55 \end{cases} \tag{2-38}$$

式(2-38)适用于 $0.32<\dfrac{t_1}{t_2}<0.46$ 的二阶对象环节。

当 $\dfrac{t_1}{t_2}=0.32$ 时，$T_2=0$，此时可用一阶对象环节来近似，其时间常数 T_1 为：

$$T_1=\frac{t_1+t_2}{2.16} \tag{2-39}$$

当 $\dfrac{t_1}{t_2}=0.46$ 时，$T_1=T_2=T$，对象的数学模型可表示成如下形式：

$$T^2\frac{d^2y(t)}{dt^2}+2T\frac{dy(t)}{dt}+y(t)=Kx(t)$$

其中
$$T=\frac{t_1+t_2}{2\times2.16} \tag{2-40}$$

而当 $\dfrac{t_1}{t_2}>0.46$，或用二阶对象模型仍然不能较好地拟合测试的阶跃响应曲线时，则只可用更高阶的对象模型拟合。

2-1　何谓对象特性？为什么要研究对象特性？

2-2　通道和干扰通道是如何定义的？

2-3　简要说明机理建模法和实测建模法的特点。

2-4　试分别阐述有自衡能力对象或无自衡能力对象的性质，并举例说明。

2-5　已知一个对象为一阶对象，其时间常数为5，放大系数为10，试写出描述该对象特性的一阶微分方程式。

2-6　为什么说放大系数 K 描述了对象的静态特性，而时间常数 T 则反映的是对象的动态特性？

2-7　简述时间常数 T 的物理意义，试分别说明当对象受到阶跃输入作用后，$t=T$、

$2T$、$3T$ 时输出变量达到新稳态值的程度。

2－8　简述造成对象的纯滞后和测量滞后的原因及其对调节过程的影响。

2－9　带有滞后对象的动态特性与无滞后对象的动态特性是否相同？数学模型的表现形式有何不同？试举例说明。

2－10　反映对象特性的参数有哪些？它们对自动控制系统有怎样的影响？

2－11　实验测试对象特性有何重要意义？

2－12　为确定某对象的动态特性，试验测得其响应曲线如图2－18所示。

(1)试判断被控对象有无“自衡”能力。

(2)根据图中给定的数据，试估算该对象的特性参数(K，T，τ)值。

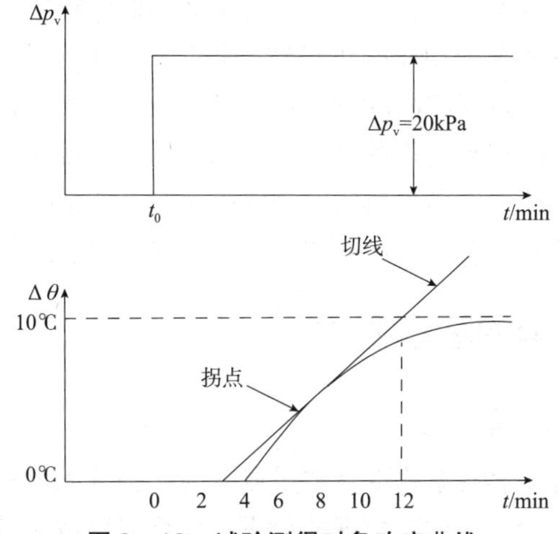

图2－18　试验测得对象响应曲线

2－13　为了测定重油预热炉的对象特性，在某瞬间(假定为 $t_0=0$)突然将燃料气量从2.5t/h增加到3t/h，重油出口温度记录得到的阶跃响应曲线如图2－19所示。试写出描述该重油预热炉特性的微分方程式(分别以温度变化量与燃料量变化量作为输出量与输入量)，并解出燃料量变化量为阶跃函数时的温度变化量的函数表达式。

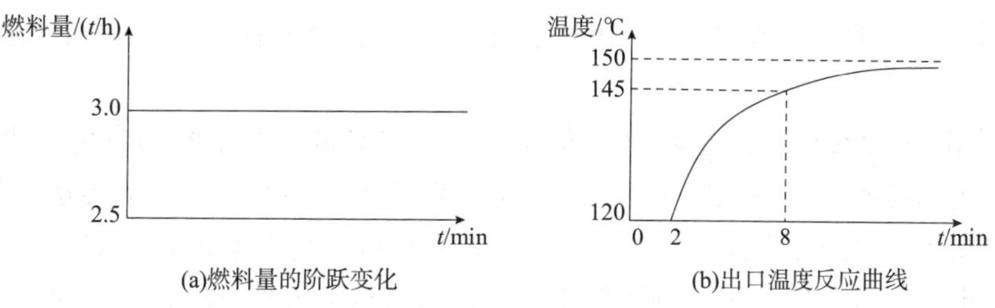

图2－19　重油预热炉的阶跃响应曲线

第 3 章　过程测量仪表

过程测量仪表主要用于对连续生产过程中温度、压力、流量、液位和成分等参数的测量和获取，它是过程工业实现自动化的最基本工具，已经在各行各业得到广泛应用。通过过程测量仪表检测到的过程参数信息，可以及时又准确地反映生产运行状况，从而为现场工作人员操作及自动控制系统的动作提供可靠的依据。这对于保证生产安全平稳地运行、提高产品质量以及实现工业过程的高度自动化都具有极其重要的意义。

过程参数检测是生产过程自动化系统中的难题之一，到目前为止，许多过程参数仍然不能被准确地在线测量和获取。各种新的检测仪表还在不断地研究和发展中。本章仅对一些比较成熟且在过程工业中有普遍应用的检测技术及测量仪表进行讨论。

3.1　测量仪表中的基本概念

3.1.1　测量过程及测量仪表

测量是人类对自然界中客观事物取得数量概念的一种认识过程。在这一过程中，人们借助于专门工具，通过试验和对试验数据的分析、计算求得被测量的值，从而获得对于客观事物的定量概念和内在规律的认识。可以说，测量就是取得任一未知参数值而进行的全部工作。

常用的测量仪表有检测元件、传感器和变送器。

(1)检测元件是能够灵敏地感受被测变量并做出响应的元件。为了获得被测变量的精确数值，检测元件的输出响应与输入被测变量之间最好是单值函数。如果是线性关系，则更便于应用，即使是非线性关系，只要这种关系不随时间而变化，也可以满足检测的要求。

(2)传感器不但对被测变量敏感，而且具有把它对被测变量的响应传送出去的能力。也就是说，传感器不只是一般的敏感元件，它的输出响应还必须是易于传送的物理量。由于它的信号更便于远传，因此，绝大多数传感器的输出是电量形式，如电压、电流、电阻、电感、电容和频率等。也可利用气压信号传送信息，这种方法在抗电磁干扰和防爆安全方面比电传感器要优越，但投资大，传送速度低。

(3)变送器是从传感器发展起来的，凡是能输出标准信号的传感器就可称为变送器。标准信号是指在物理量的形式和数值范围等方面都符合国际标准的信号。例如，4 ~ 20mA 的直流电，20 ~ 100kPa 的空气压力都是当前通用的标准信号，它与被测参数的性质和测量范围无关。我国目前在生产过程控制中还有不少变送器以 0 ~ 10mA 直流信号为输出信号。输出标准信号的变送器能与其他标准单元仪表组成检测和控制系统。

过程工业中所用的测量方法虽然种类繁多，但从测量过程的本质来看，主要有两个过程。一是将被测参数进行一次或多次能量形式的变换和传递；二是将变换后的被测参数与同性质的标准量进行比较。

一个过程检测系统包括检测环节、变换传送环节和显示环节三大部分，如图3－1所示。

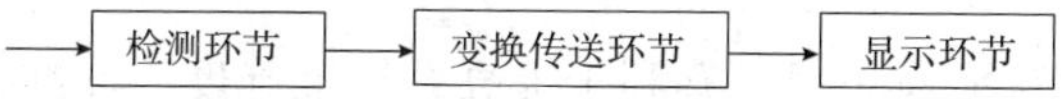

→ 检测环节 → 变换传送环节 → 显示环节

图3－1 过程检测系统的组成

检测环节直接与被测量联系，感受被测量的变化，并将其转换成适于测量的电量或机械量信号；检测环节主要由检测元件来实现。变换传送环节将检测环节产生的可测信号经过变换处理后传送给显示环节。传感器和变送器都用于变换传送环节，有时甚至包括检测环节。显示环节将获得的被测量与相应的标准量进行比较，并最终以指针位移、数字或图形、曲线等方式表现出来，以便观察者读取。

3.1.2 检测系统的基本特性及性能指标

检测系统的基本特性是指检测系统输出与输入的关系。其基本特性包括静态特性和动态特性。检测系统的静态特性是指当系统输入量处于不随时间变化的状态时，输出与输入之间的关系。检测系统的动态特性是指当系统的输入量处于随时间变化的状态时，输出与输入之间的关系。检测系统的性能指标很多，工程上常用以下几个指标衡量仪表或系统的品质。

1. *灵敏度 S*

灵敏度 S 表征检测仪表对被测量变化反应的灵敏程度。它常以仪表稳定后，仪表的输出变化量 Δy 与输入变化量 Δx 之比来表示。即：

$$S=\frac{\Delta y}{\Delta x} \tag{3-1}$$

可以看出，在相同输入信号时，灵敏度高的仪表会产生较大的输出。对于线性仪表，灵敏度是仪表输入输出曲线的斜率，为常数。对于非线性仪表，灵敏度是变化的。

灵敏度实质上是一个放大倍数，它具有可传递性，对于由多个仪表串联构成的检测系统，其总的灵敏度是各个仪表灵敏度之积。

灵敏限，又称分辨率，是反映检测仪表灵敏程度的另一指标。它是指引起仪表输出发生可见变化的最小输入量，即相当于一个分度值。它说明检测仪表响应与分辨输入量微小变化的能力。在数字式仪表中，是指最后一位有效数字加1时，相应输入参数的改变量，常用多少位数来表示分辨能力。

2. *变差(回差)*

变差，又称回差，是指在外界条件不变的情况下，检测仪表在全量程范围内，对应同一被测量的正行程和反行程输出值间的最大差值。其数值可用同一被测量对应的输出值间的最大差值 Δ''_{max} 与检测仪表的满度值 $Y_{F.S}$ 之比的百分数表示：

$$变差=\frac{\Delta''_{max}}{Y_{F.S}}\times 100\% \tag{3-2}$$

产生变差的原因主要是运动部件的摩擦、弹性元件的弹性滞后、制造工艺上的缺陷所带来的间隙、元件松动等。

3. *线性度(非线性误差)*

理论上具有线性特性的检测仪表由于各种因素的影响，使其实际特性偏离了线性。线性度就是测量检测仪表输出与输入之间偏离线性程度的一个指标。用非线性误差来表示，即是实际值与理论值之间的绝对误差的最大值，Δ'_{max}与仪表满度值$Y_{F.S}$之比的百分数。

$$非线性误差=\frac{\Delta'_{max}}{Y_{F.S}}\times 100\% \tag{3-3}$$

为了便于信号间的转换与实现，有利于提高系统准确度，非线性误差越小越好，即希望系统具有良好的线性特性。

4. 准确度

准确度，又称精度，是衡量检测仪表测量精确性的主要指标。由精度可直接估计结果偏离真值的程度。仪表的准确度通常用误差的大小来表示。

下面介绍几种误差的表示方式。

(1)绝对误差Δx

绝对误差为检测仪表的输出值x与被测参数的真值x_0之间的代数差值。即：

$$\Delta x=x-x_0 \tag{3-4}$$

由于真值不能得到，实际上用约定真值来代替。通常将标准仪表(准确度等级更高的仪表)的测量结果作为约定真值。

(2)示值相对误差γ

示值相对误差，简称相对误差，是指仪表的绝对误差与约定真值之比的百分数。即：

$$\gamma=\frac{\Delta x}{x_0}\times 100\% \tag{3-5}$$

当测量误差很小时，示值相对误差γ可近似计算为

$$\gamma=\frac{\Delta x}{x}\times 100\% \tag{3-6}$$

示值相对误差只能说明不同测量结果的准确程度，不能用来衡量检测仪表本身的质量。

(3)引用误差q

引用误差是指仪表的绝对误差Δx与仪表的量程L之比的百分数。即：

$$q=\frac{\Delta x}{L}\times 100\% \tag{3-7}$$

(4)最大引用误差q_{max}

最大引用误差，又称满量程相对误差，是指仪表的绝对误差的最大值Δx_{max}与仪表的量程L之比的百分数。即：

$$q_{max}=\frac{\Delta x_{max}}{L}\times 100\% \tag{3-8}$$

式中，$L=x_{max}-x_{min}$，x_{max}、x_{min}分别为测量上限值与测量下限值。

(5)仪表基本误差

标准条件下，仪表在全量程范围内输出值误差中绝对值最大者称为仪表基本误差。仪表基本误差是表征仪表准确度的一个重要指标，仪表的其他误差定义也以此为基础。最大引用误差是仪表基本误差的主要形式。

(6)允许误差

允许误差是仪表制造厂为保证仪表不超过基本误差而设的限值。把这个限值与仪表的

量程 L 之比的百分数称为仪表的允许误差。即：

$$q_{允} = \pm \frac{\Delta_{允}}{L} \times 100\% \tag{3-9}$$

按照国家有关标准，仪表的准确度划分为若干等级，即准确度等级 G。仪表的允许误差去掉"±"号及"%"号后的数值即为仪表的准确度等级。国家标准规定所划分的等级有：…0.05，0.1，0.25，0.5，1.0，1.5，2.5，4.0…

准确度等级的数字越小，仪表的准确度就越高，或者说仪表的测量误差越小。

【例 3-1】 某台测温仪表，其测量范围为 100～600℃，经检验发现仪表的基本误差为 ±6℃，试确定该仪表的准确度等级。

解 该仪表的最大引用误差为：

$$q_{max} = \frac{\pm 6}{600-100} \times 100\% = \pm 1.2\%$$

如果将该仪表的最大引用误差去掉"±"号和"%"号后，其数值为 1.2。国家规定的精度等级中没有 1.2 级的仪表，该仪表的最大引用误差大于 1.0 级仪表的允许误差（±1.0%），因此，该仪表的准确度等级为 1.5 级。

仪表基本误差越小，准确度越高；当基本误差不变时，仪表量程越大，准确度越高，反之越低。

5. 动态响应特性

前面介绍的各种仪表误差或仪表准确度等都是指仪表的稳态（静态）特性。检测系统的动态响应特性则反映系统输出值同被测参数随时间变化的能力。一般是给系统输入一个单位阶跃，并给定初始条件，根据系统输出值变化状态及达到或接近稳定位的时间进行评价。对于一阶系统，规定系统的输出值变化量达到稳定值的 63.2% 所需时间为系统的响应时间，通常称为时间常数，用 T 表示，时间常数越小，动态响应特性越好。

6. 其他性能指标

（1）测量范围

测量范围是指检测装置能够正常工作的被测量范围。此范围的最小值和最大值分别称为测量下限和测量上限。

（2）稳定性

稳定性包括两方面：一是时间稳定性，它表示在保持输入信号不变时，系统输出值由于时间的变化而出现的变化量，如电子元件的老化；二是条件稳定性，它表示在保持输入信号不变时，系统输出值由于某个条件的变化而出现的变化量，如放大线路因温度变化出现的温漂、热电偶电极的污染等。

需要指出的是，对性能指标不应过分追求，而是要根据工艺生产的实际需要，经济合理地选用。

3.2 温度测量

3.2.1 概述

温度是表示物体冷热程度的物理量，是工业生产过程中最常见、最基本的参数之一。物质的化学变化和物理变化大都与温度有关，许多生产过程都要求在一定温度条件下进行。温度的变化直接影响生产的产量、质量、能耗和安全。温度的检测在工业生产和过程控制中占有极为重要的地位。

自然界的许多物质的物理特性如长度、电阻、热电势及辐射能等都随温度而变化。温度测量就是利用物质的这些特性，通过测量某些物理参数的变化量来间接地获得温度值。

在工业生产中，温度的测量范围很广，所用的温度测量方法也很多，各种测量方法在工作原理上有较大差别。从测量元件与被测介质是否接触的角度来看，可将温度测量仪表分为接触式和非接触式两大类。

(1)接触式测温是使感温元件直接与被测物体接触。在两种不同温度的物体相互接触的过程中，由于它们之间有温差存在，热量就会从高温物体向低温物体传递。在足够长的时间内两者达到热平衡，此时，两个物体的温度相等。如果其中之一是被测物体，另一个为温度计的感温元件，则感温元件就反映了检测物体的温度，从而实现了对被测物体的温度测量。

接触式测温仪表比较简单、可靠、测量精度高。但由于感温元件在热交换过程中达到热平衡的时间较长，因而产生了测量滞后现象。而且由于感温元件可能与被测物体产生化学反应，因此，不适宜直接对腐蚀性介质测温。另外，因受到耐高温材料的限制，不能用于极高温物体的测量。

(2)非接触式测温是感温元件与被测物体互不接触，利用物体的热辐射(或其他特性)，通过对辐射能量的检测实现温度测量。

非接触式测温仪表理论上测温范围可以从超低温到极高温，不破坏温度场，测温速度也较快，但这种仪表易受测温现场粉尘、水汽等因素的影响，测量误差较大，且结构较复杂，价格较高。

表 3 –1 列出了各种常见测温仪表及其性能。目前在工业生产过程应用最为广泛的是利用热电偶和热电阻作为感温元件的测温仪表。下面重点对这两种测温仪表进行讨论。

表 3 –1　常见测温仪表及其性能

测温方式	测温原理		测温仪表名称	测温范围/℃	特点及应用场合
接触式测温仪表	体积变化	固体热膨胀	双金属温度计	–50 ~ +600	结构简单，使用保养方便，与玻璃液体温度计相比，坚固、耐振、耐冲击、体积小，但精度低，广泛用于有振动且精度要求不高的机械设备上，并可直接测量气体、液体、蒸汽的温度
		液体热膨胀	玻璃液体温度计	–30 ~ +600 水银 –100 ~ +150 有机液体	结构简单，使用方便，价格便宜，测量准确，但结构脆弱，易损坏，不能自动记录和远传，适用于生产过程中和实验室中各种介质温度就地测量
		气体热膨胀	压力式温度计	0 ~ +500 液体型 0 ~ +200 蒸汽型	机械强度高，不怕振动，输出信号可以自动记录和控制，但热惯性大，维修困难，适用于测量对铜及铜合金没有腐蚀作用的各种介质的温度

续表

测温方式	测温原理		测温仪表名称	测温范围/℃	特点及应用场合
接触式测温仪表	电阻变化	金属热电阻	铜电阻、铂电阻等	−200 ~ +850 铂电阻 −50 ~ +150 铜电阻 −50 ~ +180 镍电阻	测量范围宽，物理化学性能稳定，测量精度高，输出信号易于远传和自动记录，适用于生产过程中测量各种液体、气体、蒸汽介质温度
		半导体热敏电阻	锗、碳、金属氧化物热敏电阻	−90 ~ +200	变化灵敏，响应时间短，机械性能强，但复现性和互换性差，非线性严重，常用于温度补偿元件
	热电效应	金属热电偶	铂铑30－铂铑6、铂铑－铂、镍铬－镍硅、铜－康－铜等热电偶	−200 ~ +1600	测量精度较高，输出信号易远传和自动记录，结构简单，使用方便，测量范围宽，但输出信号和温度示值呈非线性关系，下限灵敏度较低，需冷端温度补偿。广泛应用于化工、冶金、机械等部门的液体、气体、蒸汽等介质的温度测量
		难熔金属热电偶	钨铼、钨－钼、镍铬－金铁热电偶	0 ~ 2200 −270 ~ 0	钨铼系列及钨－钼系列热电偶可用于超高温的测量，镍铬－金铁热电偶可用于超低温的检测，但未进行标准化，因而使用时需特别标定
非接触式测温仪表	辐射测温	辐射法	辐射式高温计	+20 ~ +2000	全辐射式温度计结构简单，结实价廉，反应速度快，但测量误差较大；部分辐射式高温计结构较复杂，测量精度及稳定性较高。输出信号均可自动记录及远传。适宜测量静止或运动中不宜安装热电偶的物体的表面温度
		亮度法	光学高温计	+800 ~ +2000	测量精度高，使用方便，但测量结果容易引入人为的主观误差，无法实现自动记录，广泛应用于金属熔炼、浇铸、热处理等不能直接测量的高温场合
		比色法	比色高温计	+50 ~ +2000	仪表示值准确

3.2.2 热电偶温度计

热电偶温度计是以热电效应为基础的测温仪表，它以热电偶作为测温元件，再配以连接导线和显示仪表或测量仪表。该类测温仪表不仅结构简单，使用方便，测量范围广，测温准确可靠，而且能够将测量信号进行远程传输，便于实现远程监视和自动控制。热电偶温度计是工业生产过程中应用最广泛的测温仪表。

1. 热电偶测温的基本原理

热电偶由具有不同导电特性的两种材料焊接而成。如图 3－2 所示，焊接的一端直接插入被测介质中，感受温度的变化，称为热电偶的工作端，又称热端；另一端与传输导线相连，称为参比端，又称冷端；组成热电偶的两根导体称为热电极。

实验表明，如果将两种不同材料的金属导线 A 和 B 连成如图 3－3 所示的闭合回路，并将接点一端放入温度为 t 的热源中，使其温度高于另一接点处的温度 t_0，则在该闭合回路中就有电流通过，即有热电势产生，我们把这种现象称为热电效应或塞贝克效应。

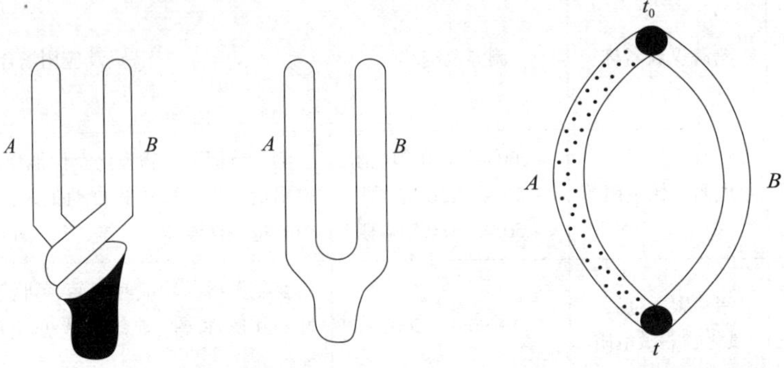

图3－2 热电偶示意　　图3－3 热电偶回路

从物理学的角度分析，热电偶回路中产生的热电势主要是由两种金属在不同温度下的接触造成的。A 和 B 两种导体接触时，由于两种导体的自由电子密度不同，在交界面上便产生电子的互相扩散运动。假如导体 A 中的自由电子密度大于导体 B 中的自由电子密度，则在开始接触的瞬间，由导体 A 向导体 B 扩散的电子数将比由导体 B 向导体 A 扩散的电子数多，因而使导体 A 失去较多的电子而带正电荷，导体 B 得到较多的电子而带负电荷，致使在导体 A、B 接触处产生电场，而这种电场成为电子进一步扩散的阻力，最终两者达到平衡。这时 A、B 两导体间就形成了一个接触电势差。电势差的正极为电子密度大的导体，负极为电子密度小的导体，这个电势差的大小取决于两种导体的材料特性和接点的温度，而且接点的温度越高，自由电子越活跃，形成的电势差就越大。我们把在温度 t 下的接触电势差记作 $e_{AB}(t)$，下标中 A 表示正极金属，B 表示负极金属。

由于在闭合回路中有两个接点，因而就有两个方向相反的热电势，设两个接点的温度分别为 t 和 t_0，则它的等效原理如图3－4所示。图中，R_1、R_2 分别为正极和负极金属导体的等效电阻。这样，在整个闭合回路中总的热电势 $e_{AB}(t,\ t_0)$ 应为热电偶两接点处热电势的代数和，即：

$$E_{AB}(t,\ t_0)=e_{AB}(t)-e_{AB}(t_0) \tag{3-10}$$

式(3－10)表明，热电偶回路的热电势与组成热电偶的两种导体材料及2个接点的温度有关。当两种导体材料确定后，回路的热电势大小就只与两个接点的温度有关。如果将冷端温度 t_0 保持恒定，则 $e_{AB}(t_0)$ 为一个常数，那么回路中总的热电势 $E_{AB}(t,\ t_0)$ 就成为工作端温度 t 的单值函数。这样，只要测出回路中总的热电势，就能确定测量点的温度。这就是利用热电偶测温的基本原理。

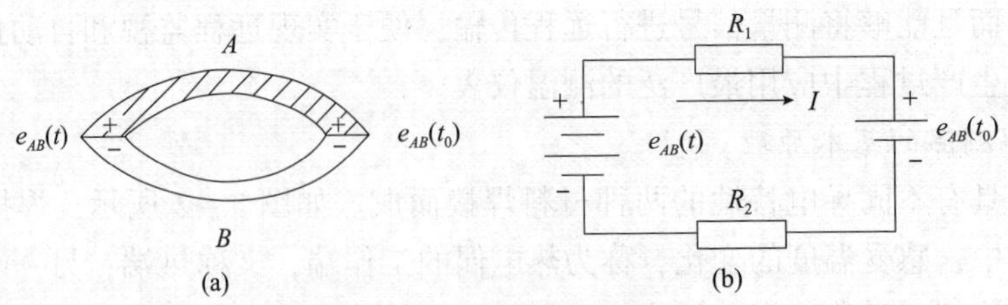

图3－4 热电偶等效原理

从上述分析可以得出以下结论：

①热电偶回路总的热电势只与组成热电偶的两种电极材料及两端温度有关，而与热电极的几何形状和尺寸无关。

②只有当热电偶两端温度不同时，才能产生热电势，而当两端温度相同时，回路热电势等于0。

③只有用两种不同材料的导体才能构成热电偶，当两个热电极材料相同时，热电偶回路的热电势始终等于0。

在实际应用中，为了测量热电偶回路中的热电势，总要在热电偶与测量仪表之间增加连接导线，如图3－5所示。这样就在AB组成的热电偶回路中加入第三种导体，并构成了新的接点。这种情况是否会影响热电偶回路的热电势呢？下面就此情况进行分析。

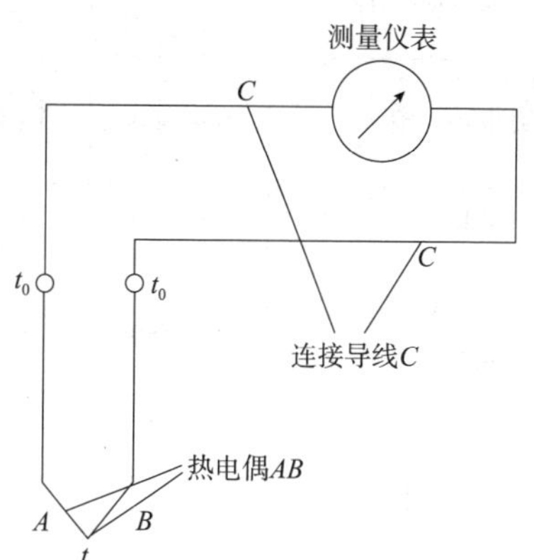

图3－5　热电偶测温示意

在图3－5的测温回路中共有三个接点，且这三个接点的接触电动势分别表示为$e_{AB}(t)$、$e_{BC}(t_0)$、$e_{CA}(t_0)$，则回路中总的热电势$E_{ABC}(t_0)$为

$$E_{ABC}(t, t_0)=e_{AB}(t)+e_{BC}(t_0)+e_{CA}(t_0) \tag{3-11}$$

假设导体C与A及B的接点温度相同。根据热电偶测温原理，当不同金属组成闭合回路时，只要回路中各接点的温度相等，则总的热电势等于0，则有：

$$e_{AB}(t_0)+e_{BC}(t_0)+e_{CA}(t_0)=0$$

所以

$$e_{BC}(t_0)+e_{CA}(t_0)=-e_{AB}(t_0) \tag{3-12}$$

将式(3－12)代入式(3－11)中，得：

$$E_{ABC}(t, t_0)=e_{AB}(t)-e_{AB}(t_0)=E_{AB}(t_0)$$

由此可见，当在热电偶回路中接入第三种金属导体时，只要保证引入线两端的温度相同，则热电偶所产生的热电势保持不变。同理，可以证明，如果回路中串入更多种导线，只要引入线两端的温度相同，热电偶所产生的热电势将保持不变。

2. 常用热电偶的种类

根据热电偶测温原理，任何两种不同的金属或合金将其端点焊接起来，都可构成热电偶。实际上情况并非如此。为了满足测量需要，热电偶电极材料应满足以下要求：

①在使用范围内，物理、化学性能稳定。

②热电特性稳定，复现性好。

③热电势足够大，并且与温度呈线性或简单的函数关系。

④比热及电阻温度系数小，电导率高。

⑤材料组织均匀，有韧性，便于加工等。

根据国际电工委员会(IEC)的推荐，目前我国已经为8种热电偶制定了标准，这8种热电偶称为标准热电偶。各种标准热电偶的热电势与温度的对应关系可以从标准数据表(热电偶分度表)中查到。附录C给出了几种常见的热电偶分度表，各种热电偶也常用其分度号来称谓。表3－2中列出了标准热电偶的主要性能。

表3-2 标准热电偶的主要性能

热电偶名称	分度号	测温范围/℃		特点及应用场合
		长期使用	短期使用	
铂铑10-铂	S	0~1300	0~1600	热电特性稳定，抗氧化性强，测温范围广，测温精度高，热电势小，但线性差，价格贵。可作为基准热电偶，可用于精密测量
铂铑13-铂	R	0~1300	0~1600	与S型热电偶性能相似，只是热电势大15%左右
铂铑30-铂铑6	B	600~1600	600~1800	测量上限高，稳定性好，在冷端低于100℃时不用考虑度温度补偿问题，热电势小，线性较差，价格贵，使用寿命远高于S型热电偶
镍铬-镍硅	K	-200~1000	-200~1200	热电势大，线性好，性能稳定，价格便宜。抗氧化性能强，广泛应用于中高温测量
镍铬硅-镍硅	N	-200~1200	-200~1300	在相同条件下，特别是1100~1300℃高温条件下，高温稳定性及使用寿命较K型热电偶成倍提高，与S型热电偶相近，其价格仅为S型热电偶的1/10，在-200~1300℃范围内，有全面代替普通金属热电偶和部分代替S型热电偶的趋势
铜-铜镍（康铜）	T	-200~350		准确度高，价格便宜，广泛用于低温测量

除上述6种标准热电偶外，还有各种用于特殊场合的非标准热电偶。例如：镍铬-金铁热电偶是测量低温和超低温的理想测温元件；钨铼系列热电偶用于高温测量；某些非金属热电偶的测量上限可达2500℃。非标准热电偶在使用时需要单独校验。

3. 热电偶的结构

普通工业用热电偶的结构如图3-6(a)所示。主要包括4部分：热电偶、绝缘管、保护管和接线盒。

标准热电偶的热电极材料可参见表3-2。热电极的直径根据材料的价格、机械强度、导电率及用途和测温范围等因素确定，普通金属电极一般为0.5~3.2mm，贵金属电极一般为0.3~0.65mm。其长度视安装条件及插入深度而定，一般为350~2000mm。

绝缘管的作用是使两根热电极相互绝缘，并保持一定的机械强度。其材料种类很多，常用的有橡胶、珐琅、玻璃、石英、瓷、纯氧化铝等，可根据使用温度范围选用。

保护管的作用是使热电偶的热电极不直接与被测介质接触。它不仅可以保护热电极，延长其使用寿命，还可以支撑和固定热电极。常用的保护管材料有无缝钢管、不锈钢管、石英管、陶瓷管等。选用时通常根据测温范围、加热区长度、环境气氛及时间常数等条件来决定。

接线盒用于连接热电极和补偿导线，通常用铝合金制成。为了防止灰尘和有害气体进入热电偶保护管，接线盒的出线孔和盖子均用垫片和垫圈加以密封。

除普通结构的热电偶外，还有一些特殊结构的热电偶。如铠装热电偶，是将热电偶的两种材料外包围陶瓷粉末后，穿在不锈钢管中，拉成复合线材，如图3-6(b)所示。这是一种结构牢固、小型化、使用方便的特殊热电偶。这种热电偶的热惰性小，反应快，适用于快速测温或热容量很小的场合。由于其结构特殊，也适用于结构复杂、振动与冲击强烈及高压设备的测温。

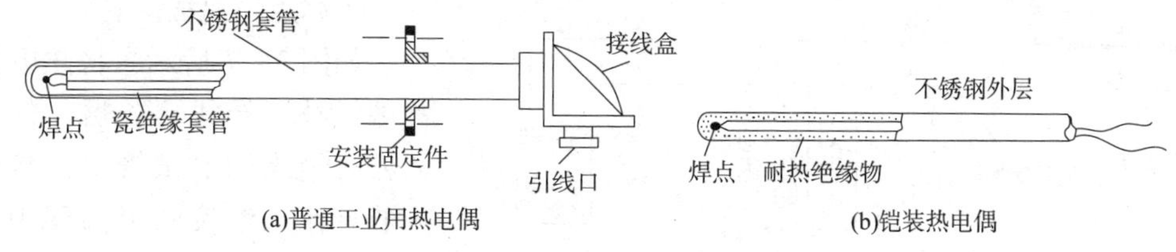

(a)普通工业用热电偶 (b)铠装热电偶

图3-6 热电偶典型结构

4. 热电偶补偿导线及冷端温度补偿

(1)补偿导线

根据热电偶测温原理，当热电偶冷端温度恒定时，热电势是被测温度的单值函数。在实际应用中，热电偶的热电极一般做得较短，热端和冷端靠得比较近，且冷端的温度还受到周围设备、环境温度的影响，因而冷端温度难以保持恒定。如果把热电偶延长并直接引到控制室就可能解决这个问题。但热电偶的热电极价格较贵，这样做很不经济。因此，工业上常采用补偿导线来代替。

补偿导线是用比两根热电极材料便宜得多的廉价金属材料制作而成，其在0~100℃范围内的热电性质与要补偿的热电偶的热电性质几乎完全相同，使用补偿导线犹如将热电偶延长，从而把热电偶的冷端延伸到离热源较远且温度相对恒定的地方。

在使用补偿导线时应注意：为了保证热电特性一致，补偿导线要与热电偶配套使用，极性不能接反，热电偶和补偿导线连接处两接点温度必须保持相同，以免引起测量误差。

常用热电偶的补偿导线见表3-3。

表3-3 常用热电偶的补偿导线

补偿导线型号	常用热电偶		补偿导线			
	名称	分度号	正极		负极	
			材料	颜色	材料	颜色
SC	铂铑10-铂	S	铜	红	铜镍0.6	绿
RC	铂铑13-铂	R	铜	红	铜镍0.6	绿
KC	镍铬-镍硅	K	铜	红	铜镍10	蓝
NX	镍铬硅-镍硅	N	镍铬14硅	红	镍硅4	蓝
EX	镍铬-铜镍(康铜)	E	镍铬10	红	康铜45	棕
JX	铁-铜镍(康铜)	J	铁	红	康铜45	紫
TX	铜-铜镍(康铜)	T	铜	红	康铜45	白

(2)冷端温度补偿

标准热电偶的分度表及与热电偶配套使用的显示仪表都是按热电偶的冷端温度为0℃时刻度的。尽管利用补偿导线将热电偶的冷端从温度较高和不稳定的地方延伸至温度低且相对恒定的地方，但冷端湿度并不为0℃，必然引入测量和指示误差。因此，在实际使用中，还必须采取一些冷端温度补偿措施。冷端温度补偿方法很多，下面介绍几种常用的补偿方法。

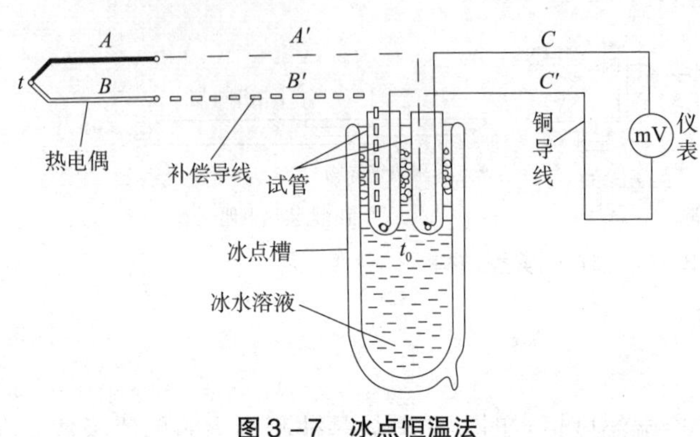

图3-7 冰点恒温法

①冰点恒温法。

如图3-7所示，将热电偶的冷端经补偿导线延长后，分别插入盛有绝缘油的试管中，然后放入装有冰水溶液的恒温器中，这样就可保证冷端温度在0℃。这种方法虽然准确，但不够方便，多用在实验室中。

②计算校正法。

根据热电偶的测温原理，当冷端温度 $t_0 \neq 0$℃时，可以利用以下修正公式计算热电偶的热电势：

$$E_{AB}(t, 0)=E_{AB}(t, t_0)+E_{AB}(t_0, 0) \tag{3-13}$$

式中，$E_{AB}(t, 0)$表示热电偶测量端温度为t(℃)，冷端温度为0℃时的热电势；$E_{AB}(t, t_0)$表示热电偶测量端温度为t(℃)，冷端温度为t_0(℃)时的热电势，即实际测得的热电势$E_{AB}(t, 0)$表示将冷端[温度t_0(℃)]当作工作端，0℃作为冷端时的热电势，该值可以直接查分度表求得，其中冷端温度t_0可以用另一支温度计(如水银温度计)测出。

求得$E_{AB}(t_0, 0)$后，根据热电势值再查对应的分度表，即可得到测量端温度的准确值。

【例3-2】 利用铂铑10-铂热电偶测量某一炉温，已知冷端温度$t_0=20$℃，测得的热电势$E(t, t_0)=9.819$mV，求被测炉温的实际值。

解 查铂铑10-铂热电偶分度表得$E(20℃, 0)=0.113$mV，则

$$E(t, 0)=E(t, 20℃)+E(20℃, 0)=9.819+0.113=9.932\text{mV}$$

再查铂铑10-铂分度表，对应9.932mV的温度为1030℃，此温度即为炉温的实际值。

因为热电偶的热电特性大都为非线性，所以必须将两个热电势相加后，再根据总的电势查分度表，求得所测的真实温度，不能采用温度直接相加的办法。如果求得的热电势$E(t, 0)$在分度表中不能直接查到，则可以采用内插法计算求得。

③补偿电桥法。

补偿电桥法是利用补偿电桥产生的不平衡电压来抵消热电偶回路冷端温度$t_0 \neq 0$℃带来的影响。补偿电桥的三个桥臂电阻R_1、R_2、R_3用电阻温度系数极小的锰铜丝制成，另一个桥臂电阻R_{Cu}则用电阻温度系数较大的铜丝制成，电桥与热电偶按图3-8的方式连接。测量时，补偿桥路与热电偶冷端具有相同温度。

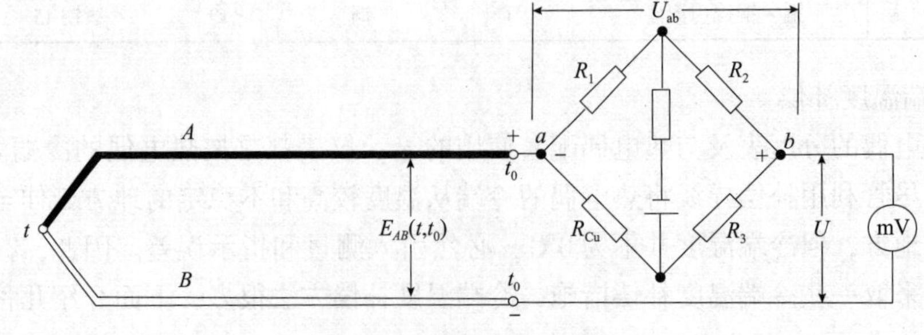

图3-8 补偿电桥原理图

如果设计时使 R_{Cu} 的阻值在某一温度（如0℃或20℃）下与 R_1、R_2、R_3 完全相同，则电桥处于平衡状态，此时 $U_{ab}=0$。当冷端温度升高时，R_{Cu} 值增加，电桥对角线此间就会产生一个随冷端温度变化而变化的不平衡电压 U_{ab}，这时 U_{ab} 与热电偶输出的热电势 $E_{AB}(t,\ t_0)$ 相叠加输入测量仪表。由于热电偶的热电势随冷端温度的升高而减小，只要选择合适的桥臂电阻和电势，就可使电桥产生的不平衡电压的值恰好抵消冷端温度波动对测量结果带来的影响。

与热电偶配套使用的仪表有电位差计、数字电压表、动圈仪表、自动平衡记录仪及数字温度计和温度变送器等。热电偶的缺点是必须保持冷端温度恒定，因受被测介质的影响或气氛的腐蚀作用，长期使用会使热电特性发生变化。

3.2.3 热电阻温度计

热电阻温度计是基于导体或半导体的电阻值随温度而变化的特性来测量温度的。它的最大特点是测量精度高，在测量500℃以下温度时，输出信号比热电偶大得多，不仅灵敏度高，而且稳定性好。因此，在国际[实用]温标（ITS－90）中规定自13.8～1034.93K均采用铂热电阻作为基准仪表，被广泛用于实验室的精密测温。由于热电阻温度计的输出为电信号，易于远传，而且不存在热电偶的冷端温度补偿问题，在工业生产过程的中低温（－200～650℃）测量中得到广泛应用。

热电阻温度计以热电阻为感温元件，并配以相应的显示仪表和连接导线。注意：为了防止连接导线过长时，导线的阻值随环境温度变化而变化给测量带来附加误差，热电阻连接导线应采用三线制接法。

1. 常用热电阻

工业中常用热电阻以金属热电阻为主。尽管许多金属的阻值都随温度而变化，但它们并不都是理想的热电阻材料。一般对金属热电阻有如下要求：电阻温度系数尽可能大而且稳定，物理和化学性能稳定，电阻率较高，复现性良好等。目前工业上常用的热电阻有铂电阻、铜电阻、镍电阻及半导体热敏电阻，其主要性能见表3－4。

表3－4 常用热电阻的主要性能

材质	分度号	0℃时的电阻值 R_0/Ω		测量范围/℃
		名义值	允许误差	
铜	Cu50	50	±0.1	－50～150
	Cu100	100	±0.1	
铂	Pt10	10	A级±0.006	－200～850
			B级±0.012	
	Pt100	100	A级±0.06	
			B级±0.12	
镍	Ni100	100	±0.1	－50～0 0～180
	Ni300	300	±0.3	
	Ni500	500	±0.5	

(1)铂电阻

铂是一种较理想的热电阻材料，在氧化性介质中具有很高的稳定性，在很宽的温度范围内都可以保持良好的性能。

铂电阻的使用范围为 -200 ~ 850℃。铂电阻的电阻值与温度之间的关系可采用下列公式描述：

$$R_t = R_0[1 + At + Bt^2 + Ct^3(t - 100)] \quad -200℃ \leqslant t \leqslant 0 \tag{3-14}$$

$$R_t = R_0[1 + At + Bt^2] \quad 0 \leqslant t \leqslant 850℃ \tag{3-15}$$

式中，R_t、R_0 分别为铂电阻在 t(℃)和 0℃时的电阻值，Ω；A、B、C 为常数，$A = 3.90802 \times 10^{-2}℃^{-1}$，$B = -5.802 \times 10^{-7}℃^{-2}$，$C = -4.2735 \times 10^{-12}℃^{-3}$。

工业铂电阻的公称电阻有 100Ω 和 10Ω 两种，分度号分别为 Pt100 和 Pt10。

(2)铜电阻

铜电阻的电阻温度系数大，容易提纯和加工，价格便宜，互换性好。其缺点是铜的电阻率小，为了保持一定阻值要求铜丝细而长，使铜电阻体积较大，机械性能较差。

铜电阻的使用温度范围为 -50 ~ 150℃，其电阻值与温度之间的关系可用式(3-16)描述：

$$R_t = R_0[1 + At + Bt^2 + Ct^3] \tag{3-16}$$

式中，R_t、R_0 分别为铜电阻在 t℃和 0℃时的电阻值，Ω；A、B、C 为常数，$A = 4.28899 \times 10^{-2}℃^{-1}$，$B = -2.133 \times 10^{-7}℃^{-2}$，$C = 1.233 \times 10^{-12}℃^{-3}$。

由于 B 和 C 很小，在某些场合，可用下面的线性关系式近似表示：

$$R_t = R_0(1 + at) \tag{3-17}$$

式中，a 为电阻温度系数，$a = 4.25 \times 10^{-2}℃^{-1}$。

工业用铜电阻的分度号为 Cu50 和 Cu100 两种，见附录 B。

(3)镍电阻

镍电阻的电阻率及温度系数比铂和铜大得多，因而有较高的灵敏度，且体积可做得较小。

镍电阻的使用温度范围为 -50 ~ 300℃，但当温度超过 200℃时，电阻温度系数变化较大。一般镍电阻使用温度范围为 -50 ~ 180℃。

(4)半导体热敏电阻

半导体热敏电阻，简称热敏电阻。半导体热敏电阻具有电阻温度系数大、电阻率高、机械性能好、响应时间短、寿命长、构造简单等特点。可根据实际需要制成体积较小、形状各异的产品。但半导体热敏电阻复现性差、互换性差，在作为测温元件与显示仪表配套使用时，需单独标定刻度。

热敏电阻的电阻值与温度之间呈严重非线性关系，而且具有负的温度系数，因此，广泛地作为温度补偿元件。各种标准热电阻与温度的对应关系可从标准分度表中查到，附录 B 给出了铂电阻和铜电阻的分度表。

2. 热电阻的结构

普通热电阻与普通热电偶外形结构基本相同，根本区别在于内部结构，即用热电阻体代替了热电极丝。热电阻体主要由电阻丝、引出线和支架组成，结构如图 3-9(a)所示。一般情况下，铂电阻体采用平板形结构，铜电阻体采用圆柱形结构，而实验室用的标准铂电阻体大多采用螺旋形结构。为了避免热电阻体通入交流电时产生感应电抗，热电阻体均采用双线无感绕法绕制而成，如图3－9(b)所示。

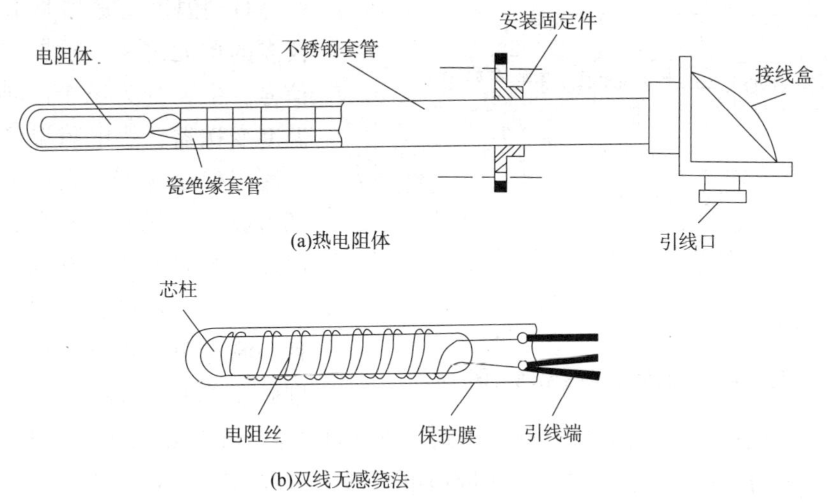

图3－9 普通热电阻结构

目前在工业上使用的热电阻除基型产品外，还有铠装热电阻。铠装热电阻是将感温元件装入不锈钢细管内，其周围用氧化镁粉末牢固充填。铠装热电阻与带保护管的热电阻相比，外径尺寸小、抗振、可绕、使用方便、测温响应快，以及适于安装在结构复杂的位置元件与被测介质隔离，使用寿命长。

3.2.4 温度测量仪表的选用

从工程应用角度来说，温度测量仪表的合理选择和正确安装使用十分重要。

1. 温度测量仪表的选择

温度测量仪表必须根据生产工艺要求和现场工作条件选择。首先，确定温度测量仪表的类型：选用接触式温度计还是非接触式温度计。非接触式温度计价格贵且精度低，只要工作条件允许应尽可能选用接触式温度计。其次，根据测温范围和精度要求合理地选择感温元件，通常在高温段选择热电偶，在低温段选择热电阻。最后，根据被测介质的性质合理地选择保护套管的材质、壁厚等以避免测温元件的损坏。

2. 正确安装

仪表安装位置一定要使测温点具有代表性，安装方向和深度要保证检测元件与被测介质有充分的接触；热电偶和热电阻接线盒的出线孔应向下，防止积水及灰尘落入造成不良影响，安装时应格外细心，避免机械损伤和变形，对于严重腐蚀、高温和强烈振动的工作环境还应考虑增加相应的保护措施；信号连接导线应尽量避开交流动力电线等。

3. 合理使用

选用热电偶时，要注意补偿导线与热电偶的连接极性不要接错，同时一定要考虑冷端温度补偿措施。选用热电阻时，应考虑三线制接法，检测元件与信号传输导线的连接要紧密，避免虚接。

3.2.5 温度变送器

温度变送器是与热电偶和热电阻配套使用的仪表。其主要作用是将温度检测元件热电偶、热电阻产生的弱电信号(毫伏信号或电阻信号)转换成统一的标准电信号(如4~20mA直流电流)作为显示或调节仪表的输入信号，以实现对温度及其他参数的自动显示和调节。

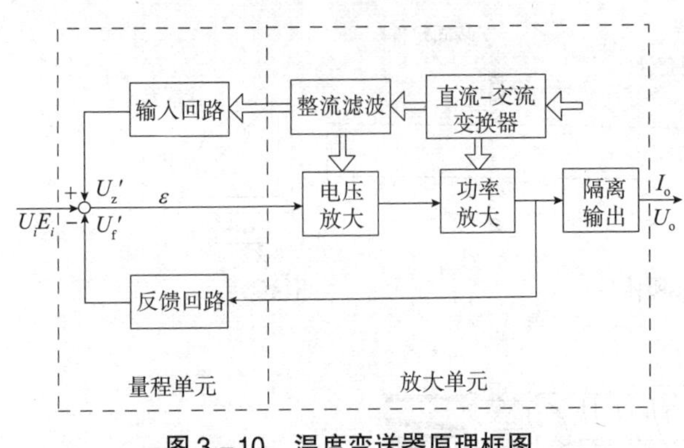

图3-10 温度变送器原理框图

Ⅲ型温度变送器是DDZ-Ⅲ型仪表的单元之一。根据不同的输入信号，主要分为三个品种：热电偶温度变送器、热电阻温度变送器和直流毫伏变送器。它们的线路结构都由放大单元和量程单元组成。其原理框图如图3-10所示。其中放大单元是通用的，量程单元则随品种和测量范围而异。这两个单元分别做在2块印制电路板上。

量程单元共有三种：直流毫伏量程单元、热电阻量程单元和热电偶量程单元。它们分别与三种Ⅲ型温度变送器相对应。各种量程单元都由输入回路和反馈回路两大电路组成，并且都具有零点迁移、量程调整和过流过压保护三个基本功能。此外，每种量程单元还有其特殊功能。直流毫伏量程单元反馈回路采用线性化电阻网络，使得输入输出之间呈线性关系，可以与任何提供线性直流毫伏输入的检测元件或传感器配套使用；热电阻量程单元和热电偶量程单元则分别采用不同的非线性反馈回路来弥补温度与检测信号的非线性关系，使变送器的输出与被测温度之间呈线性变化。热电偶量程单元的输入回路还具有冷端湿度补偿功能，热电阻量程单元的输入回路也考虑采用三线制接法。

放大单元由运算放大器、功率放大器、隔离输出回路及供电电路等组成。量程单元输出的毫伏电压信号经电压放大和功率放大，再由输出回路的整流滤波，最后得到4~20mA DC或1~5V DC的变送器输出。同时，输出电流又经隔离反馈部分，转换成反馈电压信号送至量程单元。

Ⅲ型温度变送器具有以下主要性能：

①采用低温漂、高增益的集成电路运算放大器件，使仪表具有良好的稳定性和可靠性，精度等级为0.5级。

②在热电偶和热电阻温度变送器中采用线性化电路，使得变送器的输出信号与被测量温度之间呈线性关系，便于与标准显示和记录仪表配套使用。

③线路中采用安全火花防爆措施，可用于危险场合中的温度和毫伏信号的测量，仪表常见的防爆等级有iaⅡCT_5和iaⅡBT_3两种。

④具有较大的量程调整范围和零点迁移量。直流毫伏变送器最小量程为3mV，最大量程为10mV，零点迁移量为-50~50mV。热电偶变送器最小量程为3mV，最大量程为60mV；零点迁移量为-50~50mV。热电阻变送器测温范围为-100~500℃。

⑤仪表的输入与输出回路之间，以及电源与输入输出回路之间均采用隔离措施，且在输入回路中设有断线报警功能。

3.2.6 一体化温度变送器

近年来，在测量仪表市场上出现了一种小型化的温度变送器。由于它采用了固态封装工艺，并且直接与热电偶和热电阻安装在一起，因此，人们把它称作一体化温度变送器。

一体化温度变送器可分为配热电偶的 SBWR 型和配热电阻的 SBWZ 型两类。它们大都采用专门化设计，即不同分度号的热电偶和热电阻需要与不同型号的变送器配对使用，而且不同厂家的产品在性能上差别很大。例如，输出信号有的为 0 ~ 10mA DC，有的为 4 ~ 20mA DC；有的采用线性补偿环节，有的则没有线性化措施；有的具有输入输出隔离措施，但大多数品种不带有隔离措施。有的量程和零点可调，有的则是固定的等。用户在选择这类仪表时，必须了解仪表的性能。

一体化温度变送器的主要特点如下：

①体积小巧紧凑，通常为直径几十毫米的扁柱体，直接安装在热电偶或热电阻的保护配管的接线盒中，不必占有额外空间，也不需要热电偶补偿导线或延长线。

②直接采用两线制传输，24V DC 电源供电，输出传输信号为 0 ~ 10mA DC 或 4 ~ 20mA DC 电流。与传递热电势相比，具有明显的抗干扰能力。

③不需要维护。整个仪表采用硅橡胶或树脂密封结构，能适用于较恶劣的工业现场环境，但仪表损坏后只能整体更换。

④表的量程较小，且量程和零点只能适当地进行微调，有的甚至不可调，因此通用性较差。

⑤表的精度与仪表的性能和质量关系较大，一般情况下，基本误差不超过量程的 ±0.5%。

⑥仪表的价格极为便宜，仅为标准Ⅲ型温度变送器的 1/3 左右。

3.2.7　智能温度变送器

智能温度变送器是新一代智能化仪表家族成员之一，它的核心部件是微处理芯片。由温度传感器检测到的微弱电信号，经模拟/数字转换器变成数字量后读入微处理器中。温度变送器各种功能(如零点迁移、量程调整、冷端温度补偿及线性化补偿等)都由微处理器以数字计算的处理方式来实现。“智能化”一词正是由此得来。

智能温度变送器仍以 24V DC 电源供电，输出信号依旧是模拟量的 4 ~ 20mA DC 电流信号。但是，在直流信号上叠加了脉冲信号，以便实现数字信息的远程传递和交换，通信距离可达 1500m。

为了与智能温度变送器进行数字通信，生产厂家提供便携式手持终端，带有小型键盘和液晶显示器。通过该设备，在控制室中就可直接对任何一台现场智能温度变送器进行查询，显示其测量结果的工程单位数字量和设定各种仪表的工作参数，而不必到现场。还可以用来修改仪表参数，改变检测元件的分度号、零点和量程，以及线性化规律等。

智能温度变送器的最大优点是一表多用，灵活方便。所有功能都是由数字编程方式实现的，一台智能温度交送器可以与任一种毫伏信号、热电偶信号或热电阻测温元件配套使用，而无须顾及仪表的分度号及测量范围。这些工作都可通过便携式手持终端对变送器“编程”加以解决。智能温度变送器具有广泛的通用性，并且仪表精度可达 0.1 级，甚至 0.05 级。随着工厂自动化水平的不断提高，智能温度变送器将会得到越来越多的应用。

3.3 压力测量

3.3.1 概述

压力的测量与控制在工业生产中极为重要，尤其在炼油和化工生产过程中，压力是关键操作参数之一。特别是在高压条件下操作的生产过程，一旦压力失控，超过了工艺设备允许的压力承受能力，轻则发生跑冒滴漏，联锁停车，重则发生爆炸，毁坏设备，引起火灾，甚至危及人身安全。压力的测量在生产过程自动化中，具有特殊的地位。

工程技术中所称的“压力”，实质上就是物理学中的“压强”，是指介质垂直均匀地作用于单位面积上的力。压力常用字母 p 表示，其表达式为：

$$p = F/S \tag{3-18}$$

式中，F 为作用力；S 为作用面积。

按照国家标准单位制(SI)的规定，压力的单位为帕斯卡，简称帕，符号 Pa，表示 1 牛顿力垂直均匀地作用在 1 平方米面积上形成的压力，即 $1Pa = 1N/m^2$。

长期以来，工程技术界广泛使用一些其他压力计量单位，短期内尚难完全统一。这些单位包括：工程大气压(at)、标准大气压(atm)、毫米汞柱(mmHg)、毫米水柱(mmH_2O)、巴(bar)、磅力/英寸^2(lbf/in^2)等，这些压力单位与“帕”之间的换算关系见表 3-5。

表 3-5 压力单位换算

单位	帕(牛顿/米^2) [Pa(N/m^2)]	巴(bar)	毫巴(mbar)	毫米水柱 (mmH_2O)	标准大气压 (atm)	工程大气压 (at)	毫米汞柱 (mmHg)	磅力/英寸^2 (lbf/in^2)
帕(牛顿/米^2) [Pa(N/m^2)]	1	1×10^{-5}	1×10^{-2}	1.019716×10^{-1}	0.986923×10^{-5}	1.019716×10^{-5}	0.750062×10^{-2}	1.450377×10^{-4}
巴(bar)	1×10^{5}	1	1×10^{3}	1.019716×10^{4}	0.986923	1.019716	0.750062×10^{3}	1.450317×10
毫巴(mbar)	1×10^{2}	1×10^{-3}	1	1.019716×10	0.986923×10^{-3}	1.01976×10^{-3}	0.750062	1.450377×10^{-2}
毫米水柱 (mmH_2O)	0.980665	0.098665×10^{-4}	0.980665×10^{-1}	1	0.967841×10^{-4}	1×10^{-4}	0.73556×10^{-1}	1.422334×10^{-3}
标准大气压 (atm)	1.01325×10^{5}	1.01325	1.01325×10^{3}	1.033227×10^{4}	1	1.033227	0.76×10^{3}	1.46959×10
工程大气压(at)	0.980665×10^{5}	0.980665	0.980665×10^{3}	1×10^{4}	0.967841	1	0.73556×10^{3}	1.422334×10
毫米汞柱 (mmHg)	1.333224×10^{2}	1.333224×10^{-3}	1.333224	1.35951×10	1.35951×10^{-3}	1.35951×10^{-3}	1	1.933677×10^{-2}
磅力/英寸^2 (lbf/in^2)	0.689476×10^{4}	0.689476	0.689476×10^{2}	0.70307×10^{3}	0.68046×10^{-1}	0.70307×10^{-1}	0.51715×10^{2}	1

注：①此表是以纵坐标为基准，读出横坐标相对应的数值。②表中各单位除帕、巴和毫巴以外，均规定重力加速度是以北纬 45°的海平面为标准，其值为 $9.80665m/s^2$。③用水柱表示的压力，是指水在 4℃，密度为 $1000kg/m^3$ 时的数值。

随着国家标准单位“帕”的推广，上述这些非法定压力计量单位，将会被逐渐废止。

在工程测量中，常用的压力表示方式有3种，即绝对压力、表压力、负压力(或真空度)。绝对压力是指物体实际所承受的全部压力。表压力是指由压力表测量得到的指示压力。表压力是一个相对压力，它以环境大气压力为参照点，实质上是绝对压力与环境大气压力的差压。在工程中我们习惯把绝对压力高于环境大气压力的差压称为表压，而把绝对压力低于环境大气压力的差压称为负压(或真空度)。它们之间的关系为：

$$p_{表压} = p_{绝对} - p_{大气}$$

$$p_{真空} = p_{大气} - p_{绝对}$$

在工程实际中所说的压力通常是指表压，即压力表上的读数，负压(或真空度)则是指真空表上的读数。如果用 p_{ab} 表示绝对压力，用 p_e 表示表压，用 p_v 表示负压(或真空度)，用 p_{atm} 表示环境大气压力，用 Δp 表示任意2个压力之差，则它们之间的相互关系如图3－11所示。

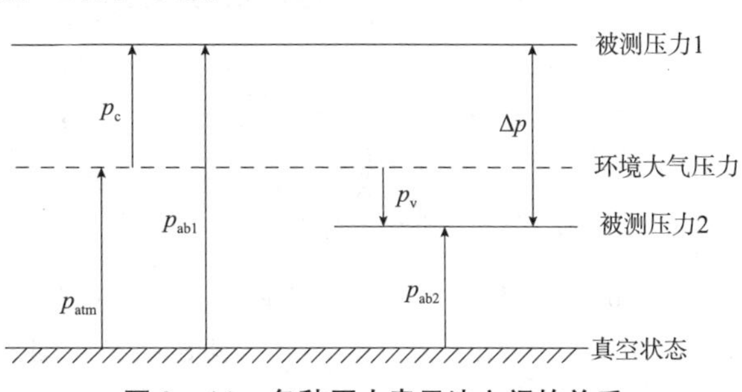

图3－11　各种压力表示法之间的关系

测量压力的仪表种类很多，按其转换原理可大致分为以下4种。

1. 液柱式压力表

液柱式压力表是根据静力学原理，将被测压力转换成液柱高度来测量压力的。这类仪表包括U形管压力计、单管压力计、斜管压力计等。常用的测压指示液体有酒精、水、四氯化碳和水银。这类仪表的优点是结构简单，反应灵敏，测量精确；缺点是受到液体密度的限制，测压范围较窄，在压力剧烈波动时，液柱不易稳定，而且对安装位置和姿势有严格要求。液柱式压力表一般仅用于测量低压和真空度，多在实验室中使用。

2. 弹性式压力表

弹性式压力表是根据弹性元件受力变形的原理，将被测压力转换成元件的位移来测量压力的。常见的有弹簧管压力表、波纹管压力表、膜片(或膜盒)式压力表。这类测压仪表结构简单，牢固耐用，价格便宜，工作可靠，测量范围宽，适用于低压、中压、高压多种生产场合，是工业中应用最广泛的一类测压仪表。不过弹性式压力表的测量精度不是很高，且多数采用机械指针输出，主要用于生产现场的就地指示。当需要信号远传时，必须配上附加装置。

3. 活塞式压力计

活塞式压力计是利用流体静力学中的液压传递原理，将被测压力转换成活塞上所加砝码的重量进行压力测量的。这类测压仪表的测量精度很高，允许误差可达到0.02%～0.05%，普遍用作标准压力发生器或标准仪器，对其他压力表或压力传感器进行校验和标定。

4. 压力传感器和压力变送器

压力传感器和压力变送器是利用物体某些物理特性，通过不同的转换元件将被测压力转换成各种电量信号，并根据这些信号的变化来间接测量压力的。根据转换元件的不同，压力传感器和压力变送器可分为电阻式、电容式、应变式、电感式、压电式、霍尔片式等形式。这类测压仪表的最大特点就是输出信号易于远传，可以方便地与各种显示、记录和调节仪表配套使用，从而为压力集中监测和控制创造条件。在生产过程自动化系统中被大量采用。

3.3.2 弹性式压力表

弹性式压力表利用弹性元件在被测压力作用下产生弹性变形的原理度量被测压力。一般弹性压力表中所用感受压力的元件有膜片、波纹管、弹簧管等，如图 3 – 12 所示。膜片、波纹管等弹性元件一般用于测量中低压及微压；而弹簧管既可测量中、高压，也可做成测量真空度的真空表，因而应用最为广泛。下面仅介绍弹簧管压力表。

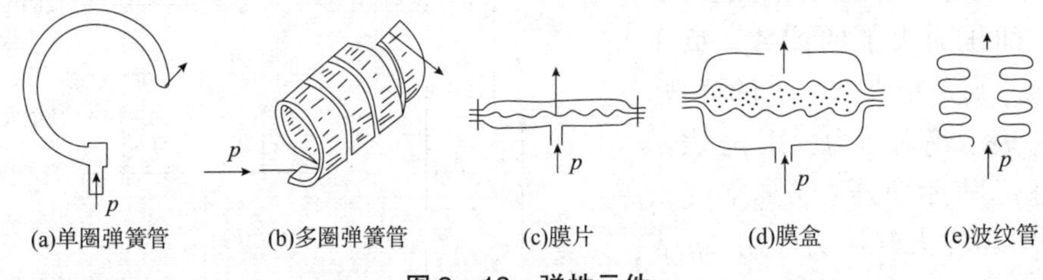

图 3 – 12 弹性元件

单圈弹簧管压力表的测量元件是一个弯成圆弧形的空心管子。如图 3 – 13 所示，其截面一般为扁圆形或椭圆形，管子自由端封闭，作为位移输出端，另一端固定，作为被测压力的输入端。当被测压力从输入端通入后，由于椭圆形截面在压力 p 的作用下将趋于圆形，因而弯成圆弧形的弹簧管随之产生向外挺直的扩张变形。其自由端就从 B 移到 B'，从而将压力变化转换成位移量。压力越大，位移量越大。

弹簧管压力表的结构如图 3 – 14 所示。被测压力 p 通入后，弹簧管的自由端向右上方挺直扩张，自由端 B 的弹性变形位移经连杆使扇形齿轮做逆时针转动，与扇形齿轮啮合的中心齿轮做顺时针转动，从而带动了同轴指针，在面板的刻度尺上显示出被测压力 p 的数值。由于在一定范围内，自由端位移与被测压力之间具有比例关系，因此弹簧管压力表的刻度标尺是线性的。

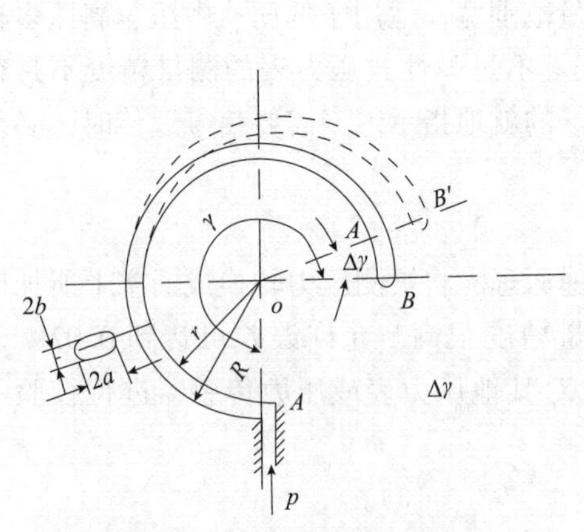

图 3 – 13 弹簧管测压原理

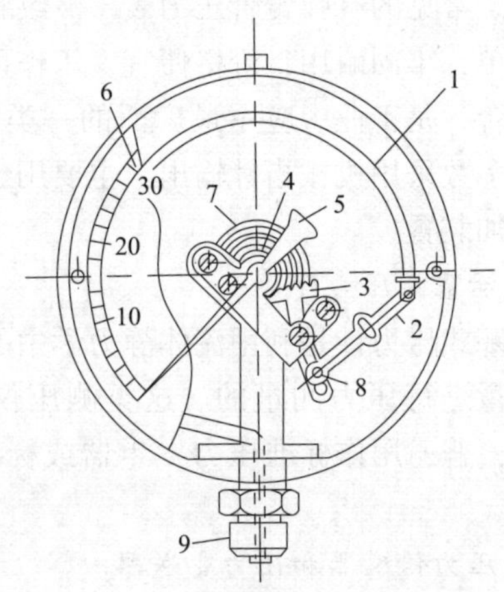

图 3 – 14 弹簧管压力表的结构

1—弹簧管；2—拉杆；3—扇形齿轮；4—中心齿轮；5—指针；6—面板；7—游丝；8—调整螺钉；9—接头

弹簧管的材料，根据被测介质的性质、被测压力的高低而不同。一般当 $p<2\times10^{7}\text{Pa}$ 时，可采用磷铜；当 $p>2\times10^{7}\text{Pa}$ 时，则采用不锈钢或合金钢。但是，必须注意被测介质的化学性质。例如，当测量氨气的压力时，不可采用铜质材料，而测量氧气的压力时，则一定严禁粘有油脂。

除上述的单圈弹簧管压力表外，为增大位移输出量，还可采用多圈弹簧管压力表，其原理完全相同。当需要进行上下限报警时，可选用电接点式弹簧管压力表。

3.3.3　电容式压力变送器

电容式压力变送器利用转换元件将压力变化转换成电容变化，再通过检测电容的方法测量压力。

1. 差动平板电容器的工作原理

差动平板电容器共有3个极板，其中中间一个极板为活动极板，两端为固定极板。电容器在初始状态下，活动极板正好位于两固定极板的中间，如图3－15(a)所示。此时上下两个电容容量完全相等，其差值为0。每个电容的容量为：

$$C_0=\frac{\varepsilon S}{d_0} \tag{3-19}$$

式中，ε 为平行极板间介质的介电常数；d_0 为平行极板间的距离；S 为平行极板的极板面积。

当受到外界作用，使中间的活动极板产生一个微小的位移后，如图3－15(b)所示，其两个电容的差值为：

$$\Delta C=C_1-C_2=\frac{\varepsilon S}{d_0-\Delta d}-\frac{\varepsilon S}{d_0+\Delta d}=\frac{2\varepsilon S}{d_0^2}\frac{\Delta d}{1-\left(\frac{\Delta d}{d_0}\right)^2}$$

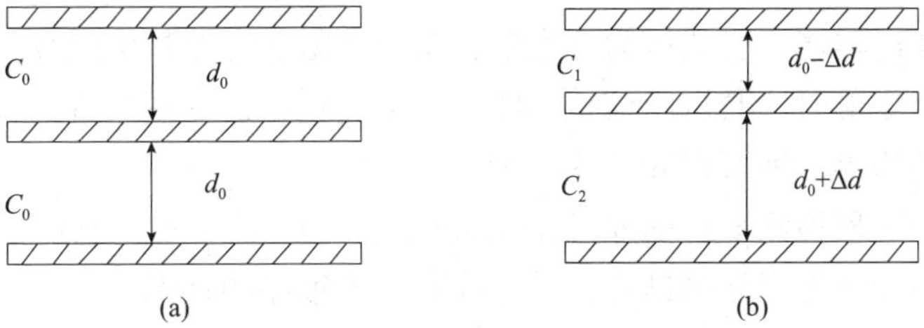

(a)　　(b)

图3－15　差动平板电容器

当 $\Delta d/d_0\ll1$ 时，将式(3－19)代入上式，则有：

$$\Delta C\approx\frac{2C_0}{d_0}\Delta d=K\Delta d \tag{3-20}$$

其中，$K=\frac{2C_0}{d_0}$。

由式(3－20)可知，差动平板电容器的电容变化量与活动极板的位移成正比，而且当位移较小时，近似满足线性关系。电容式压力变送器正是基于这一工作原理而设计的。

2. 电容式差压变送器

从工业生产过程自动化的应用数量来说，差压变送器比压力变送器多。由于在原理和结构上差压变送器和压力变送器基本相同，此处以差压变送器为例进行介绍。

电容式差压变送器由电容式差压传感器和转换单元两大部分组成。电容式差压传感器工作原理如图 3－16 所示。

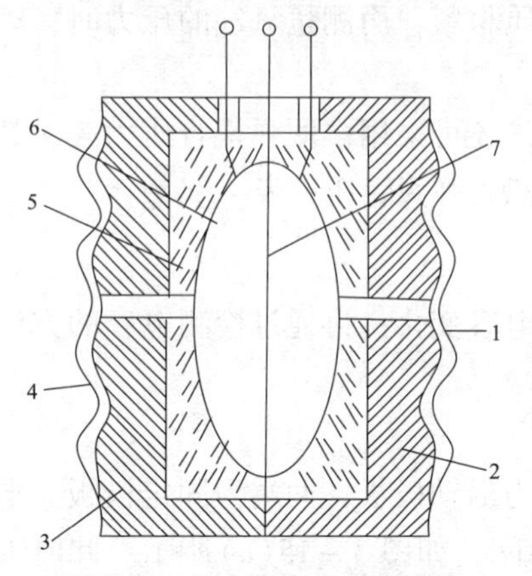

图 3－16 电容式差压传感器工作原理示意

图 3－16 中，2 和 3 为电容式差压传感器左右对称的两个不锈钢基座，外侧加工成环状波纹沟槽，并焊上波纹隔离膜片 1 和 4，基座内侧还填有玻璃层 5，并在凹形球表面两侧分别镀以金属膜 6，此金属膜层有导线通往外部，为电容式差压传感器的两个固定极板。在上述对称结构体的中央夹入并焊接一个弹性平膜片，即测量膜片 7，作为电容器的中间活动极板。测量膜片将玻璃层内的空间隔离成对称的两个测量室，并直接与外侧的波纹隔离膜片相连通，整个空间充满硅油。

当左右两侧隔离膜片分别承受高压 p_H 和低压 p_L 时，由于硅油的不可压缩性和流动性，将压力传送到测量膜片的左右两侧，并使测量膜片产生变形位移，即向低压侧固定极板靠近，从而使得两侧电容量不再相等（$C_L > C_H$）。这个电容的变化量通过转换单元的检测和放大，转换为 4～20mA 直流电流信号输出。

电容式差压变送器完全没有机械传动结构，尺寸紧凑，抗振性好，工作稳定可靠，测量精度高，而且调整零点和量程时互不干扰，当低压室通大气时，可直接测量压力。近年来得到广泛应用。西安仪表厂的 1151 系列和北京远东仪表厂的 1751 系列压力仪表都是引进美国 Rosemount 公司技术生产的，包括压力、差压、绝对压力、带开方的差压等品种，以及高差压、微差压和高静压等规格。

3.3.4 扩散硅压力变送器

扩散硅压力变送器属应变式压力变送器，基于电阻应变原理测量压力。当电阻体在外力作用下产生机械变形时，其电阻值也将随之发生变化，这种现象称为电阻应变效应。通过对电因变化量的检测，即可得知其受力情况。

扩散硅压力变送器检测部件的原理结构如图 3－17（a）所示。它的感压元件叫作扩散硅应变片。这是一种弹性半导体硅片，其边缘有一个很厚的环形，中间部分则很薄，略具杯形，故也称为“硅杯”。在硅杯的膜片上利用集成电路工艺，按特定方向排列 4 个等值电阻，其电阻布量如图 3－17（b）所示。杯内腔承受被测压力 p，杯的外侧为大气压力。如果用来测量差压，则分别接 p_1 及 p_2。

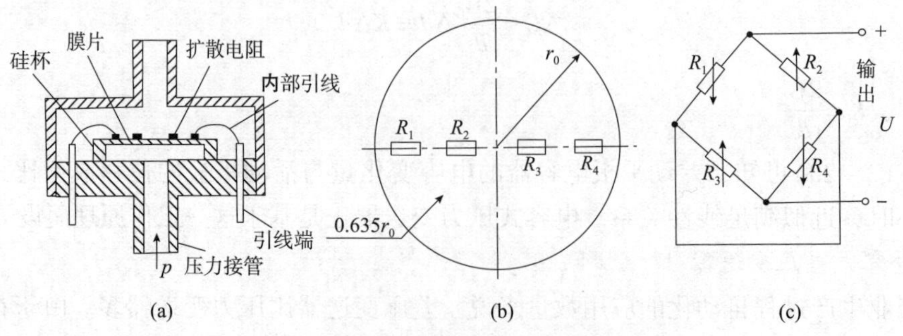

图 3－17 扩散硅压力变送器测压原理

当被测压力作用于杯的内腔时，硅杯上的膜片将受力而产生变形。其中，位于中间区域的电阻 R_2 和 R_3 受到拉应力作用而拉伸，电阻值增大；而位于边缘区域的电阻 R_1 和 R_4 则受到压应力作用而压缩，电阻值减小。如果把这 4 个应变电阻接成如图 3－17(c)所示的电桥形式，即可得到电压形式的输出量。

当压力为 0 时，桥路输出为：

$$U=\frac{R_2}{R_1+R_2}E-\frac{R_4}{R_3+R_4}E \tag{3-21}$$

硅杯设计时，取 $R_1=R_2=R_3=R_4=R$，此时桥路平衡，$U=0$。当有压力作用时，由于 4 个电阻的位置经过精确选择，使得电阻变化量相等，即 $\Delta R_1=\Delta R_2=\Delta R_3=\Delta R_4=\Delta R$，这时桥路失去平衡，输出电压信号为：

$$U=\frac{\Delta R}{R}E \tag{3-22}$$

式(3－22)表明桥路的输出电压与应变电阻的变化量成正比。这个信号再经放大和转换，变成 4～20mA 直流电流信号作为显示和调节仪表的输入。

通常扩散硅压力变送器的硅杯十分小巧紧凑，直径为 1.8～10mm，膜厚 δ 为 50～500μm。为了防止被测介质的腐蚀污染，在硅杯的两面都用硅油保护。被测介质的压力或压差通过隔离膜片传给硅油，再作用于硅杯的膜片上。这种压力仪表体积小，重量轻，动态响应快，性能稳定可靠，精度可达 0.2 级，有多种量程范围，能用于低温、高压、水下、强磁场及核辐射等恶劣的工业场合。

3.3.5 智能差压变送器

智能差压变送器是在普通差压变送器的基础上发展起来的，以微处理器为基础的压力测量仪表。目前世界上主要自动化仪表生产厂家都相继推出了自己的智能化产品。现在我国应用比较广泛的产品有引进霍尼韦尔(Honeywell)公司技术生产的 ST3000 系列，引进罗斯蒙特(Rosemount)公司技术生产的 1151 系列，以及西门子(Siemens)公司生产的 SITRANSP智能变送器。下面以 ST3000 系列差压变送器为例，进行简要介绍。

ST3000 系列差压变送器的压力传感器采用扩散应变电阻原理测压，但与普通扩散硅压力变送器不同的是，在硅杯上除了制作感受差压的应变电阻外，还同时制作出感受温度和静压的元件，即将差压、温度、静压三个传感器中的敏感元件集成在一起。经过适当的电路将差压、温度、静压三个参数转换成三路模拟信号，分时采集后送入微处理器。其原理框图如图 3－18 所示。

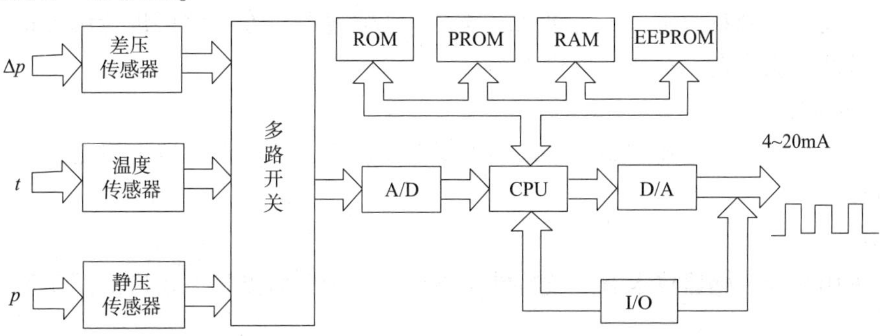

图 3－18 智能差压变送器的原理框图

微处理器的工作主程序是通用的，存在 ROM 中。

PROM 所存内容则根据每台变送器的压力、温度特性而有所不同。它在变送器加工完成后，经过逐台检验，分别写入各自的 PROM 中，以保证在材料工艺稍有分散性因素下，依然能通过自行修正达到较高的精确度。

在 EEPROM 中存有各种有关变送器工作特性的参数和备份，例如：变送器的位号、测量范围、线性或开方输出、阻尼时间常数、零点和量程校准等，以便在意外停电后，保证数据不失去，并在恢复供电后，自动将所保存的数据转移到 RAM 中，使仪表能正常使用。

ST3000 系列的输出联络信号为 4 ~ 20mA DC，并在其模拟信号上叠加了脉冲数字信号，因而可以在 1500m 的范围内与手持终端式计算机接口电路进行数字通信。手持终端上有液晶显示器及 32 个键的键盘，可通过软导线在信号连接回路上任何一处接入，来完成各种仪表的设置和编程功能，其连接示意如图 3－19 所示。

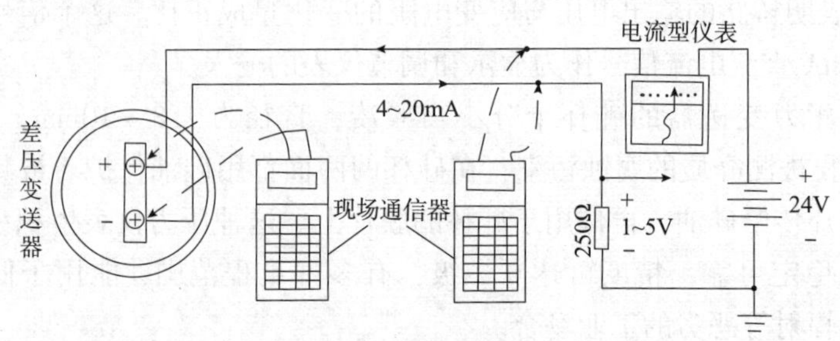

图 3－19 手持终端连接示意

ST3000 差压变送器的性能可概括如下：

(1) 精度高，稳定性好

由于变送器的自修正特性，使其能达到 0.1 级的精确度，并且在 6 个月中总漂移不超过全量程的 0.03%。

(2) 使用方便

与变送器有关的所有工作特性参数，包括零点迁移和零点调整，均可通过手持终端编程实现，并可随时进行修改。

(3) 高量程比

变送器的量程比可达 400 : 1，扩大了仪表的适用范围。

(4) 维护方便

利用仪表的自诊断功能，不需要到现场，只要通过手持终端就可进行编程检查、通信检查、变送器功能检查、参数异常检查等。

(5) 免拆卸校准

不必将变送器拆下送到实验室，也不需要专门设备，便可在装置上对变送器的零点和量程进行校准。

(6) 用途广

由于采用复合传感器技术有开放特性，不仅可用于压力测量，还广泛用于流量和液位测量。

3.3.6 压力表的选择和使用

压力表的正确选择和使用是保证在生产过程中发挥其作用的重要环节。

1. 压力表的选择

压力表的选择应根据具体情况，符合工艺过程的技术要求。同时要本着厉行节约、降低投资的原则。一般选用仪表时，主要考虑以下几项原则：

①被测介质的物理化学性质，如温度高低、黏度大小、脏污程度、腐蚀性，以及是否易燃易爆、易结晶等。

②生产过程对压力测量的要求，如被测压力范围、精确度，以及是否需要远传、记录或上下限报警等。

③现场环境条件，如高温、腐蚀、潮湿、振动、电磁场等。

此外，对于弹性式压力表，为了保证弹性元件在弹性变形的安全范围内可靠工作，防止过压损坏弹性元件，影响仪表的使用寿命，压力表的量程选择必须留有足够的余地。一般在被测压力比较平稳的情况下，最大工作压力应不超过仪表满量程的3/4，在被测压力波动较大的情况下，最大工作压力不超过仪表满量程的2/3。为了保证测量精度，被测压力最小值应不低于满量程的1/3。

【例3－3】 若选用弹簧管压力表来测量某设备内部的压力。已知被测压力为$(0.7\sim1)\times10^6$Pa。要求测量的绝对误差不得超过0.02×10^6Pa，试确定该压力表的测量范围及精度等级(可供选用的测量范围有$0\sim0.6\times10^6$Pa、$0\sim1\times10^6$Pa、$0\sim1.6\times10^6$Pa、$0\sim2.5\times10^6$Pa)。

解 根据已知条件，知被测压力波动较大，即压力表的检测压力波动较大，故选择仪表测量范围时应取大些。

$$\text{仪表上限}=(1\times\frac{3}{2})\times10^6=1.5\times10^6\text{Pa}$$

选择测量范围$0\sim1.6\times10^6$Pa，当压力从0.7×10^7Pa变化至1×10^6Pa时，正处于满量程的1/3～2/3。因为要求测量的绝对误差小于0.02×10^6Pa，则要求仪表的允许误差为：

$$q_{允}\leqslant\frac{0.02\times10^6}{(1.6-0)\times10^6}\times100\%=1.25\%$$

所以应选1.0级精度的压力表。

2. 压力表的使用

为了保证压力测量的准确性，使用压力表时必须注意以下几点：

(1)测量点的选择

所选的测量点应代表被测压力的真实情况。测量点要选在直管段部分，离局部阻力较远的地方。导压管最好不伸入被测对象内部而应与工艺管道平齐。导压管内径一般为6～10mm，长度不应大于50m，否则会引起传递滞后。为了防止导压管堵塞，取压点一般选在水平管道上。当测量液体压力时，取压点应在管道下部，使导压管内不积存气体。当测量气体压力时，取压点应在管道上部，使导压管内不积存液体。若被测液体易冷凝或冻结，必须加装管道保温设备。

(2)安装

测量蒸汽压力时，应装冷凝管或冷凝器，以使导压管中测量的蒸汽冷凝。当被测流体有腐蚀性或易结晶时，应采用隔离液和隔离器，以免破坏压力测量仪表的测量元件。隔离液应选择沸点高、凝固点低、物理化学性能稳定的液体。压力表尽量安装在远离热源、振动的场所，以避免其影响。在靠近取压口的地方应装切断阀，以备检修压力表时使用。压力表的安装示意如图 3-20 所示。

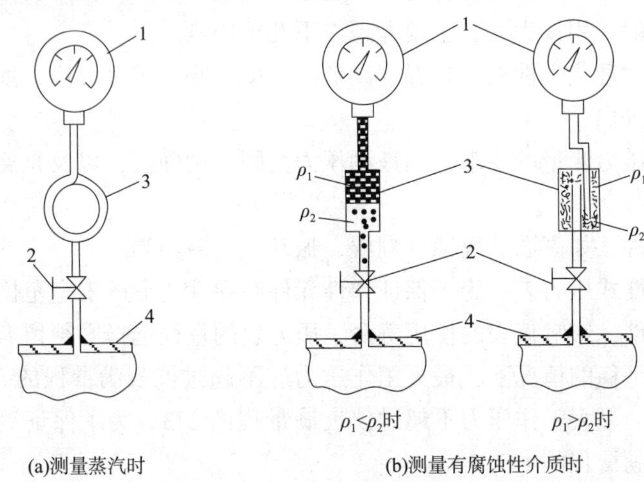

图 3-20 压力表安装示意

1—压力表；2—切断阀；3—隔离罐(冷凝管)；4—生产设备；ρ_1、ρ_2—分别为隔离液与被测介质的密度

(3)维护

压力表使用过程中，应定期进行清洗，以保持导压管和压力计的清洁。

3.4 流量测量

3.4.1 概述

在工业生产中，流量是重要的过程参数之一，是判断生产过程的工作状态，衡量设备的运行效率，以及评估经济效益的重要指标。在具有流动介质的工艺流程中，物料(如气体、液体或粉料)通过管道在设备间传输和配比，直接关系到生产过程的物料平衡和能量平衡。为了有效进行生产操作和控制，就必须对生产过程中各种介质的流量进行测量。另外，在大多数工业生产中，常用测量和控制流量来确定物料的配比与耗量，实现生产过程的自动化和最优化。对其他过程参数(如温度、压力、液位等)的控制，经常是通过对流量的测量与控制实现的。同时，为了进行经济核算，也需要知道一段时间内流过或生产的介质总量。总之，流量的测量和控制是实现生产过程自动化的一项重要任务。

在工程应用中，流量通常指单位时间内通过管道某一截面的流体数量，称为瞬时流量，它可以用体积流量和质量流量来表示。体积流量(q_v)，指单位时间内流过管道某一截面流体的体积，其常用单位为 m^3/h。质量流量(q_m)，指单位时间内流过管道某一截面流体的质量，其常用单位为 kg/h。体积流量与质量流量之间的关系为：

$$q_m = \rho q_v \tag{3-23}$$

式中，ρ 为流体密度。

必须注意的是，密度是随温度、压力而变化的，在换算时应予考虑。

除了瞬时流量外，有时候还要求知道在一定的时间间隔内通过管道某一截面的流体数量，称为累积总量。与瞬时流量相对应，累积总量分为体积累积总量 $q_{v总}$（单位为 m^3）和质量累积总量 $q_{m总}$（单位为 kg）。累积总量与瞬时流量的关系为：

$$q_{v总} = \int_{t_0}^{t} q_v \mathrm{d}t \tag{3-24}$$

$$q_{m总} = \int_{t_0}^{t} q_m \mathrm{d}t \tag{3-25}$$

流体的性质各不相同，液体和气体在可压缩性上差别很大，其密度受温度、压力的影响也相差悬殊。而且各种流体的黏度、腐蚀性、导电性也不一样。尤其是工业生产过程的情况复杂，某些场合的流体是伴随着高温高压，甚至是气液两相或固液两相的混合流体。流量仪表比温度、压力仪表受介质物性的影响要突出得多。这就使得流量测量仪表的设计十分困难。因此，目前所使用的流量测量手段非常多，原理上差别较大，某一测量方法在特定的条件下使用卓有成效，而在另外的场合应用却大为逊色。对流量测量的这一特点必须给予重视。

目前在化工生产过程中常见的流量测量仪表及其性能列于表3-6中。

表3-6　部分流量测量仪表及性能

仪表名称	测量精度	主要应用场合	说明
差压式流量计	1.5	可测液体、蒸汽和气体的流量	应用范围广，适应性强，性能稳定可靠，安装要求较高，需一定直管道
椭圆齿轮流量计	0.2~1.5	可测高黏度液体的流量和总量	计量精密度，范围度宽，结构复杂，一般不适于温度过高或过低的场合
腰轮流量计	0.2~0.5	可测液体、气体的流量和总量	精度高，无须配套的管道
浮子流量计	1.5~2.5	可测液体、气体的流量	适用于小管径、低流速，没有上游直管道的要求，压力损失较小，使用流体与出厂标定流体不同时，要进行流量示值修正
涡轮流量计	0.2~1.5	可测基本的、洁净的液体、气体的流量和总量	线性工作范围宽，输出电脉冲信号，易实现数字化显示，抗干扰能力强，可靠性受磨损的制约，弯道型不适于测量高黏度液体
电磁流量计	0.5~2.5	可测各种导电液体和液固两相流体介质的流量	不产生压力损失，不受流体密度、黏度、温度、压力变化的影响，测量范围宽，可用于各种腐蚀性流体及含固体颗粒或纤维的液体，输出线性；不能测气体、蒸汽和含气泡的液体及电导率很低的液体流量，不能用于高温和低温流体的测量
涡街流量计	0.5~2	可测各种液体、气体、蒸汽的流量	可靠性高，应用范围广，输出与流量成正比的脉冲信号，无零点漂移，安装费用较低；测量气体时，上限流速受介质可压缩性变化的限制，下限流速受雷诺数和传感器灵敏度的限制
超声波流量计	0.5~1.5	可测导声流体的流量	可测非导电性介质，是对非接触式测量的电磁流量计的一种补充，可用于特大型圆管和矩形管道，价格较高
质量流量计	0.5~1	可测液体、气体、浆体的质量流量	质量流量计使用性能相对可靠，响应慢

3.4.2 差压式流量计

在流量测量中，差压式流量计是最成熟、应用最广泛的一种流量测量仪表，它以流体力学中的能量平衡与转换理论为根据，通过测量流体流动过程中由于受到节流作用而产生的静差压来实现流量测量。差压式流量计通常由节流装置、引压管和差压计(或差压变送器)及显示仪表组成。

1. 节流装置的流量测量原理

节流装置是指安装在管道中的一个局部节流元件及相配套的取压装置。连续流动的流体经过节流装置时，由于流束收缩，发生能量转换，在节流装置的前后产生静压力差。此压力差与流体的流量有关，流量越大，压力差也越大。下面以孔板节流装置为例详细说明其工作原理。

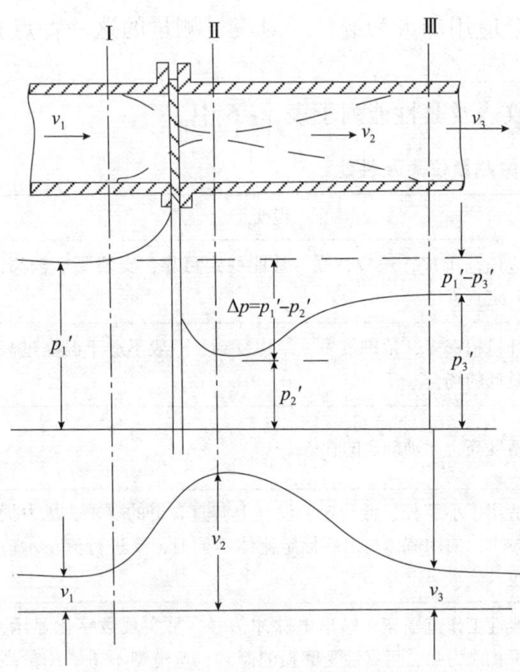

图3-21 孔板前后流体状况

在水平管道中垂直安装一块孔板，孔板前后流体的速度与压力的分布情况如图3-21所示。流体在节流件(孔板)上游的截面Ⅰ前，以一定的流速 v_1 充满管道平行连续地流动，其静压力为 p_1'。当流体流过截面Ⅰ后，由于受到节流装置的阻挡，流束开始产生收缩运动，并通过孔板，在惯性的作用下，位于截面Ⅱ处的流速截面达到最小，此处的流速为 v_2，其静压力为 p_2'。随后流束逐渐摆脱节流装置的影响，逐渐地扩大，到达截面Ⅲ后，完全恢复到原来的流通面积，此时的流速 $v_3=v_1$，静压力为 p_3'。

根据能量守恒定律，对于不可压缩的理想流体，在管道任一截面处的流体的动能和静压能之和恒定，并且在一定条件下互相转化。由此可知，当表征流体动能的速度在节流装置前后发生变化时，表征流体静压能的静压力也将随之发生变化。因而，当流体在截面Ⅱ处流束截面达到最小，而流速 v_2 达到最大时，此处的静压力 p_2'则为最小，这样在节流装置前后就会产生静压差$\Delta p=p_1'-p_2'$。而且，管道中流体流量越大，截面Ⅱ处的流速 v_2 就越大，节流装置前后产生的静压差也就越大。只要测出孔板前后的压差 Δp，就可知道流量的大小。这就是节流装置测量流量的基本原理。

实际中，流体在流经节流装置时，由于摩擦和撞击等原因，使部分能量转化为不可逆的热量，散失在流体中，因此，流体通过孔板后，将会产生部分静压损失。即：

$$\Delta p=p_1'-p_3'$$

2. 流量公式

根据伯努利方程和流体的连续性方程可以推导出节流装置前后静压差与流量的定量关系式为：

$$q_{\mathrm{v}}=\alpha\varepsilon F_0\sqrt{\frac{2}{\rho_1}\Delta p} \tag{3-26}$$

$$q_{\mathrm{m}}=\alpha\varepsilon F_0\sqrt{2\rho_1\Delta p} \tag{3-27}$$

式中，α 为流量系数，它与节流装量的结构形式、取压方式、流动状态(雷诺数 Re)、节流件的开孔截面积与管道截面积之比，以及管道粗糙度等因素有关；ε 为膨胀校正系数，用于对可压缩流体(气体和蒸汽)的校正。对于不可压缩的液体，$\varepsilon=1$；F_0 为节流件的开孔截面积；Δp 为节流件前后实际测得的静压差；ρ_1 为节流件前的流体密度。

由以上流量计算公式可以看出，根据所测的差压来计算流量其准确与否的关键在于 α 的取值。对于国家规定的标准节流装置，在某些条件确定后其值可通过有关手册查到的一些数据计算得到。对于非标准节流装置，其值只能通过实际情况来确定。节流装置的设计与应用以一定的应用条件为前提，一旦条件改变，就不能随意套用，必须另行计算。否则，将会造成较大的测量误差。

由式(3-26)可知，当 α、ε、ρ_1、F_0 均已选定，并在某一工作范围内均为常数时，流量与差压的平方根成正比，即 $Q=k\sqrt{\Delta p}$。用这种流量计测量流量时，为了得到线性的刻度指示，必须在差压信号之后加入开方器或开方运算。否则，流量标尺的刻度将是不均匀的，并且在起始部分的刻度很密，如果被测流量接近仪表下限值时，误差将增大。

3. 标准节流装置

标准节流装置由节流件、取压装量和节流件上游侧第一、第二阻力件，下游侧第一阻力件及它们之间的直管段所组成。对于标准节流装置，已经在规定的流体种类和流动条件下进行了大量实验，求出了流量与差压的关系，形成了标准。同时规定了它们适用的流体种类、流体流动条件，以及对管道条件、安装条件、流动参数的要求。如果设计制造、安装、使用都符合规定的标准，则可不必通过实验标定。

节流元件的形式很多，有孔板、喷嘴、文丘里管、偏心孔板、圆缺孔板、道尔管、环形管等。其中应用最多的是孔板、喷嘴和文丘里管，目前，国际上规定的标准节流装置有标准孔板、喷嘴和文丘里管。孔板结构简单，易于加工和装配，对前后直管段的要求低，但是孔板压力损失较大，可达最大压差的50%～90%，而且抗磨损和耐腐蚀能力较差。文丘里管则正好与之相反，其加工复杂，要求有较长的直管段，但压力损失小，只有最大压差的10%～20%，而且比较耐磨损和防腐蚀；喷嘴的性能介于孔板和文丘里管之间。可根据各种节流装置的特点，考虑实际需要加以选择。

4. 差压计

由节流装置测得的差压信号，只有经过差压计才能转换成所需的流量信号。根据需要，差压计可配有指示、记录及流量积算等机构以实现流量的显示。

有不少直接利用取压管提供的差压信号构成流量测量仪表的实例。这种仪表在仪表里直接装有开方机构和电路，使其在指示流量时有均匀的刻度，它的动作原理和压力与差压仪表相同，已在前一节做过介绍。

节流装置取压管所提供的差压信号是通过被测介质传递的，不便于远传。为了集中检测和控制，常借助于差压变送器将差压信号转变为标准的电流信号或气压信号。理论上，只要量程合适，各种差压变送器都能用于完成此项功能。事实上，工业生产过程中的流量测量大多数是由差压变送器与节流装置配套完成的。如果需要得到正比于流量的标准信号，只要在变送器之后再接以开方运算器即可。如果采用智能差压变送器，则其本身就能实现开方运算。

近年来，以微处理器为基础的各种数字显示仪表大量投入市场。由于这类仪表内部具有数字化的开方运算和总量积算功能，而且比模拟量的开方器运算更加精确，已普遍地与不具备开方功能的普通差压变送器配套使用，大大增强了流量测量仪表的可视化。

5. 差压式流量计的安装和投运

为了保证差压式流量计的测量精度，减小测量误差，除必须按规定的要求进行设计计算、加工制造及仪表选型外，还必须进行正确的安装和使用。

(1)节流装置的安装

采用节流法测量流量，要求被测介质在节流装置的前后一定保持稳定的流动状态。为此，务必使节流装置前后保持足够的直管段，在节流装置附近不允许安装测温元件或开取样口，也不允许有弯头、分叉、汇合、闸门等阻力件；节流件的安装方向应使节流件露出部分标有“十”的一侧，逆着流向放置；节流件的开孔与管道的轴线应同心，节流装置的端面与管道的轴线应垂直；节流装置所在的管道内，流体必须充满管道且为单相流；绝对禁止在安装过程中使杂质进入管道将节流孔堵塞。

(2)导压管路的安装

导压管应按最短路线敷设，长度最好在16m以内。导压管的内径应根据被测流体的性质和导压管的长度等因素综合考虑，一般为6～25mm。两根导压管之间应尽量靠近，使之处于同一强度下，以免因温度不同引起密度变化而带来测量误差。导压管应垂直或倾斜敷设，其倾斜度不得小于1∶2。取压口一般设置在用于固定节流件的法兰、环室或夹紧环上，其开口方向应保证被测流体为液体时防止气体进入导压管，被测流体为气体时防止水和脏物进入导压管。

在测量蒸汽时，应在导压管路中加装冷凝器，以使被测蒸汽冷凝，并使正负导压管中的冷凝液面有相同的高度且保持恒定。当被测流体具有腐蚀性，含有易冻结、易析出固体物或者黏度很高时，应使用隔离器和隔离液，防止被测介质直接与差压计或差压变送器接触，破坏仪表的工作性能。隔离液应选择沸点高、凝固点低、物理和化学性质稳定的液体。

(3)差压计的安装

差压计的安装首先要保证现场安装的环境条件与差压计设计时规定的要求条件没有明显差别。具体安装位置要根据现场情况而定，应尽可能靠近取压口，以提高响应速度，并使被测介质能充满引压管路。为了确保差压计的安全，在导压管与差压计连接前应先安装三阀组套件，这样既能防止差压仪表瞬间过压，又有利于在必要时将导压管路与工艺主管路完全切断。

(4)差压流量计的安装举例

①测量液体流量时，取压孔应位于管道的下半部，一般与管道中心的水平线呈45°；差压计的安装位置应选在节流装置的下方，导压管从取压口引出后最好垂直向下延伸，以便气泡向上排出，如图3－22(a)所示。如果差压计受现场条件限制不得不装在节流装置的上方，则导压管从节流装置引出后最好也先垂直向下，然后再弯曲向上，以形成U形液封，并在导压管的最高处安装集气器，如图3－22(b)所示。

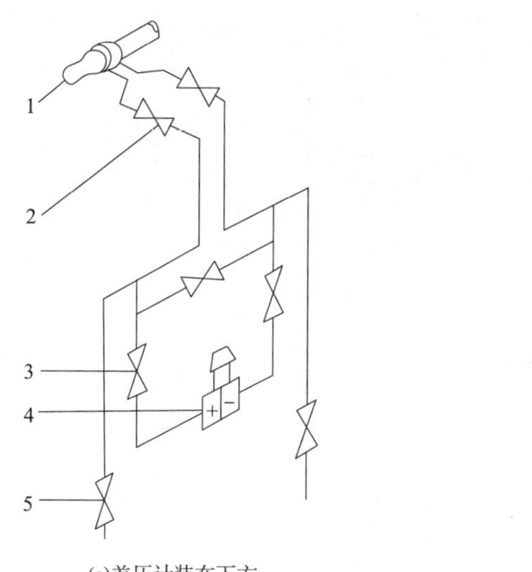

(a)差压计装在下方

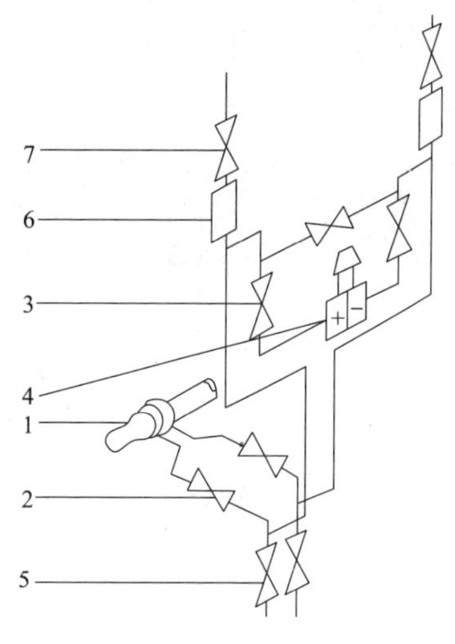

(b)差压计装在上方

图3－22　测量液体流量时节流装置与差压计的安装示意

1—节流装置；2—导压阀；3—三阀组；4—差压计；5—排放阀；6—集气器；7—排气阀

②测量蒸汽流量时，取压孔应位于管道上半部，在靠近节流装置处的连接管路上加装冷凝器（又称平衡器），并使两个冷凝器位于同一水平面。这样既可防止两根导压管内冷凝液高度的差异和变化带来测量误差，又可避免高温蒸汽直接与差压计接触。具体连接线路如图3－23所示。

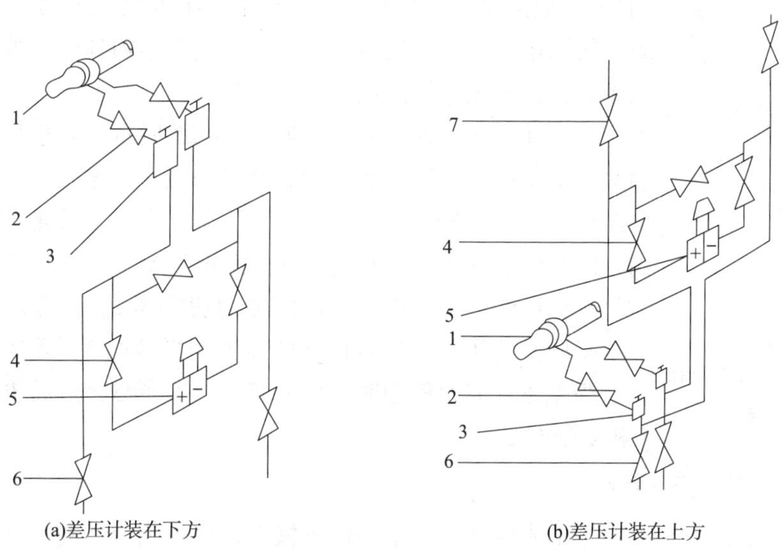

图3－23　测量蒸汽流量时节流装置与差压计安装后示意

1—节流装置；2—导压阀；3—集气器；4—三阀组；5—差压计；6—排污阀；7—排气阀

③测量气体流量时，取压孔应位于管道上半部，一般与管道的垂直中心线呈45°，方向朝上；差压计应装在节流装置的上方，以防夹杂在气体中的水分进入导压管，如图3－24（a）所示。如果差压计受条件限制不得不装在节流装置的下方，则必须在导压管路的最低处装设沉降器，以便排出凝液和杂质，如图3－24（b）所示。

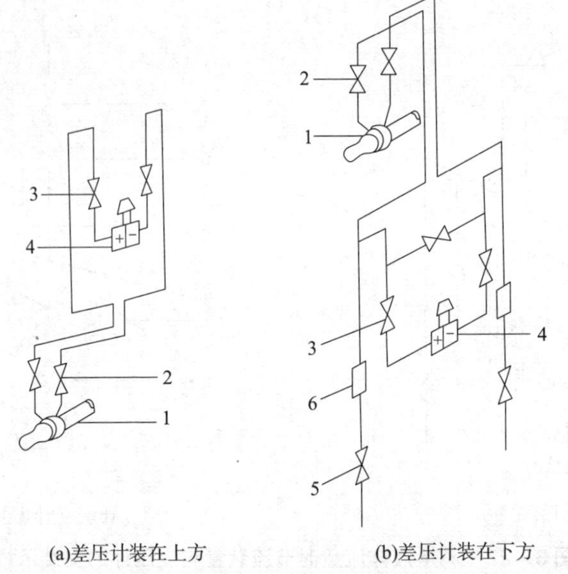

(a)差压计装在上方　　(b)差压计装在下方

图 3－24　测量气体流量时节流装置与差压计安装后示意

1—节流装置；2—导压阀；3—三阀组；4—差压计；5—排放阀；6—沉降器

(5)差压计的投运

差压计在现场安装完毕并核查和校验合格后，便可投入运行。开始使用前，首先必须使导压管内充满相应的介质，如被测液体(正常液体测量)、冷凝液(蒸汽测量)、隔离液(腐蚀介质测量)，并将积存在导压管中的空气通过排气阀和仪表的放气孔排除干净；然后，再按照下面介绍的具体步骤正确地操作三阀组，使差压计投入运行。

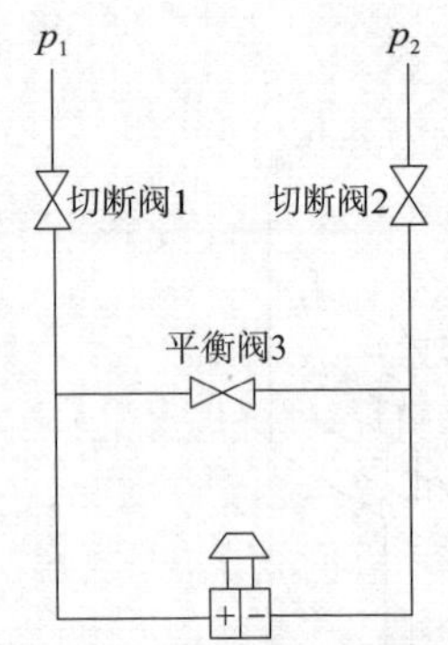

图 3－25　差压计三阀组安装示意

差压计三阀组的安装示意如图 3－25 所示，它包括两个切断阀和一个平衡阀。安装三阀组的主要目的是在开停表时，防止差压计单向受到很大的静压力，使仪表产生附加误差，甚至破坏。使用三阀组的具体步骤是：开平衡阀 3，使正负压室连通；然后再依次逐渐打开正压侧的切断阀 1 和负压侧的切断阀 2，使差压计的正负压室承受同样的压力；最后再渐渐地关闭平衡阀 3，差压计即投入运行。当差压计需要停用时，应先打开平衡阀 3，然后再关闭切断阀 1 和切断阀 2。

3.4.3　容积式流量计

容积式流量计，又称定排量流量计，它是利用机械部件使被测流体连续充满具有一定容积的空间，然后再不断将其从出口排放出去，根据排放次数及容积来测量流体体积总量的。容积式流量计具有很高的测量精度，适合测量各类流体，且管道安装条件要求较低，测量范围度很宽(可达 5∶1～10∶1)，因而获得广泛应用，特别适用于昂贵介质或需精确计量的场合。容积式流量计包括椭圆齿轮流量计、腰轮流量计等，其中椭圆齿轮流量计应用较多。

1. 工作原理

典型的容积式流量计(椭圆齿轮流量计)的工作原理如图3-26所示，互相啮合的一对椭圆形齿轮在被测流体的压力推动下产生旋转运动。在图3-26(a)中，p_1为流体入口侧压力，p_2为流体出口侧压力，显然$p_1>p_2$。下面的椭圆齿轮在两侧压差的作用下，做逆时针旋转，它为主动轮；而上面的齿轮为从动轮，它在下面的齿轮带动下，做顺时针旋转。在图3-26(b)中，两个齿轮均在流体压差作用下产生旋转力矩，并在力矩的作用下沿箭头方向旋转。在图3-26(c)中，上面的齿轮变为主动轮，下面的齿轮变为从动轮，并按箭头方向旋转。由于两齿轮的旋转，它们便把齿轮与壳体之间的流体从入口侧移动到出口侧。在一次循环过程中，流量计排出由四个齿轮与壳壁围成的新月形空腔的流体体积。只要计量齿轮的转数，即可得知通过仪表的被测流体的体积。

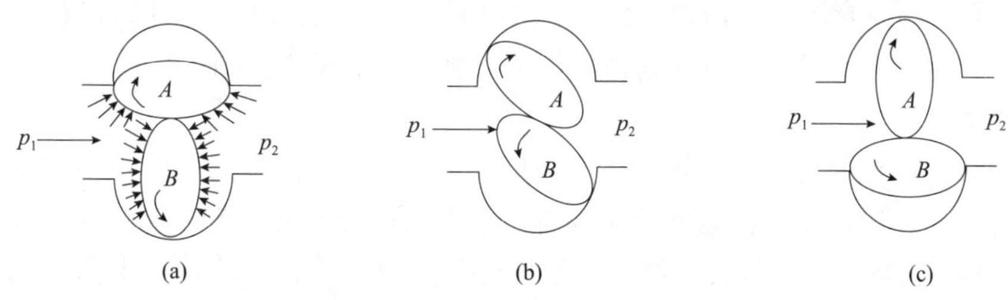

图3-26 椭圆齿轮流量计工作原理

$$Q=4NV \tag{3-28}$$

式中，Q为某段时间内流过流体的体积流量；N为某段时间内的齿轮转数；V为由齿轮及壳壁所构成的新月形空腔的容积。

椭圆齿轮的转动通过磁性密封联轴器及传动减速机构传递给计数器直接指示被测流体总量。附加发送装置，配以电显示仪表则可实现瞬时流量或总量的远传指示。

2. 使用特点

椭圆齿轮流量计一般用于测量液体介质，其介质工作温度为-30~160℃。当被测介质含有脏污物或颗粒时，上游需装设过滤器以避免卡死或早期磨损。在测量含有气体的液体时，必须装设气体分离器，以保证测量的准确性。椭圆齿轮流量计结构复杂，体积大，笨重，故一般只适用于中小口径管路。在实际使用中，被测介质的流量、温度、压力、黏度的使用范围必须与流量计铭牌规定的相符，并应按有关规定进行定期检查、维护和校验。

3.4.4 浮子流量计

浮子流量计(又称转子流量计)是以浮子在垂直的锥形管中随流量变化而升降，改变浮子与锥形管之间形成的流通环隙面积来进行测量的流量仪表，也称为变面积流量计。

浮子流量计又分为玻璃管式和金属管式两大类。

1. 工作原理

浮子流量计是由一根自下向上截面积逐渐扩大的垂直锥形管和一个可以上下自由浮动的浮子所组成。其工作原理如图3-27所示，被测流体从下向上运动，流过由锥形管和浮子形成的环隙。由于浮子的存在产生节流作用，故浮子上下端形成静压力差，使浮子受到一个向上的力。作用在浮子上的力还有重力、流体对浮子的浮力及流体流动时对浮子的黏性摩擦力。当作用在浮子上的这些力平衡时，浮子就停留在某一个位置。如果流量增加，

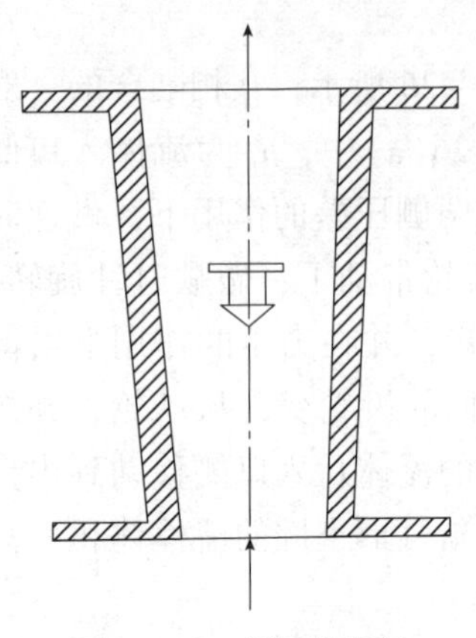

图3-27 浮子流量计工作原理

流过环隙的流体平均流速会加大，浮子上下两端的静压差增大，浮子所受的向上的力会增加，使浮子上升，导致环隙增大，即流通截面积增大，从而使流过此环隙的流速变慢，静压差减小。当作用在浮子上的外力又重新平衡时，浮子就稳定在新的位置上。浮子的高度或位移量与被测介质的流量有着一定的对应关系。玻璃管式浮子流量计的流量分度有的直接刻在锥形管外壁，有的在锥形管旁另装标尺，可直接读出流量。而金属管式浮子流量计，则通过磁耦合等方式，将浮子的位移量传递给现场指示器，就地指示流量，并由电转换器转换成相应的信号(二线制4～20mA DC)输出。可选配DDZ-Ⅲ型电动单元组合仪表，亦可与计算机相连，实现流量的远距离传送、显示、记录或控制。

2. 使用特点

浮子流量计结构简单，工作可靠，压力损失小，可连续测量封闭管道中的气体、液体的体积流量，尤其适用于小流量的测量场合。一般测量精度为1.5%～2.5%，仪表测量范围度可达10∶1，输出近似线性。浮子流量计必须垂直安装，使流体自下向上流动。流量计前后直管段长度要求不很严格，约为$5D$，如果被测介质含有杂质，仪表上游应安装过滤器，必要时设置冲洗配管，定期冲洗。

对于玻璃管式浮子流量计，一般用于现场的就地指示，要求被测介质清澈透明，由于玻璃管易损，只适用于测量压力小于0.5MPa、温度低于120℃的流体。而金属管式浮子流量计的抗冲击性则好很多，既可就地指示，又可远传。对于不同的被测介质可选用不同的浮子流量计。

另外，一般在出厂时，浮子流量计的刻度是按标准状态下的水或空气标定的。如果在实际使用中的测量介质或条件不符合出厂时的标准条件，就要考虑测量介质的密度、温度变化产生的影响，必须对仪表的刻度指示值进行重新标定。

3.4.5 电磁流量计

1. 工作原理

电磁流量计是基于电磁感应原理工作的流量测量仪表。根据法拉第电磁感应定律，导体在磁场中做切割磁力线运动时，导体中会产生感应电动势，电动势方向可由右手定则来确定。电磁流量计就是根据这一原理制成的。它主要由内衬绝缘材料的测量管、左右相对安装的一对电极及上下安装的磁极N和S组成。三者互相垂直，当具有一定导电率的液体在垂直于磁场的非磁性测量管内流动时，液体中会产生电动势，如图3-28所示。该感应电动势由两电极引出，其电动势的数值与流量大小、磁场强度、管径等有关，可由式(3-29)计算：

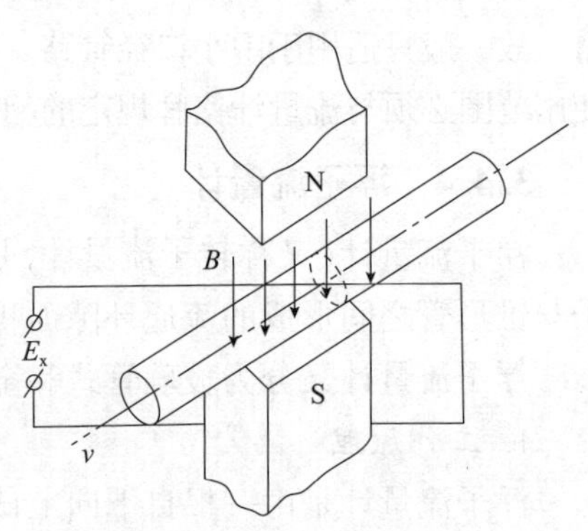

图3-28 电磁流量计原理

$$E = KBDv \tag{3-29}$$

式中，E 为感应电动势，V；K 为系数；B 为磁感应强度，T；D 为测量管内径，m；v 为平均流速，m/s。

体积流量 q_v 与流速的关系为：

$$q_v = \frac{1}{4}\pi D^2 v \tag{3-30}$$

当 B 恒定，K 由校验确定后，被测流量完全与电动势成正比。

信号转换器接收来自两电极的电压信号，进行放大、转换后输出模拟电压(0～5V)或模拟电流(4～20mA)，可实现流量的显示。

2. 使用特点

电磁流量计不受流体密度、强度、温度、压力和电导率变化的影响，测量管内无阻碍流动部件，不易阻塞，无压力损失，直管段要求较低，测量范围度大[(20∶1)～(40∶1)]，可选流量范围宽，满度值流速可在0.5～10m/s内选定，零点稳定，精确度较高(可优于1级)，口径范围比其他种类流量仪表宽，从几毫米到3m，输出线性，用于测量具有一定电导率(＞10.3S/m)的液体。尤其适合测量泥浆、矿浆、纸浆等含有固体颗粒的液体，并能测量具有腐蚀性的酸、碱、盐等溶液，在化工、造纸、矿山等工业部门得到广泛应用。

3.4.6　涡街流量计

旋涡式流量检测方法是从20世纪70年代发展起来的，其按流体振荡原理工作。目前已经应用的有两种：一种是应用自然振荡的卡门旋涡列原理，另一种是应用强迫振荡的旋涡旋进原理。应用上述原理的流量仪表，前者称为涡街流量计，后者称为旋进旋涡流量计。下面仅介绍涡街流量计。

1. 检测原理

涡街流量计利用流体振荡的原理进行流量测量。当流体流过非流线型阻挡体时会产生稳定的旋涡列。旋涡的产生频率与流体流速有着确定的对应关系。测量频率的变化，即可得知流体的流量。在流体中垂直于流动方向放置一个非流线型的物体，在它的下游两侧就会交替出现旋涡(图3－29)，两侧旋涡的旋转方向相反，并轮流从柱体上分离出来。这两排平行但不对称的旋涡列称为卡门涡列或涡街。由于涡列之间的相互作用。旋涡的涡列一般不稳定。实验表明，只有当两列旋涡的间距 h 与同列中相邻旋涡的间距 l 满足 $h/l=0.281$ 条件时，这两个涡列才是稳定的。并且，在一定的雷诺数范围内，稳定的旋涡产生频率 f 与旋涡发生体处的流速有确定的关系。

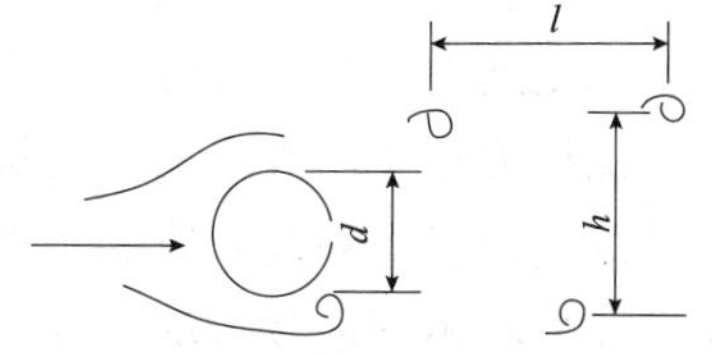

图3－29　涡街形成原理

$$f = St\frac{v}{d} \tag{3-31}$$

式中，St 为无因次数；d 为旋涡发生体的特征尺寸；v 为旋涡发生体处的流速。

St 与旋涡发生体形状及流体雷诺数有关。在一定的雷诺数范围内，St 数值基本不变。旋涡发生体的形状有圆柱体、三角柱体、矩形柱体、T形柱体，以及由以上简单柱体组合而成的组合柱体，不同柱形的 St 不同。如圆柱体 $St=0.21$，三角柱体 $St=0.16$。其中三角柱体旋涡强度较大，稳定性较好，压力损失适中，故应用较多。

当旋涡发生体的形状和尺寸确定后，可通过测量旋涡产生频率来测量流体的流量，流量方程式为：

$$q_v = \frac{f}{K} \tag{3-32}$$

式中，q_v 为流体流量；K 为流量计的仪表系数，一般通过实验获得。

2. 涡街流量计的特点与使用

涡街流量计适用于气体、液体和蒸汽介质的流量测量，其测量几乎不受流体参数(温度、压力、密度、黏度)变化的影响。涡街流量计在仪表内部无可动部件，使用寿命长，压力损失小，输出为频率信号，测量精度也较高，为 ±(0.5% ~1.0%)，它是一种正在得到广泛应用的流量仪表。

涡街流量计可以水平安装，也可以垂直安装。在垂直安装时，流体必须自下而上通过，以使流体充满管道。在仪表上、下游要有一定的直管段，下游长度为 $5D$，上游长度根据阻力件形式而定，一般为 $15D \sim 40D$，但上游不应设流量调节阀。

涡街流量计的不足之处主要是流体流速分布情况和脉动情况会影响测量准确度，旋涡发生体被玷污也会引起误差。

3.5 物位测量

3.5.1 概述

在生产过程中，常常需要了解固体、液体所具有的体积或在容器中积存的高度。通常把固体堆积的相对高度或表面位置称为料位，把液体在各种容器中积存的相对高度或表面位置称为液位。而把在同一容器中由于密度不同且互不相溶的液体间或液体与固体之间的分界面位置称为界位。液位、料位、界位总称为物位。物位一般可由长度单位或百分数表示。

在化工生产过程中，测量物位的目的主要有两个：一是通过测量物位来确定容器或贮罐里的原料、半成品或成品的数量，保证生产中各环节之间的物料平衡或进行经济核算等；二是通过测量物位可以及时了解生产的运行情况，以便将物位控制在一个合理的范围内，保证安全生产及产品的数量和质量。

物位测量与被测介质的物理性质、化学性质及工作条件关系极大，针对不同的测量对象，应选择不同的物位测量仪表。

目前工业上常用的物位测量仪表按工作原理大致可分为以下几类：

(1)直读式物位仪表

直读式物位仪表利用液体的流动特性，直接使用与被测容器连通的玻璃管(或玻璃板)显示容器内物位高度。

(2)浮力式液位仪表

浮力式液位仪表利用漂浮于液面上的浮子的位置随液面而变化，或浸没于液体中的浮筒所受浮力随液位而变化的原理来测量液位。

(3)静压式液位仪表

静压式液位仪表利用液位高度与液体的静压力成正比的原理测量液位。

(4)电磁式物位仪表

电磁式物位仪表将物位变化转换为电量的变化，并通过对这些电量变化的测量间接测知物位。

(5)声波式物位仪表

声波式物位仪表基于声学回声原理，通过测量超声波由发射到返回的时间推算物位的高度。

(6)辐射式物位仪表

辐射式物位仪表利用伽马射线穿过介质时，其辐射强度随介质的厚度而衰减的原理测量物位。

除此之外，还有激光式、雷达式、振动式、微波式等物位测量仪表。各种物位测量仪表的性能列于表3-7中。

表3-7 各种物位测量仪表的性能

类型	仪表名称	测量范围/m	主要应用场合	说明
直读式	玻璃管液位计	<2	主要用于直接指示密闭及开口容器中的液位	就地指示
	玻璃板液位计	<6.5		
浮力式	浮球式液位计	<10	用于开口或承压容器液位的连续测量	可直接指示液位，也可输出4~20mA DC信号
	浮筒式液位计	<6	用于液位和相界的连续测量，在高温条件下的工业生产过程的液位、界位测量和限位越位报警联锁	
	磁翻板液位计	0.2~15	适用于各种贮罐的液位指示报警，特别适用于危险介质的液位测量	有显示醒目的现场指示，远传装置输出4~20mA DC标准信号及报警器多功能为一体，可与DDZ-Ⅲ型组合仪表及计算机配套使用
	磁浮子液位计	60~115	用于常压、承压容器内液位、界位的测量，特别适用于大型贮槽球罐腐蚀性介质的测量	
静压式	压力式液位计	0~0.4~200	可测较黏稠、有气雾、露等液体	压力式液位计主要用于开口容器液位的测量；差压式液位计主要用于密闭容器的液位测量
	差压式液位计	20	应用于各种液体的液体测量	
电磁式	电导式物位计	<20	适用于一切导电液体(如水、污水、果酱、啤酒等)的液位测量	不适合测高黏度液体
	电容式物位计	10	用于对各种贮槽、容器液位、粉状料位的连续测量及控制报警	
其他形式	核辐射式物位计	0~2	适用于各种料仓内，容器内高温、高压、强腐蚀、剧毒的固态、液体介质的料位、液体的非触式连续测量	放射线对人体有损害
	运动阻尼式物位计	1~2，2~3.5，3.5~5，5~7	用于敞开式料仓内的固体颗粒(如矿砂、水泥等)料位的信号报警及控制	以位式控制为主
	超声波物位计	液体10~34，固体5~60，盲区0.3~1	腐蚀性液体或粉末状固体物料的非接触测量	测量结果受温度影响

续表

类型	仪表名称	测量范围/m	主要应用场合	说明
其他形式	微波式物位计	0~35	适用于罐体和反应器内具有高温、高压、湍动、惰性气体覆盖层及尘雾或蒸汽的液体、浆状、糊状或块状固体的物位测量，适用于各种恶劣工况和易爆、危险的场合	安装于容器外壁
	雷达液位计	2~20	应用于工业生产过程中各种敞口或承压容器的液位控制测量	测量结果不受温度、压力影响
	激光式物位计		不透明的液体粉末的非接触测量	测量结果不受高温、真空压力、蒸汽等影响
	机电式物位计	可达几十米	恶劣环境下大料仓固体及容器内液体的测量	

3.5.2 静压式液位计

1. 工作原理

静压式液位计根据液体在容器内的液位与液柱高度产生的静压力成正比的原理进行工作。

图3-30(a)所示为敞口容器的液位测量原理。将压力计与容器底部相连，根据流体静力学原理，所测压力与液位的关系为：

$$p = H\rho g \tag{3-33}$$

式中，p 为容器内取压平面上由液柱产生的静压力；H 为从取压平面到液面的高度；ρ 为容器内被测介质的密度；g 为重力加速度。

由式(3-34)可知，如果液体介质的密度已知，而且在某一工作条件范围内保持恒定，即可根据测得的压力按式(3-35)计算出液位的高度：

$$H = \frac{p}{\rho g} \tag{3-34}$$

在测量受压密闭容器中的液位时，介质上方的压力影响会产生附加静压力，采用差压法测液位。其原理如图3-30(b)所示。差压变送器的高压侧与容器底部的取压管相连，低压侧与液面上方容器的顶部相连。如果容器上部空间为干燥的气体，则此时差压变送器高、低压侧所感受的压力分别为：

$$p_H = p + H\rho g$$

$$p_L = p$$

差压变送器所受的压差为：

$$\Delta p = p_H - p_L = H\rho g \tag{3-35}$$

因此，可以根据差压变送器测得的差压按式(3-37)计算出液位的高度：

$$H = \frac{\Delta p}{\rho g} \tag{3-36}$$

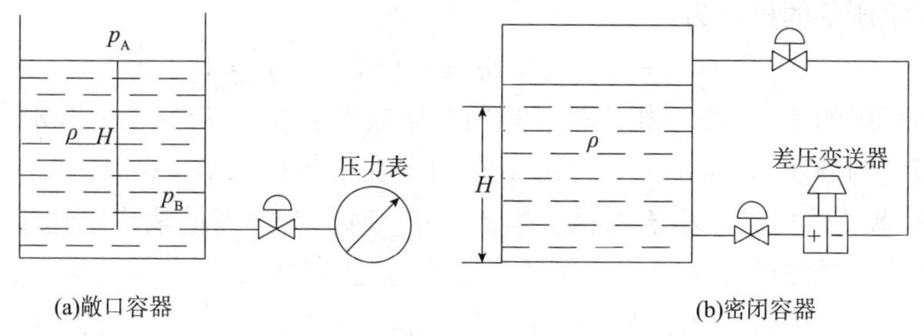

图 3－30 静压式液位计的测量原理

综上所述，利用静压原理测液位，就是把液位测量分别转化为压力或差压测量。各种压力和差压测量仪表，只要量程合适都可用来测量液位。通常把用来测量液位的压力仪表和差压仪表分别称为压力式液位计和差压式液位计。

2. 零点迁移问题

由差压式液位计的测量原理可知，液柱的静压差 Δp 与液位高度 H 满足式(3－37)的条件是：

①差压变送器的高压室取压口正好与起始液面($H=0$)在同一水平面上；

②差压变送器低压室的导压管中没有任何气体的冷凝液存在；

③被测介质的密度保持不变。

在这种情况下，差压变送器处于理想条件下的无迁移工作状态。假定采用输出为 4～20mA 的差压变送器，则当液位 $H=0$ 时，变送器输入信号 $\Delta p=0$，其输出电流为 4mA；当液位达到测量上限时，变送器的输入信号 $\Delta p=H_{max}\rho g$，其输出电流为 20mA。

在实际应用中，被测介质的密度一般在稳定工况下基本保持恒定，可以认为是常数，但由于受到现场安装条件等限制，差压变送器的安装位置不能与最低液位处于同一水平面上，如图 3－31(a)所示。这时差压变送器高、低压室所受压力分别为：

$$p_H = p + H\rho g + h\rho g$$

$$p_L = p$$

高、低压室所受的压差为：

$$\Delta p = p_H - p_L = H\rho g + h\rho g \tag{3-37}$$

与无迁移情况的式(3－36)相比，式(3－38)中多一项 $h\rho g$，即在高压室增加一个恒定的静压 $h\rho g$。由于它的存在，使得当 $H=0$ 时，$\Delta p=h\rho g$，此时的变送器输出必然大于 4mA。为了使变送器输出与被测液位之间仍然保持无迁移情况的对应关系，就必须应用差压变送器的零点迁移功能来抵消这一静压的影响，使得当 $H=0$，$\Delta p=h\rho g$ 时，变送器输出为 4mA，由于在这种工作状态下，变送器的起始输入点由零点变为一个正值，因而是正迁移。

在工程应用中还经常遇到负迁移的情况。对于特殊介质的液位测量，为了防止容器内流体和气体进入变送器而造成管路堵塞或腐蚀，并保证低压室的液体高度恒定，常在高、低压室与取压点之间分别装有隔离罐和隔离液，如图 3－31(b)所示。若被测液体的密度为 ρ_1，隔离液的密度为 ρ_2，且 $\rho_2>\rho_1$，则变送器高、低压室的压力分别为：

$$p_H = p + H\rho_1 g + h_1\rho_2 g$$

$$p_L = p + h_2\rho_2 g$$

高、低压室所受的压差为：

$$\Delta p = p_H - p_L = H\rho_1 g - (h_2 - h_1)\rho_2 g \tag{3-38}$$

与无迁移情况的式(3-37)相比较，总的差压减少了$(h_2 - h_1)\rho_2 g$，即相当于在低压室增加了一个恒定的静压$(h_2 - h_1)\rho_2 g$。由于它的存在，使得当$H=0$时，$\Delta p = -(h_2 - h_1)\rho_2 g$，此时变送器的输出必然小于4mA，当$H = H_{max}$时，变送器的输出也达不到20mA。为了使变送器输出与被测液位之间仍然保持无迁移情况的对应关系，就必须借助差压变送器的零点迁移功能来抵消静压力的影响，使得当$\Delta p = -(h_2 - h_1)\rho_2 g$时，变送器的输出为4mA，这种情况就是负迁移。

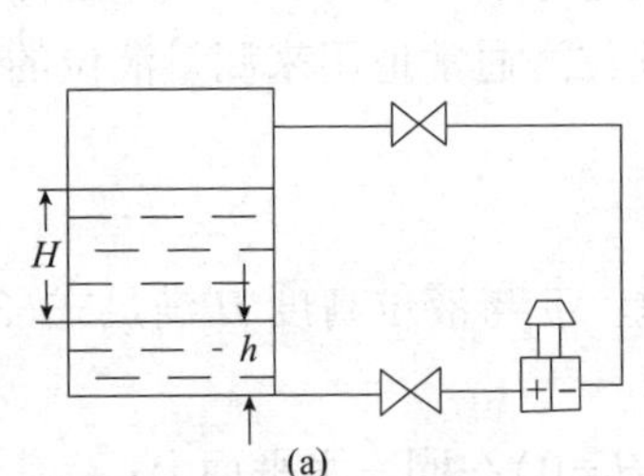

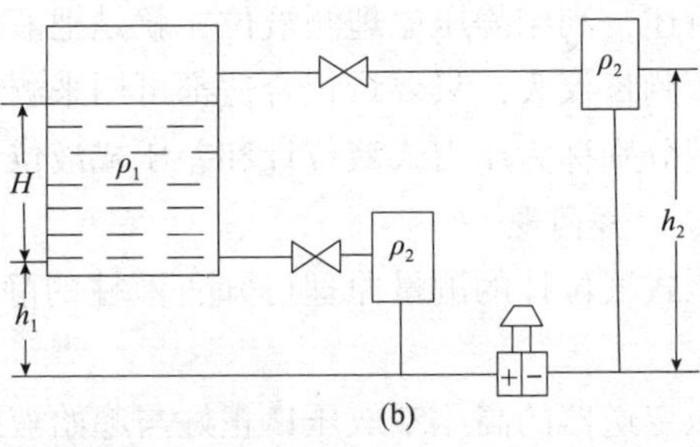

图 3-31　液位测量的零点迁移示意

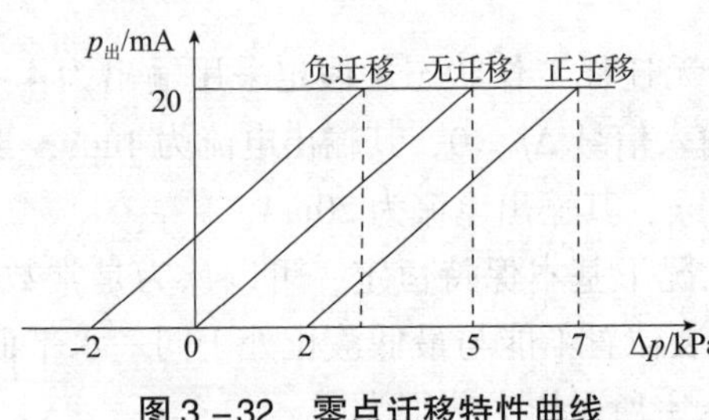

图 3-32　零点迁移特性曲线

针对上述三种情况，如果选用的差压变送器测量范围为0~5kPa，且零点通过迁移功能抵消的固定静压分别为+2kPa和-2kPa，则这台差压变送器零点迁移特性曲线如图3-32所示。

3.5.3　磁浮子液位计

磁浮子液位计是一种浮力式液位计，它利用浮力原理，靠漂浮于液面上的浮子随液面升降的位移反映液位的变化。它以磁性浮子为测量元件，经磁耦合系统将容器内液位变化传送到现场指示器或远传。这种液位计的特点是结构简单，设计合理，显示清晰直观。主要用于中小容器和生产设备的液位或界面的测量。在石油、化工、电力、制药等领域得到越来越多的应用。

磁浮子液位计结构如图3-33所示。在容器内自上而下插入下端封闭的不锈钢管，管内固定有条形绝缘板，板上紧密排列着舌簧管和电阻。在不锈钢管上套有一个可上下滑动的佛珠形浮子，其中装有环形永磁铁氧体。环形永磁体的两面分别为N极和S极。

当装有环形磁铁的浮子随液位上下移动时，由于磁力线的作用，使得处于管中央的舌簧管吸合导通，而其他的舌簧管则处于开路状态，如图3-33(a)所示。如果把不锈钢管内的所有电阻和舌簧管按图3-33(b)的原理连接，则随着液位的升降，*AC*间或*AB*间的阻值就相继改变。只要配上相应的检测电路，即可将电阻值变为标准的电流信号，从而构成液位变送器。也可以在*CB*间接入恒定的电压，此时*A*端就相当于电位器的滑点，可得到与液位成比例的电压信号。仪表的安装方式如图3-33(c)所示。

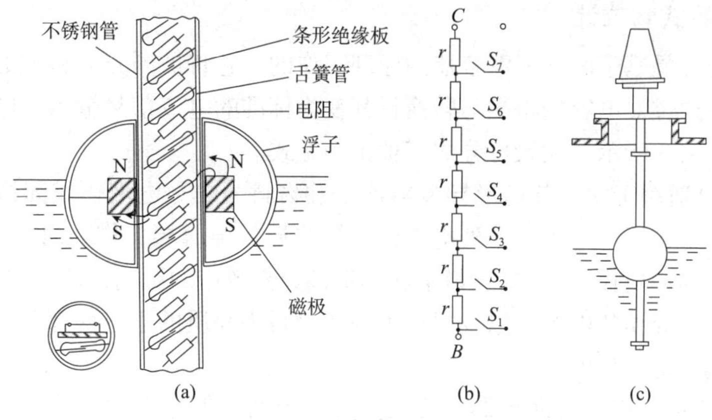

图 3-33 磁浮子式液位计

如果只要求液位越限报警，不必提供液位值，则可以采用如图 3-34 所示的位式结构。在竖管内只装两个舌簧管(2 和 3)，分别处于上、下限报警液位处，并由导线引出。接至报警式位式控制装置，当 A、B 和 A、C 两接点都断开时，说明液位在正常工作范围内。当浮子移到上限液位处时，舌簧管 2 吸合，使 A、C 两点接通，发出上限报警信号。同理，当 A、B 两点闭合时为下限报警，舌簧管 3 吸合，发出下限报警。在竖管外，还有两个固定环(4 和 5)，以防止磁浮子高于舌簧管 2 和低于舌簧管 3 而发出错误的指示信息。

除了以上两种形式外，还有就地指示型的浮子液位计，其原理如图 3-35 所示。其中图 3-35(a)为磁翻板液位计的原理。利用连通原理，将容器内的液体引入装有磁浮子的不锈钢管内。与不锈钢管并排安装一组可以灵活转动的轻型翻板。翻板的一面涂红色，另一面涂白色。翻板上还附有小磁铁，其磁性彼此吸引，并保证同一颜色朝外。当管内的磁浮子随波位移到某一翻板旁边时，由于浮子内磁铁的作用，就会使该翻板转向，从而引起配色的变化，观察起来与颜色柱的效果一样，非常直观。每个翻板宽度约 10mm。图 3-35(b)为磁滚柱液位计的原理，它与磁翻板液位计的不同之处是改用有水平轴的小柱体代替磁翻板。柱体可以是圆柱形，也可以是六角柱形，直径也是 10mm。

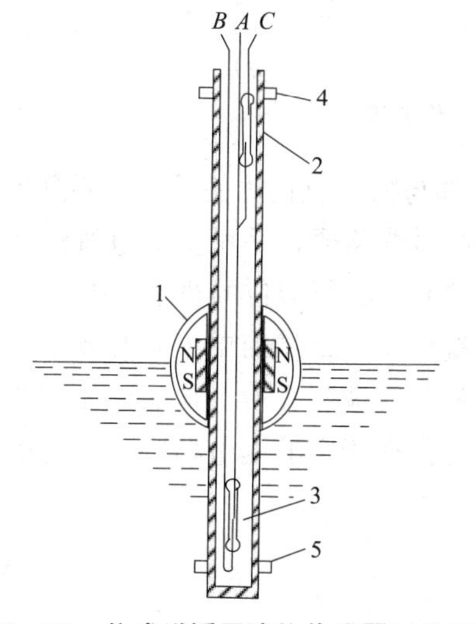

图 3-34 位式磁浮子液位传感器工作原理

1—浮子；2、3—舌簧管；4、5—固定环

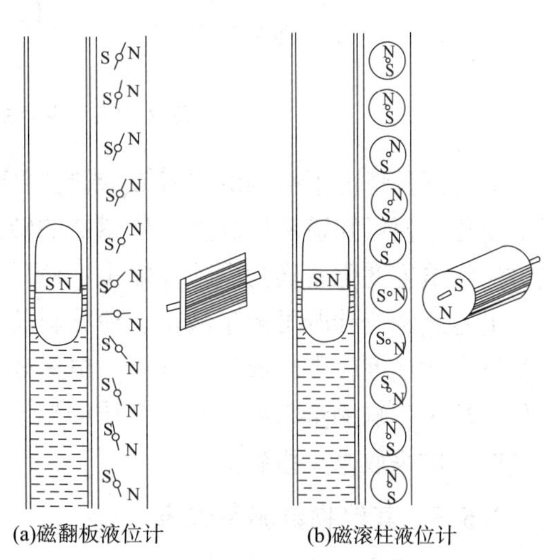

图 3-35 就地指示型浮子液位计工作原理

3.5.4 电容式物位计

电容式物位计是基于圆筒形电容器的原理工作的。它将被测介质料位的变化转化成电容量的变化，并通过对电容的检测与转换将其变为标准的电流信号输出。电容式物位计的工作原理如图 3-36 所示。大致可分成三种工作方式。

图 3-36(a)适用于立式圆筒形导电容器，且物料为非导电液体或固体粉末的料位测量。在这种应用中，器壁为电容的外电极，沿轴线插入金属棒，作为内电极(也可悬挂带重锤的软导线作为内电极)。忽略杂散电容和端部边界效应的影响，两极间的总电容 C_x 由料位上部的气体为介质的电容，以及料位下部的物料为介质的电容两部分组成，并且与料位的高度成比例，随物位的变化而变化。

图 3-36(b)适用于非金属容器，或虽为金属容器，但非立式圆筒形，物料为非导电性液体的液位的测量。在这种应用中，中心棒状电极的外面套有一个同轴金属筒，并通过绝缘支架互相固定，金属筒的上下开口，或整体上均匀分布多个小孔，使筒内外的液位相同。中心棒与金属套筒构成两个电极，电容的中间介质为气体和液体物料。这样组成的电容 C_x 与容器的形状无关，只取决于液位的高低。由于固体粉末容易滞留在极间，此种电极不适于固体物位的测量。

图 3-36(c)适用于立式圆筒形导电容器，且物料为导电性液体的液位的测量。在这种应用中，中心棒电极上包有绝缘材料，导电液体和容器壁共同作为外电极。此时两个电极间的距离缩短，仅为绝缘层的厚度，并且绝缘层作为电容的中间介质。其中电容 C_x 由绝缘材料的介电常数和液位高度所决定。

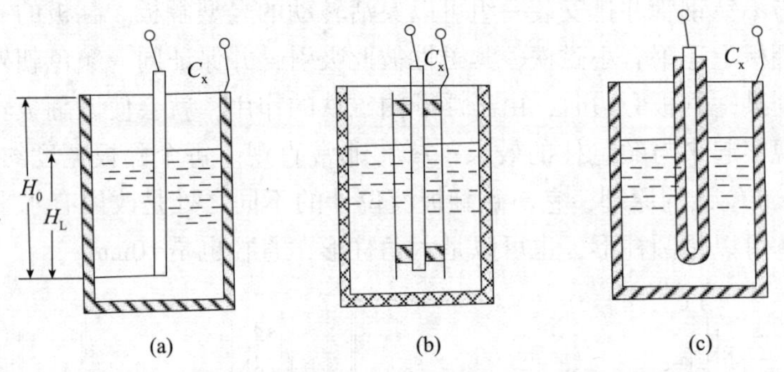

图 3-36 电容式物位计的工作原理

上述三种情况下得到的电容 C_x 或电容变化量 ΔC 都与物位成正比关系，只要测出电容量的变化，便可知道液位高度。传感器的转换部分的测量线路通常采用交流电桥法或充放电方法将电容变化转换为电流量输出，然后送与有关单元，进行液位的显示或控制。

电容式物位计既可测量液位、粉状料位，也可测量界位，结构简单，安装要求低，但当被测介质黏度较大，液位下降后，电极表面仍会黏附一层被测介质，从而造成虚假液位示值，严重影响测量精度。被测介质的温度、湿度等变化都能影响测量精度，当精度要求较高时，应采取修正措施。

3.5.5 其他物位测量仪表

1. 超声波物位计

超声波物位计是基于回声测距原理设计的。利用超声波发射探头发出超声脉冲，发射波在料位或液位表面反射形成回波，由接收探头将信号接收下来。测出超声脉冲从发射到接收所得时间，根据已知介质中的波速就能计算出探头到料位或液位表面的距离，从而确定物位的高度。

超声波物位计可以对容器内的液位或料位进行非接触式的连续测量，因而可用于测量低温、有毒、有腐蚀性、黏度高、非导电等介质及环境恶劣的场合。使用范围广，寿命长，但电路复杂、造价高，且测量精度受电磁场、温度、压力等影响。如果介质对声波吸收能力强，则不能使用这类仪表。

2. 核辐射式物位计

核辐射式物位计是根据被测物质对放射线的吸收、散射等特性而设计制造的。

不同的物质对放射线的吸收能力不同。当放射线穿过一定的被测介质时，由于介质的吸收作用，会使放射线的辐射强度随着被测介质的厚度而按指数衰减。只要测出通过介质后的辐射强度，即可求出被测介质的厚度，即物位的高度。

核辐射式物位计可以进行无接触式测量，可用于各种场合，环境条件变化不会影响其测量精度。但使用中必须采取防护措施，以免造成人身伤害。

3.6 显示仪表

3.6.1 概述

在科学研究和生产过程中，为了使人们对所研究的对象有所了解，必须对过程进行检测并将信息显示出来，显示仪表就起到了人机联系的桥梁作用。

为了达到显示目的，人们设计了各种形式的显示仪表。从显示方式上看，可分为模拟式显示、数字式显示、图形显示，以及声、光报警等。

模拟式显示仪表是以指针或记录笔的偏转角或位移量显示被测参数的连续变化。这类仪表简单可取，价格较低，能反映测量值的变化趋势。但由于其结构上一般都包括信号放大、变换环节，以及指示记录机构等，因此它的测量准确度、测量速度等都受到了限制。平衡式仪表的准确度可达到 ±0.5%，动圈式的准确度只能达到 ±1%。

数字式显示仪表是以数字形式显示被测参数的。由于避免了模拟式仪表的机械结构，测量速度快，分辨力强，准确度高(分辨力可达 1μV，准确度可达 10^{-6}级)，读数直观，工作可取，且有自动报警、自动打印和自动检测等功能，便于和计算机连用，更适于生产的集中监视和控制。

图形显示是将计算机显示系统引进工业自动化系统的结果，由计算机控制的显示终端可以直接把被测参数以文字、符号、数字或图像形式显示出来，并可分页画面显示，大大提高了显示效能。

参数越限报警显示装置是根据工业过程的要求，为了确保生产安全可靠的进行，对某些重要参数进行监控的手段。

3.6.2 模拟式显示仪表

模拟式显示仪表，简称模拟仪表，主要分为动圈式显示仪表和自动平衡式显示仪表两类。动圈式显示仪表发展较早，可以对直流毫伏信号进行显示，也可以对能转换成电势信号的非电势信号的参量进行显示。它具有结构简单、维修方便、价格低廉、指示清晰、体积小、重量轻等特点。就测量线路而言，由于它是直接变换式的开环结构仪表，因而精度较低，线性刻度较差，灵敏度亦较差，因而近年来应用逐渐减少。自动平衡式显示仪表采用电动自动补偿的原理构成，具有准确度高、性能稳定的特点，能自动测量、指示和记录各种电量。若配以热电偶、热电阻或其他变送器，即可连续指示、记录生产过程中的温度、压力、流量、物位及成分等各种参数。附加各种调节器、报警器和积算器等，可以实现多种功能。它广泛地应用于工业生产和科学研究等领域。常用的自动平衡式显示仪表有自动平衡式电子电位差计和自动平衡式电子电桥。

1. 自动平衡式电子电位差计

电子电位差计可以与热电偶配套使用，用于对温度参数的显示和记录，也可以与其他能转换成直流电压、直流电流的传感器、变送器等配合使用，对生产过程的其他参数进行显示和记录。电子电位差计主要包括放大器、伺服电动机及机械传动系统，如图 3－37 所示。它是基于平衡法原理设计的，即将被测未知电势与已知的标准电势进行比较，当两者差值为 0 时，被测电势就等于已知的标准电势。其工作过程是：来自热电偶或传感器、变送器的输入直流电压信号 U_x，与补偿电压 U_f(来自测量桥路的标准电势)相比较，其差值信号经放大器放大后得到足够的功率以驱动伺服电动机。伺服电动机通过一套机械传动装置，带动测量桥路的滑动电阻的触点，从而改变 U_f 的数值，并同时带动指示、记录机构。当 U_f 与 U_x 相等时，伺服电动机停转，仪表指针指示出被测参数的数值。

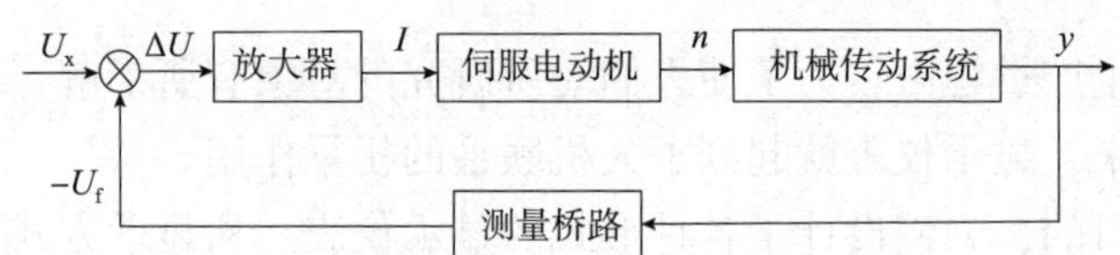

图 3－37　自动平衡式电位差计原理框图

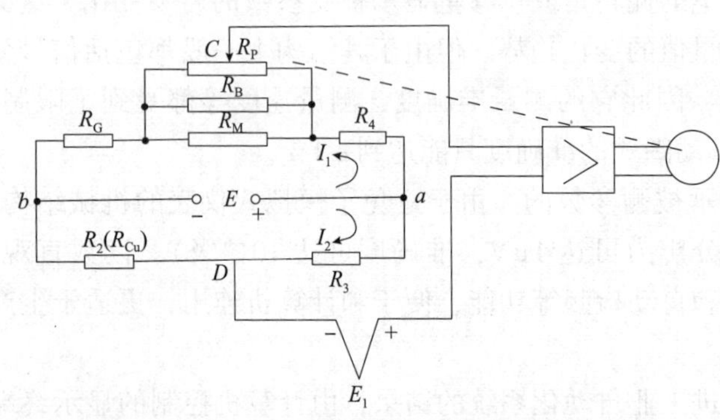

图 3－38　XW 系列电子电位差计测量桥路原理

从原理框图中可以看出，电子电位差计是闭环结构，可以得到较高的精度。国产 XW 系列电子电位差计测量桥路原理如图 3－38 所示。图中 E 为 1 V 直流稳压电源。I_1、I_2 分别为 4mA 和 2mA。R_P 为滑线电阻，R_B 为工艺电阻，$R_P // R_B = 90\Omega$。为了使量程多样化，又并联上量程电阻 R_M，以供调整量程之用。R_G 为起始电阻，由仪表的量程起点所决定，R_4 为限流电阻，与其他几个电阻一起保证上支路电流为一恒定值 4mA。在与热电偶配套使用的仪表中，R_2 由铜导线统制，R_2 称为冷端温度补偿电阻，可用 R_{Cu} 表示。R_3 为限流电阻，与 R_2 一起保证下支路电流为一恒定值 2mA。

假如被测温度为 t，当环境温度为设计值 t_0 时，热电势为 E_t，此时动触点在点 C，系统平衡。当环境温度升高时，虽然被测温度没有变化，热电势却减小了 ΔE_t。如果没有 R_{Cu}，触点将左移，仪表示值偏低，当采用 R_{Cu} 后，由于 R_{Cu} 的阻值随环境温度的升高而增大，点 b 电位亦随之升高，即 U_{ab} 也有所减小。如果参数选择得当，使得在 R_{Cu} 上产生的电

压变化量与 ΔE_t 刚好相等，则动触点不动，示值就没有变化，所以 R_{Cu} 的存在使电路能自动补偿冷端温度变化的影响，在使用过程中就不必采用其他温度补偿措施了。需要指出的是，由于热电势和铜电阻随环境温度变化的规律不完全一致，这里只是部分补偿。为了使 R_{Cu} 值与冷端温度保持一致，通常将其装在仪表外部的接线端子板上。不同的热电偶其热电特性不同，桥路设计时 R_{Cu} 取不同值。使用时注意仪表与测温元件配套。

2. 自动平衡式电子电桥

当仪表与其他传感器配套时，R_2 由锰钢导线绕制。

自动平衡式电子电桥外形结构与自动平衡式电子电位差计相同，区别仅在于接收信号不同，测量桥路有所区别。它可与热电阻配套使用测量温度，也可与其他能转换成电阻变化的变送器、传感器或检测元件等配套使用，以显示和记录生产过程的其他参数。当电桥与热电阻配用时，由于热电阻安装在距离仪表较远的生产现场，为了减少连接导线电阻随环境温度变化时对测量结果的影响，要采用三线制接法，如图 3－39 所示。这样就可把热电阻两边的连接导线电阻分别连接到相邻的桥臂上，受到环境温度影响时，可以抵消一部分，以减小温度误差。

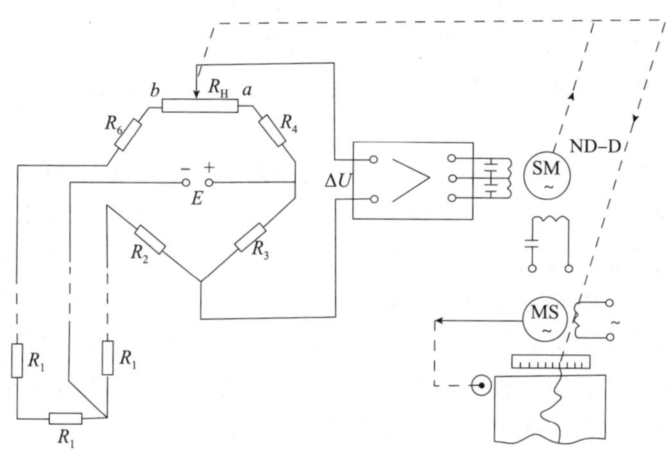

图 3－39　自动平衡式直流电桥原理

3.6.3　数字式显示仪表

数字式显示仪表，简称数字仪表，是从 20 世纪 50 年代初出现的，随着数字化测量技术、半导体技术及计算机技术在仪表中的应用，数字仪表得到迅速发展和应用。数字仪表的出现适应了科学技术及自动化生产过程中高速、高准确度测量的需要，它与模拟仪表相比，具有如下特点：

①准确度高。一般数字电压表的准确度可达 0.05% 级，高准确度的数字仪表的准确度可达到 10^{-6} 数量级，而模拟仪表要达到 0.1% 的准确度，在制造上要求精度极高，十分困难。

②分辨率高。一般分辨率为 10μV 或 1μV，有的可达到 0.1μV。

③无视差。数字仪表以数码形式显示测量结果，读数清晰明了，而模拟仪表由于操作者的主观原因会造成视觉误差。

④数码形式输出。便于与计算机联机，可方便地实现数据处理。

⑤测量速度快。仪表的测量速度可达每秒数次直至每秒几十万次。

1. 数字仪表的基本构成

数字仪表品种繁多，原理各不相同，其基本构成框图如图 3－40 所示。

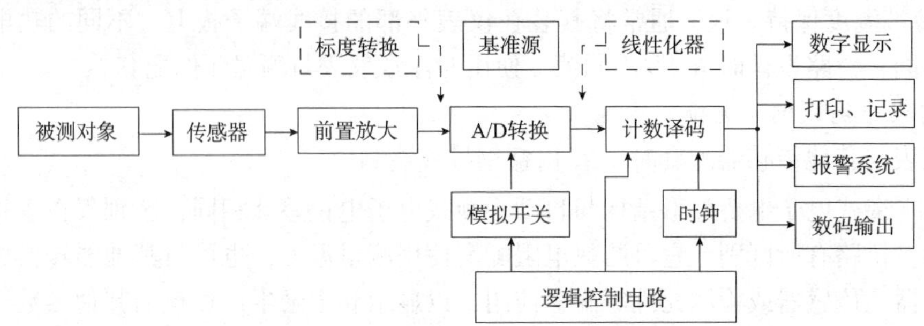

图 3－40 数字仪表的基本构成框图

在工业过程的检测中，被测参数如温度、压力、流量、液位等通过各种传感器或变送器转换成随时间连续变化的模拟电信号。一般情况下，该信号都较弱，且由于传输而含有各种干扰成分，因此需进行滤波、前置放大。滤波放大后的信号送到 A/D(模/数)转换器进行 A/D 转换，从而将连续输入的电信号转换成离散的数字量，经译码后送到显示单元进行数字显示，同时也可进行打印、记录或报警。需要时，可以数码形式输出，供计算机进行数据处理。

通常被测参数与传感器或变送器输出的电信号为非线性关系，利用模拟式显示仪表采用非线性刻度的方法可以方便地解决这个问题。但在数字仪表中，常用的二进制或二–十进制码其本身是线性递增或递减的，这样在信号转换过程中的非线性问题就直接影响测量的准确性。在数字仪表中必须进行线性化处理，即把仪表非线性化输入信号转换为线性化数字显示过程中都要采用必要的补偿措施。此外，还要加上标度变换环节，以使仪表显示的数字量与被测参数的数值一致，非线性补偿与标度变换可以在模拟电路部分实现，也可以在数字电路中实现，在智能仪表中，可用软件来完成。

2. 非线性补偿

非线性补偿方法很多，概括起来可分为：

①模拟非线性补偿法，即在 A/D 转换器之前和模拟电路中进行被测参数的非线性补偿。

②非线性 A/D 转换法，即在 A/D 转换过程中实现非线性补偿。

③数字非线性补偿法，即在 A/D 转换后的数字电路中实现非线性补偿。

3. 标度变换

由传感器输出的信号经滤波、放大和 A/D 转换后，一般都是以电压量的形式输出，而在化工、石油等工业过程测量中，要求以被测参数的形式显示，例如：温度、压力、流量、物位等，这就存在量纲还原问题，通常称为标度变换。

3.6.4 智能化、数字化记录仪

随着大规模和超大规模集成电路技术和计算机技术的飞速发展，仪表制作也发生了巨大变革。仪表趋于小型化、系统化、智能化。由上海大华仪表厂生产的 XJFA－02 数据记录仪就是其中一例。它是采用微机技术和精密机械生产的高性能、高质量的新型智能混合

式记录仪，具有测量数据数字显示，报警通道显示，测量数据的数字记录、模拟记录或数字、模拟定时轮流交替记录，制表记录，报警时间和解除报警时间记录，声音报警及继电器报警输出等功能，可用来测量直流电压信号、过程电流信号，并可与热电偶和热电阻配套对温度参数进行测量。可广泛用于冶金、化工、石油等工业部门，以及科学研究中的自动检测、监视、记录和数据采集。

1. 仪表的构成及原理

仪表构成如图 3－41 所示。它主要包括：

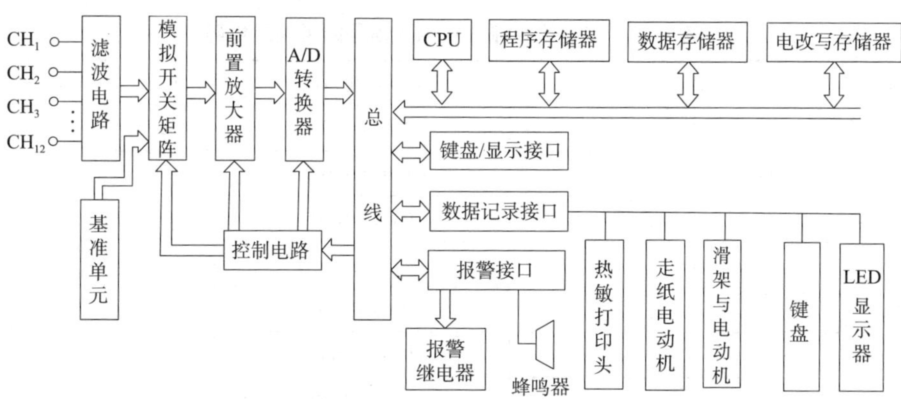

图 3－41 仪表构成框图

(1)数据采集单元电路

数据采集单元电路由滤波电路、模拟开关矩阵、前置放大器、A/D 转换器等组成。

(2)控制电路

控制电路以单片机为核心，并由程序存储器、数据存储器及其外围接口芯片等构成的控制系统。

(3)报警单元

报警单元由报警继电器、蜂鸣器等组成。

(4)数据记录单元

数据记录单元包括步进电动机、走纸电动机、打印纸等。

(5)键盘/显示单元

仪表面板的下方配有 19 个操作键。各键符号如图 3－42 所示，每次设定过程可通过仪表的 8 位 LED 显示。

图 3－42 键盘符号示意

在控制单元控制下各通道的模拟输入信号经滤波后，由多路采样开关以每点 0.5ms 速度进行采样。根据用户对每个通道输入信号类型选择的设定值，仪表对输入放大器的量程进行自动切换。输入信号经放大后总线将转换结果取入内存并由控制软件对 A/D 转换结果进行自校处理后，按照设定要求进行标度变换、线性化处理等数值运算，运算结果分别送至相应的缓冲器单元，而后进行数字显示报警和数据或曲线打印。

2. 仪表特点及技术性能

(1)多通道、多量程输入

多通道、多量程输入包括 12 条通道，2 种直流电压输入、5 种热电偶及 2 种直流电流输入，输入量程及范围可灵活设定。表 3－8 给出热电偶直流毫伏输入信号的类型及代码，每个通道可任选其中一种。

表 3－8　热电偶直流毫伏输入信号的类型及代码

输入信号类型		键盘设定码	基准测量范围	单位	显示基本误差
直流电压	20	0	－20.00～20.00	mV	±0.3%
	100	1	－100.0～100.0	mV	±1 数字
热电偶	B	2	0600～1800	℃	±0.5% ±1℃
	T	3	－150.0～350.0		
	S	4	0000～1300		
	E	5	000.0～900.0		
	K	6	0000～1200		
直流电流	101	7	00.00～10.00	mA	—
	201	8	04.00～20.00		

(2)多种数据输出

仪表对被测信号可以只进行连续模拟记录，也可对信号只进行定时数字记录，同时还可以自动定时进行数字、模拟轮流交替记录，定时时间可由用户通过键盘设定或随时改变。

数字显示采用 LED(发光二极管)显示器，具有巡回式数点定点显示，可显示通道号、测量数据、报警通道号，还可以通过键盘操作显示指针走纸速度及各设定参数。

能提供各通道量程的打印功能，包括打印年、月、日、时间、曲线、走纸速度、满点修正值、打印深浅度等。具有 4 种打印格式：模拟打印、列表打印、数据打印、报警信息打印。模拟打印和数据打印可设定为单独自动连续进行，也可设定为自动定时交替进行。

(3)报警功能

仪表对每个通道可独立建立高或低 2 个报警点和报警通道显示，并可独立选用 4 个报警输出继电器中的任一个，还可打印出各报警发出或撤销的标记、时间及选用继电器号，当任一测量值越限时，机内蜂鸣器发出声响，数据打印时，在打印测定数据的同时，还打印出报警标记 H 或 L。

(4)断电保护功能

仪表采用 EEPROM(带电可擦可编程只读存储器)，即使在断电时，不需要干电池，仍能长期保存用户设定内容。

(5)自校正功能

仪表在每次采集数据前，内部可对输入零点漂移及放大器倍数进行自动校验，并加以

修正，还设有程序自动跟踪启动电路，因此，仪表可长期保持稳定运行。

(6)数据处理功能。

由于仪表内部采用CPU(中央处理器)，能实现各种复杂运算，可对测量数据进行加工处理。例如，可以进行非线性校正、热电偶冷端温度补偿、标度变换等。

(7)数据通信功能

仪表设置了一个串行通信接口，可与其他微机化仪表和计算机进行数据通信，以便构成不同规模的计算机控制系统。

(8)可操作性强，调整方便

仪表通过简单的键操作(每步操作都有相应的提示符)可随时改变各通道的输入量程、记录情况、打印深浅等，而且对机械满点的调整也仅通过简单的键操作即可实现。

3－1　过程检测系统包括哪几个部分？简述它们各自的作用。

3－2　按误差出现的规律分类，测量误差可分为哪几种？它们各有何特点？

3－3　测量仪表有哪几个主要品质指标？

3－4　对某参数进行多次重复测量，其测量数据见表3－9，试求测量过程中可能出现的最大绝对误差。

表3－9　测量数据

测量值	8.23	8.24	8.25	8.26	8.27	8.28	8.29	8.30	8.31	8.32	8.41
次数	1	3	5	8	10	11	9	7	5	1	1

3－5　简述热电偶测温的基本原理及应用场合。

3－6　对于应用于工业测量的热电偶电极材料有何要求？

3－7　为什么利用热电偶测温时要使用补偿导线？热电偶冷端温度补偿方法有哪几种？工业上常用的是哪种？

3－8　铂铑-铂热电偶测温度，其仪表示值为600℃，而冷端温度为65℃，则实际温度是否为665℃？如不是，正确值应为多少？

3－9　常用的工业热电偶有哪几种？各有何特点？

3－10　常用的工业热电阻有哪几种？各有何特点？

3－11　简述热电阻温度计的工作原理及应用场合。

3－12　热电阻温度计的电阻体R_t为什么要采用三线制接法？为什么要规定某一数值的外线电阻？

3－13　温度测量仪表的选用应从哪几方面考虑？

3－14　简述温度变送器的工作原理及其作用。

3－15　一体化温度变送器的主要特点是什么？

3－16　智能温度变送器的主要特点是什么？

3－17　何谓绝对压力、大气压力、真空度？其关系如何？

3－18　测压仪表有哪几类？各基于何原理进行工作？

3-19　试述弹性式压力表的主要组成部分及测压过程。

3-20　分析电容式压力传感器、扩散硅压力变送器的工作原理和特点。

3-21　ST3000 差压变送器的主要性能有哪些？

3-22　某压力表的测量范围为 0～1MPa，精度等级为 1.5 级，此表允许的最大绝对误差是多少？

3-23　某台空气压缩机的缓冲器，其工作压力范围为 1.1～1.6MPa，要求就地观察压力，并要求测量结果的误差不得大于工作压力的 ±5%，试选择合适的压力计（类型、量程、精度等级）。

3-24　简要说明选择压力检测仪表主要应考虑哪些问题。

3-25　压力计安装要注意哪些问题？

3-26　简述差压式流量计测量流量的原理，并说明哪些因素对流量测量有影响？

3-27　何谓标准节流装置？简述标准节流装置组成部分。

3-28　试述浮子流量计、容积式流量计和电磁流量计测量流量的工作原理、使用特点。

3-29　当被测介质的密度、压力或温度变化时，浮子流量计的示值如何修正？

3-30　在所介绍的各种流量检测方法中，请指出哪些测量结果受被测流体的密度影响？

3-31　用浮子流量计测气压为 0.65MPa、温度为 40℃ 的 CO_2 气体流量时，若已知流量计读数为 $50m^3/s$，求 CO_2 的真实流量为多少？（已知 CO_2 在标准状态时的密度为 $1.976kg/m^3$）

3-32　试述涡街流量计的基本构成及检测原理。

3-33　按工作原理的不同，物位测量仪表有哪些主要类型？它们的工作原理是什么？

3-34　差压式液位零点迁移实质是什么？怎样进行迁移的？

3-35　简述电容式液位计的工作原理，在使用过程中应注意哪些问题？

3-36　显示仪表按显示的方式分为哪几类？

3-37　说明自动电子电位差计是如何基于补偿测量法工作的。

3-38　数字式显示仪表主要由哪几部分组成？各部分有何作用？

3-39　有一台数字仪表满度显示为“20060”，此时它从放大器接收的信号为 5V，现与一测压变送器配套测量压力，其输出为 0～10mA DC，它所对应的测压范围为 0～20000Pa，应采用什么办法才能使数字表直接显示压力数？

第4章 成分检测

4.1 概述

在工业过程中，除了温度、压力、流量、液位等常规过程参数以外，还有一类与组分成分或材料物性相关的参数，这类参数对工业过程的质量控制、节能增效与可靠性运行起着至关重要的作用。成分分析主要用来检定、测量物质的组成和特性，研究物质的结构。用于成分检测的仪表称为成分分析仪表，使用成分分析仪表可以了解生产过程中的原料、中间产品及最终产品的性质及其含量，配合其他有关参数的测量，更易于达到提高产品质量、降低材料消耗和能源消耗的目的。

4.1.1 成分分析仪表的特点及应用场合

成分分析仪表主要有以下特点：

①仪表专用性强，品种多，批量小，价格高；

②仪表结构复杂；

③机械加工要求高，电子元件要求严格；

④使用条件苛刻。

成分分析仪表的主要应用场合见表4-1。

表4-1 成分分析仪表的主要应用场合

工艺监督	在生产过程中，合理选择成分分析仪表能迅速准确地分析出参与生产过程的有关物质的成分，以便进行及时的控制，达到最佳生产过程的条件，实现稳产、高效的目的
安全生产	在生产过程中，使用成分分析仪表可以进行有害性气体或可燃性气体的含量分析，以确保生产安全，防止事故发生
节约能源	在生产过程中，用成分分析仪表及时分析过程参数，了解加热系统的燃烧情况，对节能降耗可以起到一定的作用
污染监测	在生产过程中，使用成分分析仪表对生产中排放物进行分析，能对环境污染进行监督和控制，使排放物中的有害成分不超过环保规定的数值

4.1.2 成分分析仪表的分类

成分分析仪表中应用的物理、化学原理广泛且复杂。目前，按其测量原理，可分为以下几种类型：

①电化学式分析仪表，如电导仪、酸度计、氧化锆氧分析仪、离子浓度计等。

②热学式分析仪表，如热导式分析仪、热化学式分析仪、可燃气体测爆仪等。

③磁学式分析仪表，如热磁式氧分析仪、核磁共振分析仪等。

④射线式分析仪表，如X射线分析仪、γ射线分析仪、同位素分析仪等。

⑤光学式分析仪表，如红外线分析仪、分光光度计、光电比色式分析仪等。

⑥色谱式分析仪表，如气相色谱仪、液相色谱仪等。

⑦物性测量仪表，如水分计、黏度计、密度计、湿度计、尘量计等。

⑧其他分析仪表，如晶体振荡式分析仪、半导体气敏传感器等。

4.1.3 成分分析仪表的组成

成分分析仪表一般由自动取样装置、预处理系统、传感器、信息处理系统、显示仪表、整机自动控制系统6部分组成。它们之间的关系如图4-1所示。

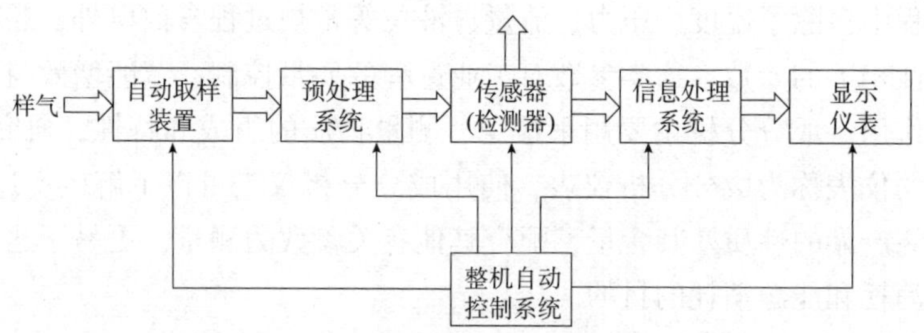

图4-1 成分分析仪表的基本组成

(1)自动取样装置

自动取样装置的任务是从生产设备中自动、快速地提取有代表性的待分析样品，送到预处理系统。取样装置包括取样探头及其他一些与探头有关的部件，如冷却与冷凝收集器、反吹清洗器、抽吸器及取样泵。取样方式可以有多种，如正压取样和负压取样。负压取样时，应有抽吸器。另外在取样时，对烟尘量很大的样品采用水洗的方法进行机械杂质与腐蚀性气体的过滤，初步过滤掉样品中颗粒较大的杂质。

(2)预处理系统

预处理系统的任务是将取出的待分析样品加以处理，以满足传感器对待分析样品的要求，可以采用如冷却、加热、气化、减压、过滤等方式对采集的分析样品进行适当处理。

预处理系统包括各种物理或化学的处理设备，包括过滤器、干燥器、精密压力调节阀、稳压阀、各种切换系统(如样品与标准样品切换、多点取样切换)、分流器、流量指示仪与流量调节器、各种启闭阀与回收系统。这些设备的作用是对样品做进一步预处理，主要过滤掉细小的灰尘，对油污、腐蚀性的物质与水分进行化学过滤或吸收，以及除去某些干扰组分。同时还要对样品的压力、流量、温度进行控制，使之能满足分析仪表要求。

(3)传感器

传感器(又称检测器、转换器)是分析仪表的核心部分，是将被分析物质的成分或物理性质转换成电信号输出。成分分析仪表的技术性能主要取决于传感器。不同的分析仪表、不同的转换形式，有不同的传感器。

(4)信息处理系统

信息处理系统的作用是对检测器输出的微弱信号做进一步处理，如对电信号的转换、放大、线性化，最终变换为标准的统一信号(一般为4~20mA)和数字信号等并将处理后的信号输出到显示装置。

(5)显示仪表

显示仪表接收来自信号处理系统的电信号，以指针的位移量、数字量或屏幕图文显示方式显示出被测成分量的数量大小。

(6)整机自动控制系统

整机自动控制系统用于控制各个部分的协调工作，使取样、处理和分析的全过程可以自动连续地进行，同时消除或降低客观条件对测量的影响。

有些分析仪表并不一定都包括以上 6 个部分，如有的分析仪表传感器直接放在试样中，就不需要取样和预处理系统。

4.1.4　成分分析仪表的主要性能指标

各种成分分析仪表的主要性能指标包括以下几个方面：

(1)精度(准确度等级)。指仪表分析结果与人工化验分析结果之间的偏差(目前成分分析仪表的精度为 1.0、1.5、2.0、2.5、4.0、5.0 等)。

(2)再现性。指同类产品仪表分析相同样品时，仪表输出信号的误差。

(3)灵敏度。指仪表识别样品最小变化量的能力，即仪表输出信号变化与被测样品浓度变化之比。

(4)稳定性。指在规定的时间内，连续分析同一样品，仪表输出信号的误差。

(5)测量范围。指仪表所能测出最大值和最小值之间的范围。

(6)可靠性。指在正常的使用条件下，无故障连续工作的能力。

(7)时间常数。指若被测量为阶跃变化时，仪表从响应到输出信号达到最终稳定值的 63%之间的时间间隔。

4.2　气体分析仪

4.2.1　热导式气体分析仪

热导式气体分析仪是在工业流程中最先使用的自动气体分析仪。其特点是结构简单、工作稳定、性能可靠，因此在各工业部门得到广泛应用。

气体的热导分析法是根据各种气体的导热系数不同，从而通过测定混合气体的导热系数来间接地确定被测组分含量的一种分析方法。特别适合于分析两元混合气体，或者两种背景组分之比例保持恒定的三元混合气体。甚至在多组分混合气体中，只要背景组分基本保持不变也可有效进行分析，如分析空气中的一些有害气体等。由于热导分析法的选择性不高，在分析成分更复杂的气体时，效果较差。但可采用一些辅助措施，如采用化学方法除去干扰组分，或采用差动测量法分别测量气体在某种化学反应前后的导热系数变化等，可以显著地改善仪器的选择性，扩大仪器的应用范围。

1. 测量原理

由传热学可知，同一物体存在温差，或不同物体相接触存在温差时，产生热量传递，热量由高温物体向低温物体传导。不同物体都有导热能力，但导热能力有差异。一般而言，固体导热能力最强，液体次之，气体最弱。物体的导热能力即反映其热传导速率大小，通常用导热系数 λ 表示，物体传热的关系式可用傅里叶定律描述，即单位时间内传导的热量和温度梯度及垂直于热流方向的截面积成正比，即：

$$dQ = -\lambda dA\frac{\partial t}{\partial x} \tag{4-1}$$

式中，Q 为单位时间内传导的热量；λ 为介质导热系数；A 为垂直于温度梯度方向的传热面积；$\frac{\partial t}{\partial x}$为温度梯度。

式(4－1)中的负号表示热量传递方向与温度梯度方向相反，并且可知，导热系数 λ 越大，表示物质在单位时间内传递热量越多，即它的导热性能越好。其值大小与物质的组成、结构、密度、温度、压力有关。

常见气体在0℃时的导热系数和相对导热系数见表4－2。

表4－2　气体在0℃时的导热系数(λ_0)和相对导热系数($\lambda_0/\lambda_{空气0}$)

气体名称	0℃时的导热系数/[W/(m·K)]	0℃时相对空气的相对导热系数	气体名称	0℃时的导热系数/[W/(m·K)]	0℃时相对空气的相对导热系数
氢气	0.1741	7.130	一氧化碳	0.0235	0.964
甲烷	0.0322	1.318	氨气	0.0219	0.897
氧气	0.0247	1.013	二氧化碳	0.0150	0.614
空气	0.0244	1.000	氩气	0.0161	0.658
氮气	0.0244	0.998	二氧化硫	0.0084	0.344

混合气体是由多组分气体组成，彼此之间无相互作用，其导热系数可以近似地认为是各组分导热系数的算术平均值，即：

$$\lambda = \lambda_1 C_1 + \lambda_2 C_2 + \cdots + \lambda_n C_n = \sum_{i=1}^{n} \lambda_i C_i \tag{4-2}$$

式中，λ 为混合气体的总导热系数；λ_i为混合气体中第 i 组分的导热系数；C_i 为混合气体中第 i 组分的体积分数。

式(4－2)说明混合气体的导热系数与各组分的体积分数和相应的导热系数有关，若某一组分的含量发生变化，必然会引起混合气体的导热系数变化，热导分析仪即是基于这种物理特性进行分析的。

如果被测组分的导热系数为 λ_1，其余组分为背景部分，并假定它们的导热系数近似等于 λ_2。又由于 $C_1 + C_2 + \cdots + C_n = 1$，将它们代入式(4－2)后可得：

$$\begin{aligned}\lambda &\approx \lambda_1 C_1 + \lambda_2 (C_2 + C_3 + \cdots + C_n)\\ &= \lambda_1 C_1 + \lambda_2 (1 - C_1)\\ &= \lambda_2 + (\lambda_1 - \lambda_2) C_1\end{aligned} \tag{4-3}$$

即有：

$$C_1 = \frac{\lambda - \lambda_2}{\lambda_1 - \lambda_2} \tag{4-4}$$

在 λ_1、λ_2已知的情况下，测定混合气体的总导热系数 λ，即可确定被测组分的体积分数。

在实际测量中，要求混合气体中背景组分的导热系数必须近似相等，并与被测组分的导热系数有明显差别。对于不能满足这个条件的多组分混合气体，可以采取预处理的方

法。例如在分析烟道气体中的 CO_2 含量时，烟道气体的组分有 CO_2、N_2、CO、SO_2、H_2、O_2及水蒸气等，但是由于 SO_2和 H_2的导热系数相差太大(一般称为干扰气体)，其存在会严重影响测量结果，应该在预处理时除去。剩余的背景气体导热系数相近，并与被测气体 CO_2的导热系数有显著差别，所以可用热导法进行测量。

2. 热导检测器

从上述分析中知道，热导式气体分析仪是通过对混合气体的导热系数的测量来分析待测组分的含量。但是由于直接测量气体的导热系数比较困难，所以热导式气体分析仪大多是把导热系数的测量转变成电阻的测量，即将由混合气体中待测组分含量变化所引起总的导热系数的改变转换为电阻的变化。这一转换部件称为热导式气体分析仪的检测器，又称为热导池。

热导池的结构示意如图 4-2 所示。热导池是用导热良好的金属制成的长圆柱形小室，室内装有一根细的铂电阻丝或钨电阻丝，电阻丝与腔体有良好的绝缘。电源供给热丝恒定电流，使之维持一定的温度 t_n，t_n 高于室壁温度 t_c，被测气体由小室下部引入，从小室上部排出，热丝的热量通过混合气体向室壁传递。热导池一般放在恒温装置中，故室壁温度恒定，热丝的热平衡温度将随被测气体的导热系数变化而改变。热丝温度的变化使其电阻值亦发生变化，通过电阻的变化可知气体组分的变化。

根据待分析的气体流过检测器的方式不同，热导检测器的结构可分为直通式、扩散式和对流扩散式。图 4-2 所示为直通式结构；图 4-3(a) 所示为扩散式结构，其特点是反应缓慢，滞后较大，但受气体流量波动影响较小；图 4-3(b) 所示为目前常用的对流扩散式结构形式，气样由主气管扩散到气室中，然后由支气管排出，这种结构可以使气流具有一定速度，并且气体不产生倒流。

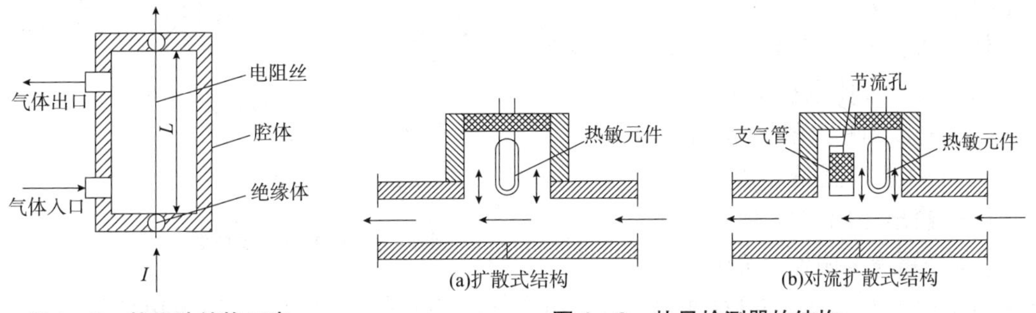

图 4-2 热导池结构示意

图 4-3 热导检测器的结构

3. 测量电路

热导池将待测组分含量的变化转换成电阻值的变化后，通常采用具有电路简单、灵敏度高和精度高等优点的电桥法来测量电阻值，包括单电桥测量电路和双电桥测量电路。

(1) 单电桥测量电路

图 4-4(a) 所示为简单的测量电路，电桥的 4 个臂分别由电阻丝和两个固定电阻 R_1、R_2组成。R_n为电桥的测量臂，是置于流经被测气体的测量气室内的电阻；R_S是参比臂，是置于封有相当于仪表测量下限值的标准气样的参比室内的电阻。当测量气室中通入被测组分含量为下限值的混合气体时，桥路处于平衡状态，即 $R_1 R_n = R_2 R_S$，此时桥路无输出，显示仪表指示值为 0。当被测气体含量发生变化时，R_n 值也相应地随之改变，电桥失去平

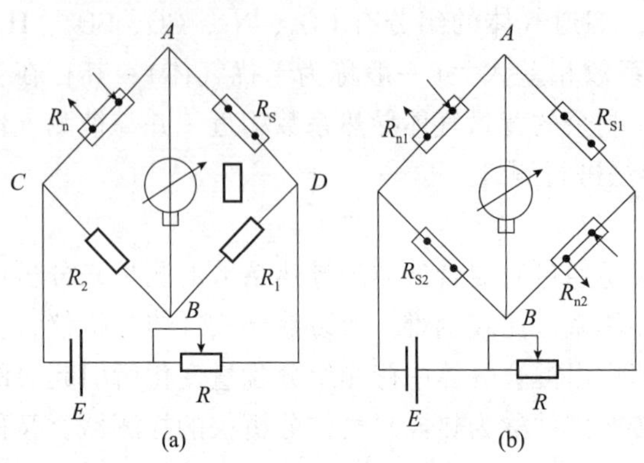

图4－4　单电桥测量电路

衡，即 $R_1R_n \neq R_2R_S$。于是就有不平衡电压输出，输出电压与 R_n 成正比，这样显示仪表就直接指示出被测组分含量大小。

参比气室是结构形式和尺寸与测量气室完全相同的热导池，气室内封入或连续通入被测组分含量固定的参比气，其电阻值 R_S 也是固定的，并置于工作臂的相邻桥臂上，能够克服或减小桥路电流波动及外界条件变化（如 t_c 变化）对测量的影响。

为了提高电桥输出电压灵敏度，可把图4－4（a）中固定电阻 R_1、R_2 改换为参比臂和测量臂，如图4－4（b）所示。这样测量臂为 R_{n1} 和 R_{n2}，参比臂为 R_{S1} 和 R_{S2}，这种电桥称为双臂测量电桥，它的电压灵敏度是图4－4（a）所示单臂电桥的2倍。

（2）双电桥测量电路

由于加工工艺难以保证测量气室和参比气室的对称性，即干扰影响难以对称性出现，为了消除这方面的影响，可以采用双电桥测量电路，如图4－5所示。Ⅰ为测量电桥，Ⅱ为参比电桥。测量电桥中 R_1、R_3 为气室中通入被测气体，R_2、R_4 为气室中充以测量下限气体；参比电桥中 R_5、R_7 为气室中充以测量上限气体，R_6、R_8 为气室中充以测量下限气体。参比电桥输出一固定的不平衡电压 U_{AB} 加在可调变阻器 R_P 的两端，测量电桥输出电压 U_{CD} 随着被测组分含量而变化。显然若 D、E 两点之间有电位差 U_{DE}，则经放大器放大后，推动可逆电动机转动，并带动可调变阻器 R_P 的滑动触点 E 移动，直到 $U_{DE}=0$，放大器无输入信号，此时 $U_{CD}=U_{AE}$。所以，滑动触点 E 的每一个位置 x 对应于测量电桥的输出电压 U_{CD}，即相应于一定的气体含量，则 $x=L\dfrac{U_{CD}}{U_{AB}}$，L 为可调变阻器的长度。

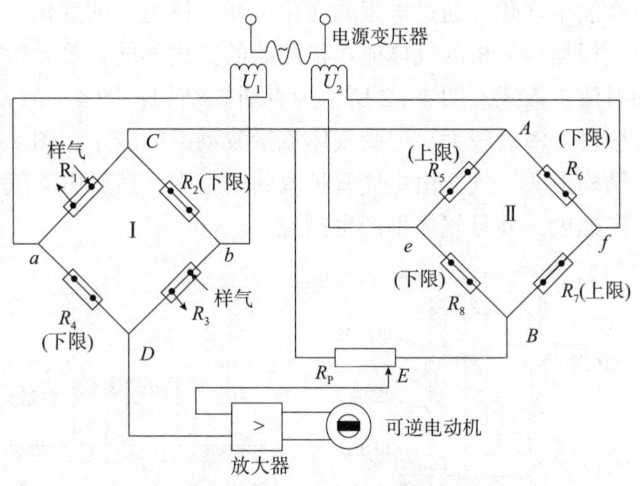

图4－5　双电桥测量电路

由此可见，当环境温度、电源电压等干扰信号同时出现在两个电桥中时，虽然会使两电桥的输出电压发生变化，然而却能保持两者比值不变，仪表指示不受影响，提高了仪表的测量精度。

4. 应用举例

热导式气体分析仪表最常用于锅炉烟气分析和氢纯度分析，也常用作色谱分析仪的检

测器。在线使用这种分析仪表时，要有采样及预处理装置。

4.2.2 红外气体分析仪

红外气体分析仪是应用气体对红外线光吸收原理制成的一种仪表。它可用于 CO、CO_2、CH_4、C_2H_2、C_2H_5OH、H_2O（水汽）等非对称分子结构气体含量的分析测量，具有灵敏度高、反应快、分析范围宽、选择性好、抗干扰能力强等特点，是应用比较多的一种光学式分析仪表，被广泛应用于工业流程中气体的连续自动监测，分析混合气体中某组分的含量。如冶炼工业中的 CO、CO_2 含量测量，电站锅炉燃烧炉烟中 CO、CO_2 含量测量，以及化工、石油工业流程中气体的分析等，也可用于大气污染气体的监测和医学上某些气体的监测。

1. 测量原理

红外线是一种电磁波，它的波长在 0.76～1000μm 的频谱范围内，与可见光一样具有反射、折射、散射等性质。红外线的最大特点是具有光热效应，是光谱中最大的光热效应区。

红外线在介质中传播时，由于介质的吸收和散射作用而衰减。根据红外理论，许多化合物分子在红外波段都具有一定的特征吸收带，吸收带的强弱及所在的波长范围由分子本身的结构决定。只有当物质分子本身特定的振动和转动频率与红外光谱中某一波段的频率相一致时，分子才能吸收这一波段的红外辐射能量，将吸收到的红外辐射能转变为分子振动动能和转动动能，使分子从较低的能级跃迁到较高的能级。红外线法正是利用分子所具有的这种选择性能力来对气体的组成进行分析的。

根据朗伯-比尔定律，气体对红外线的吸收可以用公式表示为：

$$I = I_0 e^{-KCL} \tag{4-5}$$

式中，I 为红外线通过待测组分后的平均光强度；I_0 为红外线通过待测组分前的平均光强度；K 为待测组分的吸收系数(常数)；C 为待测组分的浓度；L 为红外线通过待测组分的长度(气室的长度)。

由式(4-5)可见，当红外线通过待测组分的长度 L 和红外线通过待测组分前的平均光强度 I_0 一定时，红外线通过待测组分后的平均光强度 I 仅仅是待测组分浓度 C 的单值函数。因此，测出红外线通过待测组分后的平均光强度 I，就能知道待测组分的浓度。以这一原理为基础发展起来的光谱仪器，称为红外气体分析仪。

2. 分类

红外气体分析仪按不同分类方法可分为工业型和实验室型；色散型(分光式)和非色散型(非分光式)等。

分光式是根据待测组分的特征吸收波长，采用一套光学分光系统，使通过被测介质层的红外线波长与待测组分特征吸收波长相吻合，进而测定待测组分的浓度。

非分光式是光源的连续波谱全部投射到待测样品上，而待测组分仅吸收其特征波长的红外线，进而测定待测组分的浓度。工业过程主要应用这类仪表，其主要类型如图 4-6 所示。

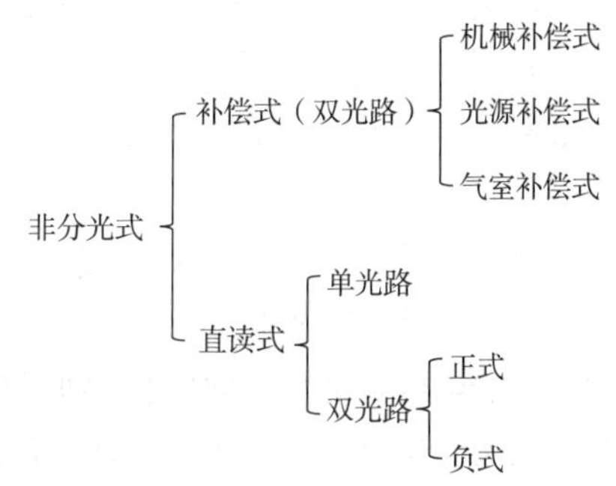

图 4-6 工业红外气体分析仪类型

3. 结构组成

红外气体分析仪一般由光源、气室、接收元件、切光片和窗口等组成，典型的结构如图4－7所示。

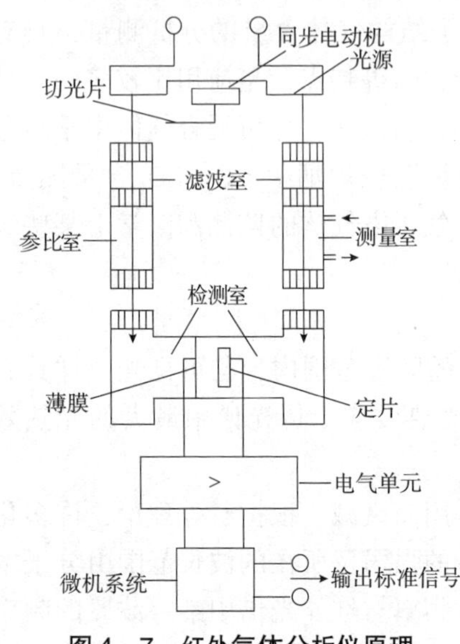

图4－7　红外气体分析仪原理

(1)光源

光源的作用是产生两束能量相等而又稳定的红外光束，多由通电加热镍铬丝所得。辐射区的光源分两种，一种是单光源，另一种是双光源。单光源是用一个光源通过两个反射镜得到两束红外线，进入参比室和测量室，保证两个光源变化一致。双光源结构则是参比室和测量室各用一个光源。与单光源相比，双光源因热丝放光不尽相同而产生误差。但单光源安装调整比较困难。

(2)滤光元件

滤光元件的作用是吸收或滤去可被干扰气体吸收的红外线，去除干扰气体对测量的影响。滤光元件通常有两种，一种是充以干扰气体的滤光室，另一种是滤光片。滤光片是在晶片表面喷涂若干涂层，使它只能让待测组分所对应的特征吸收波长的红外线透过，而不让其他波长的红外线透过或使其大大衰减，从而把各种干扰组分的特征吸收波长的红外线都过滤掉，使干扰组分对测量无影响。

(3)测量室和参比室

测量室和参比室两端用透光性能良好的CaF_2晶片密封。参比室内封入不吸收红外辐射的惰性气体，测量室则连续通入被测气体。测量室的长短与被测组分浓度有关，一般测量室的长度为0.3～200mm。

(4)检测器

检测器的作用是接收从红外光源辐射出的红外线，并转化成电信号。有光电导式和薄膜电容式两种检测器。

光电导式检测器只能吸收某一波长范围内的红外线能量，它必须和滤波效果较好的滤光片配合使用。目前用得较多的材料是锑化铟。

大多数红外线分析仪都采用薄膜电容式检测器，其原理结构如图4－8所示。检测器的两个吸收室分别充有待测气体和惰性气体的混合物。两个吸收室间用薄金属膜片隔开。因此，当测量室发生吸收作用时，到达吸收室试样光束比另一吸收室的参比光束弱，于是检测吸收室气压小于参比吸收室中的气压。而金属隔膜和一个固定电极构成了一个电容的两个极板，此电容器的电容变化与吸收室内吸收红外线的程度有关。故测量出此电容量的变化，即可确定出样品中待测气体的浓度。

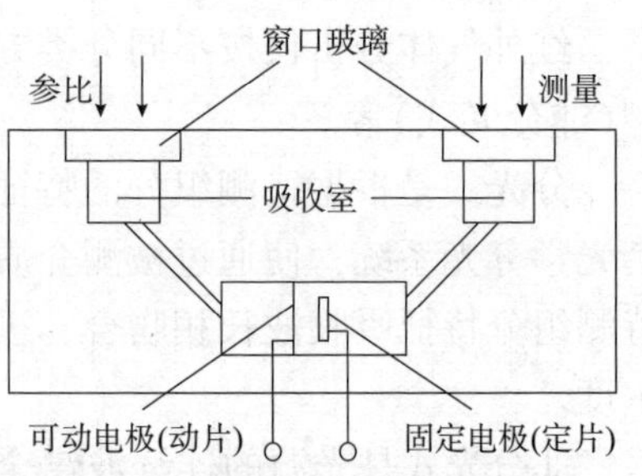

图4－8　薄膜电容式检测器原理

(5)切光片

切光片在电动机带动下对光源发出的光辐射信号做周期性切割，将连续信号调制成一定频率(一般为2～25Hz，常用6.25Hz)的交变信号(一般为脉冲信号)。因为若红外线是不随时间而变化的恒定光束，则检测器的薄膜总是处于静态受力，向一个方向固定变形。这样既影响薄膜使用寿命，又使待测组分有微小变化时，薄膜相对位移量小，电气测量比较困难。因此，在红外气体分析仪中采用切光片把红外线光束调制成时通时断地射向气室和检测器的脉冲光束，从而把电容检测器的直流输出信号变为交流信号，提高了灵敏度和抗干扰能力，也便于信号放大。切光片在几何上应严格对称，这样调制的光波信号也是对称的方波。

(6)微机系统

微机系统的任务是将红外探测器的输出信号进行放大变成统一的直流电流信号，并对信号进行分析处理，将分析结果显示出来，同时根据需要输出浓度极值和故障状态报警信号。对信号的处理包括：干扰误差的抑制，温漂抑制，线性误差修正，零点、满度和中点校准，以及量程转换、量纲转换、通道转换、自检和定时自动校准等。

4. QGS－08型红外气体分析仪

QGS－08型红外气体分析仪是北京分析仪器厂引进德国麦哈克公司先进技术生产的产品，适用于连续分析CO、CO_2、CH_4、SO_2等23种气体在混合气中的含量。由于分析仪设计成卧式结构，可以容纳较长气室，因而可作气体浓度的微量分析(如CO：0～30μL/L；CO_2：0～20μL/L)。它具有整体防振结构，改变量程或测量组分，只要更换气室或检测器即可。电气线路采用插件板形式，以便更换或增添新的印制板，维护量较小。

QGS－08型红外线气体分析仪属于非分光式红外线分析仪，带薄膜电容式检测器。检测器由两个吸收室组成，它们相互气密，在光学上是串联的。先进入辐射的称为前吸收室，后进入辐射的称为后吸收室。前吸收室由于较薄主要吸收谱带中心的能量，而后吸收室则吸收余下的两侧能量。检测器的容积设计使两部分吸收能量相等，从而使两室内气体受热产生相同振幅的压力脉冲。当被分析气体进入气室分析边时，谱带中心的红外辐射在气室中首先被吸收掉，导致前吸收室的压力脉冲减弱，因此压力平衡被破坏，所产生的压力脉冲通过毛细管加在差动式薄膜电容器上，被转换为电容的变化。通过放大器把电容变化变成与浓度成比例的直流测定值，从而测得被测组分的浓度。其结构原理示意如图4－9所示。由于待分析气样中的灰尘、水汽等在测量气室中的沉积和冷凝，会给仪表的测量准确度、零位稳定性带来不利的影响，还可能使仪器不能正常工作。因此，为了保证进入分析仪表的气体干燥、清洁、没有腐蚀性，需要装设预处理装置。

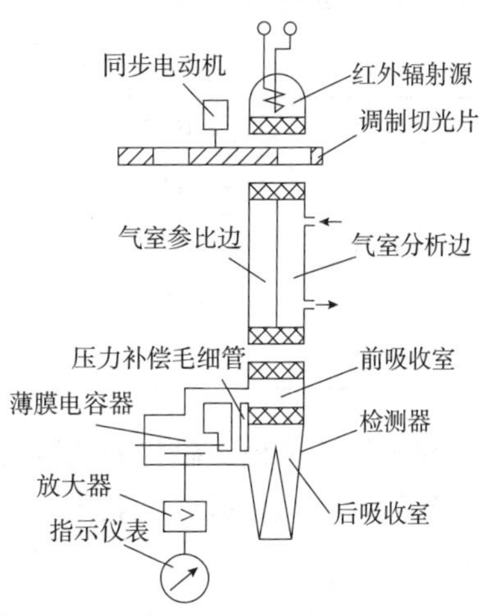

图4－9 QGS－08型红外线气体分析仪原理示意

4.3 氧分析仪

在很多生产过程，特别是燃烧过程和氧化反应过程中，测量和控制混合气体中的氧含量是非常重要的。目前，氧含量分析方法有两种：一种为物理分析法，如磁性氧分析仪；另一种为电化学法，如氧化锆氧分析仪。磁性氧分析仪利用氧的磁性特性工作，根据仪表结构及原理的不同，磁性氧分析仪又可分为热磁式氧分析仪和磁力机械式氧分析仪两种。下面着重介绍热磁式氧分析仪和氧化锆氧分析仪。

4.3.1 热磁式氧分析仪

热磁式氧分析仪利用被测气体混合物中待测组分比其他气体有高得多的磁化率及磁化率随温度的升高而降低等热磁效应来检测待测气体组分含量。它主要用来检测混合气体中的氧含量，具有结构简单、操作及维护方便、响应时间快等优点，一般用于石化、化工等行业的氧气浓度分析。

1. 测量原理

根据电磁学理论，任何物质在外磁场的作用下都能被感应磁化。物质被磁化的程度，用磁化强度 J 表示。物质的磁化强度与外磁场强度 H 成正比，即：

$$J = kH \tag{4-6}$$

式中，k 为物质的磁化率，是一个反映物质磁性的系数。

磁化率为正的物质称顺磁性物质，它在外磁场中被磁场吸引；磁化率为负的物质称逆磁性物质，在外磁场中被磁场排斥。磁化率的数值越大，则该介质在磁场中所受到的吸引或排斥的力也越大。表4-3 给出了部分气体在0℃时的磁化率。

表4-3　某些气体在0℃时的体积磁化率

气体	$k/10^{-6}$	气体	$k/10^{-6}$	气体	$k/10^{-6}$
氧气	+146	乙炔	+1	氮气	-0.58
一氧化氮	+53	甲烷	-1.8	水蒸气	-0.58
空气	+30.8	氦气	-0.083	氯气	-0.6
二氧化氮	+9	氢气	-0.164	二氧化碳	-0.84

对于气体来说，磁化率的数值都比较小，且大多数气体为逆磁性物质，而只有少数气体如氧气、一氧化氮、二氧化氮为顺磁性物质，同时，氧气的磁化率比其他气体的磁化率高很多。

实验证明，对于互相不发生化学反应的多组分混合气体，在常温常压下，其磁化率 k 为各组分磁化率的算术平均值，即有：

$$k = k_1C_1 + k_2C_2 + \cdots + k_nC_n = \sum_{i=1}^{n} k_iC_i \tag{4-7}$$

式中，k_i 为混合气体中第 i 组分的磁化率；C_i 为混合气体中第 i 组分的浓度。

若在混合气体中，待测组分为氧气，其磁化率为 k_1，浓度为 C_1；假设混合气体中非氧组分的磁化率近似相等，而且比较小，则式(4-7)可简写为：

$$k = k_1C_1 + k_2(1 - C_1) \approx k_1C_1 \tag{4-8}$$

式中，k_2 为混合气体中其他组分的等效磁化率，由此可根据混合气体磁化率的大小判定含氧量的多少。

气体磁化率的另一个特点是它随温度和压力的变化而变化。实验证明，对于顺磁性气体，其磁化率与温度、压力有如下关系：

$$k = \frac{CMp}{RT^2} \tag{4-9}$$

式中，C 为居里常数；M 为气体的分子量；p 为气体的压力；R 为气体常数；T 为气体的温度。

由以上分析可以得到以下的结论：

(1)待测组分(氧气)较混合气体中其他组分的磁化率大得多，并且在后者的磁化率近似相等的情况下，混合气体的磁化率近似为待测组分的磁化率与该组分所占浓度的乘积。

(2)气体压力升高时，磁化率增大，而温度升高时，其磁化率剧烈下降。

2. 检测器

检测器是热磁式氧分析仪的关键部位，其作用是将混合气体中氧含量的变化转换为电信号的变化。

检测器的结构分为内对流式和外对流式两类。在内对流式检测器中，待测气体不与检测器直接接触，而是通过内通道的管壁传热来影响检测元件的电阻值；在外对流式检测器中，待测气体直接与检测元件进行热交换，从而影响检测元件的电阻值。

图 4－10 所示为内对流式检测器的结构示意。永久磁铁 N－S 产生一个稳定的强力非均匀磁场，$r_1 \sim r_4$ 构成惠斯通电桥，当电桥接通电源工作时，中间通道因铂电阻 r_1 和 r_2 被加热。待测气体从环形气室中通过，在无外磁场存在时，两侧气流对称，中间水平通道中无气流流过。

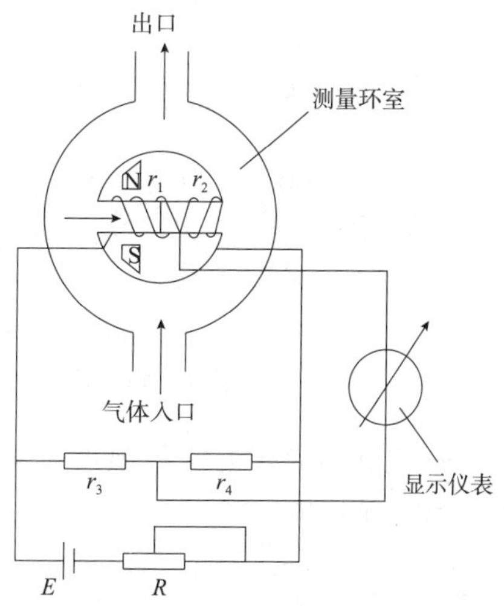

图 4－10　内对流式检测器的结构示意

在磁场的作用下，高磁化率的氧气被吸入水平通道。由于通道内温度较高，氧的磁化率急剧下降；而在通道的入口处，冷氧气的磁化率较高，受外磁场的吸引力较大，因而产生一个推力，不断把气体推向右侧，形成磁风，其速度与待测气体中的氧含量成正比。在热对流的作用下，冷气体将通道中的热量带走。由于磁风对 r_1 的冷却作用强于 r_2，使 r_2 的电阻值大于 r_1，电桥输出不平衡电压，其大小反映了待测气体中的氧含量。

3. 使用条件

(1)因一氧化氮和二氧化氮的磁化率也不低，会使分析结果有很大误差，所以应该在不含有或者能去除一氧化氮和二氧化氮的场合使用。

(2)因氢气的热导率很高，对铂丝的散热有影响，从而干扰测量，所以样品气体中的氢气含量不能超过 0.5%。

(3)样品气体的温度直接影响铂丝的温度，对氧含量的测量有直接影响，所以样品气体的温度变化不能太大，且温度要降到仪表的工作范围。

4.3.2 氧化锆氧分析仪

氧化锆氧分析仪是利用氧化锆固体电解质做成的氧分析仪，用来测量混合气体中氧气的含量。这种氧分析仪与热磁式氧分析仪比较，具有结构简单、反应迅速、测量范围宽、维护工作量小等特点。它广泛应用于连续分析锅炉或窑炉内的燃烧状况，由于它分析滞后小，可以与调节器等组成自动调节系统，控制进风量和燃料比值，达到节约能源及减小环境污染的双重效果。

1. 氧化锆固体电解质导电机理

电解质溶液是靠离子导电的，后来人们发现，一些固体也具有离子导电的性质，把具有某种离子导电性质的固体物质称为固体电解质。

凡能传导氧离子的固体电解质称为氧离子固体电解质，现以氧化锆(ZrO_2)固体电解质为例来说明导电机理。纯氧化锆基本上是不导电的，但掺杂一些氧化钙或氧化钇等稀土氧化物后，它的导电性大大增加，如在氧化锆中加入氧化钙，Ca 置换了 Zr 原子的位置，由于 Ca^{2+} 和 Zr^{4+} 离子价数不同，因此在晶体中形成许多氧离子空穴(见图 4－11)。这时如果有外加电场，就会形成氧离子 O^{2-} 占据空穴的定向运动而导电。带负电荷的氧离子占据空穴的运动，也相当于带正电荷的空穴的反向运动。因此，也可以说固体电解质是靠空穴导电，这与 P 型半导体靠空穴导电相似。

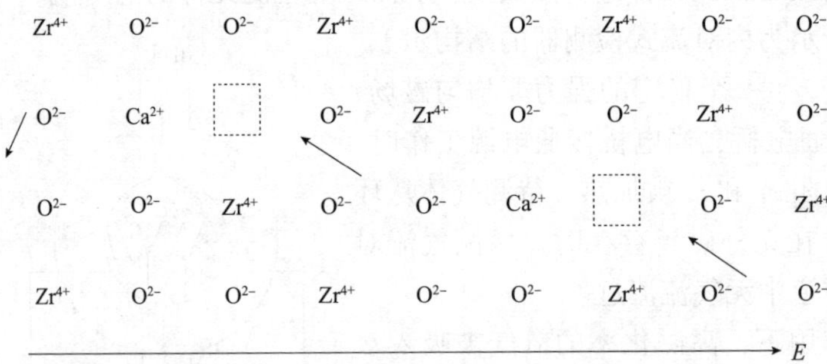

图 4－11 ZrO_2(＋CaO)固体电解质与导电机理示意

固体电解质的导电性与温度有关，温度越高，其导电性越强。氧化锆一般工作在 650～850℃范围内。

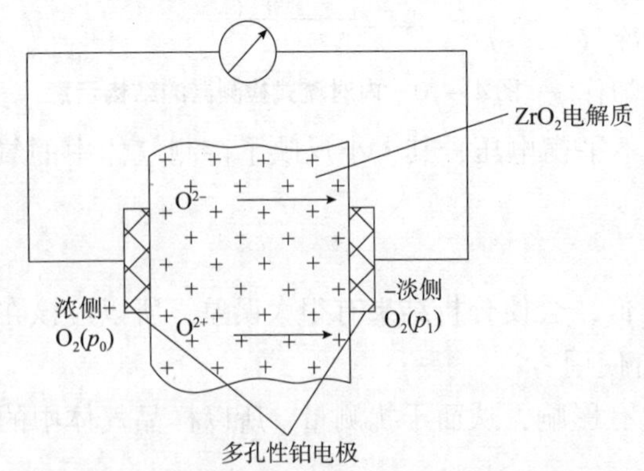

图 4－12 氧化锆氧分析仪检测器原理示意

2. 检测器

氧化锆氧分析仪的检测器是由氧化锆管组成的一个氧浓差电池，其原理如图 4－12所示。在掺有氧化钙的氧化锆固体电解质片的两侧，用烧结的方法制成几微米到几十微米厚的多孔铂层，并焊上铂丝作为引线，就构成一个氧浓差电池。当氧化锆两面的混合气体的氧分压不同时，在两个电极之间就产生电势，该电势是由于氧化锆固体电解质两侧的氧浓差所形成的，

所以叫作浓差电势。

假设氧浓差电池的左侧为被测气体，氧分压为 p_1，右侧为参比气体，参比气体一般为空气，氧分压为 p_0。高温(750℃)下当两侧气体的氧分压不同时，吸附在电极上的氧分子得到 4 个电子，形成两个 O^{2-}，进入固体电解质中，氧离子从高浓度侧向低浓度侧转移而产生电势。设两侧氧分压分别为 p_0 和 p_1，且 $p_0 > p_1$，氧浓差电池表示为以下关系：

$Pt, O_2(p_1)$	$\mid ZrO_2, CaO \mid$	$O_2(p_0), Pt$
阳极(电池负极)	电解质	阴极(电池正极)
$2O^{2-} \rightarrow O_2(p_1) + 4e$	$O_2(p_0) \rightarrow O_2(p_1)$	$O_2(p_0) + 4e \rightarrow 2O^{2-}$

在正极上氧分子得到电子成为氧离子，在负极上氧离子失去电子成为氧分子。只要两侧存在氧分压差，此过程就将持续进行。这样在两个电极间就产生氧浓差电势，氧浓差电势的大小与两侧氧浓度有关，通过理论分析和实验验证，它们的关系可用能斯特方程表示为：

$$E = \frac{RT}{nF}\ln\frac{p_0}{p_1} \tag{4-10}$$

式中，E 为氧浓差电势；R 为理想气体常数，$R = 8.3143\ \mathrm{J/(mol \cdot K)}$；$F$ 为法拉第常数，$F = 9.6485 \times 10^4\ \mathrm{C/mol}$；$T$ 为绝对温度；n 为参加反应的每一个氧分子从正极带到负极的电子数，$n = 4$。

假定参比侧与被测气体的总压力相等，则式(4-10)可改写为：

$$E = \frac{RT}{nF}\ln\frac{C_0}{C_1} \tag{4-11}$$

式中，C_0为参比气体中氧的含量；C_1为被测气体中氧的含量。

通过测量氧浓差电势即可求得待测气体中的氧含量。利用氧化锆氧浓差电势测氧含量必须满足以下条件：

(1)工作温度要恒定。传感器要有温度控制环节，一般工作温度保持在 $T = 850℃$，因为此时仪表灵敏度最高。工作温度 T 的变化直接影响氧浓差电势 E 的大小，传感器还应有温度补偿环节。

(2)必须有参比气体，且参比气体的氧含量要稳定不变。二者氧含量差别越大，仪表灵敏度越高。例如，用氧化锆氧分析仪分析烟气的氧含量，以空气为参比气体时，如果被测气体中的氧含量为 3%～4%，则传感器可以有几十毫伏的输出。

(3)参比气体与检测气体总压力应该相等，仪表可以直接以氧浓度刻度。

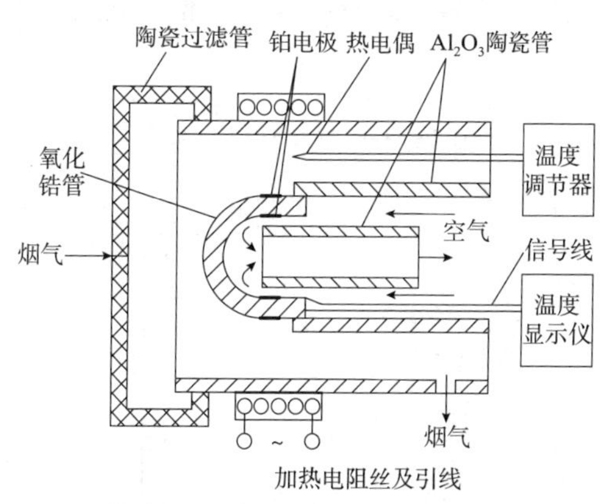

图 4-13　管状结构的氧化锆氧分析仪

利用氧浓差电池原理制成的氧化锆传感器结构如图 4-13 所示。它由氧化锆管、陶瓷过滤管、内外铂电极、热电偶、Al_2O_3陶瓷管、加热电阻丝及引线等组成。氧化锆管为一封闭的圆形管，在其内外表面分别烧结有多孔铂(Pt)电极，氧化锆管内部通空气作为参比气体，被测烟气经过陶瓷过滤管后从氧化锆管外表面流过，这就完成了氧含量测量。为保证氧化锆电解质处于良好的氧导体状态，在其外表面装有加热电阻丝，并设有温度自动控制系统。由引线将测量信号送往二次表，经一系列处理后即可显示待测氧含量的大小。

3. 测量系统

氧化锆氧分析仪由氧化锆探头(又称传感器、检测器)、变送器两部分组成。探头的作用是将氧量转换成电势信号，而变送器的作用是将电势信号转换成氧量显示和4～20mA直流输出，供记录仪或控制系统使用。

氧化锆探头是一个内阻很大的浓差电池，其内阻随温度增加而减小。因此，测量其电势时，测量电路必须有足够高的输入阻抗，应有线性化电路，一般还有温度控制电路。图4－14所示为具有温度控制电路的测量电路原理系统图。

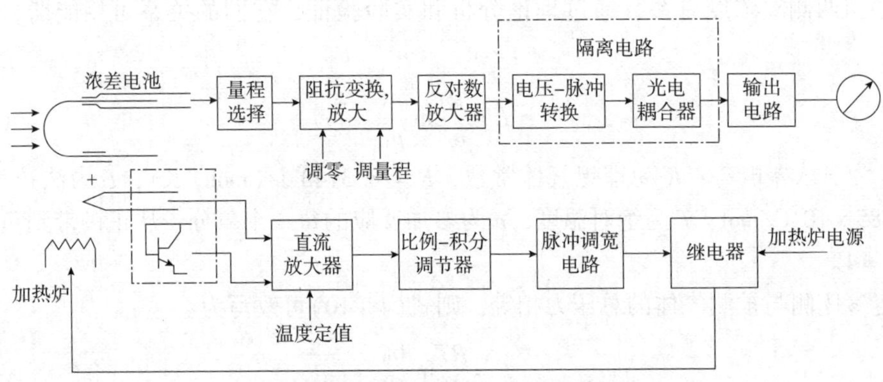

图4－14　具有温度控制电路的测量电路原理系统图

4. 安装与使用

(1)安装

氧化锆氧分析仪的安装首先应考虑测量点的选择问题。测量点应具有代表性，如果测量点位置靠前，则会因燃烧不充分等因素影响而使测量值偏低；相反，如果测量点位置靠后，则会因炉体漏风而使测量值偏高。一般而言，测量点的选择应遵循以下几项原则：①测量点位置应具有代表性，能正确反映所测炉内气体，切忌选在气流死角和漏风点附近；②测量点不能太靠近燃烧点等部位，这会造成氧量计示值剧烈波动，也不能太靠近风机等机械设备，以免电动机的振动损坏氧化锆探头；③远离移动物体，以免碰撞损坏探头；④应便于安装、调试及维护。

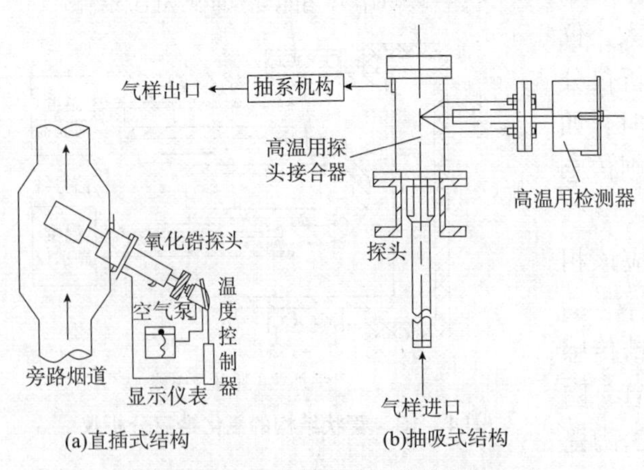

图4－15　氧化锆氧分析仪的安装方式

氧化锆氧分析仪的安装方式有直插式和抽吸式两种结构，如图4－15所示。图4－15(a)所示为直插式结构，多用于锅炉、窑炉烟气的含氧量测量，它的使用温度600～850℃。图4－15(b)所示为抽吸式结构，多

用于石油化工生产中，最高可测 1400℃气体的含氧量。

氧化锆检测器的内阻很大，而且其电阻大小与温度有关，为保证测量精度，其前置放大器的输入阻抗要足够高。现在的仪表中多用微处理器来完成温度补偿和非线性变换等运算，在测量精度、可靠性和功能上都有了很大提高。

(2)使用

①使用前的检查。检查项目包括外观、电极引线、电偶线、绝缘情况等，另外还应做气密性试验，以避免气体渗漏而影响测量准确度。

②仪器标定。对于新装或更换的氧化锆传感器，其检测出的氧浓度值可能会与实际浓度值产生偏差，这就需要对其进行标定和显示值校正。实际中，一般通过对标准气体的检测来实现。

③使用条件对测量精度的影响。被测气体流速对测量精度的影响：样气流量可对仪器示值产生影响，尤其在低含氧量区段影响更为明显，安装和调试时应重点考虑。

④氧化锆探头的化学反应问题。烟气中的还原性气体(如 SO_2)被高温铂电极吸附后会发生还原反应，这不仅会使氧化锆探头产生附加输出电动势，还可能使铂电极因氧交换活性严重降低而引起氧化锆探头暂时性中毒，从而影响准确测量，使用中应注意观察，发现异常时应及时予以处理。

⑤对采样管的处理。定期对采样管中的积尘进行吹扫处理。

4.4 气相色谱分析仪

气相色谱分析是近代重要的分析手段之一，它对被分析的多组分混合物采取先分离，后检测的方法进行定性、定量分析，具有取样量少、效能高、分析速度快、定量结果准确等特点，因此广泛应用于石油、化工、冶金、环境科学等各个领域。

气相色谱分析仪具有以下特点：

①高效率。它可以一次分析上百种组分。

②高选择性。对同位素和烃类异构体这类性质极为相近的物质也能区分。

③高灵敏度。它可以进行痕量分析，可测出 $10^{-11}\sim10^{-13}$ g 的物质，对高纯试剂中所含 10^{-7}的杂质也能分辨出来。

④高速度。在几分钟至几十分钟内可以连续得到上百个数据。

⑤范围广。对于气体、液体、有机物和无机物都可以分析。

4.4.1 测量原理

气相色谱仪流程如图 4－16 所示，载气由高压气瓶供给，经减压阀、流速计提供恒定的载气流量，载气流经汽化室将已进入汽化室的被分析组分样品带入色谱柱进行分离。色谱柱是一根金属或玻璃管子，管内装有 60～80 目多孔性颗粒，它具有较大的表面积，作为固定相，在固定相的表面涂以固定液，起到分离各组分的作用，构成气液色谱。待分析气样在载气带

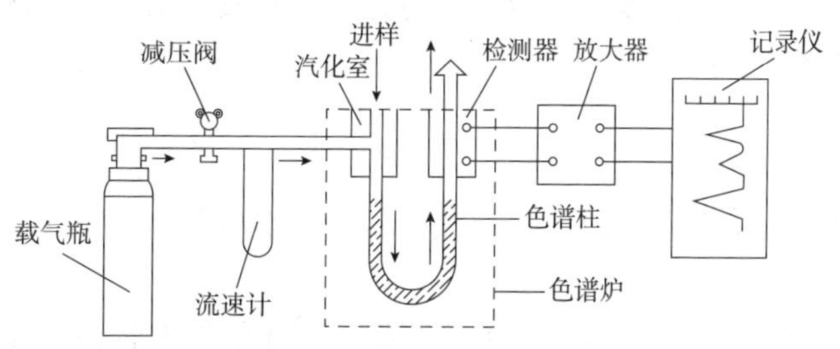

图 4－16 气相色谱仪流程

动下流入色谱柱，与固定液多次接触、交换，最终将待分析混合气中的各组分按时间顺序分别流经检测器而排入大气，检测器将分离出的组分转换为电信号，由记录仪记录峰形（色谱峰），每个峰形的面积大小即反应相应组分的含量多少。

色谱仪中的色谱柱，可以对被分析样品中各组分起到分离作用。色谱柱内充满了不动的微小颗粒，它是多孔性、表面积较大的颗粒，称为固定相。在固定相表面涂了一层液体，称为固定液。流动相有气相、液相，固定相有固相、液相，则色谱分析仪有气－固色谱、气－液色谱、液－固色谱、液－液色谱。其中又以气－液色谱应用最广，发展最迅速。

气－液色谱中的固定相是涂在惰性固体颗粒（称为担体）表面的一层高沸点的有机化合物液膜，这种高沸点的有机化合物称为固定液。载体对被分析物质的吸附能力相当弱，对分离不起作用，只是支承固定液。气－液色谱中只有固定液才能分离混合物中的各个组分，其分离作用主要是被分析物质的各组分在固定液中有不同的溶解能力所造成的。当被分析样品流经色谱柱时，各组分不断被固定液溶解、挥发、再溶解、再挥发……由于各组分在固定液中溶解度有差异，溶解度大的组分较难挥发，停留在色谱柱中的时间长些，而溶解度小的组分，向前移动得快些，停留在色谱柱中的时间短些，不溶解的组分则随载气首先流出色谱柱。这样，经过一段时间样品中各个组分就被分离。

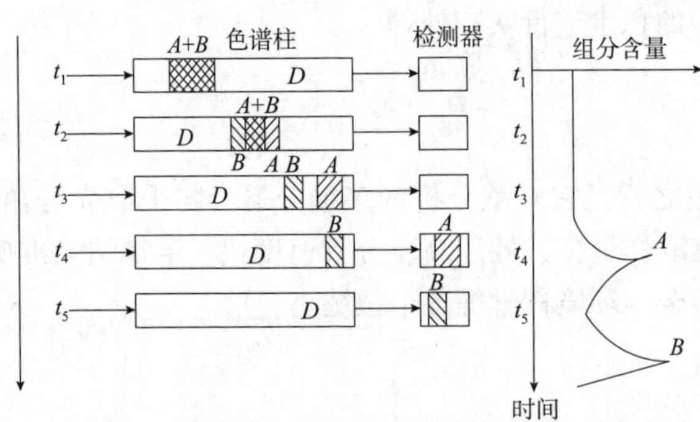

图 4－17　组分 A、B 在色谱柱中分离过程示意

图 4－17 为这种分离过程的示意图。设样品中只有 A 和 B 两种组分，并设组分 B 的溶解度比组分 A 的溶解度大。t_1 时刻样品刚被载气 D 带入色谱柱，这时它们混合在一起。由于 B 组分容易溶解，它在气相中向前移动的速度比 A 组分慢。在 t_2 时刻已看出 A 超前，B 滞后，随着时间增长，两者的距离逐渐拉大，t_3 时刻得以完全分离。在 t_4 时刻，A 组分先流出色谱柱进入检测器，随后记录仪记录其相应的色谱峰；而在 t_5 时刻，B 组分才开始进入检测器，然后记录仪也记录其相应的色谱峰。这样，A、B 组分就得到分离。根据色谱峰的峰高或者面积大小，还可以定量求出 A、B 组分的百分含量。

在一定温度、压力下。组分在气－液两相间分配达到平衡时的质量浓度比称为分配系数 K，即：

$$K=\frac{c_1}{c_g} \tag{4-12}$$

式中，K 为组分的分配系数；c_1 为组分在液相中的浓度，g/mol；c_g 为组分在气相中的浓度，g/mol。

显然，K 值越大的组分溶解于液体的能力越强，在色谱柱中停留的时间越久，越晚流出色谱柱；反之，分配系数越小，越早流出色谱柱。这样，只要样气各组分的分配系数有差异，通过色谱柱就可以被分离。

4.4.2　检测器

检测器是色谱分析的眼睛，经过色谱柱分离的组分要用检测器把它们转化为电信号进行定性和定量分析。对检测器总的技术要求是灵敏度高、检测下限低、线性范围宽和响应时间短。现在气相色谱仪常用的检测器有两种，分别是热导式检测器(TCD)和氢火焰离子化检测器(FID)。其中热导式检测器属于浓度型检测器，浓度型检测器的响应值 R 正比于被测组分浓度 C，它的响应值 R 和载气流速 u 之间的关系如图 4－18 所示。图中 A 表示色谱峰的面积，h 表示色谱峰的高度。从图中可看出，若进样组分的浓度 C 一定，进样量一定，对于浓度型检测器来说，随着载气流速 u 的增大，峰高 h 不变而峰面积 A 会变小。氢火焰离子化检测器属于质量型检测器。质量型检测器的响应值 R 正比于单位时间内进入检测器被测组分的质量 m，它的响应值 R 和载气流速 u 之间的关系如图 4－19 所示。从图中可看出，若有一定质量 M 的组分进入检测器，进样量一定，对于质量型检测器来说，随着载气流速 u 的增大，峰面积 A 不变，而峰高 h 会变大。下面分别介绍热导式检测器和氢火焰离子化检测器。

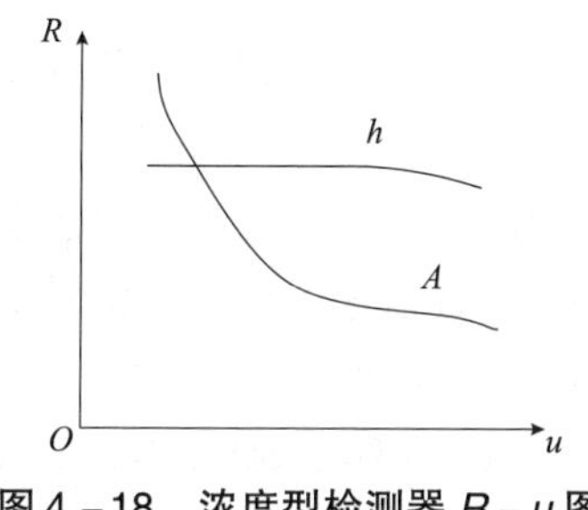

图 4－18　浓度型检测器 $R-u$ 图

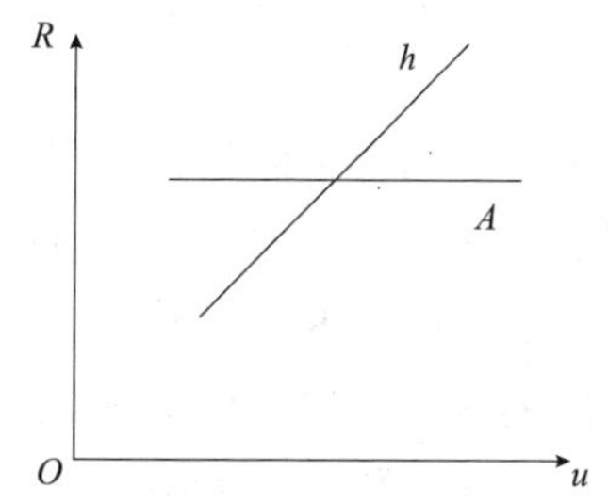

图 4－19　质量型检测器 $R-u$ 图

1. 热导式检测器

热导式检测器具有灵敏度适宜、通用性强、稳定性好、对样品无破坏作用、结构简单、线性范围宽等优点，得到较广泛的应用。

热导式检测器的结构如图 4－20 所示，工作原理与热导式气体分析仪相似。参比池只有载气通过，热敏电阻值为 R_1；测量池中有载气和样品组分通过，热敏电阻值为 R_2。经过色谱柱分离后的样品组分在载气的带动下，先后进入热导式检测器。由于各组分的热导率不同，热导式检测器把样品中各组分的浓度高低转换成电阻值的变化，再由电桥(见图 4－21)依次把各电阻值的变化转换成电信号输出，让显示仪表显示出各组分浓度的大小。

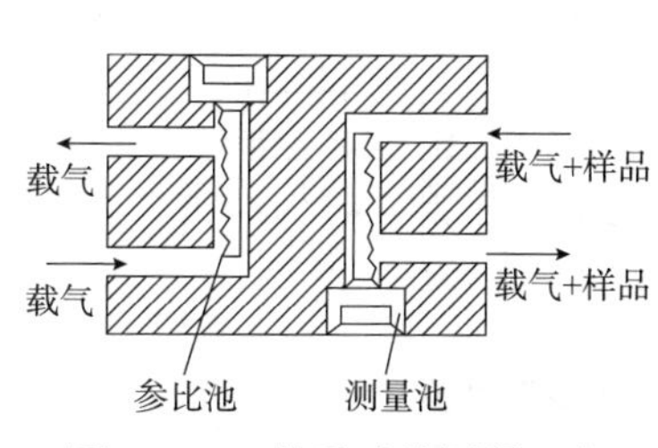

图 4－20　热导式检测器示意

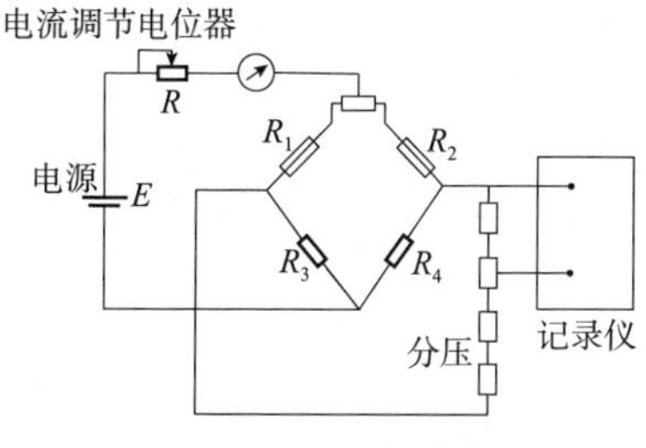

图 4－21　热导式检测器测量电路简图

2. 氢火焰离子化检测器

氢火焰离子化检测器具有结构简单、灵敏度高、稳定性好、响应快等特点，但是它仅对在火焰上被电离的含碳有机物有响应，而对无机化合物或在火焰中不电离或很少电离的组分没有响应。

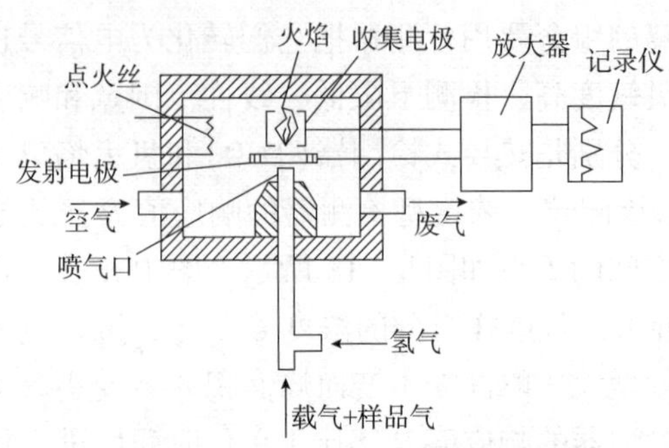

图 4-22 氢火焰离子化检测器原理

氢火焰离子化检测器的结构如图 4-22 所示，一般用不锈钢制成。氢气、载气与样品气体进入检测器后，先混合，然后在氢火焰中燃烧分解，并与火焰外层中的氧气进行化学反应，产生正负电性的离子和电子。这些离子和电子在收集电极和发射电极之间的电场作用下做定向运动，形成电流，经放大后记录下来。由于电流的大小与组分中的碳原子数成正比，因此可以用电流的大小来反映待测组分的浓度。

使用氢火焰离子化检测器应注意以下几点：

①整个系统应加电磁屏蔽，以避免外界的电磁干扰；

②若使用氢气作载气，则无需再加入供燃烧使用的氢气；

③所有载气、氢气和空气均应纯净，若有灰尘颗粒则会产生很大的干扰。进入检测器的杂质将会严重影响测量下限值；

④检测器对大气、水和 CO_2 没有响应，因此特别适合分析大气污染和含水样品；

⑤检测器对氢气的流速很敏感，在实验中应寻找最佳流速，使响应信号最大；

⑥检测器的响应还与收集电极和燃烧器喷嘴的几何形状有关；

⑦氢火焰离子化检测器不能用于检测 O_2、N_2、CO、CO_2、SO_2、NH_3、H_2O、$SiCl_4$ 及无机酸等组分。

4.4.3 工业气相色谱仪

气相色谱仪按使用场合可分为实验室气相色谱仪和工业气相色谱仪两种。

实验室气相色谱仪主要用在工厂的中心实验室和研究单位的实验室，做离线分析时使用。一般来说是人工取样，间断分析，但功能较全，有多种检测器，能完成对多种样品的定性和定量分析。其基本流程如图 4-23 所示。

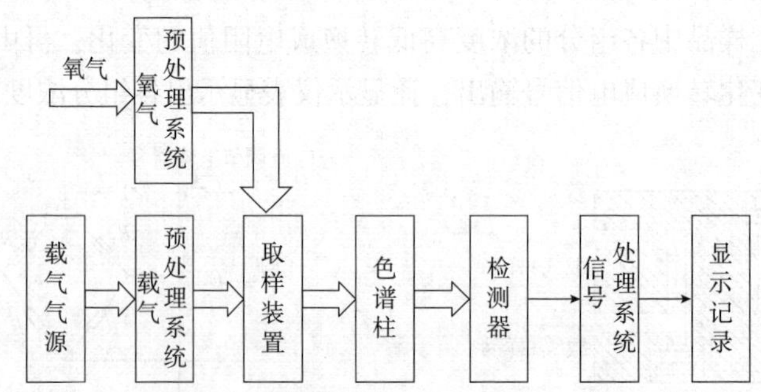

图 4-23 实验室气相色谱仪的基本流程

工业气相色谱仪采用柱切换技术，程序控制和信息处理完全是自动化的。图 4-24 所示为它的基本组成，包括取样系统、预处理系统、流路选择系统、载气系统、色谱单元、程序控制器、信息处理和显示装置等。

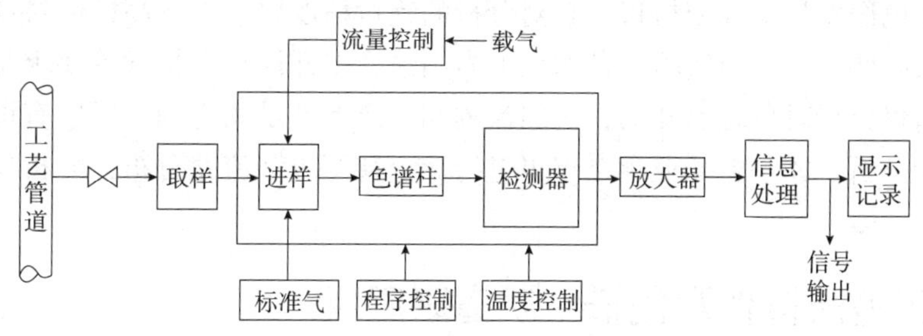

图 4－24 工业气相色谱仪的基本构成

(1)取样系统。取样系统从工艺管道或设备上取出纯净、不聚合、不结焦的被测样品。

(2)预处理系统。预处理系统用于除去样品中的固体物，以免影响色谱仪；对于汽化液体，则要达到色谱仪要求的压力、温度和流量，并恒定在某一要求的值上，以保证气相分析。

(3)流路选择系统。流路选择系统用于实现各个流路的分时自动分析，并对每个将要被分析的流路进行预吹扫，防止各流路样品之间的混淆。

(4)载气系统。载气是构成流动相的主要成分，在色谱仪中连续流动，将样品气体载入及载出色谱柱。载气系统提供干净、有一定纯度、稳定的载气。

(5)色谱单元。色谱单元包括进样阀、柱切换阀、色谱柱、检测器及恒温箱。进样阀：受程序器控制，周期性地把定量样品注入色谱柱，并且不会引起相态变化。柱切换阀：按分析的目的，以一定的程序切换多柱色谱仪的各色谱柱的进口及出口。恒温箱：由温度调节系统保持放在恒温箱内的柱切换阀、色谱柱和检测器等的恒定温度。

(6)程序控制器。程序控制器按预先确定的循环时间，用动作指令和解除指令让色谱系统有序地工作，保证分析仪正常运行(其功能见图 4－25)。

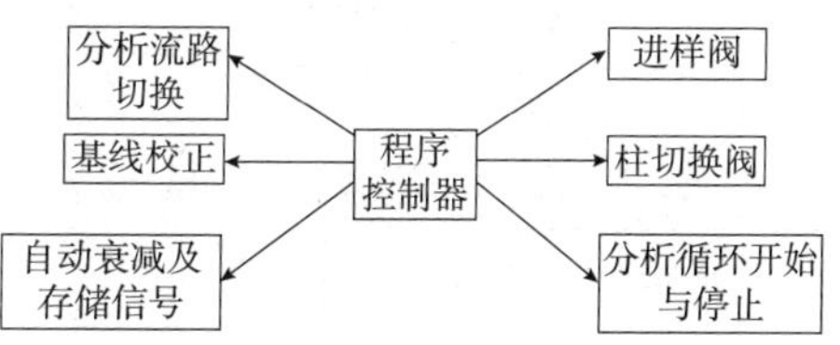

图 4－25 程序控制器的功能

(7)信号处理和显示装置。信号处理和显示装置用于实现被测气体浓度的指示记录，以及自动控制等功能。

为了及时直接反映组分含量而避免烦琐的计算，工业色谱仪通常用色谱峰的高度经过折算表示组分的摩尔分数，并可将折算值摩尔分数刻在标尺上。为了清晰起见，它一般将峰宽压缩到“零”。即在出峰时记录纸不走，这样峰形就成为只有峰高的直线了，通常称为带谱图，如图 4－26 所示，重叠的峰形就会变成一组相互分离、相互平行的直线组。

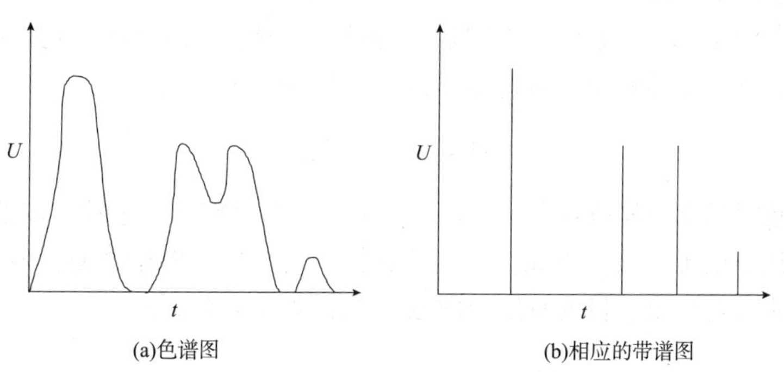

图 4－26 色谱图与相应的带谱图

工业气相色谱仪是在线分析仪，它对分析的绝对精度要求并不高，但对仪表的稳定性和可靠性有很高要求。这与实验室色谱仪的多用途、多性能、高精度等要求是不同的。另外，工业色谱仪分析对象是已知的，气路流程和分离条件是固定的，所以有可能做到多流路多组分的全分析。如一台工业色谱仪可进行6个甚至更多流路分析，分析仪装有多点自动切换装置。

4.5 工业质谱仪及色谱－质谱联用仪

按原子(分子)质量顺序排列的图谱称为质谱，质谱可用来测定化合物的组成、结构及含量。质谱具有以下两大突出的优点：①质谱的灵敏度非常高；②质谱是唯一可以确定分子式的方法，而分子式对推测结构至关重要。因此，质谱是结构分析中不可缺少的分析手段，在有机化学、生物化学、石油化工、环境保护化学、食品化学、农业科学、生命科学、医药卫生和临床等领域得到广泛应用。

4.5.1 测量原理

质谱仪将被分析物质的原子(分子)转变成离子，这种带电粒子在磁场或电场中运动时，受到电磁场的作用，以及自己不同质量的影响，产生不同的曲率半径，从而把不同质量的原子(分子)分离开。

质谱仪有很多种，工程上常用的有磁式单聚焦质谱仪、电场式四极质谱仪和磁式电场式双聚焦质谱仪。

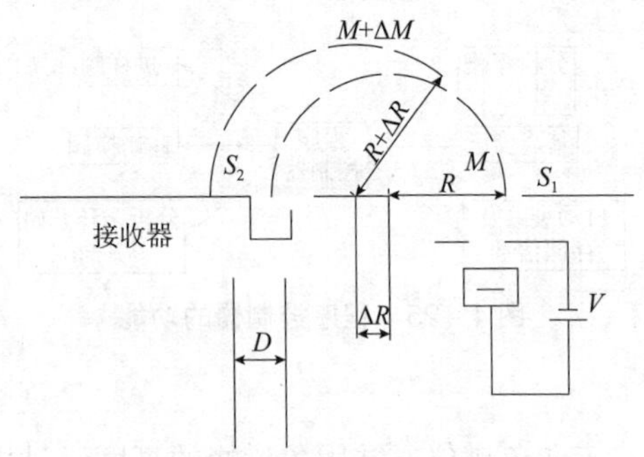

图4－27 半圆形质谱仪测量原理

1. *磁式单聚焦质谱仪*

如图4－27所示，质量为M、电荷量为e的正离子，在加速电压V的作用下获得初始速度v_0后，从S_1口射入场强为H、横向均匀的半圆形磁场。在磁场作用下，该离子以半径R偏转180°后通过S_2口，被接收器所检测。当电荷采用电子电荷($e=1$)时，该半径与离子质量的关系为：

$$R=\frac{143.95}{H}\sqrt{MV} \tag{4－13}$$

式中，H为磁场强度，Mx/cm^2(1Mx=10^{-8}Wb)；V为电压，V；R为半径，cm；M为原子质量，采用原子质量范围。

对于质量为$M+\Delta M$的离子，在磁场中的偏转半径则为$R+\Delta R$，其到达离子接收器将有距离为D的偏移。D被称为质量色散，与质量及半径有以下关系：

$$D=2\Delta R=R\frac{\Delta M}{M} \tag{4－14}$$

磁式单聚焦质谱仪只能改变离子的运动方向，不能改变离子运动速度的大小，使得相邻两种质量的离子很难分离。因此，虽然其分析结构简单，操作方便，但是分辨率很低，不能满足有机物分析要求，目前只用于同位素质谱仪和气体质谱仪。

2. 电场式四极质谱仪

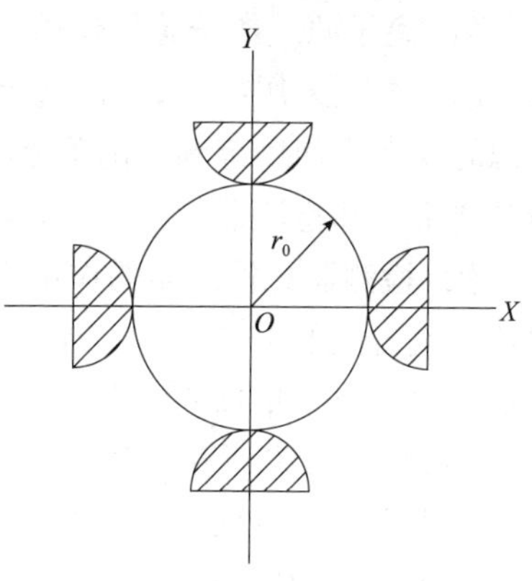

图4－28 四极质谱仪测量原理

如图4－28所示，四极质谱仪没有磁场，而是在4根平行放置的双曲面杆之间加上高频电压和直流电压，产生动态变化的电场，其瞬间电压 Φ 为：

$$\Phi = V\cos\omega t + U \tag{4-15}$$

式中，V 为高频电压幅值；ω 为直流电压角频率；U 为直流电压值。

杆间形成双曲面场，质量为 M、电荷量为 e 的离子沿垂直于 X、Y 平面的 Z 轴射入场内，以马修方程形式运动，在场半径 r_0 限定的空间内振荡。对于质荷比 m/e 符合一定值的离子，其振幅是有限的，因而可通过四极场到达检测器。而其余离子则因振幅不断增大，分别撞击 X、Y 电极而被"过滤"掉。这样，利用电压或频率扫描就能快速检测不同质量的离子。

四极质谱仪具有结构轻巧、扫描速度快、参数调节方便、刻度线性等优点，但是对电压的要求很高，如果电压不稳定将使其可靠性下降。

3. 磁式电场式双聚焦质谱仪

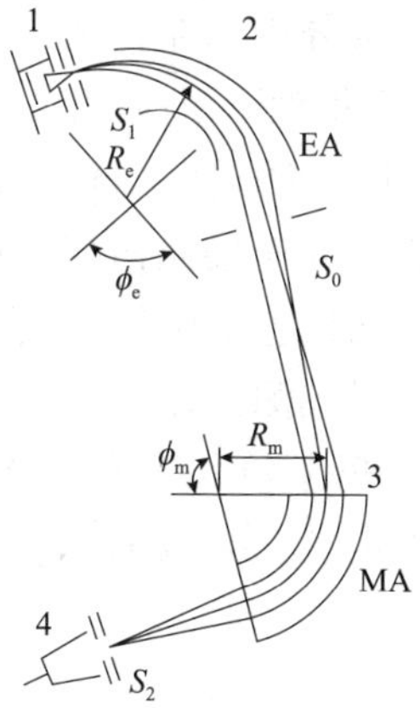

图4－29 双聚焦质谱仪测量原理

如图4－29所示，双聚焦质谱仪将磁场式质量分析器(MA)和电场式质量分析器(EA)串联起来，其中 ϕ_e 和 R_e 分别为电场开角和离子束中央轨道半径，ϕ_m 和 R_m 分别为磁场开角和离子束中央轨道半径。

来自离子源出口缝 S_1、具有一定角度分散和能量分散的离子束先通过电场式质量分析器。由于质量相同而能量不同的离子经过静电电场后会彼此分开，因此只有一定速度的离子才能通过狭缝 S_0 而进入磁场式质量分析器。这样只要是质量相同的离子，经过电场和磁场后可以汇聚在检测器入口 S_2 处(实现角度与速度的双聚焦)。

双聚焦质谱仪的优点是分辨率高。缺点是扫描速度慢，操作、调整比较困难，而且仪器造价也比较昂贵。

4.5.2 质谱仪的组成

质谱仪的组成如图4－30所示，除了上述测量原理中介绍的质量分离部件外，还包括以下几部分。

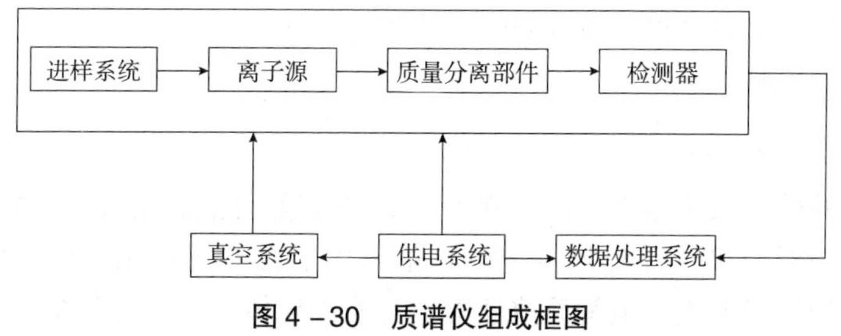

图4－30 质谱仪组成框图

(1)离子源。离子源的作用是把样品中的原子(分子)电离成离子，目前已经有十几种离子源，分别采用粒子轰击、场致电离、气体放电、离子－分子反应等工作原理。选用离子源时要考虑使用范围、离子流的强度、稳定度、角度分散和速度分散，以配合适当的质量分离部件和检测器。

(2)检测器。检测器的作用是检测从质量部件中出来的电子，即接收离子后将其变成电流，或者溅射出二次电子且被逐级加速倍增后成为电信号输出。检测器一般采用摩擦电荷试验仪、电子倍增检测器、后加速式倍增检测器。

(3)真空系统。真空系统的作用是使进样系统、离子源、质量分离部件和检测器保持一定的真空度，以保证离子在离子源及分析系统中没有不必要的粒子碰撞、散射效应、离子－分子反应和复合效应。

(4)电学系统。电学系统包括供电系统和数据处理系统。

4.5.3 色谱－质谱联用仪

虽然质谱仪的鉴别能力非常强，但仅适用于对单一组分的定性分析，而气相色谱仪则具有对混合物分离能力强、灵敏度高、定量比较精确、结构操作比较简单等优点。色谱－质谱联用仪结合两者的优点，能够实现对多组分有机物的定性及定量分析，在化工、医药、轻工、食品等领域中得到广泛应用。

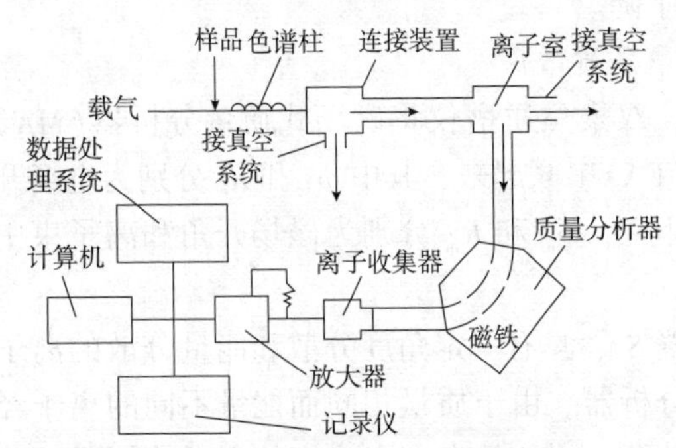

图 4－31　色谱－质谱联用仪结构原理

图 4－31 所示为色谱－质谱联用仪的结构原理，气相色谱柱的末端连接质谱仪。被分析样品的各组分先在气相色谱中得到高效分离，各谱带进入质谱仪检测，得出每一扫描时间内的质谱图及总离子流强度色谱图，由计算机自动谱库检索定性，并根据总离子流强度色谱图的峰高及峰面积定量。

4.6 工业电导仪

工业电导仪是以测量溶液浓度的电化学性质为基础，通过测量溶液的电导来间接得知溶液的浓度，具有结构简单、维护操作方便、使用范围广泛等特点。它既可用来分析一般的电解质溶液，如酸、碱、盐等溶液的浓度，又可用来分析气体的浓度。

分析酸、碱溶液的浓度时，常称为浓度计。用以测量水及蒸汽中含盐的浓度时，常称为盐量计。分析气体浓度时，要使气体溶于溶液中，或者为某电导液吸收，再通过测量溶液或电导液的电导，可间接得知被分析气体的浓度。

4.6.1 测量原理

1. 溶液的电导与电导率

以水为溶剂的酸、碱和盐类溶液，称为电解质溶液。电解质溶液中存在正负离子。当在该溶液中插入一对电极，并外接电源时，正负离子在电场作用下，分别向两个电极移动，在回路中就产生了电流。电解质溶液常称为液体导体，这类导体的导电能力随着温度升高而增强，常用电导率表示其导电能力。根据欧姆定律，溶液的电阻为：

$$R=\rho\frac{L}{A} \tag{4-16}$$

式中，R 为电解质溶液的电阻；ρ 为电解质溶液的电阻率；L 为电解质溶液导电极板之间的距离；A 为电解质溶液导电极板的有效截面积。

溶液的电导为：

$$G=\frac{1}{R}=\frac{1}{\rho}\frac{A}{L}=\gamma\frac{A}{L} \tag{4-17}$$

$$\gamma=G\frac{A}{L} \tag{4-18}$$

式中，G 为电解质溶液的电导；γ 为电解质溶液的电导率。

溶液的电导率 γ 的物理意义是：当电极的面积为 $1m^2$、两电极相距 1m 时，中间充以电解质溶液所具有的电导。

令 $K=\frac{L}{A}$，K 称为电极常数，则有：

$$\gamma=GK \tag{4-19}$$

电导率 γ 的大小表示溶液导电能力的大小，它与电极常数无关，但与溶液电解质的种类、性质、浓度及溶液的温度等因素有关。测量电导(S 或 μS)的仪器称为电导仪，测量电导率(μS/cm)的仪器称为电导率仪。当电极常数 $K=1$ 时，则电导与电导率的数值相同。

2. 电导率与溶液浓度的关系

为了用电导率表示溶液浓度的多少，引入摩尔电导率的概念。在相距 1m、面积各为 $1m^2$ 的两电极之间，充以 1mol/L 浓度的某种溶液，所呈现的电导值称为该种溶液的摩尔电导率，用符号"Λ_m"来表示，其单位为 S/(m · mol/L)。

当溶液的摩尔浓度为 C(mol/L)时，不考虑正负离子的相互作用和温度对溶液导电能力的影响，溶液的电导率为：

$$\gamma=\Lambda_m C \tag{4-20}$$

式中，γ 为电解质溶液的电导率。

当溶液取质量浓度 σ(kg/L)时，它与摩尔浓度 C 的关系为：

$$C=\frac{\sigma}{M} \tag{4-21}$$

式中，M 为溶质的摩尔质量。

将式(4-21)代入式(4-20)，得：

$$\gamma=\frac{\Lambda_m}{M}\sigma \tag{4-22}$$

当被测溶液浓度不高(接近无限稀释)时，一定物质的摩尔电导率可看作是常数，从上面各式可以看出，电阻、电导和电导率与溶液浓度有确定关系，溶液电导率随溶液浓度增加而增加。但当溶液浓度过高时，由于正负离子间距离变短，部分正负离子又重新组合成化合物，故电导率随浓度增加反而减小。这两种情况下，溶液电导率均与溶液浓度呈单值关系。

当溶液浓度介于中等浓度范围内时，溶液电导率与溶液浓度不再是单值函数关系。所以应用电导法只能测量低浓度或高浓度的溶液，且电解质溶液的电导率与其浓度的关系是通过实验取得的。

3. 溶液电导的测量方法

由式(4－21)可知，只要测出溶液的电导率即可得知溶液的浓度。在实际测量中，都是通过测量两个电极之间的电阻求取溶液的电导率，最后确定溶液的浓度。溶液电阻要比金属电阻测量复杂得多，溶液电阻测量只能采用交流电源供电的方法，因为直流电会使溶液发生电解，使电极发生极化作用，给测量带来误差。但是采用交流电源，结果会使溶液呈现为电容影响。另外，相对金属来说，溶液的电阻更容易受温度的影响。目前常用的测量方法有以下两种。

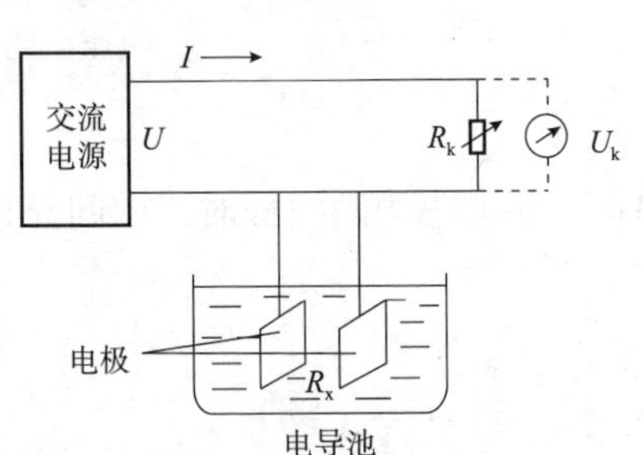

图4－32　分压法测量原理线路图

(1)分压测量法

分压法测量原理线路如图4－32所示。在两个电极极板之间的溶液电阻R_x和外接固定电阻R_k串联，在交流电源U的作用下，组成一个分压电路。在电阻R_k上的分压为：

$$U_k = \frac{UR_k}{R_x + R_k} \tag{4-23}$$

因为U为定值，而溶液浓度的变化引起电阻R_x的变化，进而使U_k变化，所以只要测得电阻R_k上的分压U_k，即可得知溶液的浓度。

分压测量线路比较简单，便于调整。从式(4－23)可看出，U_k与R_k之间为非线性关系，所以测量仪表刻度是非线性的。它适合低浓度、高电阻电解质溶液的测量。在分压测量法中，电源电压U应保持恒定。

(2)电桥测量法

应用平衡电桥或不平衡电桥均可测量溶液电阻R_x。图4－33所示为平衡电桥法测量原理线路图，调整a触点的位置可使电桥平衡，电桥平衡时有：

$$R_x = \frac{R_3}{R_2}R_1 \tag{4-24}$$

通过平衡时触点a的位置可知R_x的大小，进而确定溶液浓度大小。平衡电桥法适用于高浓度、低电阻溶液的测量，对电源稳定性要求不高，测量比较准确。

图4－34所示为不平衡电桥法测量原理线路，当R_x处于浓度起始点所对应的电阻时，电桥处于平衡状态，指示仪表指0。当浓度变化而引起R_x变化时，电桥失去平衡，不平衡信号通过桥式整流后送入指示仪表显示测量结果，不平衡电桥法对电源稳定性要求较高。

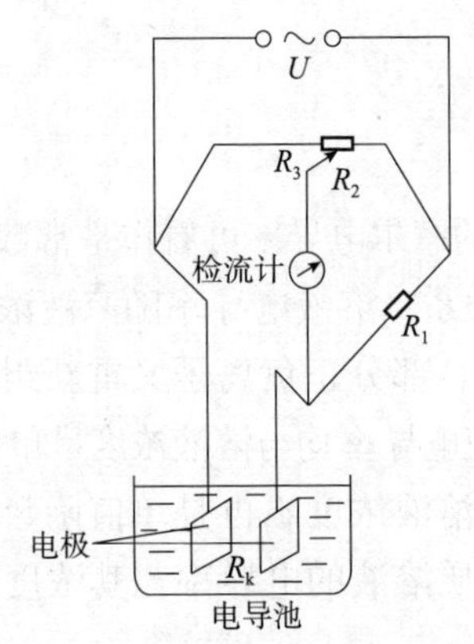

图4－33　平衡电桥法测量原理线路图

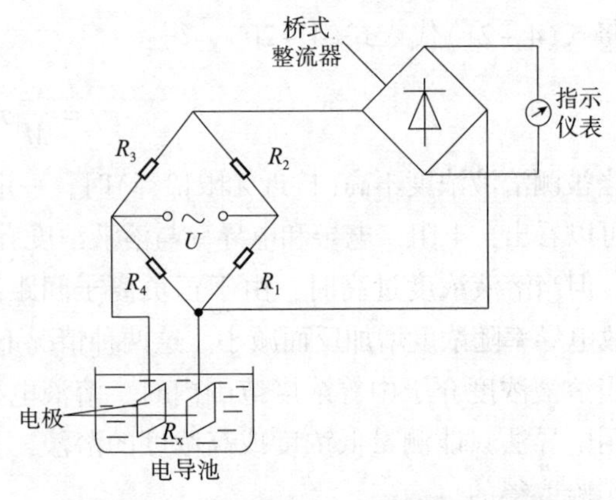

图4－34　不平衡电桥法测量原理线路图

4.6.2 测量系统组成

溶液电导率测量系统一般由电导池(检测器)、变送器和显示仪表三部分组成。电导池的作用是把溶液的电导率转换成容易测量的电量(电阻);变送器的作用是把电导池输出的电阻信号转换成显示仪表所要求的信号形式;而显示仪表则根据变送器送来的信号以被测参数的数值形式显示出来,并可按要求实现记录报警及控制等功能。

4.6.3 电导检测器

电导检测器是用来测量溶液电导的装置,常见的电导检测器的结构有筒状电极和环状电极两种。当两极间充满导电液体时,也可称为电导池。电导池的电极常数 K 是已知的,通过测出其电导,可得到溶液的电导率,进而得到溶液的浓度。

图 4－35 所示为筒状电极的结构示意。内电极外半径为 r_1,外电极的内半径为 r_2,电极长度为 l。一般内外电极都用不锈钢制成。电极间充满导电溶液,当电极接上电源后,就有电流通过。其理论电极常数为:

$$K = \frac{1}{2\pi l}\ln\frac{r_2}{r_1} \tag{4-25}$$

图 4－36 所示为环状电极的结构示意。两个环状电极套在内管上,内管一般为玻璃管;环状电极常用金属铂制成,表面镀上铂黑;外套管可用不锈钢制成。环半径为 r_1,环厚度为 h,两电极距离为 l,外套筒内半径为 r_2。当 r_1、r_2 比 l 小得多且 h 也不很大时,其理论电极常数可近似为:

$$K = \frac{l}{\pi(r_2^2 - r_1^2)} \tag{4-26}$$

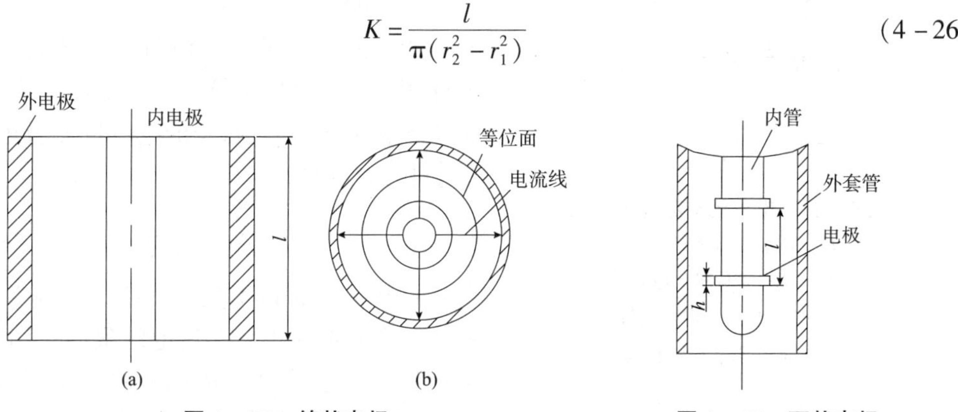

图 4－35 筒状电极　　图 4－36 环状电极

这两个理论公式通常与实际相差较大,只能做估算用。实际电导检测器的电极常数是用实验方法求得的。测定电极常数的具体方法是:一种是在两电极构成的电导池中充满电导率为 γ 的已知标准溶液,通常用 KCl 作为标准溶液,用精度较高的交流电桥或电导仪测出两电极间标准溶液的电阻 R 或电导 G,然后由式(4－19)求出电极常数 K。另一种测定电极常数的方法是对比测量法,将一支已知电极常数 K' 的标准电极与待测电极常数 K 的电极插入同一溶液中,用交流电桥分别测量其电阻 R' 和 R,由于电极是插入同一溶液,两者的电导率相同,因此可得待测电极的电极常数为:

$$K = \frac{R}{R'}K' \tag{4-27}$$

对于一个具体的电导检测器,求出电极常数后,由式(4－19)和式(4－20)可得溶液浓度与电导的关系。

4.6.4 影响电导率测定的因素

(1)溶液温度

电导率大小与电解质在水中的电离度及离子迁移速度有关。当温度上升时，电离度增大，同时溶液黏度降低，离子运动阻力减小，在电场作用下，离子定向移动加快，电导率增大；反之，电导率下降。以电导率大小来评定水的品质或溶液浓度时，应指明测试电导率的温度。我国电力系统中均以25℃为基准温度来评定电导率的测量。

工业在线电导仪通常在其测量电路中设置温度补偿电路来消除温度的影响。

(2)电极的极化

当测量电路采用直流电源供电时，就会产生电极极化现象。这是由于在电解过程中，电极本身发生化学变化或者是正电极附近溶液浓度发生变化而引起的。前一种极化被称为化学极化，后一种极化被称为浓差极化。化学极化相当于增加了一个与外加电势极性相反的原电池，使电极间的电流减小，带来测量误差；浓差极化产生的浓差极化层会改变电导池中的电阻，且受温度和溶液流量的影响较大而不稳定，这对测量灵敏度和准确度都有影响。

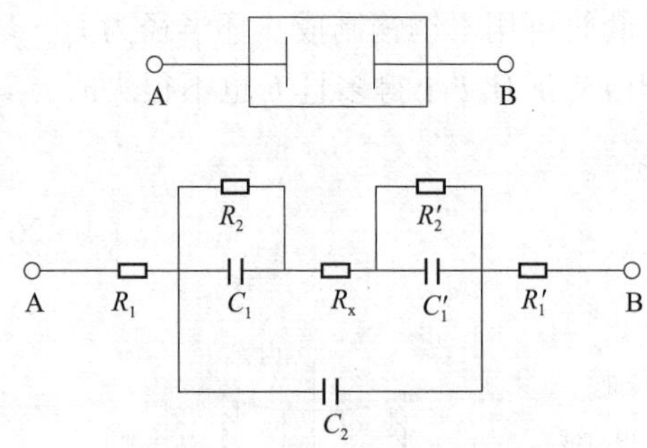

图4-37 电导池交流等效电路

R_1、R_1'—电极本身电阻；
R_2、R_2'—极间极化电阻；
R_x—极间电解质溶液电阻；
C_1、C_1'—静电容；C_2—极间电容

要减小电极极化的影响，一是可对测量电路采用交流电源供电；二是可通过加大电极的有效表面积来减小电流密度。

(3)电极系统的电容

当交流电通过电导池时，电导池除表现电阻作用外，还呈现容抗作用，如图4-37所示。由电容容抗 X_C 与其自身的电容量 C 及电源频率 f 之间的关系如下：

$$X_C = \frac{1}{2\pi fC} \tag{4-28}$$

可知：电源频率越高，C_1、C_1'呈现的容抗越小，即它们对正弦交流电的限制作用就越小，对电极极化电阻 R_2、R_2'的旁路作用就越大，频率高到一定程度时，C_1、C_1'可近似视为对交流电呈短路状态，R_2、R_2'可忽略不计，电导池等效电阻就可认为不受静电容和电极极化的影响，十分逼近电解质溶液电阻 R_x。但是，如果电源频率过高，则电解质电容 C_2 的容抗作用减小而对 R_x 的分流作用增大，同时传输电缆分布电容的影响也更加明显，即流过 C_2 与电缆分布电容的电流增大，给测量带来不利的影响。因此，在一些电导率仪表中，设置了电容补偿电路，以减少寄生电容的影响。

(4)可溶性气体

一些可溶性气体如 CO_2、NH_3 等溶于水，产生了 H^+ 和 OH^- 离子，使溶液的导电能力增强，电导率升高，影响电导率测量。为此，测量电导率之前应先采取除气措施。

4.6.5 应用举例

DDD-32B 型工业电导仪是一种普及型的在线监测仪表，在电厂中应用十分广泛。它

由电导检测器、转换器和显示仪表三部分组成，组成框图如图 4 – 38 所示。配套的检测器有三种电极常数（K 为 0.01、0.1、1.0）的电极，可得到不同的测量范围（0 ~ 0.1μS 至 0 ~ 1000μS 等 5 种量程）；输出信号为 0 ~ 10mA 或 0 ~ 10V；精度为 ±（3% ~5%）；被测介质温度 0 ~ 60℃，压力 1MPa，能实现被测介质的温度自动补偿。

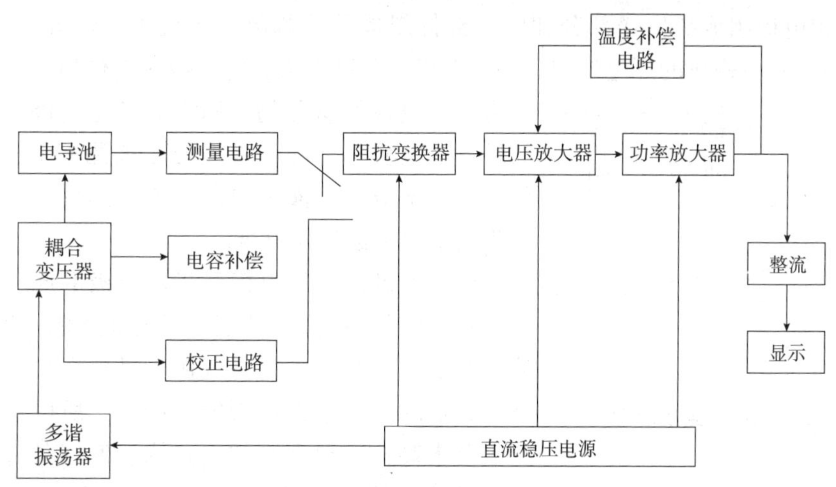

图 4 – 38　DDD – 32B 型工业电导仪组成框图

4.7　工业酸度计

许多工业生产中都涉及水溶液酸碱度的测定。酸碱度对氧化、还原、结晶、吸附和沉淀等过程都有重要的影响，应加以测量和控制。酸度计就是测量溶液酸碱度的仪表，酸度计又称为 pH 计。工业酸度计属于电化学分析方法，在石化、轻纺、食品、制药工业及水产养殖、水质监测等方面有着广泛的应用。

4.7.1　测量原理

纯水是一种弱电解质，可以电离成氢离子 H^+ 和氢氧根离子 OH^-，且水中的氢离子和氢氧根离子浓度相等（均为 10^{-7} mol/L），称为中性。若在水中加入酸，氢离子浓度增大；若在水中加入碱，则氢氧根离子浓度增大。

酸、碱、盐溶液都用氢离子浓度来表示溶液的酸碱度。但由于氢离子浓度的绝对值很小，为方便表示，通常使用 pH 值来表示氢离子浓度。pH 值是溶液中氢离子浓度的常用对数的负值，即：

$$pH = -\lg[H^+] \tag{4-29}$$

与之相应有：pH = 7 为中性溶液，pH > 7 为碱性溶液，pH < 7 为酸性溶液。

工业上用电位法原理所构成的 pH 值测定仪来测定溶液的 pH 值。根据电化学原理，任何一种金属插入导电溶液中，在金属与溶液之间将产生电极电动势，此电极电动势与金属性质、溶液性质及溶液的浓度和温度有关。采用镀有多孔铂黑的铂片，用其吸附氢气，可以起到与金属电极类似的作用。电极电位是一个相对值，一般规定标准氢电极的电位为 0，作为比较电极。

测量 pH 值一般使用由指示电极、参比电极与被测溶液共同组成的原电池。指示电极的电位随被测溶液中氢离子的改变而变化，参比电极的电位恒定。原电池的电动势为参比电极与指示电极间电极电位的差值，通过测量原电池的电动势即可测出溶液的pH值。

4.7.2 基本结构

pH计由电极组成的发送部分和电子部件组成的检测部分所组成，如图4-39所示。被测溶液与电极所构成的原电池中，一个电极是基准电极，它的电极电位恒定不变，以作为另一个电极的参照物，称它为参比电极。原电池中的另一个电极，它的电极电位是被测溶液pH值的函数，指示出被测溶液中氢离子浓度的变化情况，所以称为指示电极或工作电极。

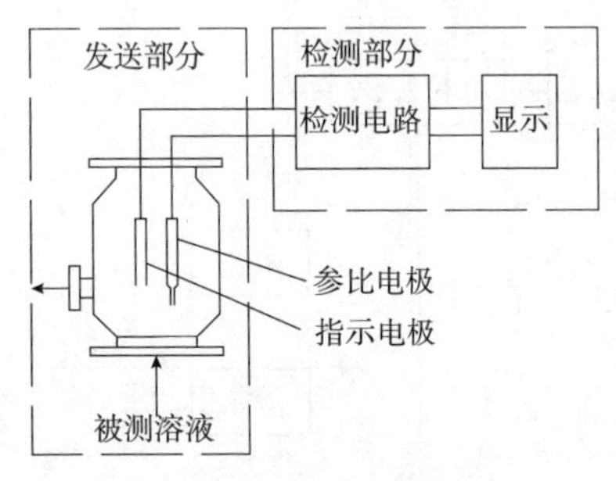

图4-39 pH计组成示意

用氢电极作参比电极和指示电极的原电池，其测量pH值可达到很高的精度，但氢电极有一个缺点，即使用时要有一个稳定的氢气源，另外在含有氧化剂及强还原剂的溶液中电极很容易中毒，所以被测溶液的除氧要求高，更要严禁空气进入，使用条件严格，使氢电极不能在工业及实验室中得到广泛应用，而常将它作为标准电极使用。工业上常采用甘汞电极和银-氯化银电极作为参比电极。指示电极常用玻璃电极与锑电极等。接下来将讨论这些电极的工作原理。

(1)参比电极

①甘汞电极。工业及实验室最常用的参比电极是甘汞电极，它的电极电位要求恒定不变。甘汞电极结构如图4-40所示，分为内管和外管两部分，内管上部装有少量汞，并在里面插入导电的引线，汞的下面是糊状的甘汞(氯化亚汞)，以上是电极的主体部分。简单地讲就是将金属电极汞放到具有同离子的氯化亚汞中，而产生电极电位 E_0。为了使甘汞电极能与被测溶液进行电的联系，中间必须有盐桥作为媒介，在甘汞电极中采用饱和的氯化钾作为盐桥，内管的甘汞电极插在装有饱和的氯化钾溶液的外管中形成一个整体，为了防止Hg与 Hg_2Cl_2 下落，在它的下部用棉花托住。当甘汞电极插入被测溶液时，电极内部的氯化钾溶液通过下端的多孔陶瓷塞渗透到溶液中，让甘汞电极通过氯化钾溶液与被测物质进行联系。

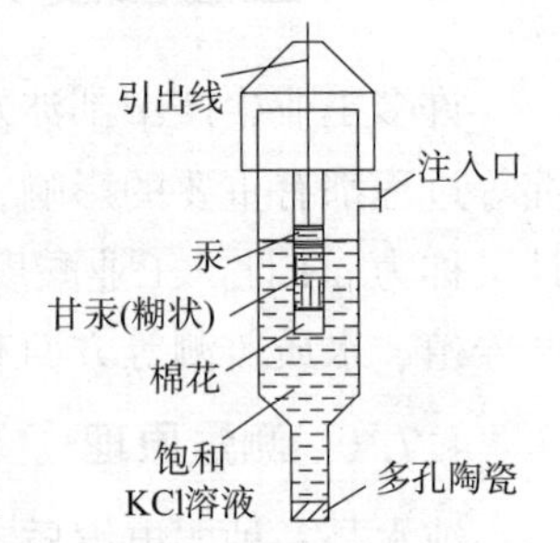

图4-40 甘汞电极的结构

甘汞电极的电极电位表达式为:

$$E=E_0-\frac{RT}{F}\ln[Cl^-] \tag{4-30}$$

式(4-30)表明甘汞电极的电位与氯离子浓度有关，因此当KCl浓度不同时，甘汞电极会有不同的电位，当KCl浓度一定时，电极具有恒定电位。常用的KCl有3种浓度，分别为0.1mol/L、1mol/L与饱和溶液。因为饱和溶液并不需要特别配制，所以用得最普遍，它们所具有的电位见表4-4。

表 4-4 KCl 浓度与 E 的值

KCl	E_t/ V	E(25℃)/ V
0.1mol/L	$0.3335-7\times10^{-5}(t-25)$	0.3335
1mol/L	$0.2799-2.4\times10^{-4}(t-25)$	0.2799
饱和	$0.2410-7.6\times10^{-4}(t-25)$	0.2410

由于 KCl 溶液在不断地渗漏，必须定时或连续地按照给予灌入，电极上留有专门的灌入口。甘汞电极的优点是结构简单，电位比较稳定，缺点是易受温度变化的影响。

②银-氯化银电极。它是在铂丝上镀一层银，然后放入稀盐酸中通电，银的表面被氧化成氯化银薄膜沉积在银电极上，将电极插入饱和的 KCl 或 HCl 溶液中形成了银-氯化银电极，其原理与甘汞电极相似。银-氯化银电极的电极电位表达式为：

$$E=E_0+\frac{RT}{F}\ln\frac{1}{[\mathrm{Cl}^-]}=E_0-\frac{RT}{F}\ln[\mathrm{Cl}^-] \tag{4-31}$$

式(4-31)表明银-氯化银电极的电极电位也与里面充的标准溶液的浓度有关，常用的饱和 KCl 溶液在 25℃时可得银-氯化银电极电位为 0.197V。

银-氯化银电极除结构简单外，工作温度比甘汞电极高，可使用至 250℃。

(2)指示电极

指示电极电位随被测溶液的氢离子浓度变化而变化，可与参比电极组成原电池将 pH 值转换为毫伏信号。现将常用的指示电极介绍如下。

①玻璃电极。玻璃电极是工业上用得最广泛的指示电极，其实际结构如图 4-41 所示。它由银-氯化银组成的内电极和敏感玻璃泡做成的玻璃外电极，两支电极共同组成总体的玻璃指示电极，其内充有氢离子浓度为$[\mathrm{H}^+]_0$的缓冲溶液，与内电极相连。

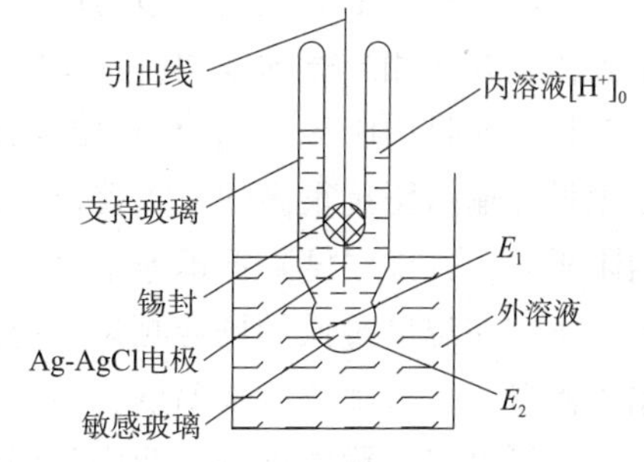

图 4-41 玻璃电极结构

如果把玻璃电极插入含有氢离子的溶液中，它的电极电位就会随溶液中$[\mathrm{H}^+]$浓度不同而改变，因此，可以用玻璃电极测量溶液中的氢离子浓度。玻璃电极检测氢离子浓度主要靠玻璃膜实现，当玻璃膜两侧都浸入含有氢离子的溶液，玻璃表层吸水而使玻璃膨胀，在它的表面形成水化凝胶层，简称水化层，其厚度约 0.1μm。这时溶液中的氢离子 H^+ 和玻璃膜中的碱金属离子 M^+（如 Na^+）在水化层表面发生离子交换，并相互扩散。离子交换达到平衡后，膜相和液相两相中原来的电荷分布发生变化，玻璃膜两侧都出现电位差，即玻璃膜的电极电位，玻璃膜分别与缓冲溶液和外溶液建立两个电极电位，分别用 E_1 和 E_2 表示。它符合能斯特方程，即：

$$\begin{aligned}E_1&=E_{01}+\frac{RT}{F}\ln[\mathrm{H}^+]_0\\E_2&=E_{02}+\frac{RT}{F}\ln[\mathrm{H}^+]_x\end{aligned} \tag{4-32}$$

玻璃膜总的电极电位称为膜电位，用 E_M 表示，且 $E_M=E_2-E_1$。

对同一玻璃膜，有 $E_{01}=E_{02}$，所以

$$E_M=\frac{RT}{F}\ln[H^+]_x-\frac{RT}{F}\ln[H^+]_0$$

$$=2.303\frac{RT}{F}\{\lg[H^+]_x-\lg[H^+]_0\} \tag{4-33}$$

$$=-2.303\frac{RT}{F}\{pH_x-pH_0\}$$

由式(4-33)可知，当缓冲液固定时，pH_0是常量，这时膜电位仅与被测溶液的氢离子浓度有关，被测溶液的氢离子浓度越高，膜电位E_M越大。只要测出玻璃膜电位的大小就可以知道被测溶液中的氢离子浓度(即pH值)。

当被测溶液与缓冲溶液氢离子浓度相同时，玻璃膜的电极电位应为0，而实际上$E_M\neq 0$，有1~30mV，这个不为0的玻璃膜电位称为不对称电位，用E_a表示。不对称电位产生的原因有多方面因素，与玻璃的组成、玻璃膜厚度、制造时热处理状况不同等有关；另外，玻璃膜内外水化层实际上并不完全相同。将玻璃电极在蒸馏水或酸性溶液中长期浸泡后，不对称电位可以大为下降，而且使用一段时间后会稳定在某个数值上。所以玻璃电极在使用前，应在蒸馏水或酸性溶液中浸泡数小时，使不对称电位下降并趋于稳定，玻璃电极在使用时，不对称电位可由仪器的电路加以补偿。

由上述可知，当一支玻璃电极插入被测溶液中，除了膜电位E_M和不对称电位E_a外，还要考虑内参比电极(银-氯化银)的电极电位E_b，所以玻璃电极的电极电位E应表示为：

$$E=E_b+E_M+E_a \tag{4-34}$$

玻璃电极是工业上应用最为广泛的工作电极，它稳定性好，能在较强的酸碱溶液中稳定工作，并在相当宽的范围(pH=2~9)内有良好的线性关系。此外，玻璃电极还有一个显著特点就是内阻高，通常在10~150MΩ范围内，这样高的内阻给信号传输带来困难，必须设计输入阻抗很高的放大器以取出信号。电极内阻与温度有密切关系，在20℃以下时内阻极高，并随温度降低迅速上升，而在20℃以上时电阻急剧下降逐步趋于平稳，故玻璃电极不宜在温度过低的场合测量。但温度过高，玻璃在溶液中溶解增加，故也不宜用于高温下测量，一般适合测量温度为20~95℃。

②锑电极。锑电极是工业中常用的金属电极，结构简单、牢固，可以在环境恶劣条件下工作。它是在金属锑棒的表面覆盖一层金属氧化物Sb_2O_3，当电极插入水溶液时，因为Sb_2O_3为两性化合物，在水中的Sb_2O_3形成$Sb(OH)_3$。

锑电极的电极电位为：

$$E=E_0+\frac{RT}{3F}\ln\frac{1}{[H_2O]^3}+\frac{RT}{F}\ln[H^+] \tag{4-35}$$

式(4-35)表明锑电极电位与溶液中氢离子浓度成对数关系。锑电极的结构虽然简单，但由于在强氧化物质中三价锑很容易被氧化成五价锑，而使电极电位改变，稳定性较差。一般用在pH=2~12精度要求不高的场合，如目前常用于污水处理中测定pH值。

4.7.3 测量系统

二线制pH计测量系统如图4-42所示。二线制变送器将待测溶液的pH值线性地转换为4~20mA DC标准信号；安全栅与变送器用两根导线相连，安全栅一方面要把24V DC电源电压传输给变送器，另一方面又要把变送器的输出信号进行隔离转换后输出；显

示仪接受安全栅的输出信号(4～20mA DC 或1～5V DC)，显示 pH 值的大小。

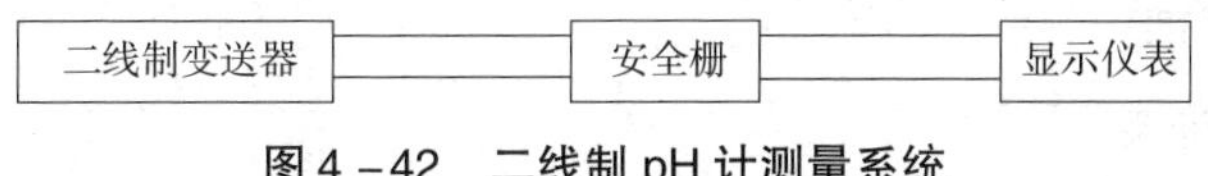

图 4－42 二线制 pH 计测量系统

4.7.4 使用与维护

为确保 pH 计长期准确、可靠测量，必须给予正确使用与维护，具体介绍如下：

(1)电极的选择。对于参比电极，当待测溶液温度在 80℃以下时，可采用甘汞电极；当待测溶液温度在 80℃以上时，可采用银－氯化银电极；而当变送器为双高阻电路输入时，可采用固体电极。

(2)冲击导管问题。目前的 pH 计多为一体化形式，且待测溶液为底进侧出，安装时应尽量避免冲击导管出现“U”形弯，以防因杂质沉淀而阻塞管路，影响正常测量和自清洗效果。

(3)信号抗干扰问题。pH 计的原电池输出一般均为与溶液的 pH 值成正比的毫伏信号，它极易受水泵等电气设备发出的强信号干扰，故安装时应将 pH 计远离干扰源，必要时可将 pH 计安装于铁箱内，以屏蔽干扰信号。

(4)甘汞电极内的 KCl 溶液应保持在 2/3 左右，且 KCl 溶液应为饱和状态(标志为有晶体析出)。

(5)新表投运前必须对电极进行活化处理。测量电极需置于除盐水中浸泡 24h；参比电极需取下内充液灌口橡胶塞，陶瓷滤芯应保持畅通；固体参比电极应在 KCl 溶液或除盐水中浸泡 24h。

(6)为提高仪器稳定性，短时间测量时，预热时间一般不少于 5min；长时间测量时，预热时间应在 20min 以上。

(7)使用时必须注意待测溶液的温度变化，如变化较大，则应采取相应措施(如稳定温度或通过在测量电路中增设温度补偿电路进行温度补偿)。多电极测量池(传感器)中温度补偿电极(元件)必须安装在水样出口部，以尽量减小温度补偿的滞后。

(8)仪表在正式投运前必须经过标定，标定一般采用两点法，且两种缓冲液的 pH 值之差不能大于 3。

(9)为保证测量准确度，要定期对电极进行标定和更新。一般而言，每隔一到一个半月对电极进行一次标定，每隔两年更新一次电极。

(10)如 pH 计停运，测量(玻璃)电极短期不用时可浸泡在除盐水内，长期不用时应清洗干净后采取干式保存；参比(固体)电极短期不用时可浸泡在 KCl 溶液中，长期不用时应在头部套上内放 KCl 溶液的电极塑料套后存放。一般情况下，玻璃电极的寿命为 1 年，参比电极的寿命视实际情况可适当长一些。

4.8 硅酸根表

在天然水中常溶有硅酸化合物，这是天然水与含有硅酸盐的物质接触的结果。在汽水品质监督中，规定压力大于 10MPa 的给水和蒸汽中硅酸根的含量不超过 15μg/kg。硅酸根分析仪简称硅酸根表，常用来检测过热器出口的主蒸汽中含硅量，目前在国内火电厂中应用很广，具有灵敏度高、稳定性好、使用方便等优点。

4.8.1 测量原理

1. 化学吸光分析法

化学吸光分析法也称光电比色法或硅铝蓝法，其基本原理是在含有硅酸根的溶液中加入钼酸铵和抗坏血酸等化学药剂，这些物质相互发生化学反应后会生成硅钼蓝，硅钼蓝具有吸收一定波长(790～815nm)光波的特性，且硅钼蓝的量越大吸收光就越多，而硅钼蓝的量又随着待测溶液中硅酸根浓度的增加而增加。这样，如果用特定波长的光照射已发生化学反应的待测液体，则通过待测液体的透光强度即可间接反映待测液体中硅酸根的浓度。

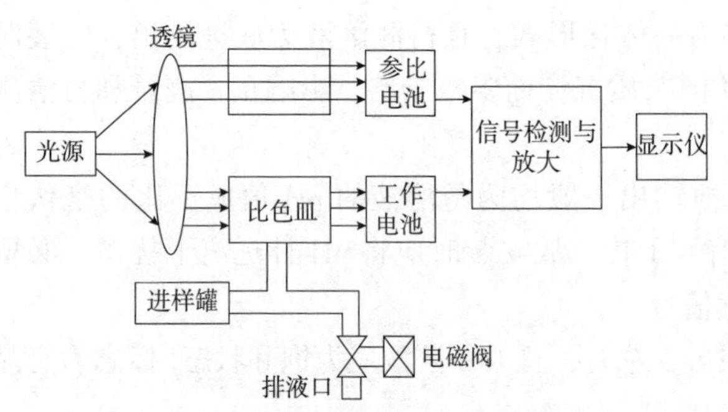

图 4－43 化学吸光分析法硅酸根浓度检测系统原理示意

化学吸光分析法硅酸根浓度检测系统的原理如图 4－43 所示，主要由进水样部分、光电转换部分、信号检测与放大部分及显示仪等四部分组成。其中，进水样部分完成对水的加药化学反应及输送等工作；光源发出的光经透镜后变成两束平行光，其中一束直接照射参比硅光电池，而另一束则经比色皿后照射工作硅光电池，两侧电池输出信号的差值经放大器等电路处理后，即可显示待测溶液中硅酸根的浓度。信号处理部分可由模拟电路实现，也可由单片机系统实现，其中，后者具有系统结构简单、体积小、功能强和使用方便等优点，目前应用较多。

2. 化学发光分析法

化学发光分析法是在待测液体中加入多种化学药剂，这些药剂相互发生化学反应时会发出一定波长的光，且发光强度与待测溶液硅酸根浓度成正比，利用光电倍增管将发出的光转换为电压信号，然后再经信号处理系统的进一步处理，即可显示待测溶液硅酸根浓度大小。这种方法具有结构简单、检测速度快、测量范围宽和使用方便等优点。

4.8.2 应用问题

目前所用硅酸根含量在线测量仪表均属智能化仪表，其投运方便、维护量小、故障率低，且一般故障均有相应提示，这大大方便了故障处理。实际应用中应注意以下问题：

(1)仪表初次投运时，应就地观察 3～4 个运行周期(四通道运行时观察 12～16 个周期)，以确定控制程序是否正常。若程序正常，则将仪表运行 4～8h，然后进行标定，标定结束后即可进行在线测量。

(2)在进行多通道测量时，各通道样品硅酸根浓度相差不宜太大，以免通道样品之间互相影响，降低测量的准确度。

(3)蠕动泵管的使用寿命一般为 3～6 个月，应定期更换。

(4)各试剂桶应定期(一般为 30 天)更换试剂，更换时必须将残留试剂全部倒尽，且更换后粘贴更换日期标签。

(5)仪表长期停运时，须倒尽桶内试剂，并用除盐水洗净后再注入除盐水，然后进行无试剂(冲洗)运行4～8h，最后松开蠕动泵管卡，取出蠕动泵管，使其处于放松状态，并切断电源。

4.9　钠表

4.9.1　测量原理

钠离子浓度测量仪表简称钠表，它可用于监测火电厂阳离子交换器的运行工况及锅炉汽水品质，具有测量准确、可靠及反应速度快等优点，其基本原理是电位分析法。比较典型的在线钠表一般由样品处理系统、测量室及信号处理与显示系统3部分组成，如图4－44所示。样品处理系统也称碱化系统，它是微钠测量所特有的，其作用是对被测水样进行碱化处理，使被测水样的pH值增加到10.5以上(当被测水样的钠离子浓度小于1mg/L时，碱化后的被测水样pH值应大于11)；测量室由参比电极、指示电极、温度补偿电极及电极环等组成，其作用是将被测水样的钠离子浓度转换成对应的电压信号；信号处理与显示系统是对测量室送来的电压信号进行放大、补偿等一系列处理，最终将被测水样钠离子浓度实时地显示出来，并具有上、下限超限报警功能。

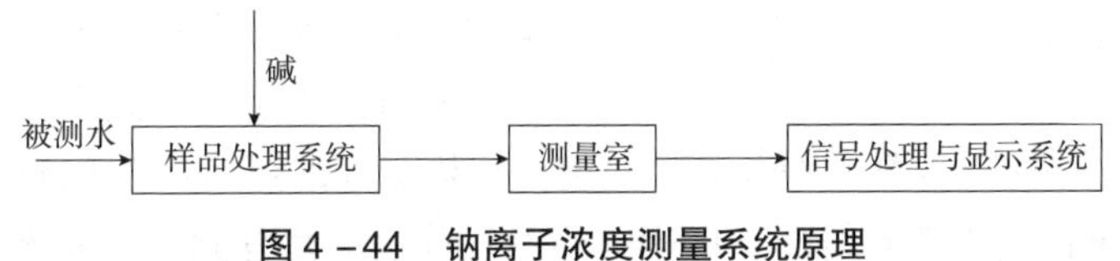

图4－44　钠离子浓度测量系统原理

4.9.2　应用问题

(1)仪表初次投运时，须先用恒定流量(可取20～25mL/min)的被测水样冲洗运行24h后方可进行标定，标定后再投入正式运行。

(2)碱液扩散管的使用寿命一般为2～3个月，必须按时更换，否则会由于碱液扩散管的老化而影响碱化效果。

(3)指示电极和参比电极的使用寿命一般为1～2年，必须按时更换。这两种电极老化或失效时的表现为：标定时响应速度明显降低或标定时间明显延长(甚至无法进行)且活化处理后未见明显效果。

(4)电极标定时响应速度明显降低或标定时间明显延长时，即需进行电极活化处理。

(5)若仪表长时间停运，必须将指示电极和参比电极取出并进行必要处理，指示电极采用干式保存，参比电极采用湿式保存。

4.10　石油物性分析仪表

在石油生产过程中，为控制产品的质量指标，需要测定和控制产品的各种物理特性。由于石油及其产品本身的组成十分复杂，故其中一些物性(如馏程、闪点、倾点、辛烷值等)需要专用的分析仪表进行测定。

4.10.1　在线闪点分析仪

石油产品加热时产生的蒸气(可燃气体)与空气形成混合气体，当混合气体中的蒸气浓度处于一定范围内时，遇到明火就会爆炸。如果蒸气浓度处于该范围的下限，遇到明火仅会发生闪火(即微小的爆炸)，此时的温度称为闪点。可见，闪点是石油产品重要的特性指标和安全指标，对于确定石油产品的储存和运输条件及燃料油的燃烧性能等都有重要的指导作用，在很多石油产品的质量指标中也有对闪点的要求。

测定石油产品闪点的方法主要有两种：闭口杯法和开口杯法。其中，闭口闪点仪是测定石油产品在密闭容器内因蒸发而产生的油气与空气混合后遇到明火时能闪火的最低温度，适用于测定如煤油、航空燃料、柴油等较轻质的石油产品；而开口闪点仪则是测定石油产品在敞口容器内因蒸发而产生的油气与空气混合后遇到明火时能闪火的最低温度，适用于测定如各种馏分油、润滑油、重油、渣油等较重的石油产品。

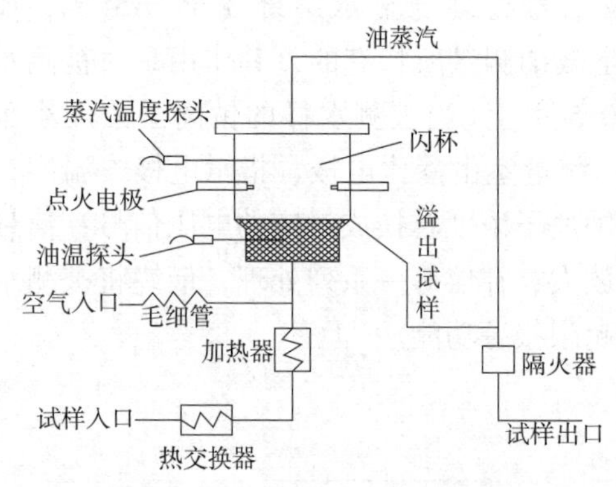

图 4-45　在线闪点分析仪原理

图 4-45 所示为一种在线闪点分析仪的原理，采用连续进油、程序加热升温、间歇式闪火的方法来测量闪火时的温度。从生产管线引出的试样经恒速泵送入分析仪，被热交换器降温至预闪点以下约 17℃后进入加热器，空气则经恒速泵并经毛细管与加热后的试样混合，然后进入闪杯。闪杯内有两个电极，以每秒一次的频率产生高压电火花。当试样蒸气达到闪点时，发生闪火并使蒸气温度升高，此时蒸气温度探头检测到的温度即为闪点。测定程序结束后，加热器和电火花电压都被切断，使闪杯内的温度逐渐恢复到起始状态，为下一次加热周期做好准备。

4.10.2　在线倾点(浊点)分析仪

石油产品是多种烃类的复杂混合物，随着温度下降，具有较高凝固点的物质首先生成微小的石蜡结晶，随着结晶不断生长，油品逐渐失去流动性。油品尚能流动的温度称为倾点，是石油产品的一个重要特性。浊点也是石油产品的一个低温指标，是指某些石油产品在规定条件下冷却时，由于石蜡结晶的出现，清晰液体变浑或出现雾状时的温度，主要用于测定灯用煤油和军用柴油及一些浅色润滑油等。

图 4-46 所示为一种在线倾点分析仪的简单原理。被测试油产品经过滤、脱水、降压等预处理后进入样池(样池中只保留约 2mL 的试样，其余从出口排出)后，关闭进样阀门，制冷器开始工作，投射光束自试样液面反射至光电管。在试样的冷却过程中，测量室由垂直慢慢倾斜 10°，再返回。当试样达到倾点时，液体便随着测量室的倾斜而移动，使反射光束离开光电管，此时温度探头测到的温度即为倾点。

图 4-47 所示为一种在线浊点分析仪的简单原理。被测试油产品经脱水、降压等预处理后进入测量室，留下少量试样后从出口排出。进样阀门关闭后，制冷器开始工作，使试样的温度逐渐下降。当测量室内的试样出现浑浊和雾状时，光源投射到光电管上的光强度会有所减弱，此时温度探头测到的温度即为浊点。

以上介绍的在线倾点(浊点)分析仪的工作原理是模拟经典的实验室分析方法，另外还有一种基于光学法的油品倾点(浊点)分析仪，其工作原理是：在不断制冷的条件下，用检测光反射和光散射的方法来检测油品变化的状态。

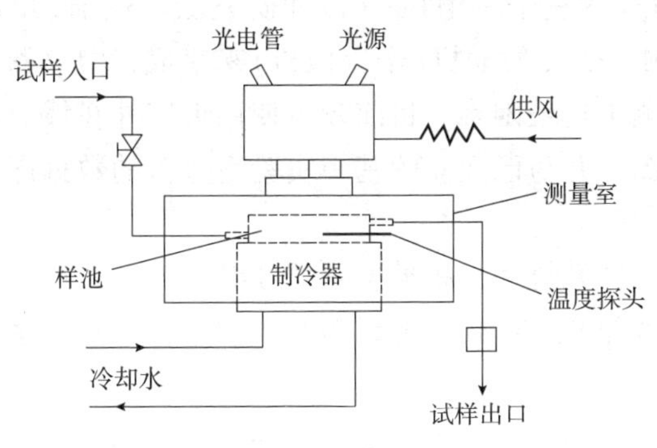

图4－46 在线倾点分析仪原理

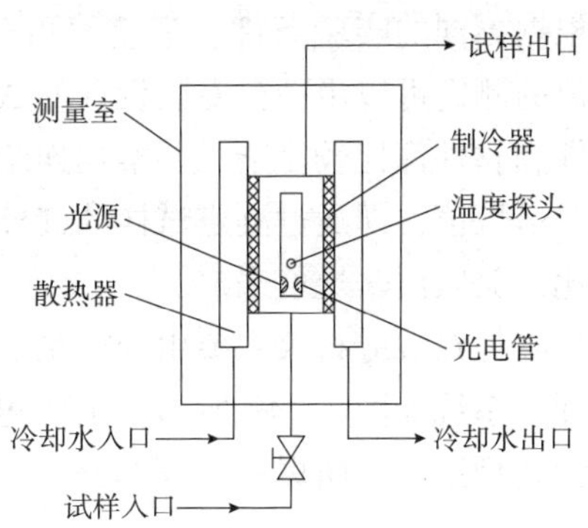

图4－47 在线浊点分析仪原理

4.10.3 馏程在线分析仪

石油产品由大量不同分子量的烃类物质组成，其沸点有一个很宽的范围，这范围通常称为馏程。馏程是石油产品的一个重要理化性质，在生产过程中被作为控制产品质量和工艺参数的手段。

测定馏程的专用仪表称为馏程分析仪或蒸馏仪，其中用于测定馏程小于350℃石油产品的称为常压蒸馏仪，用于测定馏程大于350℃石油产品的称为减压蒸馏仪。石油产品的馏程通常以不同馏出体积的油蒸气温度来表示，包括初馏点（第1滴液体从蒸馏仪冷凝管中流出时的蒸气温度）、终馏点（或称干点，即蒸馏末期油蒸气所能达到的最高温度）、各中间馏分点（如5%、10%、20%……的蒸气温度）。

根据工业生产中的不同用途，馏程在线分析仪有很多种类型，其中单点馏程分析仪只测定馏程中的某一特定点，如初馏点分析仪、干点分析仪、中间馏分单点分析仪等，多点馏程分析仪则可以测定不同的馏分点。

图4－48所示为一种常用的馏程在线分析仪的工作原理，其测定过程是模拟实验室的分析方法。定量采样阀将精确体积的试样引入蒸馏烧瓶，加热器按程序控制要求加热试样，加热生成的油蒸汽，在冷凝器中凝结成液体流出至接收器。当光电检测器检测到第1滴液体从冷凝器中滴下时由温度探头测出的蒸汽温度即为初馏点；在接收器的不同高度（代表要测定的馏出体积）上也装有检测器，当液面达到此高度时，温度探头测出的蒸汽温度为该馏分点；当最后一滴液体蒸出时，蒸馏烧瓶底部的温度会迅速升高，由置于蒸馏烧瓶底部的温度探头（干点检测器）测出此时的蒸汽温度（干点）。测定程序完成以后，仪器进入冲洗和冷却程序，为下一个蒸馏周期做好准备。

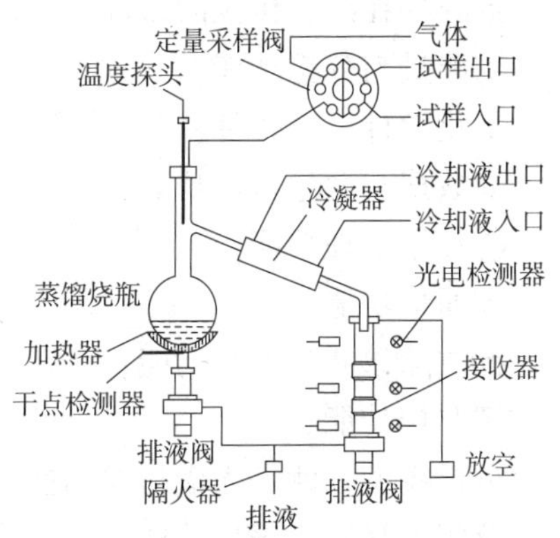

图4－48 馏程在线分析仪原理

4.10.4 辛烷值在线分析仪

辛烷值用于表示点燃式发动机燃料抗爆性的一个约定数值，等于在标准实验条件下与试验试样具有相同抗爆性的标准燃料（异辛烷与正庚烷的混合物）中异辛烷的体积分数，是评价汽油产品质量优劣的重要指标之一。

根据不同的实验条件，辛烷值可分为马达法辛烷值(MON)和研究法辛烷值(RON)。辛烷值的测定可以由一台专门设计的 ASTM－CFR 发动机(辛烷值机)来完成，但仪器设备的硬件和软件都比较复杂，要实现连续检测也比较困难。目前较多使用近红外在线分析仪来测定辛烷值，即通过测定试样的红外谱图，并与已建立的基于实验室分析的数据库和模型对比，关联出辛烷值来。

近红外在线分析仪主要由硬件系统、软件系统和分析模型三部分组成。

硬件系统如图 4－49 所示，主要包括光谱仪(NIR)、光纤测量附件(光纤和流通池)、样品预处理系统、防爆系统等部分。

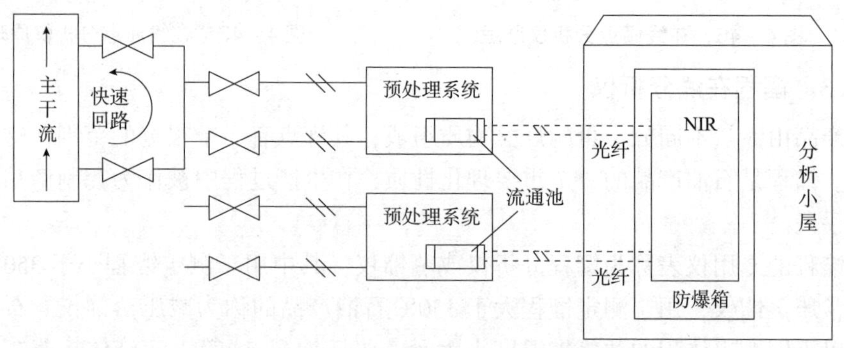

图 4－49　近红外在线分析仪的硬件组成示意

从装置的主流路引出一旁路，被测样品经过预处理后流入流通池，由光纤将流通池中的样品信息传输给光谱仪进行检测(也可以采用直接插入式光纤探头，直接插入主流路)。光谱仪是近红外在线分析仪的心脏，用于测定样品的红外谱图；现场分析小屋则为仪器提供所需的气体、电源、电缆等，并为仪表提供良好的操作运行环境。

近红外在线分析仪的软件具备以下功能：

①测量与分析功能；

②化学计量学软件；

③数据与信息显示功能；

④数据管理功能；

⑤通信功能；

⑥故障诊断与安全功能；

⑦监控功能。

分析模型，就是光谱与样品性质之间的函数关系。模型的建立需要收集大量在组成和性质分布上具有代表性的样品，并测量其近红外光谱和采用标准方法或参考方法测定其组成或性质数据，然后采用先进的化学计量学方法对光谱和性质进行关联，建立两者之间的函数关系。

有了分析模型，即可通过样品的光谱模型和分析模型，得到样品的辛烷值。

4.11　成分分析仪表的特殊问题

4.11.1　取样及预处理

取样系统不仅是将被测样品从生产流程中取出并送至分析仪，而且要根据成分分析仪的实际要求，对样品进行除湿、除尘、除油污、除腐蚀性物质等处理，还要根据现场需要增设有害或干扰成分处理装置、试样温度控制装置、流量显示调节装置及流路切换装置等，以确保成分分析仪安全高效地工作。取样一般应遵循以下原则：

(1)取出的样品应尽可能有代表性。取样点不能设置在生产设备或管线的死角，或有空气渗入及发生生产过程不应有的物理化学反应区域。

(2)取样要防止组分间发生化学反应。对于燃烧过程高温炉气，取样时应当使用如冷却等措施使组分间的化学反应立即终止，使样品最大限度地保持初始组分。

(3)应尽可能满足分析仪器对样品所提出的技术要求，如应满足温度、湿度、含尘量、流量、压力、非腐蚀性、非干扰性等方面的要求。

(4)应尽快传送样品，以减少时间滞后；在可能及允许的情况下，取样管线应尽量短。

(5)在危险场所(易爆、易燃、剧毒等)取样时，应非常注意安全装置的设置及采取可靠的保护措施。

取样及预处理环节易被忽视，在设计、安装、投运在线成分分析系统时一定要多下功夫，才能获得预期的效益。

4.11.2　滞后问题

成分分析仪表的检测原理及结构一般比较复杂，加之增设了取样及预处理系统，使仪表的响应时间相对较长，滞后较大。

如果生产流程中使用的分析仪器仅作为在线检测使用，滞后情况尚可接受。但若使用分析结果对生产过程进行自动控制，太长的滞后时间将严重影响过程自动控制的质量。所以在能满足分析结果的准确性及节约投资的前提下，力求选择响应速度快的分析仪表和滞后小的取样及预处理系统。

4.11.3　分析仪的标定

要获得准确可信的示值，必须定期标定仪表。一般使用准确度较高的仪器(如奥氏气体分析仪)作为标准，对工业分析仪进行标定。也可以用配制好的成分含量准确的已知标准气体或溶液样品，对分析仪器进行对比鉴定。根据仪器的状况及被分析过程的重要性，标定的周期通常为每周或每日一次。

4.11.4　投资和维护成本高

在线分析仪表在生产现场工作时，条件恶劣，外界温度高，电源电压波动大，电磁干扰强，仪表控制电路的可靠性要求高、抗干扰能力要强，导致其生产成本高。对于石化产品的在线分析，分析仪表又存在结焦、漂移等问题，要有补偿或延缓措施。同时，某些在线分析仪表的关键组件是耗材，需要定期更换，维护成本高。

4.12　软测量技术

除了成分分析仪表能检测到的一些关键成分和物性参数外，还存在一类参数只能在实验室离线分析获得，如聚丙烯的熔融指数。这种检测方式测量滞后很大，导致直接的闭环控制几乎无法实现，只能采用间接控制甚至开环控制，控制品质较差，卡边控制与优化操作更难以实现。总而言之，对于工业过程中关键的成分和物性参数，传统的测量手段(即在线分析仪表与离线化验分析)存在精度低、滞后大、投资和维护成本高昂等缺点，难以满足现代工业应用的需求。软测量技术是解决上述问题的一种有效途径，其本质是建立能够描述辅助变量和主导变量数学关系的预测模型，具有精度高、成本低、易维护等优点，目前在石油、化工、生物及冶金等众多工业领域得到广泛应用。可靠的软测量技术对开发适合我国工业现状的控制系统具有特殊意义。

4.12.1 软测量技术的概念与特点

1. 软测量技术的概念

软测量技术是一种利用较易在线测量的辅助变量和离线分析信息去估计不可测或难测变量的方法。采集过程中比较容易测量的变量称为辅助变量；难以直接检测或控制的待测过程变量称为主导变量。软测量技术的基本原理如图4-50所示，其本质是利用过程中容易测量的变量（包括过程变量 x、控制变量 u、可测扰动 θ）及难测变量的采样值（通常通过分析仪表或者离线化验分析以较低的采样率获得）建立一个数学模型 $f(\cdot)$，对难测变量的真实值 $\tilde{y}$ 进行估计，即：

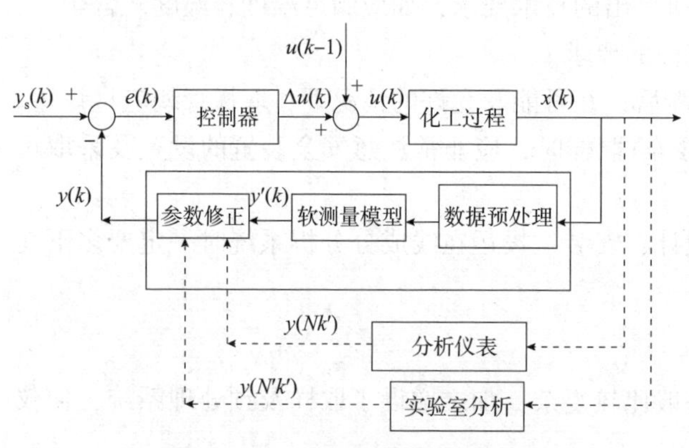

图4-50 软测量技术的基本原理

$$\tilde{y}=f(x,\ u,\ \theta) \tag{4-36}$$

在这样的框架结构下，软测量的性能主要取决于过程的描述、噪声和扰动的特性、辅助变量的选取及最优准则。可见，软测量技术是一种间接测量技术，它是以易测的辅助变量为基础，利用易测的辅助变量和待测的主导变量过程之间的数学关系（也称为软测量模型），通过各种数学计算和估计，采用软件编程以计算机程序的形式实现对待测过程变量的测量。以软测量技术为基础，实现软测量功能的实体可称为软仪表。

2. 软测量技术的特点

软测量的基本思想其实在许多检测系统中已得到应用。例如，针对复杂流动的相关式流量测量仪表，其基本原理是在流体流动管道上、下游分别安装两个传感器获取流动噪声信号，通过计算两个信号的相关函数并由其峰值位置获得流体流经两个传感器所需时间，根据两个传感器之间安装距离和管道有关参数即可进一步推算出流体流速和流量。近年来，软测量技术在许多工业实际装置上得到成功应用，正逐渐成为针对复杂工业过程检测和控制的一种新的测量技术。

相对于传统的测量技术，软测量技术具有以下特点：动态响应快、功能强、通用性好、灵活性强、性价比高、适用范围宽；而且硬件配置较灵活、开发成本低、维护相对容易，且各种变量检测可以集中于一台工业控制计算机上，无需再为每个待测变量配置新的硬件。软测量能够解决许多用传统仪表和检测手段无法解决的难题，是对传统测量手段的重要补充。

现在，在工业控制领域，DCS 技术得到广泛应用。各种反映生产过程工况的过程参数由传感器测量，并传送给监控计算机进行集中监控和存储，这就为软测量的实现提供了坚实的物质基础。软测量技术可以利用这一硬件平台，仅需找到各种数学模型，通过软件技术达到对难测信号的检测和控制，而不必增加任何硬件成本。

4.12.2 影响软测量性能的因素

1. 辅助变量的选择

辅助变量的选择是建立软测量模型的第一步，这一步确定了软测量的输入信息矩阵，因而直接决定了软测量模型的计算复杂度和预测准确度，对软测量的成功与否至为关键。辅助变量的选择包括变量类型的选择、变量数量的选择和检测点位置的选择。这三个方面是互相关联、互相影响的，不但由过程特性决定，还受设备价格和可靠性、安装和维护的难易程度等外部因素制约。

(1)变量选择的类型。可以根据以下原则选择辅助变量：

①灵敏性：能对过程输出或不可测扰动做出快速反应；

②特异性：对过程输出或不可测扰动之外的干扰不敏感；

③过程适用性：工程上易于获得并能达到一定的测量精度；

④精确性：构成的软测量估计器满足精度要求；

⑤鲁棒性：构成的软测量估计器对模型误差不敏感。

辅助变量的选择范围是对象的可测变量集。遗憾的是，以上选择原则难以用定量形式表示，而现代工业某些对象具有数百个检测变量，面对如此庞大的可测变量集，若采用定性分析的方法对每个变量逐一进行判断，工作量非常大，简直不可能实现。现在主要根据工业对象的机理、工艺流程及专家经验来选择辅助变量。这样确定的辅助变量仍可能不少，并且相关程度差异大，如果将它们全用来作为软测量的输入变量，模型势必十分复杂，不但不一定能提高软测量的精度，而且重要信息仍有可能被遗漏。知识发现(knowledge discovery in database，KDD)和数据融合(data fusion)技术是两种十分诱人的方法，能帮助我们从浩瀚无边的数据海洋中自动挑选出合适的信息。

(2)变量数目的选择。显然辅助变量可选数目下限是被估计的变量数。而最佳数目则与过程的自由度、测量噪声及模型的不确定性有关。Brosilow 根据投影误差最小和过程增量矩阵条件数最小的原则，认为辅助变量过多会增加估计器对模型误差的灵敏度，但如果模型结构合理，辅助变量的数量增加将有助于克服测量噪声的影响。

(3)检测点位置的选择。检测点位置的选择方案十分灵活。Brosilow 根据投影误差最小原则，用试差法选择精馏塔特性温度的检测点位置，但对于大型精馏塔就不适用该法。奇异值分解(singular value decomposition，SVD)方法通过对过程静态增益矩阵进行奇异值分解，根据奇异值与输出旋转矩阵元素的对应关系来选择检测点。

2. 数据采集和预处理

确定软测量模型的辅助变量后，则需要对过程进行数据的采集和预处理。采集数据的可靠性直接关系到训练出来的软测量模型的准确性和有效性，因此需要对过程进行正确的数据采集。在采集过程数据时，需要根据各个变量的变化范围、采样频率要求、测量环境和性能指标等进行传感器的选择。选定好传感器类型后，则可进行测量点选择和安装。随后，则可对平台运行过程中的数据进行采集并传送。数据采集应遵循选择有代表性、均匀性和精简性的数据原则，同时，要保证采集的数据样本能够覆盖整个操作范围。采集数据的代表性，是指所采集的数据样本能够尽可能地表征过程的典型特征，从而能够通过数学模型有效地反映该过程特征。数据采集的均匀性，是指过程数据采样要均匀，不能在某个过程特征上大量重复采集数据，也不可在某些过程特征点上采集零星数据样本。最后，采样数据的精简性原则是指在保证过程数据代表性和均匀性的前提下，尽可能保持数据样本数目适中，保证模型训练效果良好，以免造成模型结构的复杂化和计算机运行负担的增大。

数据采集完成后，需要对数据进行预处理。由于测量环境的干扰、传感器数据采集过程和数据传输过程中扰动，最终获得的数据都不可避免地包含噪声。为此，需要对过程数据进行降噪处理后才能用于后续建模，以保证建模精度。同时，由于传感器失灵或者传输中断等原因，采集的数据亦可能会有缺失值，从而需要采用相应的方法处理缺失值。再者由于人为误操作或者外界强烈干扰等原因，测量数据中还可能包含有异常数据。对于明显异常值，可通过人工经验进行剔除。而对于不明显异常数据，可通过数据的统计特性进行辨识和检验。

3. 软测量模型的建立

软测量模型的建立是整个建模阶段的关键环节。在该阶段，经过变量选择和数据处理后，利用训练数据对模型进行参数辨识，并最终可将模型用于输出预测。根据建模方法的基本原理，可将其分为三大类：机理模型、数据驱动模型和灰箱模型。

4. 模型校正

由于软测量对象的时变性、非线性及模型的不完整性等因素，必须考虑模型的在线校正，才能适应新工况。软测量模型的在线校正可表示为模型结构和模型参数的优化过程，具体方法有自适应法、增量法和多时标法，对模型结构的修正需要大量的样本数据和较长的计算时间，难以在线进行。为解决模型结构修正耗时长和在线校正的矛盾，提出了短期学习和长期学习的校正方法。短期学习由于算法简单、学习速度快，便于实时应用。长期学习是当软测量仪表在线运行一段时间积累了足够的新样本模式后，重新建立软测量模型。软测量校正框图如图 4－51 所示。

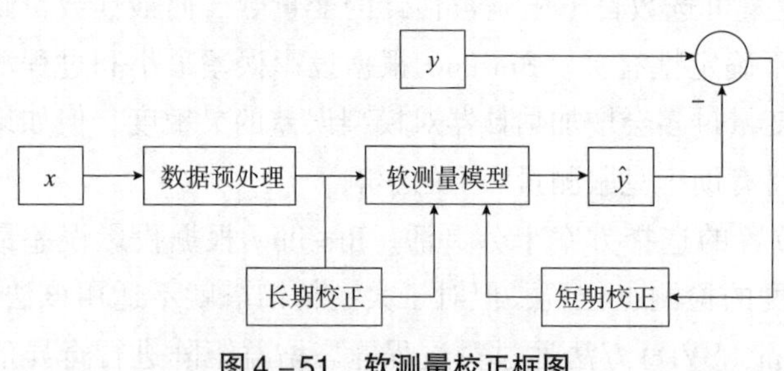

图 4－51　软测量校正框图

软测量在线校正必须注意的问题是过程测量数据与质量分析数据在时序上的匹配。对于配备在线成分分析仪的装置，系统主导变量的真值可以连续得到(滞后一段时间)，在校正时只要相应地顺延相同的时间即可。对于主导变量真值依靠人工化验的情况，从过程数据反映的产品质量状态到取样位置需要一定的流动时间，而从取样后到产品质量数据返回现场又要耗费很长的时间，因此利用分析值和过程数据进行软测量模型校正时，应特别注意保持两者在时间上的对应关系，否则在线校正不但达不到目的，反而可能引起软测量精度的下降，甚至完全失败。

4.12.3 软测量建模方法

软测量技术的核心是软测量模型的建立。目前常用的建模方法主要有：基于机理分析的建模方法、数据驱动的建模方法和灰箱模型。但是由于现代工业过程工艺复杂，导致很难通过机理分析的方式建立模型。因此，在实际应用中采用数据驱动的建模方法。

1. 基于机理分析的建模方法

基于机理分析的建模方法又包括基于工艺机理分析的建模方法和基于对象数学模型的建模方法。只有能够深入彻底理解某工艺过程的工艺机理，这种方法才能构造出性能良好的模型。

(1)基于工艺机理分析的建模方法

基于工艺机理分析的建模方法主要是在对工业对象的物理化学过程获得全面清晰的认识后，通过列写对象的平衡方程和动力学方程等，确定不可测主导变量和可测辅助变量之间的关系，从而建立机理模型，实现对主导变量的软测量。丁云等给出了对原油塔馏分进行估计的机理模型，黄克谨对精馏过程组分的估计也用的是机理模型。机理模型的可解释性强、物理意义明确。但是，这种方法需要对过程的工艺机理有非常清晰透彻的认识。然而在大多数工业生产过程中，尤其是化工过程，由于过程本身特性和各种内外部扰动因素的原因，工业过程普遍存在非线性、复杂性和不确定性，很难进行机理建模。同时，该方法要求解方程组，计算量大、收敛慢，难以满足在线实时估计的要求。

(2)基于对象数学模型的建模方法

在软测量发展初期，控制学科中基于对象数学模型建模的方法被用于建立软测量模型。此类方法通过参数估计、系统辨识、状态估计等理论建立软测量模型，主要可分为基于过程的输入输出模型和基于状态空间模型两种。

基于过程的输入输出模型，可以将建模过程转换为一个基于输入输出模型的递推估计问题或者通过自适应估计方法辨识过程参数。不过，此类方法需要一个精确的数学模型，而我们得到的输入输出模型是简化的数学模型。因此，很难通过此类方法建立高性能的软测量模型。

基于状态空间模型的建模方法通过将主导变量当作状态变量，将辅助变量当作输入变量，从而将主导变量的估计问题转化为控制学科中典型的状态估计问题，然后即可通过高增益观测器、Kalman 滤波器、Luenberger 观测器等方法实现状态估计。此类方法可以反映主导变量和辅助变量之间的动态关系，能够很好地处理各变量之间动态特性的差异及系统滞后等状况。但是，在复杂工业工程中，难以通过此类方法建立有效的状态空间模型。

2. 数据驱动的建模方法

对于复杂的工业过程，往往难以通过机理分析的方式建立软测量模型，而通过现代的仪器和测量技术可以采集、存储和分析海量的过程数据，这使得数据驱动的软测量建模方法成为十分有前景的质量在线估计方法。数据驱动的建模方法又分为三类，分别是基于多元统计分析的建模方法、基于统计学习理论的建模方法和基于人工智能的建模方法。但是在实际工业过程中，采集到的过程数据可能具有时变、强非线性和突变等情况，针对这一问题，数据驱动的多模型建模方法也成为近些年的研究热点。

（1）基于多元统计分析的建模方法

在软测量中，基于多元统计分析的方法通常指化学计量学（chemometrics）中的某些方法，如主成分分析、偏最小二乘法及一些在此基础上的开发和应用，如多向主成分分析（multiway principal cimponet analysis，MPCA）、多元偏最小二乘法（multiway partial least squares，MPLS）等方法。这类方法建立的模型均为线性模型，仅限于对线性对象建模。为了处理非线性特性，人们将其推广到非线性模型，如非线性主成分分析（nonlinear principal cimponet analysis，NPCA）、非线性偏最小二乘法（nonlinear PLS，NPLS）等。

近年来，随着测量仪器和测量技术的迅猛发展，每个工业过程对象都可以采集到海量的过程数据，但是，在采集到的过程数据中包含大量的冗余信息。化学计量学的研究目的是通过数学或统计学方法从采集到的海量过程数据中提取到有用的信息。软测量建模方法也可以看作是一种特殊的过程建模，因此，许多化学计量学方法也适用于软测量建模，如主成分分析（principal component analysis，PCA）、偏最小二乘法（partial least squares，PLS）及一些在此基础上的开发和应用，如多向主成分分析（multiway principal component analysis，MPCA）、多元偏最小二乘法（multiway partial least squares，MPLS）等方法。这类方法建立的模型均为线性模型，仅限于对线性对象建模。为了处理非线性特性，人们将其推广到非线性模型，如非线性主成分分析（nonlinear principal component analysis，NPCA）、非线性偏最小二乘法（nonlinear partial least squares，NPLS）等。

（2）基于统计学习理论的建模方法

在软测量中，基于统计学习理论的建模方法主要是指通过支持向量机（support vector machine，SVM）建立模型的方法。

这类方法是利用核变换的原理，将辅助变量映射到高维特征空间，在特征空间进行线性操作，建立辅助变量和主导变量间的数学模型。通过核变换，可以有效解决过程的非线性关系；通过"核技巧"（kernel trick）可以解决"维度灾难"。这类方法的典型代表是支持向量回归（support vector regression，SVR）与最小二乘支持向量机（least squares SVR，LSSVR）。SVR 和 LSSVR 采用"结构风险最小化"的原理，考虑到模型的平滑性，从而可以抑制"过拟合"现象进而提高模型的泛化能力。与 LSSVR 相比，SVR 是一种稀疏方法，仅需要少量的样本（"支持向量"）即可获得模型；而 LSSVR 是一种非稀疏方法，所有样本均参与模型预测。但 SVR 的训练过程涉及二次规划，因此效率较低；而 LSSVR 采用等式约束，仅需求解线性方程组即可完成模型训练，因此计算效率远高于 SVR。

（3）基于人工智能的建模方法

基于人工智能的软测量建模方法主要包括基于人工神经网络（artificial neural network，ANN）的建模方法和基于模糊数学（fuzzy mathematics，FM）的建模方法。

基于人工神经网络的建模方法利用计算机模拟人脑的结构和功能，建立主导变量和辅助变量之间的黑箱模型，其优势在于：具有较强的学习能力、记忆能力、计算能力、容错能力和自适应能力，且不需要测量目标的先验知识，具有很强的函数拟合能力。虽然神经网络在理论上具有显著的优势，但其网络结构（隐含层的数量及每个隐含层神经元的数量）确定困难一直是公开的问题。训练一个合适的神经网络模型需要大量数据，然而在软测量应用领域，由于主导变量的采样频率很低，因此训练样本的数量十分有限。鉴于此，基于神经网络的软测量模型往往会陷入“过拟合”问题，导致泛化精度有限。

基于模糊数学的建模方法是以模糊理论为基础，模拟人类思维并进行知识处理，能较好地解决系统非线性和不确定性的问题。近年来，基于模糊数学和人工神经网络相结合的模糊神经网络方法被广泛应用于软测量中，但是模糊神经网络建模时，模糊规则集和隶属函数一般通过经验选择，缺乏自学习能力和自适应能力，从而导致预测精度有限。

(4)数据驱动的多模型建模方法

在实际生产过程中，所获得的过程数据可能具有时变、强非线性等情况，针对这类数据，若只采用单一的非线性建模方法建立模型，则会导致模型泛化性能差的问题。为了解决此类问题，研究人员提出了通过建立多个软测量模型的方法来提高模型的预测精度和泛化能力。多模型建模方法在过程建模和辨识、过程控制、故障检测与诊断等方面具有很深远的应用背景。

数据驱动的多模型建模方法近年来得到越来越广泛的研究。Ge 等提出一种基于混合半监督 PCR 的在线多模型建模方法，并通过 EM 算法辨识混合半监督 PCR 模型的参数，该方法在处理有标签样本较少的多工况工业过程建模时展现出明显的优势。Shao 等提出了一种基于局部偏最小二乘模型和自适应过程状态划分结合的多模型建模方法，首先通过滑动窗技术建立局部偏最小二乘模型集合，并提出了一种新的模型自适应标准，该方法在工业脱丁烷塔上取得良好的预测性能。

3. 灰箱建模

由于基于过程机理的模型对过程工艺机理有着深刻的理解和认识，从而能够构建精确的过程数学模型。因此，该方法可以较好地与过程控制理论进行结合。但是，实际过程往往具有复杂的物理结构和内部反应机理，且变量间存在较强的耦合性，准确地获取其机理模型是很困难的。因此，该方法在实际应用中受到了一定局限性。同时，由于数据驱动的方法无需对过程机理知识进行分析，只需利用过程采集的数据建立主导变量和辅助变量之间的数学模型，即可对输出进行预测。但是，该类方法的可解释性差，而且依赖于所采集数据的完备性和准确性等因素。

为了克服纯机理模型和数据驱动模型的缺陷，灰箱建模提出了将机理模型和数据驱动模型两种方法进行结合的混合建模思路。在实际中，虽然无法获取复杂过程的准确机理模型，但可以获得其部分机理结构。利用该部分机理模型能够为数据驱动建模提供相应的先验知识，从而取得更好的预测输出效果。

4.12.4 应用举例

脱丁烷塔是脱硫和石脑油分裂工厂的一部分，其任务是尽可能地减少塔底丁烷浓度。某脱丁烷塔过程的工艺流程如图 4－52 所示。通常塔底丁烷浓度由安装在塔顶的一块气相色谱分析仪在线测量，由于塔底丁烷蒸汽到达塔顶需要一定的时间，气相色谱仪的分析过程亦需要一定的时间，所以对塔底丁烷浓度在线测量存在较大的滞后(约 45min)。因此，需要对其塔底丁烷浓度建立软测量模型，在线实时估计塔底丁烷浓度。在建立塔底丁烷浓度的软测量模型时，选择 7 个容易测量的过程变量作为辅助变量，其安装位置在图 4－52 中通过黄色实心圆标识，且表 4－5 给出了这 7 个辅助变量的解释。按文献[60]的方式，将数据按采样时间顺序分割为两组：训练数据(1800 个样本)、测试数据(400 个样本)。此外，由于 U6 和 U7 两个传感器互为冗余，因此，将 U6 和 U7 合并为一个辅助变量，即将二者采样值的平均值作为一个辅助变量处理，因此，丁烷浓度软测量模型实际共有 6 个辅助变量。本节采用动态偏最小二乘法(dynamic PLS，DPLS)和动态最小二乘支持向量回归(dynamic LSSVR，DLSSVR)建立软测量模型，用差分进化算法对模型参数进行优化，进而对塔底丁烷浓度进行预测。

为了量化软测量的预测性能，采用两个指标计算预测精度，分别是均方根误差(root mean square error，RMSE)和确定系数(coefficient of determination，R^2)。两个指标定义如下：

$$
\begin{aligned}
RMSE &= \sqrt{\frac{1}{N_t}\sum_{n=1}^{N_t}(\hat{y}_n - y_n)^2} \\
R^2 &= 1 - \sum_{n=1}^{N_t}(\hat{y}_n - y_n)^2 \Big/ \sum_{n=1}^{N_t}(y_n - \bar{y})^2
\end{aligned}
\tag{4-37}
$$

其中，$\hat{y}_n$ 和 y_n 分别为第 n 个测试样本的估计值和真实值，N_t 为测试样本数量，$\bar{y} = \sum_{n=1}^{N_t} y_n / N_t$ 为测试样本输出值的均值。通过式(4-37)中的定义可知，$RMSE$ 表征预测误差，$RMSE$ 越小，预测精度越高；R^2 表征预测值与真实值的相关程度，R^2 越大，预测精度越高。

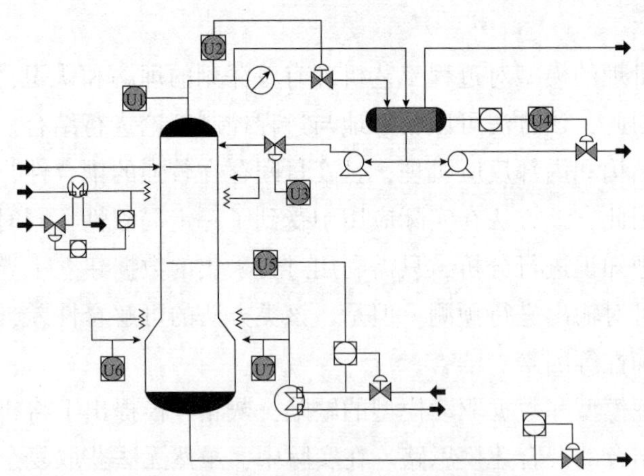

图 4-52　某脱丁烷塔工艺流程简图

表 4-5　脱丁烷塔中丁烷浓度软测量模型的辅助变量

辅助变量	含义	辅助变量	含义
U1	塔顶温度	U5	第 6 层塔板温度
U2	塔顶压力	U6	塔底温度
U3	回流量	U7	塔底温度
U4	到下一过程的流量		

在测试样本集上，两种模型对塔底丁烷浓度的预测结果如图 4-53 所示。可以看出，软测量模型对塔底丁烷浓度具有很高的预测精度。表 4-6 对两种软测量模型的预测精度

进行量化。从表中可以发现，两种软测量模型的预测 RMSE 非常小，而 R^2 指标非常大。实际上，当 R^2 指标高于 80% 时，已经可以满足多数工业应用需求。这表明，对于一些传统传感器难以测量或存在较大滞后的成分，软测量技术具有较高的测量精度和显著优势。

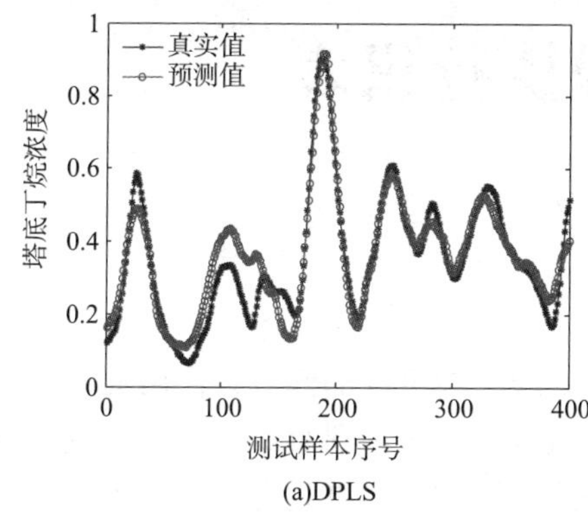

(a)DPLS

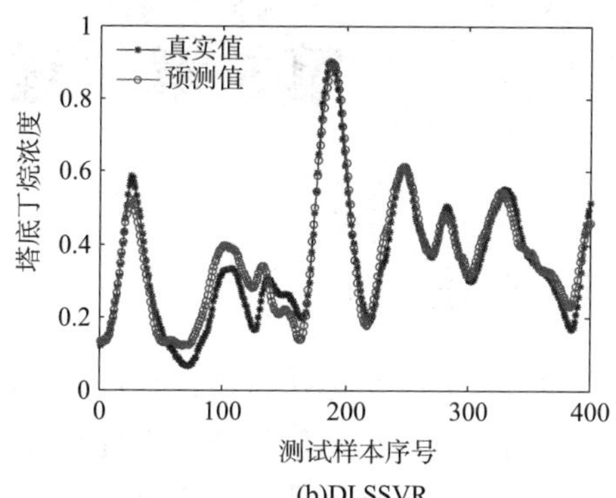

(b)DLSSVR

图 4-53 2 种模型对塔底丁烷浓度的预测结果

表 4-6 两种软测量模型对塔底丁烷浓度的预测精度

	DPLS	DLSSVR
RMSE	0.0551	0.0455
R^2	0.899	0.931

习题

4-1 试分析在线成分分析系统中采样和预处理装置的作用及重要性。

4-2 简述热导式气体分析仪的测量原理。

4-3 热导式气体分析仪中的热导池有哪几种？各有何特点？

4-4 简述红外线气体分析仪的测量原理。红外线气体分析仪的基本组成环节有哪些？

4-5 判断下列气体哪些能用红外线气体分析仪分析？

C_2H_4，C_2H_5OH，O_2，CO，CH_4，H_2，NH_3，CO_2，C_3H_3

4-6 氧化锆氧分析仪的测量原理是什么？适用于什么场合？

4-7 当被测气体中存在可燃性组分，能否用氧化锆氧分析仪来测量气体中的氧含量？为什么？

4-8 气相色谱分析仪由哪几部分组成？各部分有何作用？

4-9 气相色谱分析仪的检测器有几种？各有什么特点？

4-10 简述工业电导仪的测量原理。影响电导池测量精度的因素是什么？

4-11 pH 计常用的参比电极和指示电极有哪些？各有何特点？

4-12 简述化学吸光分析法硅酸根浓度检测系统的工作原理。

4-13 常用的石油物性分析仪表有哪些？

4-14 常用的软测量建模方法有哪些？各有何特点？

第5章　过程执行仪表

5.1　概述

过程执行仪表，简称执行器，是自动控制系统的终端执行部件，其作用是接收控制器送来的控制信号，并根据信号的大小直接改变操纵量，从而达到对被控变量进行控制的目的。因此，人们常将执行器比喻成自动控制系统的“手脚”。由此可见，执行器是自动控制系统中不可缺少的重要组成部分之一。

在连续生产过程中，使用最多的执行器就是各种调节阀，它由执行机构和调节机构两部分组成。在这里，执行机构是执行器的推动装置，它根据控制信号的大小，产生相应的推力或扭矩，从而使调节机构产生相应的开度变化。调节机构是执行器的调节部件，它直接与被控介质接触，当其开度发生变化时，被控介质流量将被改变，从而实现自动控制的目的。

执行器按其所使用的能源不同，可分为三大类，即气动执行器、电动执行器和液动执行器。这三种类型的执行器执行机构不同，而其调节机构基本相同。在实际应用中，使用最多的是气动执行器，其次是电动执行器，液动执行器使用较少。气动执行器是以压缩空气为能源的执行器。目前，使用最多的气动执行器是气动薄膜执行器，习惯上称为气动薄膜调节阀。它由气动(薄膜式)执行机构和调节机构两部分构成，如图5－1所示。这类执行器具有结构简单、动作可靠、安装方便及本质防爆等特点，而且价格较为便宜。它不仅可以与气动仪表配套使用，而且通过电-气转换器或电-气阀门定位器等，还可与电动仪表及计算机控制系统配套使用。

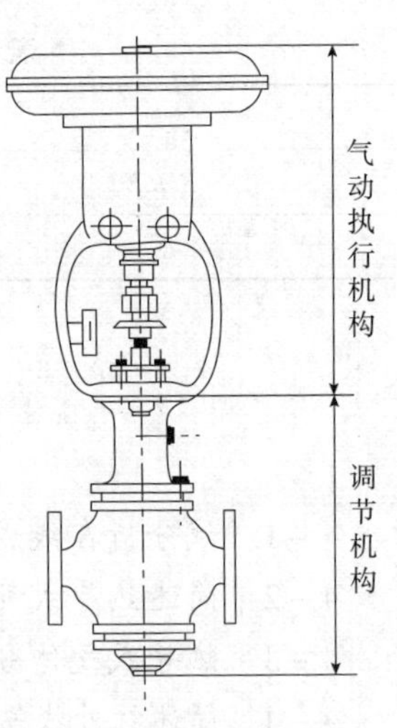

图5－1　气动薄膜执行器

电动执行器是以电为能源的执行器。与气动执行器相比，具有能源取用方便、信号传输速度快、传递距离远、灵敏度及精度高等特点。但其结构比较复杂，不易于维护，且防爆性能也不如气动执行器。因此，其应用范围不如气动执行器广泛。

液动执行器是以加压液体为能源的执行器，因为实际应用中使用较少，故这里不做介绍。

5.2　执行机构

5.2.1　气动执行机构

气动执行机构的分类如下：

- 气动执行机构
  - 薄膜式执行机构
    - 正作用式
    - 反作用式
  - 活塞式执行机构
    - 比例式
      - 正作用式
      - 反作用式
    - 两位式
  - 长行程执行机构
  - 滚筒膜片式执行机构

在实际应用中，使用最广泛的是薄膜式执行机构，其次是活塞式执行机构。而长行程执行机构主要与蝶阀、风门等需要大转角(0～90°)和大力矩的调节机构配合。滚筒膜片式执行机构是专为偏心旋转阀设计的。后两种执行机构使用较少，这里不做介绍。

1. *薄膜式执行机构*

薄膜式执行机构主要用作一般执行器的推动装置。它具有结构简单、动作可靠、维护方便等特点，是一种最常用的执行机构。

薄膜式执行机构按其动作方式可分为正作用式和反作用式两种，其结构如图5－2和图5－3所示。执行机构的控制信号压力增大时，其推杆向下移动的称为正作用式执行机构；反之，当执行机构的控制信号压力增大时，其推杆向上移动，则称为反作用式执行机构。正作用式执行机构的输入信号送入波纹膜片上方的气室，其输出力是向下的。而反作用式执行机构的输入信号是送入波纹膜片下方的气室，其输出力是向上的。从两者的结构图可以看出，正作用式、反作用式执行机构的构成基本相同，通过更换个别部件，可以改变其作用方式。

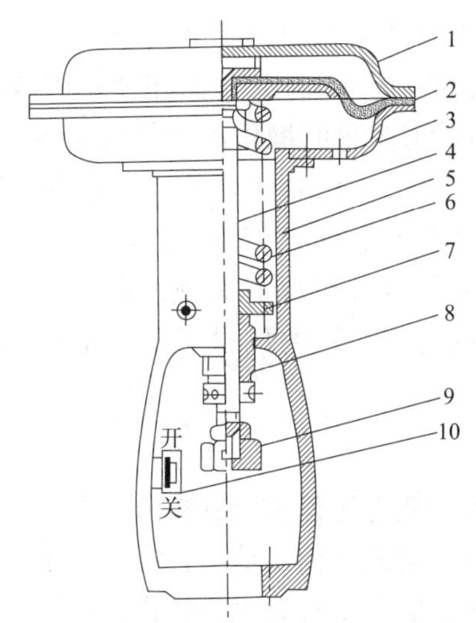

图5－2　正作用式气动薄膜执行机构

1—上膜盖；2—波纹膜片；3—下膜盖；4—推杆；5—支架；6—弹簧；7—弹簧座；8—调节杆；9—连接阀杆螺母；10—行程标尺

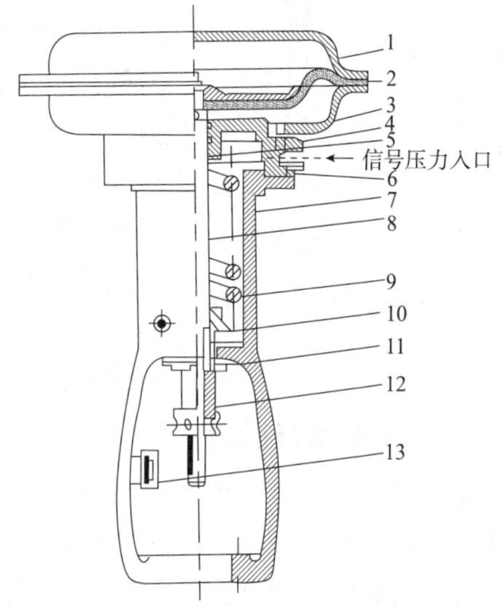

图5－3　反作用式气动薄膜执行机构

1—上膜盖；2—波纹膜片；3—下膜盖；4—密封膜片；5—密封环；6—填块；7—支架；8—推杆；9—弹簧；10—弹簧座；11—衬套；12—调节件；13—行程标尺

通常情况下，均采用正作用式执行机构，并通过调节机构阀芯的正装和反装来实现执行器的气开和气关。下面以最常用的正作用式执行机构来说明其工作原理。

这种执行机构的输出特性是比例式的，即输出位移与输入气压信号成比例关系。当气压信号通入波纹膜片气室时，在膜片上产生一定的推力，从而使推杆移动并压缩弹簧。当弹簧的作用力与信号压力在膜片上产生的推力平衡时，推杆稳定在相应的位置处。信号增大时，相应的推力也增大，则推杆的位移量也增大。推杆的位移即是执行机构的输出，通常也称为行程。

气动薄膜式执行机构输入与输出的关系可表示为：

$$l=\frac{A_e}{C_s}p_0 \tag{5-1}$$

式中，l 为推杆位移或行程（等于弹簧位移）；p_0 为输入信号压力（一般为 20～100kPa，最大为 250kPa）；A_e 为膜片有效面积；C_s 为弹簧刚度。

通常按行程和膜片有效面积来确定气动薄膜式执行机构的规格。行程规格有 10mm、16mm、25mm、40mm、60mm、100mm 等。膜片有效面积规格有 200cm²、280cm²、400cm²、630cm²、1000cm²、1600cm² 等。实际应用中，可根据行程及所需推力的大小来确定执行机构的规格。

2. 活塞式执行机构

活塞式执行机构的最大操作压力可达 500kPa，因此具有较大的推力。主要用作大口径、高静压、高压差阀和蝶阀等的推动装置。按其动作方式可分为两位式和比例式两种。而比例式又可分为正作用式和反作用式两种，其定义与薄膜式执行机构类似。气动活塞式执行机构结构如图 5-4所示。

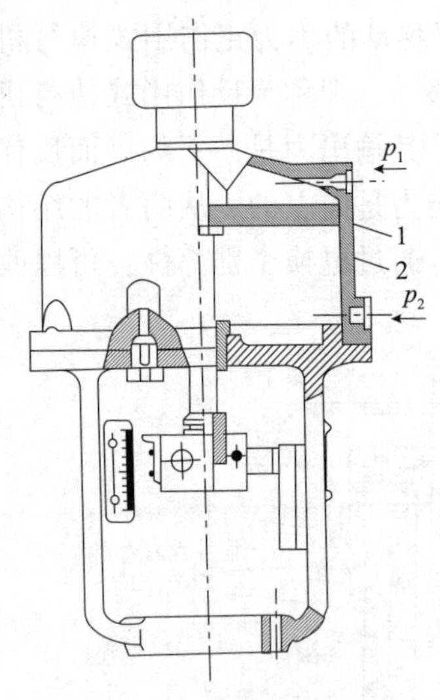

图 5-4 气动活塞式执行机构

1—活塞；2—气缸

气动活塞式执行机构的工作原理比较简单。以两位式为例，p_1 可采用固定的操作压力，p_2 可采用变化的操作压力。p_1 和 p_2 也可以都采用变化的操作压力。当 $p_1>p_2$ 时，活塞向下移动。反之，当 $p_1<p_2$ 时，活塞向上移动。通过活塞的移动带动推杆的移动，从而实现阀门的开或关。比例式动作是指输入信号与推杆行程成比例关系，因此需配阀门定位器，并利用阀门定位器的位置反馈功能来实现比例式动作。

5.2.2 电动执行机构

电动执行机构按其输出形式可分为角行程执行机构和直行程执行机构两大类。它们分别将输入的直流电流控制信号线性地转换为输出轴的转角或者输出轴的直线位移输出。这两种执行机构的电气原理完全相同，两者都是以两相伺服电动机为驱动装置的位置伺服机构。其不同之处是减速器的结构，角行程执行机构的输出为输出轴的转角，而直行程执行机构的输出为输出轴的直线位移。角行程执行机构用于带动蝶阀、球阀、偏心旋转阀等角行程阀，而直行程执行机构可直接带动单座阀、双座阀、三通阀等直行程阀。

下面以角行程执行机构为例，简要介绍一下电动执行机构的工作原理。角行程执行机构的构成原理框图如图 5-5 所示。

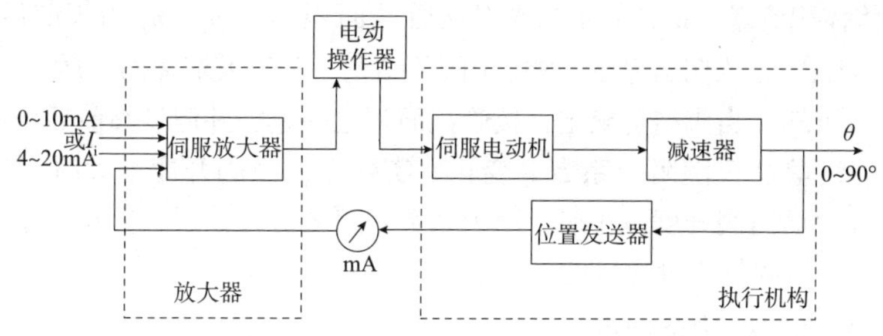

图 5－5 角行程电动执行机构构成原理

从图 5－5 可以看出，电动执行机构由伺服放大器和执行机构 2 部分组成。伺服放大器将输入信号 I_i 与反馈信号 I_f 相比较，并将比较后所得的差值进行功率放大，此放大信号可以驱使两相伺服电动机转动。伺服电动机为高转速、小力矩输出，故需使用减速器将其转换为低转速、大力矩输出，最终使输出轴转角 θ 改变。而 I_i 与 I_f 差值的正或负，对应于伺服电动机的正转或反转，最终对应于输出轴转角的增大或减小。输出轴转角位置再经位置发送器转换成相应的反馈电流 I_f，送回到伺服放大器的输入端。当反馈信号 I_f 与输入信号 I_i 相等时，伺服电动机不再转动，从而使输出轴转角稳定在与输入信号 I_i 相对应的位置处。

输出轴转角 θ 与信号 I 之间的关系为：

$$\theta = KI \tag{5-2}$$

式中，K 为比例系数。

电动操作器是电动执行机构的附件，利用它可实现自动操作或手动操作的相互切换。若将电动操作器的操作方式切换开关置到手动位置，则可直接使用操作器上的正、反操作按钮来控制输出轴的正、反转，从而实现手动控制。

电动执行机构的技术指标主要包括输出力矩或推力、行程、输出速度及精度等。直行程执行机构主要依据输出轴推力来确定其规格型号，各规格又分为不同行程。角行程执行机构主要依据输出轴力矩来确定其规格型号，而其转角通常为 0～90°。

5.3 调节机构

调节机构，又称阀组件，简称阀，是一个局部阻力可以改变的节流部件。因此，它按照节流原理工作。当流体流过阀时，所流过的介质流速及压力变化过程与流过孔板时的流速及压力变化过程相似。但阀的流通截面积可以改变，而孔板的流通截面积是不变的。当控制信号发生变化时，执行机构的推力发生变化，从而使推杆的位移量发生变化，并带动阀的阀芯移动。由于阀芯的移动使阀的开度发生变化，阀芯与阀座之间的流通截面积将发生变化，这就改变了阀的阻力系数，从而使流过阀的流量发生变化，最终达到调节工艺参数的目的。

由于阀按节流原理工作，因此，阀的流量方程与流量测量部分所讲的节流环节流量方程相似。考虑到其流通截面积可变这一特性，阀的流量方程可表示为：

$$Q = \frac{A}{\sqrt{\xi}}\sqrt{\frac{2(p_1 - p_2)}{\rho}} \tag{5-3}$$

式中，Q 为流体体积流量，m^3/s；A 为阀的接管截面积 m^2；p_1，p_2 为阀前后压力，Pa；ρ 为流体密度，kg/m^3；ξ 为阻力系数(取决于阀的结构、开度及流体的性质)。

由式(5-3)可知，当阀结构确定，接管截面积也一定，并假设阀前后压差(p_1-p_2)不变时，流过阀的流量 Q 仅随阻力系数 ξ 变化。实际上，当阀开度增大时，阻力系数 ξ 减小，流量 Q 增大，而当阀开度减小时，阻力系数 ξ 随之增大，则流量 Q 减小。因此，通过阀开度的改变可达到调节流量的目的。

5.3.1 常用调节机构及特点

1. 直通双座阀

直通双座阀是最常用的调节机构，其结构如图 5-6 所示。

从图 5-6 中可以看出，在阀体内有两个阀芯和两个阀座。当阀芯上下移动时，阀芯与阀座间的流通截面积将改变，从而改变所通过流体的流量。在这里，流体从阀的左侧流入，通过上下阀芯和阀座的间隙，然后合流，从右侧流出。

直通双座阀的上阀盖、下阀盖均有衬套，对阀芯起导向作用，称为双导向。对于具有双导向结构的调节机构，其阀芯可以正装或反装。正装是指阀芯向下移动时，阀芯与阀座之间的流通截面积减小，而反装是指阀芯向下移动时，阀芯与阀座之间的流通截面积增大。阀芯的正装与反装如图 5-7 所示。

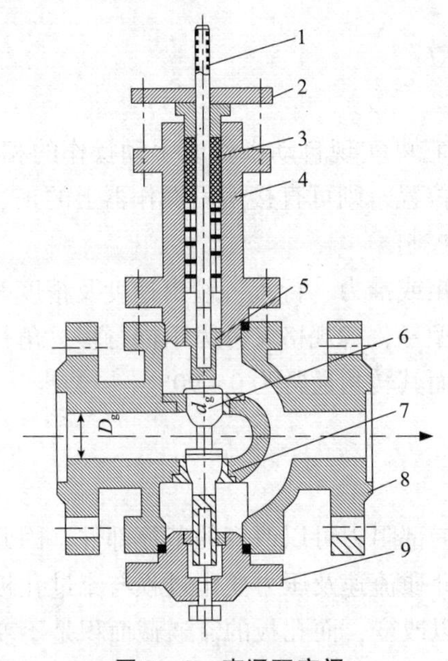

图 5-6 直通双座阀

1—阀座；2—压板；3—填料；4—上阀盖；5—衬套；6—阀芯；7—阀座；8—阀体；9—下阀盖

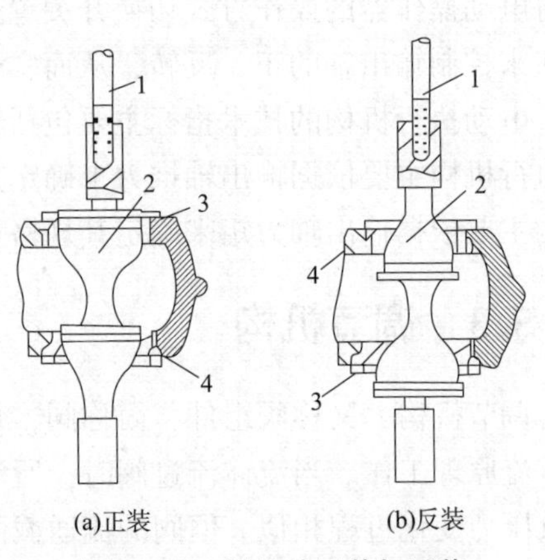

图 5-7 阀芯的正装与反装

1—阀杆；2—阀芯；3，4—阀座

前面已经提到，气动执行机构有正作用式和反作用式两种形式。利用执行机构的正、反作用及调节机构阀芯的正、反装可实现整个气动执行器的气开或气关动作。这里所说的“气开”是指随着执行器输入信号的增大，阀的流通截面积也增大；“气关”是指随着执行器输入信号的增大，阀的流通截面积减小。因此，利用执行机构的正、反作用和调节机构阀芯的正、反装来实现执行器气开或气关时有四种组合方式，如图 5-8 所示。

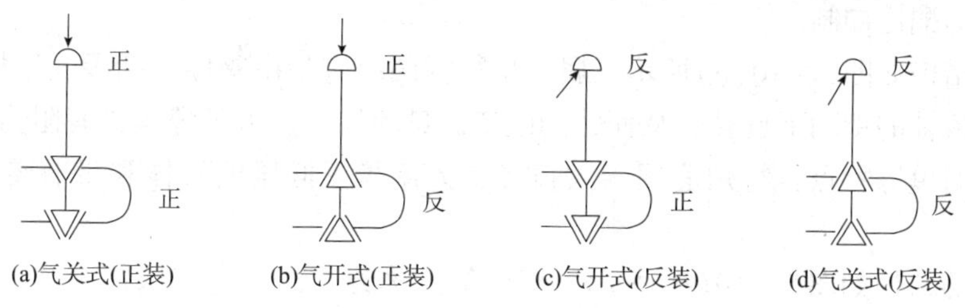

图 5 - 8 气动执行器气开和气关组合方式

另外，为了适应不同的工艺要求，上阀盖也有几种形式。普通型适用于温度为 20 ~ 200℃的场合，散热片型适用于高温场合，长颈型适用于低温场合，波纹管密封型适用于有毒、易挥发介质等。

直通双座阀的优点是阀芯所受不平衡力较小，允许压差较大，流量系数也大于直通单座阀。其缺点是泄漏量较大，流路复杂。直通双座阀适用于阀前后压差较大，泄漏量要求不严格的场合，不适用于高黏度和含有纤维物介质的场合。

2. 直通单座阀

直通单座阀的阀体内只有一个阀芯和一个阀座，其他结构与直通双座阀相似。直通单座阀的结构如图 5 - 9 所示。

公称直径 $DN > 25$mm 的直通单座阀采用双导向，阀芯可以正装，也可以反装。这时，执行机构通常选用正作用式，而整个执行器的气关或气开则通过阀芯的正装或反装来实现。公称直径 $DN <$ 25mm 的直通单座阀为单导向阀，故阀芯只能正装，执行器的气关或气开则通过选用正作用式执行机构或反作用式执行机构来实现。

直通单座阀只有一个阀芯和一个阀座，阀的泄漏量较小，一般为双座阀的 1/10 左右。但阀芯所受的不平衡力较大，故通常用于阀前后压差较小且静压较低的场合。

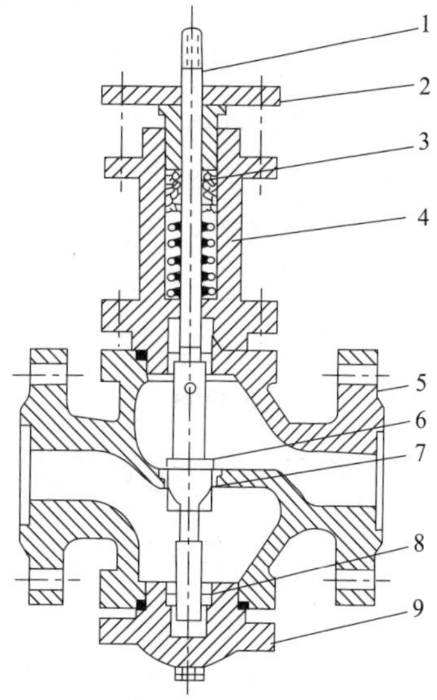

图 5 - 9 直通单座阀

1—阀杆；2—压板；3—填料；4—上阀盖；5—阀体；6—阀芯；7—阀座；8—衬套；9—下阀盖

3. 其他结构形式的调节机构

常见的其他结构形式的调节机构有角形阀、三通阀、蝶阀、套筒阀、偏心旋转阀等，其结构示意如图 5 - 10 所示。

角形阀的结构如图 5 - 10(a)所示，阀体为直角形，其他结构与直通单座阀类似。其特点是流路简单、流体所受阻力较小，适用于高压差、高黏度、含悬浮物和颗粒状介质流量的控制。角形阀为单导向结构结构，阀芯只能正装。一般采用底部进入、侧面流出方式。但在高压场合，为了减小阀芯的冲蚀，也可采用侧进底出方式。

三通阀的结构如图 5 - 10(b)、图 5 - 10(c)所示。它有 3 个入口、出口与管道相连。如图 5 - 10(b)所示为三通合流阀，它有 2 个入口，1 个出口，流体由 2 个入口流入，通过阀合流后，由出口流出。如图 5 - 10(c)所示为三通分流阀，它有 1 个入口，2 个出口。流体由入口流入，经阀分流后，由 2 个出口流出。三通阀主要用于换热器的温度控制，有时也用于简单的配比控制。

蝶阀的结构如图5-10(d)所示，属于角行程阀。它是由阀体、挡板、挡板轴等组成。挡板可在挡板轴的带动下旋转，从而达到改变流量的目的。由于蝶阀具有阻力小、流量系数大、结构简单等特点，特别适用于大口径、大流量、低压差气体和带有悬浮物流体的控制。

套筒阀的结构如图5-10(e)所示。套筒阀又称笼式阀。它在阀体内加入套筒，并用套筒做导向槽，阀芯可在套筒内上、下移动。在套筒上开有窗口。窗口形状及数量视工艺要求而有所不同。当阀芯在套筒内移动时，阀芯与套筒窗口之间的流通截面积被改变，从而使流量发生变化，达到调节流量的目的。

偏心旋转阀的结构如图5-10(f)所示。它的阀体内装有一个球面阀芯，且球面阀芯的中心线与转轴中心有一定的偏移。当阀芯在转轴带动下发生偏心旋转时，阀芯与阀座之间的流通截面积被改变，从而达到调节流量的目的。而当阀芯进入阀座后，其具有较大的压紧力，所以具有良好的密封性。这种阀具有流路简单、流体阻力小、流量系数大、密封性强等特点，适用于含有固体悬浮物和高黏度介质的控制。

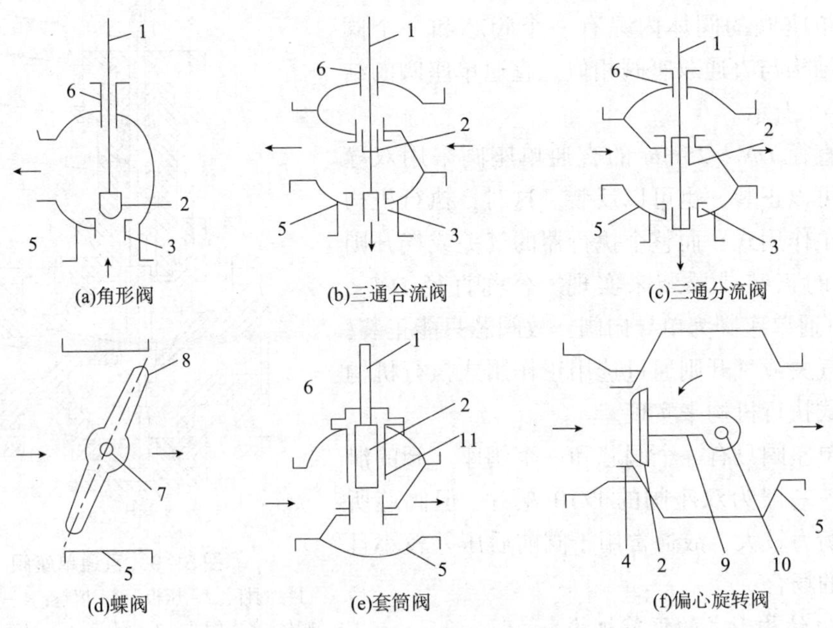

图5-10　各种阀的结构示意

1—阀杆；2—阀芯；3—阀座；4—下阀盖；5—阀体；
6—上阀盖；7—挡板轴；8—挡板；9—柔臂；10—转轴；11—轴套

5.3.2　流量系数与可调比

1. 流量系数

流量系数是阀的一个重要参数，反映了阀所能通过的流体流量的大小。在工程设计时，流量系数是确定阀公称直径的主要依据，习惯上所说的阀的大小主要由流量系数确定。

流量系数的定义为：在给定行程下，阀前后压差为100kPa，流体密度为1000kg/m^{3}的条件下，每小时流经阀的流体流量数。通常流量系数用K_v来表示。

由式(5-3)阀的流量方程可知，当 A 的单位为 m^2，p_1 和 p_2 的单位为 Pa，ρ 的单位为 kg/m^3 时，Q 的单位为 m^3/s。在实际应用时，A 的单位通常取 cm^2，p_1 和 p_2 的单位取 kPa，Q 的单位取 m^3/h，ρ 的单位仍取 kg/m^3。此时，式(5-3)可改写为：

$$Q=\frac{A\times 10^{-4}}{\sqrt{\xi}}\sqrt{\frac{2\times(p_1-p_2)\times 10^3}{\rho}}\times 3600 =16.1\frac{A}{\sqrt{\xi}}\sqrt{\frac{p_1-p_2}{\rho}}=16.1\frac{A}{\sqrt{\xi}}\sqrt{\frac{\Delta p}{\rho}} \tag{5-4}$$

式中，Δp 为阀前后压差，$\Delta p=p_1-p_2$。

利用式(5-4)并根据流量系数 K_v 的定义，则可以得到：

$$K_v=16.1\frac{A}{\sqrt{\xi}}\sqrt{\frac{100}{1000}}=5.09\frac{A}{\sqrt{\xi}} \tag{5-5}$$

在工程中，常以额定行程(即阀全开)时的最大流量系数 K_{vmax} 来表示 K_v 值，称为额定流量系数。阀标注的 K_v 均为此值。根据上述定义，如果阀标注的 K_v 为 20，则表示阀全开且阀前后压差为 100kPa 时，每小时能通过的纯水量为 $20m^3$。

将式(5-5)所表示的流量系数代入式(5-4)后，则流量方程可表示为：

$$Q=K_v\sqrt{\frac{10\Delta p}{\rho}} \tag{5-6}$$

2. 可调比

可调比指阀所能控制的最大流量与最小流量之比。通常，可调比用 R 表示，即：

$$R=\frac{Q_{max}}{Q_{min}} \tag{5-7}$$

式中，Q_{max} 为阀处于最大开度时的流量，即可调流量的上限值；Q_{min} 为阀处于最小开度时的流量，即可调流量的下限值。一般情况下，Q_{min} 为 Q_{max} 的 2%～4%。

(1)理想可调比

理想可调比指阀前后压差一定时的可调比。根据式(5-6)和式(5-7)可得：

$$R=\frac{Q_{max}}{Q_{min}}=\frac{K_{vmax}\sqrt{\frac{10\Delta p}{\rho}}}{K_{vmin}\sqrt{\frac{10\Delta p}{\rho}}}=\frac{K_{vmax}}{K_{vmin}}$$

即理想可调比等于最大流量系数与最小流量系数之比。它反映了阀控制能力的大小，是内阀结构决定的。目前，在统一设计时，取 $R=30$。

(2)实际可调比

阀在实际使用时总是与管道串联或与旁路系统并联的，这时，阀对整个管路系统的控制能力将下降。我们把这种情况下的可调比称为实际可调比，用 R_r 表示。

对于串联管道系统，如图 5-11(a)所示，其实际可调比为：

$$R_r=\frac{Q_{max}}{Q_{min}}=\frac{K_{vmax}\sqrt{\frac{10\Delta p_{1min}}{\rho}}}{K_{vmin}\sqrt{\frac{10\Delta p_{1max}}{\rho}}}=R\sqrt{\frac{\Delta p_{1min}}{\Delta p_{1max}}}$$

式中，$\Delta p_{1\min}$为阀在最大开度时的阀前后压差；$\Delta p_{1\max}$为阀在最小开度时的阀前后压差。

在最小开度时 $\Delta p_{1\max} \approx \Delta p$，所以有：

$$R_r = R\sqrt{\frac{\Delta p_{1\min}}{\Delta p_{1\max}}} = R\sqrt{\frac{\Delta p_{1\min}}{\Delta p}}$$

令 $s = \frac{\Delta p_{1\min}}{\Delta p}$，即 s 为阀全开时，阀前后压差与系统总压差之比，则

$$R_r = R\sqrt{s}\,(0 < s \leqslant 1) \tag{5-8}$$

式(5-8)反映了串联管道情况下的可调比特性。当 $R=30$ 时，其特性如图 5-11(b)所示。从图中可以看出，随着 s 值减小，实际可调比将下降，即阀的控制能力将下降。

对于并联管道系统，如图 5-12(a)所示，其实际可调比为：

$$R_r = \frac{Q_{\max}}{Q_{1\min} + Q_2} \tag{5-9}$$

式中，$Q_{\max}$为总管最大流量；$Q_{1\min}$为调节阀所能控制的最小流量；Q_2 为旁路流量。

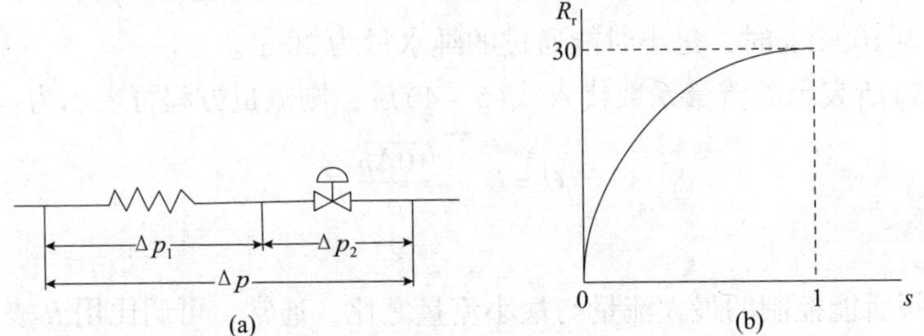

图 5-11　串联管道系统及可调性比较

由于 Δp 不变，则当旁路阀开度一定时，Q_2 大小不变。Q_2 可表示为：

$$Q_2 = Q_{\max} - Q_{\min} = Q_{\max}\left(1 - \frac{Q_{1\max}}{Q_{\max}}\right)$$

令 $x = \frac{Q_{1\max}}{Q_{\max}}$，即 x 为阀全开时流经调节阀的最大流量与总管最大流量之比，则有：

$$Q_2 = Q_{\max}(1-x) \tag{5-10}$$

又因为

$$R = \frac{Q_{1\max}}{Q_{1\min}} = \frac{Q_{1\max}/Q_{\max}}{Q_{1\min}/Q_{\max}} = \frac{xQ_{\max}}{Q_{1\min}}$$

所以有：

$$Q_{1\min} = \frac{xQ_{\max}}{R} \tag{5-11}$$

将(5-10)和式(5-11)代入式(5-9)中，则可得到：

$$R_r = \frac{Q_{\max}}{x\frac{Q_{\max}}{R} + (1-x)Q_{\max}} = \frac{R}{R-(R-1)x} \tag{5-12}$$

式(5-12)即为并联管道情况下的可调比特性。当 $R=30$ 时，其特性如图 5-12(b)所示。从图中可以看出，随着 x 减小，实际可调比也将下降。

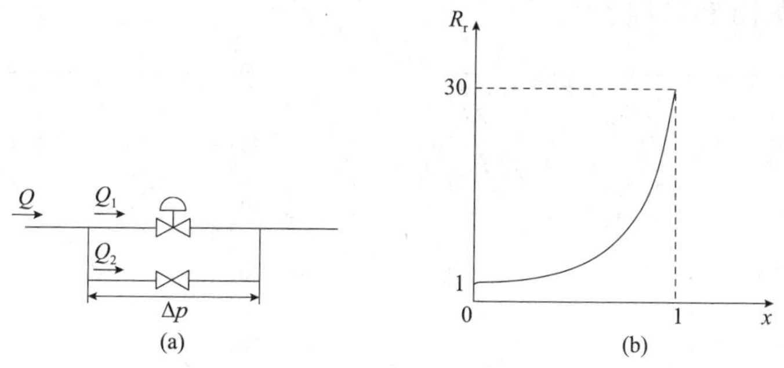

图 5－12 并联管道系统及可调比特性

5.3.3 流量特性

阀的流量特性是指介质流过阀的相对流量与阀芯相对位移之间的关系。即：

$$\frac{Q}{Q_{max}}=f\left(\frac{l}{L}\right)$$

式中，Q/Q_{max}为相对流量，即阀在某一开度时的流量 Q 与全开度时的流量 Q_{max}之比；l/L 为相对位移，即阀在某一开度时阀芯位移 l 与全开度时阀芯位移 L 之比。

由于阀开度变化时，阀前后压差会发生变化，从而影响流量。因此，在实际应用时，阀的流量特性不仅取决于其结构特性，还与阀前后压差变化有关。为了便于分析，把阀前后压差不变时的流量特性称为理想流量特性，而把阀前后压差变化时的流量特性称为工作流量特性。

1. 理想流量特性

理想流量特性，又称固有流量特性，主要有直线、等百分比（对数）、抛物线和快开四种。其中，前三种理想流量特性可用数学式表示为：

$$\frac{\mathrm{d}(Q/Q_{max})}{\mathrm{d}(l/L)}=K\left(\frac{Q}{Q_{max}}\right)^n \tag{5-13}$$

式中，K 为阀的放大系数；n 为常数，对应于不同的流量特性，n 取值不同。

（1）直线流量特性

直线流量特性是指阀的相对流量与阀芯相对位移呈直线关系。当式（5－13）中 $n=0$ 时，则为线性流量特性。即：

$$\frac{d(Q/Q_{max})}{d(l/L)}=K$$

对上式进行积分，并带入边界条件（$l=0$ 时，$Q=Q_{min}$；$l=L$ 时，$Q=Q_{max}$），同时考虑到 $R=Q_{max}/Q_{min}$，则可得：

$$\frac{Q}{Q_{max}}=\frac{1}{R}+(1-\frac{1}{R})\frac{l}{L} \tag{5-14}$$

式（5－14）表明 Q/Q_{max}与 l/L 呈直线关系，故称为直线流量特性。其特性曲线如图 5－13 中 1 所示。

由于 $R=30\gg1$，为了分析方便，取 $R\to\infty$，此时，式（5－14）可以改写为：

$$\frac{Q}{Q_{max}}\approx\frac{l}{L}$$

其相应特性如图 5－14 所示。

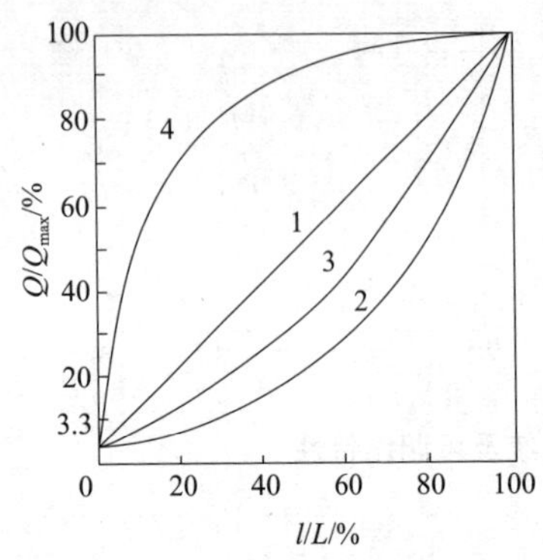

图 5－13 理想流量特性

1—直线；2—等百分比；3—抛物线；4—快开

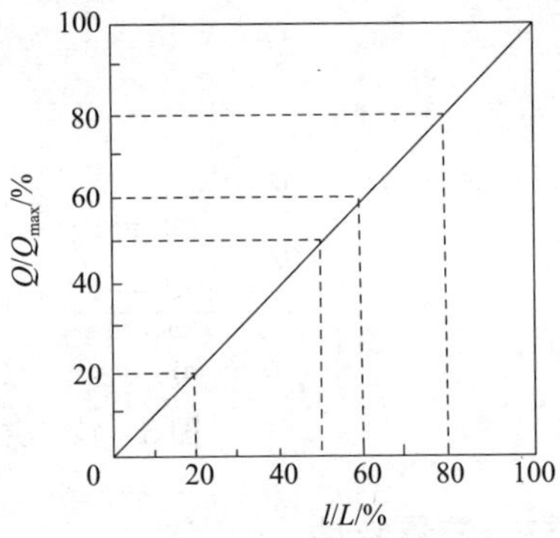

图 5－14 直线流量特性（$R\to\infty$）

我们取行程的 10%、50% 和 80% 三点来分析。当相对位移变化 10% 时，相对流量变化均为 10%，但其流量变化的相对值分别为$\frac{20-10}{10}\times 100\%=100\%$，$\frac{60-50}{50}\times 100\%=20\%$及$\frac{90-80}{80}\times 100\%=12.5\%$。由此可见，在相对位移变化相同的情况下，流量小时，流量相对值变化大，而流量大时，流量相对值变小。因此，线性阀在小开度时，灵敏度高，调节作用强，易产生振荡；而大开度时，灵敏度低，调节作用弱，调节缓慢。

（2）等百分比（对数）流量特性

等百分比流量特性是指阀的单位相对位移变化所引起的相对流量变化与此点的相对流量成正比。当式（5－13）中 $n=1$ 时，则为等百分比流量特性，即：

$$\frac{d(Q/Q_{max})}{d(l/L)}=K\frac{Q}{Q_{max}} \tag{5-15}$$

对式（5－15）进行积分，并带入边界条件（$l=0$ 时，$Q=Q_{min}$；$l=L$ 时，$Q=Q_{max}$），同时考虑到 $R=Q_{max}/Q_{min}$，则可得：

$$\frac{Q}{Q_{max}}=R^{\left(\frac{l}{L}-1\right)} \tag{5-16}$$

式（5－16）表明 Q/Q_{max} 与 l/L 之间为对数关系，故也称为对数流量特性。其特性曲线如图 5－13中 2 所示。

同样取行程的 10%、50% 和 80% 三点来分析，并取 $R=30$。由式（5－16）可计算出三点对应的相对流量为 4.68%、18.3% 和 50.7%。当相对位移均变化 10% 时，即相应变为 20%、60% 和 90% 时，同样可由式（5－16）计算出此时的相对流量分别为 6.58%、25.7% 和 71.2%，当相对位移变化 10% 所引起的流量变化分别为 6.58% － 4.68% ＝1.9%、25.7% －18.3% ＝7.4%、71.2% －50.7% ＝20.5%。即小开度时，阀的放大系数小，调节平稳；在大开度时，放大系数大，调节灵敏。

由等百分比流量特性的定义可知，具有这一特性的阀其流量变化的百分比是相等的。即在不同开度下，当相对位移变化相同时，相对流量变化的百分比相等。同样取行程的 10%、50% 和 80% 三点来分析，当相对位移均变化 10% 时，其相对流量变化百分比为

$\frac{6.58-4.68}{4.68}\times100\%\approx40\%$，$\frac{25.7-18.3}{18.3}\times100\%\approx40\%$，$\frac{71.2-50.7}{50.7}\times100\%\approx40\%$，即相同的相对位移变化所引起的流量变化百分比总是相等的。因此，这种阀的调节精度在全行程范围内不变。

(3)抛物线流量特性

抛物线流量特性是指阀的单位相对位移变化所引起的相对流量变化与此点的相对流量的平方根成正比。当式(5-13)中 $n=1/2$ 时，则为抛物线流量特性，即：

$$\frac{d(Q/Q_{max})}{d(l/L)}=K\left(\frac{Q}{Q_{max}}\right)^{\frac{1}{2}}$$

对上式进行积分，并带入边界条件($l=0$ 时，$Q=Q_{min}$；$l=L$ 时，$Q=Q_{max}$)，同时考虑到 $R=Q_{max}/Q_{min}$，则可得：

$$\frac{Q}{Q_{max}}=\frac{1}{R}\left[1+(\sqrt{R}-1)\frac{l}{L}\right]^2$$

上式表明 Q/Q_{max} 与 l/L 之间为抛物线关系。其特性曲线如图 5-13 中 3 所示，它介于直线与等百分比曲线之间。

(4)快开流量特性

快开特性曲线如图 5-13 中 4 所示。这种流量特性为在小开度时，流量随开度的变化较大；当开度较大时，流量随开度的变化较小，所以称为快开持性。这种特性的阀主要用作快速启闭的切断阀或双位调节阀。

2. 工作流量特性

前面所讨论的流量特性是在阀前后压差一定的情况下得到的，即所谓的理想流量特性。但在实际应用时，阀是安装在工艺管道系统中的，阀前后压差通常是变化的。此外，有时还装有旁路阀，这就会影响调节阀所能控制的总流量。在这种情况下的阀相对位移与相对流量之间的关系称为工作流量特性。

(1)串联管道情况下的工作流量特性

以图 5-11(a)所示串联管道为例，当系统总压差 Δp 一定时，随着流量增加，串联管道的阻力损失 Δp_2 也增加，从而使阀上的压差 Δp_1 减小，这将引起流量特性的变化，使理想流量特性变为工作流量特性。同样，令 S 为阀全开时的阀前后压差与系统总压差之比，即 $S=\Delta p_{1min}/\Delta p$，以 Q_{max} 表示管道阻力等于 0 时阀的最大流量(此时阀前后压差即为系统总压差)，则不同 S 值时流量特性如图 5-15 所示。

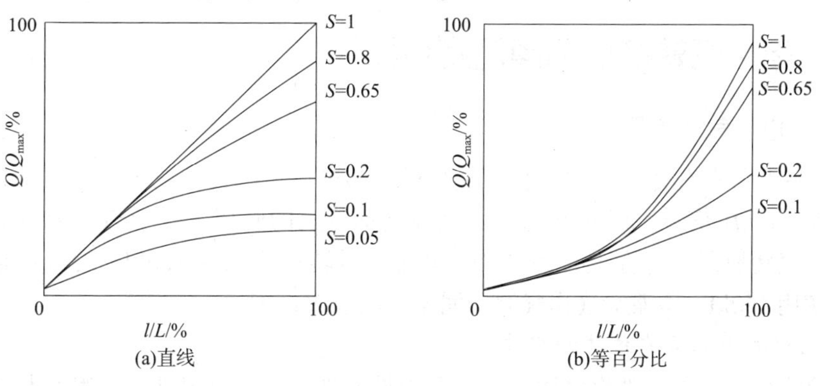

图 5-15　串联管道情况下的工作流量特性

从图 5－15 可以看出，当 $S=1$ 时，管道阻力损失为 0，系统的总压差全部落在阀上，工作流量特性与理想流量特性一致。随着 S 值减小，即管道阻力损失增加，落在阀上的压差减小，阀全开时的流量也减小，而当流量特性曲线发生畸变，直线流量特性逐渐趋于快开流量特性，等百分比流量特性逐渐趋于直线流量特性。

由此可见，串联管道将使阀的可调比减小，流量特性发生畸变，而且 S 值越小，这种情况越严重。因此，在实际应用中 S 值不能太小。通常希望 S 值不低于 0.3。

(2)并联管道情况下的工作流量特性

以图 5－12(a)所示的并联管道为例，仍令 x 为管道并联时流经调节阀的最大流量与总管最大流量之比，即 $x=\frac{Q_{1\max}}{Q_{\max}}$，则在不同 x 值时的工作流量特性如图 5－16 所示。

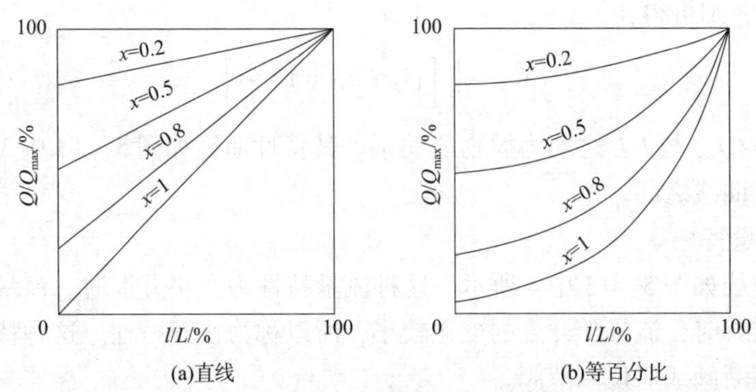

图 5－16　并联管道情况下的工作流量特性

从图 5－16 可以看出，当 $x=1$ 时，即旁路阀关闭，则工作流量特性与理想流量特性一致。随着旁路阀开启，阀本身的流量特性变化不大，但可调比大大降低了，这将使阀在整个行程范围内所能控制的总流量变小，调节作用减弱。一般认为 x 值不能低于 0.8，即旁路流量不能太大。

综上所述，对于串联和并联管道情况，可以得到以下结论：

①串联和并联管道的存在均会对阀的理想流量特性产生影响，而且串联管道的影响更大；

②串联和并联管道的存在均会使阀的可调比下降，而且并联管道情况更为严重；

③串联和并联管道的存在对系统的总流量均有影响，串联管道使系统总流量减小，而并联管道使系统总流量增大。

5.4　电－气转换器和阀门定位器

5.4.1　电－气转换器

电－气转换器的作用是将电动仪表输出的直流电流信号转换成可以被气动仪表接受的 20～100kPa 的气压信号，以实现电动仪表和气动仪表的联用。对于与 DDZ－Ⅲ圆形仪表配套的电－气转换器，它将 4～20mA DC 电流信号转换为 20～100kPa 的气压信号。电－气转换器使用 140kPa 压缩空气作气源，属于气动仪表系列。

1. 气动仪表中的主要元件和组件

气动仪表中的主要元件有气阻、气容和弹性元件，而主要组件有喷嘴挡板机构和气动

功率放大器。

(1)气阻

气阻的作用与电子线路中电阻的作用相似，它可以改变所通过的气体流量，并在其两端产生气压降。对于线性气阻，其气阻值可用下式表示：

$$R = \frac{\Delta p}{M}$$

式中，R 为气阻；Δp 为气阻两端压差；M 为流经气阻的气体质量流量。

(2)气容

气容的作用与电子线路中电容的作用相似，是一种储能元件。凡是在气路中能够储存或放出气体的容室(气室)都可称为气容。其值可用每升高单位压力所需增加的气体质量来表示，即：

$$C = \frac{\mathrm{d}m}{\mathrm{d}p}$$

式中，C 为气容量；m 为气体的质量；p 为气室内的压力。

(3)弹性元件

弹性元件主要包括弹簧、波纹管、金属膜片和非金属膜片。弹簧主要用于产生拉力或压缩力；波纹管及各种膜片则用于将气压信号转换为力信号。

(4)喷嘴挡板机构

喷嘴挡板机构是气动仪表的核心部件之一，其作用是将微小的位移转换成相应的气压信号。它由一个恒节流孔、一个小气室、一个喷嘴及一个挡板组成，其结构如图 5－17 所示。

恒节流孔的孔径 d 是固定不变的，所以它形成了一个流通截面积不变的气阻，即恒定气阻。喷嘴与挡板一起则构成一个可调气阻。当挡板靠近喷嘴时，相当于喷嘴的流通截面积变小，即气阻增大；反之，当挡板远离喷嘴时，则气阻减小。喷嘴挡板机构的输出信号为中间小气室的压力 p_B，通常称为喷嘴背压。p_S 为气源压力，一般为 140kPa。p_B 信号通常是被送入一密闭的气室内作为其他环节的输入信号。这样，当挡板靠近喷嘴时，p_B 信号将增大。如果挡板完全挡在喷嘴处，则 p_B 将趋于气源压力 p_S。当挡板离开喷嘴时，p_B 将下降。如果挡板远离喷嘴，由于孔径 D 较大，p_B 将变为很小。喷嘴挡板机构的特性如图 5－18 所示。

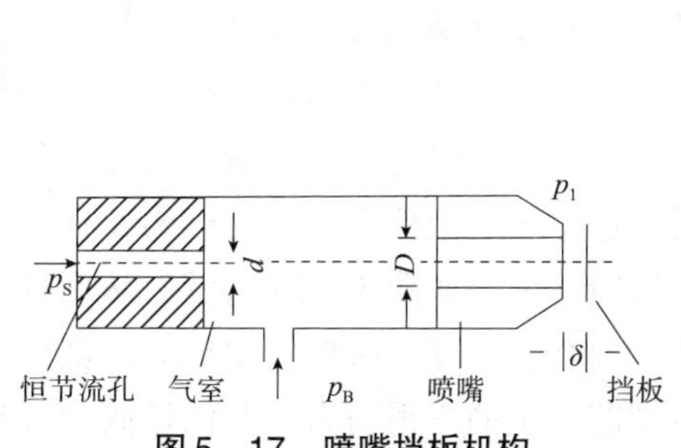

图 5－17　喷嘴挡板机构

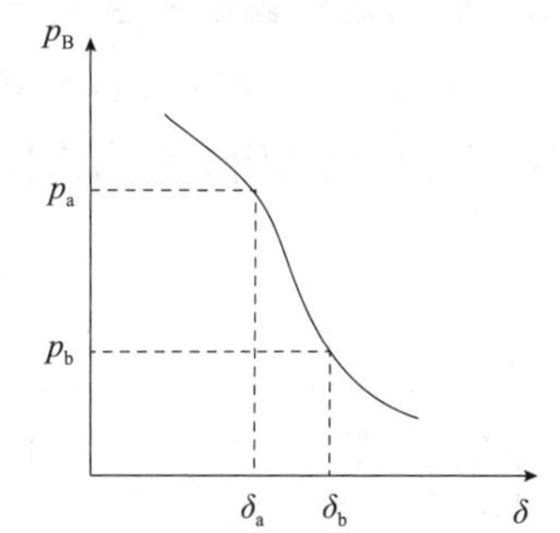

图 5－18　喷嘴挡板机构特性曲线

通常，为了使输入和输出为线性关系，挡板的工作区间选得很短(如取 $\delta_a \sim \delta_b$)，一般只有百分之几毫米，而 p_B 却有几 kPa 至几十 kPa 的变化($p_a \sim p_b$)。由此可见，喷嘴挡板机构可以将微小的位移量转换成较大的气压信号变化量。

(5)气动功率放大器

气功功率放大器主要用于对喷嘴挡板机构输出压力和流量进行放大，使仪表的最终输出信号为 20～100kPa，并具有一定的气流量。这与电子线路中的电压放大和电流放大道理相同。

2. 电－气转换器的构成及基本工作原理

电－气转换器的结构原理如图 5－19 所示，它是按力矩平衡原理工作的。

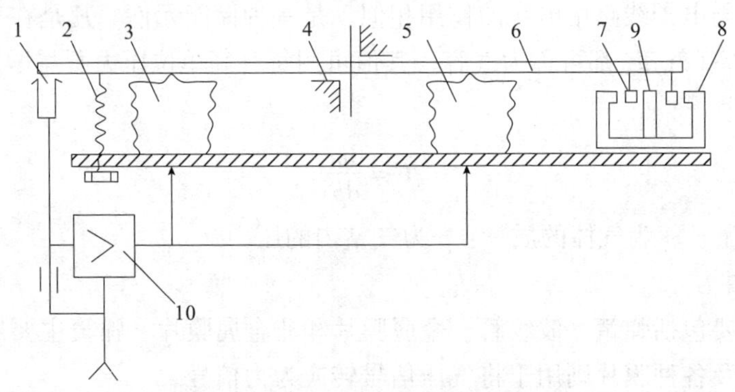

图 5－19　电－气转换器结构原理

1—喷嘴挡板；2—调零弹簧；3—负反馈波纹管；4—十字弹簧(支点)；5—正反馈波纹管；6—杠杆；7—测量线圈；8—磁钢；9—铁心；10—气动功率放大器

当直流电流信号通过测量线圈时，在磁场的作用下，线圈将受到向上的电磁力的作用，这样就将电流信号转换为力信号。该力作用在杠杆上，将使杠杆绕支点做逆时针转动，于是使杠杆左端的挡板靠近喷嘴，从而使喷嘴的背压升高，再经功率放大器放大后，可输出一个 20～100kPa 的信号。该信号一方面作为输出信号，另一方面送入反馈波纹管，形成反馈力。正、负 2 个波纹管所形成的综合反馈力为负反馈力，该力特使杠杆绕支点按顺时针转动。

当电磁力所形成的输入力矩与综合反馈力所形成的反馈力矩平衡时，即杠杆系统平衡时，挡板与喷嘴之间的距离将固定，输出气压信号将稳定在一个定值，并与当前的输入电流信号对应。这样就实现电流－气压信号的转换。

5.4.2　阀门定位器的主要用途

阀门定位器是气动执行器的主要附件之一，它与气动执行器相配套，接收控制器送来的控制信号，然后成比例地输出信号至执行机构，当执行机构的阀杆移动后，其位移量又通过机械反馈机构以负反馈方式反馈到阀门定位器，这样阀门定位器与执行机构就构成一个闭环负反馈系统，如图 5－20 所示，从而提高阀门位置的线性度，克服阀杆的摩擦力及消除被控介质对阀芯产生的不平衡力，并保证阀门按控制器输出信号的大小正确定位。阀门定位器主要有以下几方面用途：

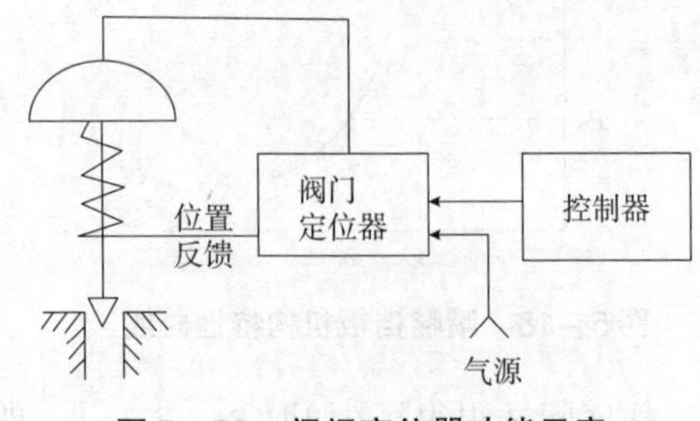

图 5－20　阀门定位器功能示意

1. 用于阀两端高压差场合

当阀两端压差 $\Delta p > 1000\text{kPa}$ 时，介质在阀芯上产生的不平衡力很大，此时可使用阀门定位器，并通过提高阀门定位器的气源压力来增加执行机构的输出力，以克服介质对阀芯的不平衡力。

2. 用于高静压场合

当介质处于较高压力时，为防止介质渗出阀外，阀杆上的填料填塞得较多，而且压得很紧，使阀杆的摩擦力增大。这时可以使用阀门定位器来增加执行机构的推力，以便克服较大的摩接力，同时还可以克服高压介质所产生的较大的不平衡力。

3. 用于阀口径较大的场合

当阀的公称直径 $DN > 100\text{mm}$ 时，由于阀芯较重，摩擦力也会增大，此时也应安装阀门定位器。

4. 用于分程控制

分程控制原理如图 5-21 所示。此时，用一台控制器来操纵两台阀门定位器。通过零点和反馈力的调整，使一台阀门定位器的输入信号为 20~60kPa，另一台阀门定位器的输入信号为 60~100kPa，而它们的输出信号均为 20~100kPa。这样，当控制器的输出信号在 20~100kPa 范围变化时，即可控制两个阀的动作，从而实现分程控制。

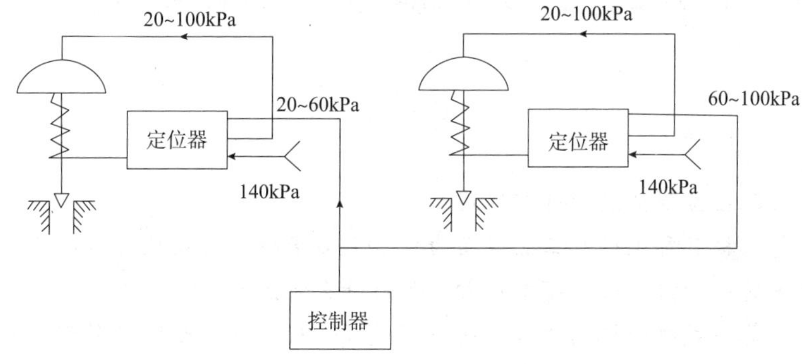

图 5-21　分程控制原理

5. 用于复合系统

当控制仪表采用电动仪表，而执行器采用气动执行器时，可以使用电-气阀门定位器。它接收控制仪表送来的电流信号，并将其转换为气压信号，同时它还具有阀门定位器的各种功能，相当于电-气转换器与气动阀门定位器的组合。

5.4.3　电-气阀门定位器

电-气阀门定位器接收电动控制器的输出电流信号，并可输出与控制器输出信号成正比的气压信号，以此来控制气动执行器的动作。下面以与薄膜式执行器相配的电-气阀门定位器为例，简要介绍电-气阀门定位器的构成及工作原理。

电-气阀门定位器的构成及工作原理如图 5-22 所示。

来自调节器的信号电流通入永磁铁内的线圈两端与永磁铁作用后产生电磁力。该电磁力作用在主杠杆上，对主杠杆产生一个力矩。在该力矩作用下，主杠杆绕主支点逆时针转动，使主杠杆下端的挡板靠近喷嘴，于是喷嘴的背压升高。喷嘴背压经放大器放大后，送给执行机构，使执行机构推杆向下移动，同时使反馈杆绕反馈凸轮支点逆时针转动，反馈凸轮也随之逆时针转动。由于凸轮的作用，副杠杆绕副杠杆支点发生顺时针转动，并对反馈弹簧产生向左的拉力。该力作用在主杠杆上的电磁力矩与反馈弹簧产生的反馈力矩平衡时，整个系统达到平衡状态。此时，阀门的位置与所输入的电流信号相对应。由此可见，这种电－气阀门定位器是按力矩平衡原理来工作的。它一方面将电流信号转换成气压信号，另一方面又与执行器组成一个反馈系统，可以保证阀门的正确定位。

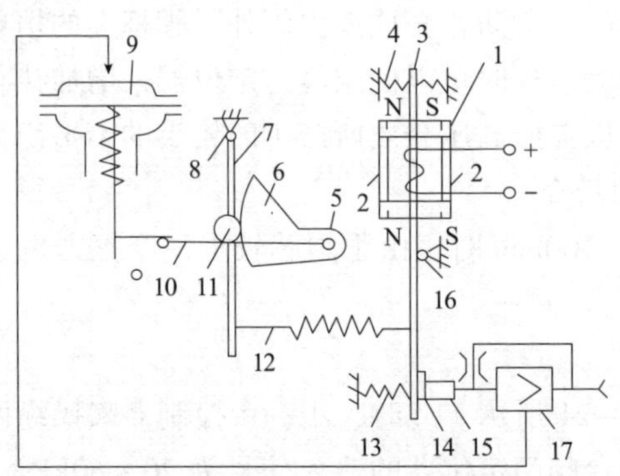

图5－22　电－气阀门定位器

1—永磁铁；2—导磁体；3—主杠杆；4—平衡弹簧；5—反馈凸轮支点；6—反馈凸轮；7—副杠杆；8—副杠杆支点；9—薄膜执行机构；10—反馈杆；11—滚轮；12—反馈弹簧；13—调零弹簧；14—挡板；15—喷嘴；16—主杠杆支点；17—放大器

习题

5－1　执行器在控制系统中有何作用？

5－2　执行机构有哪几种？工业现场为什么大多数使用气动执行器？

5－3　常用的气动执行机构有哪几种，各有什么特点？

5－4　气动薄膜式执行机构的正、反作用是如何规定的，如何从外观上区分气动薄膜式执行机构是正作用式还是反作用式？

5－5　常用的控制阀有哪几种类型？简述各自的特点及适用场合。

5－6　什么是气开控制阀、气关控制阀？

5－7　什么是控制阀的理想流量特性和工作流量特性？理想流量特性有哪几种？各有何特点？

5－8　何谓阀的额定流量系数，阀的额定流量系数与实际工艺条件下的最大流量有什么区别？

5－9　何谓阀的可调比？理想可调比和实际可调比有何区别？

5－10　如何选择控制阀的流量特性？

5－11　如何确定控制阀的口径？

5－12　控制阀在安装、使用中应注意哪些问题？

5－13　阀门定位器有什么用途？

5－14　简要说明电－气阀门定位器的工作原理。

5－15　简述电－气转换器工作原理。

5－16　试说明电－气转换器的用途。

第6章　简单控制系统

6.1　概述

简单控制系统，是指由一个被控对象、一个测量变送器、一个控制器和一个执行器所组成的单回路控制系统。简单控制系统是控制系统中最基本的环节，其特点是结构简单、易于实现且具有相当广泛的适应性。即使是在计算机控制系统迅速发展应用的今天，在高水平的自动化控制方案中，简单控制系统仍占控制回路绝大多数，一般在85%左右。高级过程控制系统往往把简单控制系统作为最基础的控制系统，如多变量预测控制系统是以简单控制系统为基础，协调多个控制回路之间的相互关系。因此，学习和掌握简单控制系统的分析和设计方法具有广泛的实用价值。

在生产过程中，大量的温度、压力、流量、液位控制系统都属于简单控制系统。图6－1所示为几个简单控制系统的示例。其中图6－1(a)所示为温度控制系统；图6－1(b)所示为压力控制系统；图6－1(c)所示为流量控制系统；图6－1(d)所示为液位控制系统。

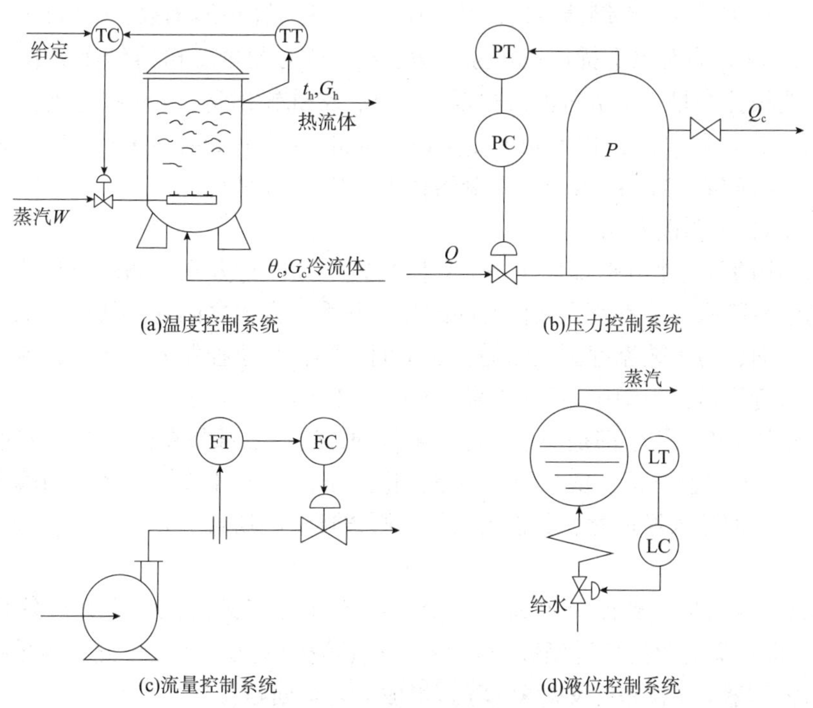

图6－1　简单控制系统示例

在这些控制系统中，当系统受到扰动或被控变量的设定值发生变化时，被控变量将发生变化，测量变送器将被控变量的变化检测出来，检测变送信号在控制器中与设定值比较，控制器将偏差值按一定的控制规律运算，并输出控制信号驱动执行机构(控制阀)改变操纵变量，使被控变量回复到设定值。可见，简单控制系统由测量变送器、控制器、执行器和被控对象所组成。简单控制系统框图如图 6－2 所示。图 6－3 所示为用传递函数描述的简单控制系统框图。

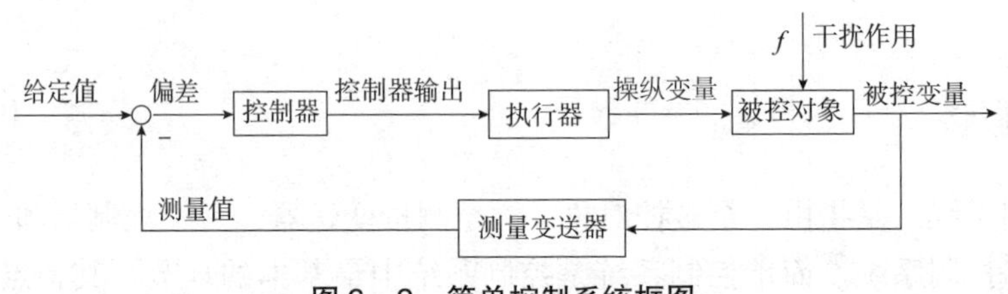

图 6－2　简单控制系统框图

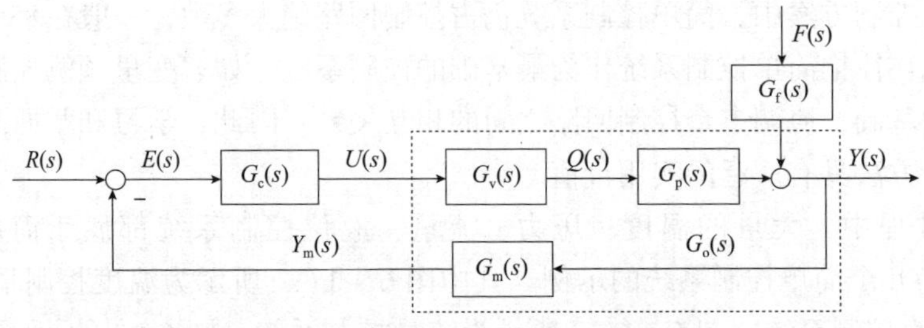

图 6－3　简单控制系统传递函数描述

图 6－3 中，$G_c(s)$为控制器传递函数，$G_v(s)$为执行器传递函数，$G_p(s)$为对象控制通道传递函数，$G_f(s)$为对象干扰通道传递函数，$G_m(s)$为测量变送器传递函数。$R(s)$为给定值，$Y(s)$为被控变量(controlled variable，CV)，又称输出量；$Y_m(s)$为被控变量的测量信号；$Q(s)$为执行器输出，称为操纵变量(manipulated variable，MV)；$F(s)$为扰动变量(disturbance variable，DV)；$U(s)$为控制器输出；$E(s)$为偏差。

对于图 6－2 说明以下几点：

(1)框图中的每一个方框都代表一个具体装置。方框与方框之间的连接线，只是代表方框之间的信号联系，并不代表方框之间的物料联系。方框之间连接线的箭头也只是代表信号作用的方向，与工艺流程图上的物料线不同。如在液位控制系统中，控制阀不论是装在入口或出口管线道，框图中 $Q(s)$的箭头方向不变。

(2)框图中的各个信号都是增量。增益函数和传递函数都是在稳态值为 0 时得到的。

(3)各环节的增益有正、负之别。根据在稳态条件下该环节输出增量与输入增量之比确定。当该环节的输入增加时，其输出增加，则该环节的增益为正；反之，如果输出减小则增益为负。

(4)通常将执行器、被控对象和测量变送器合并为广义对象，广义对象传递函数用 $G_v(s)$表示，即广义对象的传递函数为 $G_o(s)=G_v(s)G_p(s)G_c(s)$。因此，简单控制系统也可表示为由控制器 $G_c(s)$和广义对象 $G_o(s)$组成的闭合回路。

(5)简单控制系统的控制通道，是操纵变量作用到被控变量的影响通路；同理，干扰通道就是扰动变量对被控变量的影响通路。一般来说，控制系统分析中更加注重信号间的联系，因此，通常所说的“通道”是指信号间的信号联系。

(6)通常将检测变送环节表示为1，因为被控变量能够迅速正确地被检测和变送。此外，为了简化，也常将 $G_m(s)$ 与被控对象 $G_p(s)$ 合并在一起考虑。但是，对于有非线性特性的检测和变送环节，如采用孔板和差压变送器测量流量时，应分别列出。为简化，在带控制点工艺流程图(P&ID)上也可不标注检测变送仪表。此外，P&ID 上也不绘制信号流方向，为说明其流向，本书中部分 P&ID 绘制了信号流的流向箭头。

简单控制系统具有结构简单、工作可靠、所需自动化工具少、投资成本低、便于操作和维护等优点，是目前研究最多也是最为成熟的过程控制系统，适用于对象的纯滞后和惯性较小、负荷和干扰的变化都不太频繁和剧烈、控制品质要求不是很高的应用场合。

为了设计一个好的简单控制系统，并使系统在运行时能够获得满意的控制效果，首先应该对具体生产工艺做全面而深入的了解，掌握生产过程的静态和动态特性，并从全局出发，根据工艺要求，提出明确的控制目标。然后运用自动控制理论和相应的分析方法，从控制质量、节能、生产安全和成本等多方面考虑，确定一个合理的控制方案，包括正确地选择被控变量和操纵变量、正确地选择控制阀的开闭形式及其流量特性、正确地选择控制器的类型及其正反作用，以及正确地选择测量变送装置等。最后还需要考虑系统实施中的具体问题，包括自动化仪表的选型、安装、投运及控制器参数的工程整定等。为此，必须对系统中的被控对象、控制器、控制阀和测量变送装置特性对控制质量的影响情况，分别进行深入的分析和研究。

6.2 被控变量的选择

被控变量的选择是控制系统方案设计中最重要的一环，它对于稳定生产操作、提高生产效率和质量、改善劳动条件、保证生产安全等都具有重要意义。如果被控变量选择不当，不管过程控制系统的组成多么复杂，也不管选用的自动化装置多么先进，都不能达到预期的控制效果。因此，在构成一个过程控制系统之前，首先要对这一问题加以认真考虑。

被控变量的选择与生产工艺密切相关。对于一个生产过程来说，影响其正常操作的因素很多，有些因素起主要作用，有些则无关紧要，有些通过自动测量装置能精确地检测到，有些检测起来则相当困难；有些对生产变化反应比较灵敏，有些则比较迟钝，有些是独立变量，有些则是非独立变量。究竟哪些因素是影响生产的关键因素，哪些因素应该加以控制，必须在深入研究生产工艺的基础上，根据生产过程对自动控制的要求，进行合理的选择。一般来说。被控变量的选择可以遵循以下几个原则：

(1)选择能直接反映生产过程的产量和质量，并能保证生产安全运行的工艺参数作为被控变量。

对于以温度、压力、流量、液位为操作指标的生产过程，就应该分别选择温度、压力、流量、液位作为被控变量。而以产品质量作为操作指标的生产过程，只要测量装置能够满足生产对控制的要求，也应该直接选择质量参数作为被控变量。比如，化工生产中的酸碱中和过程及工业污水处理过程，就是直接选择 pH 值作为被控参数。

(2)当不能用直接参数作为被控变量时，应选择一个与直接参数有单值对应关系的间接参数作为被控变量。

造成选择直接参数困难的原因通常有：①没有对应的测量仪表，根本无法对直接参数进行检测；②虽然从原理上能够对直接参数进行检测，但实施起来相当困难；③直接参数

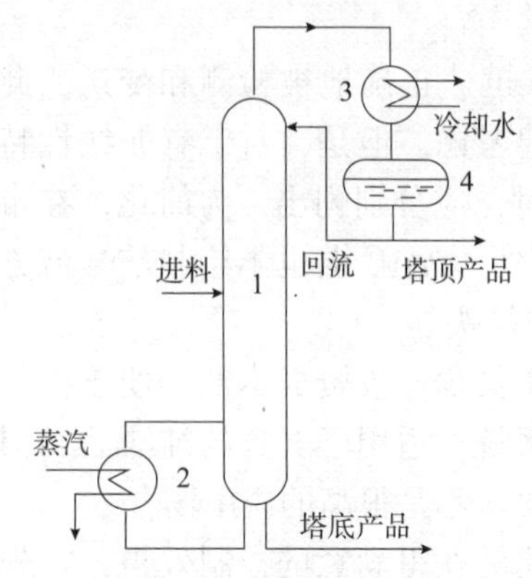

图6－4　精馏过程示意

1—精馏塔；2—蒸汽加热器；3—冷凝器；4—回流罐

测量装置的时间滞后太大，不能满足控制系统的实时性要求；④直接参数测量装置的成本过高，超过用户的承担能力等。

下面以苯－甲苯二元精馏系统为例来说明如何运用这一原则。图6－4所示为精馏过程示意。工艺操作要求使塔顶产品达到规定的纯度，即塔顶易挥发物组分的浓度 x_D 是反映产品质量的直接参数。由于目前对浓度 x_D 实时精确地测量还有一定困难，必须找一个与 x_D 有关的间接参数作为被控变量。

在气液两相并存的二元精馏系统中，塔顶易挥发物组分的浓度 x_D，塔顶温度 T_D 和压力 p 三者之间有一定关系。当压力恒定时，组分 x_D 和温度 p 之间存在单值对应关系，如图6－5所示。而当温度 T_D 恒定时，组分 x_D 和压力 p 之间也存在单值对应关系，如图6－6所示。这就是说，在温度 T_D 和压力 p 两者之间，只要固定其中一个参数，另一个就可以作为间接参数来反映组分 x_D 的变化。精馏操作的大量经验证明，塔压力的稳定有利于保证产品的纯度、提高塔的效率和降低操作费用。因此固定塔压，选择温度作为被控变量对精馏塔的出料组分进行间接指标控制是可行的，也是合理的。

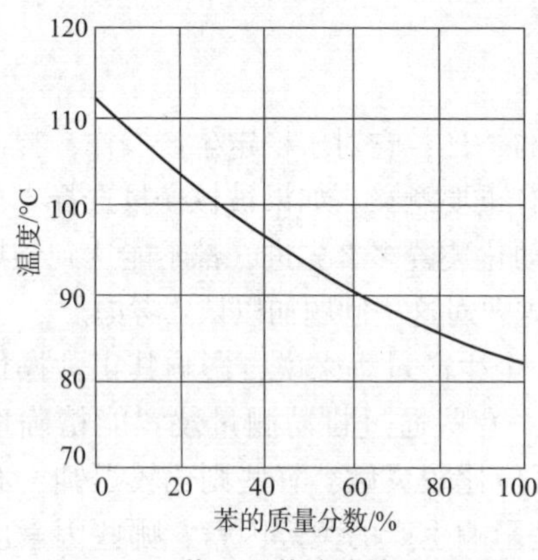

图6－5　苯－甲苯溶液的 $T-x$ 图

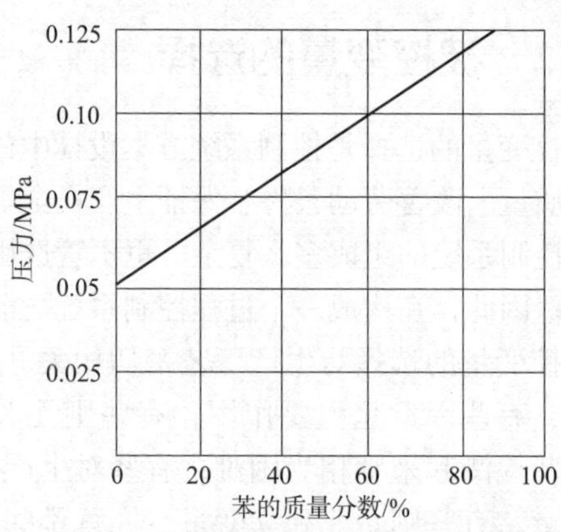

图6－6　苯－甲苯溶液的 $p-x$ 图

(3)选择间接参数作为被控变量时，应该具有足够大的灵敏度，以便能反映直接参数的变化。

间接参数对直接参数变化的灵敏度决定着对直接参数的控制质量和精度。如果一个间接参数不能灵敏地反映直接参数的变化，即便具有很好的单值函数关系，也不应该作为被控变量的首选。在上面二元精馏系统的例子中，当选择温度作为被控变量时，为了提高它的变化灵敏度，常常把测温点向下移动几块塔板，以便当塔底或进料温度发生变化时能够迅速检测到。

(4)必须注意控制系统之间的关联问题，选择的被控变量应该是独立可调的。

当一个装置或设备选择两个以上的被控变量，而且又分别组成控制系统时，则容易产生系统间的相互影响。例如，在精馏操作中，为了使塔顶和塔底产品的纯度都得到严格控制，而分别在塔顶和塔底设置温度控制系统，就会出现关联问题。因为在压力恒定的情况下，精馏塔内各层塔板上的物料温度相互影响，当塔底增加蒸汽量使塔底温度升高时，塔顶温度也会相应升高；当增加回流量使塔顶温度降低时，塔底温度也会降低，如果2个简单的温度控制系统分别独立工作，势必造成相互干扰，最终结果是2个被控变量都不会稳定下来。采用简单控制系统时，通常考虑保证塔一端的产品质量。若工艺要求保证塔顶产品质量，则选塔顶温度作为被控变量；若工艺要求保证塔底产品质量，则选塔底温度作为被控变量；如果工艺要求塔顶、塔底产品的纯度都要严格保证，则应考虑组成复杂控制系统，或增加解耦装置，以解决相互关联问题。

6.3 操纵变量的选择

在被控变量确定以后，接下来就应考虑选择什么样的操纵变量组成控制回路，以便克服干扰的影响，使被控变量保持在给定值上。

在大多数情况下，使被控变量发生变化的影响因素往往有多个，而且各种因素对被控变量的影响程度也各不相同。现在的任务是从影响被控变量的许多因素中选择其中的一个作为操纵变量，而其他未被选中的因素均被视为系统的干扰。究竟选择哪一个影响因素作为操纵变量，只有在对生产工艺和各种影响因素进行认真分析后才能确定。

导致被控变量变化的参数(即影响因素)大致可分为两类：一类为可控参数；另一类为不可控参数。一个参数是否可控需从工艺角度去分析，主要从两方面考虑：其一看该参数在工艺上是否能够调节，即工艺的可实现性。比如在燃烧加热系统中，燃料的流量和成分都对被加热介质的温度有影响，可是燃料成分在工艺上就无法进行调节；其二看该参数在工艺上是否允许调节，即工艺的合理性。有些参数在工艺上虽然可以调节，但是由于它们受到其他工序的制约，或者它们的频繁动作可能会造成整个生产的不稳定，因此，工艺上不允许对其进行调节，这样的参数也应视为不可控参数。比如，生产负荷直接关系到产品的质量和产量，希望它越稳定越好，一般情况下不宜被选为操纵变量。显然，不可控因素只能作为干扰来影响被控变量，它们无法对被控变量起到控制作用。

当对工艺进行分析后仍然有几个可控参数可供选择时，下一步便是从控制的角度进行分析，看哪一个可控参数能够更有效地对被控变量进行控制，即选择一个可控性良好的参数作为操纵变量。下面从研究对象特性对控制质量的影响入手，讨论选择操纵变量的一般原则。

6.3.1 生产过程静态特性对控制性能的影响

对象的静态特性主要由对象的放大系数 K 来表征，它揭示了对象由一个稳态过渡到另一个稳态时，其输入量与输出量之间的对应关系。研究对象静态特性对控制质量的影响就是看放大系数 K 对控制质量的影响。

由放大系数 K 的定义可以定性地知道，对象的放大系数 K 反映了对象的输出量(即被控变量)对输入量的灵敏程度，K 越大，说明输入量对被控变量的影响也越大。但是输入量作用于对象的形式不同，K 对控制质量的影响也不同。若输入量以干扰形式作用于对象，则 K 越大，对被控变量造成的波动就越大，若输入量以操纵变量的形式作用于对象，则 K 适当大一点，反而对克服扰动有利。

通过对简单控制系统的定量分析可以进一步证明：在比例控制系统中，对象放大系数对控制系统过渡过程的幅值有很大影响(证明略)。具体地讲，干扰通道的放大系数 K_f 与过渡过程的余差和最大偏差成正比。也就是说，K_f 越大，被控变量偏离给定位就越远，控制精度也就越差。而对于调节通道的放大系数 K_0 来说，理论上它的大小便过渡过程的余差和最大偏差没有影响。因为从广义的角度看，调节通道放大系数的大小可以由控制器的放大系数 K_p 进行补偿，即使对象调节通道的放大系数 K_0 较小，也可通过选取较大的 K_p，使得调节通道总的放大系数足够大以满足控制要求。但是，由于控制器 K_p 的取值范围有限，当对象调节通道的放大系数超过控制器 K_p 所能补偿的范围时，则 K_0 对余差和最大偏差的影响便会显现出来。在工艺允许的前提下，还是希望对象调节通道的 K_0 尽可能大一些，这样既有利于提高操纵变量对被控变量控制的灵敏度，又有利于发挥控制器 K_p 的作用。

总之，从对象的静态特性考虑，干扰通道的放大系数越小，被控变量的波动就越小，调节通道的放大系数大于干扰通道的放大系数，对控制质量的提高是有利的。

6.3.2 生产过程动态特性对控制性能的影响

对象的动态特性主要由对象的时间常数 T 和纯滞后时间 τ 来表征，它们影响对象从一个稳态到另一个稳态的变化过程。

时间常数的大小决定了被控变量响应速度的快慢。对调节通道而言，如果时间常数太大，则被控变量的响应速度过慢，控制作用不及时，过渡过程的偏差加大，过渡过程时间延长，系统的控制质量下降。随着调节通道时间常数的减小，系统的工作频率会逐渐提高，控制作用变得及时，过渡过程时间缩短，控制质量容易得到保证。但是，调节通道的时间常数也不是越小越好，因为时间常数太小，系统将变得过于灵敏，容易引起剧烈振荡，反而使系统的稳定性下降。流量控制系统的流量记录曲线波动得比较厉害时，大多数是由于流量对象的时间常数较小。干扰通道时间常数对控制质量的影响正好与调节通道相反。干扰通道的时间常数越大，通道阶次越高，则对干扰滤波作用就越强，干扰对被控变量的影响就越小，控制系统的质量也就会相应地提高。

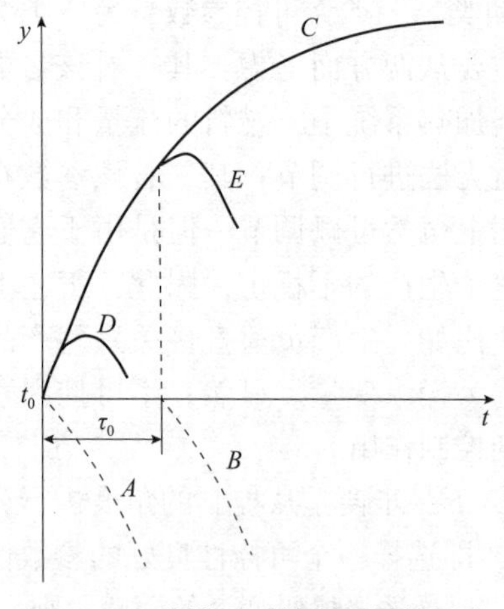

图 6－7 纯滞后对控制质量的影响

纯滞后对控制质量的影响主要体现在调节通道上，下面以图 6－7 来定性地进行说明。

图 6－7 中，曲线 A 和 B 分别表示调节通道在没有纯滞后和有纯滞后两种情况下对被控变量的校正作用。曲线 C 表示在没有控制作用时系统受到阶跃干扰后的开环响应曲线。当调节通道没有纯滞后时，系统在 t_0 时刻受到干扰后控制作用立即对干扰进行抑制，其被控变量的闭环响应曲线为 D。而当调节通道存在纯滞后时间 τ 时，控制作用则要等到 $t_0+\tau$ 时刻才开始对干扰起抑制作用，而在此时刻之前，系统由于得不到及时控制，被控变量只能听任干扰作用的影响而不断地偏离给定值，其闭环响应曲线为 E。显然，与调节通道没有纯滞后的情况相比，此时的动态偏差明显增大，不仅如此，由于纯滞后的存在，使得控制器不能及时获得控制效果的反馈信息，会使控制器出现失控现象，即不是使控制作用过大，就是使控制作用减少得过多，致使系统来回振荡，迟迟稳定不下来。因此，调节通道纯滞后的存在会严重地降低控制质量。而对于干扰通道来说，是否有纯滞后对控制质量则没有影响，因为两者只是在影响时间上相差一个纯滞后时间 τ，而在影响程度上都是相同的。

6.3.3 选择操纵变量的原则

综合以上的分析结果，可以归纳以下几条原则作为选择操纵变量的依据：

(1)操纵变量必须是可控的，即所选操纵变量不仅在工艺上能够实现控制，而且在工艺上允许对其进行控制。

(2)操纵变量的选择应充分考虑工艺的合理性和生产的经济性。在不是十分必要的情况下，不宜选择生产负荷作为操纵变量。

(3)操纵变量一般应比其他干扰对被控变量的影响更加灵敏。为此，所选操纵变量应使调节通道具有较大的放大系数和适当小的时间常数，而调节通道的纯滞后时间则越小越好。

6.4 测量变送环节的选择

检测变送环节的作用是将工业生产过程的参数(流量、压力、温度、物位、成分等)经检测、变送单元转换为标准信号。在模拟仪表中，标准信号通常采用4～20mA、1～5V、0～10mA电流或电压信号，20～100kPa气压信号；在现场总线仪表中，标准信号是数字信号。

测量变送环节的基本要求是准确、迅速和可靠。准确指检测元件和变送器能正确反映被控或被测变量，误差应小；迅速指应能及时反映被控或被测变量的变化；可靠是检测元件和变送器的基本要求，它应能在环境工况下长期稳定运行。

对测量变送环节做线性处理后，一般可表示为一阶加纯滞后特性，其传递函数为

$$G_m(s)=\frac{K_m}{T_m s+1}e^{-\tau_m s} \tag{6-1}$$

式中，K_m、T_m 和 τ_m 分别为检测变送环节的增益、时间常数和时滞。

测量元件直接与被测或被控介质接触，在选择测量元件时应首要考虑该元件能否适应工业生产过程中的高低温、高压、腐蚀性、粉尘和爆炸性环境，能否长期稳定运行。其次，应合理选择仪表的精确度，以满足工艺检测和控制要求为原则。测量变送仪表的量程应满足读数误差的精确度要求。以仪表精度等级全量程的最大百分误差来定义的，所以量程越宽，绝对误差越大。因而在选择仪表量程时应尽量选窄一些。同时应尽量选用线性特性。仪表量程大则 K_m 小，而仪表量程小则 K_m 大。K_m 的线性度与整个闭环控制系统输入输出的线性度有关，当控制回路的前向增益足够大时，整个闭环控制系统输入输出的增益是 K_m 的倒数。例如，采用孔板和差压变送器检测变送流体的流量时，由于差压与流量之间的非线性，造成流量控制回路呈现非线性，并使整个控制系统开环增益非线性。

测量变送环节在控制系统中起到获取信息和传送信息的作用。一个控制系统如果不能正确及时地获取被控变量变化的信息，并把这一信息及时地传送给控制器，就不可能及时有效地克服干扰对被控变量的影响，甚至会产生误调、失调等危及生产安全的问题。

6.4.1 测量滞后

测量滞后是指由测量元件本身特性所引起的动态误差。当测量元件感受被控变量的变化时，要经过一个变化过程，才能反映被控变量的实际值，这时测量元件本身就构成一个具有一定时间常数的惯性环节。例如，测温元件测量温度时，由于存在传热阻力和热容，元件本身具有一定的时间常数 T_m，因而测温元件的输出总是滞后于被控变量的变化。如果把这种测量元件用于控制系统，控制器接收一个失真的信号，不能发挥正确的作用，因

而影响控制质量。

克服测量滞后的方法通常有两种：一是尽量选用快速测量元件，以测量元件的时间常数为被控对象的时间常数的1/10以下为宜；二是在测量元件之后引入微分作用。在控制器中加入微分控制作用，使控制器在偏差产生的初期，根据偏差的变化趋势发出相应的控制信号。采用这种超前补偿作用来克服测量滞后，如果应用适当，可以大大改善控制质量。需要指出的是，微分作用对克服纯滞后无能为力，因为在纯滞后时间里，参数没有发生变化，控制器中以参数变化速度为输入的微分控制器，其输出也等于0，起不到超前补偿作用。

6.4.2 纯滞后

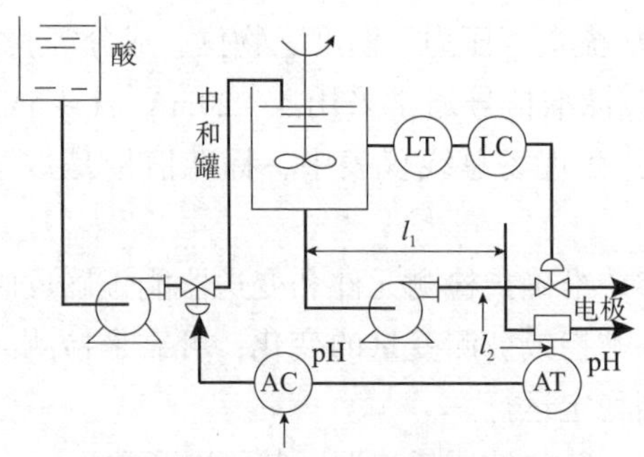

图6-8 pH值控制系统

在过程控制中，由于检测元件安装位置的原因会产生纯滞后。如图6-8所示为pH值控制系统，由于检测电极不能放置在流速较大的主管道，只能安装在流速较小的支管道上，使得pH值的测量引入纯滞后 τ_0：

$$\tau_0 = \frac{l_1}{u_1} + \frac{l_2}{u_2} \tag{6-2}$$

式中，l_1、l_2 分别为主管道、支管道的长度；u_1、u_2 分别为主管道、支管道内流体的速度。

纯滞后使测量信号不能及时地反映被控变量的实际值，从而降低了控制系统的控制质量。由检测元件安装位置所引入的纯滞后是不可避免的，因此，在设计控制系统时，只能尽可能地减小纯滞后时间，唯一的方法就是正确选择安装检测点位置，使检测元件不要安装在死角或容易结焦的地方。当纯滞后时间太长时，就必须考虑采用复杂控制方案。

6.4.3 传递滞后

传输滞后，即信号传输滞后，主要是由于气压信号在管路传送过程中引起的滞后(电信号的传递滞后可以忽略不计)。

在采用气动仪表实现集中控制的场合，控制器和显示器均集中安装在中心控制室，而检测变送器和执行器安装在现场。在由测量变送器至控制器和由控制器至执行器的信号传递中，由于管线过长就形成了传递滞后。由于传递滞后的存在，控制器不能及时地接收测量信号，也不能将控制信号及时地送到执行器上，因而降低了控制系统的控制质量。

传递滞后总是存在的，克服或减小信号传递滞后的方法如下：尽量缩短气压信号管线的长度，一般不超过300m；改用电信号传递，即先用气电转换器把控制器输出的气压信号变成电信号，送到现场后，再用电气转换器变换成气压信号送到执行器上；在气压管线上加气动继动器(气动放大器)，或在执行器上加气动阀门定位器，以增大输出功率，减少传递滞后的影响；如果变送器和控制器都是电动的，而执行器采用气动执行器，则可将电气转换器靠近执行器或采用电气阀门定位器；按实际情况采用基地式仪表，以消除信号传递上的滞后。

测量滞后和传递滞后对控制系统的控制质量影响很大，特别是当被控对象本身的时间常数和滞后很小时，影响就更为突出，在设计控制系统时必须注意这个问题。

6.5 执行器的选择

执行器是过程控制系统的执行部件，它接收控制器的输出信号并将之转换成相应的位移信号，并通过调节机构改变阀的开度使操纵变量(流量)发生变化，从而实现控制作用。执行器的选择是否合适，不仅关系到工艺生产的安全和稳定，而且直接关系到控制系统的成败，因此，执行器的选择是过程控制系统分析设计中的一项重要内容。

执行器按照采用的动力方式不同，可分为电动、气动和液动三大类。鉴于在过程控制中气动执行器(即气动薄膜调节阀)的应用最为广泛，在此只考虑气动执行器的情况。选择执行器的主要内容包括：口径大小的选择，结构和材质的选择，流量特性的选择及开闭形式的选择等。这些内容在第5章中已经做了基本介绍，本节仅从自控系统分析的角度对以下两个问题做进一步的讨论。

6.5.1 阀门流量特性的选择

阀门流量特性的选择主要应该从对象特性(尤其是负荷)变化对控制质量的影响来考虑。

在实际生产中，生产负荷经常会发生变化，而负荷的变化又会导致对象特性也发生变化。例如，对于一个热交换器系统来说，当被加热的流体流量(即生产负荷)增大时，液体通过热交换器的时间就会缩短，纯滞后时间也会减小；同时，由于流速增大，传热效果变好，测量滞后也相应地减小。这就是说，在不同的生产负荷下，热交换器对象具有不同的特性。过程工业中，许多对象都有类似特点。

在一个控制系统中，控制器规律的选取和控制器参数的整定是根据被控对象的特性得到的。一个具体对象总会找到一组最优的控制器参数与其相匹配。而当生产负荷发生变化使该对象的特性改变后，原来的那组控制器参数将不再是最佳的，如果不及时地调整控制器参数，控制质量必然下降。对于那些预先能够知道的缓慢的负荷变化，可通过人工调整的方法来满足控制要求。然而，在很多场合，负荷的变化是随机的，不可预测的，有时变化还比较剧烈和频繁。在这种情况下，人工调整就比较困难，需要依靠控制系统自身对负荷变化的适应能力来加以解决。

克服负荷变化对控制质量影响的一种解决办法是选择自整定控制器。这是一种新型控制装置，它能根据负荷的变化在线自动修改控制器的参数．以使控制系统保持在最佳状态附近运行。然而，这种控制器价格昂贵，在应用上还存在许多具体困难，目前尚未达到实用阶段。另一种解决办法就是根据负荷变化对对象特性的影响情况选择相应特性的阀来进行补偿，使得广义对象的特性在生产负荷变化时仍能基本保持不变。这样，当生产负荷变化后，不必重新整定控制器的参数，系统仍能获得较好的控制质量。这正是我们正确选择阀门流量特性的基本指导原则。

目前，我国生产的阀门有线性特性、对数特性(即等百分比特性)和快开特性三种，尤其是前两种特性阀应用最为广泛。具体的选择方法大致可归纳为数学分析法和经验法两大类。对于一些比较简单的控制系统，可通过数学分析计算推导出负荷干扰对对象特性的影响关系，然后根据选择原则，确定阀门的流量特性。对于进行理论分析比较困难的系统，则可以根据多年总结出的一些实践经验进行选择。表6-1给出了常见控制系统所用阀门的流量特性，可作为选择时的参考。使用该表时，如果同时存在几个干扰，则应根据经常起作用的主要干扰来选择。

表 6－1　流量特性选择表

<table>
<tr><th>控制系统及控制变量</th><th>干扰</th><th>选择阀特性</th><th>附加条件</th><th>备注</th></tr>
<tr><td rowspan="4">流量控制系统（F） 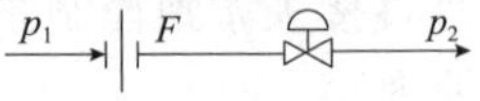
p_1　F　p_2</td><td>设定值</td><td>直线</td><td rowspan="2">变送器输出与流量成正比</td><td rowspan="4"></td></tr>
<tr><td>p_1 或 p_2</td><td>对数</td></tr>
<tr><td>设定值</td><td>平方根</td><td rowspan="2">变送器输出与流量平方根成正比</td></tr>
<tr><td>p_1 或 p_2</td><td>对数</td></tr>
<tr><td rowspan="6">温度控制系统（T_2） 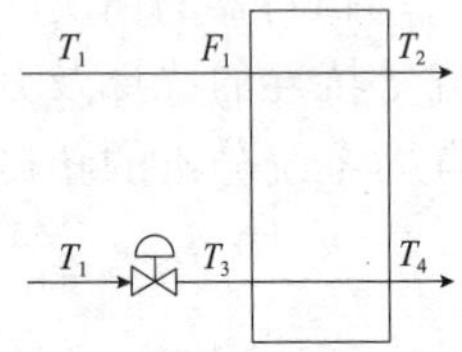
T_1　F_1　T_2
T_1　T_3　T_4</td><td>p_v，T_3，T_4</td><td>对数</td><td>等百分比</td><td rowspan="6">p_v：阀上压降
T_0：对象时间常数平均值
T_m：测量环节时间常数
T_v：阀时间常数
$T_0=\sqrt{T_{0max}T_{0min}}$</td></tr>
<tr><td>T_1</td><td>直线</td><td>直线</td></tr>
<tr><td>设定值</td><td>直线</td><td>直线</td></tr>
<tr><td rowspan="3">F_1</td><td>直线</td><td>$\bar{T}_0 \gg T_m(T_v)$</td></tr>
<tr><td>对数</td><td>$\bar{T}_0 = T_m(T_v)$</td></tr>
<tr><td>双曲线</td><td>$\bar{T}_0 < T_m(T_v)$</td></tr>
<tr><td rowspan="9">压力控制系统（p_1） 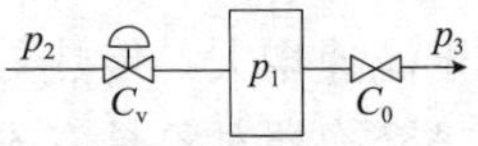
p_2　C_v　p_1　C_0　p_3</td><td rowspan="2">p_2</td><td>双曲线</td><td>$C_0 < 0.5C_{vmax}$</td><td rowspan="2">C_0：节流阀流通能力
C_v：调节阀流通能力</td></tr>
<tr><td>对数</td><td>$C_0 > 0.5C_{vmax}$</td></tr>
<tr><td rowspan="2">设定值</td><td>对数</td><td>$C_0 < 0.5C_{vmax}$</td><td rowspan="5">液体介质</td></tr>
<tr><td>直线</td><td>$C_0 > 0.5C_{vmax}$</td></tr>
<tr><td rowspan="2">p_3</td><td>对数</td><td>$C_0 < 0.5C_{vmax}$</td></tr>
<tr><td>直线</td><td>$C_0 > 0.5C_{vmax}$</td></tr>
<tr><td>C_0</td><td>对数</td><td></td></tr>
<tr><td>p_2，C_0，设定值</td><td>对数</td><td rowspan="2">对象容积很大，用直线；容积很小，p_2、C_0 干扰作用，双曲线</td><td rowspan="2">气体介质</td></tr>
<tr><td>p_3</td><td>平方根</td></tr>
<tr><td rowspan="12">液位控制系统（L） 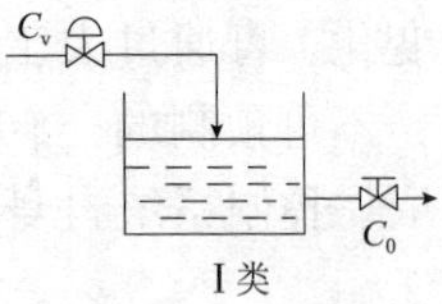
Ⅰ类（C_v，C_0）
Ⅱ类（C_0，L，C_v）
Ⅲ类（C_v，h，H，C_0）
Ⅳ类（C_0，h，H，C_v）</td><td rowspan="2">设定值</td><td>平方根</td><td>$\bar{T}_0 = T_v$</td><td rowspan="4">Ⅰ类</td></tr>
<tr><td>直线</td><td>$\bar{T}_0 \gg T_v$</td></tr>
<tr><td rowspan="2">C_0</td><td>对数</td><td>$\bar{T}_0 = T_v$</td></tr>
<tr><td>直线</td><td>$\bar{T}_0 \gg T_v$</td></tr>
<tr><td rowspan="2">设定值</td><td>双曲线</td><td>$\bar{T}_0 = T_v$</td><td rowspan="4">Ⅱ类</td></tr>
<tr><td>对数</td><td>$\bar{T}_0 \gg T_v$</td></tr>
<tr><td rowspan="2">F_1</td><td>对数</td><td>$\bar{T}_0 = T_v$</td></tr>
<tr><td>直线</td><td>$\bar{T}_0 \gg T_v$</td></tr>
<tr><td rowspan="2">设定值</td><td>任意特性</td><td rowspan="4">$H \geqslant 5h$
（h：量程范围）</td><td>Ⅲ类</td></tr>
<tr><td>任意特性</td><td>Ⅳ类</td></tr>
<tr><td>C_0</td><td>直线</td><td>Ⅲ类</td></tr>
<tr><td>F_1</td><td>直线</td><td>Ⅳ类</td></tr>
</table>

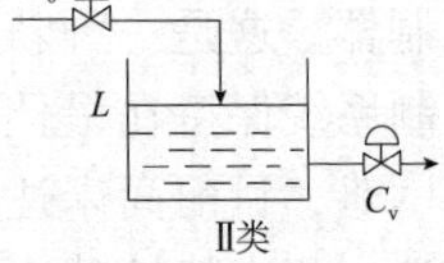

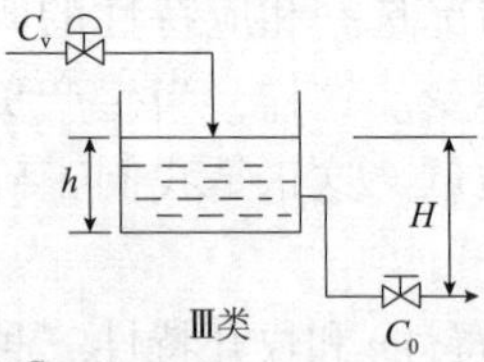

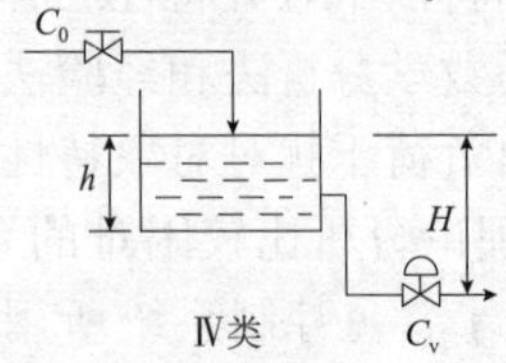

6.5.2 执行器开闭形式的选择

气动执行器有气开和气关两种工作方式。一个控制系统究竟选用气开式还是气关式，主要由具体的生产工艺来决定。下面按照重要性的排序，提供几条原则作为选择的依据。

1. 首先要考虑生产的安全

当仪表供气系统中断或控制器发生故障无信号输出，致使执行器的阀芯回复到无能源的初始状态时，应能确保生产工艺设备的安全，不至于发生事故。例如，当进入工艺设备的流体易燃、易爆时，为防止在异常情况下产生爆炸，执行器应选气开式。

2. 有利于保证产品的质量

当执行器的阀芯处于无源状态而回复到初始位置时，不应降低产品质量。如控制精馏塔回流量的执行器，就常采用气关式，一旦发生事故，执行器立即打开，使生产处于全回流状态，这就减少和防止了不合格产品的抽出，从而可以保证塔顶产品质量。

3. 有利于降低原料成本和节能

例如，控制精馏塔进料的执行器采用气开式，一旦失去能源，则立即处于关闭状态，不再给塔进料，以免造成浪费。

一般来说，有了上面几条原则，执行器开闭形式的选择是不困难的。不过有两点还需要进一步强调，希望在选择时加以注意。

(1)按照上述几个原则选择执行器的开闭形式可能会得出相互矛盾的选择结果。在这种情况下，一定要首先考虑生产的安全。例如，控制精馏塔塔釜加热蒸汽的执行器，从节省能源的角度考虑，一般都选择气开式，一旦失去能源立即处于全闭状态，避免蒸汽的浪费。但是，如果核加热的釜液是容易结晶或凝固的物料，则应该选择气关式。否则，由于加热蒸汽的非正常中断，将导致釜内液体的结晶或凝固，严重时还可能造成整个工艺生产流程的堵塞。

(2)由于工艺要求不一，对于同一个执行器可以有两种不同的选择结果。如图6－1(d)所示的控制锅炉供水量的执行器，如果从防止蒸汽带液会损坏后续设备蒸汽透平(蒸汽带液会破坏透平的叶片)的角度出发，应选择气开式；然而，如果从保护锅炉的角度出发，为防止阀断水导致锅炉烧爆，则应选择气关式。由此可见，即使从安全的角度考虑也会出现矛盾。在这种情况下要权衡利弊，按照主次关系加以选择。如果透平设备的安全更为重要，则应选择气开式执行器，反之则应选择气关式执行器。

6.6 控制器的选择

控制器是常规仪表控制系统中的核心环节，担负着整个控制系统的“指挥”工作，正确地选用控制器，可以大大改善和提高整个过程控制系统的控制品质。目前在单回路常规控制系统中，主要采用具有比例、积分和微分作用的控制器。因此，本节重点介绍如何正确选择控制器的控制规律和确定控制器的正反作用。

6.6.1 控制规律的选择

应用于生产过程的控制器主要有三种控制规律：比例控制规律、比例积分控制规律、比例积分微分控制规律，分别简写为P、PI和PID。究竟选择哪种控制规律最为合理，主要由工艺生产的要求和控制规律本身的特点所决定。

(1)比例控制规律(P)

比例控制规律的特点是控制器的输出信号与输入信号(偏差)成比例，即阀门的开度变化与偏差变化有对应关系。它能较快地克服扰动的影响，过渡过程时间短。但是，纯比例控制器在过渡过程结束后仍然存在余差，而且负荷变化越大，余差也越大。

只具有比例控制规律的控制器称为比例控制器。式(6－3)为其输入/输出信号的数学表达式：

$$\Delta p = K_p \Delta e \tag{6－3}$$

式中，Δp 为控制器的输出信号变化量；Δe 为控制器的输入信号变化量；K_p 为比例放大系数。

比例控制规律是最基本的控制规律，它既可以单独采用，又可以与其他控制规律结合在一起使用，具有结构简单、整定方便的优点。比例控制器适用于调节通道滞后较小、负荷变化不大、控制要求不高、被控变量允许在一定范围内有余差的场合。例如，一般的精馏塔塔底液面、贮槽液面、冷凝器液面和次要的蒸汽压力控制系统，均可采用比例控制器。

(2)比例积分控制规律(PI)

比例积分控制规律的特点是控制器的输出不仅与偏差的大小成比例，而且与偏差存在的时间成比例，它可以在过渡过程结束时消除系统的余差。但是，在加入积分作用后，会使系统的稳定性降低。虽然可通过加大比例度的办法，使稳定性基本保持不变，但超调量和振荡周期也将随之增大，使过渡过程时间加长。

具有比例积分控制规律的控制器称为比例积分控制器，式(6－4)为其输入输出信号的数学表达式

$$\Delta p = K_p\left(\Delta e + \frac{1}{T}\int \Delta e \mathrm{d}t\right) \tag{6－4}$$

式中，T_1 为积分时间，其他符号定义同前。

比例积分控制规律是一种应用最为广泛的控制规律。它适用于调节通道滞后较小、负荷变化不大、被控变量又不允许有余差的场合。例如，流量控制系统、管道压力控制系统和某些要求严格的液位控制系统普遍采用比例积分控制器。

(3)比例积分微分控制规律(PID)

比例积分微分控制规律的特点是在增加微分作用后，控制器的输出不仅与偏差的大小和存在的时间有关，而且还与偏差的变化速度成比例，这就可以对系统中的测量滞后起到超前补偿作用，并且对积分作用造成的系统不稳定性也有所改善。

把具有比例、积分、微分控制规律的控制器称为 PID 控制器，又称三作用控制器，式(6－5)为其输入输出信号的数学表达式：

$$\Delta p = K_p\left(\Delta e + \frac{1}{T}\int \Delta e \mathrm{d}t + T_D \frac{\mathrm{d}(\Delta e)}{\mathrm{d}t}\right) \tag{6－5}$$

式中，T_D 为微分时间。

比例积分微分控制规律综合了多种控制规律的优点，是一种比较理想的控制规律。它

适合于调节通道时间或容量滞后较大、负荷变化大、对控制质量要求较高的场合。目前应用较多的是湿度控制系统。

应该强调的是，PID 控制规律的选用应根据过程的特性和工艺要求来定，决不能错误地认为任何一个系统采用 PID 控制器都会获得好的控制质量。例如，对于滞后很小或噪声严重的系统，就应避免引入微分作用，否则会由于参数的快速变化引起操纵变量的大幅度波动，反而影响控制系统的稳定性。另外，不分场合地滥用 PID 控制规律也会给控制器参数的整定带来困难。

6.6.2 控制器正反作用选择

工业控制器一般都具有正作用和反作用两种工作方式。当控制器的输出信号随着被控变量的增大而增加时，控制器工作于正作用方式；当控制器输出信号随着被控变量的增大而减小时，控制器工作于反作用方式。控制器设置正反作用的目的是适应对不同被控对象实现闭环负反馈控制的需要。因为在一个控制系统中，除了控制器外，其他各个环节(被控对象、测量变送器、执行器)都有各自的作用方向。如果各环节组合不当，使系统总的作用方向构成正反馈，则控制系统不仅起不到控制作用，反而破坏了生产过程的稳定。又因为被控对象、测量变送器和执行器的作用方向不能随意选定，所以，要想使控制系统具有闭环负反馈特征，只有通过正确的选择控制器的正反作用来实现。

控制器正反作用的选择并不是一项困难的工作，通过对每一个广义对象做直观分析即可得出正确结论。下面介绍的判别准则具有普遍的指导作用。

假设对控制系统中的各环节做如下规定：

(1)控制器工作于正作用方式为“+”，工作于反作用方式为“-”；

(2)执行器的阀门开度随控制器输出信号的增加而增大(气开式)为“+”，开度随控制器输出信号的增加而减小(气关式)为“-”；

(3)被控变量随操纵变量的增加而增加为“+”，随操纵变量的增加而减小为“-”；

(4)变送器的输出随被控变量的增加而增加为“+”，随被控变量的增加而减小为“-”，通常情况下变送器环节取“+”。

判别准则：只要控制系统中各环节规定符号的乘积为负，则该系统是一个负反馈系统。即负反馈系统要满足判别式：

$$(\text{控制器}\pm)(\text{执行器}\pm)(\text{被控对象}\pm)(\text{变速器}\pm)=(-) \tag{6-6}$$

根据以上判别准则，可以方便地确定控制器的正反作用。例如，如图 6-9 所示为一个简单的加热炉出口温度控制系统。出口温度随燃料的增加而升高，对象的符号为“+”。变送器的输出信号也随出口温度的升高而增加，符号也为“+”。为了在气源突然中断时，保证加热炉的安全，执行器选用气开式，其符号为“+”。显然，为了使各环节的总乘积为负，控制器的符号必须为“-”，所以应选择反作用控制器。

如图 6-10 所示为一个简单的液位控制系统。当流出量增加时，液位下降，所以对象的符号取为“-”。为了防止在供气中断时物料全部流走，执行器采用气开式，故符号为“+”。变送器的符号也为“+”。这时控制器必须选择正作用，才能构成负反馈控制系统。

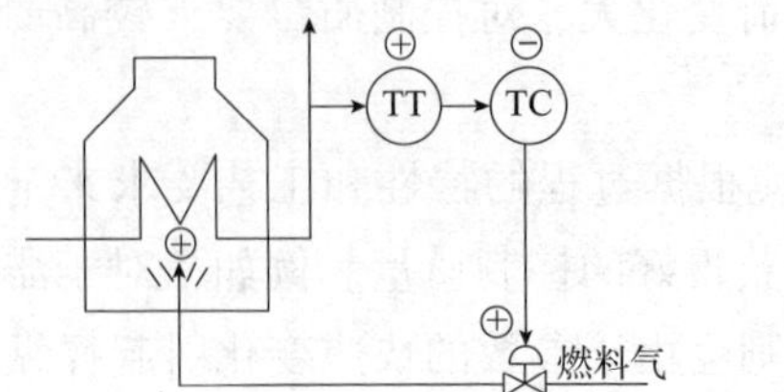

图6-9　加热炉出口温度控制系统

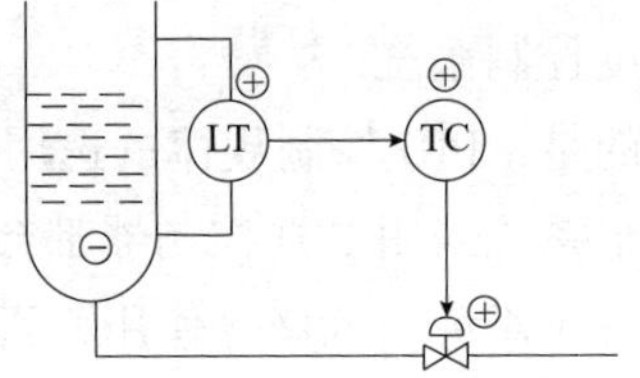

图6-10　液位控制系统

控制器的正反作用可通过改变设置在控制器上的正反作用开关方便地进行设定。

6-1　何谓控制通道？何谓干扰通道？它们的特性对控制系统质量有什么影响？

6-2　框图中各个环节间的连线是什么含义？是物料或能量流吗？

6-3　如何选择操纵变量？

6-4　图6-11所示为一蒸汽加热设备，利用蒸汽将物料加热到所需温度后排出。试问：

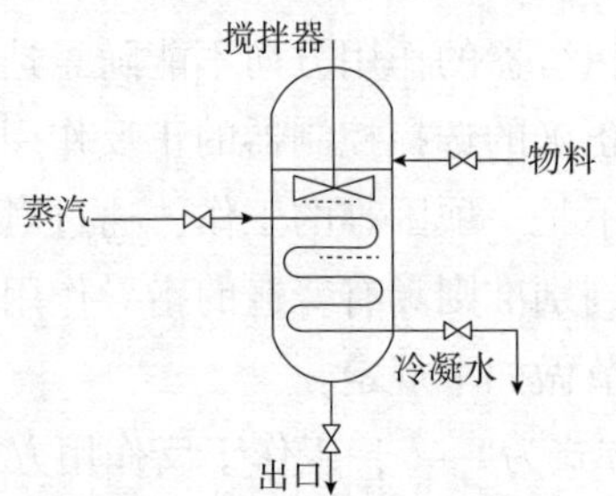

图6-11　蒸汽加热设备

①影响物料出口温度的主要因素有哪些？

②如果要设计一个物料出口温度控制系统，被控变量与操纵变量应选哪个？为什么？

③如果物料在温度过低时会凝结，应如何选择控制阀的开闭形式及控制器的正、反作用？

6-5　图6-12所示为冷却器物料出口温度控制系统，要求确定在下面不同情况下控制阀开闭形式及控制器的正、反作用：

①被冷却物料在温度过高时会发生分解、自聚。

②被冷却物料在温度过低时会发生凝结。

③如果操纵变量为冷却水流量，该地区最低温度在0℃以下，如何防止冷却器被冻坏？

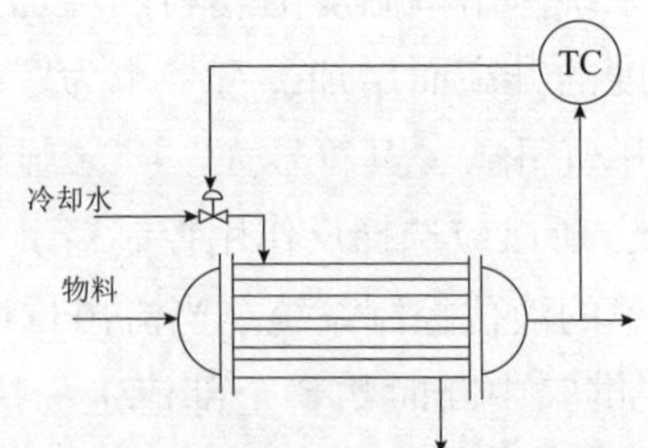

图6-12　冷却器物料出口温度控制系统

第 7 章　控制系统的投运与参数整定

7.1　控制系统的投运

控制系统的投运，是指当自动控制系统经设计、仪表调校并安装完毕后，或者经过停车检修后，使系统投入使用的过程，也就是将工艺生产从手操状态切入自动控制状态。如何投运是一项很重要的工作，如果做得不好，会给生产带来很大的波动。为了保证控制系统投运工作的顺利进行，以达到预期的效果，必须正确掌握投运的方法，严格地做好投运的各项工作。下面介绍投运前及投运中的几个主要工作。

7.1.1　投运前的准备工作

对工艺人员及仪表人员来说，除了从思想上，组织上、物质上做好准备工作外，在业务上还包括熟悉情况及全面检查两方面的内容。熟悉情况，是指熟悉工艺过程、控制方案和所用自动化仪表的情况。

(1)熟悉工艺过程。包括熟悉工艺流程、前后设备联系与功能、工艺介质的性质，以及各个工艺参数间的基本关系，以便在开工投运过程中发生意外情况时能果断分析与处理。

(2)熟悉控制系统的控制方案。要求全面掌握设计意图，明确控制指标和要求，了解控制系统的布局和具体内容，熟悉测量元件、变送器和执行器的规格、安装位置和所接触的介质情况，有关管线的走向、布局等。

(3)熟悉各种仪表和控制装置。即熟悉它们的工作原理和结构，掌握安装、使用和校验方法。

(4)全面检查。包括气动管线、电气线路、供气及供电等连接管线的检查；变送器、控制器、调节阀、自动报警联锁等控制系统组成环节的完好程度的检查。例如，检查电源电路有无短路、断路、漏电等现象，供电及供气是否安全可靠；检查各种管路和线路等的连接；检查引压和气动导管是否畅通，有无中间堵塞；检查控制阀气开、气关形式是否正确，阀杆运动是否灵活、能否全行程工作，旁路阀及上下游截止阀是否按要求关闭或打开；检查控制器的正反作用、内外设定开关是否设置在正确位置。对系统进行联校，保证各环节能组成一合适的反馈控制系统。例如，在变送器的输入端施加模拟信号，观察检测仪表和显示仪表是否正常工作，检查执行器是否正确动作，改变比例度、积分和微分时间，观察控制器输出的变化是否正确。

(5)现场校验。即现场校验测量元件、测量仪表、显示仪表和控制仪表的精度、灵敏度及量程，以保证各种仪表能正确工作。

在完成上述准备工作后，方可与工艺操作人员配合进行控制系统的投运工作。

7.1.2 投运工作过程

下面以图7-1为例说明投运工作过程。配合工艺过程的开车，控制系统的投运一般可分为以下几个步骤。

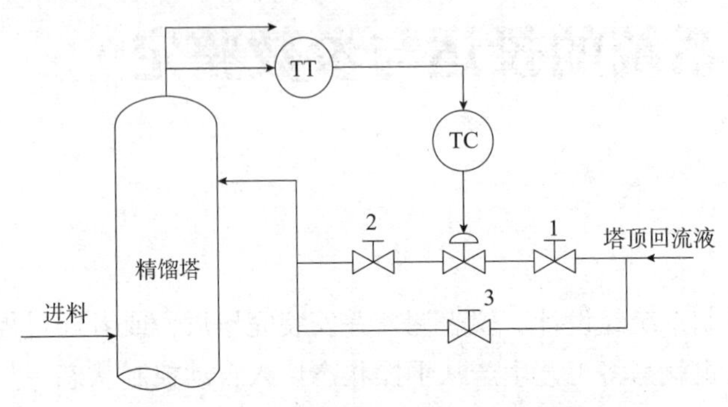

图7-1 精馏塔塔顶温度控制系统原理

(1)检测系统投入运行

先投运检测仪表，观察测量值是否正确。温度仪表最为简单，通常只要供电就会产生测量信号，开表方便。而对采用差压变送器的流量或液位系统的投运，多数要用到三阀组，必须注意各阀门的开启次序，一般按先开平衡阀，后开切断阀，再关平衡阀的顺序操作，要保证变送器不会受到突然的冲击，膜片不会单向受压，保证灌入连接导管的隔离液不被冲走。成分仪表的投运最为复杂，应严格按照产品说明书的步骤进行。

(2)执行器手动遥控

执行器在投入运行时，首先应进入手动遥控状态。手动遥控，是指由人工对执行器进行的远距离控制，这既可通过定值器或手操器来实现，也可以利用控制器上的手动拨盘来实现。具体有两种操作步骤，一种是由旁路过渡到手动遥控，另一种是一开始就采用手动遥控。如果是采用前一种投运方式，应参考图7-1，按下面的操作程序进行：

①先将截止阀1和2关闭，塔顶回流液由手动操作从旁路阀3流过，使工况逐渐稳定。

②手动控制输往执行器的气压，使其等于其一中间数值(首次开车时)，或等于某一经验值(大修后开车时)。

③先开上游阀1，然后再逐渐打开下游阀2，同时，逐渐关闭旁路阀3，以尽量减小介质流量的波动。此步骤也可以按照先开下游阀2，后开上游阀1的顺序进行。

④观察仪表指示值，手动改变施加于执行器的气压信号调节进入塔顶的回流量，使塔顶温度接近于给定值，待工况稳定。此时，简单控制系统中的控制器是用人的大脑代替的。

(3)控制器投运

完成以上两步，已能满足工艺开车的需要，等到各个回路的工况稍微平稳后，可以考虑逐一切入自动。

①将控制器参数按经验或估算放到需要的数值上，或者先将控制器设置成纯比例作用，比例度放较大的位置。

②确认控制阀的气开、气关作用后，检查控制器的正、反作用开关等位置是否正确。

③手动遥控使塔顶温度接近或等于设定值，观察仪表测量值，待工况稳定后，当偏差为0(即测量值=给定值)时切入自动。特别要指出的是，在控制器的手动↔自动的切换过程中要做到无扰动切换，即要求控制阀阀位开度保持不变，保持被控变量不变。

控制器由手动切换到自动后，控制系统便进入自动运行状态，此后还需进一步观察过渡过程曲线，按照本章后续小节介绍的方法对控制器参数进行整定，以便使控制系统获得最佳的控制效果。

7.1.3 控制系统维护

控制系统投运以后，基本任务是保持系统长期稳定运行，保证生产安全，优质高产。为达到这一目的，应做好控制系统维护工作，主要包括以下内容：

(1)定期和经常性的仪表维护。主要包括各仪表的定期检查和校验，要做好记录和归档工作，做好连接管线的维护工作，对隔离液等应定期灌注。

(2)发生故障后的检查与维护。一旦发生故障，需要及时、迅速、正确分析和处理，应减少故障造成的影响，事后要进行分析，找到第一事故原因并提出改进和整改方案，落实整改措施并做好归档工作。

控制系统的维护是一个系统工程，应从系统的观点分析出现的故障。例如，测量值不准确的原因可能是检测变送器故障，也可能是连接的导压管线问题，可能是显示仪表的故障，甚至可能是控制阀阀芯脱落所造成的。因此，具体问题应具体分析，不断积累经验，提高维护技能，缩短维护时间。

7.2 控制系统的参数整定

自动控制系统的过渡过程或者控制质量，和被控对象、干扰形式及大小、控制方案的确定，以及控制器参数的整定有密切关系。被控对象特性及干扰情况是受工艺操作和设备特性限制的。在确定控制方案时，要尽量设计合理，一旦系统按所设计的方案安装就绪以后，被控对象各通道的特性与干扰等基本上就已固定下来，这时系统的控制质量主要取决于控制器参数的整定。

控制器参数的整定，就是对于一个已经设计并安装就绪的控制系统，选择合适的控制器参数，来改善系统的静态特性和动态特性，以达到最佳的控制效果。对 PID 控制器，具体地说，就是确定最合适的比例度 δ、积分时间 T_I 和微分时间 T_D。人们常把这种整定称作“最佳整定”，这时的控制器参数称作“最佳整定参数”。这里所谓最佳的控制效果不是绝对的，是根据工艺生产的要求而提出的所期望的控制质量。

应当指出的是，控制系统的整定是一项很重要的工作，但它只能在一定范围内起作用，绝不能误认为控制器参数的整定是“万能”的。如果设计方案不合理，仪表选择不当，安装质量不高，被控对象特性不好等，仅仅想通过控制器参数的整定来满足工艺生产的要求是不可能的。只有在系统设计合理，仪表选择得当和安装正确的条件下，控制器参数的整定才有意义。其次，控制器参数的整定也不是一劳永逸的。工艺条件的改变、负荷的变化、催化剂的老化及传热设备的结垢等因素都会使对象特性发生变化。只有根据工艺情况的变化及时调整控制器的参数，使之与对象特性相匹配，才能保证控制系统获得稳定而良好的控制质量。

衡量控制器参数是否最佳，需要规定一个明确的统一反映控制系统质量的性能指标。目前，系统整定中采用的性能指标大致分为单项性能指标和误差积分性能指标两大类。然而，这些指标之间往往存在着矛盾，改变控制器参数可能使某些指标得到改善，而同时又会使其他指标恶化。此外，不同生产过程对系统性能指标的要求也不一样，系统整定时性能指标的选择需要有一定灵活性。作为系统整定的性能指标，它必须既能综合反映系统控制质量，同时又要便于分析和计算。

在实际系统整定过程中，一般首先保证系统的稳定性，通过先改变控制器的某些参数(通常是比例度)使系统响应获得规定的衰减比。例如，对于定值系统，要求被控变量在受到干扰的影响后，有一个衰减振荡的过渡过程，动态偏差小一些，过渡过程短一些，因此衰减比应取为4∶1；对于随动系统，因要求能够紧跟设定值，不做大幅度来回振荡，则可以取10∶1的衰减比，甚至刚好达到临界阻尼状态。然后，再改变控制器另外一些参数，最后经过综合反复调整所有参数，以期使某一选定的误差积分指标最小，从而获得控制器最佳整定参数。如果系统只有一个可供整定的参数，就不必进行积分指标的计算了。

7.2.1 控制器参数工程整定法

控制器参数整定的方法很多，可以归纳为两大类。一类是理论计算的方法，另一类是工程整定法。

理论计算方法是根据已知的广义对象特性及控制质量的要求，通过理论计算出控制器的最佳参数。从控制原理知道，对于一个具体的控制系统，只要质量指标规定下来，又知道了对象的特性，那么，通过理论计算的方法(频率特性法、根轨迹法、M圆法等)即可计算出控制器的最佳参数。但是，由于对象特性的测试方法和测试技术未尽完善，石油、化工对象的可变性，往往使对象特性难以测得，或者即使测得，但是所得到的对象特性数据也不够准确可靠，且因计算方法一般都比较烦琐，工作量大，耗时较多。因此，长期以来理论计算整定法一般适用于科研工作中做方案比较，在工程实践中没有得到推广和应用。

工程整定法是科学家和工程师根据他们长期的工作经验积累和在一定的理论计算基础上总结而得。这种方法一般不需要知道被控对象的特性和数学描述，直接在已经投运的实际控制系统中，通过试验或探索，观察被控变量的过渡过程，对控制器参数进行整定。工程整定法是一种近似的方法，具有简捷、方便和易于掌握的特点，在工程实践中得到广泛应用。

下面介绍几种常用的控制器参数工程整定方法。

(1)经验试凑法

经验试凑法是工程技术人员在长期生产实践中总结出来的。这种方法不需要进行事先的计算和实验，而是根据被控变量的性质，在已知合适的参数(经验参数)范围内选择一组适当的值作为控制器当前的参数值，并将系统投入运行，人为地加上阶跃干扰，通过观察记录仪表上的过渡过程曲线，并以比例度、积分时间、微分时间对过渡过程的影响为指导，按照某种顺序反复试凑比例度、积分时间、微分时间的大小，直到获得满意的过渡过程曲线为止。

若将控制系统按液位、流量、温度和压力等参数来分类，属于同一类别的系统，其对象特性比较接近，所以无论是控制规律的形式还是所整定的参数均可相互参考。

①温度系统其对象容量滞后较大，被控变量受干扰作用后变化迟缓，一般选用较小的比例度，较大的积分时间，同时要加入微分作用，微分时间约是积分时间的1/4。

②流量系统是典型的快速系统，对象的容量滞后小，被控变量有波动。对于这种过程，不用微分作用，宜用PI控制规律，且比例度要大，积分时间可小。

③压力系统通常为快速系统，对象的容量滞后一般较小，其参数的整定原则与流量系统的整定原则相同。但在某些情况下，压力系统也会成为慢速系统，图7－2所示为一慢速压力系统。在该系统中，通过控制换热器的冷剂量来影响压力，因此热交换的动态滞后和流量滞后都会包含在压力系统中，从而构成一个由多容对象组成的慢速过程，这类系统的参数整定原则应参照典型的温度系统。

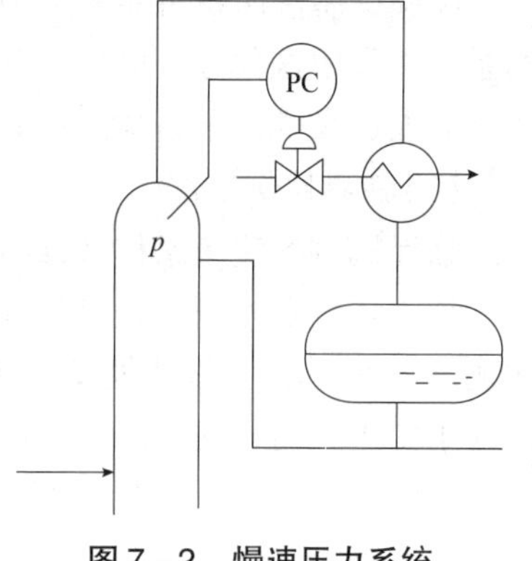

图7－2　慢速压力系统

④液位系统其对象时间常数范围较大，对只需实现平均液位控制的地方，宜用纯比例控制，比例度要大，一般不用微分作用，要求较高时应加入积分作用。

各种不同控制系统的经验参数见表7－1。

表7－1　控制参数整定经验数据

被控变量	规律的选择	比例度 δ/%	积分时间 T_I/min	微分时间 T_D/min
流量	对象时间常数小，参数有波动，δ要大；T_I要短；不用微分	40～100	0.3～1	
温度	对象容量滞后较大，即参数受干扰后变化迟缓，δ应小；T_I要长；一般需加微分	20～60	3～10	0.5～3
压力	对象的容量滞后不算大，一般不加微分	30～70	0.4～3	
液位	对象时间常数范围较大，要求不高时，δ可在一定范围内选取，一般不用微分	20～80		

经验凑试法可按以下步骤进行：

①设置控制器积分时间$T_I=\infty$，微分时间$T_D=0$，δ在经验范围内选一初值，并将系统投入自动运行，观察系统在扰动作用下的过渡过程形状。若曲线振荡频繁，则加大比例度δ；若曲线动态偏差大且趋于非周期过程，则减小δ，直到呈4：1衰减为止。

②按经验值加入积分作用，以消除余差同时将比例度增加10%～20%。若曲线波动加剧，则加大积分时间T_I；若曲线偏离给定值后长时间回不来，则减小T_I，直到获得没有余差的理想过渡过程曲线为止。

③如果需引入微分作用，则将T_D按经验值由小到大加入，同时允许把δ值和T_I值再适当减小一点。若曲线的动态偏差比原来加大且衰减缓慢，则增加微分时间T_D；若曲线振荡比原来加剧，则减小T_D。经过反复整定，直到得到超调量小、过渡过程时间短，而且没有余差的控制效果为止。

经验凑试法还可以按照先固定积分时间T_I，再凑试比例度δ的顺序进行。其理论依据是在一定范围内比例度和积分时间的不同匹配值，可以得到同样衰减比的过渡过程曲线。如果还需要加入微分作用，可取$T_D=\left(\frac{1}{3}\sim\frac{1}{4}\right)T_I$。具体凑试方法与前述相同。

经验试凑法简单可靠，容易掌握，适用于各种系统。特别是对于外界干扰作用较频繁的系统，采用这种方法更为适合。但这种方法对于控制器参数较多的情况，以及缺乏经验的操作人员来说，不易找到最好的整定参数，整定所花费的时间较多。

(2)临界比例度法

临界比例度法，又称 Ziegler – Nichols 方法，早在 1942 年就已提出，是目前使用较多的一种闭环整定方法。它首先求取在纯比例作用下的闭环系统达到等幅振荡过程时的临界比例度 δ_k 和临界振荡周期 T_k，然后根据经验公式计算出相应的控制器参数。临界比例度法便于使用，而且在大多数控制回路中能得到较好的控制品质。

具体做法如下：在闭环的控制系统中，先将控制器变为纯比例作用，即将 T_1 放大"∞"位置上，T_D 放在"0"位置上，在小幅度设定值阶跃干扰作用下，从大到小地逐渐改变控制器的比例度，直至系统产生等幅振荡(即临界振荡)，如图 7 – 3 所示。这时的比例度称为临界比例度 δ_k，周期为临界振荡周期 T_k。记下 δ_k 和 T_k，然后按表 7 – 2 中的经验公式计算出控制器的各参数整定数值。将控制器的比例度换成整定后的值，然后依次放上积分时间和微分时间的整定值，观察系统过渡过程曲线，若还不够理想，可再做进一步微调。

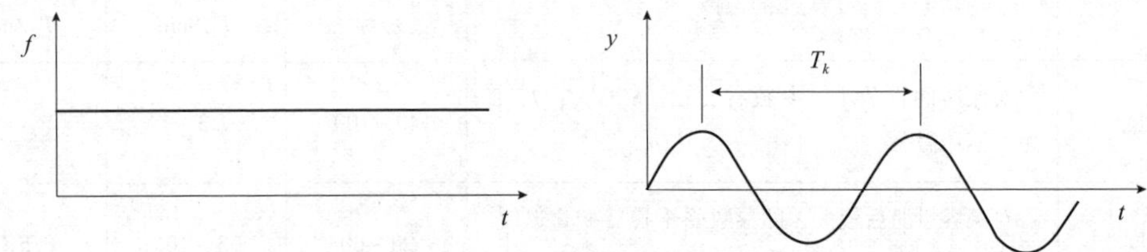

图 7 – 3 临界振荡过程

表 7 – 2 临界比例度法参数计算公式表

控制规律	比例度/%	积分时间 T_I/min	微分时间 T_D/min
比例(P)	$2\delta_k$		
比例积分(PI)	$2.2\delta_k$	$0.85T_k$	
比例微分(PD)	$1.8\delta_k$		$0.1T_k$
比例积分微分(PID)	$1.7\delta_k$	$0.5T_k$	$0.125T_k$

临界比例度法应用时简单方便，但必须注意的是：

①此方法在整定过程中必定出现等幅振荡，从而限制此法的使用场合。对于工艺上不允许出现等幅振荡的系统，如锅炉水位控制系统就无法使用该方法；对于某些时间常数较大的单容量对象，如液位对象或压力对象，在纯比例作用下本质稳定不会出现等幅振荡，因此不能获得临界振荡的数据，从而也无法使用该方法。

②在获取等幅振荡曲线时，控制系统必须工作在线性区，应特别注意，不能使控制阀出现全关、全开的极限状态，否则得到的持续振荡曲线可能是"极限循环"，不能依据此时的数据来计算整定参数。

③在理论上说 $\delta < \delta_k$ 后，被控变量将呈现扩大振荡，但在实际上很多环节都有饱和特性，因此振幅将是有限的，与等幅振荡不好区别。所以在采用临界比例度法时，比例度必须自大而小，把开始出现等幅振荡的比例度作为临界比例度 δ_k。

【例7－1】　对简单控制系统中的PI控制器采用临界比例度法进行参数整定，当比例度为10%时系统恰好产生等幅振荡，这时的等幅振荡周期为30s，该控制器的比例度和积分时间应选用表7－3所列何组数值整定为最好？

表7－3　控制器的比例度和积分时间

序号	比例度/%	积分时间/min
A	17	15
B	17	36
C	20	60
D	22	25.5
E	22	36

解　临界比例度法考虑的实质是通过现场试验找到等幅振荡的过渡过程，得到临界比例度和等幅振荡周期。其具体整定方法是，首先用纯比例作用将系统投入控制，然后逐步减小比例度，使系统恰好达到振荡和衰减的临界状态，即等幅振荡状态，记下这时的比例度 δ_k 和振荡周期 T_k，则控制器的比例度和积分时间可按表7－2求出：

$$\delta = 2\delta_k = 2.2\times10\% = 22\%$$

$$T_1 = 0.85T_k = 0.85\times30 = 25.5\text{min}$$

所以，控制器参数应选表7－3中D组数值。

(3)衰减曲线法

衰减曲线法是通过使系统产生衰减振荡得到的试验数据来计算控制器的整定参数。其具体步骤如下：

①置控制器积分时间 $T_1=0$，微分时间 $T_D=0$，比例度 δ 取一较大值，并将系统投入运行。

②待系统稳定后，给定值做阶跃变化，并观察系统的响应。若系统响应衰减太快，则减小比例度；若系统响应衰减过慢，则加大比例度。如此反复，直到出现如图7－4(a)所示的4∶1衰减振荡过程。记录此时比例度 δ_s 和振荡周期 T_s。

③利用 δ_s 和 T_s 值，按表7－4给出的经验公式，求出控制器的整定参数 δ、T_1 和 T_D。

对于扰动频繁，过程进行较快的控制系统，要准确地确定系统响应的衰减程度比较困难，只能根据控制器输出摆动次数加以判断。对于4∶1衰减过程，控制器输出应来回摆动2次后稳定。摆动一次所需时间即为 T_s。显然，这样测得的 T_s 和 δ_s 值，会给控制器参数整定带来误差。

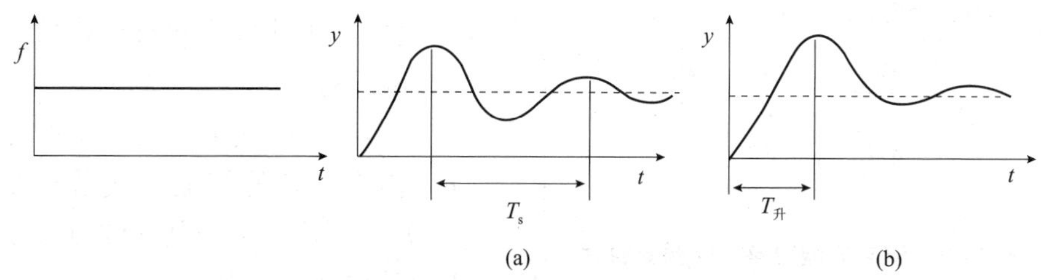

图7－4　衰减振荡过程

有的生产过程对控制系统的稳定性要求较高，4∶1 衰减仍嫌振荡过强，可以采用10∶1衰减曲线法。方法同上，得到 10∶1 衰减曲线[见图 7－4(b)]后，记录此时的比例度 δ_s 和上升时间 $T_{升}$，根据表 7－4 给出的经验公式，求出控制器的整定参数 δ、T_1 和 T_D。

表 7－4　衰减曲线法控制器参数计算

衰减曲线法	控制规律	比例度 δ	积分时间 T_1	微分时间 T_D
4∶1	比例/P	δ_s		
	比例积分/PI	$1.2\delta_s$	$0.5T_s$	
	比例积分微分/PID	$0.8\delta_s$	$0.3T_s$	$0.1T_s$
10∶1	比例/P	δ_s		
	比例积分/PI	$1.2\delta_s$	$2T_{升}$	
	比例积分微分/PID	$0.8\delta_s$	$1.2T_{升}$	$0.4T_{升}$

以上介绍的几种系统参数工程整定法有各自的优缺点和适用范围。要善于针对具体系统的特点和生产要求，选择适当的整定方法。不管用哪种方法，所得控制器整定参数都需要通过现场试验，反复调整，直到取得满意的效果为止。

7.2.2　控制器参数自整定法

大多数生产过程是非线性的，而控制器参数与系统所处的稳态工况有关。显然当工况改变时，控制器参数的"最佳"值就不同。此外，大多数生产过程的特性随时间变化，而控制器参数是根据过程参数的公称值整定的，一般来说，过程特性的变化将导致控制性能的恶化。上述两点都意味着需要适时地调整控制器参数。

传统的 PID 控制器参数采用试验加试凑的方法由人工整定。这种整定工作不仅需要熟练的技巧，而且还相当费时。更为重要的是，当被控对象特性发生变化需要控制器参数做相应调整时，PID 控制器没有这种"自适应"能力，只能依靠人工重新整定参数。由于生产过程的连续性及参数整定所需的时间，这种重新整定实际很难进行。如前所述，控制器的整定参数与系统控制质量是直接有关的，而控制质量意味着显著的经济效益。因此，近年来控制器参数的自整定成为过程控制的热门课题，研究控制器参数自整定的目的是寻找一种对象先验知识不需要很多，而又简单、鲁棒性又好的整定方法。

本节内容只限于控制器 PID 参数的自整定，利用辨识过程特性，获得过程参数，并按专家经验规则计算 PID 参数。下面介绍两种在实践中效果较好的方法。

(1)继电器型自整定控制器

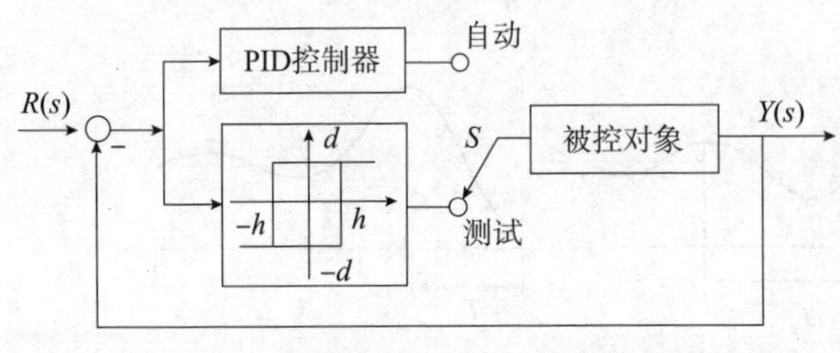

图 7－5　继电器型自整定控制器原理

继电器型自整定控制器设置两种工作模式：测试模式和自动模式。其工作原理如下：

①测试模式下，用一个滞环宽度为 h，幅值为 d 的继电器代替控制器，如图 7－5所示。利用其非线性，使系统输出等幅振荡(极限环)。

②控制模式下，通过人工控制使系统进入稳定状态，然后将整定开关 S 切到测试模

式，接通继电器，使系统输出等幅振荡；测出系统振荡幅度 A 和振荡周期 T_k，并根据公式 $\delta_k=\dfrac{\pi A}{4d}$ 求出临界比例度 δ_k。

③根据 T_k 和 δ_k，用临界比例度法的经验公式，确定控制器的整定参数。

④整定开关 S 切到自动模式，使控制系统正常运行。

继电器型自整定方法简单、可靠，需预先设定的参数是继电器的特性参数 h 和 d；被控对象需在开关信号作用下产生等幅振荡；对时间常数较大的被控对象，整定过程费时；对扰动因素多且频繁的系统，高频噪声等扰动造成 T_k 和 δ_k 的误差较大。

(2)波形识别自整定控制器

波形识别自整定控制器原理如图 7－6 所示，是布里斯托(Bristol E. H.)用模式识别法实现控制器参数自整定。PID 控制器与被控对象相连组成闭环系统，观察系统对设定值阶跃响应或干扰的响应。根据实测的响应模式与理想的响应模式的差别调整控制器参数。该方法将波形分析与模式识别相结合，包括以下几个工作步骤：

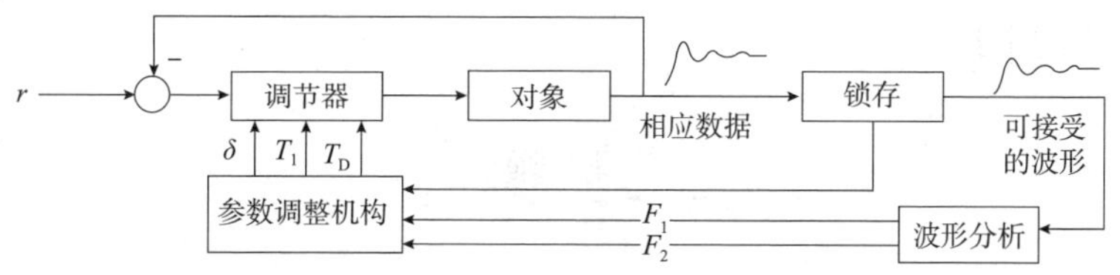

图 7－6　波形识别自整定控制器原理

①按照一定的准则将闭环系统在一定输入下的响应分为若干种模式，如欠阻尼振荡和过阻尼振荡种模式。

②提取每种模式的特征量，称为“状态变量”。

③确定理想模式的状态变量值，建立模式状态变量的表达式。

④根据理想模式的状态变量值与系统状态变量值的实测值之间的差别对 PID 控制器参数进行自整定。

Foxboro 公司于 1983 年推出的 PID 自整定控制器 Exact 是波形识别自整定控制器的一个具体实例。它引入超调量、衰减比和振荡周期作为模式的“状态变量”，如图 7－7 所示。当系统受到负荷变化或设定值变化时，控制器根据控制偏差 $e(t)$ 的时间相应曲线，按照式(7－1)确定超调量 σ、阻尼系数 ζ 和振荡周期 T 等参数。

$$\sigma=-\frac{E_2}{E_1};\ \zeta=\frac{E_3-E_2}{E_1-E_2};\ T=t_3-t_1 \tag{7-1}$$

图 7－7　波形识别自整定的状态变量

可见，它们与我们在系统性能指标的定义不一样。这种控制器参数的整定法则采用“专家系统”(人工整定控制器参数的经验法则)与传统的参数整定规则相结合，因此又称为专家自适应自整定控制器。控制器 PID 算法具有监测功能，自动判别峰值，记录振荡周期 T 等功能。计算 PID 参数第一步，采用类似 Z－N 法，由 T 值按照(7－2)式估算 T_I、T_D 初值。然后将得到的衰减比和超调量与各自给定的最大允许值比较。如果值偏小，则减小比例度 δ，减小量的多少取决于最大允许衰减比与其实测值之差，以及最大允许超调量与其实测值之差。如果系统运行过程中未检测出峰值，则 PID 控制器参数 δ、T_I、T_D 均要减小，减小量取决于最大允许的衰减比或超调量。

$$\frac{T_I}{T}=0.5;\ \frac{T_D}{T}=0.12 \tag{7-2}$$

波形识别自整定的优点是，不需要假定对象的数学模型，因而不存在辨识问题。此外，如果系统运行中自然扰动是规则的或者不相关的，那么，可利用系统的运行记录，无须另加专门的扰动信号便可以实现波形识别。否则，就需要另外加专门的测试信号，这将对系统造成人为的干扰。

习题

7－1　控制系统的投运应注意哪些问题？手动与自动控制的切换应注意哪些问题？

7－2　简述简单控制系统的投运步骤。

7－3　什么是控制器参数的工程整定？常用的控制器参数整定的方法有哪些？

7－4　某控制系统用临界比例度法整定控制器参数，已知 $\delta_k=25\%$，$T_k=5\text{min}$。请分别确定 PI、PID 作用时的控制参数。

7－5　某控制系统采用 4∶1 衰减曲线法整定控制器参数，已知 $\delta_k=50\%$，$T_s=5\text{min}$。试确定 PI，PID 作用时的控制参数。

7－6　经验凑试法整定控制器参数的关键是什么？

7－7　为什么有的自控系统工作一段时间后其控制质量会下降？

第 8 章　复杂控制系统

虽然在大多数情况下简单控制系统能够满足工艺生产的要求，并且具有广泛的应用，但是在某些被控对象动态特性比较复杂或控制任务比较特殊的应用场合，简单控制系统就显得无能为力。尤其是生产过程向着大型、连续和集成化方向发展，对操作条件的要求更加严格，参数间关系也更加复杂，对控制系统的精度和功能提出许多新的要求，对能源消耗和环境污染也有明确的限制。对于这些情况，采用简单控制系统无法满足工艺生产对控制质量的要求，应该采用复杂控制系统。

所谓复杂，乃是相对简单而言的。它通常包含两个以上的变送器、控制器或者执行器，构成的回路数也多于一个，所以，复杂控制系统又称多回路控制系统。显然，这类系统的分析、设计、参数整定与投运比简单控制系统要复杂一些。

对于复杂控制系统，通常可根据其开发目的的差异，将其分为两大类。

①为提高响应曲线的性能指标而开发的控制系统：开发这类系统的目的，主要是试图获得比单回路 PID 控制更优越的过渡过程质量，如串级控制系统、前馈控制系统等。

②按某些特殊目的而开发的控制系统：这是为满足不同的工业生产工艺、操作方式乃至特殊的控制性能指标而开发的控制系统，如比值控制系统、分程控制系统等。

本章将从基本原理、结构和工业应用等方面对目前生产过程中常用的几种复杂控制系统分别加以讨论。

8.1　串级控制系统

8.1.1　串级控制系统的结构

串级控制系统是改善控制质量极为有效的方法，在过程控制中得到广泛应用。串级控制系统一般是由两个控制器、一个控制阀、两个变送器和两个被控对象组成的控制系统，适用于滞后较大、干扰较剧烈、控制较频繁的过程控制。为了认识串级控制系统，下面以加热炉为例加以说明。

管式加热炉是石化工业中的重要装置之一，它的任务是把原油或重油加热到一定温度，以便后面的工序能够顺利地进行精馏和裂解。为了保证油品的分离质量，延长炉子的使用寿命，工艺上要求被加热油料的炉出口温度波动范围控制在 ±2℃ 以内。根据前面学到的知识，我们很自然地就会想到采用如图 8－1 所示的控制方案，即以炉出口温度作为被控变量，燃料量作为操纵变量构成单回路反馈控制系统。这个方案的可取之处在于它将所有对炉出口温度有影响的干扰因素都包括在控制回路中，不论干扰来自何方，最终总可以克服。但是实际运行时发现，这个方案的控制时间长，系统波动大，控制质量达不到生产工艺的要求。通过对燃烧加热过程的深入分析发现该方案确实存在一定的缺陷。

影响炉出口温度的因素很多，主要来自三个方面：①被加热物料方面的扰动f_1(包括物料的流量和入口温度的变化)；②燃料方面的扰动f_2(包括燃料的流量、热值及压力的波动)；③燃烧条件方面的扰动f_3(包括供风量和炉腔漏风量的变化、燃料的雾化状态的影响等)。其中，扰动f_2和f_3比扰动f_1更为频繁和剧烈。

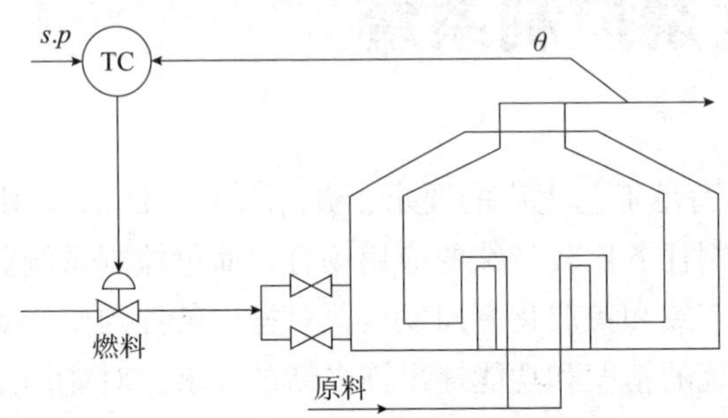

图8－1　加热炉出口温度单回路控制系统

图8－1中的简单控制系统之所以不能满足控制要求，主要原因是调节通道的时间常数过大，控制作用不及时。因为从燃料波动到炉出口温度的变化，要经历燃料雾化、炉膛燃烧、管壁传热和物料传输等一系列环节，而且每个环节都存在不同程度的测量滞后或纯滞后，通道总的时间常数长达15min左右，待温度变送器感受到出口温度的变化再去调节燃料量时已经为时过晚，结果必然是动态偏差大，波动时间长。

加热炉对象通过炉膛与被加热物料之间的温差进行热量传递，来自燃料和供风方面的扰动，首先要反映到炉膛温度上。这样自然就会考虑能否将炉膛温度作为被控变量，组成如图8－2所示的控制系统。这个方案的优点是调节通道的时间常数缩短为3min左右，对于主要干扰f_2和f_3具有很强的抑制作用。当燃料量和热值出现波动时，不等到出口温度发生变化就能提早发现并及时地进行控制，将干扰对出口温度的影响降至最低程度。但是，炉膛温度的稳定只为控制炉出口温度提供了一种辅助手段，并不是最终的控制目标。由于方案中没有把炉出口温度作为被控变量，当被加热物料的流量或入口温度产生波动使炉出口温度发生变化时，系统将无法使炉出口温度再回到给定位上。该方案仍然不能达到生产工艺的要求。

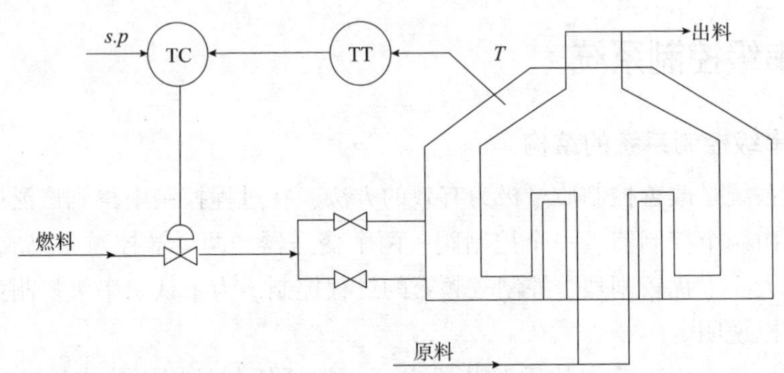

图8－2　加热炉出口温度间接控制方案

从以上分析可以看出，这两种控制方案的优缺点具有互补性，如果将二者有机结合在一起，是否能使控制质量进一步提高呢？实践证明这个思路是可行的。这样就出现了以炉出口温度为被控变量，以炉膛温度为辅助变量，炉出口温度控制器的输出作为炉膛温度控制器的给定值，而由炉膛温度控制器的输出去操纵燃料量的控制方案，如图8－3所示，这就是炉出口温度与炉膛温度的串级控制系统。图8－4所示为该串级控制系统框图。

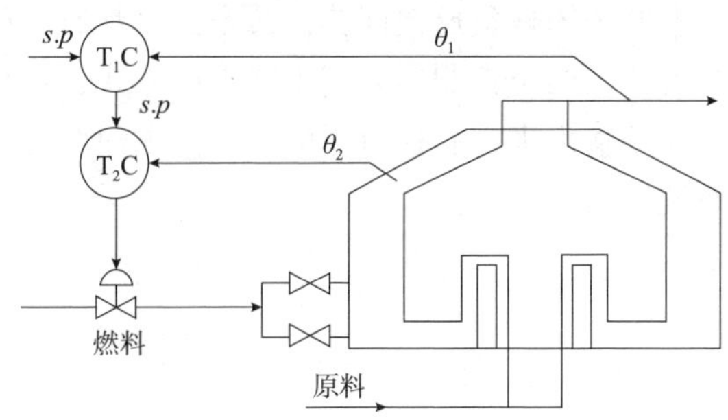

图 8－3 加热炉出口温度与炉膛温度串级控制系统

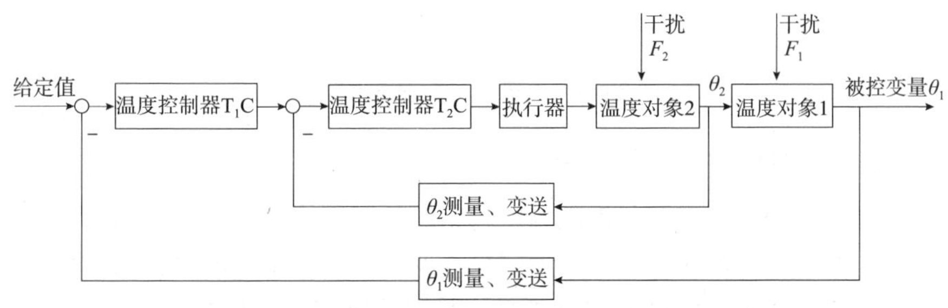

图 8－4 加热炉出口温度与炉膛温度串级控制系统框图

为了更好地阐述和分析问题，现将串级控制系统中常见的专用名词介绍如下。

①主变量：在串级控制系统中起主导作用的被控变量，是生产过程中主要控制的工艺指标，如上例中的炉出口温度。

②副变量：在串级控制系统中为了稳定主变量而引入的辅助变量，如上例中的炉膛温度。

③主对象；由主变量表征其主要特性的工艺生产设备或过程，其输入量为副变量，输出量为主变量。如上例中从炉膛温度控制点到炉出口温度检测点之间的工艺生产设备及管道。

④副对象：由副变量表征其主要特性的工艺生产设备或过程，其输入量为系统的操纵变量，输出量为副变量。如上例中由执行器至炉膛温度检测点之间的工艺生产设备及管道。

⑤主控制器：按主变量的测量值与给定值的偏差进行工作的控制器，其输出作为副控制器的给定值。如上例中的炉出口温度控制器 T_1C。

⑥副控制器：按副变量的测量值与主控制器输出信号的偏差进行工作的控制器，其输出直接控制执行器的动作。如上例中的炉膛温度控制器 T_2C。

⑦主回路：由主测量变送器、主控制器、副回路等环节和主对象组成的闭合回路，又称外环或主环。

⑧副回路：由副测量变送器、副控制器、执行器和副对象组成的闭合回路，又称内环或副环。

根据上面介绍的这些串级控制系统专用名词，可以将用于不同生产过程的各种串级控制系统表示成如图 8－5 所示的通用框图。

从串级控制系统的通用框图可以看出，该系统在结构上具有如下特点：

在串级控制系统中，有两个闭环负反馈回路，每个回路都有自己的控制器、测量变送器和对象，但只有一个执行器。两个控制器采用串联控制方式，主控制器的输出作为副控制器的给定值，由副控制器的输出来控制执行器的动作。主回路是一个定值控制系统，副回路则是一个随动控制系统。

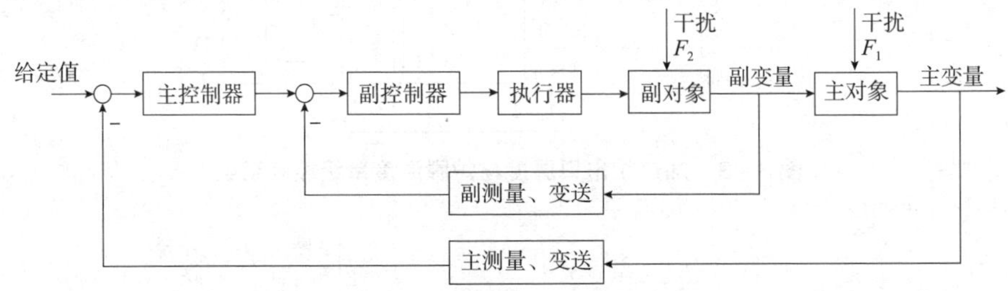

图 8－5　串级控制系统通用框图

8.1.2　串级控制系统的工作过程

下面以管式加热炉出口温度与炉膛温度的中级控制系统为例来分析串级控制系统克服干扰的一般工作过程。根据对加热炉对象的操作要求，假定系统的执行器选为气开式，炉出口温度控制器 T_1C 和炉膛温度控制器 T_2C 均采用反作用工作方式。

当生产过程处于稳定工况时，系统的物料和能量均处于平衡状态，此时炉膛温度相对稳定，炉出口温度也稳定在给定值上，执行器纳阀门保持一定的开度。如果某个时刻系统中突然受到干扰，平衡状态便遭到破坏，串级控制系统便开始投入克服干扰的工作过程。根据干扰作用于对象的位置不同，可分为以下三种情况：

(1)干扰作用于副回路

当燃料量或燃料的热值发生变化时，首先引起炉膛温度的变化，而炉出口温度则因管壁的传热滞后而不会马上改变。在出现干扰的初始阶段，主控制器 T_1C 送给副控制器 T_2C 的给定值信号保持不变，系统由副控制器根据炉膛温度的偏差情况及时对燃料量进行调节，使炉膛温度尽快地向原来的平衡状态值靠近。如果干扰量较小，经过副回路控制后，干扰就会被很快克服，一般不会引起炉出口温度的变化；如果干扰量较大，其大部分影响也会被副回路所克服，待波及炉出口温度时，已是强弩之末。此时，再通过主控制器的作用，进一步加速克服干扰的调节过程，使主变量尽快回复到给定值。

(2)干扰作用于主回路

当炉膛温度相对稳定，而被加热的物料量或入口温度发生变化时，必然引起炉出口温度的变化。在主变量偏离给定值的同时，主控制器开始发挥控制作用，并产生新的输出信号，使副控制器的给定值发生变化。此时，由于炉膛温度是稳定的，因而副控制器的输入偏差便发生变化，副回路也随之投入克服干扰的过程，并使燃料量发生相应的变化，以克服干扰对炉出口温度的影响。这样，两个控制器协同工作，直到炉出口温度重新稳定在给定值为止。在整个工作过程中，燃料量是在不断变化，然而这种变化是适应温度控制的需要，并不是干扰本身直接作用的结果。

(3)干扰同时作用于主回路和副回路

根据干扰作用使主、副变量变化的方向可进一步分为下列两种情况：

①在干扰作用下主、副变量同向变化。假定炉出口温度因物料入口温度的增加而升

高，同时炉膛温度也因燃料热值的增加而升高。当炉出口温度升高时，主控制器 T_1C 感受的是正偏差，在反作用工作方式下，其输出到副控制器 T_2C 的给定值信号将减小；同时，炉膛温度的升高，又使测量值增大，T_2C 感受到一个较大的正偏差，于是 T_2C 的输出大幅度减小。由于执行器采用气开式，随着控制信号降低，燃料量也随之大幅度减小，炉出口温度就会很快回复到给定值上。这说明当干扰使主、副变量同向变化时，主、副控制器共同作用的结果使控制作用加强，控制过程加快。

②在干扰作用下主、副变量反向变化。假定炉出口温度因物料量的增加而降低，同时炉膛温度因燃料热值的增加而升高。这时，主控制器的测量值减小，其输出到副控制器的给定值信号将增加，同时，副控制器的测量信号也是增加的，如果恰好两者的增加量相等，则偏差的变化量为0，副控制器的输出保持不变；如果两者增量不等，由于互相抵消掉一部分，偏差相对比较小，其副控制器的输出变化量也较小。这说明当干扰作用使主、副变量反向变化时，它们之间具有互补性，只要执行器的阀门开度有一个较小的变化，就能将主变量稳定在给定值上。

通过以上分析可以看出，串级控制系统在本质上是一个定值控制系统，系统的最终控制目标是将主变量稳定在给定值上。副回路的引入大大提高了系统的工作性能，它在克服干扰的过程中起“粗调”作用，主回路则完成“细调”任务，并最终保证主变量满足工艺要求。两个回路相互配合，充分发挥各自的长处，因而控制质量必然高于单回路控制系统。

8.1.3　串级控制系统的特点及应用场合

串级控制系统与简单控制系统相比，由于在结构上多了一个副回路，因而，在相同的干扰作用下，其控制质量大大高于单回路控制系统。现将串级控制系统在工作性能方面的主要特点归纳如下：

(1)对于进入副回路的干扰具有极强的克服能力

串级控制系统的这个特点在管式加热炉出口温度控制的例子中表现得很清楚。当燃烧条件发生改变使炉膛温度发生变化后，如果没有副回路，则一定要等到炉出口温度的测量值发生变化后，控制器才能产生新的动作。而在串级控制系统中，由于副回路的存在，就可以提早发现炉膛温度的变化，并及时通过副控制器改变燃料量，以便把炉腔温度调回来。这样，即使是干扰对炉出口温度的影响不能完全消除，也肯定比没有副回路时要小得多。因此，主要干扰作用于副回路时，串级控制的质量要比单回路控制好得多。

(2)改善了控制系统的动态特性，提高了工作频率

串级控制系统中副回路的引入，相当于将单回路控制系统中包括执行器在内的广义对象分为两部分，一部分由副回路代替，另一部分就是主对象。可以把副回路看作是主回路中的一个环节，或者把副回路理解为一部分等效对象。此时，串级控制系统框图可简化成图8－6。从理论上可以证明，由于副回路的存在，可以使等效对象的时间常数大大减小，这样整个系统中对象总的时间滞后近似等于主对象的时间滞后，单回路控制系统对象总的时间滞后要有所缩短，因而使得系统的动态响应加快，控制更加及时，减小了最大动

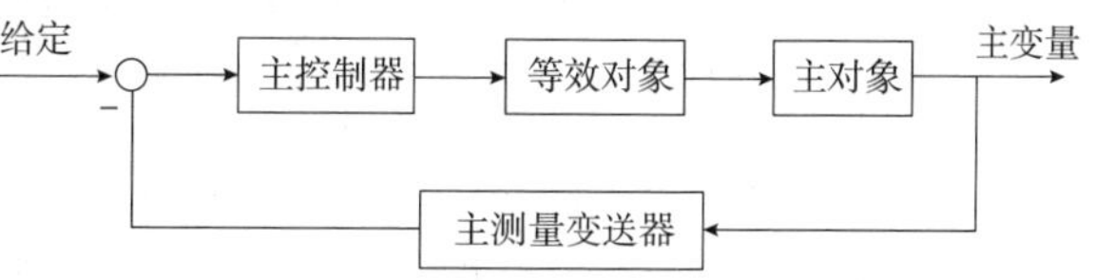

图8－6　串级控制系统的等效框图

态偏差；同时，等效对象时间常数的缩短，提高了系统的工作频率，缩短了振荡周期，减少了过渡过程的时间。即使是干扰作用于主对象，串级控制系统的控制质量也将比单回路控制系统有所改善。

(3)对负荷和操作条件的变化具有一定的适应能力

过程控制中的对象经常表现出非线性，随着生产负荷和操作条件的改变，对象的特性就会发生变化。而控制系统投运时所设定的控制器参数却是在一定的负荷和操作条件下，按某种质量指标整定得到的。因此，这些控制器参数只能在一个较小的工作范围内与对象特性相匹配。如果负荷和操作条件变化过大，超出这个适应范围，那么控制质量就很难保证。这个问题是单回路控制系统中的一个难题。但是，在串级控制系统中情况就不同了。虽然主回路是一个定值控制系统，副回路却是一个随动系统，它的给定值是随着主控制器的输出而变化的。主控制器可以按照生产负荷和操作条件的变化情况相应地调整副控制器的给定值，使系统运行在新的工作点上，从而保证在新的负荷和操作条件下，控制系统仍然具有较好的控制质量。

由于串级控制系统的特点和结构，它主要适合于被控对象的测量滞后或纯滞后时间较大，干扰作用强而且频繁，或者生产负荷经常大范围波动，简单控制系统无法满足生产工艺要求的场合。此外，当一个生产变量需要跟随另一个变量而变化或需要互相兼顾时，也可采用这种结构的控制系统。

8.1.4 串级控制系统设计中的几个问题

1. 副回路的确定

串级控制系统的控制质量之所以优于单回路控制系统，主要原因在于引入副回路。因此，要充分发挥串级控制系统的作用，副回路的设计是一个关键问题。确定副回路的核心问题就是如何根据生产工艺的具体情况，选择一个合适的副参数。下面是有关副回路设计的几个主要原则：

(1)应将生产中的主要干扰纳入副回路中

尽管串级控制系统的动态性能比单回路控制系统有所改善，但是它在克服作用于主回路的干扰时，改善效果并不明显。串级控制系统的最大优点还是在于它极强的克服作用于副回路干扰的能力。如果在设计时，能够把生产中变化幅度最大、最剧烈、最频繁的干扰包括在副回路中，那么就能充分利用副回路的快速抗干扰性能，将对主变量影响最大的不利因素抑制到最低限度，控制质量自然就容易保证。

(2)在可能的前提下，应将更多的干扰纳入副回路中

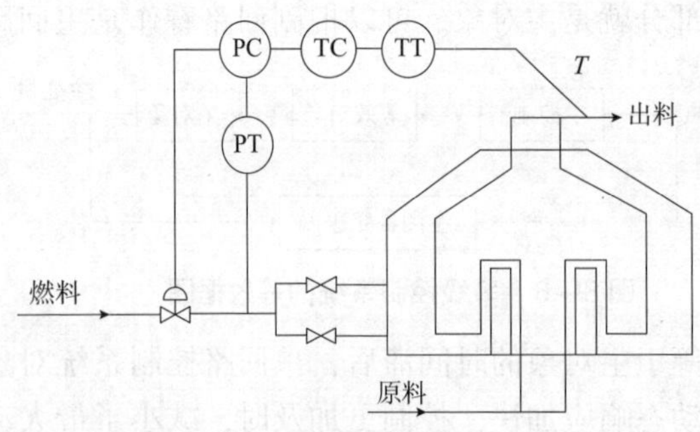

图 8－7 加热炉出口温度与燃料压力串级控制系统

在生产过程中，除了主要干扰因素外，还存在许多次要干扰，或者系统的干扰较多且难以分出主次。在这种情况下，如果副回路中能够多纳入一些干扰，无疑对控制质量的提高是有利的。图 8－7 所示为加热炉出口温度与燃料压力串级控制系统。当其他工艺条件都比较稳定，而只有燃料的压力经常波动时，这个方案比图 8－3的方案更合理。因为在燃料压力的

波动影响炉膛温度前，控制作用就已经开始。但是，在实际生产中，燃料的热值、雾化状态及供风情况也会经常发生变化，这时图 8－7 的控制方案就不能充分发挥作用，因为这些干扰没有被纳入副回路中。相比之下，在图 8－3 的控制方案中，其副环纳入的干扰更多一些，凡是能影响炉膛温度的干扰都能在副环中加以克服。从这一点上来看，图 8－3 所示的串级控制系统似乎更理想一些。

(3)应使主、副回路的时间常数适当匹配

根据串级控制系统中副回路的工作特性，所选择的副参数应该具有一定的灵敏度，使得构成副回路的时间常数小一点，这样有利于加快控制作用，缩短控制时间，不过要适当掌握分寸。通常，主对象与副对象时间常数之比在 3～10 倍较为合适。

2. 主、副控制器控制规律的选择

串级控制系统在生产过程中的应用很广，根据生产工艺对主、副变量的不同控制要求，主、副控制器也应该选择不同的控制规律，一般说来有下列四种情况：

(1)主变量是生产工艺的重要指标，对它的控制精度有很高的要求，而副回路的引入完全是保证主变量的稳定，对它没有严格要求且允许在一定范围内波动。这类串级控制系统在生产过程中最常见。

为了保证主变量的控制精度，保证在受到干扰作用后过渡过程没有余差，主控制器至少应选择比例积分(PI)控制规律。如果主对象的测量滞后比较大，在必要时也可以引入微分作用，即采用 PID 控制规律。对于副控制器，由于要求不高，一般选用比例控制规律就能满足要求，如果不适当地引入积分控制规律，则反而可能影响副回路的快速作用。

(2)生产工艺对主变量的控制要求比较多，同时对副变量的控制质量也有一定要求。在这种情况下，为保证主变量的控制精度，主控制器需选择比例积分控制规律；为了使副变量在干扰作用下也能达到一定的控制质量，副控制器也应该选择比例积分控制规律。但是，因副回路是一个随动系统，如果主控制器的输出变化比较剧烈，即使副控制器有积分作用，副变量也很难稳定在工艺要求的数值上。因此，对于这类串级控制系统，在参数整定时要特别注意这一点。

(3)对主变量的控制质量要求不高，甚至允许它在一定范围内波动，但要求副变量能快速、精确地跟随主控制器的输出而变化。对此，主控制器应选比例控制规律，而副控制器则应选比例积分控制规律。这类串级控制系统主要用于被控变量的给定值需要跟随另一个变量的调节而变动的场合，在工程上很少见到。

(4)生产工艺对主变量和副变量的控制质量要求都不十分严格，采用串级控制系统的目的只是使两个变量能相互兼顾。例如，将在后面介绍的串级均匀控制系统就属于这类系统。在这种情况下，主、副控制器均可采用比例控制规律。但有时防止主变量偏离给定值太远，主控制器也可考虑适当地引入积分控制规律。

3. 主、副控制器正反作用的确定

同单回路控制系统一样，在串级控制系统中确定主、副控制器作用方式的基本原则仍然是要保证整个闭合回路为负反馈。至于具体采用什么样的判别方法，在不同的参考文献中可能有所不同。下面介绍的方法仍以单回路控制系统中所用到的“乘积为负”的判别准则为依据，但由于主、副回路在组成环节上略有差异，因此其具体的判断式也略有差异。

副控制器的正反作用只与副回路中的各个环节有关，而与主回路无关。只要将副回路与单回路控制系统的结构进行对比就不难理解，因为它们是完全相同的。在简单控制中介绍的各环节规定符号“乘积为负”的判别准则，同样适用于串级控制系统副控制器正反作用的选择。其具体的判别式为：

(副控制器 ±)(执行器 ±)(副对象 ±)(副变送器 ±) = (-)

主控制器的正反作用只与主对象有关，而与副回路无关。为了说明这一点，需要对主回路中的各组成环节进行具体分析。

在主回路中有主控制器、副回路、主对象、主变送器四个环节。其中变送器环节在一般情况下都取“ + ”号，可以不考虑。由于副回路是一个随动系统，它的最终控制结果总是要使副变量(副回路的输出)跟随主控制器的输出(副回路的输入)而变化，也就是说，当副回路的输入增加时，副回路的输出也要增加。由此可见，副回路也是一个“ + ”环节。这样，主控制器的正反作用就只取决于主对象的符号。为了保证回路中各环节总的符号乘积为负，当主对象的符号为“ + ”时，主控制器必须是“ - ”号，即选择反作用，而当主对象的符号为“ - ”时，主控制器必须选择正作用。

【例 8 -1】 已知在图 8 - 8 所示的精馏塔提馏段温度与加热蒸汽流量串级控制系统中，执行器选为气关式，试确定主、副控制器的正反作用。

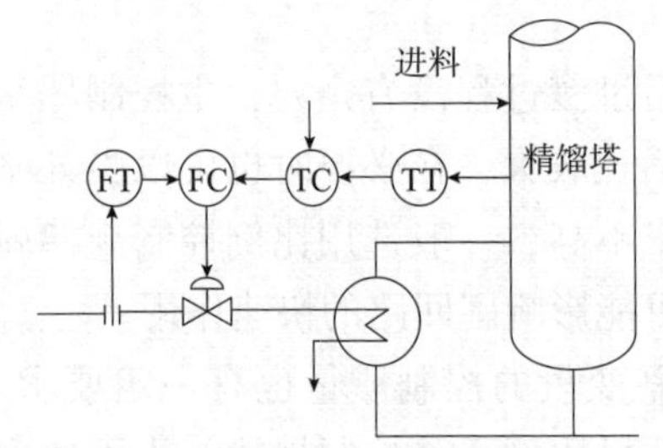

图 8 -8 精馏塔提馏段温度与加热蒸汽流量串级控制系统

解 副回路：已知执行器为气关式，符号为“ - ”；当执行器的阀门开度增大时，副变量蒸汽流量也增大，故副对象符号为“ + ”，副变送器符号也为“ + ”。根据回路各环节符号“乘积为负”的判别公式，副控制器符号必须取“ + ”，即应选择正作用。

主回路：因为当蒸汽流量增大时，主变量提馏段温度将上升，故主对象的符号为“ + ”，所以主控制器应选择反作用。

8.1.5 串级控制系统的投运和参数整定

1. 串级控制系统的投运

选用不同类型的仪表组成的串级系统，投运方法也有所不同，但是所遵循的原则基本上都是相同的：一是投运顺序，一般都采用先投副环后投主环的投运顺序；二是投运过程必须保证无扰动切换。

串级控制系统的投运步骤如下：

①主、副控制器均放于手动位置；主控制器放内给定，副控制器放外给定；将主、副控制器正、反作用开关放于正确位置；主、副控制器参数放于预定数值(如无预定值，比例度可放 100%，积分时间放适当数值，微分时间放于 0)。

②用副控制器的手操器进行手操(遥控)。

③当遥控使主变量接近或等于给定值而副变量也较平稳时，调节主控制器的手动输出，使副控制器的偏差表指示为 0，将副控制器切入自动。因为切换时刻副控制器偏差为零，其输出不会出现变化，因此切换是无扰动的。

④当副环切入自动后控制稳定，主变量接近或等于给定值时，调整主控制器的内给定，使主控制器偏差表指示为 0，于是可将主控制器切入自动。因为切换时刻主控制器偏

差为0，其输出不会出现变化。至此，系统则处于串级工作状态，而切换是无扰动的。

由于大多串级控制系统中控制器都有自动跟踪功能，即手动时其给定自动跟踪测量信号，任意时刻切换其偏差都为0，保证其输出不会出现跳变；自动时其自动输出自动跟踪手动输出，任意时刻切换都可保证输出无跳变。

2. 串级控制系统的工程整定方法

串级系统的整定方法比较多，有逐步逼近法、两步法和一步法等。整定顺序都是先整副环后整主环，这是它们的共同点。串级控制系统主、副控制参数的整定方法主要有以下两种。

(1)两步整定法

两步整定法按照先整定副回路，后整定主回路的顺序进行，具体步骤如下：

①主、副回路闭合，主、副控制器都置于纯比例控制规律的条件下，将主控制器比例度放在100%，然后按照衰减曲线法调整副控制器的比例度，待到副回路获得理想的过渡过程(如4∶1)曲线时，记录下副控制器此时的比例度 δ_{2s} 和振荡周期 T_{2s}。

②将副控制器的比例度置于 δ_{2s}，用同样的方法调整主控制器的比例度，找到主变量出现4∶1衰减振荡过程时的比例度 δ_{1s}，以及振荡周期 T_{1s}。

③依据所得到的 δ_{1s}、T_{1s}、δ_{2s} 和 T_{2s} 的值，结合主、副控制器控制规律的选择，按照衰减曲线法的经验公式计算出主、副控制器的参数 δ_1、T_I 及 T_D。

④将上述计算所得控制器参数按先副后主、先比例后积分再微分的顺序分别设置好两个控制器的参数，观察控制过程，如不够理想，可适当进行一些微调，直到理想为止。

(2)一步整定法

两步整定法虽能满足主、副变量的不同要求，但要分两步进行，比较烦琐。根据串级控制系统主、副回路各自的工作特点，通过反复实践总结，人们找到了更为简单的一步整定法，即由经验先确定副控制器的参数，然后按单回路控制系统的整定方法，对主控制器的参数进行整定。该方法虽然在整定参数的准确性上不如两步整定法，但由于操作简便，易于掌握，因而在工程上得到广泛应用。具体整定步骤如下：

①根据副变量的类型，按表8-1的经验值选择副控制器参数，使副控制器在所选比例度下按纯比例控制规律工作。

表8-1　采用一次整定法时副控制器参数的选择范围

副变量类型	副控制器比例度 δ_2/%	副控制器比例放大倍数 K_{P2}
温度	20～60	5.0～1.7
压力	30～70	3.0～1.4
流量	40～80	2.5～1.25
液位	20～80	5.0～1.25

②利用简单控制系统的任一种整定方法，直接整定主控制器的参数。

③在整定过程中，如果系统出现共振，可以根据对象的具体情况在主、副控制器中选择一个，将其比例度加大，以便将两个回路的工作频率拉开。如果共振剧烈，可先转入手动，待生产稳定后，相应设置一组新的参数值并重新投运，直至获得理想的控制结果为止。

8.2 前馈系统

在前面讨论的控制系统中，都是按偏差进行控制的反馈控制系统，不论是什么干扰引起被控变量的变化，控制器均可根据偏差进行调节，这是反馈控制的优点；但反馈控制也有一些固有缺点：对象总存在滞后惯性，从扰动作用出现到形成偏差需要时间。当偏差产生后，偏差信号遍及整个反馈环路产生调节作用去抵消干扰作用的影响又需要一些时间。也就是说，反馈控制根本无法将扰动克服在被控变量偏离给定值之前，调节作用总不及时，从而限制调节质量的进一步提高。另外，由于反馈控制构成一闭环系统，信号传递要经过闭环中的所有储能元件，因而包含内在的不稳定因素。为了改变反馈控制不及时和不稳定的内在因素，提出一种前馈控制的原理。在此介绍前馈控制的基本原理及其应用。

8.2.1 前馈控制系统的基本原理

前馈控制又称扰动补偿，它是一种与反馈控制原理完全不同的控制方法。前馈控制的基本概念是测量进入过程的干扰(包括外界干扰和设定值变化)，并按其信号产生合适的控制作用去改变操纵变量，使被控变量维持在设定值上。下面举例说明前馈控制系统。

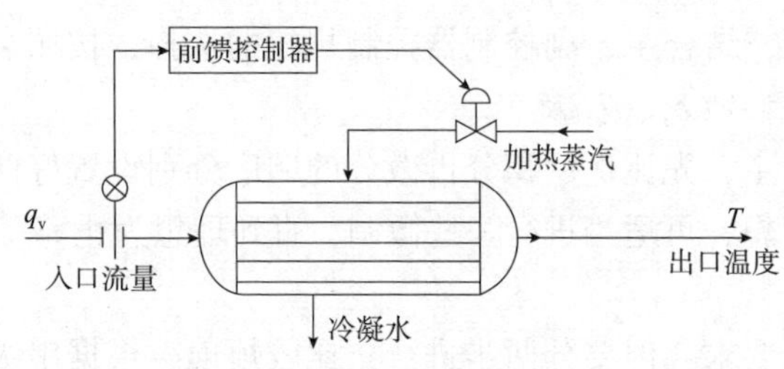

图 8－9 换热器前馈控制示意

图 8－9 所示为一个换热器的温度控制示意。加热蒸汽通过换热器中排管的外部，把热量传给排管内流过的被加热流体，它的出口温度 T 用蒸汽管路上的控制阀来加以控制。引起温度改变的扰动因素很多，其中主要的扰动是被加热物料的流量 q_v。

当流量 q_v 发生扰动时，出口温度 T 就会受到影响，产生偏差。如果用一般的反馈控制，控制器只根据被加热液体出口温度 T 的偏差进行调节，则当 q_v 发生扰动后，要等到 T 变化后控制器才开始动作。而控制器控制阀门，改变加热蒸汽的流量以后，又要经过热交换过程的惯性，才使出口物料温度 T 变化而反映控制效果。这就可能使出口温度 T 产生较大的动态偏差。如果根据被加热的物料流量 q_v 的测量信号来控制阀门，那么当 q_v 发生扰动后，就不必等到流量变化反映到出口温度以后再去进行操作。而是可以根据流量的变化，立即对控制阀进行操作，甚至可以在出口温度 T 还没有变化前就及时将流量的扰动补偿了。这就提出了在原理上不同的控制方法——前馈控制，这个自动控制装置就称为前馈控制器或扰动补偿器。前馈控制系统可以用图 8－10 的框图表示。

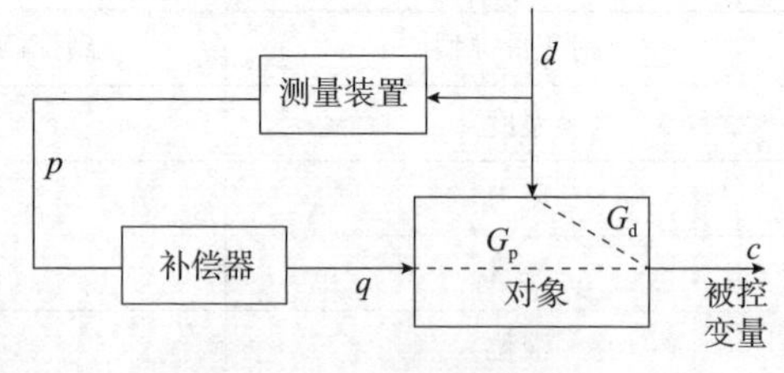

图 8－10 前馈控制框图

从图 8－9 可以看出，扰动作用到输出被控变量 c 之间存在两个传递通道：一个是 d 从对象扰动通道 G_d 去影响被控变量 c；另一个是从 d 出发经过测量装置和补偿器产生调节作用，经过对象的调节通道 G_p 去影响被控变量 c。调节作用和扰动作用对被控变量的影响是相反的。这样，在一定条件下，就有可能使补偿通道的作用很好地抵消扰动 d 对被控对象的影响，使得被控变量 c 不依赖于扰动 d。这里，首先要求测量装置要十分精确地测出扰动 d，还要求对被控对象特性有充分的了解，以及这个补偿装置的调节规律是可以实现的。在满足这些条件后，才有可能完全抵消扰动 d 对 c 的影响。

把前馈控制与反馈控制加以比较可以知道，在反馈控制中，信号传递形成了一个闭环系统，而在前馈控制中，则只是一个开环系统。闭环系统存在一个稳定性的问题，控制器参数的整定首先要考虑这个稳定性问题。但是，对于开环控制系统来讲，这个稳定性问题是不存在的，补偿的设计主要是考虑如何获得最好的补偿效果。在理想情况下，可以把补偿器设计到完全补偿的目的，即在所考虑的扰动作用下，被控变量始终保持不变，或者说实现了“不变性”原理。

根据图 8－10 有以下的前馈控制计算公式：

$$\frac{C(s)}{D(s)}=G_{\mathrm{d}}(s)+G_{\mathrm{f}}(s)G_{\mathrm{p}}(s) \tag{8-1}$$

式中，$G_{\mathrm{d}}(s)$，$G_{\mathrm{p}}(s)$ 分别为扰动通道和控制通道的传递函数；$G_{\mathrm{f}}(s)$ 为前馈补偿器传递函数。

要实现全补偿时，则必须 $C(s)=0$，同时 $D(s)\neq 0$，于是得到：

$$G_{\mathrm{f}}(s)=\frac{G_{\mathrm{d}}(s)}{G_{\mathrm{p}}(s)} \tag{8-2}$$

满足式(8－2)的前馈补偿装置可以使被控变量不受扰动的影响。

例如：精馏塔进料受前工序影响而波动，它影响精馏塔的稳定运行，因此可以用进料量作为前馈信号，开环控制再沸器的加热蒸汽量；也可以用该前馈信号，开环控制回流量或塔顶出料量。

如图 8－11 所示为精馏塔单纯前馈控制的示意。图 8－11(a)所示为进料信号作为单纯前馈信号，控制再沸器加热蒸汽控制阀门开度。图 8－11(b)所示为进料单纯前馈信号，作为再沸器加热蒸汽单回路控制系统的设定值。这相当于单闭环定比值控制系统。图 8－11 中，FY 是前馈控制器；FT 是流量检测变送器；FC 是流量控制器。

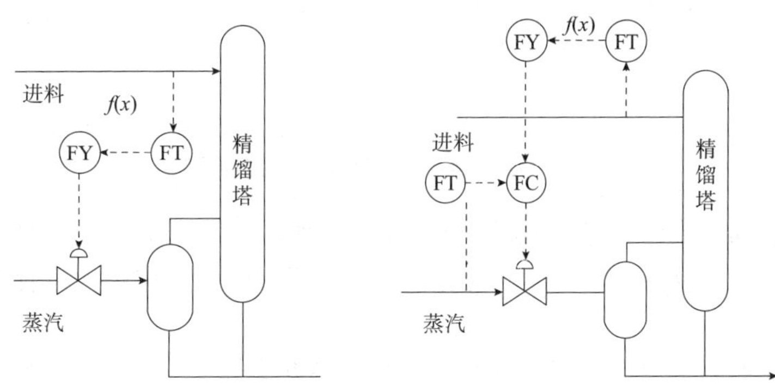

图 8－11　精馏塔单纯前馈控制示意

8.2.2　前馈控制系统的主要结构形式

1. 静态前馈控制

由式(8－2)求得的前馈控制器，已经考虑了两个通道的动态情况，是一种动态前馈补偿器。它追求的目标是被控变量的完全不变性。而在实际生产过程中，有时并没有如此高的要求。只要在稳态下，实现对扰动的完全补偿即可。令式(8－2)中的 s 为0，即可得到静态前馈补偿算式：

$$G_f(0)=\frac{G_d(0)}{G_p(0)} \tag{8-3}$$

利用物料(或能量)平衡算式，可方便地获取较完善的静态前馈算式。例如，图8－8所示的热交换过程，假若忽略热损失，其热平衡过程可表述为

$$q_v C_p(T-T_i)=G_s H_s \tag{8-4}$$

式中，C_p 为物料比热容；T 为物料出口温度；T_i 为物料入口温度；G_s 为蒸汽流量；H_s 为蒸汽汽化热。

由式(8－4)可解得：

$$G_s=q_v\frac{C_p}{H_s}(T-T_i) \tag{8-5}$$

用物料出口温度的设定值 T_o 代替式(8－5)中的 T，可得：

$$G_s=q_v\frac{C_p}{H_s}(T_o-T_i) \tag{8-6}$$

式(8－6)即为静态前馈控制算式。相应的控制流程如图8－12所示。图中虚线方框表示静态前馈控制装置。它是多输入的，能对物料的进口温度、流量和出口温度设定值做出静态补偿。

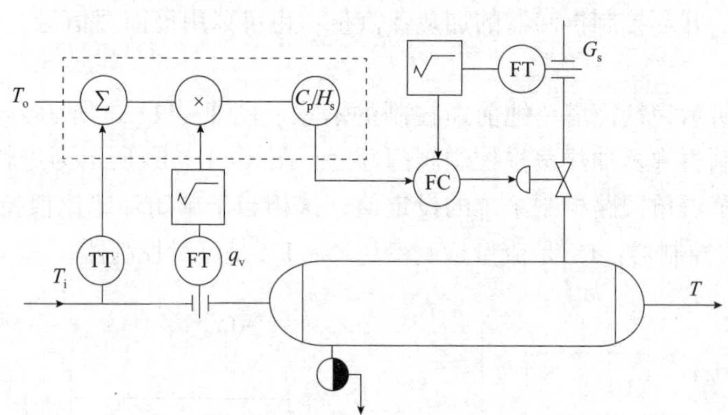

图8－12　换热器的静态前馈控制流程

如前所述，前馈控制器(即补偿器)在测出扰动量以后，按过程的某种物质或能量平衡条件计算出校正值，这种校正作用只能保证在稳态下补偿扰动作用，一般称为静态前馈。

2. 动态前馈控制

静态前馈控制只能保证被控变量的静态偏差接近或等于0，并不能保证动态偏差达到这个要求，尤其是当对象的控制通道和干扰通道的动态特性差异很大时。而动态前馈控制则可实现被控变量的动态偏差接近或等于0，其是在静态前馈控制基础上加上动态前馈补偿环节，实施方案如图8－13所示。

为了获得动态前馈补偿，必须考虑被控对象的动态特性，从而确定前馈控制器的规律。但是考虑到工业被控对象的动态特性千差万别，如果根据被控对象特性来设计前馈控制器，较难实现。因此，可在静态前馈控制的基础上，加上延迟环节或微分环节，以达到干扰作用的近似补偿。在这种前馈控制器中，存在3个重要的调整参数 K，T_1，T_2。其中，

K 是放大系数，是为了静态补偿用的；T_1 和 T_2 分别表示延迟作用和微分作用的延迟时间和微分时间。相对于干扰通道而言，控制通道反应快的应加强延迟作用，反应慢的应加强微分作用。也就是说，结合干扰通道和控制通道的各自特性，对延迟时间和微分时间进行参数调整，以实现动态前馈补偿，减低甚至消除被控变量的动态偏差。因此，动态前馈控制是当对象的控制通道和干扰通道的动态特性差异很大时才使用。

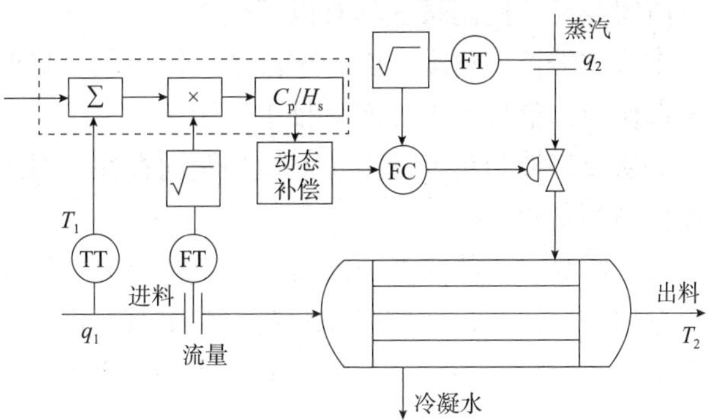

图 8－13　动态前馈控制实施方案

3. 前馈－反馈控制系统

在理论上，前馈控制可以实现被控变量的不变性，但在工程实践中，由于以下原因，前馈控制系统依然会存在偏差。

①实际的工业对象会存在多个扰动，若均设置前馈通道，势必增加控制系统投资费用和维护工作量。因而一般仅选择几个主要干扰作前馈通道。这样设计的前馈控制器对其他干扰丝毫没有校正作用。

②受前馈控制模型精度限制，模型误差将导致非完全补偿，使被控变量最终存在偏差。

③用仪表实现前馈控制时，往往做了近似处理，尤其当综合得到的前馈控制算式包含纯超前环节或纯微分环节时，它们在物理上是不能实现的，构成的前馈控制器只能是近似的。

前馈控制系统中，不存在被控变量的反馈，即对于补偿的效果没有检验的手段。因此，如果控制的结果无法消除被控变量的偏差，系统也无法获得这一信息而做进一步的校正。为了解决前馈控制的这一局限性，在工程上将前馈与反馈结合起来应用，构成前馈－反馈控制系统。这样既发挥了前馈校正作用及时的优点，又保持了反馈控制能克服多种扰动及对被控变量最终检验的长处，是一种适合化工过程控制的控制方法。图 8－14 所示为换热器的前馈－反馈控制系统。

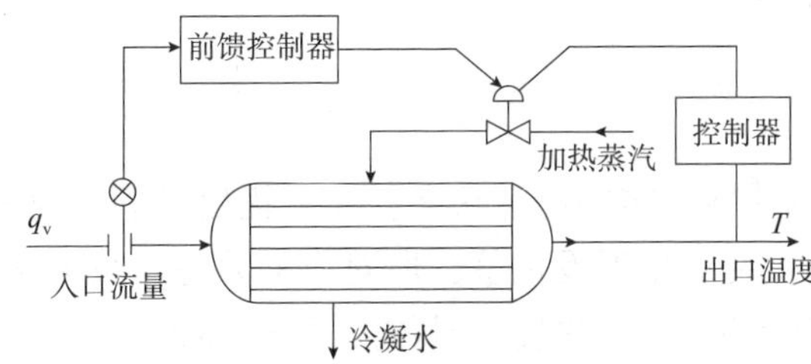

图 8－14　换热器前馈－反馈控制系统

系统的被控变量是换热器出口被加热流体温度。由于换热器入口流体流量是引起换热器出口被加热流体温度变化的主要干扰，所以一旦入口流量变化，通过前馈补偿装置(即前馈控制器)，及时调整加热蒸汽量，以克服入口流量变化对出口温度的影响。同时，被加热流体出口温度的变化又能通过反馈控制器来调整加热蒸汽量，以克服其他干扰对出口温度的影响。这种典型的前馈－反馈控制综合了前馈与反馈控制的优点，既发挥了前馈控制及时克服主要干扰的优点，又保持了反馈控制能克服多种干扰，始终保持被控变量等于给定值的优点。因此，是一种较为理想的控制方式。

前馈－反馈控制系统具有以下优点：

①从前馈控制角度，由于增添了反馈控制，降低了对前馈控制模型的精度要求，并能对未选作前馈信号的干扰产生校正作用。

②从反馈控制角度，由于前馈控制的存在，对干扰进行及时的粗调作用，大大减轻了反馈控制的负担。

对于图 8－14 的前馈－反馈控制系统，为了提高前馈控制的精度，还可以增添一个蒸汽流量的闭合回路，使前馈控制器的输出改变这个流量回路的设定值。这样构成的系统称为前馈－串级控制系统，其框图如图 8－15 所示。

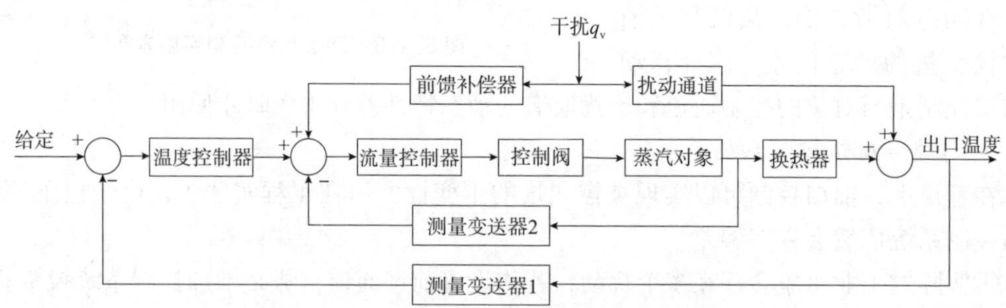

图 8－15　换热器前馈－串级控制系统框图

除上述两种前馈控制系统外，还有多变量前馈控制等。多变量前馈控制系统是具有多个输入和多个输出的系统，控制形式计算复杂，构成较难，在此不再详细讨论。

8.2.3　前馈控制系统的参数整定

由于前馈控制器的控制效果受被控对象特性的测试精度、测试工况与在线运行时的情况差异以及前馈装置的制作精度等因素的影响，使得控制效果不够理想。因此，必须对前馈控制器进行在线整定。前馈控制器最常用的模型为 $G_s = \frac{1+T_1 s}{1+T_2 s}K_f$，本节针对该模型进行静态参数 K_f 和动态参数 T_1、T_2 的整定方法介绍。

(1) 静态参数 K_f 的整定

静态参数 K_f 分开环和闭环两种整定方法。

①开环整定法：开环整定针对系统处于单纯静态前馈运行状态，在干扰信号下，调整静态参数 K_f 值（由小到大逐步增大），直到被控变量接近设定值，所对应的静态参数 K_f 称为最佳整定值。开环整定法的前提是系统处于单纯静态前馈运行状态，故开环整定过程中并没有被控变量控制的反馈，为了防止被控变量远远偏离设定值（静态参数 K_f 值过大）而导致生产过程不正常甚至产生事故，在静态参数 K_f 值整定中，应逐步由小到大进行调整。另注意：为了减小其他干扰量对被控变量控制的影响，参数整定时应保证工况稳定。

②闭环整定法：考虑开环整定法易影响生产正常进行及安全性无法保障，因而在实际应用中较少，工程上采用较多的是闭环整定法。闭环整定法是在反馈系统已经完成整定的基础上，再施加相同的干扰作用，通过由小到大逐步调整静态参数 K_f 值，使被控变量回到设定值上。图 8－16 显示了静态参数 K_f 值过小、合适和过大三种情况下，对补偿过程的三种影响：欠补偿、合适补偿和过补偿。

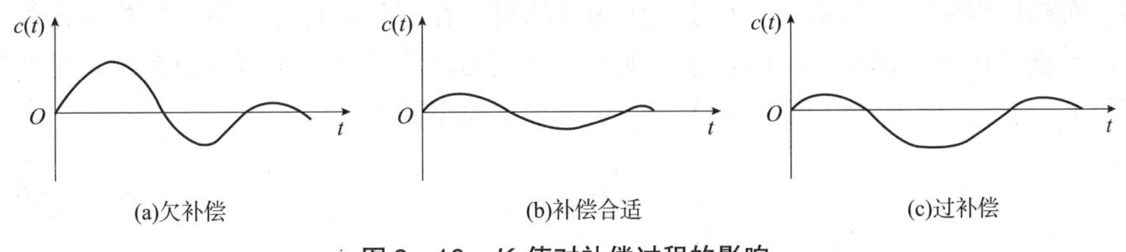

图 8-16 K_f 值对补偿过程的影响

(2)动态参数 T_1 和 T_2 的整定

动态参数的整定决定了动态补偿的程度，但由于前馈控制器动态参数的整定较复杂，仍处于定性分析阶段，大多数情况下，主要依靠经验进行动态参数 T_1 和 T_2 的整定。

动态参数 T_1 和 T_2 存在一些原则性的调整。$T_1 > T_2$ 时：前馈控制器在动态补偿过程中起超前作用。$T_1 = T_2$ 时：前馈控制器在动态补偿过程中不起作用，即只有静态前馈作用。$T_1 < T_2$ 时：前馈控制器在动态补偿过程中起滞后作用。

因此，动态参数 T_1 和 T_2 分别称为超前时间和滞后时间。根据校正作用在时间上是超前或滞后，可以决定 T_1/T_2 的数值。当 T_1/T_2 数值过大时，可能造成过补偿，使过渡过程曲线反向超调过高。因此，为了保障生产过程的安全性，应从欠补偿方式开始整定前馈控制器的动态参数，逐步提高 T_1/T_2 数值，使过渡过程曲线逐次试凑逼近设定值。也可在初次整定时，先试取 $T_1/T_2=2$(超前)或 $T_1/T_2=0.5$(滞后)数值，施加干扰，观察补偿过程。根据过渡过程曲线的变化趋势，再调整 T_1 或 T_2 使补偿过程曲线达到上、下偏差面积相等，最后调整 T_1/T_2 数值，直到获得平坦的补偿过程曲线为止。

8.3 比值控制系统

8.3.1 比值控制系统基本原理与结构

在化工、炼油及其他工业生产过程中，工艺上常需要将两种或两种以上的物料保持一定的比例关系，如比例一旦失调，将影响生产或造成事故。

例如，在造纸生产过程中，必须使浓纸浆和水以一定比例混合，才能制造出一定浓度的纸浆，显然这个流量比对于产品质量有密切关系。在重油气化的造气生产过程中，进入气化炉的氧气和重油流量应保持一定的比例，若氧油比过高，因炉温过高使喷嘴和耐火砖烧坏，严重时甚至会引起炉子爆炸；如果氧量过低，则生成的炭黑增多，还会发生堵塞现象。所以保持合理的氧油比，不仅使生产能正常进行，且对安全生产来说具有重要意义。再如，在锅炉燃烧过程中，需要保持燃料量和空气按一定的比例进入炉膛，才能提高燃烧过程的经济性。这样类似的例子在各种工业生产中大量存在。

实现两个或两个以上参数符合一定比例关系的控制系统，称为比值控制系统。通常为流量比值控制系统。

在需要保持比值关系的两种物料中，必有一种物料处于主导地位，这种物料称为主物料，表征这种物料的参数称为主动量，用 F_1 表示。由于在生产过程控制中主要是流量比值控制系统，所以主动量也称主流量；而另一种物料按主物料进行配比，在控制过程中随主物料量而变化，因此称为从物料，表征其特性的参数称为从动量或副流量，用 F_2 表示。一般情况下，总以生产中主要物料定为主物料，如上例中的浓纸浆、重油和燃料油均为主物料，而相应跟随变化的水、氧和空气则为从物料。在有些场合，以不可控物料作为主物料，用改变可控物料即从物料的量来实现它们之间的比值关系。比值控制系统就是要实现副流量 F_2 与主流量 F_1 成一定比值关系，满足如下关系式：

$$K=\frac{F_2}{F_1} \tag{8-7}$$

式中，K 为副流量与主流量的流量比值。

8.3.2 比值控制系统的类型

1. 开环比值控制系统

开环比值控制系统是最简单的比值控制方案，其系统组成如图 8-17 所示，整个系统是一个开环控制系统。在这个系统中，随着 F_1 的变化，F_2 将跟着变化，以满足 $F_2=KF_1$ 的要求。其实质乃是满足控制阀的阀门开度与 F_1 之间成一定比例关系，因此，当 F_2 因管线两端压力波动而发生变化时，系统不起控制作用，此时难以保证 F_2 与 F_1 间的比值关系。也就是说，这种比值控制方案对副流量 F_2 本身无抗干扰能力，只能适用于副流量较平稳且比值要求不高的场合。实际生产过程中，F_2 的干扰常常是不可避免的，因此生产上很少采用开环比值控制方案。

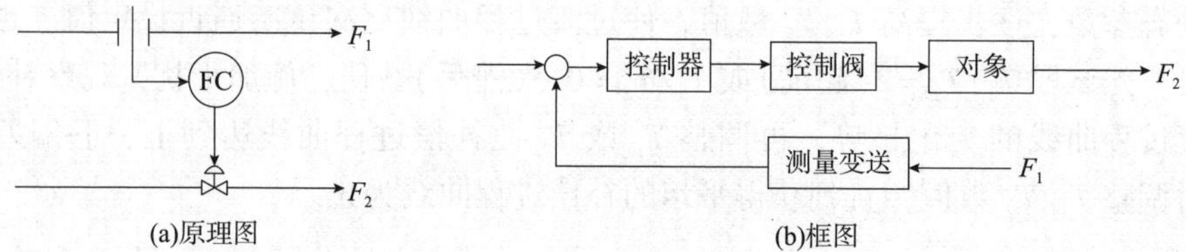

图 8-17 开环比值控制系统

2. 单闭环比值控制系统

单闭环比值控制系统是克服开环比值方案的不足，在开环比值控制系统的基础上，增加一个副流量的闭环控制系统，如图 8-18 所示。

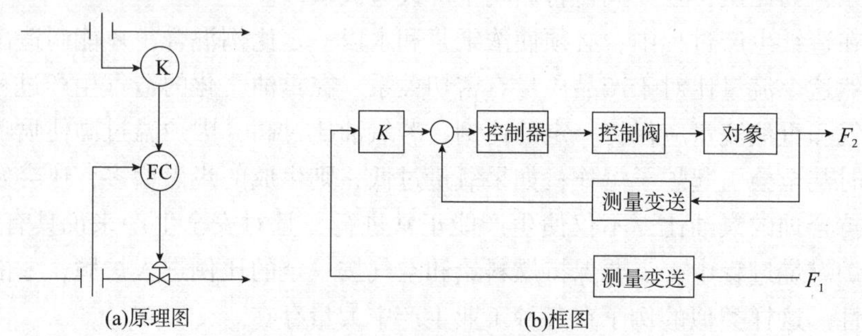

图 8-18 单闭环比值控制系统

从图 8-18(a)可看出，其与串级控制系统具有相类似的结构形式，但两者不同。单闭环比值控制系统的主流量相当于串级控制系统的主参数，而主流量没有构成闭环系统，F_2 的变化并不影响 F_1，这就是两者的根本区别。

在稳定状态下，主、副流量满足工艺要求的比值，$F_2/F_1=K$。当主流量变化时，其流量信号 F_1 经变送器送到比值计算装置，比值计算装置则按预先设置好的比值使输出成比

例地变化，也就是成比例地改变副流量控制器的设定值，此时副流量闭环系统为一个随动控制系统，从而使 F_2 跟随 F_1 变化，在新的工况下，流量比值 K 保持不变。当副流量由于自身干扰发生变化时，副流量闭环系统相当于一个定值控制系统，自行调节克服，使工艺变化，在新的工况下，流量比值 K 保持不变。当副流量由于自身干扰发生变化时，副流量闭环系统相当于一个定值控制系统，自行调节克服，使工艺要求的流量比仍保持不变。

图 8－19 所示为单闭环比值控制系统实例。丁烯洗涤塔的任务是用水除去丁烯馏分所夹带的微量乙腈。为了保证洗涤质量，要求根据进料流量配以一定比例的洗涤水量。

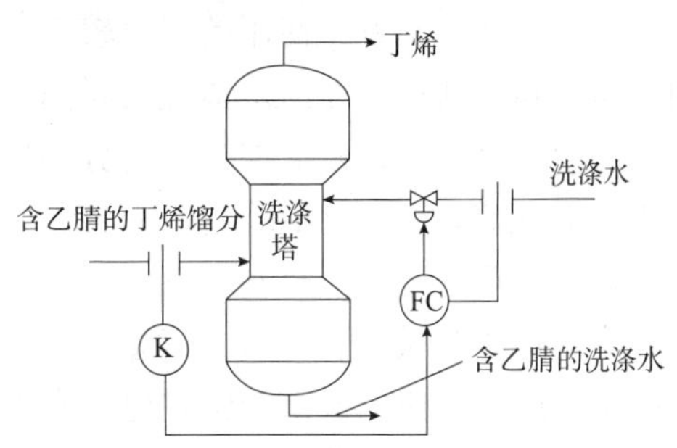

图 8－19 丁烯洗涤塔进料流量与洗涤水量的比值控制

单闭环比值控制系统的优点是：它不但能实现副流量跟随主流量的变化而变化，而且可以克服副流量本身干扰对比值的影响，因此主、副流量的比值较为精确。它的结构形式较简单，实施起来亦较方便，所以得到广泛应用，尤其适用于主物料在工艺上不允许进行控制的场合。

单闭环比值控制系统虽然两物料比值一定，但由于主流量不受控制，所以总物料量是不固定的，这对于负荷变化幅度大，物料又直接去化学反应器的场合是不适合的。因负荷的波动有可能造成反应不完全，或反应放出的热量不能及时被带走等，从而给反应带来一定的影响，甚至造成事故。此外，这种方案对于严格要求动态比值的场合也是不适应的。因为这种方案主流量是不定值的，当主流量出现大幅度波动时，副流量相对于控制器的给定值会出现较大的偏差，也就是说在这段时间里，主、副流量比值会较大地偏离工艺要求的流量比，即不能保证动态比值。

3. 双闭环比值控制系统

双闭环比值控制系统是为了克服单闭环比值控制系统主流量不受控，生产负荷在较大范围内波动的不足而设计的。它是在单闭环比值控制的基础上，增设了主流量控制回路而构成的，如图 8－20 所示。

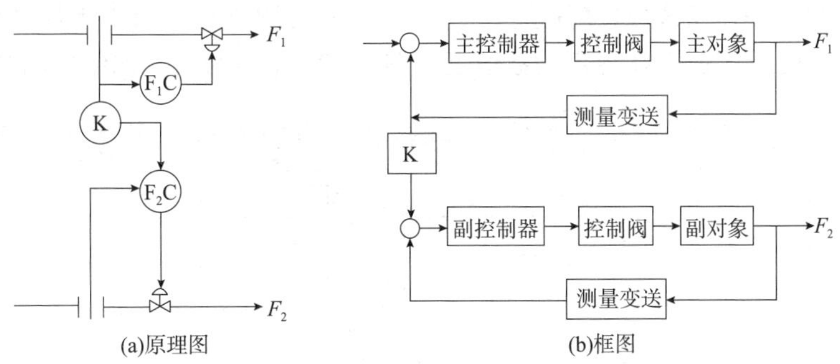

图 8－20 双闭环比值控制系统

双闭环比值控制系统由于主流量控制回路的存在，实现了对主流量的定值控制，大大克服了主流量干扰的影响，使主流量变得比较平稳，通过比值控制副流量也将比较平稳。这样不仅实现了比较精确的流量比值，而且也确保两物料总量基本不变，这是它的一个主要特点。

双闭环比值控制的另一个优点是提降负荷比较方便，只要缓慢地改变主流量控制器的给定值，就可以提降主流量，同时副流量也就自动跟踪提降，并保持两者比值不变。这种方案常适用于主流量干扰频繁及工艺上不允许负荷有较大波动或工艺上经常需要提降负荷的场合。

这类比值控制方案使用的仪表较多，投资高。双闭环比值控制系统在主流量受干扰作用开始，到重新稳定在给定值这段时间内发挥作用。如果对这段时间内的动态比值要求不高，采用两个单回路定值控制系统分别稳定主、副流量，也能保证它们之间的比值。这样在投资上可节省一台比值装置，而且两个单回路流量控制系统操作上也较方便。

在采用双闭环比值控制方案时，尚需防止共振的产生。因主、副流量控制回路通过比值计算装置相互联系着，当主流量进行定值调节后，它变化的幅值肯定大大减小，但变化的频率会加快，使副流量的给定值经常处于变化中，当它的频率和副流量回路的工作频率接近时，有可能引起共振，使副回路失控，以致系统无法投入运行。在这种情况下，对主流量控制器的参数整定应尽量保证其输出为非周期变化，以防止产生共振。

4. 变比值控制系统

以上介绍的几种控制方案都是属于定比值控制系统。控制过程的目的是要保持主、从物料的比值关系为定值。但有些化学反应过程，要求两种物料的比值能灵活地随第三变量的需要而加以调整，这样就出现一种变比值控制系统。

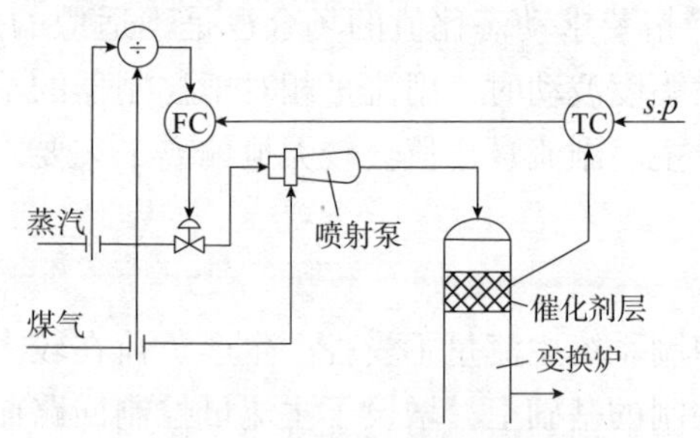

图 8－21　变比值控制系统

图 8－21 所示为变换炉的半水煤气与水蒸气的变比值控制系统示意。在变换炉生产过程中，半水煤气与水蒸气的量需保持一定的比值，但其比值系数要能随一段催化剂层的温度变化而变化，才能在较大负荷变化下保持良好的控制质量。在这里，蒸汽与半水煤气的流量经测量变送后，送往除法器，计算得到它们的实际比值，作为流量比值控制器 FC 的测量值。而 FC 的给定值来自温度控制器 TC，最后通过调整蒸汽量(实际上是调整蒸汽与半水煤气的比值)来使变换炉催化剂层的温度恒定在规定的数值上。图 8－22 所示为该变比值控制系统框图。

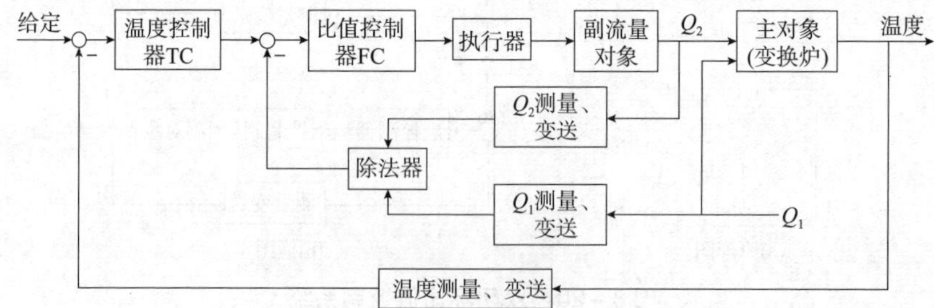

图 8－22　变比值控制系统框图

由图 8－22 可见，从系统结构上来看，实际上是变换炉催化剂层温度与蒸汽/半水煤气的比值串级控制系统。系统中控制器的选择，温度控制器 TC 按串级控制系统中主控制器要求选择，比值系统按单闭环比值控制系统来确定。

8.3.3 比值系数的计算

实现比值控制都会从现场获得流量测量信号，然后送到控制装置中进行计算，并将输出信号送到相应的控制阀上。控制装置可分为两类：一类是控制仪表(常规仪表、智能仪表等)，接收代表流量的测量信号，仪表内部进行计算是针对这些信号进行的；另一类是DCS等以计算机技术为基础的控制装置，流量信号进入DCS内部后会在其内部将流量信号转换为流量的量值。前者需要根据流量比、流量测量的量程，计算出流量信号之比；后者不需要进行计算，直接按流量比进行设置即可。

比值控制是解决物料量之间的比例关系，工艺上规定的比值 K 是指两物料的流量比(体积流量或质量流量)，而目前通用的仪表使用统一的信号，电动仪表为4～20mA直流电流，气动仪表为20～100kPa气压等，因此必须把工艺规定的流量比值关系换算成对应信号之间的比值关系。为此定义流量信号比值关系，即从动流量信号相对变化量与主动流量信号相对变化量之比为比值系数，用 K' 表示，即：

$$\text{比值系数 } K' = \frac{\text{从动流量信号相对变化}}{\text{主动流量信号相对变化}} = \frac{\dfrac{I_2 - I_{20}}{I_{2\max} - I_{20}}}{\dfrac{I_1 - I_{10}}{I_{1\max} - I_{10}}} \tag{8-8}$$

大多数情况下，从动流量测量、主动流量测量都采用同一信号制，即 $I_{2\max} - I_{20}$ 等于 $I_{1\max} - I_{10}$，所以

$$K' = \frac{I_2 - I_{20}}{I_1 - I_{10}}$$

1. 流量与测量信号呈线性关系时的计算

当使用转子流量计、涡轮流量计、椭圆齿轮流量计或带开方的差压变送器测量流量时，流量信号均与测量信号呈线性关系。下面针对仪表信号起始点分别为0和非0两种情况，说明如何由 K 折算成 K'。

当流量由0变至最大值($F_{\max}$)时，变送器对应输出信号为4～20mA DC，变送器的转换关系即流量的任一中间值 F 所对应的输出信号电流为：

$$I = \frac{F}{F_{\max}} \times 16 + 4 \tag{8-9}$$

比值系数 K' 为仪表信号之比，即：

$$K' = \frac{I_2 - 4}{I_1 - 4} \tag{8-10}$$

式中，I_2 为副流量测量信号值；I_1 为主流量测量信号值。

在式(8-10)中 K' 应为仪表输出信号变化量之比，所以均需减去仪表信号的起始值。

把式(8-9)代入式(8-10)，可得：

$$K' = \frac{\dfrac{F_2}{F_{2\max}} \times 16 + 4 - 4}{\dfrac{F_1}{F_{1\max}} \times 16 + 4 - 4} = \frac{F_2}{F_1} \times \frac{F_{1\max}}{F_{2\max}} = K\frac{F_{1\max}}{F_{2\max}} \tag{8-11}$$

式中，$F_{2\max}$ 为副流量变送器量程上限；$F_{1\max}$ 为主流量变送器量程上限。

当流量由0变至最大值($F_{\max}$)时，变送器对应输出信号为20～100kPa，变送器的转换

关系为：

$$p=\frac{F}{F_{max}}\times 80+20 \tag{8-12}$$

比值系数 K' 为：

$$K'=\frac{p_2-20}{p_1-20} \tag{8-13}$$

式中，p_2 为副流量测量信号值；p_1 为主流量测量信号值。

把式(8－12)代入式(8－13)，可得：

$$K'=\frac{\frac{F_2}{F_{2max}}\times 80+20-20}{\frac{F_1}{F_{1max}}\times 80+20-20}=\frac{F_2}{F_1}\times\frac{F_{1max}}{F_{2max}}=K\frac{F_{1max}}{F_{2max}} \tag{8-14}$$

式中，F_{2max} 为副流量变送器量程上限；F_{1max} 为主流量变送器量程上限。

可以看出，对于不同信号范围的仪表，比值系数的计算式是一致的。

2. 流量与测量信号呈非线性关系时的计算

在使用节流装置测量流量而未经开方处理时，流量与差压的非线性关系为：

$$F=K\sqrt{\Delta p} \tag{8-15}$$

式中，K 为节流装置的比例系数。

此时针对不同信号范围的仪表，测量信号与流量的转换关系为：

DDZ－Ⅲ型仪表：

$$I=\frac{F^2}{F_{max}^2}\times 16+4 \tag{8-16}$$

此时的比值系数计算方法如下：

$$K'=\frac{I_2-4}{I_1-4}=\frac{\frac{F_2^2}{F_{2max}^2}\times 16+4-4}{\frac{F_1^2}{F_{1max}^2}\times 16+4-4}=\frac{F_2^2}{F_1^2}\times\frac{F_{1max}^2}{F_{2max}^2}=K^2\left(\frac{F_{1max}}{F_{2max}}\right)^2 \tag{8-17}$$

同理，可对 0～10mA DC 差压变送器进行推导，所得结论与式(8－17)完全一样。

通过计算推导，可以得出以下几点结论：

①流量比值 K 与比值系数 K' 是两个不同的概念，不能混淆。

②比值系数 K' 的大小与流量比 K 的值有关，也与变送器量程有关，但与负荷的大小无关。

③流量与测量信号之间有无非线性关系对计算式有直接影响，线性关系时 $K'_{线}=K(F_{1max}/F_{2max})$，非线性关系(平方根关系)时 $K'_{非}=K_2(F_{1max}/F_{2max})^2$，但仪表的信号范围不一及起始点是否为 0，均对计算式无影响。

线性测量与非线性测量(平方根关系)情况下 K' 间的关系为 $K'_{非}=(K'_{线})^2$。

8.3.4 比值控制系统的实施

比值控制系统有两种实现方案，依据 $F_2=KF_1$ 即可对 F_1 的测量值乘以比值 K，作为 F_2 流量控制器的设定值，称为相乘的方案。而依据 $K=F_2/F_1$ 就可以将 F_2 与 F_1 的测量值

相除，作为比值控制器的测量值，称为相除的方案。

(1)相乘方案

要实现两流量之间的比值关系，即 $F_2=KF_1$，可以对 F_1 的测量值乘上某一系数，作为 F_2 流量控制器的给定值，称为相乘方案，如图8－23所示。图中"×"为乘法符号，表示比值运算装置。如果使用电动仪表实施则有分流器及乘法器等。至于使用可编程调节器或其他计算机控制来实现，采用乘法运算即可。如果比值 K 为常数，上述仪表均可应用；若为变数(变比值控制)，则必须采用乘法器，此时只需将比值设定信号换接成第三参数即可。

(2)相除方案

如果要实现两流量之比值为 $K=F_2/F_1$，也可以将 F_2 与 F_1 的测量值相除，作为比值控制器的测量值，称为相除方案，如图8－24所示。

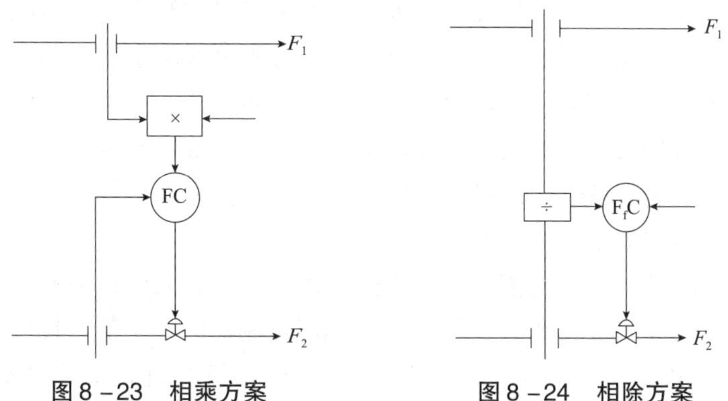

图8－23　相乘方案　　图8－24　相除方案

相除方案无论是气动仪表或电动仪表，均采用除法器来实现。而对于使用可编程调节器或其他计算机控制来实现，只要对两个流量测量信号进行除法运算即可。由于除法器(或除法运算结果)输出直接代表两流量信号的比值，所以可直接对它进行比值指示和报警。这种方案比值很直观，且比值可直接由控制器进行设定，操作方便。若将比值给定信号改作第三参数，便可实现变比值控制。

8.3.5　比值控制系统的设计与投运

(1)主、从动量的确定

设计比值控制系统时，需要先确定主、从动量。原则是：在生产过程中起主导作用、可测而不可控、较昂贵的物料流量一般为主动量。以主动量为准进行配比的物料流量为从动量。另外，当生产工艺有特殊要求时，主、从动量的确定应服从工艺需要。

(2)控制方案的选择

比值控制有多种控制方案，在具体选用时应分析各种方案的特点，根据不同的工艺情况、负荷变化、扰动性质和控制要求等进行合理选择。

(3)控制器控制规律的确定

比值控制控制器的控制规律是由不同控制方案和控制要求确定的。例如，单闭环控制中从动回路控制器选用PI控制规律，因为它将起到比值控制和稳定从动量的作用；而双闭环控制中主、从动回路调节器均选用PI控制规律。因为它不仅要起到比值控制作用，而且要起到稳定各自物料流量的作用；变比值控制可仿效串级系统控制规律的选用原则。

(4) 比值系数 K 的选取范围

在采用相乘形式时，K 值既不能太小也不能太大。如果 K 值太小，则从动量 F_2 的流量设定值 KF_1 也必然很小，仪表的量程不能充分利用，会影响控制精确度；如果 K 值过大，则设定值可能接近控制器的量程上限，遇到主动量流量 F_1 值进一步上升时，将无法完成比值控制的功能，仪表超限是设计时必须检查与防止的问题。

在采用相除形式的方案时，K 值应取 0.5 ~ 0.8。在采用相乘形式的方案时，K 值应为 1 附近，通常在 0.5 ~ 2.0。这样，控制器的测量值处在整个仪表量程的中间偏上，既能保证精确度，又有一定的调整余地。

(5) 比值控制系统的投运

比值控制系统投运前的准备工作及投运步骤与单回路控制系统相同。

(6) 比值控制系统的整定

在比值控制系统中，变比值控制系统因结构上是串级控制系统，因此主控制器按串级控制系统整定。双闭环比值控制系统的主流量回路可按单回路定值控制系统整定。下面对单闭环比值控制系统、双闭环及变比值回路的副流量回路的参数整定进行简单介绍。

比值控制系统中副流量回路是一个随动系统，工艺上希望副流量能迅速正确地跟随主流量变化，并且不宜有超调。由此可知，比值控制系统实际上是要达到振荡与不振荡的临界过程。一般整定步骤如下：

①根据工艺要求的两流量比值，进行比值系数计算。若采用相乘形式，则需计算仪表的比值系数 K 值；若采用相除形式，则需计算比值控制器的设定值。在现场整定时，可根据计算的比值系数投运。在投运后，一般还需按实际情况进行适当调整，以满足工艺要求。

②控制器需采用 PI 控制。整定时可先将积分时间置于最大，由大到小地调整比例度，直至系统达到振荡与不振荡的临界过程为止。

③在适当放宽比例度的情况下，一般放大 20%，然后慢慢把积分时间减少，直到出现振荡与不振荡的临界过程或微振荡的过程。

8.4 均匀控制系统

8.4.1 均匀控制系统的提出

在连续生产过程中，前一设备的出料往往是后一设备的进料，而且随着生产的进一步强化，前后生产过程的联系更加紧密，此时设计自动控制系统应从全局来考虑。例如，用精馏方法分离多组分的混合物时，总是几个塔串联运行，在石油裂解气深冷分离的乙烯装置中，前后串联 8 个塔进行连续生产。为了保证这些相互串联的塔能正常地连续生产，每一个塔都要求进入塔的流量保持在一定的范围内，同时也要求塔底液位不能过高或过低。

如图 8 - 25 所示的连续精馏的多塔分离过程就是一个最能说明问题的例子。甲塔的出料为乙塔的进料。对甲塔来说，为了稳定操作需保持塔釜液位稳定，为此必然频繁地改变塔底排出量，这就使塔釜失去缓冲作用。而对乙塔来说，从稳定操作要求出发，希望进料量尽量不变或少变，这样甲、乙两塔间的供求关系就出现矛盾。如果采用图 8 - 25 所示的控制方案，两个控制系统是无法同时正常工作的。如果甲塔的液位上升，则液位控制器

LC 就会开大出料阀 1，而这将引起乙塔进料量增大，于是乙塔的流量控制器 FC 又要关小阀 2，其结果会使甲塔液位升高，出料阀 1 继续开大，如此下去，顾此失彼，解决不了供求之间的矛盾。

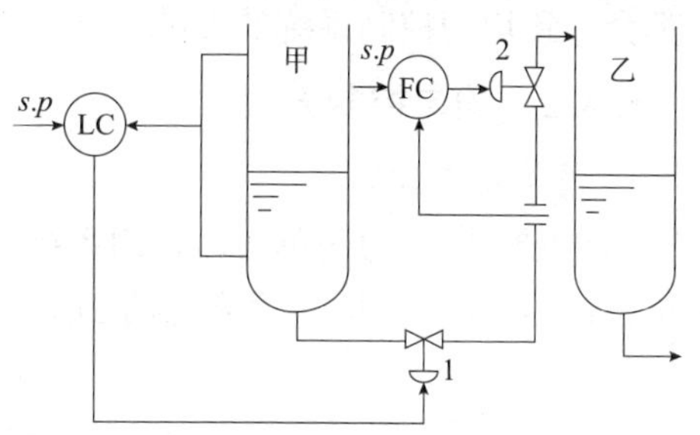

图 8-25　前后精馏塔的供求关系

解决矛盾的方法，可在两塔之间设置一个中间贮罐，既满足甲塔控制液位的要求，又缓冲乙塔进料流量的波动。但是由此会增加设备，使流程复杂化。当物料易分解或聚合时，就不宜在贮罐中久存，故此法不能完全解决问题。但是从这个方法可以得到启示，能不能通过自动控制来模拟中间贮罐的缓冲作用呢？

从工艺和设备上进行分析，塔釜有一定的容量。其容量虽不像贮罐那么大，但是液位并不要求保持在定值上，允许在一定的范围内变化。至于乙塔的进料，如不能做到定值控制，但能使其缓慢变化也对乙塔的操作是很有益的，较之进料流量剧烈的波动则改善了很多。为了解决前后工序供求矛盾，达到前后兼顾协调操作，使液位和流量均匀变化，为此组成的系统称为均匀控制系统。

均匀控制通常是对液位和流量两个变量同时兼顾，通过均匀控制，使两个互相矛盾的变量达到以下要求。

(1)两个变量在控制过程中都应该是变化的，且变化是缓慢的。因为均匀控制是指前后设备的物料供求之间的均匀，那么，表征前后供求矛盾的两个变量都不应该稳定在某一固定的数值。图 8-26(a)中把液位控制成比较平稳的直线，因此下一设备的进料量必然波动很大，这样的控制过程只能看作液位的定值控制，而不能看作均匀控制。反之，图 8-26(b)中把后一设备的进料量控制成比较平稳的直线，那么，前一设备的液位就必然波动很厉害，所以，它只能被看作是流量的定值控制。只有如图 8-26(c)所示的液位和流量的控制曲线才符合均匀控制的要求，两者都有一定程度的波动，但波动都比较缓慢。

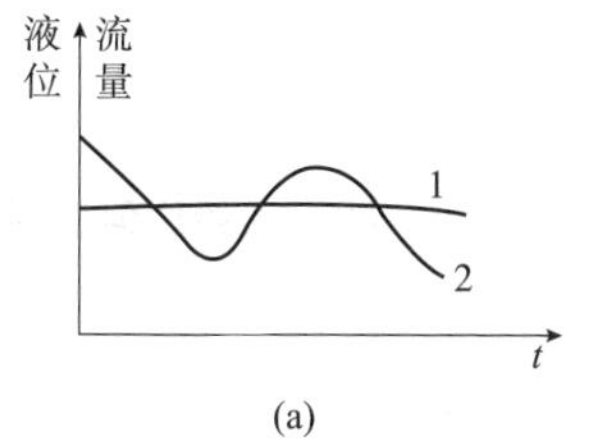

(a)

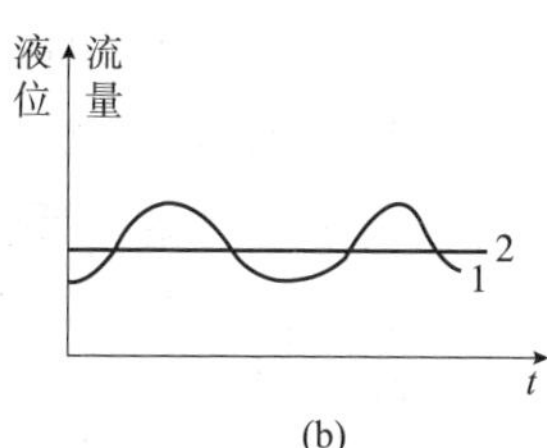

(b)

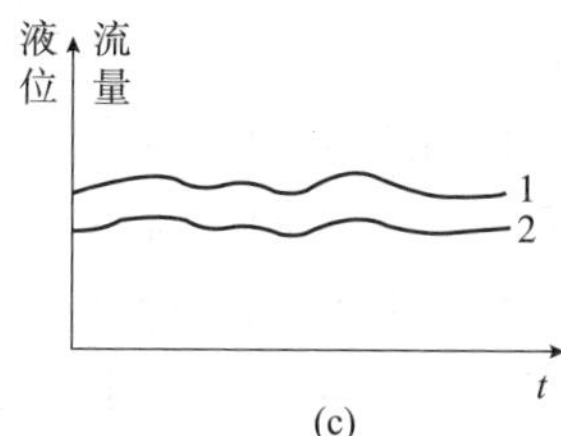

(c)

图 8-26　前一设备的液位和后一设备进料量的关系

1—液位变化曲线；2—流量变化曲线

(2)前后互相联系又互相矛盾的两个变量应保持在所允许的范围内波动。如图 8-25 中，甲塔塔釜液位的升降变化不能超过规定的上下限，否则就有淹过再沸器蒸汽管或被抽干的危险。同样，乙塔进料流量也不能超越它所能承受的最大负荷或低于最小处理量，否则就不能保证精馏过程的正常进行。为此，均匀控制的设计必须满足这两个限制条件。当然，这里的允许波动范围比定值控制过程的允许偏差要大得多。

明确均匀控制的目的及其特点是十分必要的。因为在实际运行中，有时因不清楚均匀控制的设计意图而变成单一变量的定值控制，或者想把两个变量都控制成很平稳，这样最终都会导致均匀控制系统的失败。

8.4.2 均匀控制方案

1. 简单均匀控制

图 8－27 所示为简单均匀控制系统。外表看起来与简单的液位定值控制系统一样，但系统设计的目的不同。定值控制是通过改变排出流量来保持液位为给定值，而简单均匀控制是协调液位与排出流量之间的关系，允许它们都在各自许可的范围内做缓慢的变化。

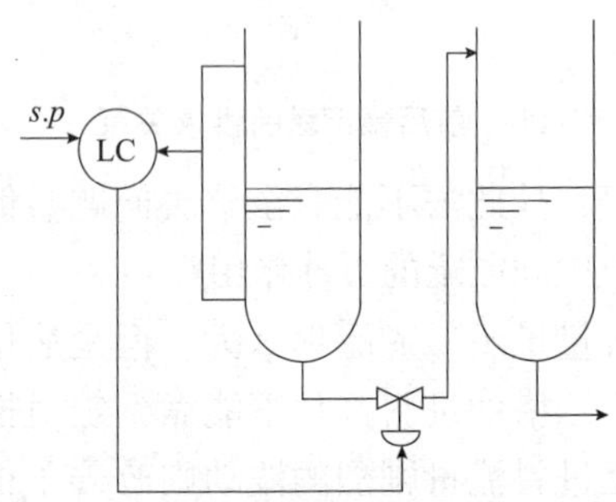

图 8－27 简单均匀控制

简单均匀控制系统如何能够满足均匀控制的要求呢？是通过控制器的参数整定来实现的。简单均匀控制系统中的控制器一般都是纯比例作用的，比例度的整定不能按 4∶1(或 10∶1) 衰减振荡过程来整定，而是将比例度整定得很大，以使当液位变化时，控制器的输出变化很小，排出流量只做微小缓慢的变化。有时为了克服连续发生的同一方向干扰所造成的过大偏差，防止液位超出规定范围，则引入积分作用。这时比例度一般大于 100%，积分时间也要放得大一些。至于微分作用，和均匀控制的目的背道而驰，故不采用。

2. 串级均匀控制

前面讲的简单均匀控制方案，虽然结构简单，但有局限性。当塔内压力或排出端压力变化时，即使控制阀开度不变，流量也会随阀前后压差变化而改变。等到流量改变影响液位变化后，液位控制器才进行控制，显然这是不及时的。为了克服这一缺点，可在原方案基础上增加一个流量副回路，即构成串级均匀控制，图 8－28 所示为其原理图。

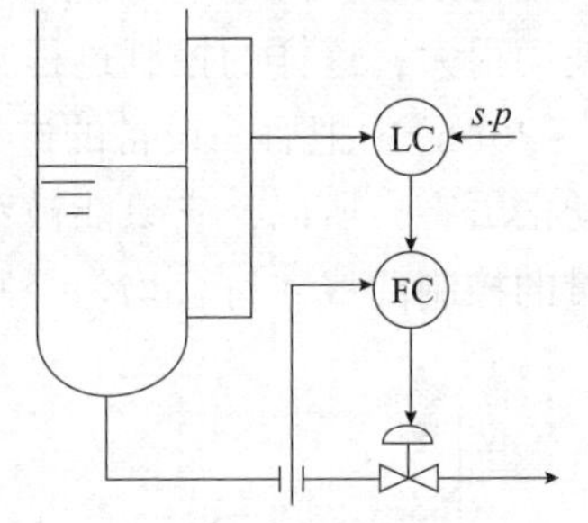

图 8－28 串级均匀控制

从图 8－28 中可以看出，在系统结构上它与串级控制系统相同。液位控制器 LC 的输出，作为流量控制器 FC 的给定值，用流量控制器的输出来操纵执行器。由于增加了副回路，可以及时克服由于塔内或排出端压力改变所引起的流量变化。这些都是串级控制系统的特点。但是，由于设计这一系统的目的是协调液位和流量两个变量的关系，使之在规定的范围内做缓慢的变化，所以本质上是均匀控制。

串级均匀控制系统之所以能够使两个变量间的关系得到协调，是通过控制器参数整定来实现的。在串级均匀控制系统中，参数整定的目的不是使变量尽快地回到给定值，而是要求变量在允许的范围内做缓慢的变化。参数整定的方法也与一般的不同。一般控制系统的比例度和积分时间是由大到小地进行调整，均匀控制系统却正相反，是由小到大地进行调整。均匀控制系统的控制器参数数值一般都很大。

串级均匀控制系统的主、副控制器一般都采用纯比例作用的。只在要求较高时，为了防止偏差过大而超过允许范围，才引入适当的积分作用。

3. 双冲量均匀控制

“冲量”的原来含义是短暂作用的信号或参数，这里引申为连续的信号或参数。双冲量均匀控制就是用一个控制器，以两个测量信号(液位和流量)之差为被控变量的系统。

图8－29所示为双冲量均匀控制系统的原理图及框图。它以塔釜液位与采出流量两个信号之差为被控变量(如流量为进料时，则为两信号之和)，通过控制，使液位和流量两个参数均匀缓慢地变化。

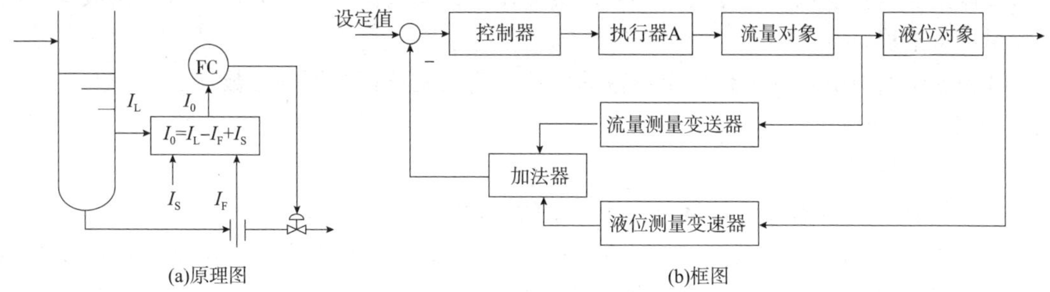

(a)原理图　(b)框图

图8－29　双冲量均匀控制系统

假定采用DDZ－Ⅲ型仪表构成系统，则电动加法器在稳定状态下的输出为：

$$I_0 = I_L - I_F + I_S \tag{8-18}$$

式中，I_0、I_L、I_F、I_S分别为加法器的输出、液位变送器的输出、流量变送器的输出和恒流源的输出。

在工况稳定的情况下，I_L与I_F符号相反，互相抵消。为此，通过调整I_s值，使加法器的输出等于控制器的给定值。当受到干扰时，若液位升高，则加法器的输出I_0也增加，控制器感受到这一偏差信号而进行控制，发出信号去开大控制阀，于是流量开始增加。同时，液位从某一瞬间开始逐渐下降，当液位和流量变送器的输出逐渐接近到某一数值时，加法器的输出重新恢复到控制器的给定值，系统逐渐趋于稳定，控制阀停留在新的开度上，液位的平衡数值比原来有所提高，流量的平衡数值也比原来有所增加，从而达到均匀控制的目的。

双冲量均匀控制系统与串级均匀控制系统相比，是用一个加法器取代其中的主控制器。而从结构上看，它相当于以两个信号之差为被控变量的单回路系统，参数整定可按简单均匀来考虑。因此，双冲量均匀控制既具有简单均匀控制的参数整定方便的特点，同时由于加法器综合考虑液位和流量两信号变化的情况，故又有串级均匀的优点(也有人认为，双冲量均匀控制系统由于一个控制器的整定不能改变两个参数的波动幅值，而且调整I_s也不能达到只改变液位或流量的目的，因此它无法达到预期的均匀控制的目的。这样，双冲量均匀控制方案只有在只重视液位变量时可采用，在其他场合甚至还不如简单均匀控制方案)。

8.4.3　均匀控制系统参数整定

简单均匀和双冲量均匀控制系统结构上属于单回路控制系统，按照单回路控制系统的参数整定方法进行整定即可。整定时，为了实现均匀协调控制，注意比例度要设置稍宽，积分时间要更长。

串级均匀控制中的流量副控制器参数整定与普通流量控制器整定差不多，而均匀控制系统的其他几种形式的控制器，都需按均匀控制的要求进行参数整定。整定的主要原则是一个“慢”字，即过渡过程不允许出现明显的振荡，可以采用看曲线调参数的方法来进行。

它的具体整定原则和方法如下：

(1)整定原则

①为保证液位不超出允许的波动范围，先设置好控制器参数。

②修正控制器参数，充分利用容器的缓冲作用，使液位在最大允许的范围内波动，输出流量尽量平稳。

③根据工艺对流量和液位两个参数的要求，适当调整控制器的参数。

(2)方法步骤

①纯比例控制

a. 先将比例度放置在估计液位不会越限的数值，如 $\delta = 100\%$ 。

b. 观察记录曲线，若液位的最大波动小于允许范围，则可增加比例度，比例度的增加必将使液位“质量”降低，而使流量过程曲线变好。

c. 如发现液位将超出允许的波动范围，则应减小比例度。

d. 这样反复调整比例度，直到液位、流量的曲线都满足工艺提出的均匀要求为止。

②比例积分控制

a. 按纯比例控制进行整定，得到合适的比例度。

b. 在适当加大比例度值后，加入积分作用，逐步减小积分时间，直到流量曲线将要出现缓慢的周期性衰减振荡过程为止，而液位有回复到给定值的趋势。

c. 最终根据工艺要求，调整参数，直到液位、流量的曲线都符合要求为止。

8.5 分程控制系统

8.5.1 分程控制系统的基本原理

一般的反馈控制系统中，通常一个控制器的输出仅控制一个执行器。在生产过程中，有时为了扩大可调范围或者满足工艺操作的特殊要求，需要由一个控制器的输出同时控制两个或两个以上的执行器，控制器的输出信号被分割成若干个信号范围段，而由每一段信号控制一个执行器，各执行器的工作范围不同，这种方式的控制系统称为分程控制系统。

分程控制系统框图如图 8－30 所示。

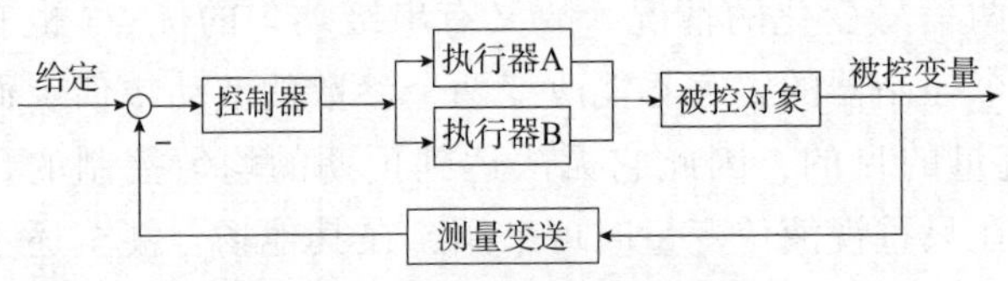

图 8－30　分程控制系统框图

在分程控制系统中，控制器输出信号的分段是通过附设在执行器上的阀门定位器来实现的。阀门定位器是执行器上的一个附件，相当于一个可变放大系数、零点可调的放大器，并且具有电/气信号转换功能。例如，在图 8－31 所示的分程控制系统中采用 A、B 两个分程阀，要求 A 阀在 0.02～0.06MPa 信号范围内做全行程动作(由全关到全开或由全开到全关)，B 阀在 0.06～0.1MPa 信号范围内做全行程动作。那么，可通过对附设在控制阀 A、B 上的阀门定位器分别进行调整，将控制器的输出信号 4～20mA 分为两段并转换为相应的气压信号。调整控制阀 A 的阀门定位器在 0.02～0.06MPa 的输入信号下，对应输出气压信号为 0.02～0.1MPa，控制阀 A 走完全行程；调整控制阀 B 的阀门定位器在 0.06～0.1MPa

的输入信号下，对应输出气压信号为0.02～0.1MPa，控制阀B走完全行程。按照这些条件，当控制器输出信号在4～12mA范围内变化时，只有控制阀A随着气压信号的变化改变阀门的开度，而控制阀B则处于某个极限位置(全开或全关)，开度不变；同理，当控制器输出信号在12～20mA范围内变化时，控制阀A因为已移动到极限位置而开度不再变化，控制阀B则随着气压信号的变化而改变阀门的开度。从而实现用同一个控制器的分段输出信号控制两个不同的控制阀，控制多个控制阀与此类似。

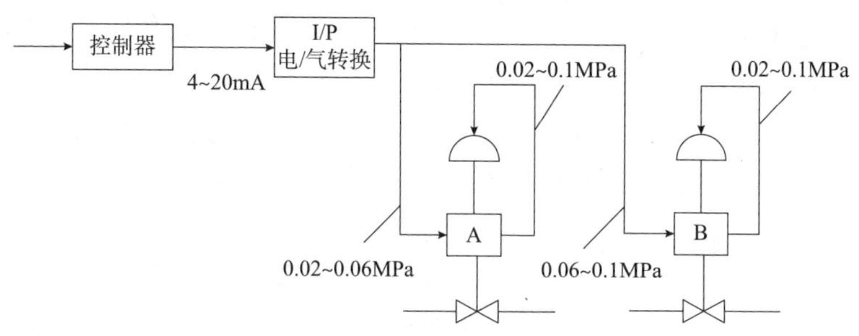

图8－31　分程控制系统示意

分程控制系统根据执行器气开、气关类型的不同，可分为同向分程和异向分程两大类。采用两个执行器时，有4种组合方式，其动作关系如图8－32和图8－33所示。同向分程是指随着控制器输出信号(即阀压)的增大或减小，两个执行器都开大或都关小。异向分程是指随着控制器输出信号的增大或减小，其中一个执行器开大，另一个执行器则关小。

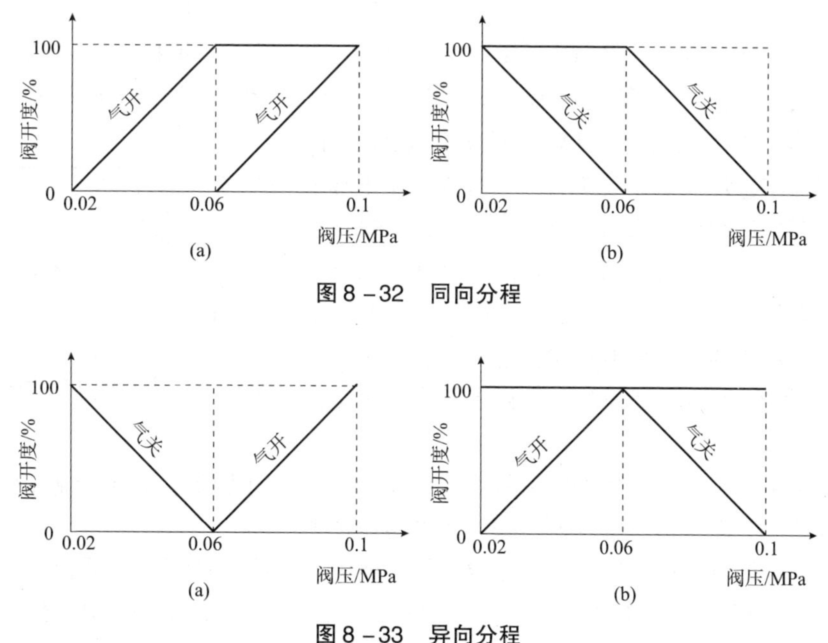

图8－32　同向分程

图8－33　异向分程

在采用三个或更多个执行器时，组合方式更多。但总的分程数不宜太多，否则每个执行器在很小的输入区间内就要从全开到全关，要精确实现这样的分程动作相当困难。

同向分程或异向分程的选择，要根据生产工艺的实际需要来确定。

8.5.2　分程控制系统应用实例

分程控制系统设置的目的：一是扩大控制阀的可调范围，以改善控制系统的品质，使系统更为合理可靠；二是不同的工况需要不同的控制手段。

(1)扩大控制阀可调范围，改善控制品质

有时生产过程要求有较大范围的流量变化，但控制阀的可调范围是有限的(国产柱塞控制阀可调范围 $R=30$)。若仅采用一个控制阀，能够控制的最大流量和最小流量相差不可能太悬殊，满足不了生产上流量大范围变化的要求。这时可考虑采用两个同向动作的控制阀并联安装在同一流体管道的分程控制方案。

现以某厂蒸汽压力减压系统为例进行说明。锅炉产汽压力为10MPa的高压蒸汽，而生产上需要4MPa压力平稳的中压蒸汽。为此，需要通过节流减压的方法，将10MPa的高压蒸汽节流减压成4MPa的中压蒸汽。在选择控制阀口径时，若仅选用一个控制阀，为了适应大负荷下蒸汽供应量的需要，控制阀的口径需要选择得很大。然而，在正常工况下蒸汽的需求量却不那么大，这就需要将控制阀关得小一些。也就是说，正常工况下控制阀只是在小开度下工作。但大阀在小开度下工作时，除了控制阀流量特性会发生畸变外，还容易产生噪声和振荡，这样就会使控制效果变差，控制质量降低。为解决这一矛盾，可采用如图8－34所示的分程控制方案。

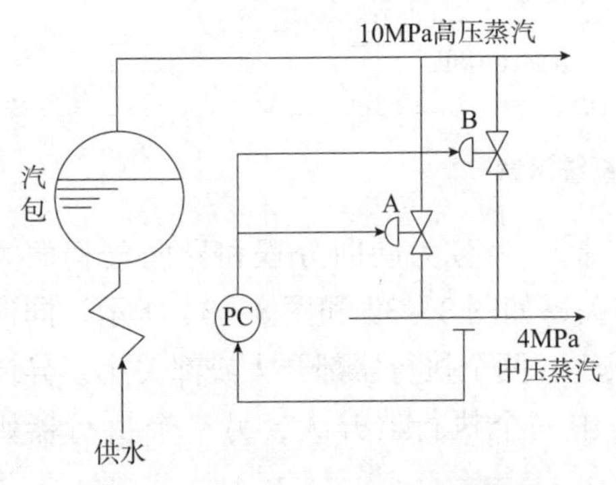

图8－34　蒸汽减压分程控制方案

在该分程控制方案中，采用A、B两个同向动作的控制阀(根据工艺要求均选择为气开阀)。其中，A阀在控制器输出信号压力为0.02～0.06MPa时从全关到全开，B阀在控制器输出信号压力为0.06～0.1MPa时从全关到全开，两阀的分程动作过程如图8－35所示。这样，在正常工况的小负荷时，B阀处于关闭状态，只通过A阀开度的变化来进行控制。当大负荷时，A阀已全开仍满足不了蒸汽量的需求，中压蒸汽管线的压力仍达不到给定值，于是反作用式的压力控制器PC输出增加，超过了0.06MPa，使B阀也逐渐打开，以弥补A阀全开时蒸汽供应量的不足。

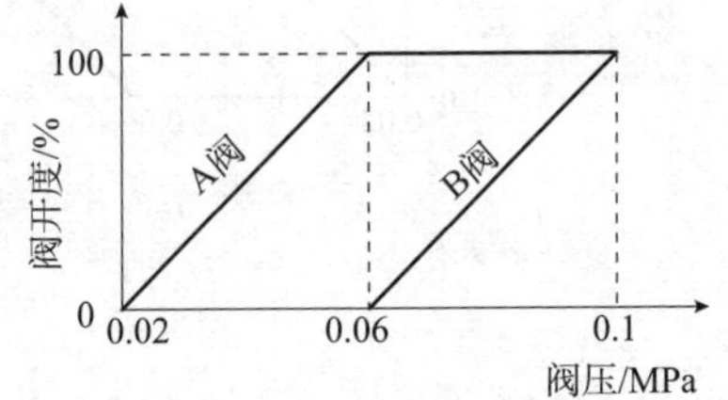

图8－35　蒸汽减压分程阀动作关系

由上述实例可知，为了使控制系统在小流量和大流量时都能够精确控制，应扩大控制阀的可调范围。下面分析分程控制方案对可调范围的影响。

控制阀的可调范围(或称为可调比)R，是一项重要的静态指标，表征控制阀执行规定特性(线性特性或等百分比特性)运行的有效范围。可调范围可用式(8－19)表示：

$$R=\frac{C_{max}}{C_{min}} \tag{8-19}$$

式中，C_{max}为控制阀最大流通能力，流量单位；C_{min}为控制阀最小流通能力，流量单位。

假设上例中，

$$C_{Amax}=4,\ C_{Bmax}=100;\ R_A=R_B=30$$

则有：

$$C_{Amin}=4/30=0.133；C_{Bmin}=100/30=3.33$$

需要指出的是，C_{min}并不等于控制阀全关时的泄漏量。对于气开控制阀，当控制阀膜头气压为0MPa时，流过控制阀的流体流量称为泄漏量；当膜头气压为0.02MPa时，流过控制阀的流体流量称为最小可调节流量，即最小流通能力。一般柱塞型阀的泄漏量仅为控制阀最大流通能力的0.1%～0.01%。

当采用两个同向控制阀组成分程控制时，将两个控制阀看作一个等效阀，则最小流通能力不变，而最大流通能力应是两阀都全开时的流通能力，即：

$$C_{max}=C_{Amax}+C_{Bmax}=104$$

一般大阀总有一定的泄漏量。假设大阀的泄漏量为0.02% C_{Bmax}，小阀的泄漏量为0，则

$$C_{min}=C_{Amin}+0.02=0.153$$

2个控制阀组成分程控制后，可调范围应为：

$$R'=\frac{C_{max}}{C_{min}}=\frac{104}{0.153}=680\gg30$$

可见实施分程控制后可调范围大大提高了，是分程前$R=30$的23倍。由于控制阀可调范围扩大了，可以满足不同生产负荷的要求，而且控制的精度也可以获得提高，控制质量得以改善，同时生产的稳定性和安全性也可进一步得以提高。

(2)用于控制两种不同的介质，以满足工艺生产的要求

先来看一个实例。在某些间歇式生产的化学反应过程中，当配制好反应物料投入设备后，在反应开始前需要加热升温提供一定的热量，以使其达到反应温度。待反应开始后，会随着化学反应的进行而不断释放出大量的反应热，这些放出的热量如不能及时移走，会使反应越来越剧烈，温度越来越高以致会有爆炸的危险。因此，对这种间歇式化学反应器，既要考虑反应前的预热问题，又需考虑反应过程中及时移走反应热的问题。

为了满足上述控制需求，一方面需要配置两个控制阀以调节蒸汽和冷水两种传热介质；另一方面需要根据被控变量反应器温度的高低变化，由同一个温度控制器输出信号的不同区间来控制两个阀门以改变冷热介质流量。为此，可设计如图8－36所示的分程控制系统。

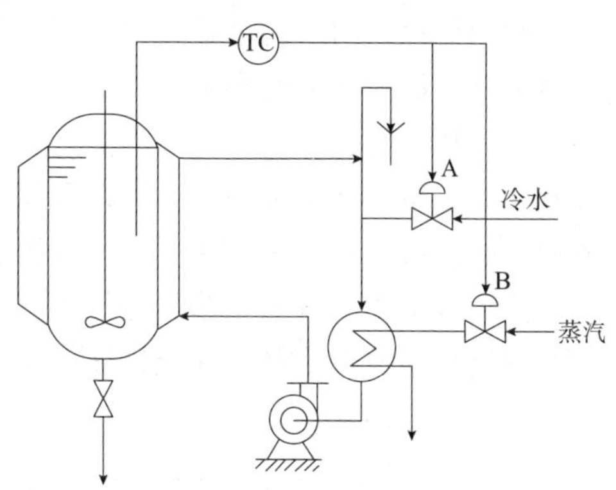

图8－36　间歇式反应器温度分程控制

下面讨论分程控制系统的设计思路。

①确定控制阀气开、气关类型。

从生产安全角度考虑，当仪表供气系统中断或控制器发生故障无信号输出，致使阀芯回复到无能源的初始状态时，为了避免反应器温度过高发生事故，冷水阀A将处于全开，蒸汽阀B将处于全关。因而冷水阀A选择气关式，蒸汽阀B选择气开式。

②确定控制器正、反作用。

对于冷水阀A，被控对象为反作用(冷水阀开大，釜温下降)。对于蒸汽阀B，被控对

象为正作用(蒸汽阀开大，釜温上升)。根据负反馈准则，温度控制器应选择反作用。

③确定分程区间。

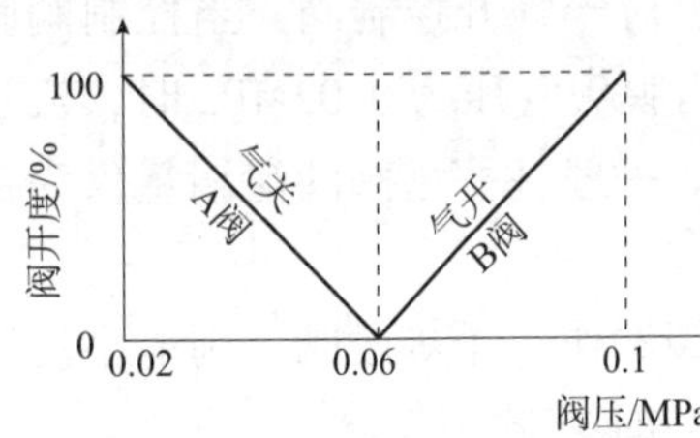

图 8－37　间歇式反应器控制阀分程动作关系

分程控制阀的分程范围，一般取 0.02～0.06MPa 及 0.06～0.1MPa 均分的两段阀压。根据节能要求，当温度偏高时，总是先关小蒸汽再开大冷水。而由于温度控制器为反作用，温度升高时其输出信号下降。两者综合，即是要求在信号下降时先关小蒸汽，再开大冷水。这就意味着蒸汽阀的分程区间在高信号区(0.06～0.1MPa)，冷水阀的分程区间在低信号区(0.02～0.06MPa)。其分程动作关系如图 8－37 所示。

间歇式反应器温度分程控制系统的工作过程如下：当反应器投料工作完成后，温度控制系统开始运行。反应器内起始温度为环境温度，低于设定值，所以具有反作用的温度控制器输出信号将增大，使蒸汽阀 B 打开，用蒸汽加热以获得热水，在通过夹套对反应釜加热升温，引发化学反应。一旦化学反应开始进行下去，反应器内温度逐渐升高至超过设定值后，控制器输出信号下降，蒸汽阀 B 将逐渐关小至完全关闭，然后冷水阀 A 逐渐打开。这时，反应器夹套中流过的将不再是热水而是冷水，反应所产生的热量不断被冷水所移走，从而把反应温度控制在设定值上。

(3)用作生产安全的防护措施

有时为了保证生产过程安全，需要根据不同的工况采取不同的控制手段，也采用分程控制方案。

例如，在各类炼油厂或石油化工厂中，有许多存放各种油品或石油化工产品的贮罐。这些油品或石油产品不宜与空气长期接触，因为空气中的氧气会使油品氧化而变质，甚至会引起爆炸。为此，常常在油品贮罐液位以上空间充以惰性气体氮，以使油品与空气隔绝，通常称为氮封。为了保证空气不进入贮罐，一般要求氮气压力保持为微正压。

贮罐内储存物料量的增减将导致氮封压力的变化。由贮罐中向外抽取物料时，引起罐内液面下降，氮封压力将会下降，如不及时向贮罐中补充氮气，贮罐有被吸瘪的危险；向贮罐中注入物料时，引起罐内液面上升，氮封压力将会逐渐上升，如不及时排出贮罐中一部分氮气，贮罐可能将被损毁。为保证氮封的油品贮罐安全，达到既隔绝空气又防止贮罐变形的目的，可采用图 8－38 所示的分程控制方案。

该分程方案中，进入贮罐的氮气阀门 A 采用气开式，排放氮气的阀门 B 采用气关式。压力控制器采用反作用和 PI 控制规律。两阀的分程动作关系如图 8－39 所示。

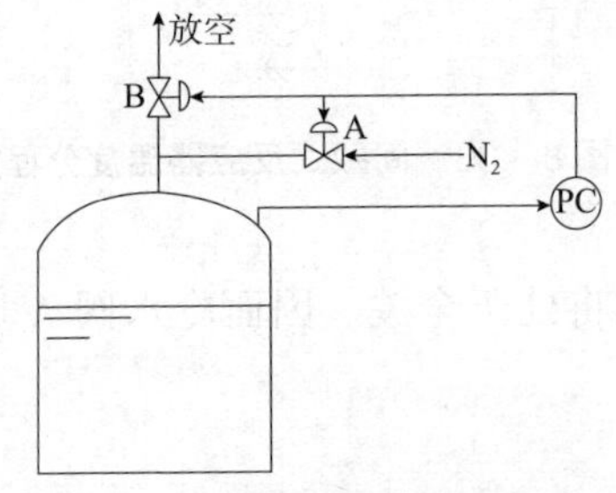

图 8－38　油品贮罐氮封分程控制方案

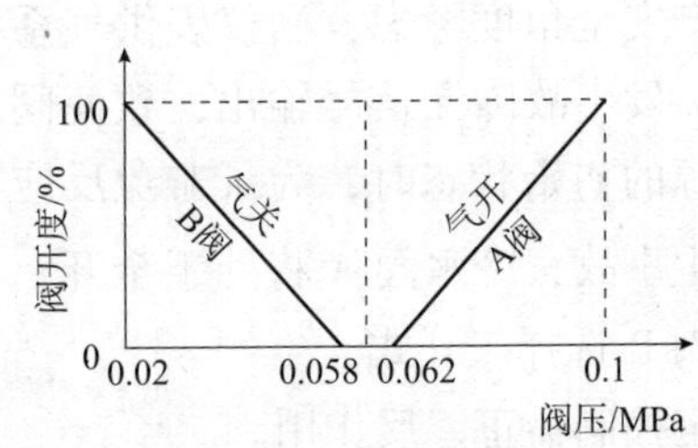

图 8－39　油品贮罐氮封控制阀分程动作关系

油品贮罐氮封分程控制系统的工作过程如下：贮罐内氮封压力等于设定值时，假定将控制器的控制点调整等于0.6MPa(控制点即偏差等于0时的控制器输出)。当向贮罐内注入物料时，贮罐氮封压力升高大于设定值，反作用的压力控制器的输出逐渐减小，注氮阀A将关闭，放空阀B将打开，贮罐中的一部分氮气通过放空管放空，贮罐内的氮封压力将逐渐下降。当从由贮罐中向外抽取物料时，使贮罐氮封压力下降低于设定值，控制器输出将增大，此时放空阀B将关闭而注氮阀A将打开，于是氮气被补充加入贮罐中，以提高贮罐的压力。

由图8-39可见，在两个控制阀之间存在一个间歇区($\Delta=0.004$MPa)或称不灵敏区。B阀在0.02~0.058MPa信号范围内从全开到全关，A阀在0.062~0.1MPa信号范围内从全关到全开。对于一般贮罐，其顶部空间较大，压力对象时间常数较大，而氮的压力控制精度要求不高的实际情况，存在一个间歇区时允许的。设计间歇区的好处是避免控制阀频繁开闭延长使用寿命，有效节省氮气，将会使控制过程变化趋于缓慢，系统更为稳定。

8.5.3 分程控制系统工程应用中的问题

(1)严格监管控制阀的泄漏量

同向动作的大小两个控制阀并联用于扩大可调范围时，不可忽视大阀的泄漏量，否则不能充分发挥扩大可调范围的作用。当大阀的泄漏量较大时，系统的最小流通能力会增大，不再是小阀的最小流通能力，从而降低可调范围。

在前述例子中，假设大阀的泄漏量增大为0.1% C_{Bmax}，即0.1，小阀的泄漏量为0，则分程控制后的可调范围为

$$R'=\frac{C_{\max}}{C_{\min}}=\frac{100+4}{0.133+0.1}=446<680$$

假设大阀的泄漏量进一步增大为1% C_{Bmax}，即1，小阀的泄漏量仍为0，则分程控制后的可调范围为

$$R'=\frac{C_{\max}}{C_{\min}}=\frac{100+4}{0.133+1}=92$$

而且最小流通能力一般都大于泄漏量，所以实际可调范围比92更小。

可见，由于阀门泄漏量的增大，分程控制后的可调范围大大降低了。因此，通过分程控制方案来提高可调范围，必须严格监管大阀的泄漏量。

(2)改善控制阀的总流量特性

前面已分析，两个同向动作的控制阀组合可看作一个等效阀，其构成分程控制的效果，可以提高控制阀的可调范围。但是，如果用两个流通能力不相同的控制阀构成分程控制，从组合后的总流量特性来看，两阀在分程信号交接处的流量变化是非平滑过渡的，可能产生斜率突变的折点。例如，在蒸汽减压分程控制方案中，假设大小两个控制阀均为线性阀，且采用均分的分程信号，它们的组合总流量特性如图8-40所示。

图8-40(a)、(b)分别为A阀、B阀的流量特性，图8-40(c)为总的流量特性。由图可见，原本线性特性很好的两个控制阀，组合在一起后，总的流量特性呈严重的非线性关系。特别是在分程点，总流量特性出现一个转折点。由于转折点的存在，导致总流量特性的不平滑，这对系统的平稳运行是不利的。

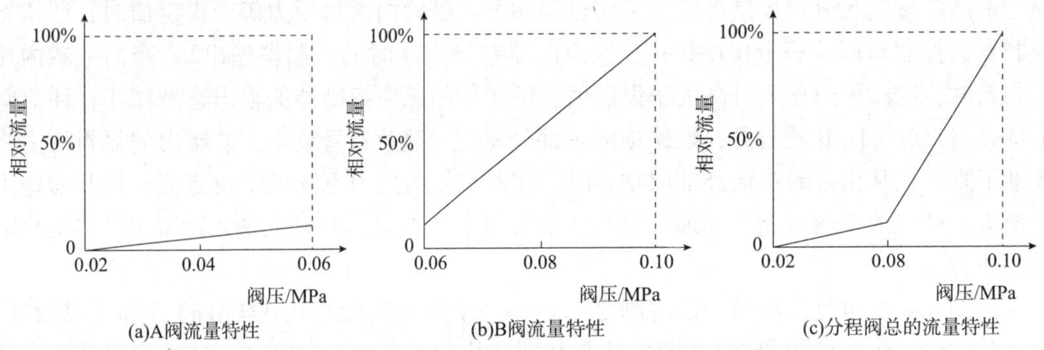

图 8-40　两线性阀组成的分程系统综合流量特性

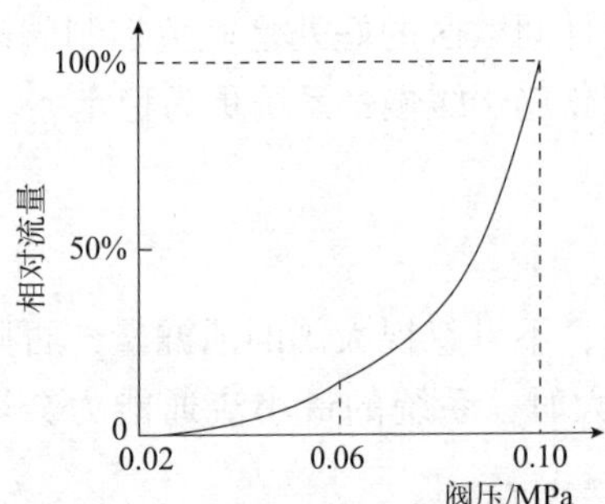

图 8-41　2 个等百分比阀组成的分程系统综合流量特性

为了实现平滑的过渡，可采用两个等百分比特性的控制阀，分程信号重叠一小段，则情况会有所改善，如图 8-41 所示。另外，在分程控制系统设计过程中，可采用连续分程法或间隔分程法对分程点、分程区间信号进行合理设置，尽量使总流量特性在分程点处不发生突变。

(3) 分程控制系统控制器参数的整定

分程控制系统本质上是简单控制系统，因此控制器的选择和参数整定，可参照简单控制系统处理。不过在运行中，如果两个控制通道特性不同，就是说广义对象特性是 2 个，控制器参数不能同时满足两个不同对象特性的要求。遇此情况采取折中的办法，照顾正常情况下的被控对象特性，按正常情况下整定控制器的参数。对另一个控制阀的操作要求，只要能在工艺允许的范围内即可。

8.6　选择性控制系统

8.6.1　选择性控制系统的基本原理

选择性控制又称取代控制，也称超驰控制(override control)。

通常自动控制系统只在生产工艺处于正常情况下进行工作，一旦生产出现非正常或事故状态，控制器就要改为手动，待生产恢复正常或事故排除后，控制系统再重新投入工作。对于现代化大型生产过程来说，生产控制仅仅做到这一步远远不能满足生产要求。在大型生产工艺过程中，除了要求控制系统在生产处于正常运行情况下能够克服外界干扰，维持生产的平稳运行，当生产操作达到安全极限时，控制系统应有一种应变能力，能采取一些相应的保护措施，促使生产操作离开安全极限，返回正常情况，或是使生产暂时停止下来，以防事故的发生或进一步扩大。像大型压缩机的防喘振措施、精馏塔的防液泛措施等都属于非正常生产过程的保护性措施。

属于生产保护性措施的有两类：一类是硬保护措施；另一类是软保护措施。

硬保护措施，就是当生产操作达到安全极限时，有声、光警报产生。此时，或是由操作工将控制器切到手动，进行手动操作，进行处理；或是通过专门设置的安全联锁系统

(safety interlocking system，SIS)实现自动停车，达到保护生产的目的。就人工保护来说，由于大型工厂生产过程中的强化、限制性条件多而严格，生产安全保护的逻辑关系比较复杂，即使编写出详尽的操作规程，人工操作也难免会出现错误。此外，由于生产过程进行的速度很快，操作人员的生理反应难以跟上，因此，一旦出现事故状态，情况十分紧急，容易出现手忙脚乱的情况，某个环节处理不当，就会使事故扩大。所以，在遇到这类问题时，常常采用联锁保护的办法进行处理。即当生产达到安全极限时，通过专门设置的安全联锁系统，能自动地使设备停车，达到保护的目的。

通过事先专门设置的安全联锁系统，虽然能在生产操作达到安全极限时起到安全保护的作用，但是，这种硬性保护方法动辄就使设备停车，必然会影响生产和造成经济损失。对于大型连续生产过程来说，即使短暂的设备停车也会造成巨大的经济损失。因此，这种硬保护措施已逐渐不为人们所欢迎，相应地出现了软保护措施。

生产的软保护措施，就是通过一个特定设计的选择性控制系统，在生产短期内处于不正常情况时，既不使设备停车又起到对生产进行自动保护的目的。在这种选择性控制系统中，已经考虑生产工艺过程限制条件的逻辑关系。当生产操作趋向极限条件时，用于控制不安全情况的控制方案将取代正常情况下工作的控制方案，直到生产操作重新回到安全范围时，正常情况下工作的控制方案又恢复对生产过程的正常控制。因此，这种选择性控制有时又被称为自动保护性控制。某些选择性控制系统甚至连开、停车都能够由系统控制自动地进行，而无需人的参与。

要构成选择性控制，生产操作必须具有一定的选择性逻辑关系。而选择性控制的实现则需要靠具有选择功能的自动选择器(高值选择器和低值选择器)或有关的切换装置(切换器、带接点的控制器或测量装置)来完成。

8.6.2　选择性控制系统的类型

1. 开关型选择性控制系统

在开关型选择性控制系统中，一般有 A、B 两个可供选择的变量。其中一个变量(例如 A)是工艺操作的主要技术指标，它直接关系产品质量；另一变量 B，工艺上对它只有一个限值要求，生产操作在 B 限值以内，生产是安全的，一旦超出限值，生产过程就有发生事故的危险。因此在正常情况下，变量 B 处于限值以内，生产过程按照变量 A 进行连续控制，一旦变量 B 达到限值，为了防止事故的发生，所设计的选择性控制系统将通过专门的装置(电接点、信号器、切换器)切断变量 A 控制器的输出，而使控制阀迅速关闭或打开，直到变量 B 回到限值以内，系统才重新恢复到按变量 A 进行连续控制。

开关型选择性控制系统一般都用作系统的限值保护。图 6－1(b)所示的丙烯冷却器裂解气出口温度与丙烯液位选择性控制系统，就是开关型选择性控制应用的一个实例。

在乙烯分离过程中，裂解气经五段压缩后其温度已达到 88℃。为了进行低温分离，必须将它的温度降下来(工艺要求降到 15℃)。为此，工艺上采用液丙烯低温下蒸发吸热的原理，用它与裂解气换热，达到降低裂解气温度的目的。

为了保证裂解气出口温度达到规定的质量要求，一般的控制方案是选取经换热后的裂解气温度作为被控变量，以液丙烯流量作为操纵变量，组成如图 8－42(a)所示的温度控制系统。

图 8－42(a)所示的控制方案实际上是通过改变换热面积的方法，来达到控制裂解气

出口温度的目的。当裂解气温度偏高时，控制阀则开大，液丙烯流量也随之增大，冷却器中丙烯的液位将会上升，冷却器中列管被液丙烯浸没的数量增多，换热面积增大，因而被液丙烯汽化所带走的热量将会增多，裂解气温度下降。反过来，当裂解气温度偏低时，控制阀关小，丙烯液位将下降，换热面积则减小，丙烯汽化带走热量减少，裂解气温度将会上升。因此，通过对液丙烯流量的控制，就可以达到维持裂解气出口温度的目的。

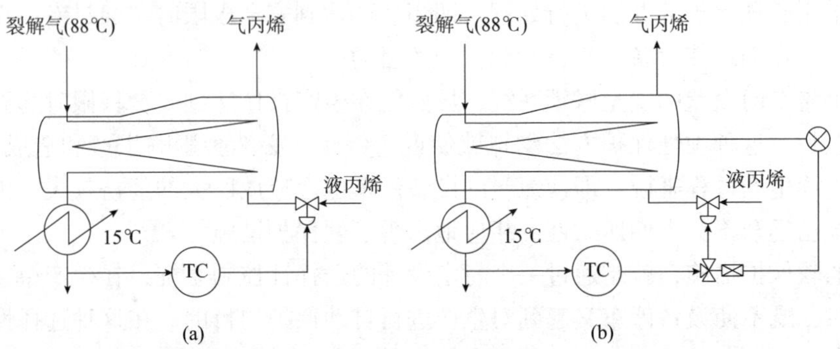

图 8-42　丙烯冷却器的两种控制方案

然而，有一种情况必须进行考虑，当裂解气温度过高或负荷过大时，控制阀势必要大幅度被打开。当换热器中的列管已全部为液丙烯所淹没，而裂解气出口温度仍然降不下来时，不能再使控制阀开度继续开大。这时液位继续升高已不再能增加换热面积，换热效果不再能够提高，再增加控制阀的开度，冷量也得不到充分利用。另外，丙烯液位的继续上升，会使冷却器中的丙烯蒸发空间逐渐缩小，甚至会完全没有蒸发空间，以至于使气丙烯出现带液现象。而气相丙烯带液进入压缩机将会给压缩机带来损害，这是不允许的。为此，必须对图 8-42(a)所示的方案进行改进，即需要考虑当丙烯液位上升到极限情况时的防护性措施，于是就构成如图 8-42(b)所示的裂解气出口温度与丙烯冷却器液位开关型选择性控制系统。

方案(b)是在方案(a)的基础上增加一个带上限接点的液位控制器(或报警器)和一个连接温度控制器输出去控制阀的气动信号管路上的电磁三通阀。上限接点一般设置在液位高度的75%位置，在正常情况下，液位低于75%，接点断开(常开接点)，电磁阀失电(电关阀)，温度控制器输出可直通控制阀，实现温度控制。当液位上升达到75%时，保护压缩机不受损害已上升为主要矛盾，于是，液位控制器上限接点闭合，电磁阀加电，将温度控制器输出切断，同时使控制阀的膜头与大气相通，使膜头压力很快下降为零，于是控制阀很快关闭，这就终止了液丙烯继续进入冷却器。待冷却器中液态丙烯逐渐蒸发，液位慢慢下降到低于75%时，液位控制器上限接点又复断开，电磁阀重新失电，于是温度控制器的输出又直接送往控制阀，恢复成温度控制系统。

此开关型选择性控制系统框图如图 8-43 所示。

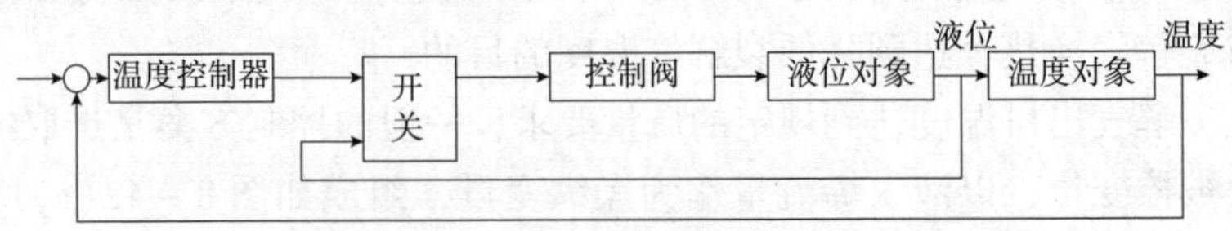

图 8-43　开关型选择性控制系统框图

在乙烯工程中有不少这种形式的开关型选择性控制系统。图8－44所示的脱烷塔回流罐液位与丙二烯转化器进料蒸发器液位开关型选择性控制系统就是一例。在正常情况下，蒸发器液位 L_2 低于上限值(75%)，液位控制器LC_2 接点断开，电磁三通阀失电，液位控制器LC_1 输出可直通控制阀(A.O表示阀为气开式)，从而构成按回流罐液位 L_1 控制的液位控制系统。当蒸发器液位上升到75%时，液位控制器 LC_2 接点接通，电磁三通阀加电，于是将液位控制器LC_1 输出切断，而将控制阀膜头与大气连通，阀压很快降为0，于是控制阀全关，这就防止了蒸发器液位 L_2 的继续上升。当蒸发器液位降至低于75%时，液位控制器LC_2 接点又复断开，电磁三通阀又复失电，使控制器LC_1 输出与控制阀膜头相通，于是恢复成按回流罐液位 L_1 进行控制的液位控制系统。

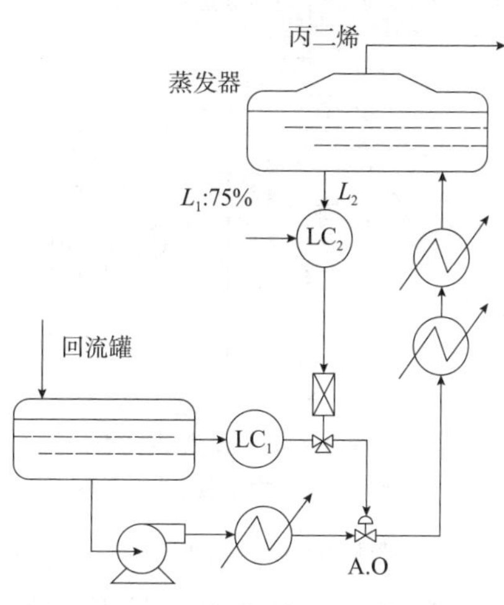

图8－44 回流罐液位与蒸发器液位开关型选择性控制系统

2. 连续型选择性控制系统

连续型选择性控制系统与开关型选择性控制系统的不同之处在于：当取代作用发生后，控制阀并不是立即全关或全开，而是在阀门原有开度的基础上继续进行控制，因此对控制阀来说，控制作用是连续的。

在连续型选择性控制系统中，一般具有两个连续型控制器，它们的输出通过一个选择器(高选器或低选器)后，送往控制阀。这两个控制器一个在正常情况下工作，另一个在非正常情况下工作。在生产处于正常情况时，系统由正常情况下工作的控制器进行控制。一旦生产处于不正常情况，不正常情况下工作的控制器将取代正常情况下工作的控制器，对生产过程进行控制，直到生产恢复到正常情况，正常情况下工作的控制器又取代非正常情况下工作的控制器，恢复对生产过程的正常控制。

下面是一个连续型选择性控制系统的应用实例。

大型合成氨工厂中蒸汽锅炉是一个很重要的动力设备，它直接担负着向全厂提供蒸汽的任务，它运行正常与否，将直接关系合成氨生产的全局。因此，必须对蒸汽锅炉的正常运行采取一系列的保护性措施。锅炉燃烧系统的选择性控制是这些保护性措施项目之一。

蒸汽锅炉所用的燃料为天然气或其他燃料气。在正常情况下，根据产汽压力来控制燃料气量。当用户所需的蒸汽量增加时，蒸汽压力就会下降，为了维持蒸汽压力，必须在增加供水量的同时，相应地燃料气量也要增加。当用户所需的蒸汽量减少时，蒸汽压力就会上升，这时要减小燃料气量。关于燃料气压力对燃烧过程的影响，经过研究发现：当燃料气压力过高时，会将燃烧喷嘴的火焰吹灭，产生脱火现象。一旦脱火现象发生，大量燃料气就会因未燃烧而导致烟囱冒黑烟，这不但会污染环境，更严重的是燃烧室内积存大量燃料气与空气的混合物，会有爆炸的危险。为了防止脱火现象的产生，在锅炉燃烧系统中采用如图8－45所示的蒸汽压力与燃料气压力选择性控制系统。图中采用一个低选器，通过它选择蒸汽压力控制器与燃料气压力控制器两者之一的输出送往设置在燃料管线上的控制阀。

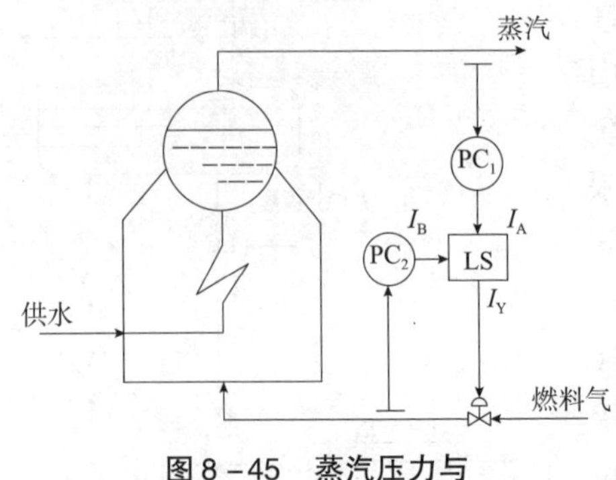

图 8－45　蒸汽压力与燃料气压力选择控制系统

低选器输出 I_Y 与输入信号 I_A、I_B 的关系如下：

当 $I_A < I_B$ 时，$I_Y = I_A$；

当 $I_A > I_B$ 时，$I_Y = I_B$；

当 $I_A = I_B$ 时，维持原来的选择。

现在分析该选择性控制系统的工作情况。为便于分析，先假设这两个控制器均选为反作用，其中PC_1 为正常情况下工作的控制器，PC_2 为非正常情况下工作的控制器，而且是窄比例的(即比例放大倍数很大)。

在正常情况下，燃料气压力低于产生脱火的压力(即低于给定值)，PC_2 感受到的是负偏差，因此，它的输出 I_B 呈现高信号(因为PC_2 为反作用、窄比例)。而同时PC_1 的输出信号相对来说则呈现低信号。这样，低选器 LS 将选中PC_1 的输出 I_A 送往控制阀，构成蒸汽压力控制系统。

当燃料气压力上升到超过PC_2 的给定值(脱火压力)时，PC_2 感受到的是正偏差，由于它是反作用、窄比例，因此PC_2 的输出 I_B 一下降为低信号。于是低选器 LS 就改选PC_2 的输出 I_B 送往控制阀，构成燃料气压力控制系统，从而防止燃料气压力的上升，达到防止脱火的产生。

待燃料气压力下降到低于给定值时，I_B 又迅速上升为高信号，而蒸汽压力控制器PC_1 输出 I_A 相对而言又成为低信号，为低选器重新选中，送往控制阀，重新构成蒸汽压力控制系统。

本系统框图如图 8－46 所示。

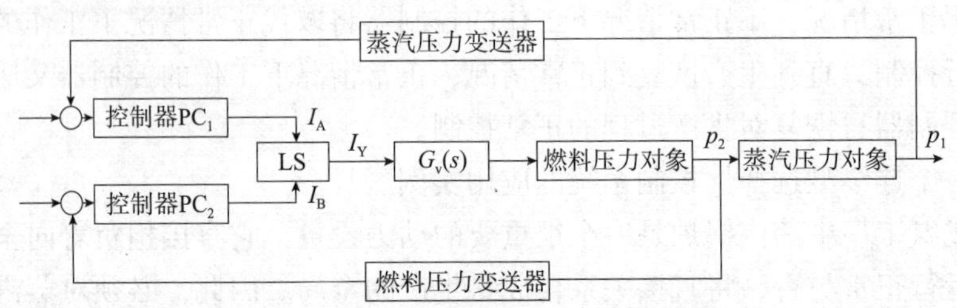

图 8－46　蒸汽压力与燃料气压力选择性控制系统框图

3. 混合型选择性控制系统

在混合型选择性控制系统中，既包含开关型选择的内容，又包含连续型选择的内容。例如，锅炉燃烧系统既要考虑“脱火”，又要考虑“回火”的保护问题，就可以设计一个混合型选择性控制系统进行解决。

关于燃料气管线压力过高会产生脱火的问题前面已经做了介绍。当燃料压力不足时，燃料气管线的压力有可能低于燃烧室压力，这样就会出现危险的“回火”现象，这会危及燃料气罐发生燃烧和爆炸。因此，必须设法加以防止。为此，可在图 8－45 所示的蒸汽压力与燃料气压力连续型选择性控制系统的基础上，增加一个燃料气压力过低的开关型选择内容，如图 8－47 所示。

在本方案中增加一个带下限接点的压力控制器PC_3和一个三通电磁阀。当燃料气压力正常时，PC_3下限接点是断开的，电磁阀失电，低选器LS输出直通控制阀，此时系统的工作情况与图8－45相同。一旦燃料气压力下降到低于下限值，PC_3下限接点接通，电磁阀加电，于是便切断低选器LS至控制阀的通路，并使控制阀的膜头与大气相通，膜头压力将迅速下降至0，于是控制阀将关闭，以防止“回火”的产生。当燃料气管线压力慢慢上升达到正常值时，PC_3接点又复断开，电磁阀复断电，于是低选器LS的输出又能直通控制阀，恢复成图8－45的控制方案。

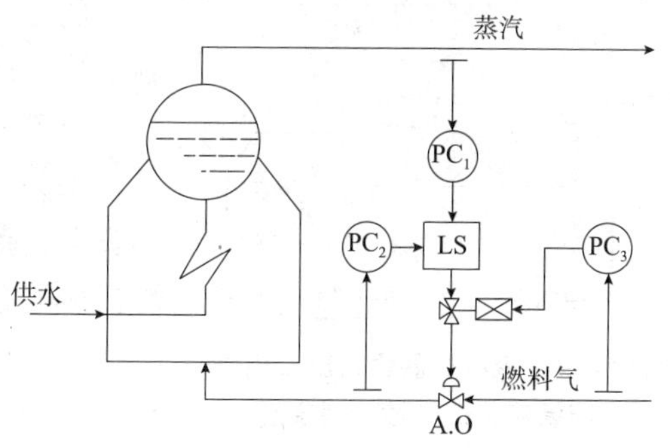

图8－47　混合型选择性控制系统

该系统框图如图8－48所示。图中，$G_{c1}(s)$、$G_{c2}(s)$、$G_{c3}(s)$分别为控制器PC_1、PC_2、PC_3传递函数；$G_{o1}(s)$为蒸汽压力对象传递函数；$G_{o2}(s)$为燃料压力对象传递函数；$G_{m1}(s)$、$G_{m2}(s)$、$G_{m3}(s)$分别为蒸汽压力、燃料气上限和下限压力变送器传递函数。

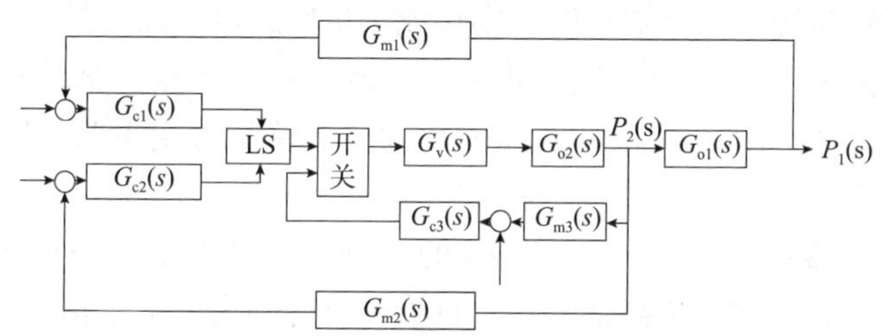

图8－48　混合型选择性控制系统框图

混合型选择性控制系统在管式炉燃烧系统控制也有类似的应用。

8.6.3　选择性控制系统设计

(1)选择器类型的选择

超驰控制系统的选择器位于两个控制器输出和一个执行器之间。选择器类型的选择可根据按照下述步骤进行：

①选择控制阀。根据安全运行准则，选择控制阀的气开和气关类型。

②确定被控对象的正反作用。包括正常工况和取代工况时的被控对象正、反作用。

③确定正常控制器和取代控制器的正反作用。根据负反馈准则，确定控制器的正、反作用。

④确定选择器。根据超过安全软限时，能够迅速切换到取代控制器的选择原则。因此，超过安全软限时，取代控制器输出增大(减小)，则确定选择器是高选器(低选器)。

(2)控制器控制规律的选择

超驰控制系统要求超过安全软限时能迅速切换到取代控制器。因此，取代控制器应选择比例度较小的P控制器或PI控制器，正常控制器与单回路控制系统的控制器选择相同。

下面通过一个具体例子进行说明。

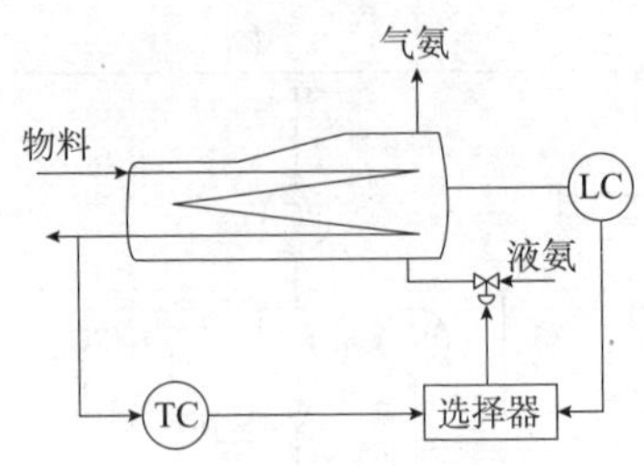

图 8-49　氨冷却器物料出口温度与液氨液位选择性控制系统

现有一氨冷却器物料出口温度与液氨液位选择性控制系统，该系统的结构如图 8-49 所示。

通过分析做出以下选择：

①为了防止液氨带液进入氨压缩机后危及氨压缩机的安全，控制阀应选择气开式。这样一旦控制阀失去能源（即断气），阀将处于关闭状态，不致使液位不断上升。

②氨冷却器的作用是使物料经过换热，出口温度达到一定的要求，这里物料出口温度是工艺的操作指标。温度控制器在正常情况下工作，由于温度对象的容量滞后较大，因此温度控制器应选择比例积分微分控制规律。系统中液位控制器为非正常情况下工作的控制器，为了在液位上升到安全限度时液位控制器能迅速地投入工作，液位控制器应选为窄比例式的。

③当选择器选中温度控制器的输出时，系统构成一单回路温度控制系统。在本系统中，当操纵变量（液氨流量）增大时，物料出口温度将会下降，故温度对象放大倍数符号为“负”。因为控制阀已选为气开式，变送器的放大倍数符号肯定也为“正”，所以温度控制器必须选择“正”作用。

当选择器选中液位控制器的输出时，则构成一单回路液位控制系统。在该系统中，当液氨流量（操纵变量）增大时，液氨液位将上升，故液位对象放大倍数符号为“正”。已知控制阀放大倍数符号为“正”，液位变送器的放大倍数符号肯定也为“正”，因此液位控制器必须选择“反”作用。

④由于液位控制器是非正常情况下工作的控制器，又由于它是反作用，在正常情况下，液位低于上限值，其输出为高信号。一旦液位上升到大于上限值，液位控制器输出迅速跌为低信号，为了保证液位控制器输出信号这时能够被选中，选择器必须选低选器，以防事故的发生。

8.6.4　积分饱和及其防止措施

1. 积分饱和的产生及其危害性

一个具有积分作用的控制器，当其处于开环工作状态时，如果偏差输入信号一直存在，那么，由于积分作用的结果，将使控制器输出不断增加（当控制器为正作用且偏差为正时）或不断减小（当偏差为负时），一直达到输出的极限值为止，这种现象称为“积分饱和”。由上述定义可增加（当控制器为正作用且偏差为正时）或不断减小（当偏差为负时），一直达到输出的极限值为止，这种现象称为“积分饱和”。由上述定义可以看出，产生积分饱和的条件有三个：一是控制器具有积分作用；二是控制器处于开环工作状态；三是偏差信号的长期存在。

对于 PI 控制器来说，其输入输出特性如下式所示：

$$y = K_p\left(e + \frac{1}{T_i}\int e\mathrm{d}t\right)$$

由此可以看出，当偏差长期存在，理论上控制器输出 y 将趋向无穷大，实际上将一直达到仪表的极限数值。而对于执行器来说，如气动控制阀门，其接收信号范围为 0.02～0.1MPa，对于超出该范围的信号则不发生动作。

对于以计算机为基础的控制工具所构成的控制系统，其数/模转换器将具有一定字长

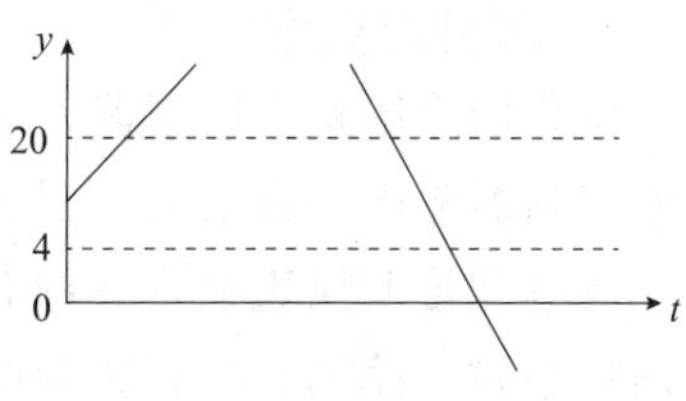

图 8－50 偏差长时期存在下 D/A 输出变化

的数字量转换成模拟量。例如 12 位 D/A，它将 0～4095 转换为 4～20mA（或 0～10mA），但是计算本身的字长并不是 12 位，它的数值范围远远大得多，尽管经过系数转换，但仍有可能积分出一个极大（或极小）的数值。当偏差极性发生变化时，D/A 输出并不能立即发生变化，需要从当前的极大（或极小）数值开始减小（或增加），一直等到回到有效数值范围内，D/A 输出才发生变化，执行器才开始动作。图 8－50 所示为偏差长时期存在下 D/A 输出变化的情况。

当控制器处于积分饱和状态时，它的输出将达到最大或最小的极限值。对气动仪表来说，其上限值为 0.14MPa，下限值为 0。然而，接收控制器输出信号的控制阀，其工作信号范围却为 0.02～0.1MPa。当控制器输出信号超出这一范围时，即使控制器输出还在变，控制阀却已达到极限位置（全开或全关）而不能再改变。因此，控制器输出压力在 0～0.02MPa 与 0.1～0.14MPa 范围内变化时，控制阀根本没反应，它们是控制阀的“死区”。只有当控制器输出信号进入 0.02～0.1MPa 范围内时，控制阀才恢复控制的功能，即阀的开度才发生变化。然而，当控制器输出达到积分饱和状态时，只有当偏差信号改变方向后，控制器输出才能慢慢从积分饱和状态退出，并越过控制阀的“死区”后，才能进入控制阀的工作区，控制阀才恢复控制作用。由此可看出，由于积分饱和的影响，造成控制阀的工作“死区”，使控制阀不能及时地发挥控制作用，因而导致控制品质的恶化，甚至还会导致发生事故。

在选择性控制系统中，任何时候选择器只能选中某一个控制器的输出送往控制阀，而未被选中的控制器则处于开环工作状态，这个处于开环工作状态下的控制器如果具有积分作用，在偏差长期存在的条件下，就会产生积分饱和。

已经处于积分饱和状态的控制器，当它在某个时刻为选择器所选中，需要它进行控制时，由于它处在积分饱和状态而不能立即发挥作用。因为这时它的输出还处在最大值（0.14MPa）或最小值（0MPa），要使它发挥作用，必须等它退出饱和区，即必须等它的输出慢慢下降到 0.1MPa 或慢慢上升到 0.02MPa 之后，控制阀才开始动作。也就是说，在饱和区中控制器输出的变化并没有实际发挥作用，因而会使控制不及时，控制质量变差。

需要指出的是，除选择性控制系统会产生积分饱和现象外，只要满足产生积分饱和的三个条件，其他控制系统也会产生积分饱和的问题。如果串级系统当切入副环单独控制时而主控制器并没切入手动，那么，当再度转成串级时，主控制器会有积分饱和的问题。其他如系统出现故障、阀芯卡住、信号传送管线泄漏等，都会造成控制器的积分饱和问题。

2. 抗积分饱和措施

产生积分饱和须满足三个条件。如果这三个条件中的任何一条不具备，积分饱和就不可能产生。这就是抗积分饱和措施的出发点。目前防止积分饱和的方法有以下几种：

（1）限幅法

限幅法是通过采取一些专门的技术措施对积分反馈信号加以限制，从而使控制器输出信号限制在控制阀工作信号范围内。在电动智能型控制器中可设置输出限幅，如输出上限设置在 19.99mA，下限设置在 4.01mA。当控制器输出达到设定值后，输出不再增加或减小。这样就不会出现积分饱和的问题

(2)积分切除法

积分切除法是当控制器处于开环工作状态时，将控制器的积分作用切除掉，这样就不会使控制器输出一直增大到最大值或一直减小到最小值，当然也就不会产生积分饱和问题。在电动Ⅲ型仪表中有一种 PI－P 型控制器就属于这一类型。当控制器被选中处于闭环工作状态时，控制器具有比例积分控制规律；当控制器未被选中处于开环工作状态时，仪表线路具有自动切除积分作用的功能，结果控制器就只有比例作用功能，这样控制器的输出就不会向最大或最小两个极端变化，积分饱和问题也就不存在了。对于 DCS 系统中的控制器，可以将当前积分时间保存在一个临时存储单元中，当选择性控制系统发生切换期间，将积分时间最长赋值给控制器，由于控制器积分时间最长，控制器消除积分作用，控制器输出就不会无限增加或减小了。当系统重新切换回时，再将原来的积分时间赋值给控制器。

(3)偏差置零法

将控制器给定值保存在一个临时存储单元中，当选择性控制系统发生切换期间，将当前测量值赋值给控制器给定，由于此时控制器测量等于给定，偏差为 0，虽然控制器还有积分作用，由于偏差为 0，所以控制器输出就不会无限增加或减小了。当系统重新切换回时，再将原来的给定值赋值给控制器。

习题

8－1　复杂控制系统与单回路控制系统在系统框图上体现的区别是什么？

8－2　常见的复杂控制系统有哪几类？

8－3　什么是串级控制系统？画出一般串级控制系统框图。它有什么特点？什么情况下采用串级控制？

8－4　串级控制系统中的副回路和主回路各起什么作用？为什么？

8－5　图 8－51 所示为聚合釜温度与流量的串级控制系统。

①说明该系统的主、副对象，主、副变量，主、副控制器各是什么？

②试述该系统是如何实现其控制作用的？

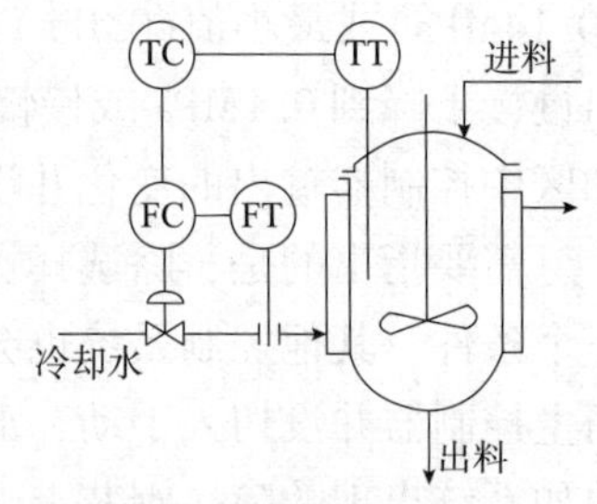

图 8－51　聚合釜温度与流量的串级控制系统

8－6　什么是前馈控制系统？应用在什么场合？

8－7　前馈控制系统的特点有哪些？其与反馈控制系统有哪些基本区别？

8－8　前馈控制系统的主要结构形式有哪些？分别适应什么场合？

8－9　前馈控制系统哪些参数需要整定，如何整定？

8－10　什么是比值控制系统？它有哪几种类型？

8－11　比值控制系统的实施有哪几种情况？各自的特点有哪些？

8－12　比值控制系统中，其控制器的参数整定步骤有哪些？

8－13　选择性控制系统的特点是什么？应用在什么场合？

8－14 选择性控制系统的类型有哪些？各有什么特点？

8－15 什么是选择性控制系统中的积分饱和现象？如何防止该现象的发生？

8－16 均匀控制的目的和特点是什么？

8－17 均匀控制的类型有哪几种？各自应用在什么场合？

8－18 分程控制系统中如何实现使各个控制阀处于不同的信号段？

8－19 图8－52所示为某管式加热炉原油出口温度分程控制系统，两分程阀分别设置在煤气和燃料油管线上。工艺要求优先使用煤气供热，只有当煤气量不足以提供所需热量时，才打开燃料油控制阀作为补充。根据上述要求试确定：

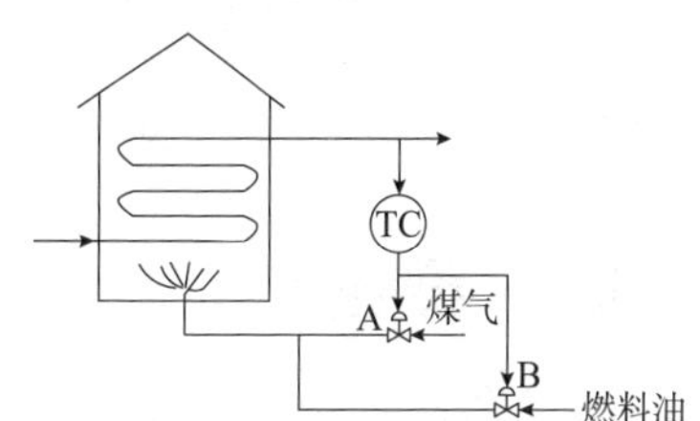

图8－52 管式加热炉原油出口温度分程控制系统

(1) A、B两控制阀的开闭形式及每个阀的工作信号段(假定分程点为0.06MPa)。

(2) 确定控制器的正反作用。

(3) 画出该系统框图，并简述该系统的工作原理。

8－20 图8－53所示的热交换器用以冷却经五段压缩后的裂解气，冷剂为脱甲烷塔的釜液。正常情况下要求釜液流量维持恒定，以保证脱甲烷塔的稳定操作。但是裂解气冷却后的出口温度不得低于15℃，因为当温度低于此温度时，裂解气中所含的水分就会生成水合物而堵塞管道，为此，需为其设计一选择性控制系统。如果要求设计的是连续型选择性控制系统，系统中的控制阀、控制器及选择器应如何进行选择？

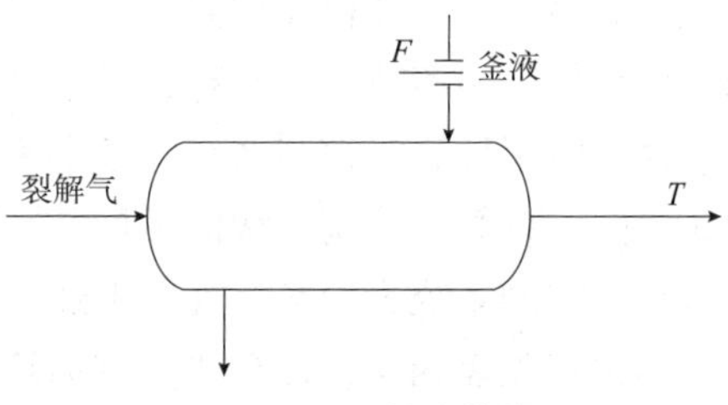

图8－53 热交换器

8－21 何谓积分饱和？它有什么危害性？

8－22 图8－54所示的反应釜内进行的是放热化学反应，而釜内温度过高会发生事故，因此采用夹套通冷却水进行冷却，以带走反应过程中所产生的热量。由于工艺对该反应过程温度控制精度要求很高，单回路控制满足不了要求，需用串级控制。

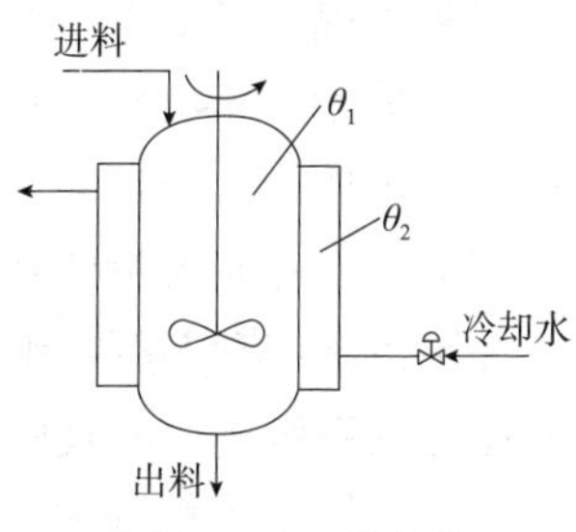

图8－54 反应釜

(1) 当冷却水压力波动是主要干扰时，应怎样组成串级？画出系统结构图。

(2) 当冷却水入口温度波动是主要干扰时，应怎样组成串级？画出系统结构图。

(3) 对上述两种不同控制方案选择控制阀的开闭形式及主、副控制器的正反作用。

第9章　计算机控制系统基础

9.1　概述

计算机控制系统，又称数字控制系统，是自动控制理论和计算机技术相结合的产物。随着大规模集成电路技术的发展，计算机性能及可靠性有了显著提高，同时价格大大下降，逐渐成为人们信赖的控制装置。在现代控制系统中，越来越多的设计者采用通过计算机实现的具有复杂算法的离散控制器，这种应用离散控制器来控制连续对象的系统称为计算机控制系统。计算机控制系统中控制器是离散的，对象的输入/输出信号则是连续的，因而连续信号和离散信号共存，是计算机控制系统的主要特征，也是系统分析和设计的难点。这决定了计算机控制系统的数学模型、分析和设计方法必然与常规的纯连续和纯离散系统不同。计算机控制系统的发展与计算机技术和工业生产技术的发展密切相关。传统的常规仪表控制系统无论是在性能上还是在控制规律上已不能满足现代化企业日益增长的需要。与常规仪表相比，计算机具有运算速度快、处理能力强、编程灵活性高、便于集中监视等特点，因而在过程工业中具有明显的优越性。现代计算机技术与现代控制理论、控制技术、通信技术、仪表技术、视频技术、管理方法、决策科学及实际控制需求相结合，可达到常规模拟控制系统无法达到的性能指标。

计算机控制已渗透到各个领域，工业生产过程自动化应用计算机控制系统有重要意义，主要体现在以下4个方面：

(1)增强系统功能，提高控制水平。计算机控制与计算机中的应用软件结合，可实现多重自动化功能，如自动、实时地处理多输入多输出信号，保证信息采集的广泛性、准确性、安全性；存储大量的共享历史数据，可实现生产计划与调度等自动化功能；方便完成各类控制系统(模拟量控制、逻辑控制、顺序控制等)的组态，扩展系统应用范围；灵活应用模拟控制系统难以实现的先进控制策略，如状态反馈控制、状态观测预估计、自适应控制、最优化控制等算法和基于智能控制的专家系统控制、模糊控制、人工神经网络控制等算法；缩小监视面，扩大监控范围。

(2)节省系统投资，提升经济效益。计算机性能的提高使得控制系统产能提高，市场竞争不断下降，同时控制系统的推广应用使得很多功能实现了软件化，计算机系统还能提高生产系统的运行效率，维持被控对象在最优工况下运行，这些特点都可提升系统的性价比，节省实验开支，获得社会、经济效益。

(3)强化管控结合，提高管理水平，包括生产管理、资源管理、设备管理、技术管理、监督管理、营销管理、财务管理和保障管理等。

(4)安全措施得当，系统运行可靠。计算机控制系统的发展大体上经历以下几个阶段：

(1)试验阶段(1965 年以前)

1946 年世界上第一台电子计算机问世；历经十余年的研究，1958 年美国 Louisina 公司的电厂安装了第一个计算机安全监视系统；1959 年美国 Texaco 公司的炼油厂安装了第一个计算机闭环控制系统。早期的计算机采用电子管，不仅运算速度慢，价格贵，而且体积大，可靠性差。

(2)实用阶段(1965—1969 年)

随着半导体技术与集成电路技术的发展，出现了专用于工业过程控制的高性能价格比的小型计算机。但当时的硬件可靠性还不够高，因此由单台计算机来控制几十个甚至上百个回路，会造成危险集中。为了提高控制系统的可靠性，常常要另外设置一套备用的模拟仪表控制系统或备用计算机。这样就造成了系统的投资过高，因而限制其应用和发展。

(3)成熟阶段(1970 年以后)

随着大规模集成电路技术的发展，1972 年生产出运算速度快、可靠性高、价格便宜和体积很小的微型计算机，从而开创了计算机控制技术的新时代，即从传统的集中控制系统革新为分散控制系统(distributed control system，DCS)。

20 世纪 80 年代，随着超大规模集成电路技术的飞速发展，使得计算机向着超小型化、软件固化和控制智能化方向发展。20 世纪 90 年代世界进入一个信息时代，在离散型制造业的计算机集成制造系统(computer integrated manufacturing system，CIMS)的启发下，连续过程工业界提出了一种把管理和控制融为一体的综合自动化系统，即计算机集成生产系统(computer integrated production system，CIPS)。

同时，在控制系统体系结构上，继分散控制系统之后出现了新一代控制系统——现场总线控制系统(fieldbus control system，FCS)，它所代表的是一种数字化到现场、网络化到现场、控制功能到现场和设备管理到现场的发展方向，被誉为跨世纪的计算机过程控制系统。

根据目前计算机控制技术的发展情况，应用领域越来越广泛，对于计算机控制技术的发展也需要更为深入的研究，计算机控制系统呈现以下特点的发展趋势：

(1)控制系统的网络化。随着计算机技术和网络技术的迅猛发展，各种层次的计算机网络在控制系统中的应用越来越广泛，从而使传统意义上的回路控制系统所具有的特点在系统网络化过程中发生了根本变化，并最终逐步实现了控制系统的网络化。

(2)控制系统的扁平化。在传统的集散和分布式计算机控制系统中，根据完成的不同功能和实际的网络结构，系统以网络为界限被分成多个层次，各层网络间通过计算机相连。这种复杂多层的结构会造成多种障碍，具有很多缺点。新一代计算机控制系统的结构发生了明显变化，逐步形成两层网络的系统结构。上层负责完成高层管理功能，底层负责完成所有具体的控制任务。

(3)控制系统的智能化。智能控制是一类无需人的干预就能够自主地驱动智能机器实现其目标的过程，是机器模拟人类智能的一个重要领域。随着科学技术的发展，对工业过程不仅要求控制的精确性，更加注重控制的鲁棒性、实时性、容错性，以及对控制参数的自适应和自学习能力。另外，被控工业过程日趋复杂，过程严重的非线性和不确定性，使许多系统无法用精确数学模型描述。这样建立在数学模型基础上的传统方法将面临空前的挑战，也给智能控制方法的发展创造了良好的机遇。智能控制器的设计不依赖过程的数学模型，因而对于复杂的工业过程可以取得很好的控制效果。智能控制包括学习控制系统、分级递阶智能控制系统、专家系统、模糊控制系统和神经网络控制系统等。

(4)工业控制软件的组态化。如今工业控制软件已向组态化的方向发展。工业控制软件主要包括人机界面软件、控制软件及生产管理软件等。目前，我国已开发出一批具有自主知识产权的实时监控软件平台、先进控制软件和过程优化控制软件等成套应用软件。

计算机控制系统是以计算机为核心装置的自动化过程控制系统，可以是开环控制系统，也可以是闭环控制系统。系统框图等同于控制系统框图，区别在于控制器是由计算机系统实现，并且计算机控制系统一定是数字控制系统。计算机对温度、压力、流量、物位、成分、转数、位置等各种信息进行采样与处理，显示并打印各种参数和统计数字，并输出控制指令以操纵生产过程按规定方式和技术要求运行，从而完成控制与管理任务。计算机控制系统是在自动控制系统中发展起来的一门学科，在计算机控制系统中，控制规律是用软件实现的，只要运用各种指令，就能编出符合某种控制规律的程序，计算机执行预定的控制程序，就能实现对被控参数的控制。

计算机控制系统由常规仪表控制系统演变而来，其闭环控制系统的组成结构如图 9－1 所示。控制器采用控制计算机即微型计算机与模/数(A/D)转换通道、数/模(D/A)转换通道来代替。由于计算机采用数字信号传递，而一次仪表多采用模拟信号传递，因此需要有 A/D 转换器将模拟量转换为数字量作为其输入信号，以及 D/A 转换器将数字量转换为模拟量作为其输出信号。

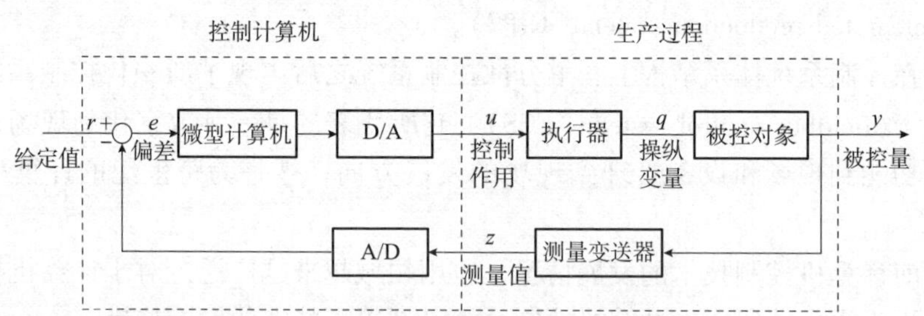

图 9－1　计算机闭环控制系统原理框图

9.1.1　各元件功能介绍

计算机控制系统中各元件功能如下：

(1)微型计算机(控制器)：根据偏差信号 e，按照预定的控制规律产生控制信号，以驱动执行机构工作，使被控量与给定值保持一致。

(2)A/D 转换器：把测量变送环节输出的连续信号转换成数字信号输入计算机。

(3)D/A 转换器：把计算机输出的数字信号转换成连续信号去驱动执行机构。

(4)执行器：根据控制器输出的控制信号，改变输出的角或直线位移，并改变被调介质的流量或能量，使生产过程满足预定要求。对于执行器最广泛的定义是：一种能提供直线运动或旋转运动的驱动装置，它利用某种驱动能源并在某种控制信号作用下工作。执行器按其能源形式分为气动、电动和液动三大类，它通过电动机、气缸或其他装置将这些能源转化成驱动作用。基本的执行机构用来把阀门驱动至全开或全关的位置，用于控制阀门的执行机构能够精准地将阀门调整到任何位置。

(5)测量变送器：该部分元件也可细分为测量元件和变送器。测量元件是指对被控对象的被控量(温度、压力、流量、转速、位移等)进行测量。变送器将被测参数变成一定形式的电信号，反馈给控制器。

9.1.2 系统分类

根据计算机系统框图，通过不同的角度去认识，可以分成不同的系统。

(1)被控对象角度分析

①运动控制系统：通过对电动机电压、电流、频率等输入电量的控制，来改变工作机械的转矩、速度、位移等机械量，使各种工作机械按人们期望的要求运行，以满足生产工艺及其他应用需要的系统称为运动控制系统。运动控制系统的对象称为运动控制对象。

②过程控制系统：以表征生产过程的参量为被控制量使之接近给定值或保持在给定范围内的自动控制系统称为过程控制系统。过程控制系统的对象称为过程控制对象。

(2)给定值角度分析

①恒值系统：给定值都是恒定值的系统称为恒值系统，如速度控制。

②随动系统：给定值(控制指令)是事先未知的时间函数的系统称为随动系统。

③程序控制系统：控制指令已预先知道的系统，称为程序控制系统。

④自动调节系统或镇定系统：带偏差控制作用的速度控制系统是根据偏差产生控制作用，对系统进行自动调节，使被控量保持恒定。故这类系统又称为自动调节系统或镇定系统。

9.1.3 系统的控制过程

计算机控制系统的监控过程可归结为三个步骤：

(1)实时数据采集，对来自测量变送器被控量的瞬时值进行采集和输入；

(2)实时数据处理，对采集到的被控量进行分析、比较和处理，按一定的控制规律运算，进行控制决策；

(3)实时输出控制，根据控制决策，适时地对执行器发出控制信号，完成监控任务。

9.1.4 系统的工作方式

(1)在线方式：这种方式又称为联机方式，是指计算机和生产过程相连，且直接控制生产过程。

(2)离线方式：这种方式又称为脱机方式，是指计算机不与生产过程相连，或相连但不直接控制生产过程，而是依靠人进行联系并做出相应的操作。

9.2 系统的硬件组成

计算机控制系统的硬件一般由主机、常规外部设备、过程输入输出设备、操作台和通信设备等组成，如图 9 - 2 所示。

9.2.1 主机

由中央处理器(CPU)、读写存储器(RAM)、只读存储器(ROM)和系统总线构成的主机是控制系统的指挥部。主机根据过程输入通道发送来的反映生产过程工况的各种信息及预定的控制算法，做出相应的控制决策，并通过过程输出通道向生产过程发送控制命令。

常用计算机控制系统的主机有：工控机、可编程逻辑控制器、单片机、数字信号处理器、ARM 处理器等。

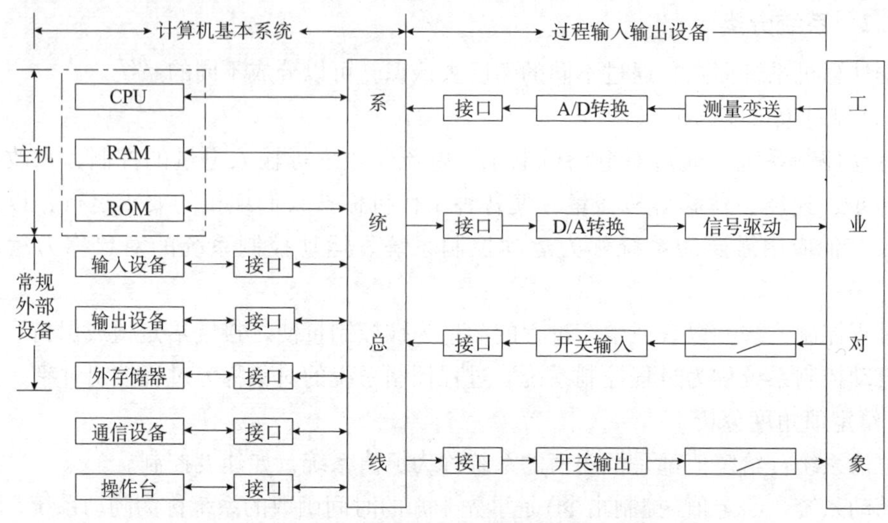

图 9－2　计算机控制系统硬件组成框图

9.2.2　常规外部设备

实现计算机和外界交换信息的设备称为常规外部设备，简称外设。它由输入设备、输出设备和外存储器等组成。

输入设备有键盘、光电输入机等，用来输入程序、数据和操作命令。输出设备有打印机、绘图机、显示器等，用来把各种信息和数据提供给操作者。外存储器有磁盘装置、磁带装置，兼有输入、输出两种功能，用于存储系统的程序和数据。

9.2.3　过程输入输出设备

在计算机与生产过程之间起着信息传递和变换作用的连接装置，称为过程输入输出设备，又称为过程输入通道和过程输出通道，统称为过程通道。

过程输入通道又分为模拟量输入通道和数字量输入通道。模拟量输入通道把模拟量输入信号转变为数字信号；数字量输入通道则直接输入开关量信号或数字量信号。

过程输出通道又分为模拟量输出通道和数字量输出通道。模拟量输出通道把数字信号转换成模拟信号后输出；数字量输出通道则输出开关量信号或数字量信号。

(1)模拟量输入通道

模拟量输入通道的任务是把被控对象的过程参数如温度、压力、流量、液位、质量等模拟量信号转换成计算机可以接收的数字量信号。来自工业现场传感器或变送器的模拟量信号应首先进行信号调理，然后经多路模拟开关，分时切换，进行前置放大、采样保持和 A/D 转换，通过接口电路以数字量信号进入主机系统，从而完成对过程参数的巡回检测任务。该通道的核心是模/数转换器，即 A/D 转换器，通常把模拟量输入通道称为 A/D 通道或 AI 通道。

(2)模拟量输出通道

模拟量输出通道的任务是把计算机处理后的数字量信号转换成模拟量电压或电流信

号，去驱动相应的执行器，从而达到控制的目的。模拟量输出通道一般由接口电路、数/模转换器和电压/电流变换器等构成，其核心是数/模转换器，即 D/A 转换器，通常把模拟量输出通道称为 D/A 通道或 AO 通道。

(3)数字量输入通道

在计算机过程输入通道中，除了要处理模拟量信号以外，还要处理另一类信号——开关信号、脉冲信号等，如开关触点的通、断识别，仪器仪表的 BCD 码输入，脉冲频率信号的计数等。它们都是以电平的高、低或二进制的逻辑“1”“0”出现的，这些信号统称为数字量信号。

数字量输入通道，简称 DI 通道，它的任务是把生产过程中的数字信号转换成计算机易于接收的形式。

(4)数字量输出通道

在计算机过程输出通道中，也要处理一些数字量信号，如指示灯的亮、灭，继电器或接触器的吸合、释放，电动机的启、停，晶闸管的通、断，阀门的开、关等。

数字量输出通道，简称 DO 通道，它的任务是把计算机输出的微弱数字信号转换成能对生产过程进行控制的数字驱动信号。

9.2.4 操作台

操作台是操作员与计算机控制系统之间进行联系的纽带，一般由图形显示器、LED 数码管或 LCD 液晶显示器、键盘、开关和指示灯等构成。

在计算机控制系统中，除了与生产过程进行信息传递的过程输入输出设备以外，还有与操作人员进行信息交换的常规输入输出设备。这种人机联系的典型装置是一个操作显示台或操作显示面板。

操作台一般由按键、开关、显示器件及各种 I/O 设备(如 CRT、打印机、绘图机等)组成。

(1)键盘输入电路

键盘是一种最常用的输入设备，是一组按键的集合，从功能上可分为数字键和功能键两种，其作用就是输入数据、命令，查询和控制系统的工作状态，实现简单的人机对话。

(2)LED 数码显示电路

显示装置是计算机控制系统中的一个重要组成部分，主要用来显示生产过程的工艺状况与运行结果，以便于现场工作人员的正确操作。LED(light emitting diode)显示器因其成本低廉、配置灵活、与单片微型计算机接口方便等特点而得到广泛应用。

(3)LCD 液晶显示器

LCD(liquid crystal display)液晶显示器是一种利用液晶的扭曲/向列效应制成的新型显示器，其液晶材料借助于外界光线的照射而实现被动显示。LCD 可以做成显示数码管的段位式、显示文字符号的字符式及显示字符、图形的点阵式三种结构。

(4)图形显示器

除了小型控制装置采用 LED 和 LCD 外，大中规模的计算机控制系统中，它能一目了然地展示出图形、数据和事件等各种信息，以便直观形象地监视和操作工业生产过程。

9.2.5 通信设备

现代化工业生产过程的规模较大，其控制与管理也很复杂，需要几台或几十台计算机才能分级完成。这样，在不同地理位置、不同功能的计算机之间就需要通过通信设备连接成网络，以进行信息交换。

(1)数据通信概念

数据通信的实质是以计算机为中心，通过某些通信线路与设备，对二进制编码的字母、数字、符号及数字化的声音、图像信息进行传输、交换和处理。

数据通信的基本传输方式有并行通信和串行通信两种。

并行通信是指所传送数据的各位同时发送或接收。数据有多少位，就需要多少根传输线。这种传输方式的特点是传输速度快，但传输线数量多，成本高，适合于近距离传输。

串行通信是指所传送数据的各位按顺序一位一位地发送或接收。其特点是只需一对传输线，甚至可以利用电话线作为传输线，这样就大大降低了传输成本，特别适用于远距离通信，一般的计算机控制系统均采用这种通信方式。

波特率是串行通信中的一个重要指标。它定义为每秒传送二进制数码的位数，单位是波特每秒(bit/s 或 bps、b/s)或兆波特每秒(Mb/s)。

(2)串行通信总线

将一台 PC 与若干台智能仪表构成小型的分散测控系统，是目前计算机控制系统中最常用的一种网络模式。这种网络模式是把以单片机为核心的智能式仪表作为从机(又称下位机)，完成对工业现场的数据采集和各种控制任务，而 PC 作为主机(又称上位机)将传送上来的数据进行复杂加工处理及图文并茂地显示出来，同时将控制命令传送给各个下位机，以实现集中管理和最优控制。

这里，关键问题是要解决 PC 与各个单片机之间的数据通信问题。通常采用标准的串行通信总线——RS－232C 和 RS－485。

RS－232C 总线是由美国电子工业协会 EIA 于 1969 年修订的一种通信接口标准，专门用于数据终端设备 DTE 和数据通信设备 DCE 之间的串行通信。普通计算机的串行口 COM1 或 COM2 均符合 RS－232C 总线标准，因此在 PC 与单片机装置的串行通信网络之间，必须在单片机装置中匹配 TTL/RS－232C 转换串行通信接口。为了保证数据传输的正确性，RS－232C 接口总线的传送距离一船不超过 15m，传送信号速率不大于 20KB/s。

EIA 在 RS－232C 的基础上又相继推出了改进型的 RS－422/423/485 等总线标准。其中 RS－485 串行通信接口以差分平衡方式传输信号，具有很强的抗共模干扰能力而大受欢迎。因此，现在的单片机智能仪表都配置 RS－485 通信接口，以便于与上位机很方便地组成工业控制网络。RS－485 总线的传输距离最远可达 1200m(速率 100KB/s)，传输速率最高可达 10MB/s(距离为 12m)。

9.3 系统的软件

计算机控制系统的软件通常分为系统软件和应用软件两大类。系统软件是由计算机厂家提供的专门用来使用和管理计算机本身的程序，包括各种语言的汇编、解释及编译程序，机器的监控管理程序、操作系统、调试程序、故障诊断程序等。应用软件是用户针对生产过程要求而编制的各种应用程序，如数据采样、A/D 转换、数据预处理、数字滤波、标度变换、过程控制、D/A 转换、键盘处理、显示打印及各种公共子程序等。

9.3.1 软件程序设计

程序设计通常分为五个步骤：问题定义、程序设计、编码、调试、改进和再设计。问题定义是明确计算机需完成哪些任务、执行什么程序，决定输入输出的形式，与接口硬件电路的连接配合及出错处理方法；程序设计是利用程序对任务进行描述；编码是指程序设计人员选取一种适当的高级语言书写程序；调试是利用各种测试方法检查程序的正确性；改进和再设计是根据调试中的问题对原设计做修改。软件设计过程通常用到四种方法：过程化、模块化和结构化、面向对象及面向智能体的编程方法。

1. 过程化程序设计

“面向过程”是一种最基础的编程思想，此思想程序设计流程清楚，按照模块和函数的方法便于实现，该方法可将一个规模比较大、结构复杂的程序分解为若干个小程序进行处理，但各个程序之间的嵌套会增加系统的分析难度，从而导致系统程序运行的不稳定。

过程化程序实现是通过用文字描述过程，然后画出程序的流程图，这两步是编程和调试的依据，有了这两步基础，在编写程序和调试的过程中只需根据其考虑的指令和语句实现即可。

2. 模块化和结构化程序设计

模块化程序设计是把一个复杂的系统软件分解为若干个功能子模块，每个子模块执行单一的功能，并且具有单输入单输出结构。主要有两种实现方法：

(1) 自底向上模块化设计。首先对最底层模块进行编码、测试和调试。这些模块正常工作后再来开发较高层的模块。该方法的缺点是高层模块设计中的根本错误也许要在以后学习中才能发现。

(2) 自顶向下模块化设计。首先对最高层进行编码、测试和调试，用“节点”代替还未编码的较低层模块。该方法一般适用高级语言来设计程序，程序大小和性能要在开发关键性的底层模块时才会表现出来。

鉴于两种方法的特点，实际工作中往往会两种方法结合来设计程序。

“结构化”程序设计采用自顶向下逐步求精的设计方法和单入口单出口的控制结构，其核心思想是“模块化”，即化整为零。优点是可以把一个复杂问题的解法分解和细化成一个由许多模块组成的层次结构的软件系统，并可以把一个模块的功能逐步分解细化为一系列具体的处理步骤或某种高级语言的语句。该方法主要存在三方面问题：结构化方法分析和设计阶段所应用的模型之间存在很大偏差；在分析阶段用数据流程图将用户需求和软件的功能需求统一起来，但需求变更会使得软件模块结构发生变化，从而造成软件结构的不稳定；结构化程序设计将数据定义与处理数据过程相分离，不利于软件复用。

内聚和耦合是反映软件设计过程中模块独立性的两个标准。内聚是衡量一个模块内部各个元素彼此结合的紧密程度。

耦合是衡量模块之间彼此依赖的程度。耦合可分为 7 类：内容耦合(一个模块直接引用另一个模块的内容)、公共耦合(多个模块都访问同一个公共数据环境)、外部耦合(两个模块都访问同一个全局简单变量而不是同一全局数据结构)、控制耦合(一个模块向另一个模块传递一个控制信息)、数据结构耦合(一个模块调用另一个模块时传递整个数据结构)、数据耦合(两个模块传递的是数据项)、非直接耦合(两个模块之间没有直接关系，它们之间的联系完全通过主模块的控制和调用来实现)。

模块耦合性和模块独立性之间的关系如图 9－3 所示。软件设计应尽量遵循降低模块间耦合程度这一原则，尽量使用数据耦合，少用控制耦合，限制公共耦合，坚决不用内容耦合。

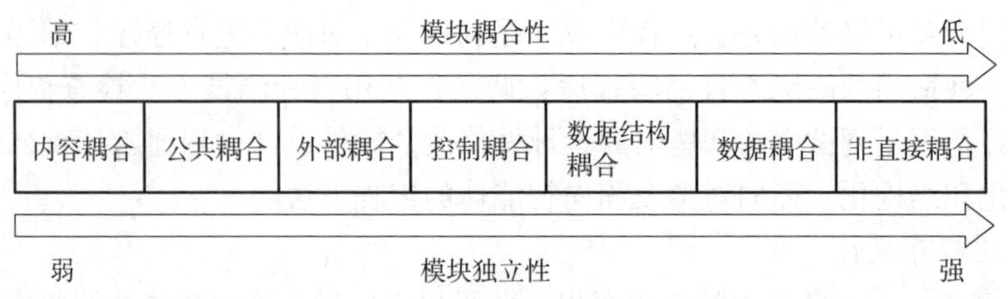

图 9－3　模块耦合

内聚指一个模块内部各元素之间关系的紧密程度。内聚分为 7 类：巧合内聚(一个模块执行多个完全互不相关的动作，该模块有巧合内聚)、逻辑内聚(一个模块执行一系列逻辑相关的动作会发生逻辑内聚)、时间内聚(一个模块内的多个任务与时间有关时，该模块有时间内聚)、过程内聚(一个模块内的处理元素是相关的且须按特定次序执行，该模块属于过程内聚)、通信内聚(模块中所有元素都使用同一个数据结构的区域)、顺序内聚(一个模块中的所有处理元素都和一个功能密切相关且处理元素须按顺序执行，该模块具有顺序内聚)、功能内聚(一个模块中各个部分都是完成某一具体功能必不可少的组成部分)。

模块内聚性及其对软件独立性的影响如图 9－4 所示。在总体设计时应尽可能保证模块具有功能内聚，功能内聚的独立性最强。内聚与耦合是相互关联的，应尽量提高模块的内聚，减少模块间的耦合。

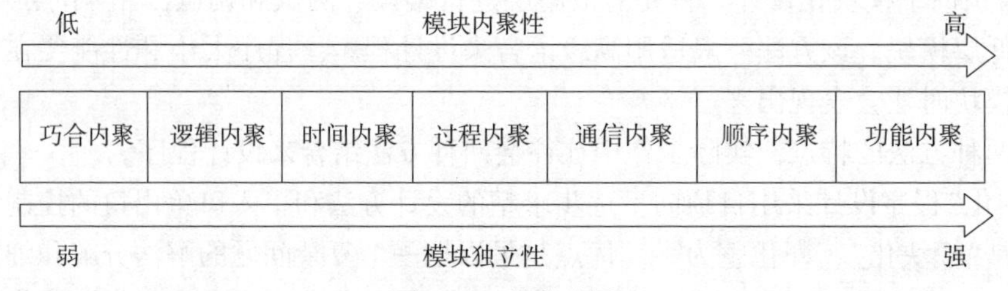

图 9－4　模块内聚

3. 面向对象程序设计

面向对象程序设计中的概念包括：对象(指运行期封装数据和操作这些数据代码的逻辑实体)、类(指具有相同类型的对象的抽象)、封装(指将数据和代码捆绑到一起从而避免外界干扰和不确定性)、继承(让某个类型的对象获得另一个类型对象的特征)、多态(指不同事物具有不同表现形式的能力)、动态绑定(指与给定的过程调用相关联的代码只有在运行期才可知的一种绑定)、消息传递(指对象之间收发消息)、方法(定义一个类可以做但不一定会去做的事)等。面向对象的程序设计是根据需求决定所需的类、类的操作及类之间关联的过程。但该方法过于强调每个基本元素自身的实现方法，忽略了元素之间的相互关联。

面向对象的开发方法主要有：Booch 方法、Coad 方法、OOSE 方法、OMT 方法等。Booch 方法强调基于类和对象的系统逻辑视图与基于模块和进程的系统物理视图之间的区别，该方法的模型图有类图、对象图、状态转移图、时态图、模块图和进程图等。该方法的过程包括发现对象(在给定的抽象层次上识别类和对象)、确定类的方法和属性、定义类之间的关系、用面向对象的语言编写程序代码。Coad 方法以类图和对象图为手段，在主体层、类与对象层、结构层、属性层、服务层等层次建立案例分析模型。OOSE 方法将对象区分为实体对象、界面对象和控制对象，该方法的一个关键概念是用例，包括需求分析、设计、实现和测试等阶段。OMT 方法是在实体关系模型上扩展了类、继承和行为而得到的。该方法提供了三种模型：对象模型、动态模型和功能模型，并将开发过程分为：分析、系统设计、对象设计和实现四个活动。

4. 面向智能体程序设计

面向智能体的编程是随着人工智能的发展而形成的一种编程方法，没有统一的编程规则，在机器人领域得到较为广泛的应用。

9.3.2　过程检测

由硬件构成的过程输入通道，把现场传感器或变送器的电信号转换成数字量后送入计算机，计算机在对这些数字量进行显示和控制之前，还必须根据需要进行相应的数据处理，如预处理、数字滤波、标度变换和越限报警等。

1. 测量数据预处理

对测量数据预处理是计算机控制系统数据处理的基础。在测量输入通道中，均存在现场传感器、放大器等器件的零点漂移和温度漂移所造成的系统误差，计算机可通过相应的软件程序进行零点调整加以校正。

控制系统中不仅要考虑信号的幅度，还要考虑信号极性。为此，在对 A/D 转换后的数据和 D/A 转换前的数据进行处理前，必须根据数据的极性进行预处理，才能保证得到正确结果。

2. 数字滤波方法

由于工业生产的现场环境非常恶劣，各种干扰源很多，计算机系统通过输入通道采集到的数据信号，虽经硬件电路的滤波处理，仍会混有随机干扰噪声。因此，为了提高系统性能，达到准确的测量与控制，一般情况下还需要进行数字滤波。与 RC 滤波器相比，数字滤波具有多个优点：通过附加数字滤波程序进行，无需增加任何硬件设备；系统可靠性高，不存在阻抗匹配问题；可多通道共享，降低成本；可对低频率(如 0.01Hz)信号进行滤波；使用灵活，可根据需求选择不同的滤波方法等。

数字滤波，就是计算机系统对输入信号采样多次，然后用某种计算方法进行数字处理，以削弱或滤除干扰噪声造成的随机误差，从而获得一个真实信号(有效采样值)的过程。常用的数字滤波方法有限幅滤波、限速滤波、算术平均值滤波、加权平均值滤波、滑动平均值滤波、RC 低通数字滤波、复合数字滤波等。

限幅滤波是把两次相邻采样值相减，求出增量后与两次采样允许的最大差值 ΔY 进行比较，若不大于 ΔY，则取本次采样值；若大于 ΔY，则仍取上次采样值作为本次采样值。该滤波方法主要用于变化比较缓慢的参数(温度、物位等)，最大差值 ΔY 的选取非常重要，通常是根据经验所得。

限速滤波一般可采用3次采样值来决定采样结果，该方法是一种折中的方法，既照顾采样的实时性，又顾及采样值变化的连续性。缺点是ΔY的确定不够灵活，须根据现场情况不断更换新值，且不能反映采样点大于3时各采样数值受到干扰的情况。

算术平均值滤波的实质是把一个采样周期内的N次采样值相加，然后再把所得的和除以采样次数N，得到该周期的采样值。该滤波方法主要用于对压力、流量等周期脉动参数的采样值进行平滑加工，但不适用于脉冲性干扰严重的场合。采样次数N的选取取决于系统对参数平滑度和灵敏度的要求。

加权平均值滤波是指将各采样值取不同的比例，然后再相加，此方法可提高滤波效果。各次采样值的系数体现了各次采样值在平均值中所占的比例，该系数可根据具体情况来决定，通常采样次数越靠后，取的比例越大，以此增加新的采样值在平均值中所占的比例。该方法可根据需求突出信号的某一部分来抑制信号的另一部分。

滑动平均值滤波可以克服算术平均值滤波和加权平均值滤波带来的缺陷，即连续采样N个数据所造成的检测速度慢这一问题。该滤波程序在设计过程中，每采样一次，移动一次数据块，然后求出新一组数据之和，再求平均值。有两种滑动平均值滤波程序：滑动算术平均值滤波和滑动加权平均值滤波。

RC低通数字滤波是仿照模拟系统RC低通滤波器的方法，用数字形式实现低通滤波，该方法可适用于变化过程比较慢的参数。

复合数字滤波器也称为多级数字滤波器，该滤波器通过把两种或两种以上有不同滤波功能的数字滤波组合起来，以进一步提高滤波效果。例如，算术平均滤波可对周期性的脉冲采样值进行平滑加工，中值滤波可对随机的脉冲干扰，如变送器的临时故障等进行消除，将二者滤波结合起来形成多功能的复合滤波，即把采样值先按从大到小的顺序排列起来，然后将最大值和最小值去掉，再把余下的部分求和，取平均值。

3. 标度变换算法

生产中的各种参数都有不同的量纲和数值，但在计算机控制系统的采集与A/D转换过程中已变为量纲统一的数据，当系统在进行显示、记录、打印和报警等操作时，必须把这些测得的数据还原为相应量纲的物理量。标度变换的任务是把计算机系统检测的对象参数的二进制数值还原变换为原物理量的工程实际值。

标度变换有各种不同的算法，常用变换方法如下：

(1)线性式标度变换

线性式标度变换是最常用的标度变换方式，其前提条件是传感器的输出信号与被测参数之间呈线性关系。

数字量N_x：对应的工程量的线性标度变换公式为：

$$A_x=(A_m-A_0)\frac{N_x-N_0}{N_m-N_0}+A_0 \tag{9-1}$$

式中，A_0为一次测量仪表的下限(测量范围最小值)；A_m为一次测量仪表的上限(测量范围最大值)；A_x为实际测量值(工程量)；N_0为仪表下限所对应的数字量；N_m为仪表上限所对应的数字量；N_x为实际测量值所对应的数字量。

【例9-1】 某加热炉温度测量仪表的量程为200~800℃，在其一时刻计算机系统采样并经数字滤波后的数字量为CDH，求此时的温度值是多少？(设该仪表的量程是线性的)。

解　已知，$A_0=200℃$，$A_m=800℃$，$N_0=0_{(10)}$，$N_x=\mathrm{CDH}=205_{(10)}$，$N_m=\mathrm{FFH}=255_{(10)}$。根据式(9-1)，得此时的温度为

$$A_x=(A_m-A_0)\frac{N_x}{N_m}+A_0=(800-200)\times\frac{205}{255}+200=682℃$$

(2)非线性式变换

如果传感器的输出信号与被测参数之间呈非线性关系，则标度变换也应建立非线性式变换。例如，在差压法测量流量中，流量与差压间的关系为

$$Q=K\sqrt{\Delta p} \tag{9-2}$$

式中，Q 为流体流量；K 为刻度系数，与流体的性质及节流装置的尺寸有关；Δp 为节流装置前后的差压。

可见，流体的流量与被测流体流过节流装置前后产生的压力差的平方根成正比，于是得到测量流量时的标度变换公式为：

$$Q_x=(Q_m-Q_0)\sqrt{\frac{N_x-N_0}{N_m-N_0}}+Q_0 \tag{9-3}$$

式中，Q_0 为差压流量仪表的下限值；Q_m 为差压流量仪表的上限值；Q_x 为被测液体的流量测量值；N_0 为差压流量仪表下限所对应的数字量；N_m 为差压流量仪表上限所对应的数字量；N_x 为差压流量仪表测得差压值所对应的数字量。

(3)多项式变换

还有些传感器的输出信号与被测参数之间为非线性关系，它们的函数关系无法用一个解析式来表示，或者解析式过于复杂而难以直接计算。这时可以采用一个 n 次多项式来代替这种非线性函数关系，即用插值多项式来进行标度变换。

(4)查表法

查表法就是把事先计算或测得的数据按照一定顺序编制成表格，查表法的任务就是根据被测参数的值或者中间结果，查出最终所需的结果。这是一种非数值计算方法。

4. 越限报警处理

为了实现安全生产，在计算机控制系统中，对于重要的参数和部位，都设置紧急状态报警系统，以便及时提醒操作人员注意或采取应急措施，使生产继续进行或在确保人身设备安全的前提下终止生产。其方法就是把计算机采集的数据进行预处理、数字滤波、标度变换后，与该参数的设定上限、下限值进行比较，如果高于上限值或低于下限值则进行报警，否则就作为采样的正常值，进行显示和控制。

报警方式分为普通声光报警、模拟声光报警和语音报警等。

9.3.2　过程控制

在传统的模拟仪表控制系统中，控制器的控制作用由仪表的硬件电路完成，而在计算机控制系统中，由软件算法完成。

同模拟控制系统一样，PID 也是数字控制系统中最基本最普遍的一种控制规律。用计算机实现 PID 控制，不只是简单地把 PID 控制规律数字化，而是进一步与计算机的强大运算能力、存储能力和逻辑判断能力结合起来，使 PID 控制更加灵活多样，将 PID 算法修改得更合理，参数的整定和修改更方便，更能满足控制系统提出的各种要求。

1. 数字 PID 控制算法

PID 控制器的数学表达式为：

$$u(t) = K_p\left[e(t)\mathrm{d}t + \frac{1}{T}\int_0^t e(t)\mathrm{d}t + T_D\frac{\mathrm{d}e(t)}{\mathrm{d}t}\right] \tag{9-4}$$

由于计算机控制是一种采样控制，它只能根据采样时刻的偏差值计算控制量，因此式(9-4)中的积分项和微分项不能直接使用，需要进行离散化处理。以一系列的采样时刻点 k 代替连续时间 t，以累加和代替积分，以增量代替微分，可得离散的数字 PID 表达式为：

$$u(k) = K_p\left\{e(k) + \frac{T}{T_I}\sum_{j=0}^{k}e(j) + \frac{T_D}{T}[e(k) - e(k-1)]\right\} \tag{9-5}$$

或

$$u(k) = K_p e(k) + K_I\sum_{j=0}^{k}e(j) + K_D[e(k) - e(k-1)] \tag{9-6}$$

式中，k 为采样序号，$k=0$，1，2…；$u(k)$为第 k 次采样时刻的计算机输出值；$e(k)$为第 k 次采样时刻输入的偏差值；$e(k-1)$为第$(k-1)$次采样时刻输入的偏差值；K_I 为积分系数，$K_I = K_pT/T_I$；K_D 为微分系数，$K_D = K_pT_D/T$。

由于计算机输出的 $u(k)$直接去控制执行机构(如阀门)，$u(k)$的值和执行机构的位置(如阀门的开度)一一对应，所以通常称式(9-5)或式(9-6)为位置式 PID 控制算法。这种算法的缺点是，由于全量输出，每次输出均与过去的状态有关，计算时要对 $e(k)$进行历次累加，计算机的存储量与工作量相当大。

由式(9-6)推导出提供增量的 PID 控制算式为：

$$\begin{aligned}\Delta u(k) &= K_p[e(k) - e(k-1)] + K_Ie(k) + K_D[e(k) - 2e(k-1) + e(k-2)] \\ &= K_p\Delta e(k) + K_Ie(k) + K_D[\Delta e(k) - \Delta e(k-1)]\end{aligned} \tag{9-7}$$

式中，$\Delta e(k) = e(k) - e(k-1)$。

式(9-7)称为增量式 PID 控制算法。可以看出，计算机控制系统采用恒定的采样周期 T，一旦确定了系数 K_p、K_I、K_D，只要使用前 3 次测量值的偏差，即可求出控制增量。

2. 数字 PID 算法改进

(1)积分分离 PID 算法

在过程的启动、结束或大幅度增减设定值时，短时间内形成的很大偏差会造成 PID 运算的积分量骤增，引起系统较大的超调甚至振荡，这种积分饱和作用产生的危害可通过积分分离 PID 算法来消除，使系统既保持积分作用又减少超调量。

其具体实现如下：根据实际情况，人为地设定一个阈值 $\varepsilon>0$；当输入偏差 $|e(k)|>\varepsilon$ 时，即偏差较大时，采用 PD 控制，即在控制算法中去掉积分项；当 $|e(k)|\leqslant\varepsilon$ 时，即偏差较小时，采用 PID 控制。

(2)实际微分 PID 算法

微分环节的引入，改善了系统的动态性能，但也容易引起高频干扰。在控制算法中加入低通滤波，即构成实际微分 PID 控制算法。

式(9-8)为一种常见的实际微分 PID 算式

$$G(s) = \frac{U(s)}{E(s)} = K_p\frac{1}{1+T_fs}\left(1 + \frac{1}{T_Is} + T_Ds\right) \tag{9-8}$$

式中，T_f 为惯性时间。

写成差分方程的形式为：

$$\begin{cases}\Delta u(k)=C_1\Delta u(k-1)+C_2e(k)+C_3e(k-1)+C_4e(k-2)\\u(k)=u(k-1)+\Delta u(k)\end{cases}\tag{9-9}$$

式中

$$C_1=\frac{T_f}{T+T_f},C_2=\frac{K_pT}{T+T_f}\left(1+\frac{T}{T_I}+\frac{T_D}{T}\right),C_3=-\frac{K_pT}{T+T_f}\left(1+2\frac{T_D}{T}\right),C_4=\frac{K_pT_D}{T+T_f}$$

除了以上两种改进方法外，还有微分先行 PID 算法、变速积分 PID 算法、带死区 PID 算法和 PID 比率算法等多种方法。

3. 数字 PID 参数整定

当一个控制系统已经组成，系统的控制质量就取决于控制器参数的整定，控制器参数的整定就是求取能满足某种控制质量指标要求的最佳控制参数。

因为计算机控制系统的采样周期要比化工生产过程的时间常数小得多，所以数字控制器 PID 的参数整定，完全可以仿照模拟调节器的各种参数整定方法，如扩充临界比例度法、扩充响应曲线法等工程鉴定法。所不同的是，除了比例系数 K_p 积分时间 T_I 和微分时间 T_D 外，还有一个重要的参数——采样周期 T 的选择。

表 9－1 给出了常用被测参数的数据采样周期的经验数据。

表 9－1　采样周期 T 的经验数据

被测参数	采样周期	备注
流量	1～5s	优先选用 1～2s
压力	3～10s	优先选用 6～8s
液位	6～8s	7s
温度	15～20s	或纯滞后时间
成分	15～20s	优先选用 18s

9.3.3　组态软件

在计算机控制系统中，用来作为开发设计应用软件的工具很多，如汇编语言、Visual Basic(VB)、Visual C(VC)、LabVIEW，以及专用于工控的组态(Configuration)软件。

一般来说，采用通用的工业控制计算机，并选择通用的接口模板，再加上组态软件，就构成了基于组态技术的计算机控制系统。这在硬件上基本不再需要进行电路设计，而在软件上也不需要掌握复杂的编程语言，就能根据组态软件这个平台设计完成一个复杂工程所要求的所有功能，从而大大缩短了硬、软件开发周期，同时提高了工控系统的可靠性。

组态的意思就是多种工具模块的任意组合，含义是使用工具软件对计算机及软件的各种资源进行配置，使计算机或软件按照预先设置的指令，自动执行指定任务，满足使用者的要求。一般人机界面组态软件具备的基本功能有：项目管理功能、集成化的开发环境、增强的图形功能、报警组态、趋势图功能、较强的数据库连接功能、画面模板及向导、开放的软件结构、提供多种通信驱动等；更进一步，人机界面组态软件需具有的增强功能有：内嵌高级编程语言、支持 ActiveX、全面支持 OPC 技术、具有交叉索引功能、支持分布式数据库、支持 C/S、B/S 部署方式、提供服务器冗余连接、支持多国语言等。

1. 组态软件的发展趋势

20 世纪 80 年代，世界上第一个商品化监控组态软件(由美国 Wonderware 公司研制的 Intouch)问世，随后又出现了 Intellution 公司的 FIX，通用电气的 Cimplicity，以及德国西门子的 WinCC 等；在国内比较知名的品牌有 King View 组态王、MCGS、力控、Synall 等。

2. 组态软件的特点

组态软件具有实时多任务、接口开放、使用灵活、运行可靠的特点。其中最突出的特点是它的实时多任务性，可以在一台计算机上同时完成数据采集，信号数据处理、数据图形显示，可以实现人机对话、实时数据的存储、历史数据的查询、实时通信等多个任务。

组态软件主要解决的问题有：与现场设备之间进行数据采集和数据交换，将采集到的数据与上位机图形界面的相关部分连接；实时数据的在线监测，数据报警界限和系统报警；实时数据的存储、历史数据的查询，各类报表的生成和打印输出，应用系统运行稳定可靠，拥有良好的与第三方程序的接口，方便数据共享。

3. 组态软件主要解决的问题

(1)如何与采集、控制设备间进行数据交换。

(2)使来自设备的数据与计算机图形画面上的各个元素关联起来。

(3)处理数据报警和系统报警。

(4)存储历史数据并支持历史数据查询。

(5)各类报表的生成和打印输出。

(6)为使用者提供灵活多变的组态工具，适应不同领域的需求。

(7)最终生成的应用系统运行稳定可靠。

(8)具有第三方程序的接口，方便数据共享。

4. 使用组态软件的步骤

下面以 King View 组态王为例，简单说明利用组态软件设计监控系统的步骤。

(1)建模

根据实际需要，填写相关表格，为控制系统建立数学模型。

(2)设计图形界面

利用组态软件的图库(如反应罐、锅炉、温度计、阀门等)，使用相应的图形对象模拟实际的控制系统和控制装备。

(3)构造数据库变量

创建实时数据库，通过内部数据变量连接被控对象的属性与 I/O 设备的实时数据进行逻辑连接。

(4)建立动画连接

建立变量和图形画面中图形对象的连接关系，画面上的图形对象通过动画形式模拟实际控制系统的运行。

(5)运行、调试

这五个步骤并不是完全独立的，事实上，这些步骤常常是交错进行的。

5. 监控组态软件的基本组成

监控组态软件包括组态环境和运行环境两个部分。用户利用组态环境设计和开发自己的应用系统，生成一个数据库文件。运行环境是一个独立的运行系统，按照组态结果数据

库中用户指定方式进行各种处理。组态环境和运行环境相互独立又密切相关，其关系如图9－5所示。

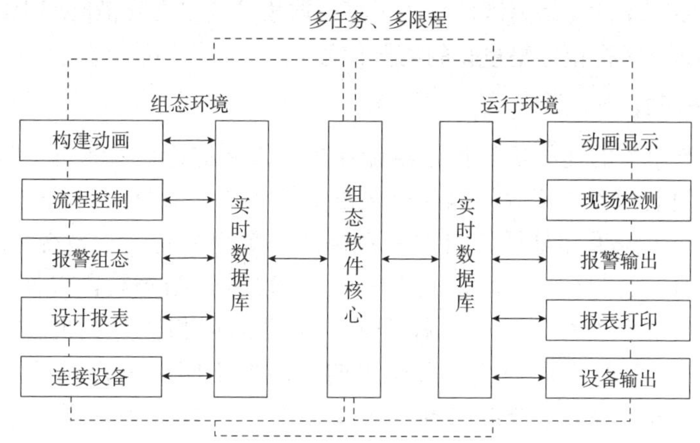

图9－5 组态环境和运行环境的关系

各类嵌入式系统和现场总线的异军突起，把组态软件推到了自动化系统主力军位置，组态软件越来越成为工业自动化系统的灵魂，表9－2所示为国际上较知名的监控组态软件。

表9－2 国际上较知名的监控组态软件

公司名称	产品名称	国别
Intellution	FIX，iFIX	美国
Wonderware	Intouch	美国
通用电气	Cimplicity	美国
西门子	WinCC	德国
Citech	Citech	澳大利亚

监控组态软件应具备以下基本功能：绘图功能（包括绘制简单图元、复杂图元、位图、元图、OLE文档等）、动画功能、编辑功能（对画图对象的复制、粘贴等功能）、身份校验功能（程序的启动退出需进行用户的登录和退出，在组态程序中的某些操作也需要进行权限的校验等）、实时/历史曲线功能、报表功能、OPC接口功能、Web发布功能、高级控制嵌入功能、报警功能等。

9.4 信号的类型与采样

9.4.1 信号的类型

计算机只能接收、识别和处理数字信号，但实际的数字控制系统中，被控对象和执行机构接收和处理的为模拟信号。大多数计算机控制系统属于数模混合系统，系统中存在处理不同性质信号的设备，在数字信号和模拟信号之间搭建相互转换的平台，使得数字和模拟部件能在同一系统中连接。在数字控制系统中主要有三种基本的信号类型：模拟信号、采样信号和数字信号，更为细分的类型为：连续信号（指整个时间范围内都有定义的信号，幅值可以是连续的也可以是断续的)、模拟信号(与连续信号的区别联系是该信号是连续信号的子集，其幅值在某一时间范围内需是连续信号)、离散信号(指仅在各个离散时间瞬时有定义的信号)、采样信号(是离散信号的子集，取模拟信号在离散时间上的瞬时值构成的信号序列)、数字信号(指幅值整量化的离散信号)。

9.4.2 采样形式

要将来自生产现场的连续信号传送给计算机，需要进行信号采样，即通过闭合开关等装置，在时间轴上相等或不等间隔地获取模拟信号的一部分，完成这一功能的装置称为采样器或采样开关。采样是计算机控制系统的一个重要特征。系统采样形式可分为：周期采样(指相邻两次采样的时间间隔相等)、多阶采样(指每阶段采样的时间间隔是固定的)、同步采样(指系统中有多个采样开关，采样周期相同且同时进行采样)、非同步采样(指系统中有多个采样开关，采样周期相同但不同时进行采样)、随机采样(指采样周期随机)、多速采样(指系统有多个采样开关，各自采样周期不同但都是周期采样)。

9.4.3 采样定理和采样周期 τ 的选取

香农采样定理给出了采样频率 $\omega_s = 2\pi/\tau$ 的选择原则：若 ω_m 为模拟信号上限频率，ω_s 为采样频率，则当 $\omega_s > 2\omega_m$ 时，经采样得到的信号便能无失真地再现原信号。

采样定理给出了采样周期的上限，通常以该定理为原则，按照计算机输入的信号、被控对象的动态特性和控制系统的频域指标，结合工程经验来选取采样周期。常用的采样周期选择方法如下：

(1)取系统零频值的1/10频率作为最大采样频率，再按香农采样定理选取 $\tau < \pi/\omega_s$。

(2)若系统给定带宽为 ω_c，则采样频率 ω_s 可选为 $(4-10)\omega_c$。

(3)系统开环传递函数与采样周期之间的关系一般可写为：

$$G(s) = \frac{N(s)}{\prod_{i=1}^{n_1}\left(s+\frac{1}{T_i}\right)\prod_{j=1}^{n_2}\left[\left(s+\frac{1}{\tau_j}\right)^2+\omega_j^2\right]}$$

其中，T_i、τ_j、ω_j 描述了单位脉冲响应的衰减速度和振荡频率。这时系统各个环节的最小周期可表示为：

$$\tau_{\min} = \min(T_1,\ T_2 \cdots T_{n1},\ \tau_1,\ \tau_2 \cdots \tau_{n2},\ \theta_1,\ \theta_2 \cdots \theta_{n2})$$

$$\theta_j = \frac{2\pi}{\omega_j},\ j=1,\ 2\cdots n_2$$

采样周期可按照下面的关系式选取

$$\tau = \frac{\tau_{\min}}{2\sim4}$$

(4)按照系统中最高频率的信号确定采样周期。当被控对象为具有纯滞后的惯性系统，系统时间常数为 T_p，纯滞后时间为 T_0。若 $T_0 = 0$ 或 $T_0 < 0.5T_p$，则可选采样周期 $\tau = (0.1\sim0.2)T_p$；若 $T_0 \geqslant 0.5T_p$，则可选 $k\tau = T_0$，其中 k 为正整数。

此外，选取采样周期时还应注意，采样周期应远小于被控对象的扰动信号周期，当控制回路较多时，采样周期也应增大。几种常见的控制量采样周期选择范围如表9-3所示。

表9－3 常用参数的采样周期选择范围

过程参数	采样周期 τ/s
流量	1～3
温度	10～20
液位	5～10
压力	1～5
成分	10～20

习题

9－1 计算机控制系统与常规仪表控制系统的主要异同点是什么？

9－2 简要说明计算机控制系统的硬件组成及其作用。

9－3 简要说明模拟量输入通道的功能、各组成部分及其作用。

9－4 简要说明模拟量输出通道的功能、各组成部分及其作用。

9－5 何谓数字量信号？试举几例。数字量输入通道、数字量输出通道的功能是什么？

9－6 在计算机控制系统中，常用的监控显示画面有哪些？

9－7 数据通信的实质是什么？比较说明并行通信和串行通信的概念及其特点。

9－8 在PC与各个单片机仪表之间的数据通信网络中，常采用哪两种串行通信总线？它们的传送距离和传送速率各为多少？

9－9 计算机控制系统的应用软件程序一般包括哪些内容？

9－10 分别说明标度变换的概念及其变换原理。

9－11 某温度测量系统（假设为线性关系）的测温范围为0～150℃，经ADC0809转换后对应的数字量为00H～FFH，试写出它的标度变换算式。

9－12 写出数字PID位置式控制算式与增量式控制算式。试比较它们的优缺点。

9－13 如何实现积分分离PID算法？

9－14 说出数字控制器PID参数整定的几种方法。

9－15 在计算机控制系统中，用来开发设计应用软件的工具语言有哪些？

第10章　典型计算机控制系统

10.1　概述

目前在生产过程中应用的计算机控制系统种类很多，如可编程控制器、可编程调节器、单片微型计算机系统、工业控制计算机等。虽然它们的外观大相径庭，但其基本构成、基本功能、操作方法和通信联系等却具有共性，这已在第9章中做了详细讨论。

根据系统应用特点、控制方案、控制目标和系统构成，计算机控制系统一般可分为数据采集系统、操作指导控制系统、监督计算机控制系统、直接数字控制系统、工业控制计算机系统、分散控制系统和现场总线控制系统。本章从生产过程的控制方案出发，首先介绍计算机控制系统的分类，然后重点讨论直接数字控制系统、总线式工业控制机、分散型控制系统与现场总线控制系统。

10.1.1　数据采集系统

数据采集系统(data acquisition system，DAS)是计算机应用于生产过程最早、也是最基本的一种类型，如图10－1所示。生产过程中大量的被控参数经过测量变送和A/D通道或DI通道巡回采集后送入计算机，由计算机对这些数据进行分析和处理，并按操作要求进行屏幕显示、制表打印和越限报警。

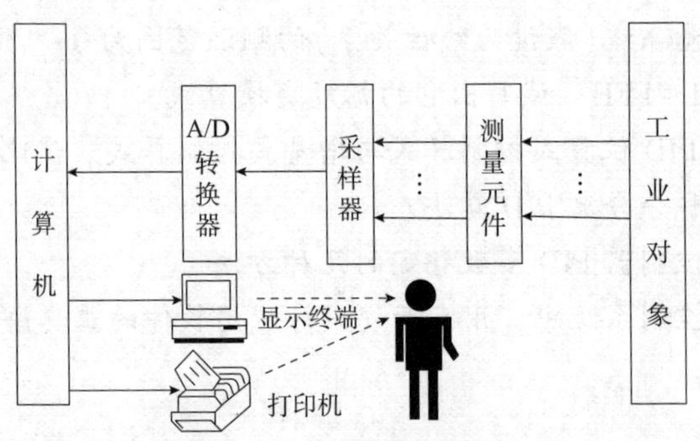

图10－1　数据采集系统

该系统的作用是代替大量的常规显示、记录和报警仪表，对整个生产过程进行集中监视，对于指导生产及建立或改善生产过程的数学模型有重要作用，是所有计算机控制系统的基础。

10.1.2　操作指导控制系统

操作指导控制(operation guide control，OGC)系统，是基于数据采集系统的一种开环结构，如图10－2所示。计算机根据采集到的数据及工艺要求进行最优化计算，计算出最优操作条件，并不直接输出、控制被控对象，而是显示或打印出来，操作人员据此去改变各个控制器的给定位或操作执行器，以达到操作指导的作用。它相当于模拟仪表控制系统的手动与半自动工作状态。

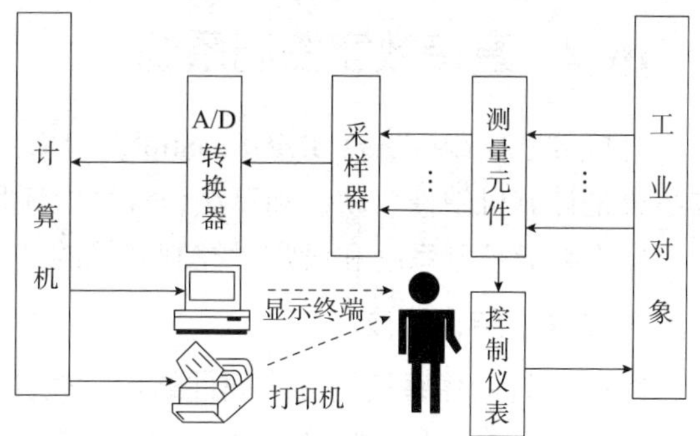

图 10－2 操作指导控制系统

OGC 系统的优点是结构简单，控制灵活、安全。缺点是要由人工操作，速度受到限制，不能同时控制多个回路。因此，常常用于计算机控制系统设置的初级阶段，或用于试验新的数学模型、调试新的控制程序等场合。

10.1.3 监督计算机控制系统

监督计算机控制(supervisory computer control，SCC)系统，是 OGC 系统与常规仪表控制系统或 DDC 系统综合而成的两级系统，如图 10－3 所示。SCC 系统有两种不同的结构形式：一种是 SCC＋模拟控制器系统，也可称为计算机设定值控制系统，即 SPC 系统；另一种是 SCC＋DDC 控制系统。其中，作为上位机的 SCC 计算机按照描述生产过程的数学模型，根据原始工艺数据与实时采集的现场变量计算出最佳动态给定值，送给作为下位机的控制器或 DDC 计算机，由下位机控制生产过程。这样，系统就可以根据生产工况的变化，不断地修正给定值，使生产过程始终处于最优工况。显然，这属于计算机在线最优控制的一种形式。

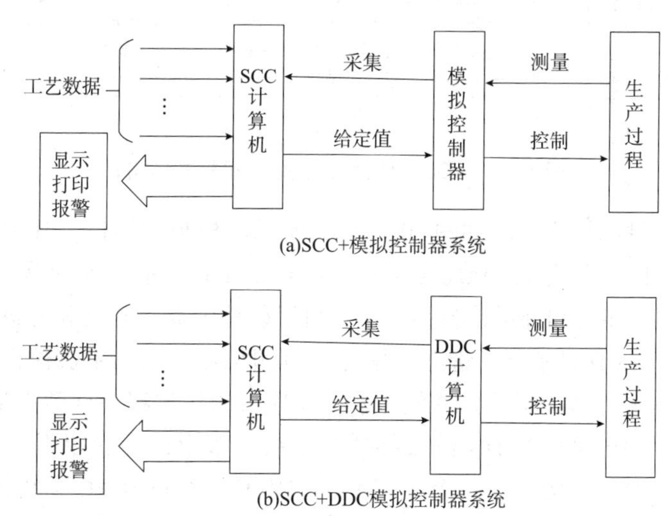

图 10－3 监督计算机控制系统的两种结构形式

当上位机出现故障时，可由下位机独立完成控制。下位机直接参与生产过程控制，要求其实时性好、可靠性高和抗干扰能力强；而上位机承担高级控制与管理任务，应配置数据处理能力强、存储容量大的高档计算机。

10.2 直接数字控制系统

直接数字控制(direct digital control，DDC)系统是一种基本的计算机控制系统，它的基本组成是计算机硬件、软件和算法，计算机应用于工业控制的基础。DDC 是在仪表控制系统、操作指导控制系统和设定量控制系统的基础上逐步发展形成的。

10.2.1 结构组成

DDC 系统的体系结构分为硬件结构、软件结构和网格结构。其中硬件结构分为主机单元、输入输出单元和人机接口单元；软件结构分为系统软件、输入输出软件、控制运算软件、人机接口软件和组态软件；网格结构分为 I/O 总线和通信网络。

1. DDC 系统的硬件结构

DDC 系统的硬件由输入输出单元、主机单元和人机接口单元组成，如图 10-4 所示。其中，输入输出单元是 DDC 系统的耳目和手脚，主机单元是 DDC 系统的核心和大脑，人机接口单元是 DDC 系统的窗口和视窗。

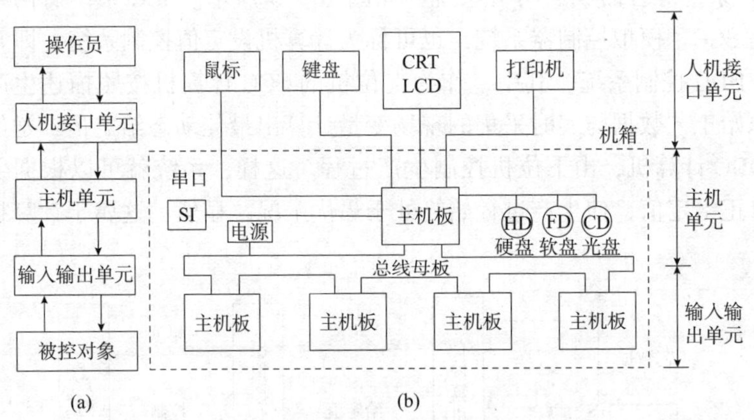

图 10-4 DDC 硬件结构之一(模板式结构)

DDC 系统的硬件结构之一，如图 10-4(b)所示的模板式结构。其中主机单元是一块集成的主机模板，板上有主机 CPU(central processing unit，中央处理器)及内存，串行接口、并行接口、网络接口和外部设备接口，并可以外接硬盘、软盘和光盘驱动器等。人机接口单元的 CRT 或 LCD 显示器、键盘、鼠标和打印机也连接到主机模板的对应端口。输入输出单元的 AI 模板、AO 模板、DI 模板和 DO 模板用作过程 I/O 数据通道。主机模板、AI 模板、AO 模板、DI 模板和 DO 模板都插在总线母板上，并安装于一个机箱内或机架内。现以工业 PC(IPC)为例，在一个机箱或机架内有一块符合 PC 总线标准的总线母板，除了插入一块必须配置的主机模板外，其他 I/O 模板可以由用户按需要灵活配置。

DDC 系统的硬件结构之二，如图 10-5 所示的模块式结构，主机单元和输入输出单元(AI、AO、DI、DO)采用模块式结构。在图 10-5 中，AI 模块、AO 模块、DI 模块、DO 模块通过串行通信总线(如 RS-485)与主机单元(或主机模块)连接。人机接口单元的显示器(CRT 或 LCD)、键盘、鼠标和打印机也连接到主机单元模块的对应端口。其特点是主机单元和输入输出单元可以分离，而且输入输出模块可以分散安装于生产现场，也称远程 I/O 单元。

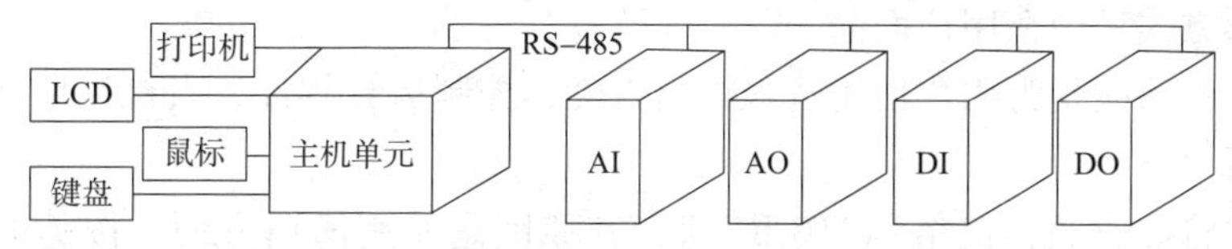

图 10－5　DDC 硬件结构之二(模块式结构)

DDC 系统的硬件结构方式有上述模板式和模块式两种，其安装方式又可分为盒式、台式和柜式三种。

盒式(box)是将主机单元、输入输出单元和人机接口单元集中于一个机盒，盒正面是显示器(LCD)和键盘。盒式结构体积小，质量轻，可以直接安装于生产设备，便于现场操作、监视，适用于小型数据采集和控制系统。

台式(desk)是将主机单元和输出单元集中于一个机箱内，再将该机箱及显示器、键盘、鼠标、打印机置于操作台或终端桌上。台式结构体积大，部件多，适用于中型数据采集和控制系统。

柜式(panel)是将主机单元集中于主机箱内，输入输出单元集中于 I/O 机箱内，或将这两个单元集中于机箱内，这些机箱适用于机柜式安装，再将显示器(LCD)键盘、鼠标、打印机置于操作台或终端桌上。柜式结构体积较大，部件较多，适用于大型数据采集和控制系统。

2. DDC 系统的软件结构

DDC 系统的硬件只能构成裸机，它只为计算机控制系统提供硬件基础。裸机只是系统的躯干，既无运算功能，也无控制算法，因此，必须为裸机提供软件，才把人的知识用于对生产过程的控制。软件是各种程序、控制算法和管理方法的统称，软件的优劣不仅关系硬件功能的发挥，而且关系计算机对生产过程的控制品质和管理水平。DDC 系统的软件主要由系统软件、输入输出软件、控制运算软件、人机接口软件、通信接口软件和组态软件组成，如图 10－6 所示。

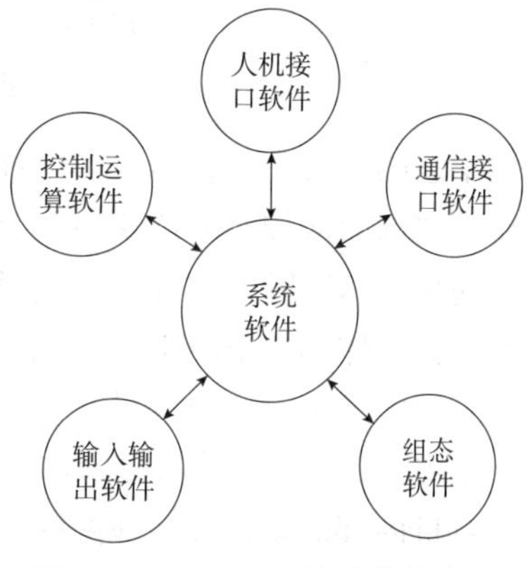

图 10－6　DDC 系统的软件结构

系统软件包括操作系统、算法语言、数据库、通信软件和诊断软件等，如 Windows 操作系统、C＋＋语言和实时数据库等。

输入输出软件的功能：一是采集来自输入单元(AI、DI)的原始数据，再进行数据处理，然后将数据转换成实时数据库所需的数据格式或数据类型；二是接收来自实时数据库的数据，再进行数据格式转换，然后送到输出单元(AO、DO)输出；三是以可视化的功能块图方式呈现在用户面前。

控制运算软件的功能：一是实现连续控制、逻辑控制、顺序控制的控制算法及运算功能；二是以可视化的功能框图、逻辑梯形图和顺序功能图方式呈现在用户面前。

人机接口软件的功能：一是提供形象直观、图文并茂、友好简便的操作监视画面；二是提供打印报表；三是以可视化的图形方式呈现在用户面前。

通信接口软件的功能：一是与 I/O 设备或网络通信；二是与第三方软件通信；三是以

可视化的图形方式呈现在用户面前。

组态软件的功能是为用户使用输入输出软件、控制运算软件、人机接口软件、通信接口软件提供可视化平台。

人们习惯将数码照相机俗称"傻瓜"机，其原因是使用简单方便、按键即拍。与此类似，用户从应用的角度看当今的控制计算机，也可以将其称为"傻瓜"机，其原因是在组态软件的平台上，控制计算机的应用功能以各种类型的功能框图、窗口、对话框、菜单、图片等可视化方式呈现在显示器(CRT、LCD)上，用户只需像搭积木那样将这些可视化图素简单组合，即可构成需要的控制回路、控制策略、操作监控画面、打印报表等。

如图 10 - 7 所示的房间温度空调系统，用户只需购买安装相应的空调设备、控制计算机、温度变送器、调节阀等相关设备。人们习惯将图 10 - 7(a)控制示意改写成图 10 - 7(b)单回路闭环控制系统原理，用户在组态软件的支持下，只需在显示器(CRT、LCD)上构成图 10 - 7(c)单回路组态，形成组态文件再下装到控制计算机中运行，就可以构成房间温度空调系统。

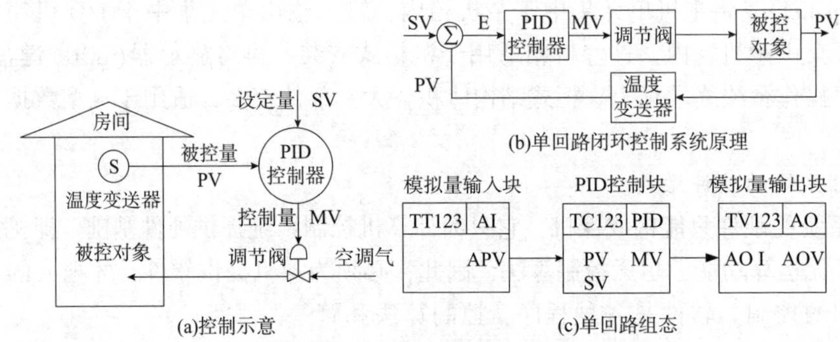

图 10 - 7 DDC 系统的组态

组态的含义是，将输入信号抽象成输入功能块，如模拟量输入(AI)功能块 TT123；将控制算法抽象成控制功能块，如 PID 控制块 TC123；将输出信号抽象成输出功能块，如模拟量输出(AO)功能块 TV123；连接相应的功能块输出输入端，设置功能块参数，构成控制回路，具体如图 10 - 7(c)所示。

3. DDC 系统的网络结构

DDC 系统的基本构成如图 10 - 4 和图 10 - 5 所示。其中，图 10 - 4 采用总线母板，这种计算机内部的模板和模板之间进行通信的总线，称为内部总线。例如，工业 PC(IPC)的常用总线有 PC/XT(62 线)、PC/AT 或 ISA(62 线 + 36 线)、PCI(124 线)、PC104(104 线)和 Compact PCI 总线。图 10 - 5 中，I/O 模块通过串行通信总线(RS - 485)与主机单元连接，两者可以在一个机柜内或相距较远，这种计算机外部通信的总线称为外部总线。例如 RS - 232、RS - 422 和 RS - 485 串行总线，这些仅适用于 DDC 系统的下层通信。

上述图 10 - 4 和图 10 - 5 仅是单台 DDC，适用于 I/O 信号和控制回路较少且比较集中的被控对象。反之，对于 I/O 信号和控制回路较多且比较分散的被控对象，可能要用多台 DDC，每台 DDC 之间必须交换信息，则要用通信网络连接多台 DDC，如图 10 - 8 所示。

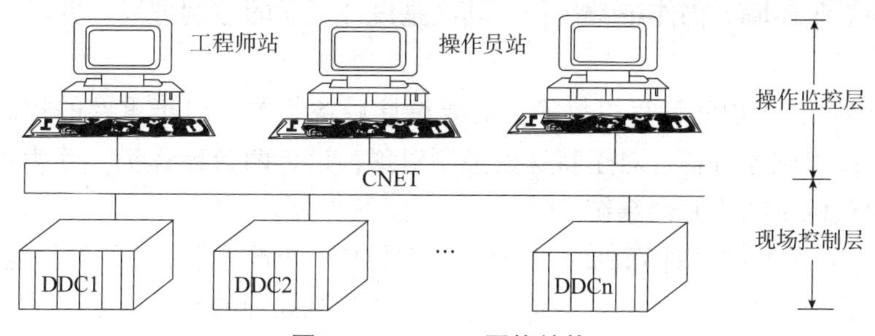

图 10-8　DDC 网络结构

DDC 系统的上层通信采用控制网络(control network，CNET)，它具有良好的实时性、快速的响应性、极高的安全性、恶劣环境的适应性、网络的互联性和网络的开放性等特点。一般选用 IEEE(Institute of Electrical and Electronics Engineers，电气与电子工程师协会)提出的 IEEE 802 局域网(Local Area Network，LAN)标准，如 IEEE 802.3(CSMA/CD)、IEEE 802.4(令牌总线)、IEEE 802.5(令牌环)。其传输介质为电缆或光缆，传输速率为 1～100Mb/s，传输距离为 1～5km。常用的有工业以太网(Ethernet)。

DDC 最小系统构成是一台控制计算机(control computer，CC)，其功能是输入、输出、控制、运算、通信等；一台操作员站(operator station，OS)，其功能是人机交互或人机界面(如图形画面、打印报表)、监控生产过程；一台工程师站(engineer station，ES)，其功能是进行控制回路组态、人机界面组态；这三台设备通过控制网络(CNET)互连，如图 10-9 所示。

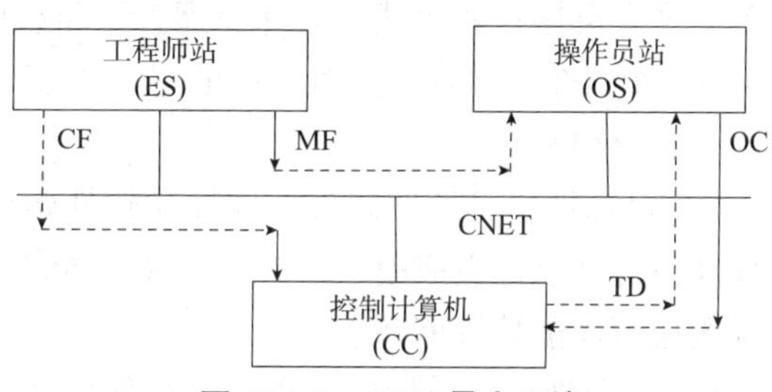

图 10-9　DDC 最小系统

DDC 最小系统的工作流程，首先在工程师站(ES)上组态，形成控制回路组态文件(control loop configuration file，CF)和人机界面组态文件(man machine interface configuration file，MF)；再将控制回路组态文件(CF)下装到控制计算机(CC)，将人机界面组态文件(MF)下装到操作员站(OS)；然后启动系统运行，控制计算机中的控制回路及功能块运行，并将实时数据(real time data，TD)上传到操作员站(OS)，人们通过操作员站(OS)将操作命令(operation command，OC)下传到控制计算机(CC)；如图 10-9 所示。也就是说，DDC 系统工作流程分为组态、下装、运行这三个阶段。

10.2.2　DDC 系统的设计特点

DDC 是计算机控制系统的基础，在此基础上发展形成了 DCS、FCS、PLC 等各类典型的计算机控制系统。DDC 系统具有在线实时控制、分时方式控制和灵活性、多功能性三个特点。根据这三个特点，其系统设计主要考虑以下几方面。

1. 设计原则

(1)可靠性：工业控制计算机不同于一般的科学计算或管理计算机，它的工作环境比较恶劣，周围的各种干扰随时威胁着它的正常运行，而它所担当的控制重任又不允许它不正常运行。这是因为，一旦系统出现故障，轻者影响生产，重者造成事故，产生不良后果。因此，在设计过程中要把安全可靠放在首位。首先要选用高性能的工业控制计算机，保证在恶劣的工业环境下仍能正常运行。其次是设计可靠的控制方案，并具有各种安全保护措施。

(2)冗余性：为了预防计算机故障，需要设计后备装置。对于重要的控制回路，可以选用常规控制仪表作为后备。对于特殊的控制对象，设计两台计算机，互为备用地执行控制任务，称为双机系统或冗余系统。

(3)实时性：工业控制计算机的实时性，表现在对内部事件和外部事件能及时地响应，并做出相应的处理，不丢失信息，不延误操作。计算机处理的事件一般分为两类：一类是定时事件，如数据的定时采集，策略的运算控制等；另一类是随机事件，如事故、报警等，对于定时事件，保证周期性地按时处理。对于随机事件，根据事件的轻重缓急或优先级依次处理，保证不丢失事件，不延误事件处理。

(4)操作性：操作性体现在操作简单，形象直观，图文并茂，便于掌握，并不强求操作员具有较多的计算机知识。既要体现操作的先进性和友好性，又要兼顾原有的操作习惯。

(5)维修性：维修性体现在易于查找故障，易于排除故障。硬件采用标准的功能模板或模块结构，便于更换故障模板或模块。功能模板或模块上有工作状态指示灯和监测点，便于维修人员检查和测试，另外，配置诊断程序，自动查找故障和报告故障。

(6)通用性：尽管计算机控制的对象千变万化，但适用于某个领域或行业的控制计算机应具有通用性。

(7)灵活性：灵活性体现在硬件和软件两个方面。硬件采用积木式结构，按照各类总线标准设计功能模板或模块。软件采用功能块组态方式，用户通过选用所需的各类功能块即可构成所需的控制回路。

(8)开放性：开放性体现在硬件和软件两个方面。硬件提供各类标准的通信接口，如RS-232、RS-422、RS-485、以太网(Ethernet)等。软件支持各类数据交换技术，如动态数据交换(DDE)、对象连接嵌入(OLE)、OPC(用于过程控制的OLE)、ODBC(开放的数据库连接)等。

(9)经济性：计算机控制应该带来高的经济效益，系统设计时要考虑性价比，要有竞争意识。计算机技术发展迅速，应尽量缩短设计周期，并要有一定的预见性。

2. 设计过程

DDC系统的设计过程分为开发设计和应用设计。开发设计是生产最终用户所需的硬件和软件，应用设计是选择被控对象所需的硬件、软件和控制方案。

(1)开发设计

开发者的任务是生产出满足用户所需的硬件和软件。首先进行市场调查，了解用户需求。然后进行系统设计，落实具体的技术指标。最后进行制造调试，检验合格后在市场销售。开发设计应遵循标准化、模板化、模块化和系列化的原则。其中，标准化是指硬件和软件要符合国际和行业标准或规范；硬件模板化是指按系统功能把硬件分成若干个模板；软件模块化是指按应用软件功能将其分成若干个功能模块，每个模块之间既互相独立又互相联系，若干个模块组合成功能更齐全的模块组；系列化是指构成系统的硬件和软件要配套。

(2)应用设计

应用设计的任务是选择满足被控对象所需的硬件和软件，设计控制方案，并用控制回路组态软件构成可实际运行的控制回路及操作显示画面，通过现场投运调试，满足操作监控要求。应用设计按顺序可分为可行性研究、初步设计、详细设计、组态设计、应用组态、安装调试和现场投运7个阶段。

3. 设计方法

随着DDC系统规模的不断扩大和复杂程度的不断提高，过去那种单靠一两个人的手工作坊式的设计方法已不适用，必须依靠许多人分工协作共同完成。常用的科学设计方法主要有以下三种。

(1)规范化设计方法：规范化设计方法是指技术标准化和文档规格化，使众多的设计人员有章可循，从而保证设计过程的顺利进行，并能达到所要求的技术性能指标，主要包括技术标准化和文档规格化两方面。技术标准化是指设计中要采用国际和行业标准或规范，如总线标准、通信标准件标准和机械标准等。文档规格化是指设计中编写一系列的技术文件，文字、表格和图形要规范化；叙述要严密，没有二义性；语言要流畅，不似是而非；表格要齐全，注释要确切；图形要清楚，含义要形象。

(2)结构化设计方法：结构化设计方法是把系统分解成多个既相对独立又互相联系的单元或部件，首先是纵向分解，然后是横向分解。例如，对于DDC系统，首先将其纵向分解成硬件和软件两部分，然后再对硬件和软件进行横向分解。主要包括硬件结构化和软件结构化两方面。硬件结构化体现在电气部分和机械部分的分解。软件结构化体现在系统软件和应用软件的分解。首先将复杂的软件系统纵向分解成多层结构，然后将每层横向分解成多个模块，上层模块调用下层模块。

(3)集成化设计方法：随着技术的发展和社会的进步，行业分工越来越专业化或系列化。例如，一台工业PC绝不是某个制造商的独家产品，确切地说应是多个专业制造商生产的各类零部件的集成产品。其中硬件的集成化设计体现在总线标准和接口标准的选取，相应的集成电路芯片及部件的选取。软件的集成化设计体现在系统软件和应用软件的选取。例如，工业PC的系统软件可以选取Windows操作系统及其配套软件。操作系统选定后，就可以选取合适的应用软件，或者设计开发应用软件。

规范化设计方法、结构化设计方法和集成化设计方法相辅相成，互为补充，互相促进，推动了DDC系统设计的科学化、工程化和产业化。

10.3 工业控制计算机

依赖于某种标准总线，按工业标准化设计，由主板及各种I/O模板等组成，用于工业控制目的的微型计算机称为总线式工业控制计算机或工业控制计算机，工业控制计算机(industrial personal computer，IPC)，简称工业控制机、工控机。

10.3.1 结构组成

IPC基于总线技术与模块化结构，其硬件组成框图如图10－10所示。除了构成计算机基本系统的主机板、人－机接口、系统支持、磁盘系统、通信接口板外，还有AI、AO、DI、DO等数百种工业I/O接口板可供选择。其选用的各个模板彼此通过内部总线(如PC、

STD、VME、MULTIbus 等)相连，而由 CPU 通过总线直接控制数据的传送和处理。其外部总线(如 RS－232C、RS－485、IEEE－488 等)是 IPC 与其他计算机或智能设备进行信息传送的公共通道。

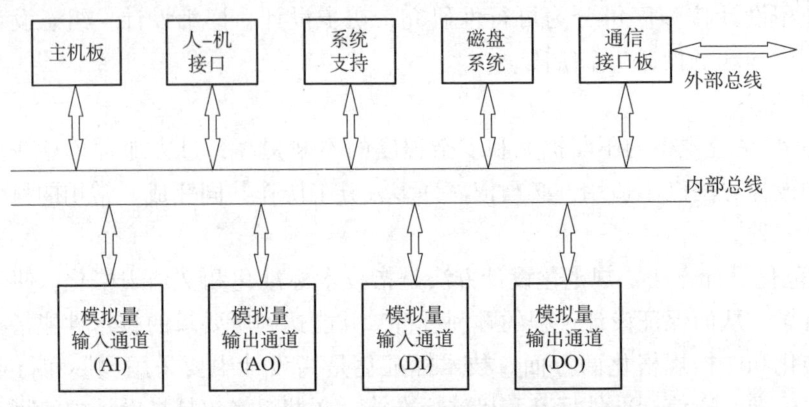

图 10－10　IPC 的硬件组成框图

IPC 的外形类似普通计算机。不同的是它的外壳采用全钢标准的工业加固机架机箱，机箱密封并加正压送风散热，机箱内原普通计算机的大主板变成通用的底板总线插座系统，将主板分解成几块 PC 插件，采用工业级抗干扰电源和工业级芯片，并配以相应的工业应用软件。

10.3.2　功能特点

IPC 是一种专用于工业场合下的控制计算机。工业环境常常处于高温、高湿、腐蚀、振动、冲击、灰尘，以及电磁干扰严重、供电条件不良等恶劣环境中；工业生产因行业、原料、产品的不同，使生产过程、工艺要求也各不相同。这些都构成了自动控制中面临解决的问题。由于 IPC 采用了总线技术和模板化结构，再加上采取了多重抗干扰措施，因此 IPC 系统具有其他微机系统无法比拟的功能特点。

1. 可靠性和可维修性好

可靠性和可维修性是生产过程中两个非常重要的先决因素，决定系统在控制上的可用程度。可靠性的简单含义是指设备在规定时间内运行不发生故障，可维修性是指 IPC 发生故障时，维修迅速、简单方便。

2. 通用性和扩展性好

通用性和扩展性关系着系统在控制领域中的使用范围。通用性的简单含义是指适合于各种行业、各种工艺流程或设备的自动化控制；扩展性是指当工艺变化或生产扩大时，IPC 能灵活地扩充或增加功能。

3. 软件丰富、编程趋向组态

IPC 已配备完整的操作系统、适合生产过程控制的工具软件及各种控制软件包。工业控制软件正向结构化、组态化方向发展。

4. 控制实时性强

IPC 配有实时操作系统和中断系统，因而具有时间驱动和事件驱动能力，能对生产过程的工况变化进行实时监视和控制。

5. 精度和速度适当

一般生产过程对于精度和速度要求并不苛刻。IPC 通常字长为 8 ~ 32 位，速度在每秒几万次至几百万次。

IPC 具有小型化、模板化、组合化、标准化的设计特点，能满足不同层次、不同控制对象的需要，又能在恶劣的工业环境中可靠地运行。因而，广泛应用于各种控制场合，尤其是十几到几十个回路的中等规模控制系统中，还可以作为大型网络控制系统中最基层的一种控制单元。

10.4　分散控制系统

分散控制系统(distributed control system，DCS)是以微处理器为基础，借助于计算机网络对生产过程进行分散控制和集中管理的先进计算机控制系统。国外将该类系统取名为分散控制系统，国内也有人将其称为集散型控制系统，或者是分布式控制系统。由于 DCS 不仅具有连续控制和逻辑控制功能，而且具有顺序控制和批量控制的功能，因此，DCS 既可用于连续过程工业，也可用于连续和离散混合的间歇过程工业。本节概述 DCS 结构组成、功能特点和优点。

10.4.1　结构组成

典型的 DCS 体系结构分为三层，如图 10－11 所示。第一层为分散过程控制级；第二层为集中操作监控级；第三层为综合信息管理级。层间由高速数据通路 HW 和局域网络 LAN 两级通信线路相连，级内各装置之间由本级的通信网络进行通信联系。

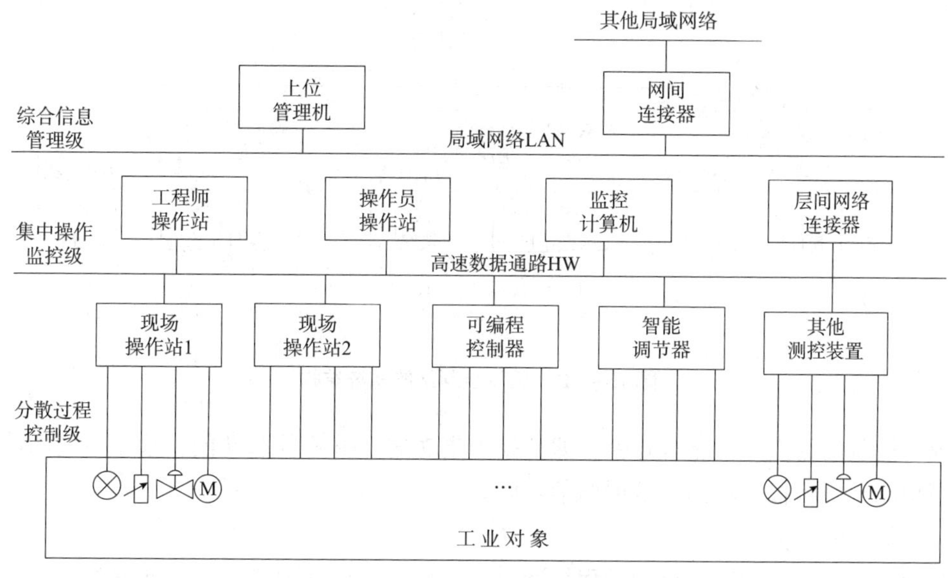

图 10－11　分散控制系统结构组成

1. 分散过程控制级

分散过程控制级是 DCS 的基础层，它向下直接面向工业对象，其输入信号来自生产过程现场的传感器(如热电偶、热电阻等)、变送器(温度、压力、液位、流量变送器等)及电气开关(输入触点)等，其输出去驱动执行器(调节阀、电磁阀、电动机等)，完成生产过程的数据采集、闭环调节控制、顺序控制等功能，其向上与集中操作监控级进行数据通信，接收操作站下传加载的参数和操作命令，以及将现场工作情况信息整理后向操作站报告。

构成这一级的主要装置有：现场控制站、智能调节器、可编程控制器及其他测控装置。

(1)现场控制站

现场控制站具有多种功能，集连续控制、顺序控制、批量控制及数据采集功能为一身。

现场控制站一般是标准的机柜式机构，柜内由电源、总线、I/O模件、处理器模件、通信模件等部分组成。机柜内部设若干层模件安装单元，上层安装处理器模件和通信模件，中间安装I/O模件，最下层安装电源组件。机柜内还设有各种总线，如电源总线、接地总线、数据总线、地址总线、控制总线等。

一个现场控制站中的系统结构如图10－12所示，包含一个或多个基本控制单元，基本控制单元由一个完成控制或数据处理任务的处理器模件及与其相连的若干个输入/输出模件构成。基本控制单元之间，通过控制网络Cnet连接在一起。Cnet网络上的上传信息通过通信模件，送到监控网络Snet。同理，Snet的下传信息，也通过通信模件和Cnet传到各个基本控制单元。在每一个基本控制单元中，处理器模件与I/O模件之间的信息交换由内部总线完成。内部总线可能是并行总线，也可能是串行总线。近年来，多采用串行总线。

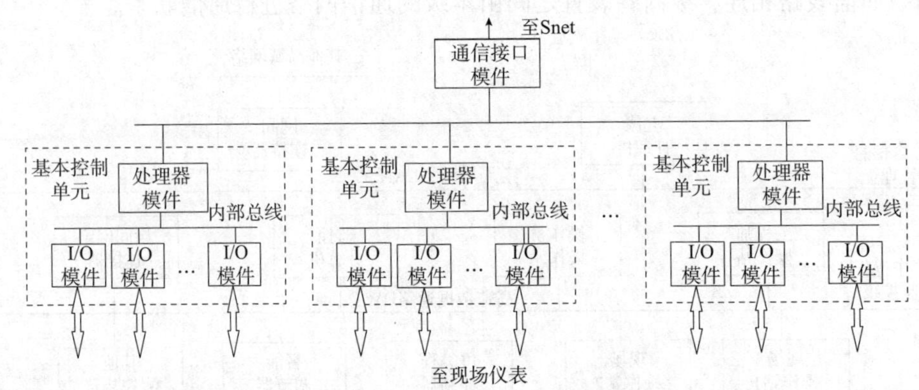

图10－12 现场控制站的系统结构

现场控制站的主要功能有6种，即数据采集功能、DDC控制功能、顺序控制功能、信号报警功能、打印报表功能、数据通信功能。

(2)智能调节器

智能调节器是一种数字化的过程控制仪表，也称可编程调节器。其外形类似于一般的盘装仪表，而其内部是由微处理器CPU、存储器RAM、ROM、模拟量和数字量I/O通道、电源等部分组成的一个微型计算机系统。

智能调节器可以接收和输出4～20mA模拟量信号和开关量信号，同时还具有RS－232或RS－485等串行通信接口。一般有单回路、2回路或4回路的调节器，控制方式除一般的单回路PID之外，还可组成串级控制、前馈控制等复杂回路。智能调节器不仅可以在一些重要场合下单独构成复杂控制系统，完成1～4个过程控制回路，而且可以作为大型分散控制系统中最基层的一种控制单元，与上位机连成主从式通信网络，接收上位机下传的控制参数，并上报各种过程参数。

(3)可编程控制器

可编程控制器，即PLC。PLC与智能调节器最大的不同点是：它主要配置的是开关量输入、输出通道，用于执行顺序控制功能。PLC主要用于按时间顺序控制或逻辑控制的场合，以取代复杂的继电接触控制系统。

在新型的PLC中，也提供了模拟量控制模块，其输入输出的模拟量信号标准与智能调节器相同，同时也提供了PID等控制算法。PLC一般均带有RS－485标准的异步通信接口。

同智能调节器一样，PLC的高可靠性和不断增强的功能，使它既可以在小型控制系统中担当控制主角，又可以作为大型分散控制系统中最基层的一种控制单元。

2. 集中操作监控级

集中操作监控级是面向现场操作员和系统工程师的，以操作、监视为主要任务：把过程参数的信息集中化，对各个现场控制站的数据进行收集，并通过简单的操作，进行工程量的显示、各种工艺流程图的显示、趋势曲线的显示，以及改变过程参数(如设定值、控制参数、报警状态等信息)；另一个任务是兼有部分管理功能：进行控制系统的组态与生成。

构成这一级的主要装置有：面向操作人员的操作员操作站、面向监督管理人员的工程师操作站、监控计算机及层间网络连接器。

(1)操作员操作站

操作员操作站，又称操作员接口站，是处理一切与运行操作有关的人机界面功能的网络节点，其主要功能就是使操作员可通过操作员操作站及时了解现场运行状态、各种运行参数的当前值、是否有异常情况发生等，并可通过输出设备对工艺过程进行控制和调节，以保证生产过程的安全、可靠、高效、高质，即完成正常运行时的工艺监视和运行操作。

操作员操作站由IPC或工作站、工业键盘、大屏幕CRT和操作控制台组成，其显示画面由总貌画面、分组画面、点画面、流程图画面、趋势曲线画面、报警显示画面及操作指导画面等多种画面构成。

(2)工程师操作站

工程师操作站，又称工程师工作站，是面向系统管理人员而设计的管理型网络节点，其主要功能是为DCS进行离线配置和组态工作，并当系统在线运行时实时监视、及时调整系统的配置及一些系统参数的设定，使DCS随时处于最佳工作状态下。

由于工程师操作站长期连续地在线运行，因此工程师操作站的计算机多采用IPC，而其他外设一般采用普通的标准键盘、CRT显示器。

工程师操作站的主要功能是对DCS进行离线的系统配置和组态工作。系统配置又称硬件组态，主要包括：确定系统中控制站和操作站的数量，为控制站定义站号、网络节点号等网络参数，对每个控制站的输入输出组件的数量、类型等进行配置，还要指定各个点的信号性质、信号调理类型等。软件组态主要包括：控制回路组态、数据库组态、显示画面组态、操作安全保护组态、组态文件的下载和在线组态等。

3. 综合信息管理层

综合信息管理级主要由高档微机或小型机担当的管理计算机构成，如图 10 - 7 所示的顶层部分。DCS 的综合信息管理级实际上是一个管理信息系统（management information system，MIS)，由计算机硬件、软件、数据库、各种规程和人共同组成的工厂自动化综合服务体系和办公自动化系统。

企业 MIS 可粗略地分为市场经营管理、生产管理、财务管理和人事管理四个子系统。DCS 的综合信息管理级主要完成生产管理和市场经营管理功能。比如进行市场预测，经济信息分析；对原材料库存情况、生产进度、工艺流程及工艺参数进行生产统计和报表；进行长期性的趋势分析，做出生产和经营决策，确保经济效益最优化。

4. 各层间通信网络系统

DCS 各级间的信息传输主要依靠通信网络系统来支持。通信网络分为低速、中速、高速。低速网络面向分散过程控制级；中速网络面向集中操作监控级；高速网络面向综合信息管理级。

网络的拓扑结构是指通信网络中各个节点或站相互连接的方法。一般分为星型、环型和总线型结构三种。DCS 厂家常采用环形网和总线型网，其中的各个节点是平等的，任意两个节点之间的通信可以直接通过网络进行，而不需要其他节点的介入。

下面就集散控制系统中常用的几种网络结构进行简单介绍。

(1) 星型网络结构

星型网络结构如图 10 - 13 所示，形状呈星型。网络中各站有主、从之分。主从站之间链路专用，传输效率高，便于程序集中研制和资源共享，通信也简单。但是主站负责全部信息的协调和传输，负荷很大，系统对主站的依赖性很大，一旦主站发生故障，整个通信就会中断。另外这种系统投资较大。

(2) 环型网络结构

环型网络结构如图 10 - 14 所示，网的首尾连成环形，是分散系统中应用较广泛的一种网络形式。这种网络信息的传送是从始发站依次经过诸站，最后又回到始发站，数据传输的方向可以是单向的，也可以是双向的。当然在双向环形数据通路中，需要考虑路径控制问题。若干个处理设备的信息也可以同时在环形通路中传输。

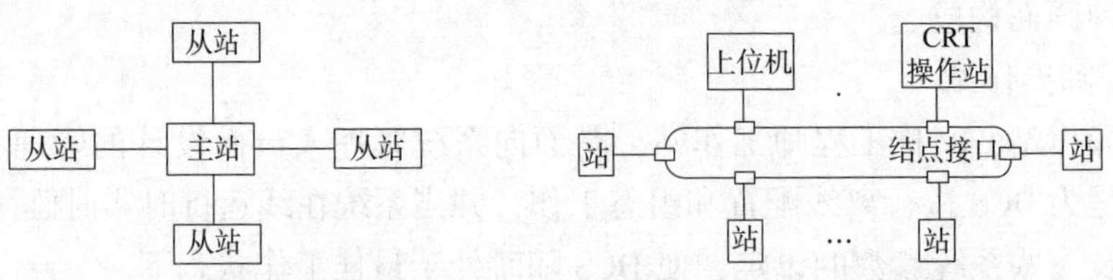

图 10 - 13　星型网络结构　　图 10 - 14　环型网络结构

环型网络结构的突出优点是结构简单、控制逻辑简单、挂接或摘除处理设备也比较容易。另外，系统的初始开发成本及修改费用也比较低。环型网络结构的主要问题是可靠性，当节点处理机或数据通道出现故障时，会给整个系统造成威胁。这可通过增设“旁路通道”或采用双向环形数据通路等措施加以克服。当然也增加了系统的复杂性。

(3) 总线型网络结构

总线型网络结构如图 10 - 15 所示。所有站，包括上位机都挂在总线上，各站有的分，有的不分。为控制通信，有的设有通信控制器，有的把通信控制功能分设在各站的通信接口中，前者称为集中控制方式，后者称为分散控制方式。总线型通信网络的性能主要取决于总线的“带宽”、挂线设备的数目及总线访问规程等。

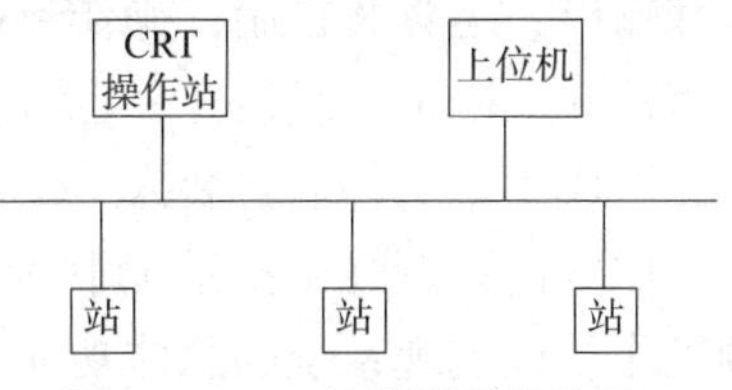

图 10－15　总线型网络结构

总线型网络结构简单，系统可大可小，扩展方便，易设置备用部件。安装费用也较低。如果某个处理设备发生故障，不会威胁整个系统，而可降级使用，继续工作。总线型网络结构也是目前广泛采用的一种网络形式。

(4)组合网络结构

在比较大的集散控制系统中，为提高其可用性，常把几种网络结构合理地运用于一个系统中，发挥其各自的优点，如图 10－16(a)所示为环型网络和总线型网络相结合的系统，图 10－16(b)所示为总线型网络和星型网络相结合的系统。

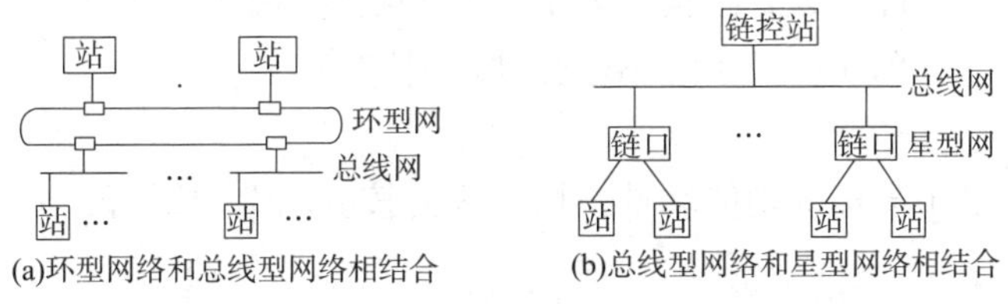

图 10－16　组合网络结构

10.4.2　功能特点

DCS 是随着现代计算机技术(computer)、通信技术(communication)、控制技术(control)和图形显示技术(CRT)的不断进步及相互渗透而产生的，是“4C”技术的结晶。它既不同于分散的仪表控制系统，也不同于集中式的计算机控制系统，而是在吸收两者的优点基础上发展起来的具有崭新结构体系和独特技术风格的新型自动化系统。其功能特点如下：

1. 功能齐全

分散控制系统可以完成从简单的单回路控制到复杂的多变量模型优化控制；可以执行从常规的 PID 运算到 Smith 预估、三阶矩阵乘法等各种运算；可以进行连续的反馈控制，也可以进行间断的批量(顺序)控制、逻辑控制；可以实现监控、显示、打印、报警、历史数据存储等日常的全部操作要求。

2. 人机联系好，实现了集中监控和管理

操作人员通过 CRT 和操作键盘，可以监视全部生产装置以至整个工厂的生产情况，按预定的控制策略组成各种不同的控制回路，并调整回路的任一常数，而且还可以对机电设备进行各种控制，从而实现真正的集中操作和监控管理。操作员站采用彩色 CRT 或 LCD 和交互式图形画面，常用的画面有总貌、组、点、趋势、报警、操作指导和流程画面等。由于采用图形窗口、专用键盘、鼠标器或球标器等，使得操作简便。并且人机界面采用动态画面、工业电视、合成语音等多媒体技术，图文并茂，形象直观，使操作人员有身临其境之感，使得 DCS 也具有一定的新颖性。

3. 良好的自治性和协调性

DCS 的自治性是指系统中各台计算机均可独立地工作，如控制站能自主地进行信号输入和输出、运算和控制；操作员站能自主地实现监视、操作和管理；工程师站的组态功能更为独立，既可在线组态，也可离线组态，甚至可以在与组态软件兼容的其他计算机上组态，形成组态文件后再装入 DCS 的控制站和操作员站运行。

DCS 的协调性是指系统中各台计算机用通信网络互连在一起，相互传送信息，相互协调工作，以实现系统的总体功能。DCS 的分散和集中、自治和协调不是互相对立，而是互相补充的。DCS 的分散是相互协调的分散，各台分散的自主设备是在统一集中管理和协调下各自分散独立地工作，构成统一的有机整体。正因为有良好的自治和协调的设计原则，使得 DCS 获得进一步发展，并得到广泛应用。

4. 系统扩展灵活

DCS 采用模块式结构，用户可以根据要求方便地扩大或缩小系统的规模，或改变系统的控制级别。集散系统采用组态方法构成各种控制回路，很容易对方案进行修改。

(1)硬件积木化

DCS 采用积木化硬件组装式结构，如果要扩大或缩小系统的规模，只需按要求在系统配置中增加或拆除部分单元，而系统不会受到任何影响。

(2)软件模块化

DCS 为用户提供了丰富的功能软件，用户只需按要求选用即可，大大减少用户的开发工作量。

(3)通信网络化

通信网络是分散型控制系统的神经中枢，它将物理上分散的多台计算机有机地连接起来，实现了相互协调、资源共享的集中管理。通过高速数据通信线，将现场控制站、操作员操作站、工程师操作站、监控计算机、管理计算机连接起来，构成多级控制系统。

5. 安全可靠性高和适应性强

DCS 的可靠性高，体现在系统结构、冗余技术、自诊断功能、抗干扰措施和高性能的部件。由于采用多微处理机的分散控制结构，危险性分散，系统中的关键设备采用双重冗余或多重冗余，还设有无中断自动控制系统(即自动备用系统)和完善的自诊断功能，使系统的平均无故障时间 MYBF 达到 10^5天，平均修复时间 MTTR 为 10^{-2}天，整个系统的利用率 A 达到 99.9999%。

DCS 采用高性能的电子器件、先进的生产工艺和各项抗干扰技术，可使 DCS 能够适应恶劣的工作环境。DCS 设备的安装位置可适应生产装置的地理位置，尽可能满足生产的需要。DCS 的各项功能可适应现代化大生产的控制和管理需求。

10.4.3 DCS 的应用设计概述

DCS 已广泛应用于石油、化工、发电、冶金、轻工、制药和建材等，并已成为过程工业的主流控制系统。值得注意的是，DCS 的应用设计并不涉及 DCS 本身硬件和软件的设计，而是讨论怎样才能把 DCS 应用于生产过程，使 DCS 作用充分发挥，以满足控制和管理的要求。以下主要从应用设计目标和应用性能评估两个方面介绍 DCS 的应用设计。

1. 应用设计目标

DCS 的应用设计目标主要体现在控制管理水平、操作方式、系统结构和仪表选型 4 个方面。其中，控制管理水平分为 3 档：第一档是采用常规控制策略，达到基本控制要求，保证安全平稳地生产；第二档是采用先进控制策略，实现自适应控制、预测控制、推理控制和神经网络控制等，实现装置级的局部优化控制和协调控制；第三档是采用控制和管理一体化策略，建立公司级的全局优化控制和管理协调系统，进而实现计算机集成制造系统(CIMS)或计算机集成过程系统(CIPS)。DCS的操作方式分为3种：第一种是设备级独立操作方式，操作员自主操作一台或几台设备，维持设备正常运行；第二种是装置级协调操作方式，操作员接收车间级调度指令，进行装置级协调操作；第三种是厂级综合操作方式，操作员接收厂级调度指令，进行厂级优化操作。DCS采用通信网络式的层次结构，其系统结构可分为3档：第一档为直接控制层和操作监控层，用监控网络(SNET)连接各台控制和管理设备，构成车间级系统，该档是基本的系统结构；第二档再增加生产管理层，用管理网络(MNET)连接各台生产管理设备，构成厂级系统；第三档再增加决策管理层，用决策网络(DNET)连接各台决策管理设备，构成公司级系统。对于仪表选型，第一种是常规模拟仪表，其传输信号为4~20mA；第二种是现场总线数字仪表，采用数字信号传输方式，如FF-H1和HART仪表。

2. 应用性能评估

作为一个DCS的用户，其任务不是设计DCS，而是选择一种DCS产品来满足生产过程对控制和管理的要求。这就要求用户首先对各种DCS产品进行性能评估，然后从中选择一种性能价格比最优的产品。主要从以下方面评估：

(1)可靠性

可靠性是指产品在规定的条件下和规定的时间内完成规定功能的能力。可靠性定义是一个定性的概念，为了科学地研究可靠性，可用一些定量的指标。例如，平均故障间隔时间(mean time between failure，MTBF)、平均无故障时间(mean time to failure，MTTF)、平均修复时间(mean time to repair，MTTR)、可靠度(reliability)、利用率(availability)等指标。

可靠性是系统指标，具有综合性、时间性和统计性的特点。根据这几个特点，一般从产品的可靠性认证、系统不易发生故障、系统不受故障影响、迅速排除故障、实际应用调查评价5个方面来评估可靠性。

(2)实用性

实用性是指产品的基本技术性能，是产品必须具备的一般性能，分别对控制站、操作员站、工程师站、监控计算机站和通信网络评估基本的实用性能。

(3)先进性

DCS综合了计算机、通信、屏幕显示和控制四项技术，简称“4C”技术。DCS随着“4C”技术的发展而不断更新，几乎是同步发展。先进性是有时间性的，众所周知，上述“4C”技术发展迅速，DCS技术也随之发展迅速，更新期为1年或2年，有的甚至更短。在评估先进性时，要有时代的观点和发展的眼光，紧跟先进技术发展的新潮流。

(4)成熟性

成熟性是指成熟产品和成熟技术，成熟性和先进性是一对矛盾。先进技术经过实际应用考验，不断改进成为成熟技术。成熟技术使用一段时间必将被淘汰，终将被先进技术所替代。因此，人们要正确地评估成熟性和先进性，在评估成熟性时要注意技术是否已过时，是否将被淘汰；反之，评估先进性时要考查是否经过实际应用，使用效果如何，绝不能买试制产品或实验产品。

(5)适应性

工业环境恶劣，既有各种电磁干扰、各种酸碱盐等腐蚀性有害物质，又有高温低温、潮湿和粉尘，另外有可燃性有害物质，形成易燃易爆环境。DCS 必须适应这样恶劣的工业环境，尤其是就地安装的控制站或输入输出单元，必须采取一系列抗干扰、耐高低温、防腐、防湿、防尘和防爆措施，使其具备本质安全。

(6)开放性

开放性是指系统硬件、软件和通信网络具有对外开放的接口，可方便地与外界各种设备、软件及通信网络互连，实现数据共享，开放性是通用性的体现。

(7)继承性

DCS 是高新技术的产品，更新期短，一般为 1 年或 2 年，有的甚至更短。换言之，DCS 产品更新换代比较快。为了保护 DCS 用户的利益，应具备新、老产品兼容和软件版本升级功能，这就是 DCS 产品继承性的体现。

此外，还会考虑 DCS 系统的维修性、可信性、经济性等方面。具体地，维修性包括维修的快速性、安全性、简便性和经济性；可信性是指 DCS 制造商的企业信誉、产品信誉、技术服务、工程服务、售后服务品备件；经济性包括直接投资、间接投资、服务价格和备品备件价格等。

10.4.4 应用举例

目前在我国的石油、化工、冶金、电力、纺织、建材、造纸、制药等行业上已装备了上千套 DCS，其中国外著名品牌占据多数。近年来我国也正式推出了自行设计和制造的分散控制系统．并正在大力推广使用。表 10－1 列举了当前在我国应用较多的 DCS 产品。

表 10－1　国内外部分 DCS 产品

产品名称	生产厂家
TDC－2000，TDC－3000，TDC－3000/PM	Honeywell(美国霍尼韦尔公司)
CENTUM，CENTUM－XL，μXL，CS	YOKOGAWA(日本横河机电公司)
SPECTRUM，I/A Series	Foxboro(美国福克斯波罗公司)
Network－90，INFI－90	Bailey Controls(美国贝利控制公司)
System RS3	Rosemount(美国罗斯蒙特公司)
MOD 300	Tayler(美国泰勒公司)
TELEPERM M，SIMATIC PCS7	Siemens(德国西门子公司)
HS－2000	中国北京和利时自动化工程有限公司
SUPCON－JX	浙大中控自动化有限公司

下面给出美国贝利控制公司 INFI－90 DCS 应用于电厂锅炉控制的具体实例。

如图 10－17 所示为某 300MW 单元机组锅炉控制部分采用 INFI－90 系统的硬件配置图。

INFI－90 是以 10MHz 的环形网作为系统网络，每个环网可以挂接 250 个节点，而每个节点又可以是一个子环网，因此整个系统的最大容量为 250×250＝62500 个节点。网络上的节点类型包括操作员接口站(OIS)、工程师工作站(EWS)、过程控制单元(PCU)等。

在网络上的各个节点均可组成冗余配置，在某个节点出现故障时可自动切除该节点而不影响系统通信。在PCU中一般分解成用子网连接的主控单元MFP和各种I/O子模件，进一步提高了分散程度和系统可靠性。

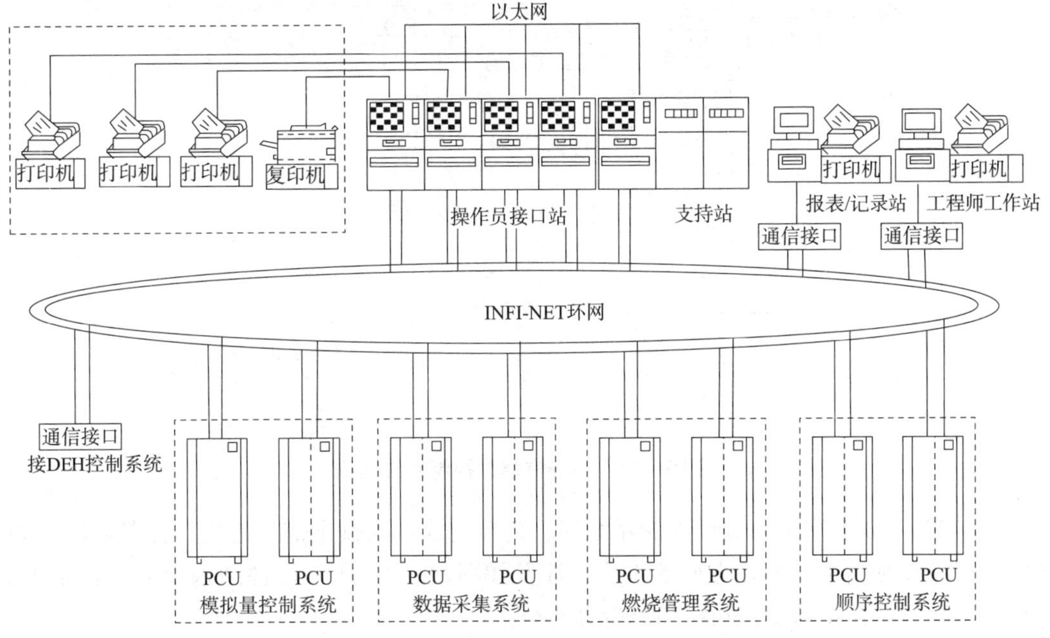

图10－17　300MW机组锅炉控制INFI－90系统硬件配置

主蒸汽湿度是单元机组主要的安全经济参数，在正常运行工况下主蒸汽温度的偏差要求控制在±2℃范围内，动态情况下的偏差(超调量)不能超过额定值的5～10℃，对控制性能要求比较高。大型单元机组的主蒸汽温度控制一般采用二级喷水减温的调温方式(一级减温相当于粗调，二级减温相当于细调)，同时又分为甲乙两侧进行分别控制，这样共有4个结构类似的控制回路。为了进一步克服滞后和惯性对控制的不良影响，两侧每级的喷水调节均采用中级控制方式，如图10－18所示为采用喷水调节的串级温度控制系统。

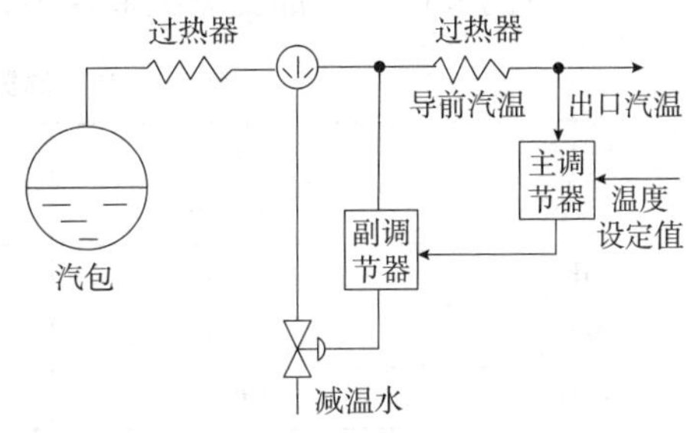

图10－18　主蒸汽温度串级控制系统

为了提高控制系统抵御外部干扰的能力，主蒸汽温度控制系统中还采用了前馈方式。

如图10－19所示为机组实际的二级成温控制系统的结构，图中给出了控制回路的基本结构及调节器跟踪、手动/自动切换逻辑。其中矩形柜中的M/A、T为手动/自动切换功能块，①、②为偏差越限信号，③、④为输出越限信号，①、②、③、④相“或”的信号⑤送入菱形框里切换功能块T中，用于⑤为“1”时强制将系统切换为手动控制方式，菱形框里的A为设定功能块，左上部的A用于控制回路主调节器给定值的设定，左下部A用于手动状态下控制量输出的设定，⑥表示手动方式时作为上面两个PID算法模块的跟踪指令，$f(x)$为执行器或阀门，ZT为阀位反馈。

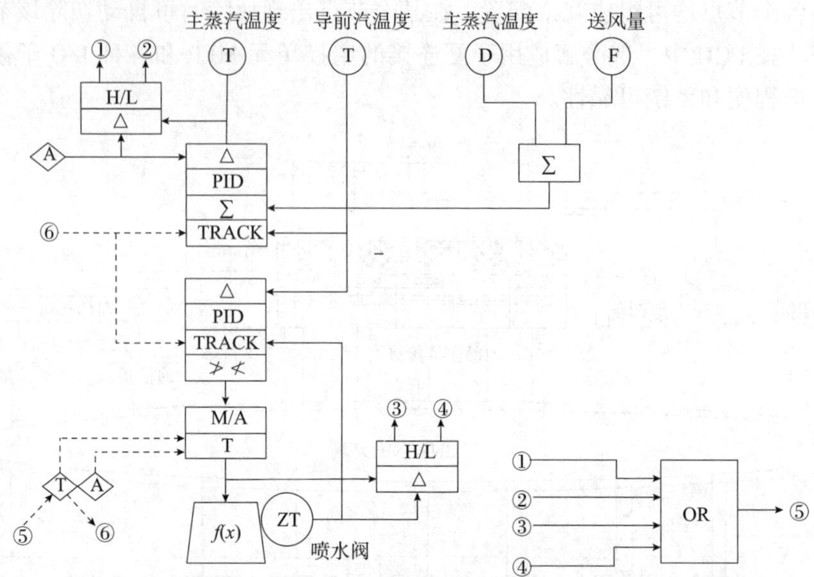

图 10－19　主蒸汽温度控制系统结构

用 INFL－90 实现上述温度控制系统时，需要完成输入输出信号连接、控制回路组态、数据库组态及画面组态等几方面的工作，涉及如图 10－19 所示硬件结构中的模拟量控制系统、工程师工作站和操作员接口站等几部分。

(1)输入输出信号连接

在上述温度控制回路中有 5 个输入信号，即主蒸汽温度、喷水后温度、主蒸汽流量、送风量(是烟气量中主要的一个)和阀位信号及阀位指令 1 个输出信号。在 INFL－90 系统中，对所有的 I/O 信号都要分配 I/O 模件与端子单元，而且两者互相对应，见表 10－2。

表 10－2　常见的 I/O 模件及其端子单元

I/O 模件	端子单元	通道数	说明
IMASI03	NTAI06	16	通用信号输入模件
IMFBS01	NTAI05	15	4～20mA/1～5V 输入模件
IMASO01	NTDI01	14	4～20mA/1～5V 输出模件
IMDSI02	NTDI01	16	开关量输入模件
IMDSO14	NTDI01	16	开关量输出模件

(2)控制模件组态

系统中采用的 INPI－90 控制模件为 IMMFP02，它可与若干个 I/O 模件相连。控制模件中固化有 200 余种算法模块，用户可通过组态方式生成自己的控制回路。

控制模件的组态是在工程师工作站 EWS 上通过运行组态软件来进行的。组态的过程是以 CAD 图的形式将相应模块连接起来，生成若干页组态图。将这些组态图编译后下装到控制模件后。控制模件就可以执行组态时指定的功能。

图 10－20 所示为主蒸汽温度控制系统的控制回路简化 CAD 组态图。其中 APID(即功能码 FC156)为改进的 PID 控制算法，M/A(即功能码 FC80)为控制接口站，实现基本、中级和比率设定点控制及手动/自动转换。图中 SP：设定位；PV：过程变量；TR：跟踪值；

TF：跟踪标志块；FF：前馈信号地址；II：增加限制信号块，DI：减小限制信号块，II和DI的使用可以起到抗积分饱和的作用；CO：控制输出；输入A：控制信号块；输出A：输出标志(0为手动，1为自动)；O：软手操的控制输出。

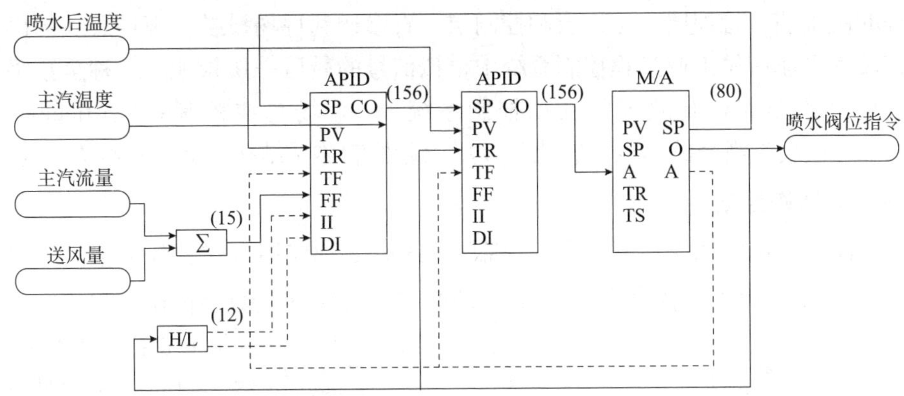

图10－20 主蒸汽温度控制系统控制回路简化组态化

上述主蒸汽温度控制采用典型的串级控制方式，有利于克服汽温对象的大惯性、大滞后特性。同时，还引入主蒸汽流量和送风量信号作为主调节器的前馈信号。当负荷或风量发生变化时，预先调整减温水量，以尽快消除外扰影响。前馈系数根据风量及负荷对汽温对象的扰动试验进行整定。

(3)数据库组态

凡是需要在操作员接口站OIS上显示操作的参数都必须在数据库中进行定义，表10－3所示为汽温控制的标签数据库示例。

表10－3 汽温控制的标签数据库

TSGINDEX (标签索引)	TAGDESC (标签描述)	TAGTYPE (标签类型)	NUMDECP (小数位数)	LOOP (环路号)	PCU (PCU号)	MODULE (模件号)	BLOCK (块号)	ALMGROUP (报警组)
100	1MAINTEMP	ANALOG	2	1	10	5	1010	1
102	1DESUPTEM	ANALOG	2	1	10	5	1012	1
103	1STMFLOW	ANALOG	2	1	10	5	1110	1
104	1AIRFLOW	ANALOG	2	1	10	5	1112	2
105	1VALVEPOS	ANALOG	2	1	10	5	1114	2
106	1VALVEINS	ANALOG	2	1	10	5	1310	2

(4)画面组态

INFI－90中，操作员接口站OIS上的所有显示操作画面均可通过工程师工作站上的图形组态软件来制作。显示操作画面中主要包括静态图形、动态参数及操作器等，通过图形组态软件中相应的工具可以方便地予以实现。如图10－21所示为针对本例所作的一个简单的主蒸汽温度控制系统显示操作画面。

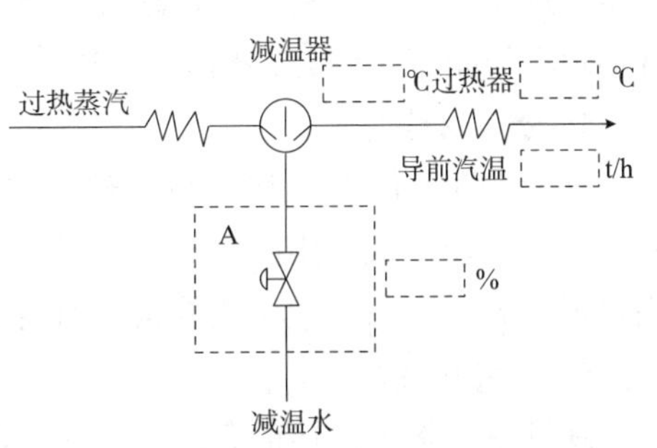

图10－21 主蒸汽温度控制系统显示操作画面

10.5 现场总线控制系统

随着控制技术、计算机技术和通信技术的飞速发展，数字化作为一种趋势正在从工业生产过程的决策层、管理层、监控层和控制层一直渗透到现场设备。现场总线的出现，使数字通信技术迅速占领工业过程控制系统中模拟信号的最后一块领地。一种全数字化、全分散式、可互操作和全开放式的新型控制系统——现场总线控制系统(fieldbus control system，FCS)已成为当今的热点，它代表今后工业控制体系结构发展的一种方向。

10.5.1 结构组成

FCS 的体系结构如图 10－22 所示。现场总线有 2 种应用方式，分别用代码 H_1 和 H_2 表示。H_1 方式主要用于代替直流 0～10mA 或 4～20mA 以实现数字传输，它的传输速度较低，每秒几千波特，但传输距离较远，可达 1900m，称为低速方式；H_2 方式主要用于高性能的通信系统，它的传输速度高，达到每秒 1 兆波特，传输距离一般不超过 750m，称为高速方式。

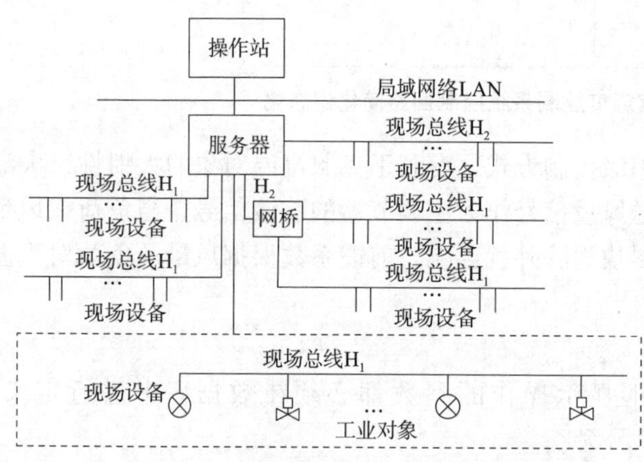

图 10－22 现场总线控制系统结构组成

FCS 主要组成结构体现在以下几个方面。

1. 现场通信网络

现场总线作为一种数字式通信网络一直延伸到生产现场中的现场设备，使以往(包括 DCS)采用点对点的信号传输变为多点一线的双向串行数字式传输。

2. 现场设备互联

现场设备是指连接在现场总线上的各种仪表设备，按功能可分为变送器、执行器、服务器和网桥、辅助设备等。这些设备可通过一对传输线(现场总线)直接在现场互联，相互交换信息，这在 DCS 中是不能实现的。

3. 互操作性

现场设备种类繁多，没有任何一家制造厂可以提供一个工厂所需的全部现场设备。用户希望选用各厂商性能价格比最优的产品集成在一起，实现“即接即用”，FCS 能对不同品牌的现场设备统一组态，构成所需的控制回路。

4. 分散功能块

FCS 废弃了传统的 DCS 输入输出单元和控制站，把比 DCS 控制站的功能块分散地分配给现场仪表，从而构成虚拟控制站。由于功能分散在多台现场仪表中，并可统一组态，用户可以灵活选用各种功能块构成所需的控制系统，实现彻底的分散控制。

5. 现场总线供电

现场总线除了传输信息之外，还可以完成为现场设备供电的功能。总线供电不仅简化了系统的安装布线，而且还可以通过配套的安全栅实现本质安全系统，为现场总线控制系统在易燃易爆环境中应用奠定了基础。

6. 开放式互联网络

现场总线为开放式互联网络，既可与同层网络互联，也可与不同层网络互联。现场总线协议不像DCS那样采用封闭专用的通信协议，而是采用公开化、标准化、规范化的通信协议，只要符合现场总线协议，就可以把不同制造商的现场设备互联成系统。

10.5.2 功能特点

现场总线技术使传统的模拟仪表、微机控制及DCS等自动化控制系统产生根本性的变革，包括改变了传统的信号标准、通信标准和系统标准；改变了传统的自动化系统体系结构、设计方法和安装调试方法。FCS的优点十分显著，归纳起来有以下几点。

1. 分散控制

FCS的控制站功能分散在现场仪表中，通过现场仪表即可构成控制回路的分散控制，提高了系统的可靠性、自治性和灵活性。也就是说，新一代FCS已将传统DCS的控制站功能化整为零，分散分布到各台现场总线仪表中，在现场总线上构成分散的控制回路，实现了彻底的分散控制。传统的DDC或DCS和新一代FCS的结构对比，如图10－23所示。

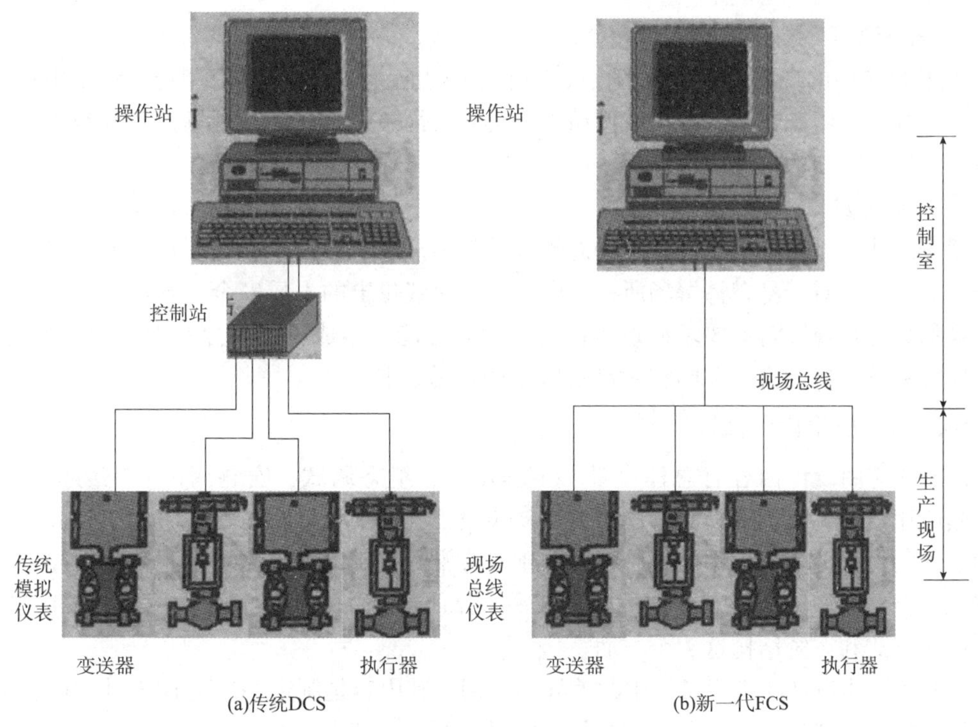

图10－23 DCS和FCS的结构对比

2. 一对 n 结构

FCS采用一对传输线，n 台仪表，双向传输多个信号，如图10－23所示。这种一对 n 结构接线简单，工程周期短，安装费用低，维护容易。

3. 可靠性高

FCS是数字信号传输，现场安装接线简单，维护方便，并具有自校验和自诊断功能，因而抗干扰能力强，精度高，由于无需采用抗干扰和提高精度的措施，从而减少成本。

4. 可控状态

FCS 的操作员在控制室既能了解现场设备或现场仪表的工作状况，也能对其进行参数调整，还可预测或寻找故障，FCS 始终处于操作员的远程监视与可控状态，提高了系统的可线性、可控性和可维护性。

5. 互换性

FCS 用户可以自由选择不同制造商所提供的性能价格比最优的现场设备或现场仪表进行互联互换。

6. 互操作性

FCS 用户可把不同制造商的各种品牌的仪表集成在一起，进行统一组态，构成所需的控制回路，不必为集成不同品牌的产品而在硬件或软件上花费力气或增加额外投资。另外，只有实现互操作性，用户才能在现场总线上共享功能块，自由地用不同现场总线仪表内的功能块统一组态，在现场总线上灵活地构成所需的控制回路。

7. 综合功能

FCS 现场仪表既有检测、变换和补偿功能，又有控制和运算功能。实现了一表多用，不仅方便用户，也节省成本。

8. 统一组态

由于 FCS 中的现场设备或现场仪表都引入了功能块的概念，所有制造商都使用相同的功能块，并统一组态方法。这样就使组态变得非常简单，不必因为现场设备种类不同，而进行不同组态方法的培训或学习。

9. 环境适应性强

现场总线控制系统的基础是现场总线及其仪表。由于它们直接安装在生产现场，工作环境十分恶劣，对于易燃易爆场所，还必须保证总线供电的本质安全。现场总线仪表是专为这样的恶劣环境和苛刻要求而设计的，采用高性能的集成电路芯片和专用的微处理器，具有较强的抗干扰能力，并能够满足本质安全防爆要求。

10.5.3 应用设计概述

FCS 的应用设计内容有总体设计、工程设计、组态调试、安装调试、现场投运等方面，其应用设计流程依次为可行性研究、初步设计、详细设计、工程实施和工程验收。其应用设计的目标分为低、中、高 3 档，分别对应常规控制策略、先进控制策略、控制管理一体化 3 档。人们针对 FCS 不同的应用水平，分别制定总体设计原则，主要体现在控制水平、操作方式和系统结构这 3 个方面。

FCS 的总体设计在应用设计中起着导向作用，其内容是制定 FCS 总体设计原则、确定控制管理方案、统计测控信号点和规划系统设备配置。其中，系统设备的配置包括现场控制层设备的配置、操作监控层设备的配置和生产管理层、决策管理层设备的配置 3 个方面。

FCS 应用的工程设计内容主要集中在现场控制层和操作监控层。其中，现场控制层的工程设计内容有现场总线的控制回路设计、现场总线的网络设计、现场总线的网络接线和现场总线的设备安装；操作监控层的工程设计内容有操作监控设备的安装和操作监控画面的设计。由于现场总线仪表具有输入、输出、控制和运算功能，然后以功能块的形式呈现在用户面前，因此使用这些功能块可以在现场总线上组成常规的控制回路，如单回路、串级和选择性控制等。现场总线网络主要由现场总线仪表或设备、电缆、总线接口卡、电源、电源阻抗调理器、本质安全栅、终端器、中继器及附件组成。现场总线设备可分为变送器、执行器和辅助设备3类。常用的现场总线仪表有压力、温度、流量、液位和成分5类变送器，另外还有执行器或调节阀。操作监控设备安装在控制室内，主要有操作员站、工程师站和监控计算机站，对生产过程进行集中监视、操作和控制。操作员站、工程师站和监控计算机站一般为IPC或工作站。首先需要安装硬件，包括主机、CRT或LCD、键盘、打印机、电源等。然后安装软件，包括系统软件(如Windows操作系统及相关软件)和现场总线有关的软件(如组态软件、操作监控软件和应用软件等)。

10.5.4 开放现场控制系统集成桥梁(OLE for process control，OPC)

现场总线作为开放的控制网络，能实现现场设备之间、现场设备与控制室之间的信号通信。现场信号传至监控计算机之后，计算机内部各应用程序之间的信息沟通与传递，让现场信息出现在各应用平台上需要一个连接标准与规范问题，现场总线大多利用OPC接口作为数据服务接口，现场总线与计算机之间的信息传递通道为：现场信号—OPC—系统监控软件。

OPC是现场总线技术和工业以太网技术中实现数据交互和标准化的重要支撑技术。其最本质的作用是实现了工业过程数据交换的标准化和开放性。OPC建立在OLE规范之上，利用OLE的优点，简化了标准的指定工作。由于OPC规范以OLE为技术基础，而OLE支持TCP/IP等网络协议，因此可以将各个子系统从物理上分开，分布于网络的不同节点上。

1. OPC基本概念

OPC服务器由3类对象组成：服务器、组、数据项。这3类对象也相当于3种层次上的接口。一个服务器对象拥有服务器所有信息，同时也是组对象的容器。组对象拥有本组所有信息，同时包容逻辑组织OPC数据项。在一个组中可以有若干个项，项是读写数据的最小逻辑单位。每个数据项的结构包括数据值、数据质量戳和时间戳3个成员变量。

2. OPC的体系结构

OPC规范提供了两套接口方案，即自动化接口和客户接口。后者效率高且能发挥OPC服务器的最佳性能。自动化接口使用解释性语言和宏语言访问OPC服务器，简化了客户应用程序的实现，但同时也使得程序运行速度变慢。典型的OPC体系如图10－24所示。

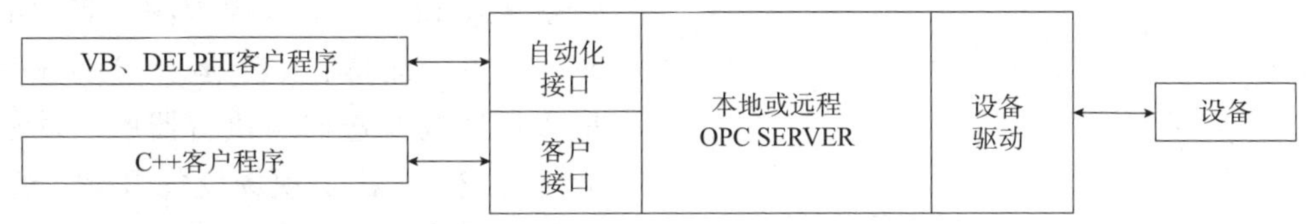

图10－24 典型的OPC体系结构

3. OPC标准内容

OPC标准是OPC基金会根据过程控制需求制定的，内容包括：数据存取规范(分为定制接口规范和自动化接口规范两部分)、报警与事件处理规范(提供由服务器程序将现场报警和事件通知客户程序的机制)、历史数据存取规范(提供通用的历史数据引擎来向感兴趣的用户和客户程序提供额外的数据信息)、批量过程规范(提供了一种存取实时批量数据和设备信息的方法)、安全性规范(提供一种在数据传输过程中的数据安全性问题解决方案)、兼容性规范(用于测试数据兼容性的规范),以及过程数据XML规范、服务器数据交换规范。

4. OPC特点

OPC采用客户/服务器体系,基于Microsoft的OLE/COM技术,为硬件厂商和应用软件开发者提供了一套标准接口,其特点如下:计算机硬件厂商只需编写一套驱动程序即可满足不同用户需求;应用程序开发者只需编写一个接口即可连接不同设备;工程人员在设备选型上有了更多选择;OPC扩展了设备的概念,只要符合OPC服务器的规范,OPC客户都可与之进行数据交互。

5. OPC适用范围

现有的OPC规范涉及如下领域:在线监测数据、报警和事件处理、历史数据访问、远程数据访问、安全性,批处理,历史报警时间数据访问等能力。

10.5.5 现场总线应用举例

现场总线是FCS的核心。目前,世界上出现了多种现场总线的企业标准或国家标准。这些现场总线技术各具特点,已经逐渐形成自己的产品系列,并占有相当大的市场份额。由于技术和商业利益的原因,尚未统一。目前流行的几种现场总线有德国Bosch公司的控制局域网络CAN(Control Area Network)、美国Echelon公司的局部操作网络LONworks(Local Operating Network)、德国标准的过程现场总线PROFIBUS(Process Field Bus)、法国标准的世界工厂仪表协议WorldFIP(World Factory Instrument Protocol)、美国Rosemount公司的可寻址远程传感器数据通路HART(Highway Addressable Remote Transducer)、国际标准化组织的现场总线基金会FF(Fieldbus Foundation)等。

下面以锅炉汽包水位的三冲量控制系统和液氨蒸发器选择性控制系统为例,简要介绍现场总线控制系统的应用。

1. FCS应用实例之一

图10-25所示为汽包水位三冲量控制系统的典型控制方案,它把与水位控制相关的汽包水位、给水流量、蒸汽流量等三个冲量引入控制系统,而且采用两个控制器,构成了前馈—串级控制系统。现场总线控制系统的硬件需要一个液位变送器、两个流量变送器和一个给水控制阀。其中的阻尼、开方、加减和PID运算等功能完全嵌入在现场变送器与执行器中的功能块软件完成。为满足现场设备组态、运行、操作的需求,一般需选择一台或多台与现场总线网段连接的计算机。

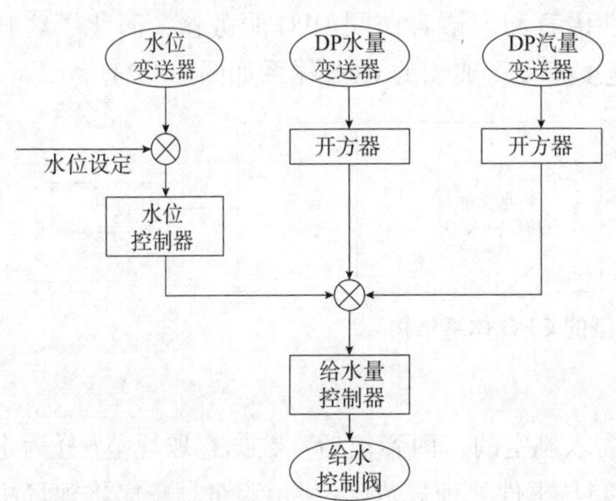

图10-25 锅炉汽包水位的三冲量控制方案

图10-26(a)为现场总线控制系统的基本硬件构成,图中配置两台冗余的相同工业PC和具有4个通道的现场总线PCI接口卡;还可以采用另一种设置通信控制器的配置方法,如图10-26(b)所示,其一侧与现场总线网段连接,另一侧采用PC

联网方式，完成现场总线网段与PC之间的信息交换。

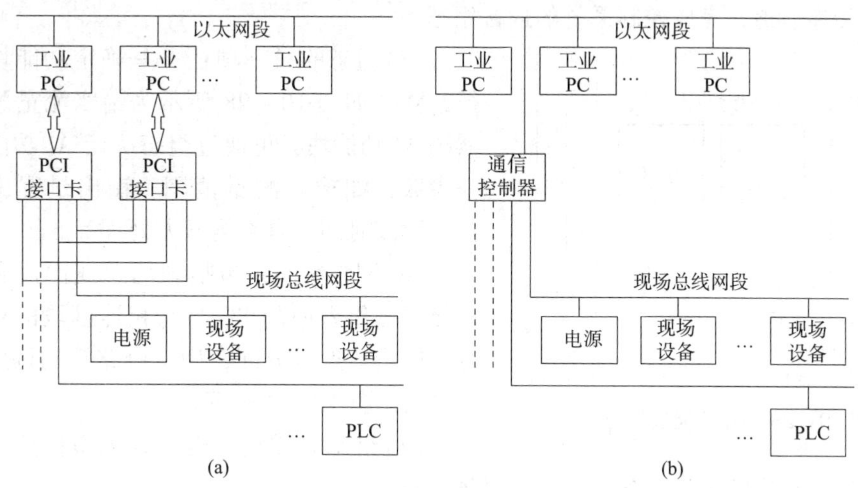

图10－26　现场总线控制系统硬件配置

现场总线控制系统的软件设计需要完成以下任务。

(1)选择组态软件和控制操作的人机接口软件。

(2)在应用软件界面上选中所连接的现场总线设备。

(3)对所选设备分配位号，从设备的功能库中选择功能块。三冲量水位控制系统的设备位号与功能块分配如下：①汽包液位变送器 LT－101 内，选用 AI 模拟输入功能块、主控制器 PID 功能块；②给水流量变送器 FT－103 内，选用 AI 模拟输入功能块、求和算法功能块；③蒸汽流量变送器 FT－102 内，选用 AI 模拟输入功能块；④阀门定位器 FV－101 内，选用副控制器 PID 功能块、AO 输出功能块。

(4)通过组态软件，完成功能块之间的连接，如图10－27所示。图中虚线表示物理设备，实线表示功能块，实线内标有位号和功能块名称。这里，BK－CAL IN、BK－CAL OUT 分别表示控制器输入和阀位反馈信号的输出，CAS－IN 表示串级输入。实行组态时，

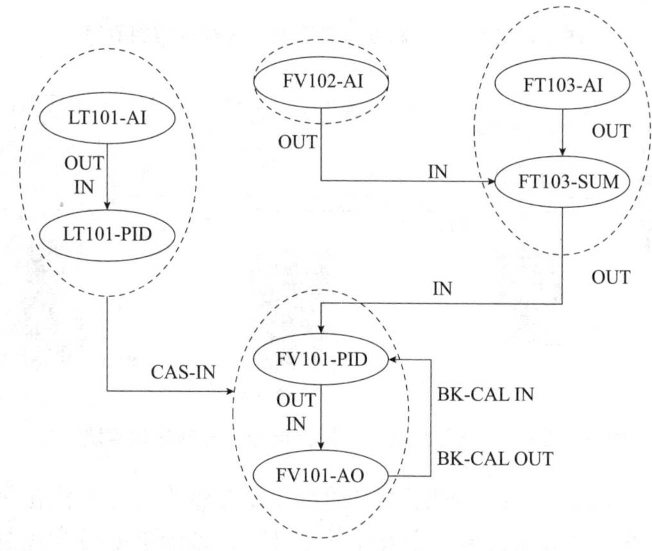

图10－27　功能块的分布与连接

只需在窗口式图形界面上选择相应设备的功能块，在功能块的输入输出间简单连线，便可建立信号传递通道，完成控制系统的连接组态。

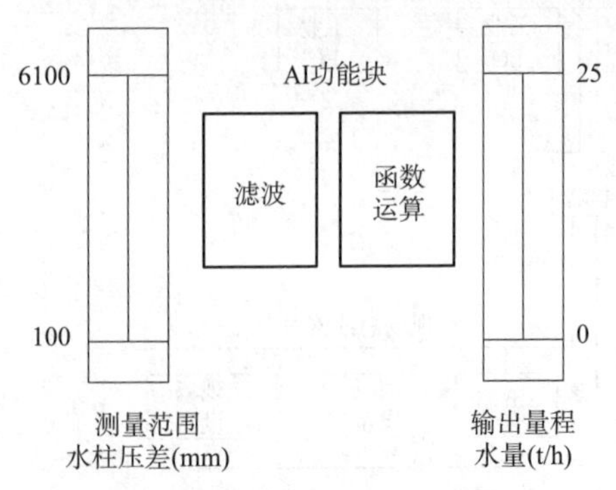

图 10－28　AI 功能块的特征

(5)组态的另一项任务是确定功能块中的特征参数。如图 10－28 所示为给水流量测量变送器的 AI 功能块，可通过组态决定 AI 功能块的特征参数，如输入测量范围、输出量程、工程单位、滤波时间、是否需开方处理等。

(6)网络组态，包括现场总线网段和作为人机接口操作界面的 PC 与它相连网段的组态。内容有网络节点号分配，确定链路活动调度器 LAS 主管与后备 LAS 主管等。

(7)组态完成后，需下载组态信息，将组态信息代码送入相应的现场设备，并启动系统运行。

(8)对于由现场总线传入计算机的信号，还要进行一系列处理。

2. FCS 应用实例之二

液氨蒸发器选择性控制系统的原理如图 10－29 所示，现场总线仪表及功能块构成如图 10－30 所示，控制回路的功能块组态连线如图 10－31 所示。

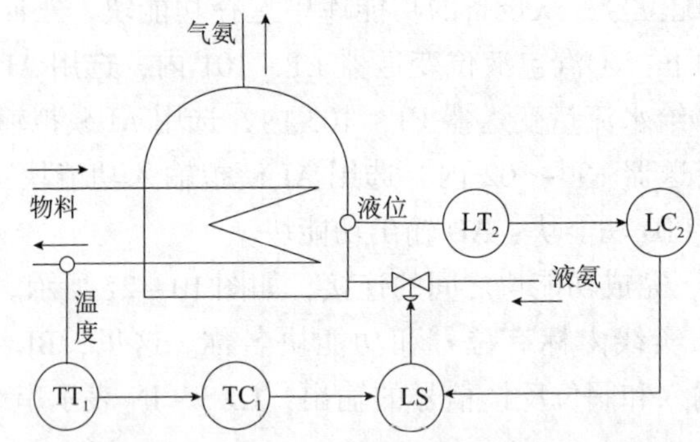

图 10－29　现场总线液氨蒸发器选择性控制原理

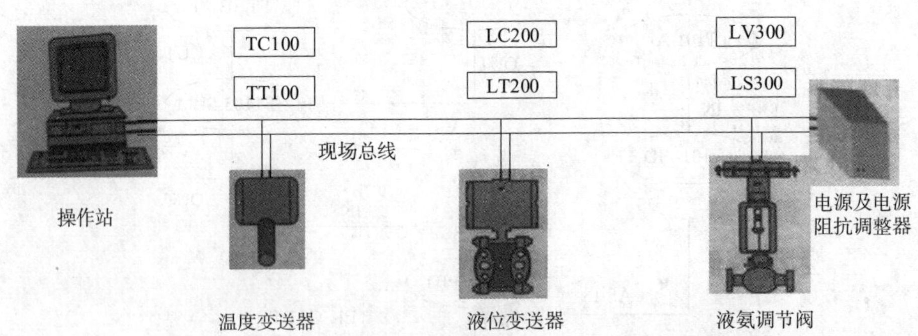

图 10－30　现场总线液氨蒸发器选择性控制的功能块构成

液氨蒸发器是一个换热设备，利用液氨的汽化需要吸收大量的汽化热，来冷却经管内的被冷物料。该设备的出口物料温度为被控量，进入设备的液氨量为控制量。这一控制方案是利用改变传热面积来调节换热量，即改变设备内液氨的高度来影响热交换器的浸润传

热面积。因此，设备内液氨的高度间接反映了传热面积。设备上部留有足够的汽化空间，以保证良好的汽化条件。气氨进入压缩机再压缩成液氨循环使用，为了压缩机的安全，气氨中不允许携带氨滴，这也要求设备上部留有够的汽化空间。

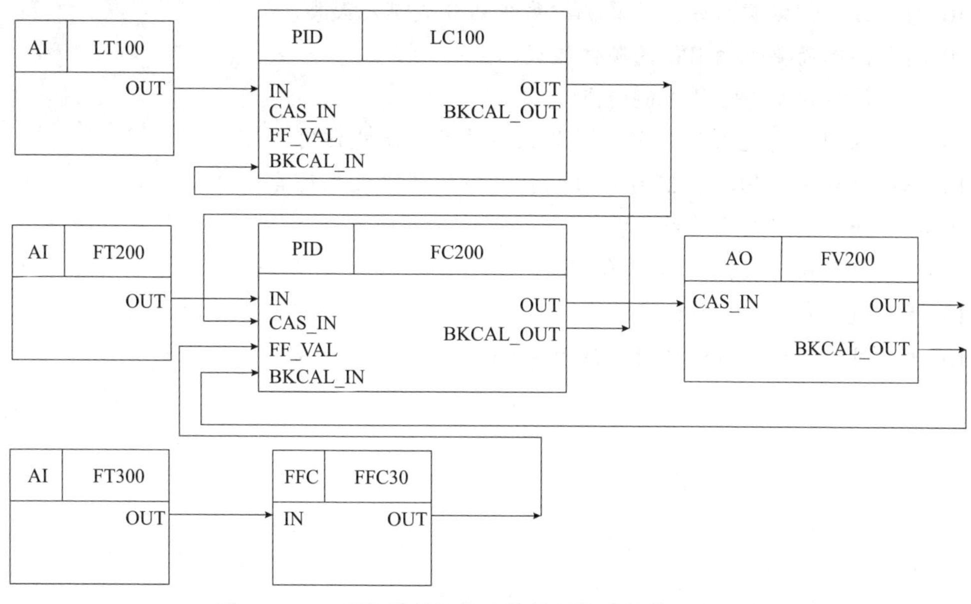

图 10－31　现场总线汽包水位控制的功能块组态连线

正常情况下，用出口物料的温度作为被控量，PID 控制器的输出作为控制量，去调节液氨阀的开度，以改变设备内液氨高度。非正常情况下，当液氨淹没了换热器的所有列管，此时换热面积已达极限。如果继续增加设备内液氨高度，非但不能提高换热量，液面的继续升高有可能使气氨中携带氨滴而带来事故。另外，为了保证良好的汽化条件，设备上部也应留有足够的汽化空间。为此，需要在原有的温度调节系统的基础上，增加一个液位越限的调节系统。设备内液氨高度作为被控量，PID 控制器的输出作为控制量去调节液氨阀的开度，以改变设备内液氨高度。

根据以上分析，正常情况下用温度调节器，当出口物料的温度升高时应能增加进氨量，因此温度调节器应选为正作用；非正常情况下用液位调节器，当设备内液氨的液位过高时应能减少进氨量，因此液位调节器应选为反作用。为此，这两个调节器的输出应经过低选器选其中之一去控制液氨调节阀。

该选择性控制系统由温度变送器、液位变送器和液氨调节阀 3 台现场总线仪表组成，如图 10－30 所示。温度变送器中有 AI 块 TT1 和 PID 控制块 TC1，其功能块名分别为 TT100 和 TC100。液位变送器中有 AI 块 LT2 和 PID 控制块 LC2，其功能块名分别为 LT200 和 LC200。液氨调节阀中有控制选择器(CS)用作低选器 LS 和 AO 块，其功能块名分别为 LS300 和 LV300。控制选择器(CS)的两个输入(SEL_ 1、SEL_ 2)分别来自 TC100 和 LC200 的输出 OUT，CS 的参数 SEL_ TYPE(选择类型)置成低选，即从两个输入中选最小者输出。用 3 台现场总线仪表中的功能块组态形成的选择性控制回路，如图 10－31所示。

习题

10－1 按控制方案来分，计算机控系统划分成哪几大类？

10－2 画图简要说明IPC的硬件组成。

10－3 简要说明IPC的功能特点。

10－4 画图简要说明DCS的三层体系结构及其功能作用。

10－5 简要说明构成DCS分散过程控制级的主要装置及其作用。

10－6 DCS有哪些主要特点？

10－7 目前较为流行的DCS有哪些？

10－8 FCS有哪些主要优点？

10－9 目前较为流行的现场总线有哪些？

第 11 章　计算机控制系统可靠性及抗干扰技术

11.1　计算机控制系统的可靠性

计算机控制系统是整个计算机系统的核心组成部分，对系统的可靠性，即系统在规定条件和规定时间内完成规定功能的能力，具有很高的要求。可靠性设计不仅与设计、制造、安装和维护有关，还与生产管理、质量监控体系等因素有关，因此事关计算机在工业市场的应用效果。

影响计算机控制系统可靠性的因素可分为内部因素和外部因素，内部因素表示系统运行不稳定，主要包含三点：①元器件本身的性能和可靠性。元件选取的质量越高，系统越能满足长期稳定性、精度等级方面要求；②系统结构设计。包括硬件电路和软件设计。优化的电路设计，如去耦电路、平衡电路等，可消除或削弱外部干扰对系统的影响。合理编制的软件可进一步提高系统运行的可靠性；③安装和调试。优秀的安装工艺和调试技术是保障系统运行的重要措施。外部因素指计算机所处的工作环境中的外部设备或空间条件，包括：①外部电器条件，如电源电压的稳定性、磁场等；②外部空间条件，如温度、湿度等；③外部机械条件，如振动等。

提高计算机系统可靠性的设计技术包括硬件可靠性设计和软件可靠性设计。

硬件可靠性设计有：①保证元器件的质量，包括严格管理元器件的购置和储运，对长期使用的元器件经过老化筛选环节，并定期测试，并在低于额定电压和电流条件下使用元器件，尽量选用集成度高的元器件，以此减少焊接和接线，减少故障率和受干扰的概率；②精心设计部件系统，包括采用高质量的主机或工作站，对大部件采用模块化、标准化，对板卡合理布线，选择优质电源，做好充分的散热措施，机械结构做好防锈蚀工作等；③设计冗余技术，尤其对关键的监测点、控制点等，进行多重的冗余设计，以保证在发生故障情形下仍可通过备用控制回路等，维持正常的生产过程。冗余技术包括硬件冗余、信息冗余、时间冗余等；④设计电磁兼容功能，使系统不受外部电磁干扰，也不对其他电子设备产生影响；⑤增加故障自监测和自诊断技术，以此判定动作或功能的正常性，并及时指出故障部位，缩短维修时间；⑥其他措施，包括采用可靠的控制方案，如分散控制系统等，以此分散危险，提升控制系统的安全可靠性。

软件可靠性设计是针对软件设计各阶段采取有针对性的技术和管理措施。在系统设计阶段，主要注意两方面内容：一是采用面向对象程序设计语言、组态软件等软件开发工具，优化设计方法；二是加强软件容错和抗干扰设计，增强软件强健性。在软件测试阶段，应注意尽量找出软件中残留的缺陷并修正它。软件测试分为单元测试、组装测试、功能测试、系统测试等。在运行维护阶段，避免修改过程中增加新的缺陷，因此需注意对已发布使用的软件禁止现场修补，对安全关键性软件的更改组织严格的回归测试。最后，还需全面加强软件设计过程管理，对每个完成阶段封存设计成果等。

11.2 硬件抗干扰技术

11.2.1 电磁兼容技术

1. 电磁干扰三要素

电磁兼容技术是提升系统运行可靠性的一个重要技术。电磁干扰是电磁兼容需解决的一个重要问题。电磁干扰，是指电磁骚扰引起的设备、传输通道或系统性能的下降。产生电磁干扰需具备三个条件(也称为三要素)：电磁干扰源、耦合途径、敏感设备。电磁干扰效应，是指干扰源发出的干扰电磁能量，经过耦合通道将干扰能量传输到敏感设备，使敏感设备的工作受到影响。首先简单介绍电磁干扰的性质。电磁干扰分为“窄带”和“宽带”，窄带噪声可在测量仪器的某个调谐位置包含全部干扰，宽带噪声测量是单位带宽的噪声。电磁干扰幅度可分为确定幅度分布和随机幅度分布。干扰波形是干扰占用带宽的重要因素，干扰波形的上升斜率越大，所占带宽越宽。按照干扰波形的出现情况，可分为周期性、非周期性和随机性三种类型。干扰根据干扰源频率和电磁场波长分为近场和远场。

消除电磁干扰效应需从三要素出发。干扰源可分为不同的种类，根据干扰耦合途径可分为传导干扰源和辐射干扰源；根据电磁干扰的来源可分为自然干扰源和人为干扰源(如交通干扰、工业干扰、生活干扰等)；根据电磁干扰属性可分为功能性干扰源和非功能性干扰源。抑制干扰源是消除电磁干扰的重要措施和主要手段。实现电磁兼容的另一重要任务是采用各种有效手段来阻塞各种耦合通道，包括时域和频域的分隔。除此之外，敏感设备是电磁干扰能量作用的载体，即受到电磁干扰作用时会导致性能降级或失效的器件、设备、分系统或系统。因此消除电磁干扰的一种方法就是使得敏感设备对电磁干扰能量作用变得不敏感，或对敏感设备进行一些防护措施。

对于电磁干扰来说，电磁干扰源和敏感设备可通过完整的电路进行连接，这时的耦合途径称为传导耦合。传导耦合可分为直接传导耦合、公共阻抗耦合和转移阻抗耦合。耦合途径的两种分类方法如图 11 -1 和图 11 -2 所示。

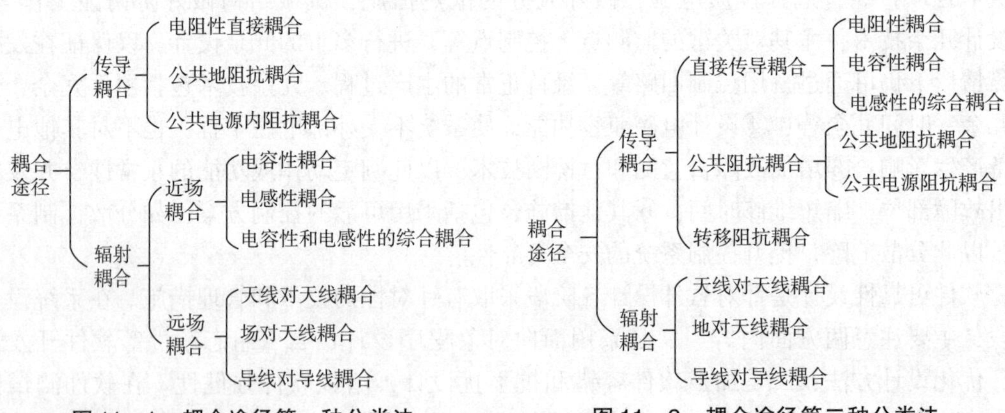

图 11 -1　耦合途径第一种分类法　　图 11 -2　耦合途径第二种分类法

直接传导耦合是指电磁干扰源和敏感设备之间直接通过一个导体进行连接，使得电磁干扰能量通过连接导体直接作用于敏感设备而造成电磁干扰。直接传导耦合可进一步细分为电阻性耦合、电容性耦合和电感性耦合。公共阻抗耦合是指电子系统或设备中的两个电路共用一个阻抗时，电压从一个电路通过公共阻抗传递到另一个电路中。公共阻抗耦合可进一步细分为公共电源阻抗耦合和公共地阻抗耦合两种。辐射耦合是指电磁干扰源以辐射的形式通过空间来传播电磁干扰能量。辐射耦合可分为天线对天线耦合、地对天线耦合、导线对导线耦合三种。辐射耦合与辐射场区划分、辐射干扰源基本形式及本征阻抗等基本辐射理论密切相关。

2. 电磁兼容控制技术

电磁兼容技术在控制干扰的策略上采取了主动预防、整体规划和“对抗”与“疏导”相结合的方针。电磁兼容控制是一项系统工程，应在设备和系统设计、研制、生产、使用与维护的每个阶段都给予充分的考虑和实施。电磁兼容控制策略与控制技术方案可分为：

(1)传输通道抑制(如屏蔽、滤波、接地、搭接、布线等)。屏蔽技术可分为两种类型，静电屏蔽和电磁屏蔽。静电屏蔽主要用于防止静电场和恒定磁场的影响。电磁屏蔽是以金属隔离的原理来控制电磁干扰的传播。滤波技术的基本用途是选择信号和抑制干扰，为实现这一功能而设计的网络称为滤波器，可分为信号选择滤波器和电磁干扰滤波器。接地技术是电磁兼容技术中一个重点考虑的问题，接地目的主要有三个：防止外界电磁场的干扰、保证安全工作、是整个电路系统中所有单元电路都有一个公共的参考零电位。接地是抑制噪声防止干扰的主要方法，电路的接地方式有单点接地、多点接地、混合接地、浮地等。搭接技术是指两个金属物体通过机械或化学方法实现结构连接的技术，以建立一条稳定的低阻抗电气通路。搭接不良会降低设备或系统的抗雷击放电、抗静电和抗干扰的能力，还会影响人身安全和系统安全。布线技术是完成产品设计的重要步骤，布线方式有两种：自动布线和交互式布线

(2)空间分离(地点位置控制、自然地形隔离等)。空间分离是对空间辐射干扰和感应耦合干扰的有效控制方法。空间分离的一种经典方法是在系统布局时把容易相互干扰的设备尽量安排得远一些，此外还可以在有限空间对辐射方向进行方位调整，干扰电场矢量和磁场矢量在空间相位的控制等。

(3)时间分隔(主动时间分隔、被动时间分隔等)。时间分隔是指让有用信号在干扰信号停止发射的时间内传输，或者当强干扰信号发射时，短时关闭易受干扰的敏感设备以避免遭受伤害。其中，主动时间分隔法是利用干扰信号或有用信号时间特性的内在规律设计的控制干扰的方法。被动时间分隔法是利用干扰信号或有用信号出现的特征使其中某一信号迅速关闭，从而达到时间上不重合、不覆盖的控制要求。时间分隔法常被用于许多高精度、高可靠性的系统和设备中。

(4)频率管理(频率管制、滤波、数字传输、光电传输等)。频率管理是利用频率特性来控制电磁干扰。任何信号都是由一定的频率分量组成的，利用系统的频谱特性可以将需要的频率分量全部接收，并将干扰的频率分量滤除。利用频率特性的频率管理已形成了许多具体的方法。

(5)电气隔离(变压器隔离、光电隔离等)。电气隔离是避免电路中干扰传导的可靠方法，可以使有用信号通过耦合正常传递。常见的电气隔离耦合原理有机械耦合、电磁耦合、光耦合和DC/DC变换等。其中，机械耦合是采用电气－机械的方法来实现电气隔离，但控制指令可通过继电器动作从一个回路传递到另一个回路。电磁耦合是采用电磁感应原

理，光耦合是采用半导体光耦合器，输入回路与输出回路在电气上完全隔离。DC/DC 变换器是应用逆变原理将直流电压变换成高频交流电压，再经过整流滤波处理得到所需的直流电压。

11.2.2 滤波技术

滤波技术是提高系统或者设备抗干扰能力的重要技术，滤波器可以使得频率范围在通带内的能量传输衰减减小，也可使频率范围在阻带内的能量传输衰减很大。滤波技术是抑制传导干扰的手段之一。传导干扰分为差模干扰和共模干扰两种，对于不同的干扰采用不同的滤波方法。

滤波器按结构分为无源滤波器和有源滤波器。信号通过滤波器被滤除的信号频率称为阻带，被传输的信号频带称为通带。根据阻带和通带的频谱可分为：低通滤波器、高通滤波器、带通滤波器、带阻滤波器。在滤波网络分析中，根据频率特性的动态响应差异，滤波器可分为：巴特沃斯滤波器(滤波器通带中具有较平坦的幅度特征，但在截止频率附近有些相位延迟)、切比雪夫滤波器(通带中幅频特性有微小波动，但在阻带外衰减较快，衰减斜率可以任意设计选择)、贝塞尔滤波器(通带中具有最平坦的幅值，有时间延迟且上升时间较长)、巴特沃斯－汤普森滤波器和椭圆滤波器。

滤波器最主要的特性参数有额定电压、额定电流、插入损耗、工作环境条件、输入输出阻抗、功率损耗、可靠性、质量体积等。一般滤波器按照对不需要的信号能量的抑制方式分类又可分为反射式和吸收式。反射式滤波器的工作原理是将不需要的频率分量反射回信号源或干扰源，让需要的频率分量通过滤波器进入接收电路。反射式滤波器由电感、电容元件构成无源网络。下面具体介绍几种反射式滤波器。

1. 电容滤波器

电容滤波器的结构如图 11－3 所示。Z_1 为滤波器向负载端的阻抗，Z_0 为滤波器向电源端的阻抗。滤波电容本身的阻抗为 $Z_C = 1/(jwC)$，频率越高电容的阻抗越小。如果源电流中同时存在高频成分和低频成分，则高频电流将主要流过电容，而低频电流则流向负载，即电容起到滤除高频成分的作用。电容滤波器适用于高频时负载阻抗和源阻抗较大的情况。电容器可以用来滤除差模噪声，也可用来滤除共模噪声。电容器并联接在设备的交流电源进线间可以滤除电源线上的差模高频噪声，并接在印制电路板上数字集成片的正负电源引脚间则起到去耦作用，并接在导线和地之间就构成了共模滤波器，从而避免流入负载中经共模－差模转换而影响设备正常工作。

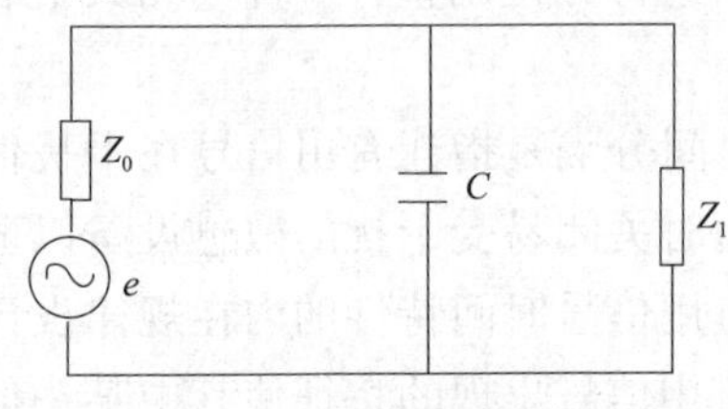

图 11－3 电容滤波器

2. 电感滤波器

电感滤波器结构如图 11－4 所示。滤波器电感的阻抗为 $Z_L = jLw$，频率越高电感的阻抗越大，即高频时为线路提供了一个串联的高阻抗，高频成分主要降在电感上，低频成分能衰减很小地通过电感到达负载。电感滤波器适用于高频时负载阻抗和源阻抗较小的场合。作为滤波器使用的电感线圈有两种：一种是差模扼流圈，用于抑制差模高频噪声；另一种是共模扼流圈，

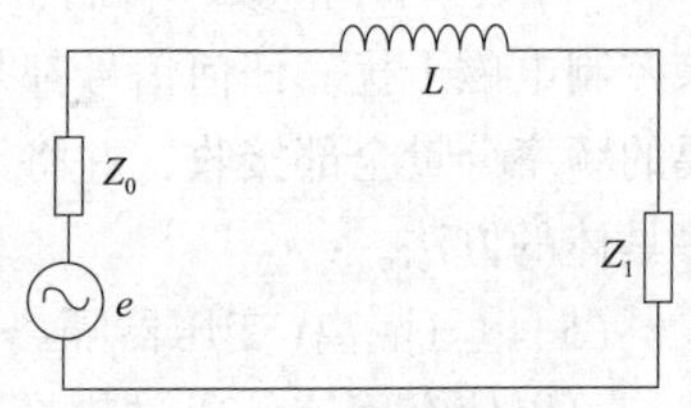

图 11－4 电感滤波器

用于抑制共模高频噪声。差模扼流圈一般是单线扼流圈，把导线缠绕在磁损较大的铁粉芯上。共模扼流圈可插入传输导线对中，同时抑制每根导线对地的共模高频噪声。其优点在于即使有较大差模电流通过也不会使磁环饱和，而对于共模电流有较大的电感，所以可用在大电流的电源滤波器中。

3. Γ 型滤波器

Γ 型滤波器由电感滤波器和电容滤波器组合而成，其结构如图 11－5 所示。该滤波器适用于高频时负载阻抗较大，而源阻抗较小的场合。

4. Π 型滤波器

Π 型滤波器由两节 Γ 型滤波器组合而成，其结构如图 11－6 所示。Π 型滤波器适用于高频时负载阻抗和源阻抗都比较大的场合，与电容滤波器相比，由于是多节滤波器串接而成，所以插入损耗更大，滤波效果更好。

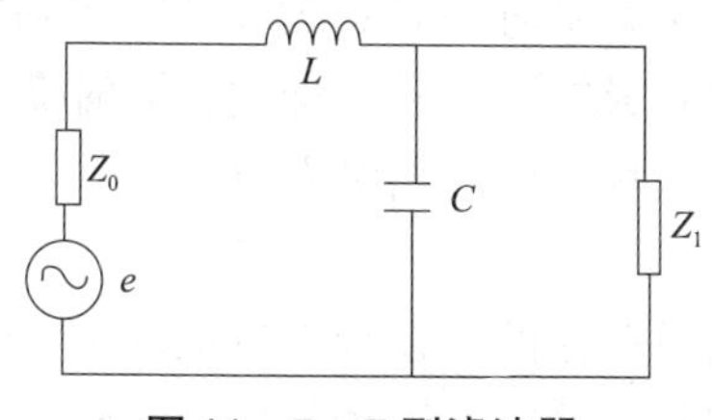

图 11－5　Γ 型滤波器

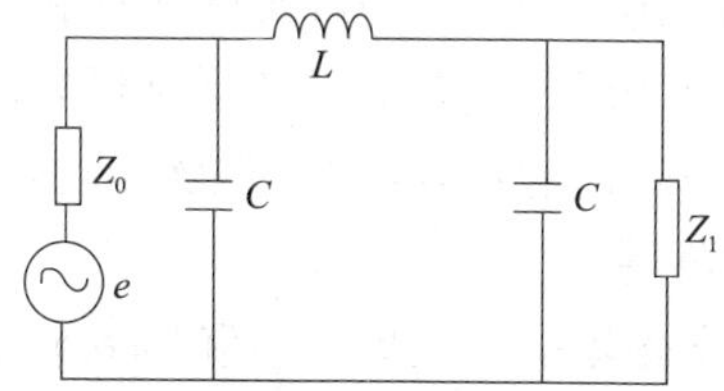

图 11－6　Π 型滤波器

5. T 型滤波器

T 型滤波器也是由两节 Γ 型滤波器以不同的组合方式组合而成，适用于高频时负载阻抗和源阻抗都比较小的场合，比电感滤波器的插入损耗大，其结构如图 11－7 所示。

6. 电源滤波器

电源滤波器是多级滤波器的一个实例。电源滤波器的作用是双向的，它不仅可以阻止电网中的噪声进入设备，也可以抑制设备产生噪声污染电网。图 11－8 所示为电源滤波器的一种典型结构，该结构对交流电源和直流电源都适用。图中 L_1 和 L_2 是 2 个单扼流圈，组成差模电感滤波器。

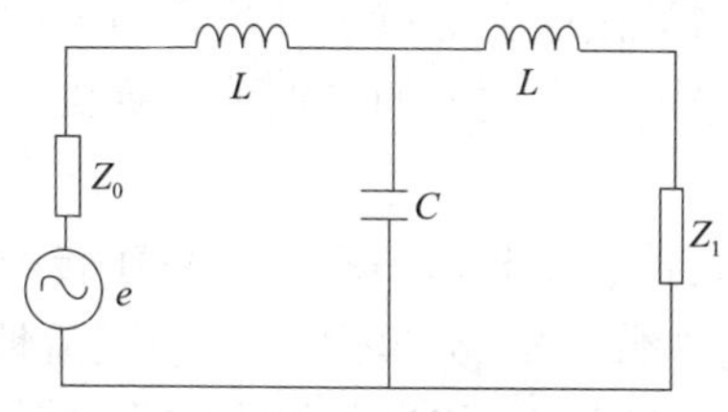

图 11－7　T 型滤波器

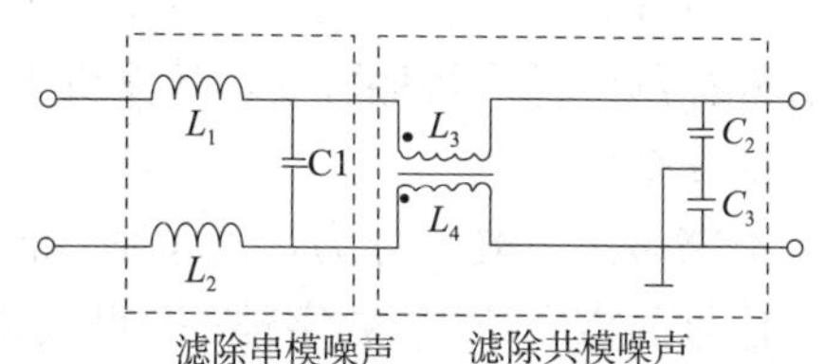

图 11－8　电源滤波器的典型结构

11.2.3　屏蔽技术

电磁屏蔽是以金属隔离的原理来控制电磁干扰由一个区域向另一个区域感应和辐射传播的方法，它的主要目的是用来切断传输的空间耦合途径，以此达到抑制电磁干扰的作用。电磁屏蔽主要分为电场屏蔽、磁场屏蔽和电磁场屏蔽。

1. 电场屏蔽

电场屏蔽是采用一定的方法来减少电子系统或设备中各个单元之间的电场感应。电场屏蔽可针对电路板、组件、元器件和接插件等，一般简称为电屏蔽，可分为静电屏蔽和交电屏蔽。

静电场屏蔽是根据静电平衡条件下的电性质：①导体内部任意一点的电场为0；②导体内部没有静电荷存在，电磁只能分布在导体的表面上；③导体表面上任意一点的电场方向与该点的导体表面垂直；④整个导体是一个等电位体。交电屏蔽是通过在干扰源和敏感设备之间加上接地的金属板来实现屏蔽保护。电屏蔽设计的基本原则有：①屏蔽体必须要保证良好接地；②屏蔽体必须正确选择接地点；③屏蔽体的形状要进行合理设计；④屏蔽体的材料应该选择良导体。

2. *磁场屏蔽*

磁场屏蔽是采用一定的方法来减少电子系统或设备中各个单元之间的磁感应。低频磁场屏蔽所选用的材料必须具有高磁导率，屏蔽沿着磁场方向具有低磁阻，在设计磁屏蔽中应具有以下原则：①合理布置接缝与磁场的相对方位；②采用合理的结构和工艺；③需要正确布置通风孔；④当对磁屏蔽体的体积等有特别要求时，双层磁屏蔽的效果优于单层磁屏蔽；⑤电源变压器磁漏引起的干扰可采用铜带制成短路环进行抑制，同时变压器安装底板材料应为非磁性的；⑥注意调整线圈型元件与磁场方向的相对方位。

3. *电磁场屏蔽*

在交变电磁场中，电场分量和磁场分量是同时存在的。在频率较低的情况下，干扰一般发生在近场，随着频率增高，电磁辐射能力增强，趋向于远场干扰。电磁屏蔽的技术机理包括两个方面：一是电磁波在金属表面产生涡流来抵消原来的磁场；二是电磁波在金属表面产生反射损耗，一部分透射波在金属板内传输过程中发生衰减而产生吸收损耗。因此电磁屏蔽一般是用一定厚度的导电材料做成外壳，使电磁场很难穿透导体，保护壳内的仪表不受到影响。对屏蔽罩的要求为：①屏蔽罩采用低电阻的金属材料；②屏蔽罩的厚度对屏蔽效果影响不大，但屏蔽罩是否连续及网孔大小会影响感生涡流的大小，继而影响屏蔽效果，因此屏蔽越严密效果越好；③对装置壳体来说，应注意外皮缝接部位的清洁，保证涡流在金属外壳上连续流通。

11.2.4 接地技术

接地技术对计算机控制系统极为重要，不恰当的接地会造成极其严重的干扰，但正确的接地可有效抑制干扰。接地可使得计算机工作稳定，更重要的是保护计算机、电气设备和操作人员的安全。

地线种类繁多，一般可分为：模拟地（指放大器、采样/保持器及 A/D 转换器、D/A 转换器输入信号的零电位）、数字地（指测试系统中数字电路的零电路）、交流地（指交流50Hz 电源的地线）、直流地（指直流电源的地线）、安全地（使设备机壳与大地等电位避免机壳带电而影响人身及设备安全）、系统地（指上述几种地的最终回流点）。需注意的是，交流地的地电位很不稳定，也很容易带来各种干扰，不允许与上述几种地相连，而且交流电源变压器的绝缘性能要好，避免漏电现象。

接地分为安全接地、工作接地和屏蔽接地。安全接地又分为保护接地、保护接零两种形式。工作接地是为电路正常工作而提供的一个基准电位，该基准点位一般是控制回路直流电源的负端，分为浮地方式、直接接地方式、电容接地方式等。屏蔽接地是指屏蔽用的导体与大地之间的良好连接，来抑制静电感应和电磁感应的干扰。

接地技术有浮地－屏蔽接地、一点接地、多点接地、混合接地、屏蔽接地、设备接地、数字地和模拟地的连接技术、自动测试系统的接地技术等。计算机测控系统中，常采用数字电子装置和模拟电子装置的工作基准地浮空，而设备外壳或机箱采用屏蔽接地。浮地方式中计算机控制系统不受大地电流的影响而提高系统的抗干扰能力。一点接地是指所有电路的地线接到公共地线的同一点以减少地回路之间的相互干扰，又分为串联一点接地和并联一点接地两种形式。串联一点接地指各元件、设备或电路的地依次相连，最后与系统接地点相连。并联一点接地指所有元件、设备或电路的接地点与系统的接地点连在一起。低频电路宜采用一点接地技术。多点接地指地线用汇流排代替，所有的地线均接至汇流排上，高频电路宜采用多点接地技术。混合接地是一点接地和多点接地的综合应用。一般是在一点接地的基础上再通过一些电感或电容多点接地，是利用电感、电容元件在不同频率下有不同阻抗的特性，使地线系统在不同的频率下有不同的接地结构。屏蔽接地中低频电路电缆的屏蔽层接地应采用单点接地的方式，屏蔽层接地点应当与电路的接地点一致，高频电路电缆的屏蔽层接地应采用多点接地的方式。设备接地一般要遵循的原则有：50Hz 电源零线应接到安全接地螺栓处，为防止高电压、大电流和强功率电路对低电压电路(如高频电路、数字电路、模拟电路等)的干扰，一定要分开接地，并保证接地点之间的距离。数字地主要是指 TTL 或 CMOS 芯片、I/O 接口芯片、CPU 芯片等数字逻辑电路的地端，以及 A/D、D/A 转换器的数字地。模拟地是指放大器、采样保持放大器和A/D、D/A 中模拟信号的接地端。数字地和模拟地须分别接地。数字地的设计要尽量减小地线的阻抗。

在接地设计中需特别注意的一点是要保证所有地平面等电位。因为如果系统存在不同的电动势面，通过较长的线相连可能形成一个偶极电线，而小型偶极天线的辐射能力大小与线的长度、流过的电流等成正比。因此要注意同类地之间需多个过孔紧密相连，不同地之间的连接线尽量短。

11.2.5 电源系统的抗干扰技术

计算机控制系统中的各个单元都需要直流电源供电。需采取电源保护措施防止电源干扰，以保证不间断供电。另一方面，电源的交流电通过变压、整流、滤波、稳压各项系统提供直流电源，电网的干扰会经一次绕组引入系统，是一个严重的干扰源。整个电源系统包括变压、整流、滤波、稳压等环节，干扰形式如下：

(1)高频干扰。如大容量电动机的启停、雷电等自然原因形成的高压电流等会使得电源网络造成大的电压波动及浪涌电流的冲击。这一类干扰就属于高频脉冲干扰。

(2)漏磁干扰。变压器等元件都存在泄漏磁通，可向外界释放电磁场对电路形成干扰。

(3)纹波干扰。整流电路将交流电变为脉动直流电，该直流分两种包含较大的纹波电压及高次谐波分量，对供电电路产生较大影响。

(4)自激振荡干扰。稳压电路的元件质量差容易产生自激振荡，形成干扰。

电源系统的抗干扰技术有过压保护、电磁屏蔽、装隔离板等。对工业控制机来说，危害最严重的是电网尖峰脉冲干扰。对该类脉冲干扰的防治方法有滤波法、隔离法、吸收法和回避法。滤波法主要是采用电源滤波器滤除尖峰干扰。隔离法是采用 1 : 1 隔离变压器供电的措施抗干扰。吸收法是采用瞬态电压抑制器作为高效能保护器件。回避法是拉专线供电方法，对大型动力设备几种且干扰很大的工业现场采用非动力供电线路供电或直接从非动力低压变压器“根部”拉专线供电的办法，避开大负荷动力线，减少电网干扰。此外，还可采用电源净化器、铁磁谐振交流稳压器、在线式 UPS 等抗尖峰脉冲干扰，这些方法也都能有效地减少干扰，缺点是体积大，价格贵。

直流稳压电源采用双隔离、双滤波和双稳压措施，具有较强的抗干扰能力，该电源常用于一般的工业控制场合，采用隔离变压器、低通滤波器、交流稳压器、直流稳压系统等部件和设备。完整的直流稳压电源结构如图 11－9 所示。

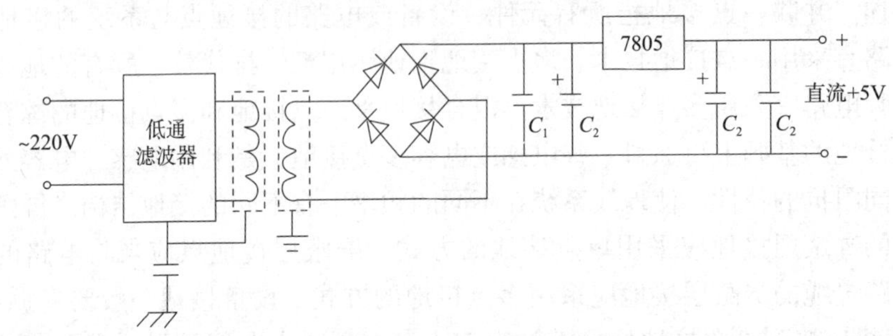

图 11－9　完整的直流稳压电源结构示意

当电源系统出现异常时，必须采取电源保护措施。一般有以下方面：

(1)当电网电压波动范围较大时，采用交流稳压器。

(2)交流电源引线上的滤波器可抑制输入端的瞬态干扰，因此可采用电源滤波器。

(3)对电源变压器采取屏蔽措施，利用高导磁材料将变压器屏蔽起来减小漏磁通的影响。

(4)采用分布式独立供电，有效地消除各单元电路间的电源线、地线间的耦合干扰。

(5)采取分类供电方式，把空调、照明、动力设备分为一类供电方式，把计算机及其外设分为一类供电方式，以此避免强电设备工作时对计算机系统的干扰。

(6)采用不间断电源和连续备用供电系统。

11.3　软件抗干扰技术

软件抗干扰技术是当系统受到干扰后使系统恢复正常运行或输入信号受干扰后去伪存真的一种辅助方法。软件抗干扰设计是系统抗干扰设计的重要组成部分。软件抗干扰是被动措施，而硬件抗干扰是主动措施。相比较于硬件抗干扰技术，软件抗干扰的设计灵活，节省硬件资源，成本低，见效快，可起到事半功倍的效果，因此越来越受到人们的重视。

实施软件抗干扰的必要条件有：

(1)在干扰作用下，计算机控制系统的硬件部分及与其相关联的各功能模块不会受到任何损毁。

(2)系统的程序及固化常数不会因干扰的侵入而变化。

(3)计算机控制系统中的重要数据在干扰侵入后可重新建立，且系统重新运行时不会出现不允许的数据。

不同的工业控制系统中的软件所完成的功能不同，软件一般具有以下特点：

(1)实时性。计算机控制系统运行过程中会发生一些具有随机性质的事件，这就要求控制软件能够及时发现并处理随机事件。

(2)相关性。计算机控制软件由多个任务模块组成，各模块相互配合、相互协调。

(3)周期性。工控软件在完成系统初始化程序之后，继续执行主程序的循环。

(4)人为性。计算机控制软件允许操作人员自主干预系统运行。

传统的为抑制系统干扰信号而采用软件抗干扰技术有软件滤波技术、软件冗余设计等，另外还有软件陷阱、软件看门狗等方法。

(1)采用软件滤波技术。当干扰影响计算机控制系统的输入信号时，会增大系统的数据采集误差，因此需要对输入数据的“真伪”进行判断。利用软件来判断输入信号是正常输入信号还是干扰信号的方法称为软件滤波技术。软件滤波技术可以滤掉大部分由输入信号干扰而引起的输出控制错误。常用方法有算术平均值法、比较取舍法、中值法等，详细方法介绍可见第 9 章节数字滤波方法介绍。

(2)设计软件冗余。当 CPU 受到干扰后，往往将一些操作数当作指令码来执行，但多指令容易产生“跑飞”现象，实际应用中多采用单字节指令，并在关键的地方认为插入一些单字节指令，或将有效单字节指令重复书写，这便是指令冗余。软件冗余是利用软件指令的设计，将对条件的一次采样改为循环地采样，从而避免由于偶然的干扰因素造成控制条件的偏差。

(3)建立自检程序。在系统运行过程中，自检程序不断地循环检测控制状态单元，使得干扰可以被实时检测到，保证系统控制的高可靠性。

(4)采用软件“看门狗”定时器。当工业计算机系统受到随机干扰作用时，程序运行进入一个非理想执行状态，甚至形成程序死循环，在这种情况下用“看门狗”定时器可使卫计系统复位启动。“看门狗”定时器的本质是在一个确切的时间里若没有清零脉冲的出现，则自动输出一个复位脉冲到 CPU 的复位端，使得计算机系统复位、重新启动。依据“看门狗”电路的组成形式不同可分为两类：由单稳多谐振荡器组成的可重预置式单稳定时型“看门狗”定时器电路和由自带振荡电路的脉冲计数器等组成的计数定时型“看门狗”定时器电路。

程序运行失常后，可采用以下手段：

(1)设置软件陷阱。当程序误入程序存储器中非程序存储区时，致使程序运行失常，可将所有的非程序存储区都设置为跳转指令，一旦程序计数器 PC 指向该区域，程序就立刻转移到起始单元，系统复位，恢复正常。当未使用的中断因干扰而开放时，在对应的中断服务程序中设置软件陷阱能及时捕捉到错误的中断。软件陷阱指令主要形式如表 11 –1 所示：

表 11 –1　软件陷阱的两种指令形式及适用范围

形式	软件陷阱形式	对应入口形式	适用范围
1	NOP NOP LJMP 0000H	0000H：LJMP MAIN； 运行程序	①双字节指令和 3 字节指令之后 ②0003 ~ 0030H 未使用的中断区 ③跳转指令及子程序调用和返回指令之后 ④程序段之间的未用区域 ⑤数据表格及散转表格的最后 ⑥每隔一些指令后
2	LJMP 0202H LJMP 0000H	0000H：LJMP MAI； 运行主程序 …… 0202H：LJMP 0000H ……	

(2)系统运行状态监视。系统运行状态监视主要负责监视整个系统的运行状态是否正常。主系统本身的错误通常是软件的错误，子系统的错误则是通过硬件信号传递给主系统

的，主系统对子系统的监视也需要有一定的硬件条件来配合。系统运行状态监视可通过鉴别处理错误区域来保证系统的安全。

对于系统的输入输出软件，通常采用的抗干扰措施有：

(1)对模拟量多次采样，进行筛选，以防止因偶然干扰产生的误差。

(2)为确保开关量输入信息正确无误，可采取多次读入并进行比较的办法。

(3)可采用软件延时的办法消除因机械开关抖动造成的干扰。

(4)考虑人工干预的措施控制可能造成重大事故的输出控制。

(5)在存储器中开辟存储区，同时保存，以保证重要数据不会受到破坏或丢失。

(6)增加保护子程序以克服执行机构产生的误操作所造成的干扰。

(7)对受到干扰的输出端口定期重写控制字、输出状态字，来维持既定的输出端口状态。

习题

11-1 计算机控制系统设计的原则是什么？

11-2 干扰是怎么形成的？如何分类？

11-3 可以采取哪些措施来提高系统的可靠性？

11-4 计算机控制系统的硬件抗干扰技术有哪些？

11-5 计算机控制系统的软件抗干扰技术有哪些？

11-6 简述计算机控制系的软件设计原则。

11-7 数字滤波的目的是什么？

11-8 试举出电源系统抗干扰的一些可行措施。

11-9 什么是指令冗余？如何实现？

第 12 章　过程设备的自动控制

12.1　概述

现代流程工业由一系列基本单元操作的设备和装置组成的生产线来完成，单元操作的设备主要用来进行流体输送、热量传递、质量传递及化学反应等。为了使物料便于输送、控制，多数物料是以气态或液态方式在管道内流动，有时固体物料也通过流态化在管道中输送。输送的物料流和能量流统称为流体。用于输送流体和提高流体压力的机械设备被称为流体输送设备，包括泵、压缩机和风机等。泵用于输送液体和提高其压头，压缩机用于输送气体并提高其压头。为了合理使用热能、降低成本和保护环境，工业过程出现了用来进行各种形式热交换的传热设备。为了适应不同的化学反应，还出现了形状、大小、操作方式等不同的反应器。精馏过程是工业生产中应用极为广泛的传质、传热过程。其实质是利用混合物中各组分具有不同的挥发度，或在同一温度下各组分的饱和蒸气压不同，使液相中的轻组分转移到气相中，而气相中的重组分转移到液相中，从而达到分离的目的。

过程控制的任务就是在熟悉工艺流程的基础上，掌握过程对象的静态和动态特征，应用控制理论分析和设计，并采用相应的过程控制系统和技术手段使生产满足安全性、稳定性和经济性的要求，达到优质、高产和低耗能的控制目标。

典型过程设备的控制，包括典型单元操作的背景、控制的需要、动态特性与静态特性的分析，以及整体控制方案的确定等内容。单元操作中的控制方案设置主要考虑以下四个方面：物料平衡控制、能量平衡控制、质量控制和约束条件。其中前两个方面的控制主要是保证单元操作能平稳运行，第三个方面是满足单元操作的规定质量要求，第四个方面是从确保单元操作的生产安全角度进行考虑的。

本章内容将根据对象特性和工艺要求，对流体输送设备、传热设备、化学反应器及精馏塔等典型设备的自动控制进行简要介绍，从中阐明确定控制方案的共同原则和方法。主要阐述离心泵、容积泵、风机和离心式压缩机的一般控制方案，并对流量控制系统的一般特性进行简要说明，阐述了一般传热设备的控制方法及蒸发器和加热炉的控制，介绍了反应器的基本控制方案及新型控制方案，同时还介绍了精馏塔的基本控制方案及复杂控制方案。

12.2　流体输送设备控制

对于流体输送设备，流量与压力作为其重要参数，对流体输送设备的运行效率有着重要的影响，因此对流体输送设备的控制主要体现在通过控制流量来保证物料平衡，以及对各环节压力控制。因此，除了特殊情况下的程序控制和联锁保护外(如设备的启动、停车和切换等)，流体输送设备的控制多数是属于流量或压力的控制，以及为了保护输送设备本身不致损坏的一些控制方案，如离心式压缩机的“防喘振”问题。为了使系统能够平稳生产，需要控制流体的流量，使其保持在定值，这对流量的平稳提出了严格要求，通常采用流量定值控制系统。而对于有些过程，是需要使各种物料保持合适的比例，就需要采用比值控制系统。还有一些过程要求物料流量与其他变量保持一定的函数关系，则需要采用以流量控制作用为副环的串级控制系统。

在流体输送设备的流量控制系统中，被控变量是流量，操纵变量也是流量，即被控变量和操纵变量是同一物料的流量，只是处于管路的不同位置。这样的系统时间常数小，基本上是放大倍数接近 1 : 1 的放大环节，所以广义对象的特性必须考虑测量系统和调节阀。过程测量系统和调节阀的时间常数在数量级上相同且数值不大，这样组成的闭环系统其可控性较差，且工作频率较高，所以调节器的比例度一般取得较大；为了消除余差，可以引入积分作用，则积分时间也与对象时间常数在相同的数量级，如几秒到几分钟。为了避免振荡，不用微分，一般也不用阀门定位器，即避免增添一个串级副环的影响。

流体输送系统一般采用节流装置检测流量，由于流体通过节流装置时湍动加大，被控变量的信号常有脉动情况出现，并伴有高频噪声。尽管这种噪声的频率较高，不影响信号的平均值，然而在测量时须设法将其过滤掉，在控制系统中也不能引入微分作用，因为微分作用对高频信号很敏感，经放大后会危及系统稳定性。工程上有时还在变送器与控制器之间接入反微分器(相当于惯性环节)，以提高系统的控制质量。

流量控制系统特别是采用节流装置和差压变送器时，广义对象的静态特性往往存在非线性。当负荷变化时，非线性的存在会影响调节品质，为此可通过压差变送器和开方器或用线性检测变送仪表检测变送流量信号，使广义对象的静态特性近似为线性。这样，调节器参数整定好后，即可适应不同负荷的需要，得到较好的调节品质。

流体输送控制系统的控制目标是被控流量保持恒定或跟随另一个流体流量变化。其主要扰动来自压力和阻力的变化，特别是同一台泵分送几支并联管道的场合，控制阀上游压力的变动更为显著，有时必须采用适当的稳压措施。至于阻力的变化，如管道积垢的效应等，往往是比较迟缓的。对于流量信号的测量精度要求，一般除直接作为经济核算外，无需过高，只要稳定，变差小即可。

12.2.1 离心泵的控制

泵可分为离心泵和容积泵两大类。在石油、化工等生产过程中，离心泵的使用范围最为广泛。

1. 离心泵的工作特性

离心泵是结构简单、流量均匀、使用最广泛的液体输送设备，主要由叶轮和机壳构成，是通过离心力的原理工作的。离心泵工作原理是在泵内充满液体的情况下，叶轮旋转产生离心力，叶轮槽道中的液体在离心力的作用下被甩向外围而流进泵壳，于是叶轮中心压力降低，这个压力低于进水池液面的压力，液体就在这个压力的作用下由吸入池进入叶轮，这样泵就可以不断地吸入压出，完成液体的输送。

旋转叶轮作用于液体而产生的离心力形成了离心泵的压头(两点间的高度差)，在离心力的作用下，叶轮进口处在负压情况下，液体被吸入，叶轮旋转速度越高，离心力越大，压头也越高。由于离心泵的叶轮和机壳之间存在空隙，泵的出口阀全闭，液体在泵体内循环，泵的排量为0，压头最大，此时对泵所做的功将转化为热能，使泵内液体发热升温，所以应该保持泵在运转状态，而不宜长期关闭出口阀。据此，可通过改变出口阀的开度来调节泵的出口流量。随着出口阀的开启，排出量就逐渐增加，当增加到一定程度后，压力就逐渐下降。

泵的压头 H、流量 Q 及转速 n 之间的关系，称为泵的机械特性。离心泵的特性曲线如图 12－1 所示，也可以用经验公式表示为：

$$H = K_1 n^2 - K_2 Q^2 \tag{12-1}$$

式中，K_1、K_2为比例常数。

2. 离心泵的管路特性

泵作为一种输送设备总是安装在一定的管路系统中工作，流体在管路中流动需要克服阻力，所以泵的排出量 Q 与压头 H 的关系，不仅与泵的特性有关，而且也与管路系统的特性有关。

管路的总阻力即管路特性表达式，如式(12－2)所示：

$$H_L = h_p + h_L + h_f + h_v \tag{12-2}$$

式中，$h_p = \frac{p_2 - p_1}{\rho g}$为管路两端的静压差引起的压头；$p_1$、$p_2$分别为管路系统的入口压力和出口压力，且该项一般处于平稳状态，极少变化；h_L为管路两端的静压柱高度，该项恒定；h_f为管路中的摩擦损失压头，与流量平方成比例；h_v为调节阀两端节流损失压头，在阀门开度一定时，h_v与流量平方成比例，随着阀门开度变化而变化。

当系统达到稳定工作状态时，泵的压头 H 必然等于 H_L，这是建立平衡的条件。如果把离心泵的特性曲线 H_e-Q 与管路特性曲线 $H-Q$ 画在同一坐标系中，两曲线的交点 C，即是泵的平衡工作点，如图 12－2 所示。工作点 C 的流量应符合工艺预定的要求，可通过改变泵的转速或改变管路特性及其他手段来满足这一要求，这是离心泵的压力(流量)控制方案的主要依据。

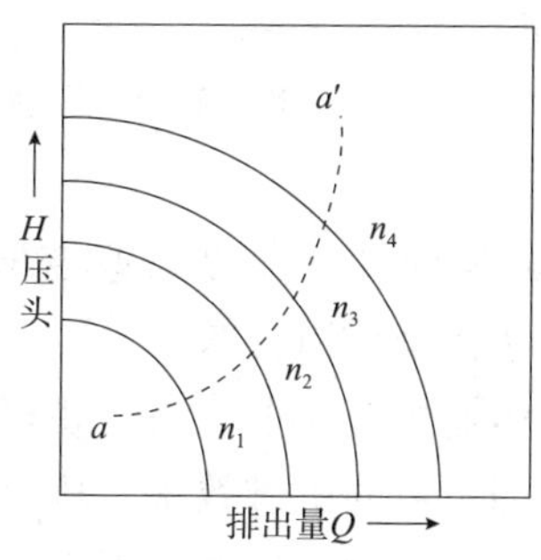

图 12－1　离心泵特性曲线

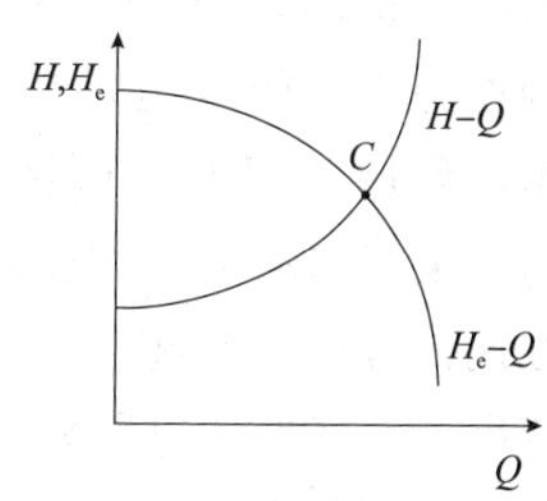

图 12－2　离心泵的工作点

3. 离心泵的控制

离心泵控制的目的是将泵的排出流量恒定于某一给定的数值上，其控制方案大体有控制泵的出口流量、控制泵的转速和控制泵的出口旁路流量三种，下面将对这三种方法进行具体介绍。

(1)直接节流法

直接节流法即控制泵的出口流量，就是通过直接改变控制阀的开度，以达到控制目的，其控制方案如图12-3所示。当干扰作用使被控变量(流量)发生变化偏离给定值时，控制器发出控制信号，阀门动作，控制结果使流量回到给定值。

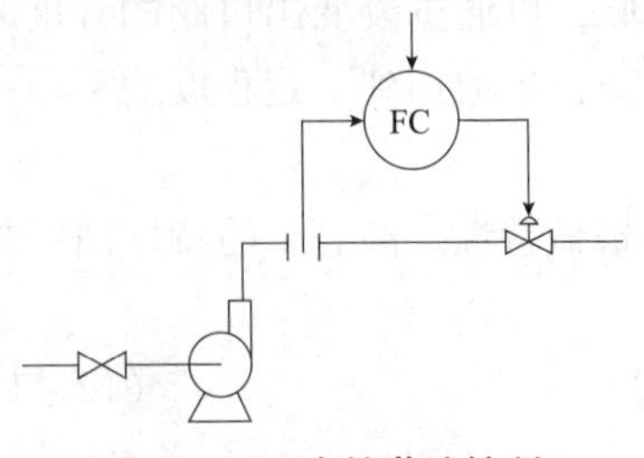

图12-3　直接节流控制

采用这种控制方案时，控制阀两端的压差并不是恒定不变的，而是随着流量的变化而变化，且变化得很剧烈。在流量增大时，提供给控制阀的压降反而减小。控制阀一般是装在泵的出口管线上，而不能装在泵的吸入管道上(特殊情况除外)，因为泵的吸入高度有限，否则会出现“气缚”及“汽蚀”现象。“气缚”现象是指由于控制阀两端节流损失压头，使泵的入口压力下降，从而可能使部分液体汽化，造成泵的出口压力下降，排量降低甚至到0，这样会使离心泵的正常运行遭到破坏。“汽蚀”现象是指由于控制阀两端节流损失压头，造成部分汽化的气体到达排出端时，因受到压缩而重新凝聚成液体，对泵的机件会产生冲击，将会损伤泵壳与叶轮。这两种现象对泵的正常运行和使用寿命都会有影响，均不希望发生。控制阀一般应装在检测元件(如孔板)的下游，这样对保证测量精确度有好处。

直接节流法控制方案的优点是简便易行，是应用最为广泛的方案。缺点是在流量小的情况下，总的机械效率较低。尤其是控制阀开度较小时，阀上压降较大，对于大功率的泵，损耗的功率相当大，因此是不经济的。当流量低于正常排量的30%时，不宜采用这种方案。

(2)改变泵的转速 n

改变泵的转速是以改变泵的特性曲线，移动工作点来达到控制目的的，控制方案如图12-4所示。当泵的转速改变时，泵的流量特性曲线会随之改变。

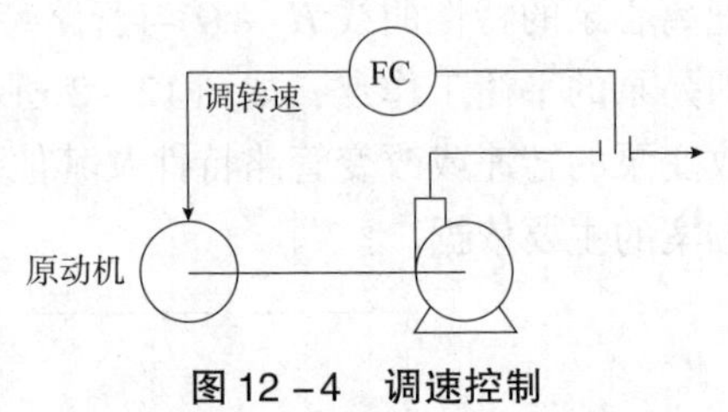

图12-4　调速控制

改变泵的转速常用的方法有以下两种：①改变原动机转速。当电动机为原动机时，可以调节原动机的转速，采用电动机调速方法，采用变频调速等装置通过多种调速方式，改变电动机转速以改变泵的转速。以汽轮机作原动机时，可调节蒸汽流量或导向叶片角度来改变原动机的转速。②在原动机马达与泵之间的联轴调速机构上改变转速比来控制转速。

这种控制方式具有很大的优越性。主要是在液体输送管线上无需安装控制阀，因此管路系统总阻力减小了，降低了管路阻力的损耗，提高了泵的机械效率，从消耗能量的角度考虑最经济。但这种控制方实施起来较为复杂，无论是电动机还是汽轮机，调速设备费用都较高。所以这种控制方案对于大功率的离心泵及重要的泵装置的应用有逐渐扩大的趋势，多用在蒸汽透平带动离心泵的场合(此场合只需通过改变蒸汽量即可调节转速，控制流量)。

(3)改变旁路回流量

改变旁路回流量的控制方案是在泵的出口与入口之间加一个旁路管道，让一部分排出液重新回到泵的入口，通过改变旁路回流量从而达到控制目的，实质也是通过改变管路特性来达到控制流量的目的，控制方案如图 12－5 所示。

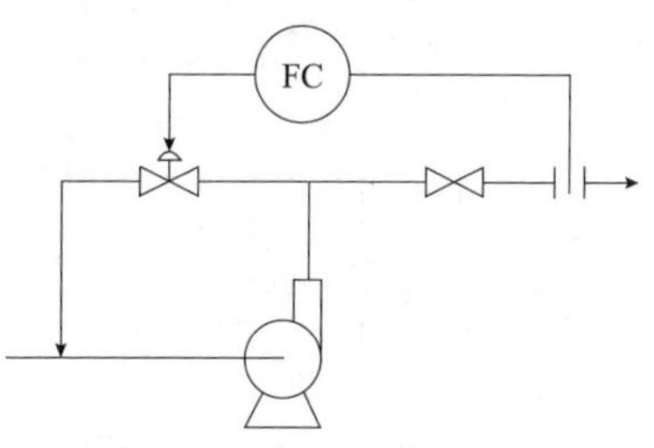

图 12－5　旁路流量控制

此方案简单易行，当旁路控制阀开度增大时，离心泵的整个出口阻力下降，排量增加。但同时回流量也随之加大，最终导致送往管路系统的实际排量减少。控制阀装在旁路上，由于压差大，流量小，所以控制阀的尺寸可以选得比装在出口管道上的小得多。但是这种方案有一定的缺点，这种控制方案不经济，对旁路的液体来说，由泵供给的能量完全消耗于调节阀，使总的机械效率降低，所以实际使用时此方案应用不多。

对于离心泵的控制方案，也有以泵的出口压力当作被控变量的方案。有时液体流量的测量也比较困难，如高黏度液体，而管路阻力又较恒定，此时可用压力作为反映流量的间接变量，因为调稳了压力，就等于稳定了流量；或者用一台泵向几个并联支管输送流体时，也适宜对总管压力进行控制。

12.2.2　容积式泵的控制

1. 容积式泵的工作特性

容积式泵可分为往复泵、旋转泵两大类。往复泵包括活塞式泵和柱塞式泵等，旋转泵有椭圆齿轮泵、螺杆式泵等。由于这类泵的共同特点是泵的运动部件与机壳之间的空隙很小，液体不能在缝隙中流动，所以泵的排出量与管路系统无关。往复泵只取决于单位时间内的往复次数及冲程的大小，而旋转泵仅取决于转速。容积式泵的排量与管路系统阻力基本无关(即其排出量与压头的关系很小)，因此绝不能采用出口处直接节流的方法来控制排量。因为一旦出口阀关死，将会发生泵机损毁的事故。

2. 容积式泵的控制

容积式泵常用的控制方式有以下几种：

(1)改变原动机的转速

这种方案操作方法同离心泵的调速法，适用于以蒸汽机或汽轮机作原动机的场合，只要改变蒸汽流量便能方便地改变原动机的转速，改变往复泵的往复次数 n，达到控制流量的目的。当用电动机作原动机时，由于调速机构较复杂，较少采用。

(2)改变容积式泵的冲程

在多数情况下，这种方法调节冲程机构较复杂，且有一定难度，只有在一些计量泵等特殊往复泵上才考虑采用。

(3)通过旁路控制

此方案与离心泵的旁路控制方法相同，都是通过调节回流量来实现的。此方案简单易行，所以经常使用此方案。

(4)旁路控制出口压力

这种方案是通过在泵的出口处与入口处连接旁路，从而改变旁路阀开度以调节流量。这种方案里有两个控制系统，分别控制压力和流量两个参数。由于压力和流量两系统之间相互关联，所以要想这两个控制系统都能正常运行，必须削弱它们之间的耦合。通过参数整定的方法具有削弱耦合的效果，因此要注意两个调节器的参数整定值，将两调节器振荡

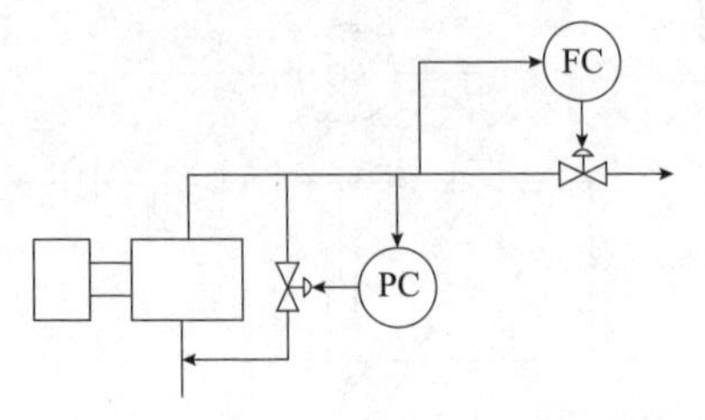

图 12－6　容积式泵出口压力和流量控制

周期错开，使用时不同时关闭两阀。

图 12－6 所示为容积式泵的出口压力和流量控制。

12.2.3　风机的控制

1. 风机的工作特性

风机有离心式、旋转式和轴流式等。离心式风机的工作原理与离心泵相似，通过叶轮旋转产生离心力，提高气体压头。但风机的叶轮直径与离心泵相比较大，叶片数量也较多，其性能参数包括风量、压头、功率与效率。风机按其出口压力的不同可分为送风机和鼓风机两类，前者出口压力小于 10kPa(表压)，后者出口压力 10～30kPa(表压)。

2. 风机的控制

离心式风机的控制类似于离心泵的控制，其控制方案有以下几种：

(1) 调节转速

改变原动机的转速，改变风机特性曲线来控制流量，从而达到风量或压力的控制。这种控制方案的机械效率最高，但调速机构比较复杂。常用于大功率风机，尤其用蒸汽透平带动的大功率风机应用调速的方案较多。

(2) 直接节流法

直接节流法分为入口节流和出口节流两种方式。即对于低压的离心式鼓风机，在其出口或入口安装调节阀，用改变阀门开度直接节流来控制流量。由于管径较大，执行器可采用蝶阀。采用出口节流方式时，阀门关小，管路阻力增加，风机工作点从 M_1 移动到 M_3，风量也从 Q_1 下降到 Q_2。但实际上需要的压力是 p_1，所以 p_2-p_1 的节流压力损耗在蝶阀挡板，节流后造成压损使管路特性左移，风机排出量减小。采用入口节流方式时，吸入压力因控制阀关小而减小，使出口压力减小，风机的工作特性也由 1 变到 2，同时管路阻力也发生变化，工作点从 M_1 移动到 M_2，风量也从 Q_1 下降到 Q_3。从图 12－7 中可以看出，采用入口节流在控制阀上的压损比采用出口节流的压损小，也就是采用入口节流消耗的损失风压小一些。所以，一般情况下出口风压较小的送风机常采用入口节流控制方案，出口风压较大的鼓风机则常采用出口节流控制方案。在一些要求风压较高的应用场景下也应该采用入口节流控制。

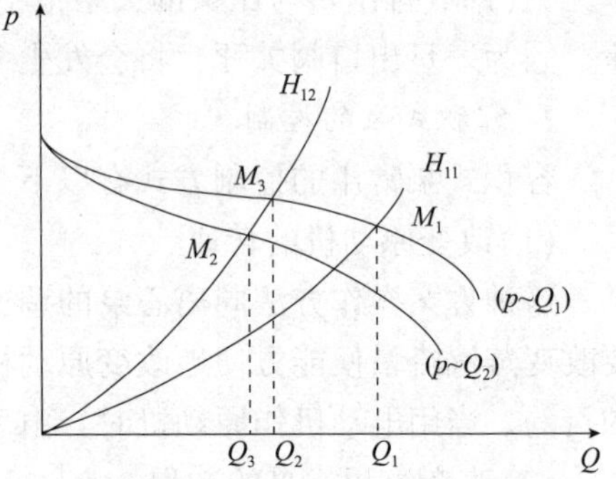

图 12－7　风机直接节流法控制

对于入口节流方法，为了防止风机发生喘振，不能正常工作，要注意吸入管线的流量不能太小，必须保持在某一临界值之上。因为气体可以压缩，在调节阀关小时，会在压缩机入口端形成负压，这意味着吸入同体积的气体，其质量流量减少了，当流量降低到额定值的 50%～70% 以下时，负压严重，效率大为降低，此时气体排出量出现强烈振荡，同时机身出现剧烈振动，发生“哮喘”或发出很大声音，也就是风机的喘振现象。这种情况下，可采用分程控制方案，所以分程控制适用于流量大幅度变化的场合。

(3)旁路控制

用改变旁路阀开度的方式来改变回流，从而控制流量，其方法与离心泵旁路控制方案相似。

12.2.4　离心式压缩机的控制

作为气体输送设备的压缩机有往复式与离心式两大类。它们的基本方案基本相似，即节流、旁路和调速。往复式压缩机适用于流量小、压缩比高的场合。而离心式压缩机应用范围更广泛，目前正急剧地向高压、高速、大容量、高度自动化水平发展。离心式压缩机与往复式压缩机相比具有以下优点：体积小，流量大，质量轻，有较好的经济性能，运行效率高，易损件少，备件少，维护方便，被输送的气体不会被润滑油污染，控制气量的变动范围广，供气均匀，运转平稳等。

离心式压缩机虽然有很多优点，但在大容量机组中，也有其本身固有难以消除的缺点，如喘振、轴向推力等。微小的偏差很可能造成严重事故，而且事故的出现又迅速、猛烈，单靠操作人员处理，常常措手不及。因此，为了保证压缩机能够在工艺所要求的工况下安全运行，必须配备系列自控系统，通常一台大型离心式压缩机需要设立以下自控系统：

(1)气量控制系统

气量控制系统控制压缩机出口压力或排量，也就是负荷控制系统。一般对原动机—汽轮机实现调速。要求汽轮机的转速有一定的可调范围，以满足压缩机气量控制的需要。常用的气量控制方法有出口直接节流法和改变压缩机转速法。出口直接节流法比进口节流法节省能量，但机组在结构上复杂一些；改变压缩机转速的调节方法最节能，特别是大型压缩机现在一般都采用蒸汽透平作为原动机，实现调速较为简单，应用较为广泛。除此之外，在压缩机入口管线上设置调节模板，改变阻力亦能实现气量调节，但这种方法过于灵敏，并且压缩机入口压力不能保持恒定，所以较少采用。

(2)压缩机入口压力控制系统

压缩机入口压力控制系统可以进行转速控制，采用吸入管压力控制转速。可以采用旁路控制压缩机入口缓冲罐前后工段负降均衡，防止气量过大而造成真空，把压缩机入口压力和流量结合在一起构成选择性控制系统。正常生产时流量控制系统工作，压缩机按正常负荷输送气量。如果因前面工序负荷减低，而造成入口压力下降时，压力控制系统通过低选器自动切换，把气量减下来，以确保入口压力不至于过低。

(3)防喘振控制系统

喘振现象是离心式压缩机结构特性所引起的，对压缩机正常运行危害极大，为此，必须专门设置防喘振控制系统，以确保压缩机的安全运行。

常用的防喘振控制系统有固定极限流量法和可变极限流量法。

(4)压缩机的油路控制系统

一台大型压缩机组一般均附有密封油、润滑油和调速油等控制系统，为此机组就有油箱液位、油冷却器后油温、油压等检测控制系统。

(5)压缩机各段吸入温度及分离器的液位控制系统

经压缩后气体温度升高，为保证下一段的压缩效率，进压缩机下一段前要把气体冷却到规定温度，为此要设置温度控制系统。为了防止吸入压缩机的气体带液，造成叶轮损坏，在各段吸入口均设置冷凝液分离罐，对为防止液位过高导致的气体带液，分离罐液位需要设置液位控制或高液位报警系统。

(6)压缩机振动及轴位移检测、报警、联锁控制系统

由于压缩机是转速较高，有的转速可达每分钟上万转，转子振动或轴位移超量时会造成严重设备事故，因而大型压缩机组设置轴位移和振动的测量探头及报警联锁系统，用于振动及轴位移和转子振动的检测、报警和联锁。

12.2.5 离心式压缩机的防喘振控制

1. 离心式压缩机的喘振

离心式压缩机又称为透平压缩机，其工作原理与离心鼓风机相同，离心式压缩机之所以能产生高压强，除级数较多外，更主要的是采用高转速。往复式压缩机适用于流量小、压缩比高的场合，与往复式压缩机相比，离心式压缩机具有体积小、质量轻、流量大、效率高、运转平稳、供气均匀、气缸内无油气污染及维修方便等优点。近年来，随着石油化工装置的大型化，离心式压缩机也迅速地向高压、高速、大容量和高度自动化水平发展，成为最重要的气体输送设备，因而得到广泛应用。但离心式压缩机制造精度要求高，当流量偏离额定值时，效率较低。除此之外，离心压缩机有这样的特性，当负荷降低到一定程度时，气体排送时会出现强烈的振荡，从而引起机身的剧烈振动，这种现象称为“喘振”。喘振会损坏机体，甚至造成严重事故，是操作中绝对不允许发生的，因此，防喘振控制在离心式压缩机控制中具有重要的研究价值。

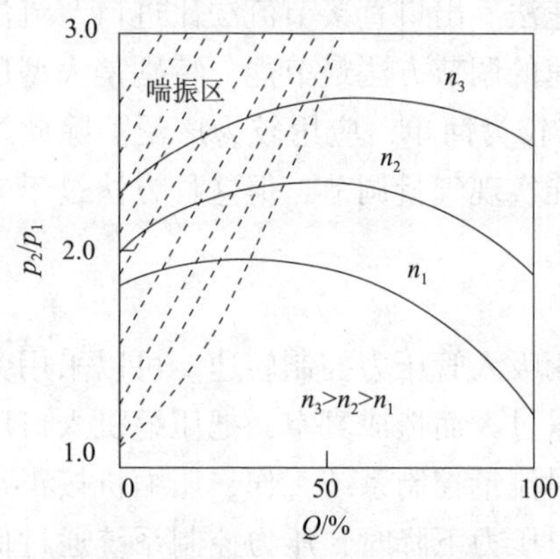

图 12-8 离心式压缩机特性曲线

下面分析一下喘振发生的原因。图 12-8 所示为离心式压缩机的特性曲线，即压缩机的出口绝对压力与入口绝对压力之比 p_2/p_1(或称压缩比)和入口体积流量 Q 之间的关系曲线。图中变量 n 表示离心式压缩机的转速，从图 12-8 可以看出，特性曲线呈驼峰形，即不同转速的曲线都有一个极大值点，并且在极大值点两侧的压缩比 p_2/p_1、与流量 Q 之间的关系相反，连接最高点的虚线是一条表征产生喘振的极限曲线。图中画以阴影的部分是不稳定区，称为喘振(或飞动)区，在虚线的右侧则为正常运行区。需要补充说明的是，这些曲线是在被输送气体的其他物性参数不变的情况下作出的。

工作点的稳定性是指系统受到一个较小的干扰而偏离该工作点后，系统能否自动回到原来的工作点。若系统能够自动回到原来的工作点，则说明该工作点是稳定的。若系统在极大值点右侧工作点工作时，当系统压力降低时，工作点会沿特性曲线下滑，同时压缩机的排量增大。因为整个管网系统是定容积的，所以压缩机的排量增大必将使系统压力回升，自动把工作点拉回到原来的工作点上，在极大值点右侧的工作点是稳定的。若系统在极大值点左侧工作点工作时，当系统压力降低时，工作点会沿特性曲线下滑，同时压缩机的排量减小。因为整个管网系统是定容积的，所以压缩机的排量减小必将使系统压力减小，系统不能自动返回原来的工作点，在极大值点左侧的工作点是不稳定的。

一旦工艺负荷下降，使工作点移到极值点左侧，就成为不稳定的工作点。此时就会出

现恶性循环，出现管网压力大于压缩机所能提供压力的情况，瞬时会发生气体倒流。然后压缩机恢复正常工作，回升压力，把倒流进来的气体又压出去。此后又引起压缩比下降，出口气体又倒流，上述现象重复进行，喘振现象即发生了。除了负荷减少外，被输送气体的吸入状态(如温度、压力等)的变化也是使压缩机产生喘振的因素。一般来说，吸入气体温度或压力越低，压缩机越容易进入喘振区。

2. 离心式压缩机防喘振控制方法

由上述分析可知，只要使压缩机的吸气量大于或等于该工况下的极限排气量即可防止喘振现象的发生。根据这个基本思路，可以采取压缩机的循环流量法。即当负荷减小时，采取部分回流的方法以增加入口流量，这样既能够满足工艺负荷下降的要求，又可以使实际流量大于极限流量。常用的防喘振控制方案有固定极限流量法和可变极限流量法两种。

(1)固定极限流量防喘振控制

固定极限流量法亦称最小流量法。在离心式压缩机转速固定、输入压力和温度恒定的情况下，选定一个最小流量作为调节器的给定值，入口流量为被控变量，其流量控制系统如图12－9所示。当压缩机的吸入气量大于极限流量时，旁路阀完全关闭；当压缩机的吸入气量小于极限流量时，旁路阀打开，压缩机出口气体部分回流到入口处。这样，使通过压缩机的气量大于极限流量，实际向管网系统的供气量减少了，既满足工艺要求，又防止喘振现象的发生。

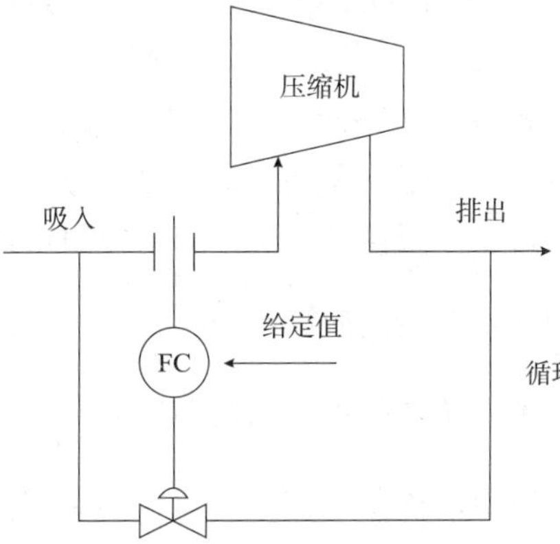

图12－9　固定极限流量防喘振控制

固定极限流量防喘振控制系统应与一般控制中采用的旁路调节法进行区分。主要差别在于检测点位置不一样，防喘振控制回路测量的是进压缩机流量，而一般流量控制回路测量的是从管网送来或是通往管网的流量。同时，固定极限流量防喘振控制系统所选的极限流量要有一定的安全裕量。防喘振调节器采用比例积分时，由于压缩机正常运行时，流量大于给定值，旁路阀是关闭的，所以必须注意调节器的防积分饱和问题。

固定极限流量防喘振控制方案简单，系统可靠性高，投资少。但是当压缩机的转速较低时，即使压缩机没有进入喘振区，而此时的吸入气量也有可能小于设置的固定极限量，旁路阀打开，部分气体回流，造成能量的浪费。

(2)可变极限流量防喘振控制

为了减少压缩机的能量损耗，在压缩机负荷有可能经常波动的场合，则可采用调转速的办法，因为不同转速下其极限喘振流量是一个变数，它随转速的下降而变小，所以最合理的防喘振控制方案，应是未喘振时使旁路阀关闭，使工作点留有适当安全裕量，一般对应的流量要比喘振极限流量大5%～10%，沿着喘振极限流量曲线右侧的一条安全操作线工作。安全操作线方程可以表示为：

$$\frac{p_2}{p_1}=a+b\frac{Q_1^2}{\theta} \tag{12－3}$$

式中，Q_1为入口流量；θ为入口端热力学温度；a、b为系数，由压缩机参数确定。

如果$\frac{p_2}{p_1} < a + b\frac{Q_1^2}{\theta}$，说明流量大于喘振点处的流量，工况安全；如果$\frac{p_2}{p_1} > a + b\frac{Q_1^2}{\theta}$，说明流量小于喘振点处的流量，工况处于危险状态。

入口流量可采用差压法测量，有：

$$Q_1 = K_1\sqrt{\frac{p_d}{\gamma_1}} = K_1\sqrt{\frac{p_d ZR\theta}{p_1 M}} \tag{12-4}$$

式中，K_1为流量常数；Z为压缩常数；R为摩尔气体常数；M为分子量；p_d为入口流量对应的压差。

所以，喘振模型为：

$$p_d \geqslant \frac{n}{bK_1^2}(p_2 - ap_1) \tag{12-5}$$

式中，$n = M/ZR$，当被压缩介质确定后，该项是常数；当节流装置确定后，K_1确定；a和b为与压缩机有关的系数，随着压缩机型号的确定而确定。

式(12-5)表明当入口节流装置测量得到的压差大于上述计算值时，压缩机出于安全运行状态，旁路阀关闭。反之，旁路阀打开，增加入口流量。

可变极限控制系统是随动控制系统。测量值是入口节流装置测得的压差值p_d，设定值是根据喘振模型计算得到的$\frac{n}{bK_1^2}(p_2 - ap_1)$，当测量值大于设定值时，表示入口流量大于极限流量，从而防止压缩机喘振的发生。

实施该控制方案时，可以考虑将$\frac{p_d}{p_2 - ap_1}$作为测量值，$\frac{n}{bK_1^2}$作为设定值；也可以将$\frac{p_d}{p_1}$作为测量值，$\frac{n}{bK_1^2}\left(\frac{p_2}{p_1} - a\right)$作为设定值等。有时根据压缩机特性也可以简化计算，如：

当$a = 0$时，

$$p_d \geqslant \frac{n}{bK_1^2}p_2 \tag{12-6}$$

当$a = 1$时，

$$p_d \geqslant \frac{n}{bK_1^2}(p_2 - p_1) \tag{12-7}$$

12.3 传热设备控制

冷热流体进行热量交换的形式有两大类：一类是无相变情况下的加热或冷却，另一类是有相变情况下的加热或冷却(蒸汽冷凝给热或液体汽化吸热)。热量的传递方式有热传导、热对流和热辐射三种，而实际的传热过程很少以一种方式单独进行，通常由两种或三种方式综合而成，而不论哪种方式的传热，净的热量都是从高温处传向低温处。

为将热流体冷却或将冷流体加热，必须用另一种流体提供或取走热量，这种流体被称作载热体。载热体根据功能不同又分别有加热剂和冷却剂。工业上常用的冷却剂有水、空气及液氨等，常用的加热剂有热水、饱和水蒸气、联苯混合物、熔盐、矿物油和烟道气等。

12.3.1 一般换热器的控制

1. 换热器的类型

传热设备的种类很多，主要有换热器、蒸汽加热器、再沸器、氨冷器、冷凝器和加热炉等。传热设备的被控变量，大多数情况下是工艺介质的出口温度。根据它们作用原理的不同，可分为间壁式换热器、直接接触式换热器和蓄热式换热器。

间壁式换热器又称间接式换热器或表面式换热器。其特点是冷、热两流体被一层固体壁面(管或板)隔开，通过间壁进行热交换。工业上间壁式换热器应用最多，通常有板式换热器、夹套式换热器、沉浸式蛇管型换热器、喷淋式换热器、套管式换热器、管壳式换热器等类型。

直接接触式换热器又称混合式换热器，工作时两种流体直接接触，相互混合进行换热。通常见到的是一种流体为气体，另一种流体为汽化压力较低的液体，而且在换热后容易分离开来。例如，在水冷却塔中，热水和空气在直接接触的过程中发生热和质的传递，达到冷却水的目的。这种换热器适用于两流体允许混合的场合，如凉水塔、喷射冷凝器、洗涤塔等。

蓄热式换热器又称回流式换热器，是一种应用历史比较久远的换热装置，是按照大类划分的换热器的一种形式，具有能够在高温条件下运行的优点。工作时借助热容量较大的固体蓄热体，将热量由热流体传给冷流体。冷、热流体交替进入换热器，热流体将热量储存在蓄热体中，然后由冷流体取走，冷、热流体交替流过换热器壁面，从而达到换热目的。

2. 一般换热器的控制方法

(1)控制载热体的流量

改变载热体流量的大小，将引起传热系统和平均温差的变化，从而影响冷流体出口温度。当载热体不发生相变时，改变载热体流量时，平均温度差发生变化，流量增大，平均温度差增大。在传热面积足够时，系统工作在非饱和区，通过改变载热体流量可控制冷流体出口温度。当传热面积受到限制时，系统工作在饱和区，通过增加载热体流量不能有效地提高出口温度。这时，通过控制载热体流量的控制方案不能很好地控制出口温度，这种控制方案便不再适用。考虑换热器的动态特性，由于流体在流动过程中不可避免存在时滞，例如冷流体入口温度对出口温度的时滞就较大，而其他流体通道也具有时间常数，为此，在控制方案的设计时应采用时滞补偿控制系统或改进工艺，减少时间常数和时滞。当载热体压力波动不大时，可采用以冷流体出口温度为被控变量、载热体流量为操纵变量的单回路控制系统；当压力或流量波动较大时，可增加压力或流量的副环，组成以载热体压力或流量为副被控变量的串级控制系统。

当载热体发生相变时，会产生放热或吸热现象。例如，蒸汽加热器中蒸汽冷凝放热，氨冷气中液氨蒸发吸收等。热量衡算式中放热、吸热与相变热有关，当传热面积足够时，如蒸汽加热器中，送入的蒸汽可以全部冷凝，并可继续冷却。这时，可通过控制载热体流量有效地改变平均温度差，控制冷流体的出口温度，如用蒸汽加热器蒸汽的冷凝量调节出口温度，蒸汽不能全部冷凝时，气相压力升高。同样，在氨冷器中，液氨不能全部蒸发成为气相，使氨冷器液位升高。这时，应同时考虑传热速率方程式和热量衡算式，确定冷凝量或蒸发量和相应的出口温度。因此，在传热面积不足时，如果采用控制载热体流量控制方案，应增设信号报警或联锁控制系统。例如，气压高或液位高时发出报警信号并使联锁装置动作，关闭有关控制阀。当气压或液位的波动较大时，也可采用串级控制系统，如出口温度和蒸汽压力、出口温度和液位的串级控制系统等。有时，可采用选择性控制系统，即在安全限时，将正常控制器切换到取代控制器。

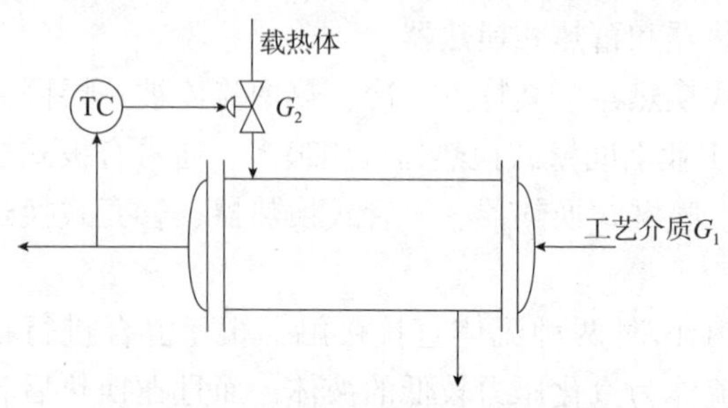

图 12－10　控制载热体流量的方案

这个方案的控制流程如图 12－10 所示。其控制机理主要是从传热速率方程来分析通过载热体 G_2 的变化，是如何改变传热量 Q 的。对于本方案来说，随着 G_2 的增大，一方面使传热系数 K 增大，同时也把温差 ΔT 增加了。这样从传热速率方程 $q=KF\Delta T$ 可以看出，K 和 ΔT 同时增大，必将使传热量 Q 增大，从而达到当温度下降时，通过开大控制阀增加 G_2 增大传热量，把温度拉回到给定值的控制要求。

这个方案的主要特点是简易，在换热器温度控制方案中最为常用。另外需要注意的是，如果载热体流量不允许节流时，如废热回收，载热体本身也是一种工艺原料。这种情况下可对载热体采用分流或合流形式。

(2) 控制载热体汽化温度

改变载热体的汽化温度，引起平均温度差的变化，同样可达到控制传热量的目的，适用于冷凝器。图 12－11 所示的氨冷器出口温度 ΔT_m 控制就是此种控制方案的代表例子。由于控制阀安装在气氨管路上，因此，当控制阀开度变化时，气相压力变化，相应的汽化温度也发生变化，这样也就使平均温度差发生变化，改变了传热量，出口温度随之变化。该控制系统的特点是改变气相压力时，系统响应快，应用较广泛；为了保证足够蒸发空间，需要维持液氨的液位恒定，为此，需增设液位控制系统，增加设备投资费用；由于控制阀两端有压损，为使控制阀能够有效控制出口温度，应使设备有较高的气相压力，所以需要增大压缩机功率，并对设备耐压提出更高要求，使设备投资费用增加。当气氨压力波动较大时，可采用气氨压力作为副环的串级控制系统。当液氨流量或压力波动较大时，可采用它们作为前馈信号，组成相应的前馈－反馈控制系统。

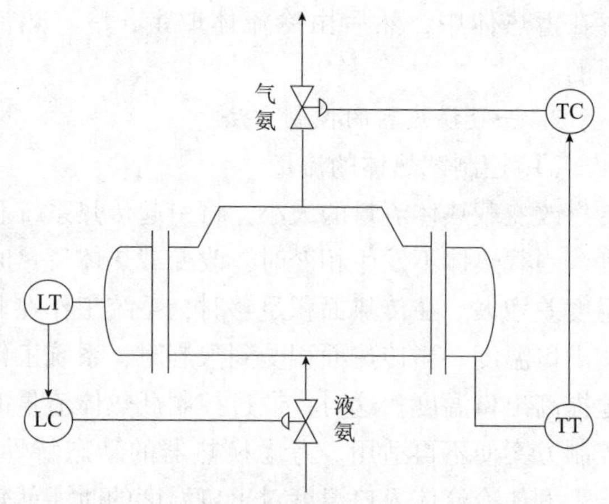

图 12－11　氨冷器控制载热体汽化温度的方案

(3) 工艺介质的旁路控制

工艺介质的旁路可分为分流与合流形式。对于分流形式的工艺介质旁路控制，其中一部分工艺介质经换热器，另一部分走旁路。这种方案从控制机理来看，实际上是一个混合过程，所以反应迅速及时，适用于停留时间长的换热器。但需要注意的是，换热器必须有富裕的传热面，而且载热体流量一直处于高负荷下，这在采用专门的热剂或冷剂时是不经济的。然而对于某些热量回收系统，载热体是某种工艺介质，总量本来不好控制，这时便不成为缺点了。其控制方案如图 12－12所示。

这种控制方法的特点为：对载热体流量不加控制，而对被加热流体进行分路，使饱和区发生在被加热流体流量较大时，因此，常用于传热面积较小的场合；由于采用混合方式，因此动态响应快，用于多程换热器等时滞大的场合；能耗较大，供热量应大于所需热量，常用于废热回收系统；设备投资大，需要两个控制阀和一个控制器。

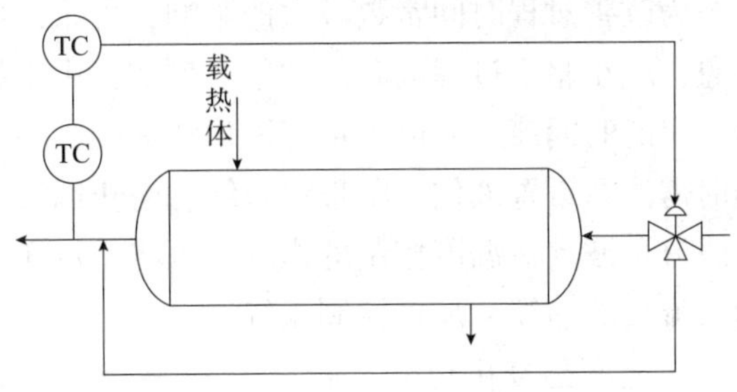

图 12－12 工艺介质旁路控制方案

(4)控制传热面积

改变传热面积，也能够改变传热速率，使传热量发生变化，达到控制出口温度的目的，多用于蒸汽冷凝换热器。由于冷凝温度与压力有关，如果被加热介质温度较低，需要的热量较少，当控制阀安装在蒸汽管线时，蒸汽可能冷却到沸点以下，使加热器一侧出现负压，造成冷凝液不能正常排放，冷凝液的积蓄造成传热面积减小，传热量减小，被加热介质温度下降，通过控制系统可使载热体控制阀打开，蒸汽量增加。而传热面积不大的结果是使蒸汽压力升高，冷凝液在高压作用下被排出，随之，传热面积又增加，传热量增大，被加热介质温度上升，控制系统又使控制阀关小，蒸汽压力下降，冷凝液积蓄。这种周而复始的过程使被加热介质温度周期振荡，冷凝液呈脉冲式排放。为此，当传热面积较小、被加热介质温度较低时，应采用控制传热面积的控制方案。

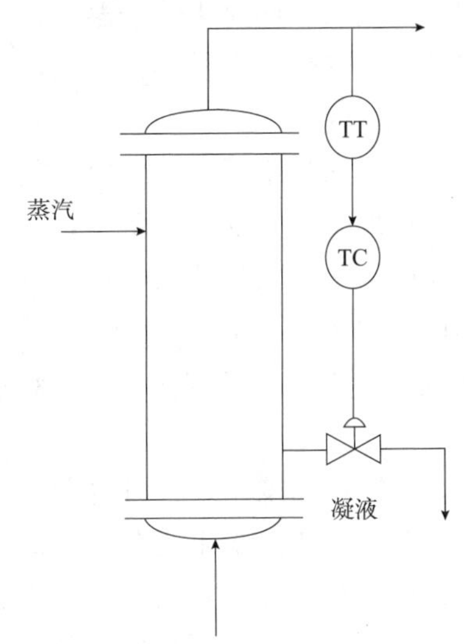

图 12－13 控制传热面积的控制方案

控制传热面积的控制方案如图 12－13 所示，它将控制阀安装在冷凝液管线上，由于冷凝液液位以下的液体不发生相变，因此给热系数比液位上部气相冷凝给热系数小。这种控制方案通过改变冷凝液液位来改变传热面积，达到控制被加热介质温度的目的。

从静态看，控制阀安装在冷凝液管线上，蒸汽压力得到保证，不会出现负压，也不会出现冷凝液的脉冲式排放和被加热介质温度的周期振荡。从动态看，从冷凝液的流量变化，到液位变化，再到传热面积变化，并使被加热介质温度变化，这个被控过程具有较大的时滞。从冷凝液液位变化到传热面积变化的过程是累积过程，可用积分环节描述。因此，过程动态特性较差，控制不够及时。此外，控制阀打开与关闭时，过程特性不相同，阀开时传热面积变化快，阀关时传热面积变化慢，造成过程特性的非线性，使控制器参数整定困难，因此该控制方案的控制性能不佳。

由于传热量变化缓慢，对于热敏型介质，该控制方案可防止局部过热；在传热面积较大，蒸汽压力较低的场合，可有较好的控制效果。因此，只有在必要时才采用该控制方案。此外，为防止冷凝液排空，造成排气，可在排液控制阀后增设冷凝罐和液位控制系统。

为改善过程时间常数较大的影响，可采用串级控制系统，将部分被控对象作为副被控对象，减小整个过程的时间常数。例如，由于控制阀开度变化到冷凝液液位变化的过程具有一定的时间滞后，因此可将液位作为副被控变量，组成温度和液位的串级控制系统，实施时需注意设置液位上限报警系统，防止因液位过高造成蒸发空间的不足，为克服蒸汽压力或流量波动对温度控制的影响，可将蒸汽压力或流量作为前馈信号，组成温度和蒸汽压力或流量的前馈－反馈控制系统。

从上面的分析可知，传热设备是分布参数系统，可近似用具有时滞的多容过程描述，并且要注意以下内容。被控变量是温度，因此对检测变送环节的要求是尽量减小检测变送环节造成的时滞和减小时间常数，所以可采用快响应检测元件。控制器的控制规律可选用比例和积分，积分控制作用主要用于消除余差，所以可采用积分分离等措施，又因为过程增益一般较小，所以选用的比例度一般较小，当时间常数较大的时宜添加微分控制，改善过程动态控制性能；操纵变量是流量，被控过程具有较大的时间常数和时滞，具有非线性饱和特性，因此控制阀宜选用等百分比流量特性；控制方案以单回路控制为主，根据扰动变化的频度、幅度等，可采用串级前馈－反馈控制，必要时可使用选择性控制系统。

12.3.2 加热炉的控制

1. 加热炉概述

在工业生产中有各式各样的加热炉，其中炼油化工生产过程常见的加热炉是管式加热炉。其型式可分为箱式、立式和圆筒炉三大类。对于加热炉，工艺介质受热升温或同时进行汽化，其温度的高低会直接影响后一工序的操作工况和产品质量，同时当炉子温度过高时会使物料在加热炉内分解，甚至造成结焦，进而烧坏炉管。加热炉的平稳操作可以延长炉管使用寿命，因此加热炉出口温度必须严加控制。

加热炉是传热设备的一种，同样具有热量的传递过程，热量通过金属管壁传给工艺介质，因此它们同样符合导热与对流传热的基本规律。但加热炉属于火力加热设备，首先由燃料的燃烧，产生炽热的火焰和高温的烟气流，主要通过辐射给热将热量传给管壁，然后由管壁传给工艺介质。工艺介质在辐射室获得热量占总热负荷的70%～80%，而对流段获得的热量占热负荷的20%～30%。因此加热炉的传热过程比较复杂，想从理论上获得对象特性是很困难的。

加热炉的对象特性一般基于定性分析和实验测试获得。从定性角度出发，可以看出其热量的传递过程是：炉膛炽热火焰辐射给炉管，经热传导、热对流传热给工艺介质。所以与一般传热对象一样，具有较大的时间常数和纯滞后时间。特别是炉膛，它具有较大的热容量，故滞后更为显著。根据若干实验测试，并做了一些简化可以用一阶环节加纯滞后来近似，其时间常数和纯滞后时间与炉膛容量大小及工艺介质停留时间有关，炉膛容量大，停留时间长，则时间常数和纯滞后时间大，反之亦然。

2. 加热炉的单回路控制方案

(1)干扰分析

加热炉的最主要控制指标是工艺介质的出口温度，此温度是控制系统的被控变量，而操纵变量是燃料油或燃料气的流量。对于不少加热炉来说，温度控制指标要求相当严格，

如允许波动范围为 ± (1 ~2) ℃。影响炉出口温度的干扰因素包括：工艺介质进料方面有进料流量、温度、组分，燃料方面有燃料油(或气)的压力、成分(或热值)和燃料油的雾化情况、空气过量情况、燃烧嘴的阻力、烟囱抽力等。在这些干扰因素中有的是可控的，有的是不可控的。为了保证炉出口温度稳定，对干扰因素应采取必要的措施。

(2)单回路控制系统的分析

图 12 – 14 所示为加热炉温度控制系统示意，其主要控制系统是以炉出口温度为被控变量，燃料油(或气)流量为操纵变量组成的简单单回路控制系统。其他辅助控制系统如下：

①进入加热炉工艺介质的流量控制系统，如图 12 – 14 中 FC 控制系统。

②燃料油(或气)总压控制，总压一般控制回油量，如图中的 P_1C 控制系统。

③采用燃料油时，还需加入雾化蒸汽(或空气)，为此设有雾化蒸汽压力控制系统，如图中的 P_2C 控制系统，以保证燃料油的良好雾化。

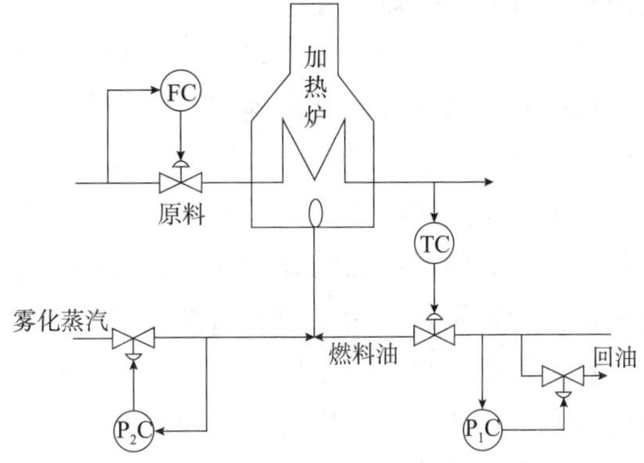

图 12 – 14　加热炉温度控制系统

采用雾化蒸汽压力控制系统后，在燃料油阀变动不大的情况下可以满足雾化要求。目前炼厂中大多数采用这种方案。

采用单回路控制系统很难满足工艺要求，因为加热炉需要将工艺介质(物料)从几十摄氏升温到数百摄氏度，其热负荷很大。当燃料油(或气)的压力或热值(组分)有波动时，就会引起炉出口温度的显著变化。采用单回路控制时，当加热量改变后，由于传递滞后和测量滞后较大，控制作用不及时，而使炉出口温度波动较大，满足不了工艺生产的要求。因此单回路控制系统仅适用于下列情况：对炉出口温度要求不十分严格；外来干扰极慢而较小，且不频繁；炉膛容量较小，即滞后不大。为了改善控制品质，满足生产的需要，石油化工、炼厂中加热炉大多采用串级控制系统。

3. *加热炉的串级控制方案*

加热炉的串级控制方案，由于干扰作用及炉子型式不同，可以选用不同副参数组成不同的串级控制系统，主要有以下方案：炉出口温度对燃料油(或气)流量的串级控制、炉出口温度对燃料油(或气)阀后压力的串级控制、炉出口温度对炉膛温度的串级控制，以及采用压力平衡式控制阀(浮动阀)的控制方案。

炉出口温度对燃料油(或气)流量的串级控制方案对下述情况更为有效：①热负荷较大，而热强度较小，即不允许炉膛温度有较大波动，以免影响设备；②当主要干扰是燃料油或气的热值变化(即组分变化)时，其他串级控制方案的内环法情景；③在同一个炉膛内有两组炉管，同时加热两种物料，此时虽然仅控制一组温度，但另一组亦较平稳。同时，由于把炉膛温度作为副参数，因此采用这种方案时还应注意以下几个方面：①应选择有代表性的炉膛温度检测点，而且要反应快。但选择较困难，特别对圆筒炉；②为了保护设备，炉膛温度不应有较大波动，所以在参数整定时，对于副控制器不应整定得过于灵敏，且不加微分作用；③由于炉膛温度较高，测温元件及其保护套管材料必须耐高温。

一般情况下虽然对燃料油压力进行控制，但在操作过程中，如发现燃料流量的波动成为外来主要干扰因素时，则可以考虑采用炉出口温度对燃料油(或气)流量的串级控制。这种方案的优点是当燃料油流量发生变化后，还未影响炉出口温度之前，其内环即先进行控制，以减小甚至消除燃料油(或气)流量的干扰，从而改善了控制质量。在某些特殊情况下，可组成炉出口温度、炉膛温度、燃料油流量三个参数的串级控制系统。但该方案使用仪表多，且整定困难。

炉出口温度对燃料油(或气)阀后压力的串级控制若加热炉所需燃料油量较少或其输送管道较小时，其流量测量较困难，特别是当采用黏度较大的重质燃料油时更难测量。一般来说，压力测量较流量方便，因此可以采用炉出口温度对燃料油(或气)阀后压力的串级控制。这种方案应用广泛，同时采用该方案需要注意，如果燃料喷嘴部分堵塞，也会使后压力升高，此时副控制器的动作使阀门关小，这是不适宜的。因此，在运行时必须防止这种现象发生，特别是采用重质燃料油或燃料气中夹带着液体时更要注意。

对于气态燃料，采用压力平衡式控制阀(浮动阀)的方案更具有其独特的优势。这种方案用压力平衡式控制阀代替一般控制阀，节省了压力变送器，压力平衡式控制阀本身兼有压力控制器的功能，实现了串级控制。这种阀不用弹簧，不用填料，所以它没有摩擦，没有机械的间隙，故工作灵敏度高，反应迅速，能获得较好的效果。采用这种方案时，如果燃料气阀后压力小于0.04MPa或大于0.08MPa时，为了满足力平衡的要求(一般在0.04~0.08MPa)，则在温度控制器的输出端要串接一个倍数的继动器。由于下述原因而使这个方案受到一定限制：①由于倍数继动器的限制，一般情况下只适用于0.04~0.4MPa的气体燃料；②一般膜片不适用于液体燃料及温度较高的气体燃料；③当膜片上下压差较大时，膜片容易损坏。

12.3.3 蒸发器的控制

1. 蒸发器概述

蒸发是用加热的方法使溶液中部分溶剂汽化并除去，提高溶液中溶质浓度或使溶质析出。所以蒸发操作是使挥发性溶剂与不挥发性溶质分离的一种操作。蒸发广泛应用于制盐、制碱、制糖、食品、医药、造纸及原子能等工业生产中。蒸发器向液体提供蒸发所需的热量，促使液体沸腾汽化同时提供较大空间使气液两相完全分离，因此蒸发器常有加热室和蒸发室，并保持热能不断供应和汽化蒸汽不断排除。

工业上蒸发大多属于沸腾蒸发，即溶液中溶剂在沸点时汽化，在汽化过程中溶液呈沸腾状态，汽化不仅在溶液表面进行，而且几乎在溶液各个部分同时发生汽化现象，它是一个剧烈的传热过程。因此蒸发器的对象特性可以做集中参数处理。蒸发器的对象特性亦很复杂，是具有纯滞后的多容对象。

蒸发器的控制指标是最终产品的浓度。产品浓度作为被控变量组成的一些控制回路称为主控制回路；为了使蒸发过程正常进行，对扰动变量在进入蒸发器前先进行控制，组成的一些控制回路称为辅助控制回路。影响被控变量的扰动较多，包括蒸发器内压力、进料溶液浓度、流量加热蒸汽压力、温度和流量、蒸发器液位、冷凝液和不凝物排放等。

蒸发器通常在减压或真空条件下进行，蒸发器内真空度低，对产品质量和颜色等有影响，真空度高有利于溶液沸腾汽化、提高传热系数、节省蒸汽、提高产品浓度。

在相同加热蒸汽量和操纵条件下，进料浓度增大，产品浓度也增大；进料温度影响加

热蒸汽量；进料溶液流量增大，产品浓度下降，并使液位升高。加热蒸汽流量大，供给的热量大，蒸发量增大，影响正常操纵，并造成过热，影响产品质量：加热蒸汽压力小，不易蒸发，传热系数下降；压力大，产生大量二次蒸汽同样造成传热系数下降。因此，蒸汽压力应予以控制。

除升降膜式蒸发器外，液位应维持一定高度，以保证蒸发操纵正常进行。液位波动大，破坏气液平衡和物料平衡，影响产品质量。液位与蒸发面积有关，过高和过低都不利于蒸发操纵。冷凝液和不凝物排放十分重要，冷凝液的过快排放易造成带汽排放，浪费蒸汽，不及时排放影响蒸汽的冷凝。不凝物气体会再次形成绝缘气膜，降低传热系数，应定期排放。

关于蒸发器对象特性研究工作做得不少，在求取对象特性时，作了不少假设，还是根据热量平衡关系式，传热速率关系式及物料平衡关系式，列出各个输入变量如蒸汽流量、进料流量等对产品浓度即输出变量的微分方程式。由于这些微分方程式是非线性的，所以需要经过线性化处理后，才能获得线性微分方程。

对于单效蒸发器来说，进料流量及蒸汽流量对产品浓度的特性属于具有纯滞后的一阶环节。但蒸汽流量对产品浓度通道的时间常数大于进料流量对产品浓度通道的时间常数。因为蒸汽流量变化后首先要传给加热管，后传给蒸发罐内的料液，改变汽化速度，从而影响产品浓度；而进料流量变化对产品浓度的影响近乎一个混合过程。对象的时间常数与物料停留时间有关，即与蒸发器整个容量及进料流速有关，停留时间长则时间常数大，反之时间常数小。而双效蒸发器可以作为具有纯滞后的二阶环节来处理，效数越多时间常数也越大。对于多效蒸发器，蒸汽流量通道与物料流量通道的时间常数大小还与其流向有关。对于膜式蒸发器，由于其蒸发速度很快，物料停留时间很短(数秒至数十秒)，所以其对象特性不同于一般蒸发器，它的纯滞后及时间常数均较小。

2. 最终产品浓度的控制

最终产品浓度是蒸发器主要控制工艺指标，影响产品浓度的主要干扰因素有：进料流量、温度、浓度，加热蒸汽的压力和流量，蒸发器内的压力，蒸发器的液位，冷凝液的排除，蒸发器内不凝性气体的含量等。对于这些干扰因素，应采取必要措施，使它们平稳少变，以使产品浓度满足生产要求。产品浓度控制常用的有浓度控制、温度控制、温差控制等，对这些方案在此进行简单介绍。

浓度控制根据产品浓度来控制的方案，是最直接的。直接测量产品浓度的方法有：折光仪、重度法及其他分析仪表。图 12－15 所示为采用折光仪的产品浓度调节，其中用折光仪的原理是同一强度的光源，对不同浓度的溶液能折射出强度不同的光，然后根据不同强度的光进入光电池变成不同的毫伏信号，再转换成统一信号，进行控制。这种方法对于成分复杂，又不易用温度及其他方法来测定的情况是较有效的方法。而对于大部分的蒸浓物料来说，随着浓度的变化，溶液的亮暗是跟着成比例的变化，只有极少数物质溶液无色透明，不适用于折

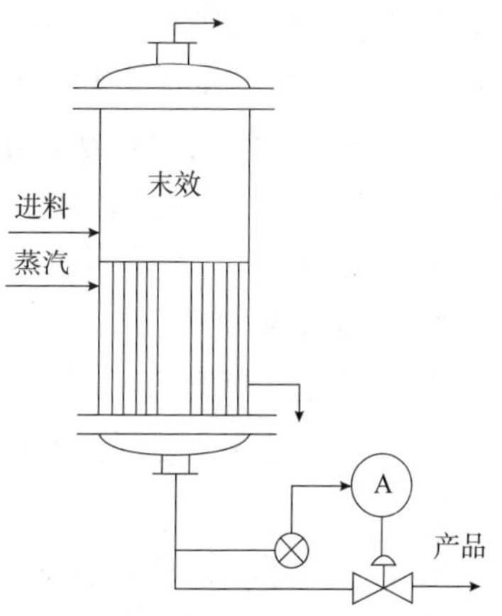

图 12－15　采用折光仪的产品浓度调节

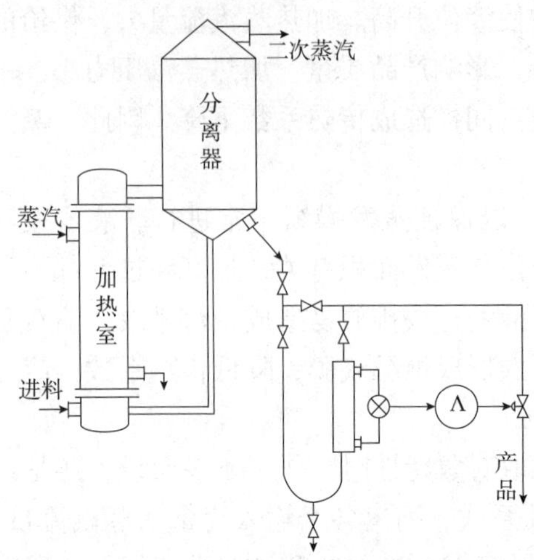

图 12－16　采用重度法的产品浓度调节

光仪测量。对于有些物质浓度的变化所对应的亮暗变化不明显的情况，由于仪表精度的关系，使用亦有困难。图 12－16 所示为采用重度法的产品浓度调节，重度法的基本原理是利用固定温度下，产品浓度与重度有对应关系，可以测量一段固定高度的垂直管道中物料所产生的压差而得。为了消除物料流动时的重压附加误差，要适当选择测量管内物料的流速。对于差压测量可以采用双法兰差压变送器或采用鼓泡法测量，然后转换成产品浓度。

温度控制在蒸发过程中，对于蒸发器内物料浓度，温度和真空度(或压力)之间有一组曲线关系。当蒸发器内真空度(或压力)恒定时，沸点温度与产品浓度之间有一一对应的关系。浓度增加，沸点温度上升，反之亦然，所以可用温度控制来代替浓度控制。特别是有些物料蒸发的工艺过程，对产品浓度与温度均有一定要求。温度太低下段蒸发达不到要求，而温度超过 180℃ 就会分解爆炸，造成事故，所以二段蒸发中要求达到两点：一是溶液浓度由 82% 提高到 92%；二是温度由 80℃ 提高到 140℃ 左右。对温度和浓度都有一定要求。设计温度为被控参数，加热蒸汽为控制参数的单回路控制系统，既稳定了温度，又保证了产品质量，控制方案较好。

当真空度(或压力)变化较大时，温度控制便不再适用，为了克服真空度变化对测量的影响，采用温差法即沸点上升法进行控制。温差法的基本原理是：在给定的真空度条件下，溶液在不同浓度下，其沸点温度不相同，随着溶液浓度的增加，其沸点温度也上升，溶液浓度与沸点温度有一一对应的关系。但是当溶液浓度一定时，溶液所处真空度不同，则沸点温度也不相同。因此，溶液沸点温度还不能正确反映产品浓度，还得考虑真空度的影响。根据真空度对溶液沸点与水的沸点影响基本即真空度在一定范围内变化时，一定浓度溶液的沸点与水的沸点(饱和水蒸气温度)之差即温差基本不变。因此采用温差法来测量溶液浓度，可以克服真空度变化对测量的影响。但对于气、液两个测温点的选择，要使其真正反映一定真空度下饱和水蒸气的温度与溶液温度，需要格外注意。

同时，产品浓度控制方案除采用单回路控制方案外，根据干扰作用大小，频繁程度及对产品浓度的要求，可选择合适的副参数组成串级控制系统。有时负荷变化较大且不可控时，引入负荷作为前馈信号，组成前馈－反馈控制系统，以获得更好的品质。

3. 其他控制回路

为了自动控制蒸发生产工艺过程，使操作较平稳地进行，使最终产品浓度获得较好的品质，还必须对其余若干工艺参数进行自动控制，主要有：加热蒸汽的控制、蒸发器的液位控制、真空度的控制、冷凝液排出等。

对于加热蒸汽的自动控制，一般情况下，由于蒸汽用户很多，负荷变化频繁，除对蒸汽总管压力自动控制外，对进入第一效蒸发器的蒸汽也应进行流量或压力控制，以保证整个蒸发装置的蒸发能力平稳。目前采用蒸发器的加热室压力控制方案较多，这种方案对于负荷干扰反应灵敏，如当进料流量增加时，蒸汽冷凝速度加快，从而使加热室压力降低，从而压力控制系统马上动作，保证加热室压力平稳。

关于蒸发器液位的控制，进料、出料或循环流量的波动都会影响蒸发器液位，蒸汽压力的波动也会影响各效蒸发速度，引起液位波动等。液位测量应注意蒸发操作中的特点：①蒸发器是密闭容器且要保持一定真空度或压力；②蒸发过程是一个浓缩过程，浓度随着各效增加，易使取压口不畅通，有时会堵塞取压口，特别是具有结晶及黏度较大的物料；③蒸发过程溶液沸腾剧烈，溶液泡沫易造成假液位。所以应根据具体情况合理选择测量方法。在停车时，由于温度变化，取压口易堵塞，所以停车后应该进行冲洗。一般浓度较低的效可以采用沉筒式液位发讯器，因其较简单可靠。浓度较高的效或易结晶的物料可以采用法兰式变送器或吹液法。

对于真空度控制，真空度高，溶液易沸腾，增加传热温差，易提高浓度；反之，降低浓度，某些产品易变色和分解，影响产品质量。一般希望真空度高一些为好，不加控制，只有在真空度有裕量的情况下才可以控制。其控制方案以下四种方法：①在吸入管线上安装一个补充管线，并安装一只控制阀，其真空度大小是用吸入补充空气来加以控制；②控制吸气管的阻力；③对于蒸汽喷射泵，在一定设计条件下，只要保证一定蒸汽压力就能达到一定真空度；④采用大气腿型冷凝器场合，以冷凝器排水温度来控制冷却水量。

对于冷凝液排出的控制，冷凝液排放可采用阻汽排水器(蒸汽疏水器)，但易将蒸汽排掉，特别是大型蒸发器，蒸汽浪费较大，这时可加个缓冲罐，其液位加以自动控制，保证液位在缓冲罐的1/2～1/3处，这样可以克服排汽现象，又能保证冷凝液排除的畅通。

12.4　化学反应器的控制

12.4.1　化学反应器概述

1. 化学反应器的类型

随着石油化工过程的发展变化，反应器的种类越来越多，为了能正确对化学反应器进行控制，就需要先了解反应器的几种基本形式。

根据反应物料的聚集状态是否相同，可分为均相反应器与非均相反应器两大类。均相反应器指反应器内所有物料处于同一相态中。若反应在均一的气相中进行，则称为气相均相反应，例如烃类的热裂解反应；若反应在均一的液相中进行，则称为液相均相反应，如溶液中进行的酸碱中和反应等。非均相是指反应器内的物料之间或反应物与催化剂之间存在有相界面，如合成氨生产过程中氨的合成反应及乙烯气相氧化剂制取环氧乙烷等，发生这类反应的反应器为气-固催化反应器，还有气-固非催化反应、气-液相反应、液-固相反应及液-液非均相反应等。

根据反应器的进出物料状况，可分为间歇式、半间歇式和连续式三类。间歇式反应器是将反应物料分次或一次加入反应器中，经过一定反应时间后，取出反应器中所有物料，然后重新加料再进行反应。通常应用于生产批量小，反应时间长或反应的全过程对反应温度有严格的程序要求的场合。间歇式反应器的控制大多应用时间程序控制的方式，即设定值按照一个预先规定的时间程序而变化，或对进出料等工序要自动地切换。连续反应器则是反应物连续加入，反应不断地进行，产品连续取出，这种连续生产有利于自动控制，是工业生产中最广泛采用的一种。对于连续反应器，为了保持反应的正常进行，希望控制反应器内的若干关键工艺参数(如温度、压力、成分等)稳定，通常采用定值控制。半间歇式反应器则是反应物料间歇加入，而产品连续取出，或反应物连续加入，而产品间歇取出的一类反应器。

根据传热情况来分，可分为绝热式反应器和非绝热式反应器两类。绝热式反应器与外界不进行热量交换。在有些绝热式反应器中，未反应的物料与已反应的物料自身进行热交换，以维持一定的反应温度，也称自热式反应器。例如，国内合成氨厂的合成塔，其塔内也有两组换热设备，原料气先与反应产物进行热交换，经预热的原料气再与催化剂层换热，最后进入催化剂层进行反应。非绝热式反应器与外界进行热交换，既可对反应物料加热，也可移去反应热。

根据物料流程的排列来分，可分为单程反应器与循环反应器两大类。按照单程的排列，物料在通过反应器后，不再进行循环。当反应的转化率和产率都足够高时，可以采用单程反应器，其结构比较简单，能耗亦较小。例如，在硝酸生产过程中，氨氧化反应转化率达97%以上。在单程反应系统中常用操纵变量有：进料量、进料温度、进料浓度及传热量等变量。如果反应速度较慢，或受化学平衡的限制转化率较低时，则必须在产品分离后，把未反应的物料循环与新鲜物料混合后，再进入反应器进行反应，这就是循环型反应流程。例如，合成氨生产中，氢与氮的合成反应转化率仅12%，这个过程便属于这种类型。也有一些化学反应，在较高温度下，虽然转化率较高，但由于副反应的存在，副产物较多，这样就不得不通过降低反应温度来抑制副反应，其结果是主反应的转化率亦相应降低，工艺流程安排上只得采用循环型流程。这种循环型流程又增加一个可供选用的操纵变量，即循环量的多少。需要指出的是，如在进料中混有惰性物质，则在多次循环后，若不将惰性物质排出，它将在系统内越积越多，含量越来越高，这样不利于进一步反应，为此须将循环物料部分放空。另一种循环方式是溶剂的循环使用。在某些化学反应中，反应过于剧烈，因此需要在进料中并入一部分反应产物，这是第三种循环方式。当采用带有再循环物料的反应系统时，在控制方案中须结合具体情况，对物料平衡需做相应的考虑。

根据结构可分为釜式、管式、固定床、流化床、鼓泡床等类型，这几种反应器适用情况不同，过程特性和控制要求也各不相同。釜式反应器通常用于均相和非均相的液相反应，如聚合反应等。釜式反应器通常有搅拌电动机进行充分搅拌，使釜内各点浓度与出料浓度接近一致。此时，该反应过程可近似用集中参数系统描述。当反应釜体积很大，各点浓度不一致时，应按分布参数系统处理。管式反应器结构非常简单，就是一种管子，常用于大规模气相或液相反应，如石油气的裂解炉，由于同一时间管内各点温度、浓度等参数各不相同，虽然工程应用时按集中参数处理，但它们是典型的分布参数系统。固定床反应器有着悠久的历史，气相反应物通过催化剂层进行气－固催化反应，如合成氨生产过程中的变换炉、合成塔等。当需要较大传热面积时，也可采用列管式固定床反应器。例如，乙酸乙烯生产过程中气相乙酸和乙烯在固相钯催化剂层的合成反应。同样，固定床反应器在工程应用中也常按集中参数系统处理，而实际上应是分布参数系统。流化床反应器中固相催化剂的颗粒比固定床反应器中要小得多，因此，反应气通过床层时，催化剂处于流化状态，气固相的接触如水的沸腾，因此，亦称为沸腾床反应器。例如，炼油过程中的催化裂化反应。床层内的沸腾状态直接影响反应的转化率，因此，反应过程中应控制沸腾床层高度和气流速度等。鼓泡床反应器用于气液非均相反应。液相床层中，气体鼓泡通过，进行气液相间的反应。例如，乙醛与氧气通过含乙酸锰的溶液生产乙酸的反应。反应过程中需控制气相和液相流量的比值，并保持一定的液相反应床层和反应温度等。

2. 化学反应器的控制要求

化学反应器是化工生产中一类重要的设备，由于化学反应过程伴有化学和物理现象，涉及能量、物料平衡，以及物料、动量、热量和物质传递等过程，因此，化学反应器的操作一般比较复杂，反应器的自动控制直接关系产品的质量、产量和安全生产。在反应器结构、物料流程、反应机理和传热传质情况等方面的差异，使反应器控制的难易程度相差较大，控制方案也差别很大。化工生产过程通常可划分为前处理、化学反应及后处理等三个工序。前处理工序为化学反应做准备，后处理工序用于分离和精制反应的产物，而化学反应工序通常是整个生产过程的关键操作过程。设计化学反应器的控制方案，需从质量指标、物料平衡和能量平衡、约束条件等三方面考虑。

(1)质量指标

化学反应器的质量指标一般指反应转化率或反应生成物的规定浓度。显然，转化率应当是被控变量。如果转化率不能直接测量，可选取与它相关的变量，经过运算间接控制转化率。由于化学反应不是吸热就是放热，反应过程总伴随着热效应。因此温度是最能表征反应过程质量的间接质量指标。

一些反应过程也用出料浓度作为被控变量，如焙烧硫铁矿或尾砂的反应，可取出口气体中 SO_2 含量作为被控变量。但因成分分析仪表价格贵、维护困难等原因，通常采用温度作为间接质量指标，有时可辅以反应器压力和处理量(流量)等控制系统，满足反应器正常操作的控制要求。当扰动作用下，反应转化率或反应生成物组分与温度、压力等参数之间不呈现单值函数关系时，需要根据工况变化补偿温度控制系统的给定值。

(2)物料平衡和能量平衡

为了使反应正常进行，转化率高，需要维持进入反应器的各种物料量恒定，或物料配比符合要求。为此，在进入反应器前，采用流量定值控制或比值控制。除此之外，在有一部分物料循环的反应系统中，为保持原料的浓度和物料平衡，需要另设辅助控制系统，如合成氨生产过程中的惰性气体自动排放系统等。

反应过程有热效应，为此，应设置相应的热量平衡控制系统。例如，及时移热，使反应向正方向进行等。而一些反应过程的初期要加热，反应进行后要移热，为此，应设置加热和移热的分程控制系统等。

(3)约束条件

要防止工艺变量进入危险区域或不正常工况。例如在催化接触反应中，温度过高或某些杂质含量过高，会损坏催化剂；在有些氧化反应中，物料配比不当会引起爆炸；在流化床反应器中，流体速度过高，会将固相物料吹跑，流速过低，固相又会沉降等。为此，应当设置一些报警、联锁或自动选择性控制系统，当工艺变量越出正常范围时，就发出信号；当接近危险区域时，就把某些门打开、切断或者保持在限定位置。

12.4.2 反应器的基本控制方案

1. 出料成分的控制

当出料成分可直接检测时，可采用出料成分作为被控变量组成控制系统。例如，合成氨生产过程中变换炉的控制就是对出料成分的控制。变换生产过程是将造气工段来的半水煤气中的CO转化为合成氨生产所需的氢气和易于除去的CO_2，变换炉进行气固相反应（$CO+H_2O \longrightarrow CO_2+H_2+Q$），变换反应的转化率可用变换气中CO含量表征。控制要求为：变化炉出口CO含量小于3.5%。影响变换生产过程的扰动有：半水煤气流量、温度、成分，水蒸气压力和温度、冷凝水量和催化剂活性等。影响变换反应的主要因素是半水煤气和水蒸气的配比，因此，设计以变换炉出口CO含量为主被控变量，水蒸气和半水煤气比值为串级副环的变化值控制系统。其中，半水煤气为主动量，水蒸气为从动量。

2. 工艺参数为间接被控变量

在反应器的工艺参数中，当反应温度、压力、进料温度、浓度及停留时间等条件确定时，出口状态也就基本确定了，通常选用反应温度作为间接被控变量，常用的控制方案有：

(1)进料温度控制

如图12－17所示，物料经预热器(或冷却器)进入釜式反应器方案如下。这类控制方案通过改变进入预热器(或冷却器)的热剂量(或冷剂量)，来改变进入反应器的物料温度，达到维持反应器内温度恒定的目的。

(2)改变传热量

大多数反应器有传热面，用于引入或移去反应热，所以采用改变传热量的方法可实现温度控制。例如，图12－18所示的夹套反应釜控制，当釜内温度改变时，可通过改变加热剂(或冷剂)流量来控制釜内温度。该控制方案结构简单，仪表投资少，但因反应釜容量大，温度滞后严重，尤其在进行聚合反应时，釜内物料黏度大，热传递差，混合不易均匀，使温度控制难以达到较高精确度。

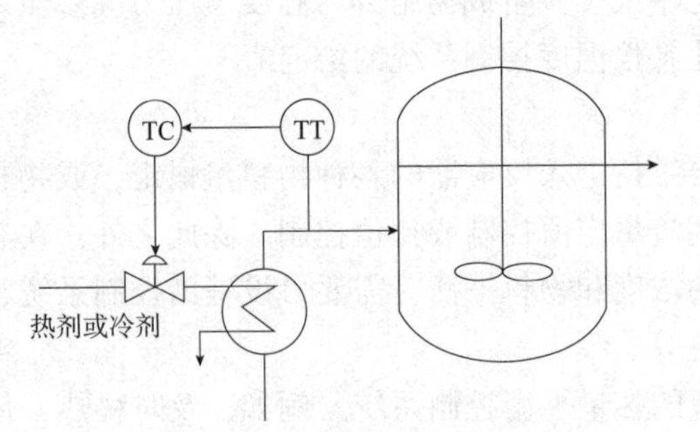

图12－17 进料温度控制

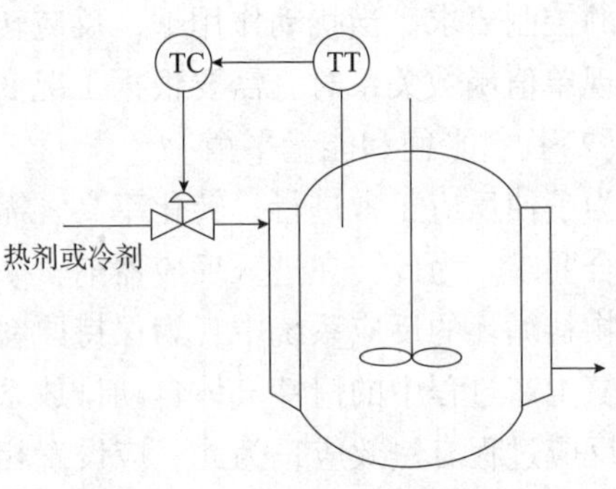

图12－18 改变传热量的控制

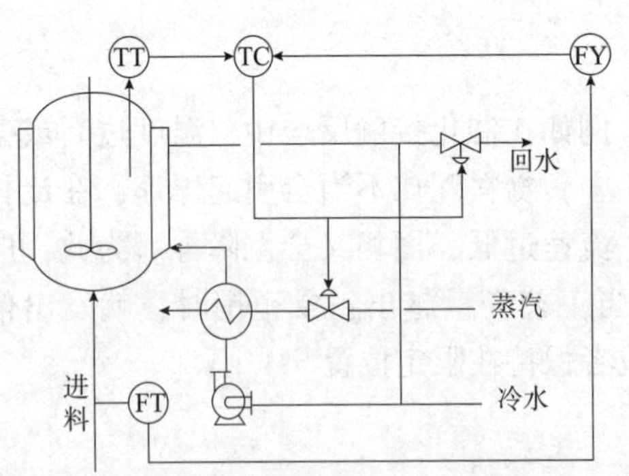

图12－19 反应器带前馈的分程控制系统

(3)串级控制

将反应器的扰动引入串级控制系统的副环，使扰动得以迅速克服。例如，釜温与热剂(或冷剂)流量的串级控制系统、釜温与夹套温度的串级控制系统等。

(4)前馈控制

进料流量变化较大时，应引入进料流量的前馈信号，组成前馈－反馈控制控制等系统。例如，图12－19所示的反应器，前馈控制器的控制规律是PD控制。由于温度控制器采用积分外反馈防止积分饱和，因此，前馈控制器输出采用直流分量滤波。

(5)分程控制

采用分程控制系统除了可扩大可调范围外，对一些聚合反应器的控制也常采用。这些反应在反应初期要加热升温，反应过程正常运行时，要根据反应温度，或加热或除热。例如，图12－17所示的聚合反应器就采用分程控制系统，通过控制回水和蒸汽量来调节反应温度。

(6)分段控制

某些化学反应器要求其反应沿最佳温度分布曲线进行。此时可采用分段温度控制，这样每段温度根据工艺要求控制在相应的温度上。例如，丙烯腈生产中，丙烯进行氨氧化的沸腾床反应器就常常采用分段控制。在有些反应中，反应物存在温度稍高就会局部过热，造成分解、暴聚等现象。如果反应为强放热反应，热量移去不及时，不均匀，这种现象更易发生，为避免这种情况，也常用分段控制。这种以工艺状态参数为被控变量组成的控制系统，自工艺状态参数(如温度)至质量指标的通道处于开环状态，其间没有反馈联系，因此，当扰动存在时，质量指标仍会受到影响。例如，某厂在一个甲烷转化炉的操作中，曾发生过这样的现象：出口温度非常平稳，但是浓度仍然有较大的波动。又如，在催化接触反应器(如合成塔)的操作中，在催化剂活性较高时，和经过若干时间运转而已逐渐老化的时候，要使质量指标同样达到规定要求，工艺状态参数(如温度)所选取的数值不同，这时，只能依据运行情况，由人工调整设定。

3. pH 控制

碱、酸等物质的中和反应是化学反应中常见的反应，此时，pH值是反应过程中的一个重要参数。pH值因其能够在线测量，常常作为反应过程的质量指标加以控制。酸碱中和过程的非线性程度很高，而且由于pH测量等原因使得过程有一定的纯滞后时间，所以pH值的控制通常被认为是比较困难的。

在进行pH控制系统的设计或改进时，首先应当对pH值测量装置的选择、安装及日常维护等给予足够的重视，因为pH值测量的精度、测量滞后及由于采样而带来的纯滞后等因素对控制系统的调节品质影响很大。

pH过程的特性不能通过选择控制阀的流量特性来补偿，通常采用非线性控制规律实现pH过程特性的补偿。例如，由欣斯基(Shinsky)提出的三段式非线性控制器，其基本原理是控制器用三段不同的增益补偿pH过程增益的变化，使控制系统总开环增益保持基本不变，满足系统稳定运行的准则。pH过程的设定值通常控制在pH＝7，因此，pH偏差小时过程的增益大，偏差大时过程增益小。为此，三段式非线性控制器的增益应设计成偏差大时增益大，偏差小时增益小。正作用的三段式非线性控制器偏差与输出之间的关系曲线如图12－20所示，也可以采用其他非线性控制规律的控制器。

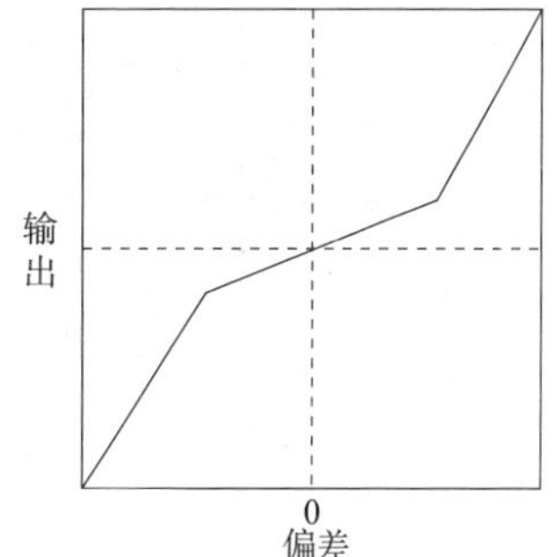

图12－20 三段式非线性控制器

实现非线性控制规律也可以采用DCS或计算机控制装置，近年推出的智能阀门定位器也将非线性补偿环节设置在前向通道，使非线性环节的实现变得容易。为较好地补偿pH

过程的非线性特性，使系统开环总增益保持不变，可对 pH 过程的非线性特性进行测试。通过测量不同 pH 稳态值处中和液流量的变化量 ΔF 和 pH 的变化量 ΔpH，计算其变化的斜率(增益)，则控制器的增益与所计算的增益倒数成正比。

此外，pH 测量环节存在较严重的时滞。因此，实施 pH 控制时，可采用减小测量环节时滞的一些措施。例如，采用外部的循环泵将被测量液体连续采出等。还可采用加大时间常数的方法，缓和 pH 的变化。一般不采用简单控制系统，可采用时滞补偿控制系统。

对于 pH 控制系统，也可以采用分程控制方案，其中，大阀进行粗调，小阀进行细调。这种控制方案适用于 pH 变化范围较大的场合。采用流加的工艺过程，如发酵过程中，由于底物和流加物的量不断增加，这时 pH 控制应采用自适应控制或采用前馈－反馈控制，以适应流量的变化。

4. 推断控制

采用在线分析仪表检测化学反应器的产品质量指标，具有滞后大、维护难价格贵等缺点，因此，大多数反应器的产品质量指标采用间接指标(如采用反应温度)。随着计算机技术的发展，软测量和推断控制技术正越来越广泛地被用于工业过程产品质量控制指标的检测，如流化床干燥器湿含量的推断控制。

流化床干燥器的主要质量指标是物料出口湿含量，因为固体颗粒的湿含量难于直接测量，所以采用推断控制方法进行控制。根据工艺机理，固体颗粒湿含量 x 与入口温度 T_i、出口温度 T_o 及湿球温度 T_w 有如下关系：

$$x = \frac{x_c Gc}{H_v \gamma A} \ln\left(\frac{T_i - T_w}{T_o - T_w}\right) \tag{12-8}$$

式中，x_c 为减速和恒速干燥的临界含水量；G 为空气流量；c 为空气比热容；H_v 为水的潜热；γ 为传质系数；A 为固体颗粒的表面积。

实际运行时，对数项前的系数基本不变，可作为常数处理，因此，湿含量 x 仅与入口温度、出口温度和湿球温度有关。但湿球温度 T_w 的测量有困难，在较高温度，湿球温度是入口干球温度的函数，而受湿度影响较小，因此，针对特定的物料湿含量 x，可建立 T_o 与 T_i 的关系曲线，只要控制 T_o 与 T_i 符合某一关系，就能将湿含量控制在相应数值。

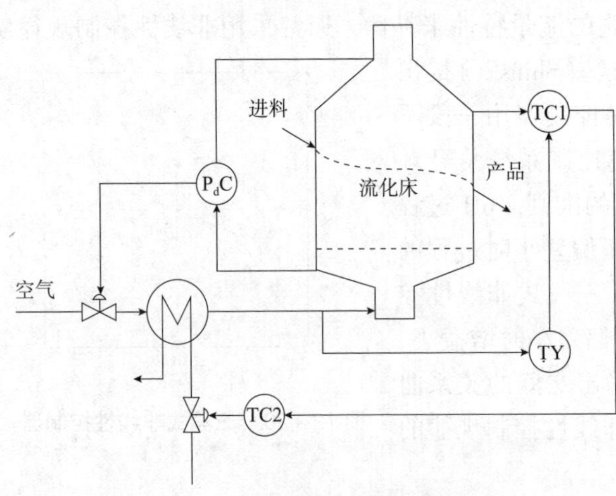

图 12－21　流化床干燥器湿含量推断控制

将所建立 T_o 与 T_i 的关系曲线用可调整斜率 R 和截距 b 的直线近似，即：

$$T_{os} = b + RT_i \tag{12-9}$$

式中，T_{os} 为出口温度希望的设定值，斜率 R 和截距 b 由关系曲线确定，并在现场考虑入口温度变化到出口温度变化之间的时滞，在计算 T_{os} 前，应对入口温进行适当调整度进行延时，流化床干燥器出口物料湿含量的推断控制系统如图 12－21 所示。

图 12－21 中，TY 用于根据 T_o 与 T_i 的关系曲线计算出口温度希望

的设定值，其中包含了对入口温度的延时功能。TC1 是出口温度控制器，TC2 是入口温度控制器，P_dC 是干燥器压降控制器。

5. 稳定外围的控制

稳定外围控制是尽可能使进入反应器的每个过程变量保持在规定数值范围内使反应器处于所需操作条件，产品质量满足工艺要求。通常，稳定外围的控制依据物料平衡和能量平衡进行，主要包括：进入反应器的物料流量控制或物料流量的比值控制，反应器出料的反应器液位控制或反应器压力控制，稳定反应器热量平衡的入口温度控制，或加入(移去)热量的控制。合成氨转化炉的稳定外围控制系统就是其中一个例子，该系统主要由进料流量控制系统、保证蒸汽与空气及石脑油之间的比值控制系统、热量控制系统和压力控制系统组成。进料流量控制系统对各进料流量(原料石脑油、水蒸气和空气)进行闭环控制，以及总燃料量等流量的闭环控制；保证蒸汽与空气及石脑油之间的比值控制系统将水蒸气流量作为主动量，石脑油流量作为从动量，组成双闭环比值控制系统，以及将石脑油流量作为主动量，空气作为从动量，组成双闭环比值控制系统；热量控制系统将石脑油流量作为主动量，总燃料量作为从动量，组成双闭环比值控制系统，保证供热量与原料量的配比；压力控制系统控制路管内物料的压力，保证反应器出口气体流量的稳定。

12.4.3 反应器的新型控制方案

1. 具有压力补偿的反应釜温度控制

当对反应釜的温度测量精度要求很高时，有时可采用压力测量信号去补偿温度的测量，补偿后的控制质量可比一般串级方案更好。图 12-22 所示为具有压力补偿的温度控制系统。

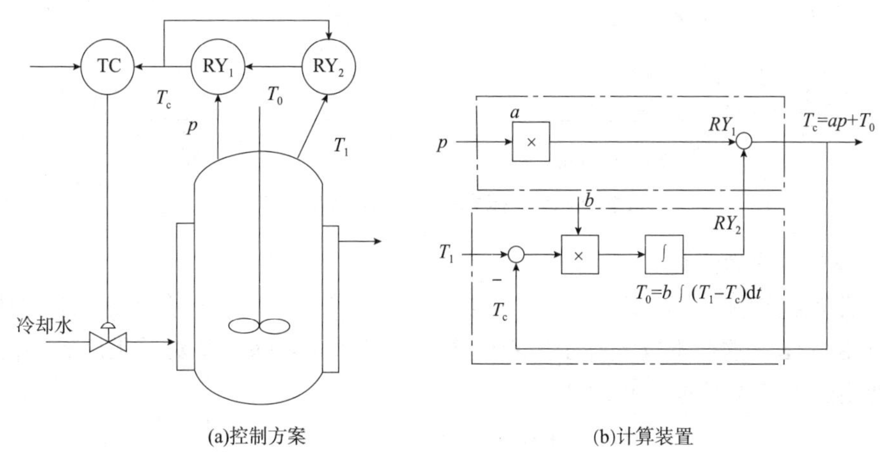

图 12-22 具有压力补偿的温度控制系统

图 12-22(a)所示为控制系统的组成，其温度控制系统的测量信号 T_c 不是釜内的温度测量值，而是经过釜压校正后的值。校正的计算装置如图 12-22(b)所示，由 RY_1 及 RY_2 两个运算装置组成。其中 RY_1 是计算温度的，运算式为：

$$T_c = ap + T_0 \tag{12-10}$$

而 RY_2 是校正计算值用的，其运算式为：

$$T_0 = b\int(T_1 - T_c)\,dt \tag{12-11}$$

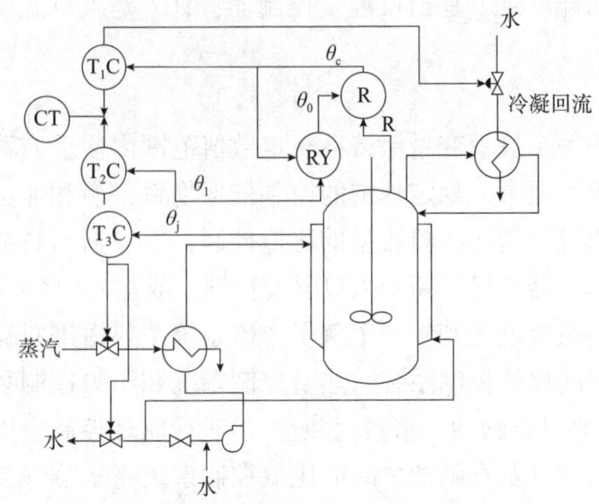

图 12－23 具有压力补偿的 $\theta_1-\theta_j$ 串级

这种具有压力补偿的反应温度控制，对于大型的聚合釜特别有效，在使用中可把它同反应釜釜温与夹套温度串级控制相结合，组成如图 12－23 所示的控制系统。

在这一控制方案中，根据反应过程的要求，由程序给定器 CT 给出温度变化规律。开始阶段反应釜夹套中的循环水用蒸汽加热，使反应釜升温，然后在循环水中加入冷水，在釜顶部应用冷凝回流对反应釜除热，使釜内反应温度按程序要求变化。其中，T_1C 温度控制器的测量信号采用有压力补偿的温度计算值，而 T_2C 与 T_3C2 个温度控制器组成通常的釜温 θ_1 对夹套温度 θ_j 的串级控制系统，它以分程方式控制蒸汽阀与冷水阀。

图 12－24 所示为有压力补偿和无压力补偿的情况，釜温控制的结果从图中可明显看出有压力补偿后，对程序的跟踪响应较好，图中虚线为理想时序曲线。

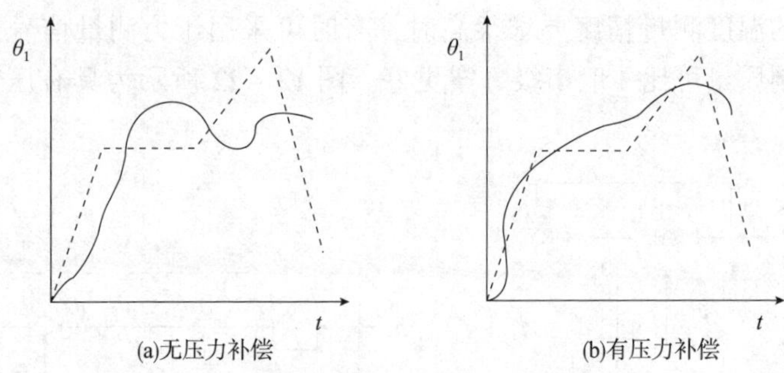

图 12－24 压力补偿的温度控制系统

2. 变换炉的最优控制

在合成氨生产中，变换工序是一个重要环节。在变换炉中，把合成氨原料气中的 CO 变换成有用的 H_2，这样不仅提高了原料气中含氢量，而且除去了对后工序有害的 CO 含量。在变换炉中完成下列变换反应

$$CO + H_2O \uparrow \longrightarrow CO_2 + H_2 + 热量$$

变换炉的工艺流程示意如图 12－25 所示。由于变换反应是一个放热反应，所以利用废热锅炉来回收热量。变换炉反应温度的控制，在本流程中通过对废热锅炉的旁路来控制反应物料的入口温度来实现。

实现变换炉的最优控制，其控制目标为变换气中 CO 浓度 y_{co}，控制变量为 θ_{in}（变换炉入口气体温度），其他主要扰动因素分别为 C_{in}（入口气体的组分）、S_V（流速）、A_F（催化剂老化程度）等。如图 12－26 所示为这三者的关系。

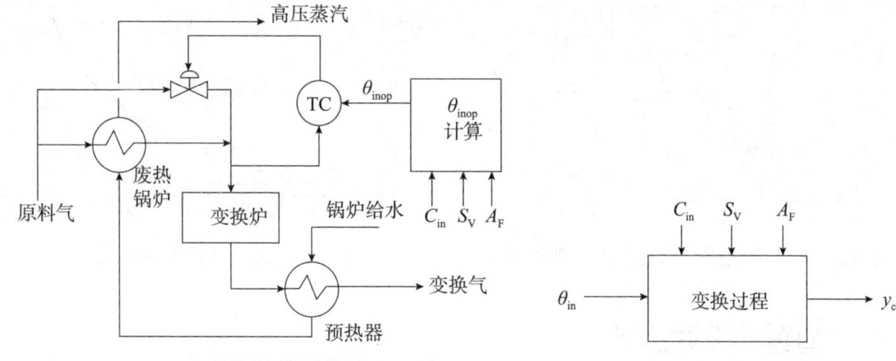

图 12－25　变换炉的最优控制系统　　**图 12－26　变换过程的数学模型**

根据图 12－26 可建立过程的数学模型，即控制目标 y_{co}与 θ_{in}、C_{in}、S_V、A_F之间的函数关系

$$y_{co}=f_1(\theta_{in},\ C_{in},\ S_V,\ A_F) \tag{12-12}$$

最优目标为：

$$y_{co}=(Y_{co})_{min} \tag{12-13}$$

式(12－13)的含义是使变换器中 CO 含量达到最小。

根据最优化目标的要求，可按最优化方法求出最优控制作用 θ_{inop}：

$$\theta_{inop}=f_1(C_{in},\ S_V,\ A_F) \tag{12-14}$$

式(12－14)即控制模型，但是是一个非线性模型，为此进行线性化处理，得到近似的线性控制模型：

$$\Delta\theta_{inop}=\frac{\partial f_2}{\partial C_{in}}\Delta C_{in}+\frac{\partial f_2}{\partial S_V}\Delta S_V+\frac{\partial f_2}{\partial A_F}\Delta A_F=K_1\Delta C_{in}+K_2\Delta S_V+K_3\Delta A_F \tag{12-15}$$

按照式(12－15)的线性控制模型，可以实现计算机的 SPC 控制，即带最优目标函数的设定值控制，如图 12－25 所示，其中把 C_{in}、S_V、A_F的信息输入 θ_{in}计算装置，在计算装置中按式(12－15)求算 θ_{inop}值，作为 TC 控制器的给定值，实现静态最优控制。这个系统就其实质看，是一种多变量前馈控制系统，由三个前馈扰动量计算最优的 θ_{in}的给定值。

3. 连续搅拌槽反应器的自适应控制

连续搅拌槽反应器可以在一般的反馈控制系统上叠加一个自适应控制回路，构成如图 12－27所示的模型参考型自适应控制系统。

图 12－27 所示的自适应控制系统，其目的是在扰动作用下，根据反应器的输出 C_A(反应生成物组分)和参考模型的输出 C_m，算出偏差 $e(t)=C_A(t)-C_m(t)$。然后使性能指标 $J=\int_0^t e^2(t)\mathrm{d}t$ 尽量小，求得 K_C的最优值。调整 K_C，使被控变量尽量接近参考模型的输出，也就是尽量接近预期的品质。

图 12－27 给出了模型参考自适应控制系统原理，图 12－28 表示自适应控制系统在反应原料组分、冷却温度及催化剂活性等扰动下，自适应控制与未采用自适应控制时的控制质量指标 ISE 的对比。显然自适应控制的 ISE 要小得多。

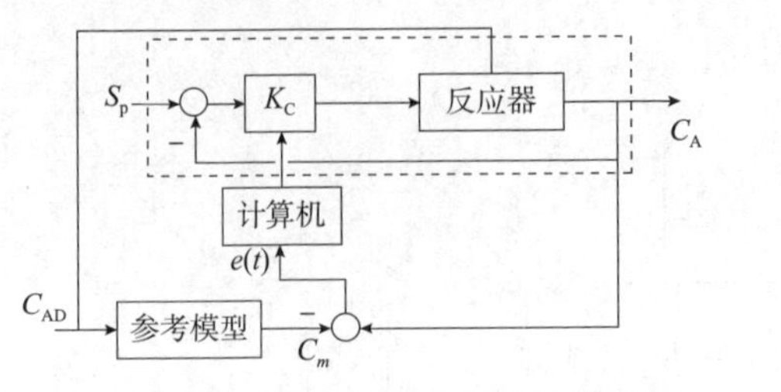

图 12-27 模型参考自适应控制系统

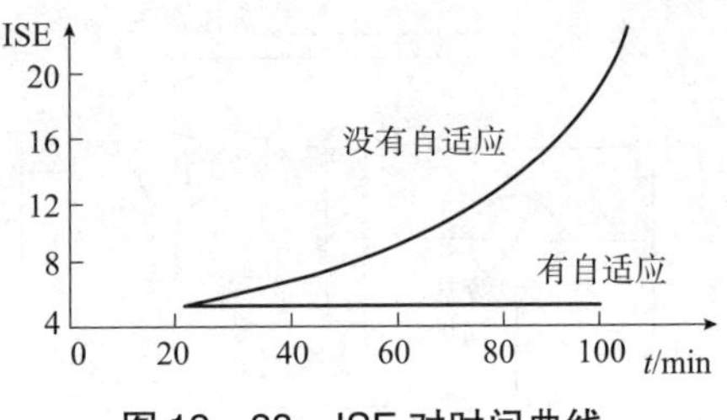

图 12-28 ISE 对时间曲线

12.5 精馏塔的控制

12.5.1 精馏塔概述

精馏装置一般由精馏塔、再沸器和冷凝器等设备组成。按照结构的不同，精馏塔分为板式塔和填料塔。板式塔又分为筛板塔、泡罩塔、浮阀塔和斜板塔等。填料塔按填料的不同又可以分为几种，如散堆填料塔、规整填料塔。精馏塔一般为圆柱形体，内部装有提供汽、液分离的多层塔板，塔身设有混合物进料口和产品出料口。

在实际生产过程中，精馏操作可分为间歇精馏和连续精馏两种。对石油化工等大型生产过程，主要采用连续精馏塔。

精馏塔是一个多输入多输出的多变量过程，内在机理较复杂，动态响应迟缓，变量之间相互关联，不同的塔工艺结构差别很大，而工艺对控制提出的要求又较高，所以确定精馏塔的控制方案是很重要的研究方向。而且从能耗的角度来看，精馏塔是三传一反典型单元操作中能耗最大的设备，因此，精馏塔的节能控制也是十分重要的。

1. *精馏塔的控制要求*

要对精馏塔实施有效控制，必须先了解精馏塔的控制指标。精馏塔的控制目标是，在保证产品质量合格的前提下，使塔的总收益最大或总成本最小。对于一个精馏塔而言，需要从产品质量、物料平衡、能量平衡和约束条件 4 个方面进行考虑，设置必要的控制系统。

塔顶或塔底产品之一合乎规定的纯度，另一端成品维持在规定的范围内。在某些特定情况下也有要求塔顶和塔底产品均保证一定的纯度要求。产品的纯度，对二元精馏来说，其质量指标是指塔顶产品中轻组分(或重组分)含量和塔底产品中重组分(或轻组分)含量。对多元精馏而言，则以关键组分的含量来表示。关键组分是指对产品质量影响较大的组分，塔顶产品的关键组分是易挥发的，称为轻关键组分，塔底产品是不易挥发的关键组分称为重关键组分。

进出物料平衡，即塔顶、塔底采出量应和进料量相平衡，维持塔的正常平稳操作，以及上下工序的协调工作。物料平衡的控制以冷凝液罐(回流罐)与塔釜液位一定(介于规定的上、下限之间)为目标。

在保证精馏塔产品质量、产品产量的同时，要考虑降低能量的消耗，使塔内的操作压力维持稳定，使能量平衡，实现较好的经济性。

为保证精馏塔的正常、安全操作，必须使某些操作参数限制在约束条件内。常用的精馏塔限制条件为液泛限、漏液限、压力限及临界温差限等。液泛限，也称气相速度限即塔内气相速度过高时，雾沫夹带十分严重，实际上液相将从下面塔板倒流到上面塔板，产生液泛，破坏正常操作。漏液限也称最小气相速度限，当气相速度小于某一值时，将产生塔板漏液，板效率下降。为防止液泛和漏液，可以用塔压降或压差来监视气相速度。压力限是指塔的操作压力的限制，一般是最大操作压力限，即塔操作压力不能过大，否则会影响塔内的汽液平衡，严重越限甚至会影响安全生产。临界温差限主要是指再沸器两侧间的温差，当这温差低于临界温差时，给热系数急剧下降，传热量也随之下降，不能保证塔的正常传热的需要。

2. 精馏塔的扰动分析

影响精馏塔的操作因素很多，和其他化工过程一样，精馏塔是建立在物料平衡和热量平衡的基础上操作的，一切因素均通过物料平衡和热量平衡影响塔的正常操作。影响物料平衡的因素主要是进料流量、进料组分和采出量的变化等。影响热量平衡的因素主要是进料温度的变化，再沸器的加热量和冷凝器的冷却量变化，此外还有环境温度的变化等。同时，物料平衡和热量平衡之间又是相互影响的。

在各种扰动因素中，有些是可控的，有些是不可控的。

进料流量和进料成分通常不可控，但可测。当进料流量变化较大时，对精馏塔的操作会造成很大影响。这时，可将进料流量作为前馈信号，引入控制系统中，组成前馈－反馈控制系统。进料成分影响物料平衡和能量平衡，但进料成分通常不可控，多数情况下也是难以测量的。

进料温度一般是可控的，进料温度在有些情况下本来就较恒定，如在将上一塔的釜液送往下一塔继续精馏时，在其余情况下，可先将进料预热，并对进料温度进行定值控制，进料通常是液态，亦可以是气态，有时亦会遇到气液混合物的情况，此时气液两相的比例宜恒定，也就是说，进料的热焓要恒定。

再沸器加热蒸汽压力影响精馏塔的能量平衡。对蒸汽压力的变动，可通过总管压力控制的方法消除扰动，也可以在串级控制系统的副回路中(如采用对蒸汽流量的串级控制系统)予以克服。

冷却水压力和温度冷却水温度的变化通常不大，对冷却水可不进行控制。使用风冷控制时，策略是根据塔压进行浮动塔压控制。

环境温度的变化，一般影响较小。但也有特殊情况，目前，直接用大气冷却的冷凝器，遇气候突变，特别是暴风骤雨，对回流液温度有很大影响，为此可采用内回流控制。

综上所述，在多数情况下，进料流量和进料成分是精馏操作的主要扰动，然而还需结合具体情况加分析。为了克服扰动的影响，需进行控制，常用的方法是改变馏出液采出量、釜液采出量、回流量、蒸汽量及冷剂量中某些项的流量。

3. 精馏塔被控变量的选取

精馏塔被控变量的选择主要讨论质量控制中被控变量的确定，以及检测点的位置等问题。通常，精馏塔的质量指标选取有两类：直接的产品成分信号和间接的温度信号。

采用产品成分作为直接质量指标以产品成分的检测信号直接用作质量控制的被控变量，应该说是最为理想的。过去，因成分参数在检测上的困难，难以直接对产品成分信号进行质量控制。目前，成分检测仪表发展迅速，尤其是工业色谱的在线应用，为以成分信号直接作为质量控制的被控变量，创造了现实条件。然而，至今在精馏塔质量控制上成功地直接应用，还是为数不多的，因成分分析仪表受以下三方面的制约：分析仪表的可靠性差；分析测量过程滞后大，反应缓慢；成分分析针对不同的产品组分，品种上较难一一满足。因此，目前在精馏操作中，温度仍是最常用的间接质量指标。

(1)采用温度作为间接质量指标

对于一个二元组分精馏塔来说，在一定压力下，温度与产品纯度间存在单值的函数关系。因此，如果压力恒定，则塔板温度间接反映了浓度。对于多元精馏塔来说，虽然情况比较复杂，但仍然可以认为：在压力恒定条件下，塔板温度改变能间接反映浓度的变化。采用温度作为被控质量指标时，选择塔内哪一点的温度或几点温度作为质量指标，这是颇为关键的事，常用的有如下几种方案：

①塔顶(或塔底)的温度控制。

通常，若希望保持塔顶产品质量符合要求，也就是顶部馏出物为主要产品时，应把间接反映质量的温度检测点放在塔顶，构成精馏段温控系统。同样，为了保证塔底产品符合质量要求，温度检测点则应放在塔底，实施提馏段温控。

上述温度点位置的设置依据，在一些特殊情况下也有例外。例如，负有粗馏作用的切割塔，此时温度检测点的位置应视要求产品纯度的严格程度而定。有时，顶部馏出物为主要产品，但为了获得轻关键组分的最大收率，希望塔底产品中尽量把轻关键组分向上蒸出。这时往往把温度检测点放在塔底附近。此时，在塔顶产品中带出一些重组分也是允许的，因为切割塔后面还将有进一步的精馏分离。

②中温控制。

在某些精馏塔上，也有把温度检测点放在加料板附近的塔板上，甚至以加料板本身的温度作为间接质量指标，这种做法常称为中温控制。中温控制的目的是希望能及时发现操作线右移动的情况，并可兼顾塔顶、塔底的组分变化。在某些精馏塔上中温控制取得较好的效果。但当分离要求较高时，或进料浓度变动较大时，中温控制难以正确反映塔顶塔底的成分。

③灵敏板的温度控制。

采用塔顶(或塔底)的温度作为间接质量指标，似乎最能反映产品的情况，实际上并不尽然。当要分离出较纯的产品时，在邻近塔顶的各板之间温差很小，所以要求对温度检测装置有极高的要求(要求有极高的精确度和灵敏度)，但实际上很难满足。不仅如此，微量杂质(如某种更轻的组分)的存在，会使沸点有相当大的变化；塔内压力的波动，也会使沸点有相当大的变化，这些扰动很难避免。因此，目前除了像石油产品的分馏即按沸点范围来切割馏分的情况之外，凡是要得到较纯成分的精馏塔，现在往往不将检测点置于塔顶或塔底，而是将温度检测点放到进料板与塔顶(底)之间的灵敏板上。

灵敏板，是指当塔的操作经受扰动作用(或承受控制作用)时，塔内各板的组分都将发生变化，各板温度也将同时变化，当达到新的稳定状态时，温度变化量最大的板就称为灵敏板。由于干扰作用下的灵敏板温度变化较大，因此对温度检测装置的要求不必很高，同时也有利于提高控制精度。

灵敏板的位置可通过逐板计算或计算机仿真，依据不同情况下各板温度分布曲线比较得出。但是，由于塔板效率不容易估准，所以还需结合实践加以确定。通常，先根据测算，确定出灵敏板的大致位置，在它的附近设置若干检测点，然后在运行过程中选择其中最合适的一个测量点作为灵敏板。

(2)采用压力补偿的温度作为间接质量指标

用温度作为间接质量指标有一个前提，塔内压力应恒定，虽然精馏塔的塔压一般设有控制系统，但对精密精馏等控制要求较高的场合，微小压力变化，将影响温度与组分间的关系，造成产品质量控制难于满足工艺要求，为此需要对压力的波动加以补偿，常用的补偿方法有温差控制、温差差值控制和压力补偿计算控制等。

①温差控制。

在精密精馏时，可考虑采用温差控制。在精馏中，任一塔板的温度是成分与压力的函数，影响温度变化的因素可以是成分，也可以是压力。在一般塔的操作中，无论是常压塔、减压塔还是加压塔，压力都是维持在很小范围内波动，所以温度与成分才有对应关系。但在精密精馏中，要求产品纯度很高，两个组分的相对挥发度差值很小，由于成分变化引起的温度变化较压力变化引起温度的变化要小得多，所以微小压力波动也会造成明显的效应。例如，苯－甲苯－二甲苯分离时，大气压变化6.67kPa，苯的沸点变化2℃，已超过质量指标的规定。这样的气压变化是完全可能发生的，由此破坏了温度与成分之间的对应关系。所以在精密精馏时，用温度作为被控变量往往得不到好的控制效果，为此应该考虑补偿或消除压力微小波动的影响。

在石油化工和炼油生产中，温差控制已成功地应用于苯－甲苯－二甲苯、乙烯－乙烷、丙烯－丙烷等精密精馏系统。要应用得好，关键在于选点正确、温差设定值合理(不能过大)及操作工况稳定。

②温差差值(双温差)控制。

采用温差控制还存在一个缺点，就是进料流量变化时将引起塔内成分变化和塔内降压发生变化。这两者均会引起温差变化，前者使温差减小，后者使温差增加，这时温差和成分就不再呈现单值对应关系，难以采用温差控制。

采用温差差值控制后，若出现进料流量波动的情况，会引起塔压变化，对温差产生影响。由于塔的上、下段温差是同时出现的，上段温差减去下段温差的差值恰好消除了压降变化的影响。从国内外应用温差差值控制的许多装置来看，在进料流量波动的影响下，仍能得到较好的控制效果。

③压力补偿计算控制。

采用计算机控制装置或DCS进行精馏塔控制时，由于计算机具有强大的计算功能，因此，对塔压变化的影响也可用塔压补偿的计算方法进行。补偿公式如下：

$$T_{sp}=T_s+\frac{dT}{dp}(p-p_0)+\frac{d^2T}{dp^2}(p-p_0)^2 \tag{12-16}$$

式中，T_s 为产品所需成分在塔压力为 p_0 时对应的温度设定值；p 为塔压测量值；p_0 为设计的塔压值；T_{sp} 为在实际塔压 p 条件下的温度设定值。因此，组成根据塔压模型计算温度设定值的控制系统。应用时需合理设置补偿公式中的系数项。通常，取到二次幂即可满足控制要求。当精确度不能满足产品纯度要求时，也可增加幂次。此外，对塔压信号需要进行滤波，温度检测点位置应合适，补偿系数也应合适。

12.5.2 精馏塔的基本控制方案

1. 产品质量的开环控制

这种控制方案是不采用质量指标作为被控变量的控制。这里，质量开环控制指没有根据质量指标的控制。所以，精馏塔的质量开环控制主要是根据物料平衡关系，从外围控制精馏塔的 D/F（或 B/F）和 V/F，使其产品满足工艺要求。

当进料量及其状态恒定时，采用回流量 L、蒸汽量 V 定值控制，就能使 D 和 B 固定，从而使产品成分确定。当回流比很大时，控制流出量 D 比控制回流量 L 更有利。控制塔底采出量 B 和控制再沸器蒸汽量 V 的控制方案与控制 L 和 V 的方案相似，此方案直接控制蒸汽量 V，塔釜液则改用蒸汽量控制。

2. 按精馏段指标的控制

当对塔顶馏出液的纯度要求比塔底产品为高时，或是全部为气相进料，或是塔底、提馏段塔板上的温度不能很好反映产品成分变化时，往往按精馏段指标进行控制。常用的控制方案有两类：

（1）间接物料平衡控制

间接物料平衡控制是按精馏段指标来控制回流量，保持加热蒸汽流量为定值。该方案如图 12－29 所示。

该控制方案的优点是控制作用及时，温度稍有变化即可通过回流量进行控制，动态响应快，对克服扰动影响有利。该控制方案的缺点是内回流受外界环境温度影响大，能量和物料平衡直接的关联大。主要适用于回流比小于 0.8 及需要动态响应快速的精馏操作，是精馏塔最常用的控制方案。当内回流受环境温度影响较大时，可采用内回流控制；当回流量变动较大时，可采用串级控制；当进料量变动较大时，可采用前馈－反馈控制等。

（2）直接物料平衡控制

直接物料平衡控制是按精馏段指标来控制馏出液 D，并保持 V_s 不变。该方案如图 12－30所示。

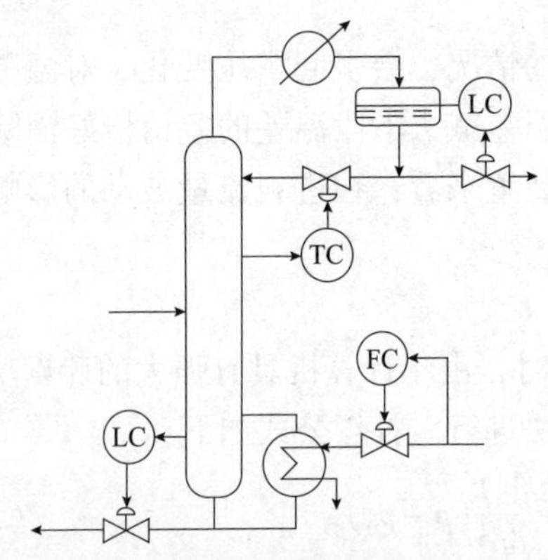

图 12－29 精馏段间接物料平衡控制

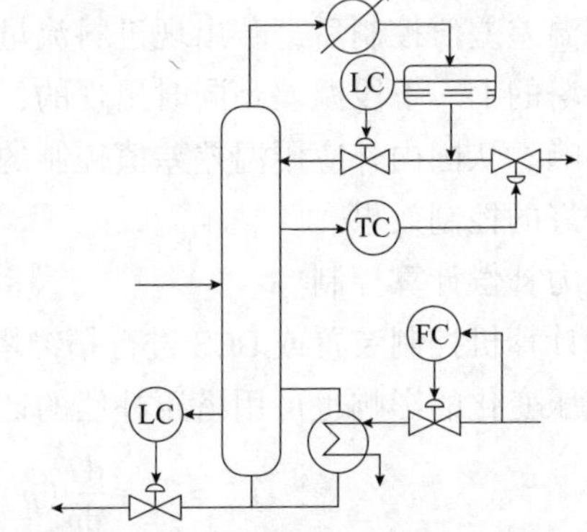

图 12－30 精馏段直接物料平衡控制

该控制方案的优点是物料和能量平衡之间的关联最小，内回流在环境温度变化时基本不变，产品不合格时不出料。该控制方案的缺点是控制回路的滞后大，改变这种控制方案后，需经回流罐液位变化并影响回流量后，再影响温度，因此，动态响应较差，适用于塔顶馏出量 D 很小（回流比很大）、回流罐容积较小的精馏操作。当馏出量 D 有较大的波

动时，还可将精馏段温度作为被控变量，将馏出量 D 作为副被控变量，组成串级控制系统。

3. 按提馏段指标的控制

当对塔底馏出液的纯度要求比塔顶产品高时，进料全部为液相，塔顶或精馏段塔板上的温度不能很好地反映成分的变化，或实际操作回流比最小回流比大好多倍时，采用提馏段指标的控制方案。常用的控制方案有两类：

(1)间接物料平衡控制

间接物料平衡控制方案是按提馏段的塔板温度来控制加热蒸汽量，从而控制了提馏段质量指标。该方案如图 12－31 所示。

该控制方案具有响应快、滞后小的特点，能迅速克服进入精馏塔的扰动影响。缺点是物料平衡和能量平衡关系有较大的关联，适用于 $V/F<2.0$ 的精馏操作。

(2)直接物料平衡控制

直接物料平衡控制按提馏段温度控制塔底产品采出，并保持回流量恒定，此时 D 按照回流罐的液位来控制，蒸汽量按再沸器的液位来控制。该方案如图 12－32 所示。

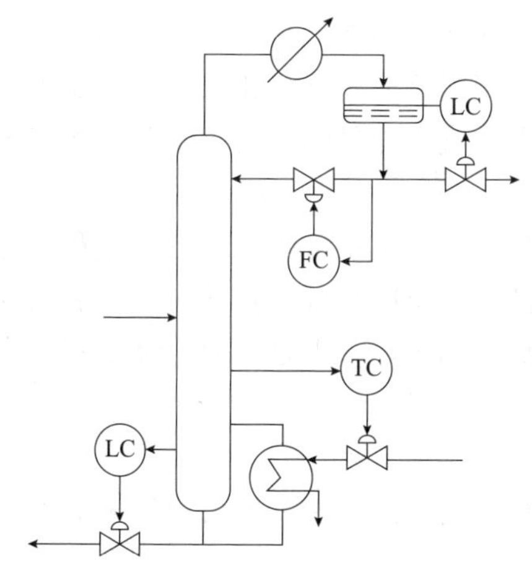

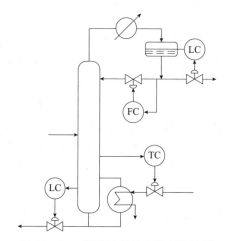

图 12－31　提馏段间接物料平衡控制

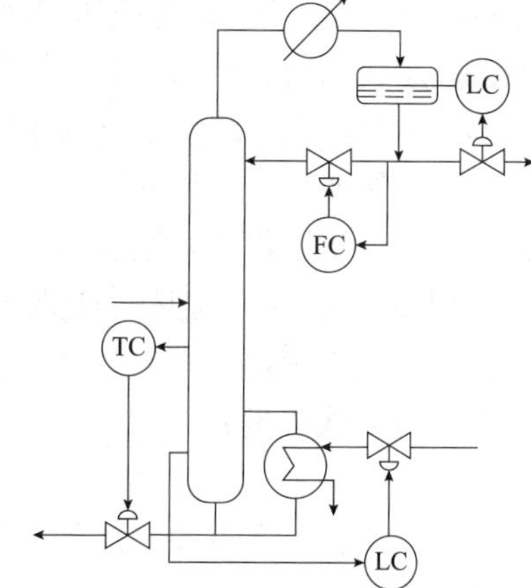

图 12－32　提馏段直接物料平衡控制

该控制方案具有能量和物料平衡关系的关联小、塔底采出量 B 较小时操作较平稳、产品不合格时不出料等特点，但与精馏段直接物料平衡控制方案相似，其动态响应较差，滞后较大，液位控制回路存在反向特性。该控制方案适用于 B 很小，且 $B/V<0.2$ 的精馏操作。

4. 精馏塔的塔压控制

在精馏塔的自动控制中，保持塔压恒定是稳定操作的条件。这主要是两方面因素决定的，一是压力的变化将引起塔内气相流量和塔顶上汽液平衡条件的变化，导致塔内物料平衡的变化；二是由于混合组分的沸点和压力间存在一定的关系，而塔板的温度间接反映了物料的成分。因此，压力恒定是保证物料平衡和产品质量的先决条件。在精馏塔的控制中，往往都设有压力调节系统来保持塔内压力的恒定。

在将成分分析这种方法用于产品质量控制的精馏塔控制方案中时，则可以在可变压力操作下采用温度调节或对压力变化补偿的方法实现质量控制。其做法是让塔压浮动于冷凝器的约束，而使冷凝器始终接近于满负荷操作。这样，当塔的处理量下降而使热负荷降低或冷凝器冷却介质温度下降时，塔压将维持在比设计要求低的数值。压力的降低可以使塔内被分离组分间的挥发度增加，这样使单位处理量所需的再沸器加热量下降，节省能量，提高经济效益。同时塔压的下降使同一组分的平衡温度下降，再沸器两侧的温度差增加，提高了再沸器的加热能力，减轻再沸器的结垢。

12.5.3 精馏塔的复杂控制系统

1. 内回流控制

由精馏塔特性分析可知，精馏塔的平稳操作完全取决于塔内气液比，因此，保持塔内气相流量和内回流量与进料流量之比恒定，就可以达到稳定操作的目的。对单位进料而言，塔内气相流量主要取决于再沸器加热量、进料热焓与内回流量，而再沸器加热量为塔内气相流量的操纵变量。为了减少外部干扰对塔内气液比的影响，需要对进料热焓与内回流量进行有效的控制。对于大多数精馏塔而言，通常为单相进料(液相或气相)，因而，进料热焓控制可用进料温度控制来代替。

当外部回流温度与塔顶塔板温度相等时，外回流就等于内回流，此时就可以用外回流的方法，保持内回流恒定。然而，在实际操作时，通常外回流温度低于顶部塔板温度，而且环境温度的变化也会影响回流液的温度。于是，即使外回流流量不变，因温度变化也会引起内回流波动，从而影响塔的平稳操作。因此，当回流液温度变化较大时需要进行内回流定值控制，问题是在实际生产过程中内回流是无法直接测量的。为了实现内回流定值控制，必须设法计算或估计出内回流。

外回流温度低于顶部塔板温度时，在顶部塔板上，除了正常的轻组分汽化和重组分冷凝的传质过程外，还有一个把外回流加热到与顶部塔板温度相等的传热过程，加热外回流所需的热量来自进入顶部塔板的蒸汽部分冷凝所放出的潜热。于是，内回流 L_R 就等于外回流 L 与这部分冷凝液流量 l_R 之和，即：

$$L_R = L + l_R \tag{12-17}$$

此外，从热平衡关系可知，部分蒸汽冷凝所放出的潜热等于外回流由原来的温度升高到塔板温度所需的热量，即：

$$l_R \Delta H = c_p L(T_V - T_L) \tag{12-18}$$

式中，ΔH 为冷凝液的汽化潜热，kcal/kg；c_p 为外回流液的比热容，kcal/(kg · ℃)；T_V 为塔顶蒸汽温度，℃；T_L 为外回流液温度，℃。

由式(12-17)和式(12-18)可得到内回流计算式

$$L_R = L\left[1 + \frac{c_p}{\Delta H}(T_V - T_L)\right] \tag{12-19}$$

内回流计算式反映了外回流温度对内回流的影响。当外回流液与塔顶蒸汽的温差变化时可由该式计算内回流，并结合内回流流量控制器以实现内回流的定值控制。

内回流控制已应用于炼油厂芳烃分馏装置采用风冷式冷却器的苯、甲苯与二甲苯等精密精馏装置中。应用结果表明，内回流控制方案能有效地克服环境温度对风冷式冷却器操作的影响，进而减少塔的操作波动。

2. 解耦控制

当对精馏塔的塔顶和塔底产品的质量都有要求时，有时可设立两个产品质量控制系统。但是，因为两个质量控制系统之间存在相互关联，这类方案常常是失败的。这样，当两套系统同时运行时，互相影响，产生所谓的“打架”现象，导致两套系统均无法正常运行。解决上述矛盾的方法是：在精馏操作的被控变量与控制变量之间进行不同的配对，选取关联影响小的配对方案；或在控制器参数整定上寻找出路；或是把两套质量控制系统砍掉一套。如果这些方法解决不了严重关联的影响，则可采用解耦控制。

3. 节能控制

在工业生产中，能源危机近年来一直为世界各国关注，节能已被引为重要研究方向。石油化工企业是工业生产耗能大户，而精馏过程又占典型石油化工生产能耗的40%，由于精馏过程是实现分离，塔底汽化需要能量，塔顶冷凝尽管是除热，亦要消耗能量，因此精馏塔的节能控制成为人们研究的一个重要课题。长期以来，经过大量研究工作，提出了一系列新型控制系统，以期尽量节省和合理使用能量。另外，对工艺进行必要改进，配置相应的控制系统，充分利用精馏操作中的能量，降低能耗。节能控制方法主要有浮动塔压控制、能量综合利用控制、产品质量的“卡边”控制、双重控制、塔两端产品质量控制等。

(1)浮动塔压的控制

精馏塔通常都在恒定的塔压条件下操作，一方面是因为在稳定压力条件下操作，有利于保证塔的平稳，另一方面是因为当温度为间接质量指标时，能较正确地反映成分的变化。然而，从节能或经济的观点来考虑，塔压恒定未必是合理的，尤其当冷凝器采用风冷或水冷情况时，更是如此。因而，有人提出把恒定塔压控制改为浮动塔压控制的设想。

塔压浮动，即在可能的条件下，把塔压尽量降低，这样有利于能量节省。塔压浮动还需满足以下三个条件：①质量指标的选取必须适应塔压浮动的需要；②塔压降低的限度受冷凝器最大冷却能力的制约；③塔压浮动不能出现突变。

为了节能，采取精馏塔的塔压浮动操作，必须满足上述三个条件。其中前两条在方案确定时都已做了考虑，在具体方案实施时，主要侧重在防止压力的突然变动上，图 12－33 所示为一个精馏塔的浮动塔压控制方案。这个方案是在原塔压控制系统的基础上增加了一个具有纯积分作用的阀位控制 VPC，从而起到浮动塔压操作所要求的两个作用：①不管冷凝器的冷却情况如何变化(如遇暴风雨降温)，VPC 的作用都可使塔压不会突变，而是缓慢地变化，一直浮动到冷剂可能提供的最低压力点；②为保证冷凝器总在最大负荷下操作，控制阀应开启到最大开度。考虑到需有一定的控制余量，阀位极限值可设定在90%开度或更大一些数值。

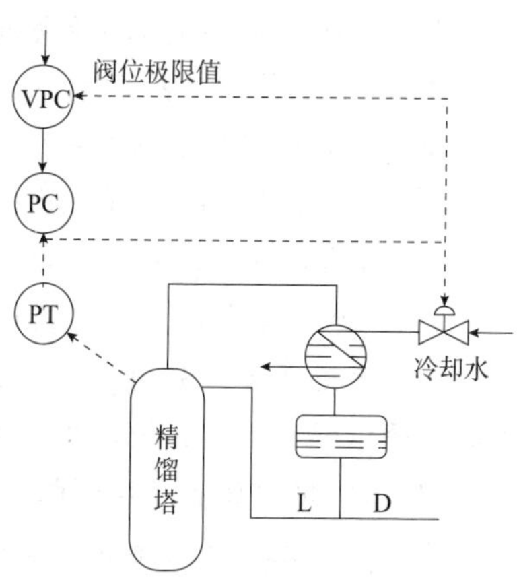

图 12－33 浮动塔压控制方案

图 12－33 中的 PC 为一般的 PI 控制器，VPC 则是纯积分或大比例带的 PI 控制器。此时，应改变 PC 控制系统，使其操作周期变短、过程反应变快，一般积分时间取得较小，如为 2min 左右。而 VPC 的操作周期长，过程反应慢，一般积分时间取得较大，如积分时间为 60min。因此在分析中可假定忽略 PC 系统和 VPC 系统之间的动态联系，即分析 PC 动作时，可以认为 VPC 系统是不动作的；而分析 VPC 系统时，又可认为 PC 系统是顺时跟踪的。

(2)能量的综合利用控制

在精馏塔的操作中，塔底再沸器要用蒸汽加热，塔顶冷凝器要除热，通常两者需要消耗能量，从根本上改变这一情况至少有两种方法。第一，把塔顶的蒸汽作为本塔塔底的热源。问题是塔顶蒸汽的冷凝温度低于塔底液体的沸腾温度，热量不能由低温处直接向高温处传递，办法是增加一个透平压缩机，把塔顶蒸汽压缩以提高其冷凝温度，这称为热泵系统。第二，在几个塔串联成塔组的情况，上塔的蒸汽可作为下一塔的热源。首先要求上一塔塔顶温度远大于下一塔塔底温度，这样上塔塔顶蒸汽可为下一塔提供大部分能量或更多一些，同时亦可自行压入下一塔再沸器。其次这两塔之间存在关联，应设计行之有效的控制方案，才能使这种流程得以实现。

习题

12－1　离心泵流量控制方案有哪几种形式？

12－2　离心泵与离心式压缩机有哪些相同点与不同点？

12－3　何谓离心式压缩机的喘振？喘振产生的原因是什么？

12－4　离心式压缩机防喘振控制方案有哪几种？简述适用场合。

12－5　一般传热设备的出口温度控制有哪些控制方案？各适用于什么场合？

12－6　一般传热设备的被控变量、操作变量和扰动变量各是什么？

12－7　对传热设备来说，它是通过对传热量的调节来达到控制温度的目的。那么，调节传热量究竟有哪些途径？

12－8　某加热系统中，已知主要变化的过程变量如下：

(1)被加热物料(原料)流量波动不大，但载热体流量波动较大。

(2)被加热物料(原料)流量波动不大，但载热体流量波动不大。

(3)被加热物料(原料)的入口温度波动较大。

加热炉出口温度控制系统中，已知主要变化的过程变量如下：

(1)加热炉所用的燃料油的成分和热值变化较大。

(2)加热炉所用的燃料气的入口温度和压力波动较大。

(3)原料流量或压力波动较大。

针对上述情况，分别设计加热炉出口温度控制系统。画出系统图，说明控制器正反作用的选择依据和控制系统的工作原理。

12－9　化学反应器控制的目标和要求是什么？

12－10　化学反应器的基本控制方案有哪些？

12－11　化学反应器的被控变量如何选择？可供选择作为操纵变量的有哪些？

12－12　除了本章所介绍的，化学反应器还有哪些新型控制方案？

12－13　精馏塔控制系统中的被控变量、操纵变量和扰动变量有哪些？

12－14　精馏段控制系统中，如果进料流量是主要扰动，系统的回流比大于40，设计相应的控制系统；如果进料流量是主要扰动，但回流比小于0.5，设计相应的控制系统；如果进料流量是主要扰动，系统的回流比大于40，设计相应的控制系统。

12－15　什么是精馏塔的内回流控制？什么是精馏塔的热焓控制？如何实施？

12－16　什么情况下采用精馏段指标控制？什么情况下用提馏段指标控制？

第 13 章　炼油生产过程的控制

13.1　概述

石油是极其复杂的烃类和非烃类化合物的混合物，组成石油化合物的分子量从几十到几千，相应的沸程从常温到500℃以上，其分子结构也是多种多样，因此石油不能直接作为产品使用，必须经过各种加工过程，炼制成多种在质量上符合要求的各种产品。石油产品根据特征和用途可分为六大类，即燃料、溶剂和化工产品、润滑油和有关产品、蜡、沥青和石油焦，是提供能源、交通运输燃料和有机化工原料最重要的产业。因此，石油炼制是我国国民经济的基础和支柱产业，是先进制造业的核心领域。目前我国炼油能力已跃居世界第二位。以 2018 年为例，我国炼油年产能达到 8.3 亿 t，石油和化工行业全年主营业务收入 12.40 万亿元(同比增长 13.6%)，利润总额 8393.8 亿元(同比增长 32.1%)，分别占全国规模工业主营收入和利润总和的 12.1% 和 12.7%。

受到原料油性质、市场需求、加工技术及经济效益等多方面因素的约束，各炼油厂采用不同的加工方案和工艺流程，大致可分为燃料型、燃料－润滑油型和燃料－化工型三种。图 13－1 至图 13－3 分别为三种加工方案的典型流程。为了合理利用石油资源和提高经济效益，许多炼油企业的加工方案已经由燃料型逐渐向另外两种类型转变。但不管采用哪种方案，石油的加工过程均由一些基本的工艺过程构成，主要工艺过程包括常减压蒸馏过程、催化裂化过程、催化重整过程、延迟焦化过程等。此外，为了达到产品质量要求，通常需要进行馏分油之间的调合(有时也包括渣油)，并且加入各种提高油品性能的添加剂。

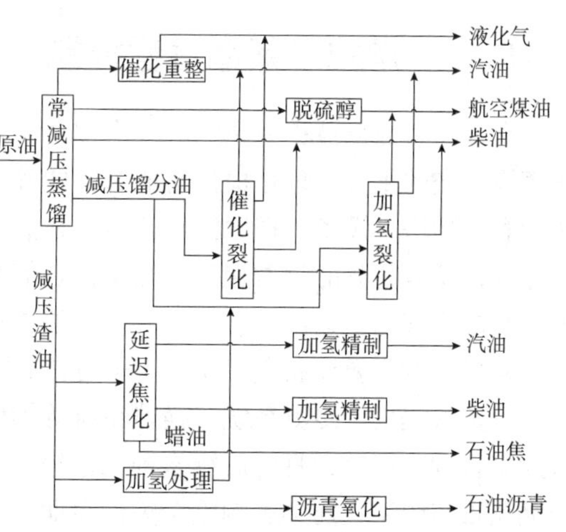

图 13－1　燃料型炼油厂加工方案典型流程

近年来，随着生产工艺技术的发展，我国炼油工业在石油产品的数量、品种和质量上，以及在生产过程的能量节约、污染防治、过程控制等方面，得到全面的发展和提高，尤其在过程控制方面，由于市场对石油产品质量的要求日渐提高，工艺过程变得更加复杂，过程控制也由简单的常规控制发展到复杂控制、先进控制、过程优化，以及目前的计算机集成制造系统(CIMS)等集成系统。有的炼油企业在主要装置上已实现了在线优化，对提高目的产品收率、降低能耗和提高经济效益等方面有明显效果。计算机技术在油品储运与调合及炼油生产与管理上也发挥了巨大的应用。然而，原油增长速度在逐年降低，重质油比例上升，沿海炼油厂加工进口高硫原油增多，这些将为炼油工业提出新的课题，一些新的炼油工艺技术和先进的控制方法，有待于开发和发展。从炼油过程自动化的发展趋势来看，应用先进的过程控制技术和信息技术，解决生产中的实际问题，是炼油企业技术进步中一项投入少、回收快、挖潜增效的重要措施。

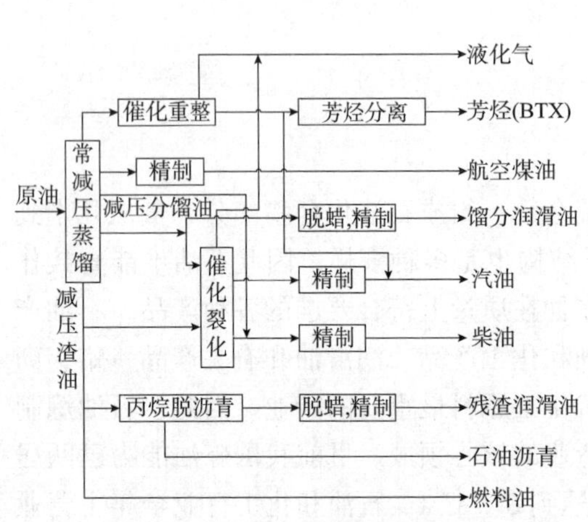

图 13-2　燃料-润滑油型炼油厂加工方案典型流程

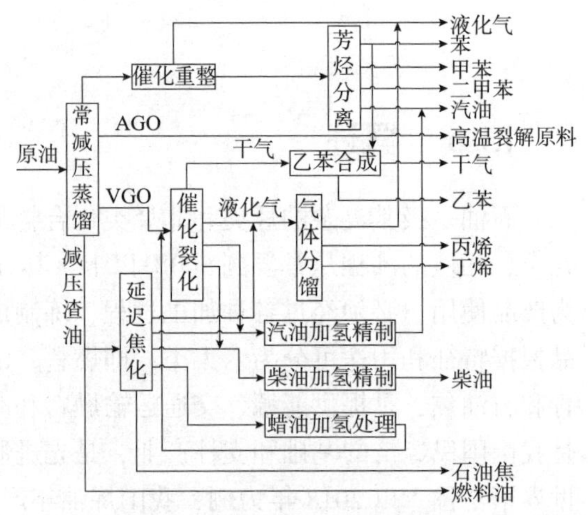

图 13-3　燃料-化工型炼油厂加工方案典型流程

13.2　常减压蒸馏过程控制

常减压蒸馏也被称为原油的一次加工，是石油炼制的第一道工序，即龙头工艺。常减压蒸馏工艺的主要原理是根据组成石油的各种烃类等化合物沸点的不同，利用换热器、加热炉和蒸馏塔等设备，把原油加热后，在蒸馏塔中多次进行部分汽化和部分冷凝，使气液两相进行反复充分的物质交换和热交换。借助于蒸馏过程，可以按所制定的产品方案将原油分割成相应的直馏汽油、煤油、轻柴油或重柴油馏分、润滑油馏分或各种二次加工原料等。常减压的主要设备包括分馏塔(通常有初馏塔、常压塔、减压塔等)和加热炉两大部分，以及汽提塔、冷凝系统、换热系统等辅助设备。由于常减压蒸馏过程的处理量大，参数众多且耦合严重，且为后续多种工艺提供原料，其控制质量的好坏，不仅影响本装置的产品质量与收率，还会影响整个炼油企业的生产状态。

13.2.1　常减压蒸馏过程的基本工艺流程

常减压蒸馏过程的工艺流程如图 13-4 所示，主要包括原油脱盐脱水、初馏、常压蒸馏、减压蒸馏等环节。

1. 原油脱盐脱水

原油均含有水分，水中又同时溶解有各种盐类(如 NaCl、$CaCl_2$、$MgCl_2$等)。原油中含水过多会导致能耗增加，也会导致蒸馏塔控制品质不佳，严重时会造成冲塔事故。而原油中的盐类则会水解生成强腐蚀性的 HCl，同时还会在管壁上沉积形成盐垢，不仅降低热效率，还增大了流动阻力，甚至会堵塞管路，造成生产事故。因此，原油首先需要进行脱盐脱水。

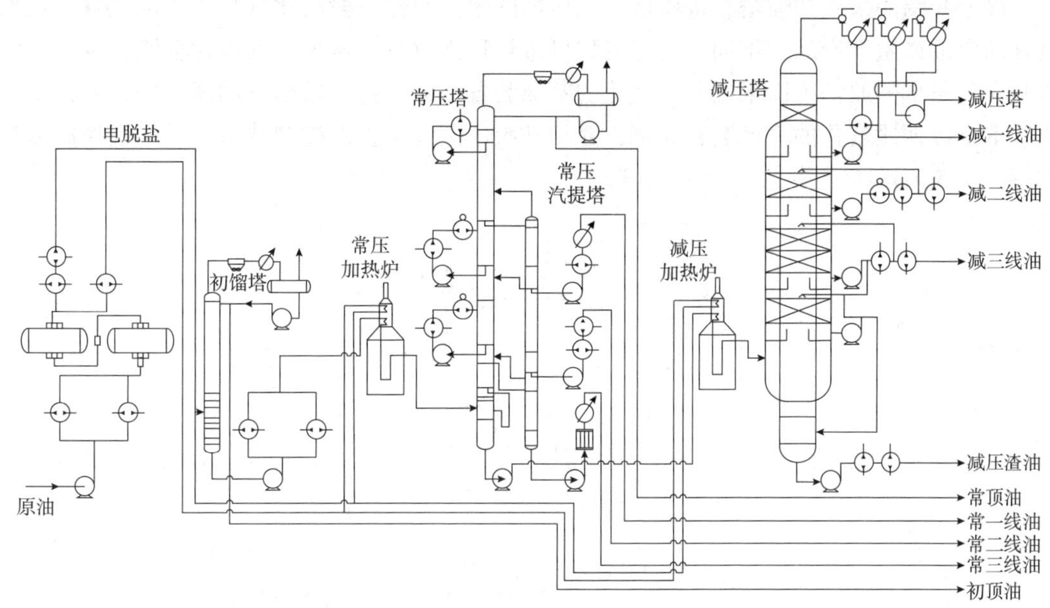

图 13－4　常减压蒸馏过程工艺流程

含水原油一般为油包水型乳状液，因此原油脱水必须破坏这种乳化状态。绝大多数现代炼油企业采用电脱盐脱水法，即采用高压电场破坏乳状液并促使水滴聚集，然后根据油水密度的差异通过自由沉降实现油水分离。为了增强破乳效果，可在原油中加入适当的破乳剂。原油中的盐类大部分溶于所含的水中，因此脱盐脱水是同时进行的。需要指出的是，为了能够脱除原油中悬浮的细盐粒，可在脱盐脱水前向原油中加入适量水，使细盐粒溶解于水，然后和水一并脱除。

2. *初馏*

原油经脱盐脱水后进行换热，将温度升高至 210～250℃后进入初馏塔，将残余的少量水分、腐蚀性气体及部分轻汽油分出。这样既可减少后续常压塔与常压炉的负荷，保证常压塔的稳定操作，又可减轻腐蚀性气体对常压塔的腐蚀，从而对平稳操作、确保产品质量、提升产品收率起到很好的作用。

3. *常压蒸馏*

从初馏塔底得到油（拔顶油）被泵送入常压炉，在常压炉中加热至 350～370℃后进入常压塔。常压塔顶分出的油气经过换热、冷凝，被冷却至 40℃左右，其中一部分作为塔顶回流，另一部分作为汽油产品；常压塔侧线则馏出煤油、柴油等比汽油重的组分；常压塔塔底则馏出重油（常压渣油）。

4. *减压蒸馏*

常压渣油温度约为 350℃，被热油泵抽出并送到减压炉加热至 390～400℃后送入减压塔。减压塔顶被蒸汽喷射器或机械真空泵抽成真空，塔顶压力一般为 1～5kPa（绝对压力）。减压塔顶一般不出产品或仅出少量产品（即减顶油），而是直接与抽真空设备连接，采用顶循环方式完成回流。减压塔侧线各馏分油经过换热、冷却后作为二次加工的原料；各侧线之间设 1～2 个中段循环回流。减压塔底的减压渣油经换热、冷却后出装置，也可稍经换热后直接送至下道工序（如焦化、溶剂脱沥青）作为热进料。

以上介绍的采用初馏塔、常压塔和减压塔的装置叫作三段汽化常减压蒸馏装置。根据处理的原油或生产产品的不同，上述流程可进行适当改变。例如，处理含轻馏分少、含水含盐含硫量低的原油可以采用两段汽化的蒸馏装置，即仅包含常压塔和减压塔，去掉初馏塔。本章以两段汽化的蒸馏装置为例，介绍常减压蒸馏装置的控制技术，其常规控制流程如图 13－5 所示。

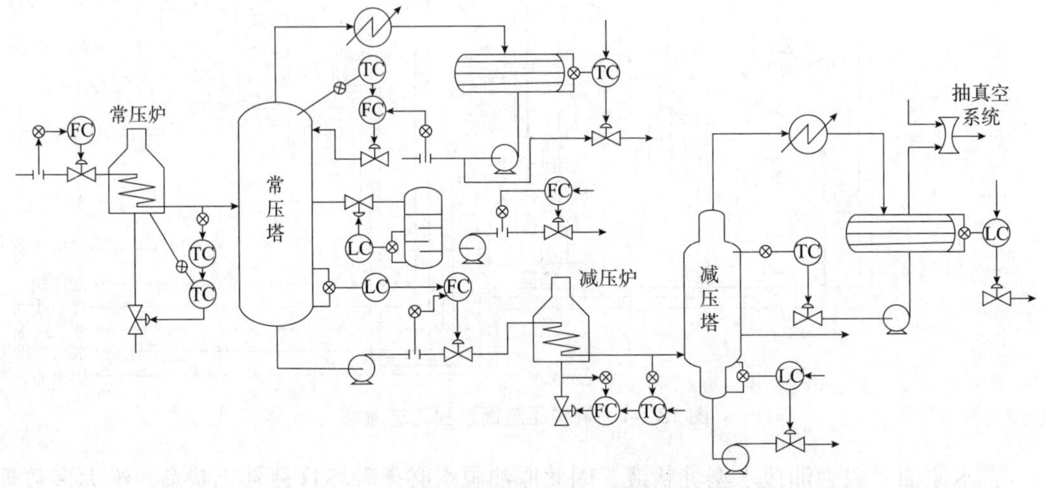

图 13－5　常减压蒸馏装置常规控制流程示意

13.2.2　常压塔的控制

常压塔总体上采用精馏塔的精馏段控制方案，常用的是按塔顶温度来控制顶回流量，以达到间接平稳产品质量的目的。塔底液位和流量构成串级均匀控制，以保证操作安全。塔底蒸汽流量设置定值控制，以稳定全塔热负荷。常压塔常用的控制回路如图 13－6 所示。

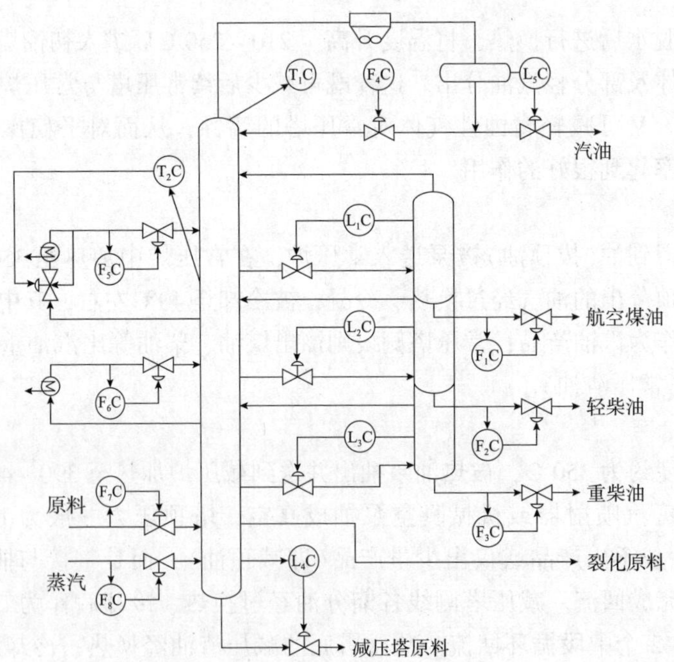

图 13－6　常压塔的基本控制回路

1. 塔顶温度控制

常压塔塔顶馏出的是汽油馏分，一线馏出航空煤油，塔顶温度可以决定塔顶产品的质量，是产品质量的间接控制指标。因此把温度作为主要的被控变量，可以采用如图13－6所示的塔顶温度(T_1C)和顶回流量(F_4C)的串级控制，当顶回流量有较大波动时，副回路可以进行超前调节，把顶回流量的波动控制在一定范围内，使对温度测量的影响减小，从而保证塔顶馏出产品汽油的质量。温度的设定值是由已知的原油和塔的各侧线产品实沸点蒸馏曲线，塔上各部位的温度、压力及入塔出塔各物流的流量等实时参数，通过物料平衡和热平衡计算得出。由于工艺对塔顶产品质量要求较高，所以这部分的控制是常压塔控制的关键。

2. 侧线温度与液位控制

常压塔侧线引出煤油和轻、重柴油等馏分。对侧线汽提塔的液位，汽提塔塔底流出量分别采用单回路定值控制。这时，汽提塔液位的较大波动不会影响轻质组分的吹出，即初馏点的变化。一般汽提塔液位控制的调节阀安装在常压分馏塔侧线的馏出口管线上，它与汽提塔塔底流出量的控制同时使用将有助于侧线温度的恒定，从而保证各侧线抽出产品的质量。

当塔顶温度稳定、各循环回流量固定时，侧线温度变化不大。所以，可采用控制循环回流量恒定的方法间接地保证侧线产品质量。具体控制方案为：加大循环回流量，使侧线馏出量减少，侧线温度就下降；反之，则侧线温度升高。侧线产品的质量指标(如柴油干点、长三线90%点等)通常通过软测量技术间接推断获得，因此，可以利用这些指标进行侧线温度的直接控制。

3. 塔压控制与进料量控制

常压塔的塔压可不进行闭环控制，而是直接将冷凝器的开口与大气联通。当塔顶的温度恒定后，常压塔的塔压可保持基本不变。

原料的流量决定了常减压蒸馏装置的负荷(处理量)。通常通过单回路的流量控制(见图13－6中的F_7C)来稳定进料量。同时，加热炉出口温度控制(见图13－5)也用来克服原料温度变化带来的扰动，从而保证常压塔操作的稳定。

4. 塔底液位常规控制

常压塔塔底产物为常压重油，包括胶质、沥青质等。常采用的方案是把塔底液位作为被控变量，流量为副参数的串级均匀控制。塔底液位作为主参数，可以使塔底贮存的油与蒸汽能有充分的接触，确保停留时间，有利于轻馏分的吹出。这个液位不能过低，也不能过高。前者造成停留时间太短，轻馏分被塔底油带走，后者重质馏分会被上升蒸汽带走，将会影响邻近塔底的侧线抽出产品的质量。塔底流量作为副参数，可以使塔底产品即减压塔进料量的波动减小。另外，为了稳定塔的汽提作用，必须对过热蒸汽的压力和流量进行定值控制。

13.2.3 减压塔的控制

减压塔通常用来生产润滑油馏分或裂化原料，对馏分要求不高，主要要求是：在馏出油残炭合格前提下提高拔出率、减少渣油量。因此，提高减压塔汽化段真空度、提高拔出率是减压塔的主要控制目标。减压塔的控制与常压塔的控制类似，其塔顶温度、一线流量和塔底液面采用的都是单回路控制。与常压塔不同的是，减压塔在减压的条件下工作，要对它的真空度进行控制。真空度的获得，一般靠蒸汽喷射泵或电动真空泵，这涉及各种真空泵的控制。减压塔常用的控制回路如图 13－7 所示。

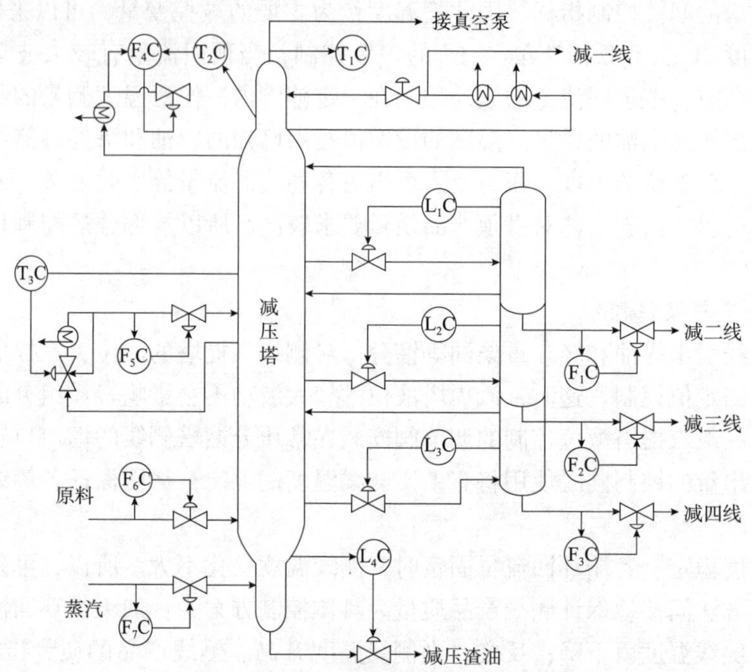

图 13－7　减压塔的基本控制回路示意

1. 塔压控制

采用二级蒸汽喷射泵，控制蒸汽压力和真空度。

2. 塔顶温度控制

减压塔塔顶不出产品，采用一线油打循环，回流控制塔顶温度，组成一线温度和回流量的串级控制。

3. 液位控制

与常压塔液位控制相似，汽提塔液位采用单回路控制系统。它与侧线产品采储量的定值控制系统一起，能够保证侧线温度的稳定。

4. 原料和过热蒸汽控制

与常压塔的原料和过程蒸汽控制方案类似。

13.2.4　常压塔塔底液位的非线性控制

常压塔塔底液位对于稳定整个常减压装置的操作十分重要。一方面，对常压塔而言，需要通过改变塔底抽出量来保持液位相对稳定；另一方面，常压塔底的抽出量又是减压炉的进料，对减压炉来讲，希望进料尽量保持稳定，不能有大的波动。常压塔底液位控制的目标就是要求将液位保持在一定的范围中，尽可能地减少塔底重油的调节对减压炉和减压塔操作的影响。这是典型的均匀控制问题，传统上采用简单或串级控制回路。这些方案仅凭经验人工地对参数进行调节，未充分考虑对象的特性，有时只能勉强兼顾液位和流量，控制效果并不理想。

这里介绍一种以罐中液体体积变化为依据的新型均匀液位控制方案，即基于内膜控制结构和预估优化相结合的非线性液位控制方法。此方法既可处理截面积固定的立罐，又可处理水平截面积并非固定值的卧罐的液位控制问题，控制效果比传统的方案有了明显的提高。

此先进控制方案的基本控制步骤如下。

1. 建立罐的体积特性

对于直立柱形罐，底面积为 A，高为 h，其体积可以表示为：

$$V(t)=Ah \tag{13-1}$$

对于水平放置的圆柱形罐，长度为 L，底面半径为 R，液位高度为 h，其体积可以表示为：

$$V(t)=L\left[\arccos\left(\frac{R-h}{R}\right)R^2-(R-h)\sqrt{R^2-(R-h)^2}\right] \tag{13-2}$$

2. 对罐入口流量扰动的预估 $d(t)$

设系统采样周期为 T，则在 $t-1$ 时刻罐入口流量的扰动量为：

$$d(t-1)=\frac{V(t)-V(t-1)}{T}+Q(t-1) \tag{13-3}$$

式中，$Q(t-1)$ 为在 $t-1$ 时刻的输出流量。假设在 t 时刻和未来时刻没有新的扰动，则可以得到对入口流量扰动的预估计值 $d(t+k)=d(t-1)$。

3. 输出流量的调节规则

当液位位于上、下限之间时，输出流量的调节可以根据式(13-4)给出的公式得到：

$$Q(t)=\begin{cases}Q(t-1)+\Delta Q & |\Delta Q|\leqslant\Delta Q^* \\ Q(t-1)+\Delta Q^* & |\Delta Q|>\Delta Q^*\end{cases} \tag{13-4}$$

式中，ΔQ 为满足终点约束条件的出口流量变化值；ΔQ^* 为对出口流量变化值违反约束条件时给出的最小值。它们的计算公式分别可以表示为：

$$\Delta Q=\frac{2[d(t-1)-Q(t-1)]}{P+1}+\frac{2[V(t)-V_s]}{TP(P+1)} \tag{13-5}$$

$$\Delta Q^*=\frac{d(t-1)-Q(t-1)}{K^*} \tag{13-6}$$

式中，P 为液位调节的品质因子，即决定以多大的速度将液位拉回到一定的约束范围内。$K^*=\dfrac{2[V_{\lim}-V(t)]}{T[d(t-1)-Q(t-1)]}$，$V_s$ 和 $V_{\lim}$ 分别为罐稳定时液体的体积和罐中液体体积的最大、最小约束范围，其中

$$V_{\lim}=\begin{cases}V_{\max} & d(t-1)>Q(t-1) \\ V_{\min} & d(t-1)\leqslant Q(t-1)\end{cases} \tag{13-7}$$

4. 输出流量的约束控制

由于在实际控制作用中，控制系统的输出流量变化一定会变到物理设备的约束，因此有必要对控制器的输出进行限幅处理，一般采用的输出限幅方法表示如下：

$$Q=\begin{cases}Q_{\min} & Q<Q_{\min} \\ Q & \text{otherwise} \\ Q_{\max} & Q>Q_{\max}\end{cases} \tag{13-8}$$

此方法设计简单，易于工程化实施，而且物理参数意义明确，经过现场测试，这种均匀液位的控制方法取得了较好的控制效果。

13.2.5 加热炉的控制

常压炉和减压炉是常减压蒸馏过程的主要耗能设备，为常减压蒸馏装置的几乎所有设备提供能量。同时，常压炉和减压炉温度变化较大会导致整个常减压蒸馏装置的操作发生很大波动。因此，对常压炉和减压炉的温度控制精度要求较高。加热炉主要的质量指标是炉出口温度，一般要求温度变化不超过 ±1℃。

1. 加热炉的常规控制方案

加热炉常采用的控制方案是把炉膛温度作为副参数、炉出口温度与炉膛温度的串级控制。此时，燃料的压力、流量和热值等干扰因素的影响都反映在炉膛温度上，即炉膛温度比炉出口温度提前感受干扰作用，因此，把炉膛温度作为副参数可以起到超前作用，克服炉出口温度的滞后：当干扰反映到炉膛温度时，就会提前进行调节。当燃料油压力(流量)的波动较大时，常采用以燃料油压力(流量)为副参数的炉出口温度与燃料油串级控制；当对出口温度要求不高，外来干扰小或负荷较低的场合，可以采用单回路控制。图 13－5 所示的常压炉、减压炉采用的都是串级控制。

常压炉进料一般分为几个支路，把炉出口各支路温度汇合后进行调节，仅能控制温度在规定范围内，这时可采用支路均衡控制，把各支路的出口温度和炉子总出口温度相比较，通过计算自动调节各支路的进料流量，可以维持各支路的温度均衡。对于常压炉进料的干扰，把进料量作为被控变量，采用定值控制，主要原因是此处原油温度较低，可以不必采用耐高温调节阀，也不会出现气相，有利于提高流量测量的准确性。

燃烧效率是加热炉的重要性能指标，提高加热炉的燃烧效率是降低常减压蒸馏过程能耗的主要方式。为此，需要保持理想的过程空气系数。常用的控制方案是控制空气和燃料油/气的比值。这种方式虽然简单，但在燃料性质波动较大时，不能保证加热炉的效率最大。由于烟气中氧气含量是过程空气系数的直接体现，所以可采用变比值控制方案，即通过控制烟气中氧气含量来调节空气/燃料比，间接控制燃烧效率。由于影响烟道气中氧气含量的主要干扰因素是燃料流量，故把燃料量的变化作为主要干扰进行前馈控制。然而，由于加热炉炉膛内严酷的工作环境，氧气含量测试仪极易损坏，这种基于氧气含量的控制系统难以长时间稳定运行。因此，实现热效率的优化首先需要简单合理的热效率在线估计模型，也可用软测量技术解决氧含量分析仪的问题。

此外，考虑到加热炉的安全性，需设计安全联锁系统，其常规联锁项主要包括进料流量过低或中断；燃料压力低；燃烧器熄火；雾化蒸汽压力低；烟风系统失灵等。

2. 加热炉的支路平衡控制方案

常压炉或减压炉进料一般分为几个支路。常规的控制方法是在各支路上都安装各自的流量变送器和调节阀，而用炉出口汇合后的温度来调节炉用燃料量。这种调节方法仅能将炉子的总出口温度保持在规定的范围内，而各支路的出口温度则有较大的变化，某一路炉管有可能因局部过热而结焦。为了改善和克服这种情况，可采用支路平衡控制。

加热炉支路平衡控制器根据被加热支路的温度，通过调整各支路流量的分配，来控制常压炉和减压炉中被加热支路间的温度平衡。调节方法为：保持通过炉子的总流量一定，而允许支路流量有变化；各支路的出口温度和炉总出口温度比较，通过计算自动调节各支

路的进料量，维持各支路的温度均衡。在加热炉支路平衡控制中，同时调整加热炉各支路流量的设定值，以保证各支路的温度平衡。其控制原理如图 13－8 所示。

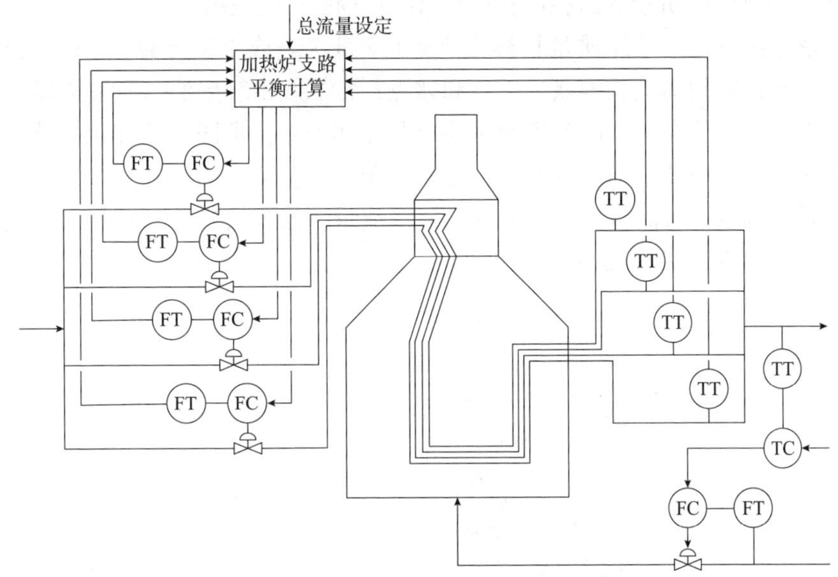

图 13－8 减压塔的基本控制回路示意

控制算法如下：

$$\Delta F_i = KF_i\left(\frac{T_i}{T_{\mathrm{wa}}} - 1\right) \tag{13-9}$$

$$T_{\mathrm{wa}} = \frac{\sum F_i T_i}{\sum F_i} \tag{13-10}$$

$$F'_{\mathrm{TRAG}i} = F_{\mathrm{TRAG}i} + \Delta F_i \tag{13-11}$$

式中，F_i为第 i 个支路的流量值；T_i为第 i 个支路的温度；K 为整定常数；T_{wa}为加权平均出口温度；ΔF 为第 i 个支路的流量修正值。$F_{\mathrm{TRAG}i}$为第 i 个支路旧的流量设定值；$F'_{\mathrm{TRAG}i}$为第 i 个支路新的流量设定值。

整定常数 K 为一个大于 0 的常数，通过它可以调整控制器调节的幅度，通常选择 $K=1$。

在执行支路平衡计算时，有以下约束条件：

①每个控制周期最大允许的流量变化。

②各支路流量调整之和应等于 0，以保证总的流量不变。

③支路流量的最大值和最小值，保证加热炉工作在最合适的范围内。

也可以用模型预测控制或差动方法实现加热炉支路平衡控制。

13.2.6 常减压蒸馏装置的先进控制

目前，国内外企业正在大规模地进行生产装置的改造或控制系统更新，DCS 已逐步取代常规控制仪表，以多变量预估控制为代表的先进控制技术应用逐渐广泛。精馏过程控制亦是这样。许多著名的过程控制软件公司、工厂，国外如 Aspen、DMC、Honeywell，国内中石化所属的如齐鲁石化公司、茂名石化公司等把先进过程控制的软件，成功地用于常减压蒸馏生产装置，并取得显著的经济效益。比较具有代表性的先进控制软件主要有 DMC 公司的

DMCplus，Honeywell 公司的鲁棒多变量预测控制技术(RMPCT)，清华大学开发的 SMART 控制器、中国石油大学开发的 PACROS 控制器、Setpoint 公司的多变量预测控制技术(IDCOM)等。现以 IDCOM 为例，介绍先进控制软件在常减压控制中的应用。

常压塔塔顶出汽油，产品质量指标是干点(质量仪表或工艺计算)；常一线出航空煤油，产品质量指标有初馏点、闪点、干点和冰点；常二线出轻柴油，质量指标主要是90%点；常三线出变压器油原料，质量指标主要有黏度和闪点；常四线处催化裂化原料，无主要的产品质量指标。塔顶汽油质量控制一般采用调节塔温度，而一线、二线、三线产品质量控制分别采用调节一线流量、二线流量、三线流量，控制效果并不理想，为此采用多变量预测控制，控制方案如图 13－9 所示。

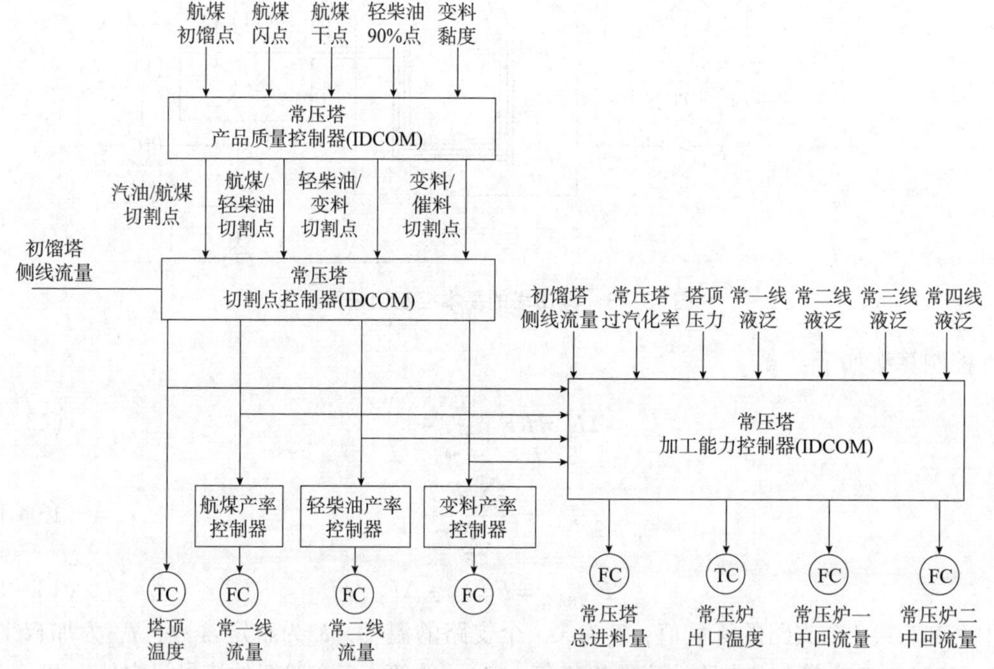

图 13－9 常压塔的多变量预测控制框图

IDCOM 的模型预估控制是用过程的脉冲响应模型预估过程行为。假设有一个 m 个输入，m 个输出的 MIMO 模型，无扰动作用，受控变量和操纵变量间的预估控制关系为：

$$\begin{cases} y_m^l(k+n) = \sum_{j=1}^{m}\sum_{i=1}^{N} h_{lj}(i)u_j(k+n-a)b_l(k) \\ b_l(k) = y_m^l(k) - \sum_{j=1}^{m}\sum_{i=1}^{N} h_{lj}(i)u_j(k-i) \end{cases} \tag{13-12}$$

式中，$l=1$，$2\cdots$；m 为被控变量的序号；$j=1$，$2\cdots$；m 为操纵变量的序号；n 为模型长度；k 为当前采样时刻；u 为操纵变量；y_m 为被控变量的实测值；y_m^l 为被控变量的预估值；h 为脉冲响应的系数；b_l 为模型误差。

预估器选择二次型指标，即：

$$J_p = \frac{1}{2}\left\{\sum_{i=1}^{m} w_l\left[y_r^l(k+n) - y_p^l(k+n)\right]^2 + \sum_{j=1}^{m} w_j u_j^2(k)\right\} \tag{13-13}$$

式中，w_l和w_j分别为被控变量预测误差和操纵变量的加权系数；y_r为被控变量的设定值。预估器的目标是计算出使得目标函数J_p最小的$u_j(k)$作为当前的控制变量。

根据实际生产情况，控制目标包括：

①控制汽油的干点,℃；

②控制航煤的初馏点、闪点和干点,℃；

③控制器轻柴油的90%点,℃；

④控制变料的黏度，$\times 10^{-6}m^2/s$；

⑤使附加值最高的航煤产率(质量分率)最大,%；

⑥使常压加热炉能耗最小；

⑦使常压蒸馏塔的处理量最大；

⑧保证常压蒸馏塔的操作在操作极限之内。

采用3个多变量预估控制器IDCOMs实现上述控制目标，如图13－9所示，分别是产品质量控制器、切割点控制器和加工能力控制器。

1. 产品质量控制器

产品质量控制器的被控变量(CV)是：

①航煤的初馏点,℃；

②航煤的闪点,℃；

③航煤的干点,℃；

④轻柴油的90%点,℃；

⑤变料的黏度。

被控变量的实测值来自在线质量分析仪表，都是要求保持在某个范围内的约束形变量。控制目标由人工设定。

产品质量控制器的操纵变量(MV)有：

①汽油/航煤切割点的设定值,℃；

②航煤/轻柴油切割点的设定值,℃；

③轻柴油/变料切割点的设定值,℃；

④变料/催料切割点的设定值,℃。

利用Setpoint公司的软件SMCA(setpoint model control algorithm)的模型辨识工具包测出产品质量控制过程的传递函数矩阵模型为(时间以分钟为单位)：

$$G_Q(s)=\begin{bmatrix}\frac{0.4e^{-53s}}{1+13s} & \frac{0.3e^{-41s}}{1+15s} & 0 & 0\\ \frac{0.8e^{-24s}}{1+9s} & \frac{0.4e^{-31s}}{1+14s} & 0 & 0\\ \frac{0.4e^{-47s}}{1+16s} & \frac{0.7e^{-37s}}{1+18s} & 0 & 0\\ 0 & \frac{0.4e^{-37s}}{1+15s} & \frac{0.45e^{-20s}}{1+18s} & 0\\ 0 & 0 & \frac{0.05e^{-54s}}{1+17s} & \frac{0.02e^{-50s}}{1+19s}\end{bmatrix} \tag{13-14}$$

显然，这是一个大时延、强耦合的多变量被控过程，采用 IDCOM 将多变量预估控制和实时优化控制结合在一起使航煤的产率最大，即使航煤的馏分最宽。因此对第一个 MV 设置了一个最小的 IRV（ideal rest value），对第二个 MV 设置了一个最大的 IRV，在每个控制周期，控制器根据违约的受控变量个数 N_{CV} 和可调节的操纵变量个数 N_{MV} 确定采取下面的某一种控制策略：

①$N_{CV} > N_{MV}$时，对 CV 实现最小二乘法的多变量预估控制；

②$N_{CV} = N_{MV}$时，对 CV 实现无偏差的多变量预估控制；

③$N_{CV} < N_{MV}$时，首先对 CV 实现无偏差的多变量预估控制，然后采用下述方法实现航煤产率的实时优化控制：

a. 当 $N_d \geqslant 2$ 时，第一个和第二个操纵变量跟踪相应的 IRV。

b. 当 $N_d < 2$ 时，对第一个和第二个操纵变量实现最小二乘法的优化控制。

其中，$N_d = N_{MV} - N_{CV}$ 称作操纵变量的自由度。

2. 切割点控制器

切割点控制器的被控变量如下：

①汽油/航煤切割点,℃；

②航煤/轻柴油的切割点,℃；

③轻柴油/变料切割点,℃；

④变料/催料切割点,℃。

上述 4 个被控变量的实测值由实时工艺计算得到，CV 都是保持在设定点的线性变量。而切割点控制器的操纵变量是：

①塔顶温度设定值,℃；

②航煤产率(重量分率)设定值,%；

③轻柴油产率(重量产率)设定值,%；

④变料产率(重量分率)设定值,%。

利用模型辨识工具软件 SMCA 测出切割点控制过程的传递函数矩阵模型为：

$$G_c(s) = \begin{bmatrix} \dfrac{2.0}{1+6s} & 0 & 0 & 0 & \dfrac{-1.0e^{-8s}}{1+15s} \\ \dfrac{1.8}{1+10s} & \dfrac{8.5}{1+8s} & 0 & 0 & \dfrac{-1.0e^{-13s}}{1+19s} \\ \dfrac{1.5}{1+15s} & \dfrac{6.5}{1+12s} & \dfrac{7.5}{1+7s} & 0 & 0 \\ \dfrac{1.2}{1+20s} & \dfrac{3.5}{1+17s} & \dfrac{4.0}{1+13s} & \dfrac{5.5}{1+12s} & 0 \end{bmatrix} \tag{13-15}$$

在这一级，切割点控制器 IDCOM 只实现多变量预估控制，即在每个控制周期根据可调节的操纵变量数确定采用下述之一的控制策略。

$N_{MV} < 4$ 时，对 CV 实现最小二乘法的多变量预估控制；

$N_{MV} = 4$ 时，对 CV 实现无偏差的多变量预估控制。

3. 加工能力控制器

加工能力控制器的被控变量是：

①常压塔的过汽化率,%；

②常压塔顶压力，kPa；

③常一线液泛，%；

④常二线液泛，%；

⑤常三线液泛，%；

⑥常四线液泛，%。

上述6个被控变量中塔顶压力由测量仪表直接得到，其余5个被控变量的实测值来自实时工艺计算软件包。这些被控变量都要求保持在一定范围内的约束型变量。加工能力控制器的操纵变量是：

①常压炉的总进料量设定值，t/h；

②常压炉的出口温度设定值，℃；

③常压塔的一中流量设定值，t/h；

④常压塔的二中流量设定值，t/h。

对加工能力控制器而言，扰动变量是：

①初馏塔的侧线流量设定值，t/h；

②航煤产率（重量分率）设定值，%；

③轻柴油产率（重量分率）设定值，%；

④变料产率（重量分率）设定值，%；

⑤常压塔顶温度设定值，℃。

在4个操纵变量中，除常压炉的总进料量设定值经一个分配器送至常压炉的4路流量控制器（I/A系统中的PID控制器）外，其余3个操纵变量直接送至I/A系统的相应控制器上。

加工能力控制器将多变量预测控制和时实优化控制结合在一起。为使常压塔的处理量最大且能耗最小，对第一个和第二个MV分别设置了最大和最小IRV。在每个控制周期，控制器根据违反约束的受控变量个数和可调节的操纵变量个数确定采取合适的控制策略。

13.3 催化裂化过程控制

催化裂化（flowed catalytic cracking unit，FCCU）是炼油工业中最重要的二次加工过程，是重质油轻质化的重要过程。催化裂化工艺以广泛的原料适应性、高附加值产品产出、操作条件温和等优点成为加工重质油的主要方式，承担了我国75%以上汽油、35%以上柴油及约40%丙烯的生产任务，占我国原油加工总量的30%以上。催化裂化的原料一般是重质馏分油，如减压馏分油（减压蜡油）和焦化重馏分油等，部分或全部的渣油也可以作为催化裂化原料。催化裂化的主要产品有液化气、汽油、柴油等。

催化裂化过程工艺复杂，其装置也日趋大型化。一方面，由于常减压深拔和多掺渣油，且原油日趋重质化和劣质化，催化裂化装置的原料日趋变差；另一方面，生产上则希望进一步提高轻质油和低碳烯烃收率，且能够灵活调整目标产品的收率，以适应多变频繁的市场需求。在操作层面上，催化裂化工艺参数呈现强耦合和强非线性特性，并受到多重约束；许多重要的关键参数无法实时检测。这些复杂的工艺与操作特性给催化裂化过程的控制提出了很高的要求，也为实施先进控制和优化提供了很好的机会。

13.3.1 催化裂化过程的基本工艺流程

我国最常用的一种催化裂化工艺是提升管催化裂化工艺，其工艺流程如图13－10所示，主要包括反应－再生系统、分馏系统、吸收－稳定系统。

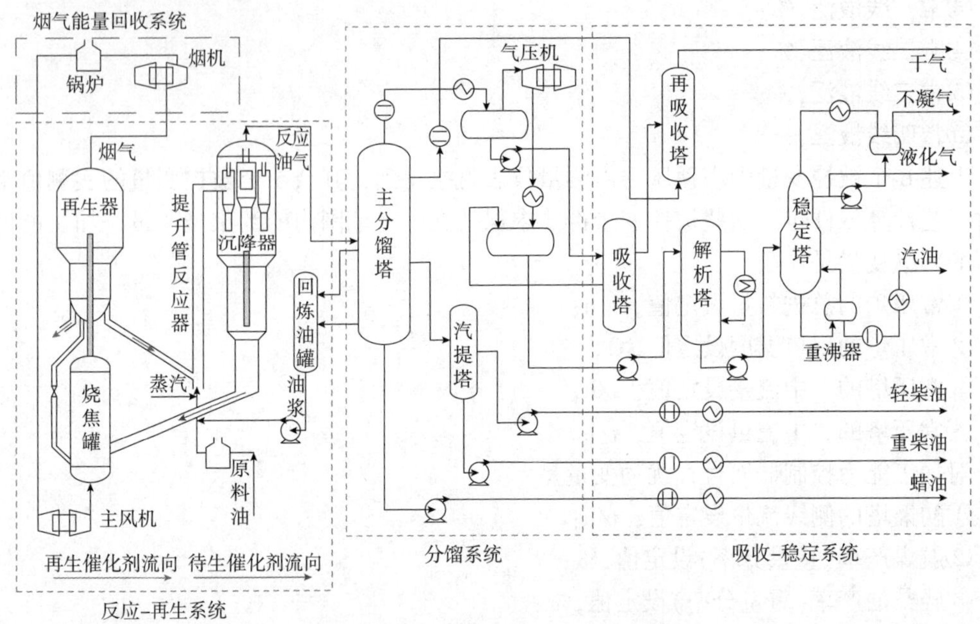

图 13－10　提升管催化裂化工艺流程

1. 反应－再生系统

原料油经加热炉加热到370℃左右，由原料油喷嘴以雾化状态进入提升管反应器，与来自再生器的高温（650～700℃）催化剂相遇并立即汽化发生反应。油气与雾化蒸汽、提升蒸汽一起携带着催化剂高速通过提升管，经快速分离器分离后，大部分催化剂被分出并落入沉降器底部，油气携带少量催化剂经过两级旋风分离器后，夹带的催化剂被进一步分出，而反应后的油气则进入分馏系统。

积有焦炭的待生催化剂由沉降器进入其下面的汽提段，用过热蒸汽进行汽提以脱除吸附在催化剂颗粒表面的少量油气。待生催化剂经待生斜管、待生单动滑阀进入再生器，与来自再生器底部的空气（由主风机提供）接触形成硫化床层，进行再生（烧焦）反应，同时释放出大量的燃烧热，以维持再生器内足够高的床层温度（密相段温度为650～700℃）。再生后的催化剂经再生斜管和再生单动滑阀返回至提升管反应器循环使用。

烧焦罐中烧焦产生的再生烟气经过三级旋风分离器后，进入烟气能量回收系统。

2. 分馏系统

由反应－再生系统来的高温油气进入催化分馏塔下部，经装有挡板的脱过热段脱热后进入分馏段，分馏后得到富气、粗汽油、轻柴油、重柴油、回炼油和油浆。富气和粗汽油去稳定－吸收系统；轻柴油、重柴油经汽提、换热或冷却后出装置；回炼油则返回反应－再生系统进行回炼。塔底油浆的一部分送入反应－再生系统回炼，另一部分经换热后循环回分馏塔（也可将其中一部分冷却后送出装置）。

3. 吸收－稳定系统

从分馏塔塔顶油气分离器出来的富气含有粗汽油组分，而粗汽油中则溶有C_4、C_3甚至C_2组分。吸收－稳定系统的作用就是利用吸收和精馏的方法将富气和粗汽油分成干气

($C \leqslant C_2$)、不凝气、液化气和稳定汽油。

在吸收－稳定系统中，富气经升压、冷却并分出凝缩油后，由底部进入吸收塔；稳定汽油和粗汽油则作为吸收液由吸收塔顶部进入，将富气中的 C_2、C_3、C_4 等吸收后得到富吸收汽油。富吸收汽油由塔底抽出并送至解吸塔顶部。吸收塔顶部出来的贫气中夹带有汽油，可经再吸收塔用轻柴油回收。

富气吸收油中含有的 C_2 组分不利于稳定塔操作，所以需要在解吸塔中先将 C_2 解吸出来。脱去 C_2 的油进入稳定塔(本质上是精馏塔)，通过精馏作用，在塔顶得到液化气，塔底得到稳定汽油。

大型催化裂化装置还设有烟气能量回收系统，其作用是最大限度地回收能量，提高能源利用效率。常用的方式为：来自第三级旋风分离器的高温烧焦烟气进入烟气轮机，其动能被转换为机械能；烟气轮机带动发电机和主风机，发电机提供电能，主风机则将空气送入再生系统的烧焦罐中。此外，对非完全再生装置，烟气通过 CO 锅炉燃烧回收 CO 的化学能；对完全再生装置，烟气进入余热回收锅炉，回收烟气的显热，产生蒸汽。最后，烟气经过洗涤塔，通过水洗或酸洗后，排入大气。

13.3.2　反应－再生系统的控制

反应－再生系统是催化裂化装置中最重要的部分，其反应机理和工艺动态过程错综复杂，对控制系统提出了很高的要求，特别是反应深度的控制。反应深度决定了产品的产率和品质。原料性质、催化剂的活性和选择性、雾化效果和流动状况、反应温度与压力、剂油比、原料预热温度、回炼比等，都对反应器的转化率有很大影响。由于目标产物汽油、柴油和液化气是反应的中间产物，采取合适的反应条件以尽量减少这些目标产物进一步裂化可提高反应转化率。同时，反应器和再生器之间存在严重的物质耦合与能量耦合。

催化裂化装置的控制目标为保持反应器和再生器内的平衡，即物料平衡、能量平衡和压力平衡。另外，还需要自保措施，保证在事故状态下能切断进料，使两器独立，保证装置安全。图 13－11 所示为带烧焦罐的催化裂化过程反应－再生系统典型的常规控制方案。

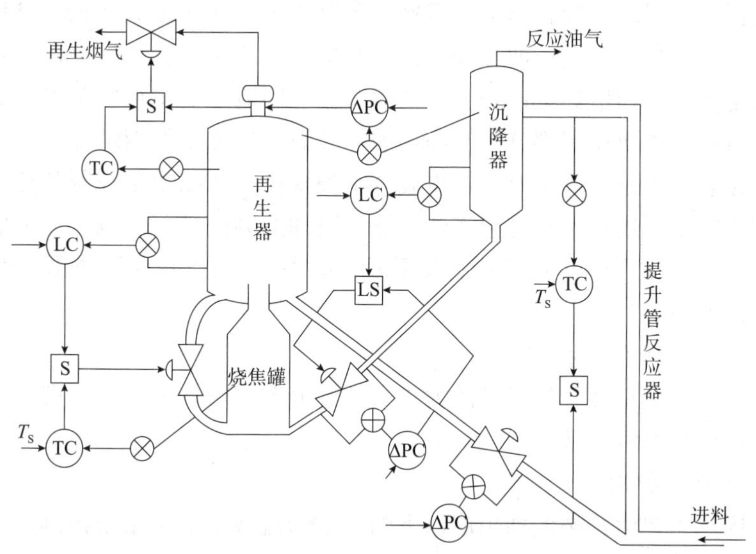

图 13－11　催化裂化过程反应－再生系统的常规控制方案

1. 提升管反应器出口温度控制

提升管反应器出口温度和再生滑阀两端差压组成选择性控制系统，其中选择器为低选器。正常情况下，根据提升管反应器出口温度来控制再生滑阀开度，以调节温度、控制产品质量。当再生滑阀开度过大，再生滑阀压降调节器输出信号降低至低于出口温度的输出信号时，选择器将选择差压控制器的输出信号控制再生滑阀的开度，以防止催化剂倒流。

2. 反应器内沉降器的料位控制

沉降器料位与再生滑阀压降构成选择性控制系统，其中选择器为低选器。正常工况下根据沉降器料位变化调节再生滑阀的开度达到平衡；异常工况下，选择根据再生滑阀的压降进行滑阀开度调节，从而保持反应器和再生器的催化剂储量平衡。

反应器温度和反应器内沉降器料位控制回路，组成了反应器与再生器之间的催化剂循环控制系统。

3. 再生器压力和反应器、再生器的差压控制

反应器和再生器的差压是控制反应－再生系统压力平衡的重要变量。若再生器压力过高，大量空气会进入反应器，引起爆炸；若反应器压力过高，大量油气会进入再生器，引起剧烈燃烧甚至爆炸。一般反应器压力通过气体压缩机入口压力进行控制，反应器与再生器之间的差压通过调节再生器顶部的烟气排放量进行控制。两器差压和再生器压力构成选择性控制系统。正常工况下，根据两器差压的变化来控制双动滑阀；异常工况下，选择根据再生器压力变化来调节压力平衡。

4. 再生器储量与烧焦罐温度的选择性控制

正常情况下，根据再生器催化剂储量调节，异常时选择烧焦罐的温度进行控制。随着外取热技术的发展，对于生焦量大的催化裂化装置，再生器密相温度可通过调整外取热器的取热量进行调节。

13.3.3 主分馏塔的控制

在催化裂化装置中，主分馏塔是一个多侧线的分馏塔，不同于常压塔，其特点是进料直接来自反应器，进料组成和状态由反应器工况所决定，而非独立变量。进料组分包括干气、液化气、汽油、柴油、循环油和油浆，还有催化剂粉末。进料是460～510℃的高温过热油气，这决定了主分馏塔热量过剩，需要通过循环回流取走多余的热量。另外，主分馏塔的循环回流量还是吸收稳定部分的热源，前后关联，增加了控制难度。

对催化裂化装置主分馏塔主要应解决装置平稳操作、产品质量控制和热量平衡优化的问题。催化裂化的主要质量指标是粗汽油干点、柴油的凝固点、闪点等。一般以塔顶循环取热和中段取热负荷作为调节分离品质的手段。图13－12所示为催化裂化装置主分馏塔典型的常规控制方案。

1. 主分馏塔塔底液位的控制

液位调节器通过调整油浆外甩量的大小来控制分馏塔塔底液位，也有的主分馏塔通过调整油浆取热量来控制塔底液位。

2. 轻柴抽出温度控制

轻柴油凝固点主要由轻柴油抽出层以下的一中回流调节取热量来控制，一般以调节返塔温度为主，调节返塔流量为辅。

轻柴油闪点通过调节轻柴油汽提塔汽提蒸汽量来控制。

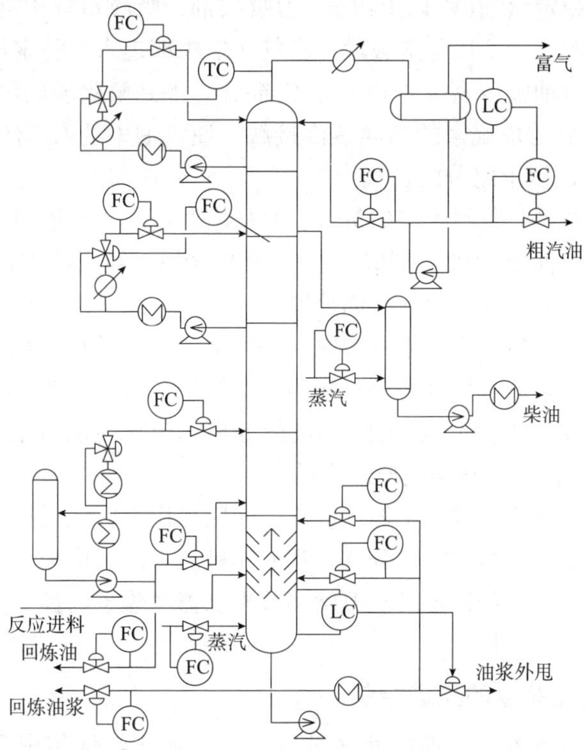

图 13－12　催化裂化装置主分馏塔的常规控制方案

3. 主分馏塔塔顶温度控制

粗汽油干点主要由分馏塔顶循环回流调节取热量来控制，一般以调节返塔温度为主，调节返塔流量为辅。

分馏塔顶回流罐液位与粗汽油至稳定流量串级控制。

13.3.4　吸收－稳定系统的控制

吸收－稳定系统包括吸收－解吸塔和稳定塔。吸收－稳定系统的控制系统简图如图 13－13 所示。

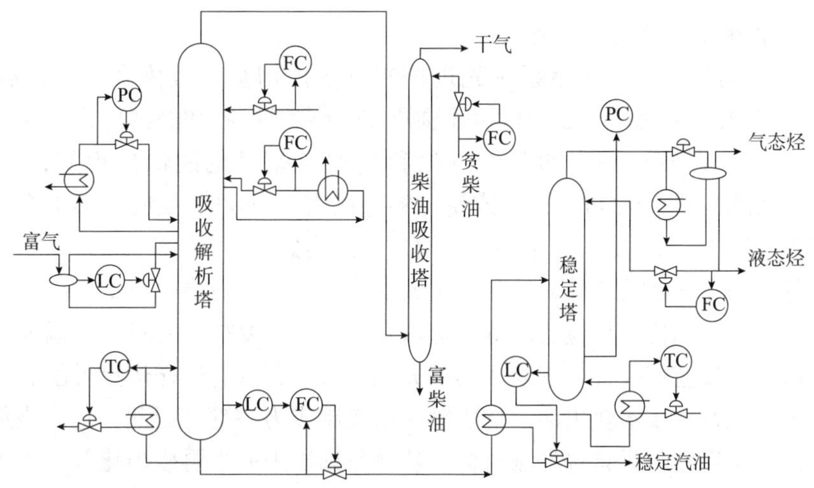

图 13－13　吸收－稳定系统的常规控制方案

吸收－解吸塔用稳定汽油(C_3以上组分)为吸收剂，吸收富气中得 C_3、C_4馏分，全塔分为两段，上段是吸收段，下段是解吸段。富气从塔中部进入，稳定汽油由塔顶打入，在塔内逆向接触，稳定汽油吸收富气中得 C_3、C_4馏分。下到解吸段的汽油除含 C_3、C_4馏分外，还含有 C_2馏分，它与塔底来的高温蒸汽接触，使汽油中的 C_2馏分解吸，从塔顶出来的馏出物是基本脱除 C_3以上组分的贫气。

柴油解吸塔的进料是吸收解吸塔的贫气，它从塔底进入，与塔顶进入的来自分馏塔的贫柴油逆向接触，贫柴油作为吸收剂吸收贫气中的汽油，经吸收汽油后的干气从塔顶引出，吸收汽油后的柴油从塔底采出，送回分馏塔。

稳定塔本质上是一个精馏塔。来自吸收－解吸塔的吸收了 C_3、C_4馏分的汽油从稳定塔的中部进入，塔底产品是蒸汽压合格的稳定汽油，塔顶产品经冷凝后分为液态烃(主要是 C_3、C_4馏分)和气态烃(C_2馏分)。液态烃再进行分离，脱除丙烷(脱丙烷塔)、丁烷(脱丁烷塔)、丙烯(脱丙烯塔)等，获得相应的产品。

吸收－解吸塔的吸收段设置 2 个循环回流，一般采用定回流量控制。塔顶加入的稳定汽油量也采用定值控制。进塔的富气分气相和液相进入不同的塔板，液相进料量采用液位均匀控制。再沸器的控制采用恒定塔釜温度调节再沸器加热量的控制方式。塔底采出采用塔釜液位和出料的串级均匀控制。

13.3.5 催化裂化装置的先进控制

除上述常规控制方案外，目前已有多种成熟的商业化软件包用于催化裂化的先进控制，如 AspenTech 公司的 DMCplus，HoneyWell 公司的 RMPCT、早期 Setpoint 公司的 IDCOM 与 SMC 等。这些产品的实施方案大都是在基本控制回路的基础上增加多变量预测控制系统，同时包含机理模型，进行稳态优化。另一条技术路线是采用机理建模的方法。例如，中国石油大学袁璞教授团队提出了反应热控制和动态实施优化方案，以反应过程中单位进料所需的热量作为衡量反应深度的标志，建立反应过程的动态机理模型，用实测数据进行参数估计，利用状态空间模型的单值预估控制算法实现了反应再生部分反应深度的多变量预测协调控制，以及基于反馈机理的动态实时优化。我国催化裂化装置引进的第一套先进控制软件是 Setpoint 公司的 IDCOM－M。本节介绍关于反应－再生系统和主分馏塔的先进控制方案。

1. 反应－再生系统的先进控制

Honeywell 公司的反应－再生系统先进控制方案使用基于鲁棒多变量预测控制技术(RMPCT)，如图 13－14 所示，采用利润控制器进行在线控制和经济优化。这种先进算法对调节要求最小，即使在一定的条件变化和模型误差时也能保持很好的控制。利用 RMPCT 可以实现反应器产品价值优化或使进料量最大。RMPCT 反应－再生系统多变量预测控制器框图如图 13－15 所示。相关变量的选择阐述如下：

在提升管中，原料裂化成轻质油品并生成油浆、干气、焦炭。决定反应深度和产品分布的变量有空速、剂油比、反应温度等，选取它们作为主要被控变量。高温催化剂进入烧焦罐与烧焦罐主风反应烧掉催化剂表面的部分炭和大部分氢，这样烧焦罐就有较高的水蒸气分压。为使催化剂免于水热失活，烧焦罐床温控制成为关键。因此，选取烧焦罐和再生器烧焦比、烧焦罐床温作为首选控制目标。从烧焦罐出来的半再生催化剂进入再生器，将剩余炭用过量氧完全燃烧。因为已经烧掉几乎全部的氢，降低了再生器中的水蒸气分压，

再生器可以在更高的温度下操作而不会造成催化剂的水热失活，因此，控制器设计的重点在设备安全约束内保证操作状态良好，将再生器烟气氧含量、再生器床温等作为被控变量。出于设备约束考虑还加入再生器稀相最高温度约束、再生器旋风入口线速约束等被控变量。

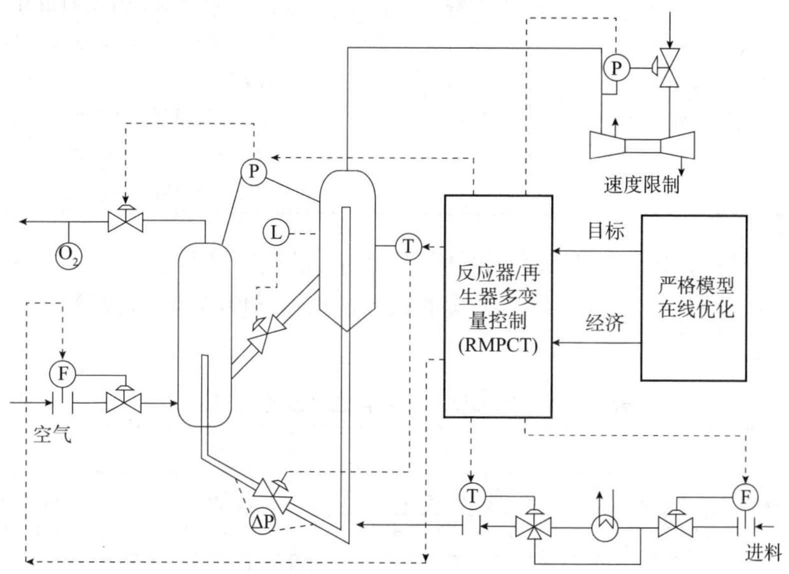

图 13－14　HoneyWell 公司的反应－再生系统的先进控制方案(RMPCT)

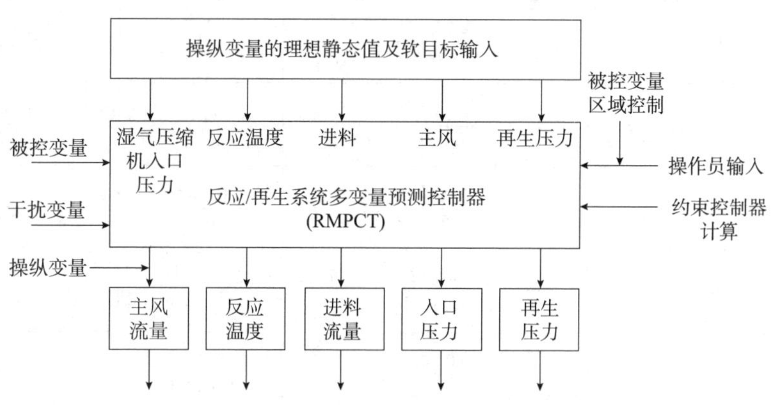

图 13－15　RMPCT 的多变量控制器

操纵变量和被控变量及其控制目标列于表 13－1 中。

表 13－1　FCCU 反应－再生系统 RMPCT 控制器主要控制变量和目标

变量	标记	控制目标
操纵变量：		
主风流量	u_1	理想值(IRV)
进料流量	u_2	理想值(IRV)
进料预热温度	u_3	理想值(IRV)
提升管温度	u_4	理想值(IRV)

续表

变量	标记	控制目标
被控变量:		
烟气氧含量	y_1	给定值(SETPOINT)
再生床层温度	y_2	区域限制(ZONE LIMIT)
油气流量	y_3	最大区域限制(MAX ZONE LIMIT)
湿气压缩机压力控制器输出	y_4	最大区域限制(MAX ZONE LIMIT)
提升管温度控制器输出	y_5	最大区域限制(MAX ZONE LIMIT)
再生滑阀压差	y_6	最小区域限制(MIN ZONE LIMIT)
待生滑阀压差	y_7	最大区域限制(MAX ZONE LIMIT)

此外，RMPCT 中对于关键参数(如烟气氧含量)的实时估计和优化，可通过系统的数学模型获得。在本例中，反应－再生系统的输入输出数学模型通过阶跃测试获得，其传递函数如表 13－2 所示。

表 13－2　FCCU 反应－再生系统的传递函数

	u_1	u_2	u_3	u_4
y_1	$\frac{0.097(1.7s+1)e^{-2s}}{19s^2+6.5s+1}$	$\frac{-0.092(0.25s+1)e^{-3s}}{3.7s^2+4.7s+1}$	$\frac{0.026e^{-7s}}{12s+1}$	$\frac{-0.074(4.8s+1)}{9.3s^2+3.4s+1}$
y_2	0	$\frac{0.55e^{-4s}}{10s^2+4.9s+1}$	0	$\frac{0.74(1.7s+1)e^{-2s}}{11s^2+7.3s+1}$
y_3	0	$\frac{0.14e^{-6s}}{46s^2+8.5s+1}$	0	$\frac{0.27(16s+1)}{53s^2+23s+1}$
y_4	0	$\frac{0.25e^{-7s}}{3.0s+1}$	0	$\frac{0.70}{3.0s+1}$
y_5	0	$\frac{0.66e^{-s}}{2.5s+1}$	$\frac{-0.9e^{-10s}}{6.0s+1}$	$\frac{1.0}{2.0s+1}$
y_6	0	$\frac{-0.90}{1.5s+1}$	$\frac{0.35e^{-10s}}{5.0s+1}$	$\frac{-(0.64s+1)}{13s^2+7.0s+1}$
y_7	0	$\frac{0.90}{s+1}$	$\frac{-0.35e^{10s}}{5.0s+1}$	0.80

2. 主分馏塔的先进控制

FCCU 的主分馏塔不仅具有多侧线产品及多个中间换热器，而且输入该塔的热量不是独立变量，而是由反应器工况所决定的。反应器工况除影响主分馏塔的输入热量外，还影响进料性质。主分馏塔内通常有很多的蒸汽，汽液比高，这使得产品分馏对操作的变化敏感。此外，热流量大和液体积聚多，对塔的工况会产生很不利的影响。采用先进控制技术有望改善经济性和塔的操作。下面介绍一种能够综合考虑变量间耦合及输入输出的多变量广义预测控制器。

某炼油厂 140 万 t/a 重油 FCCU 装置的主分馏塔工艺流程如图 13－16 所示。相关符号意义如表 13－3 所示。

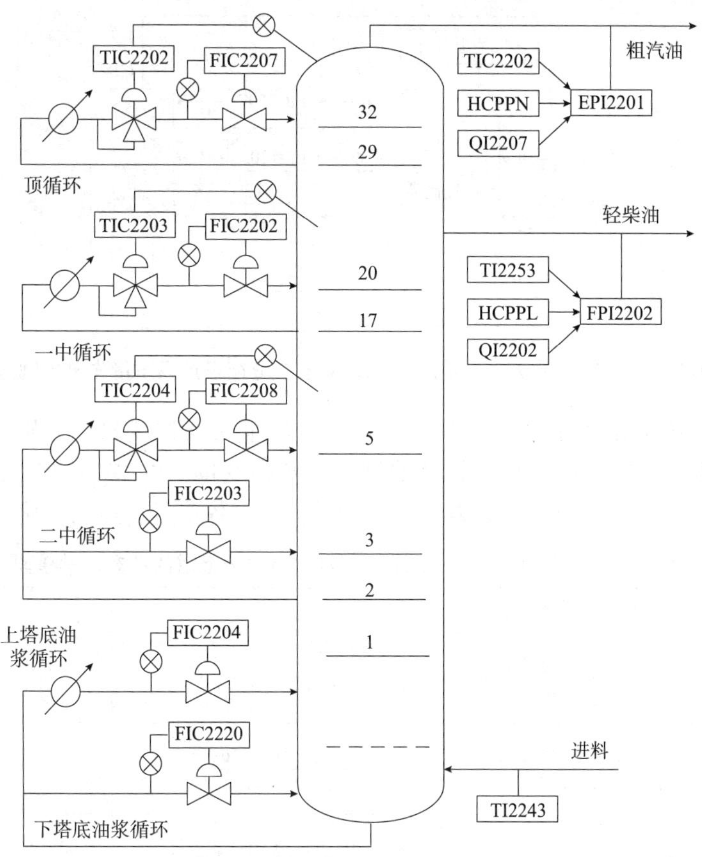

图 13－16　某 140 万 t/a 重油 FCCU 装置主分馏塔控制系统示意

表 13－3　某 140 万 t/a 重油 FCCU 装置主分馏塔控制系统相关符号含义

FIC2207	顶循环流量控制器	TI2243	进料温度
FIC2202	一中循环流量控制器	EPI2202	粗汽油干点软仪表
FIC2208	二中上循环流量控制器	FPI2202	轻柴油倾点软仪表
FIC2203	二中下循环流量控制器	QI2207	顶循环取热量
FIC2204	上塔底油浆循环流量控制器	HCPPN	粗汽油油气分压
FIC2220	下塔底油浆循环流量控制器	TI2253	第 20 层塔盘气相温度
TIC2202	塔顶温度控制器	QI2202	一中循环取热量
TIC2203	一中循环温度控制器	HCPPL	轻柴油油气分压
TIC2204	二中循环温度控制器	塔板总数	32

(1)先进控制策略

在 DCS 基本控制回路闭环的基础上，并在粗汽油干点和轻柴油倾点软测量仪表调校正确的前提下，通过多变量约束广义预测控制器克服进料、压力等扰动的影响，实现粗汽油干点和轻柴油倾点的卡边先进控制。FCCU 主分馏塔产品质量卡边先进控制方案如图 13－17所示，其中 T_{top} 代表塔顶温度，w_1、w_2 和 w_3 分别代表塔顶温度给定值、干点给定值及倾点给定值。

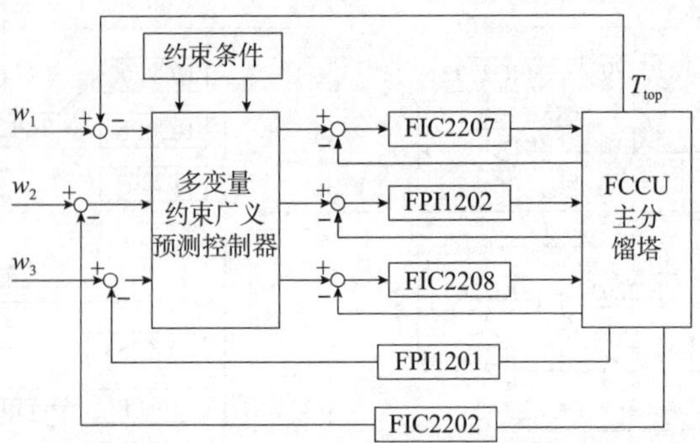

图3－17　某 140 万 t/a 重油 FCCU 装置主分馏塔产品质量先进控制方案

通过分析，选取循环流量、一中流量和二中流量为操作变量，分别以 $MV_1 \sim MV_3$ 表示；选择塔顶温度、粗汽油干点和轻柴油倾点为被控变量，以 $CV_1 \sim CV_3$ 表示。通过输入输出数据，辨识得到其数学模型如表 13－4 所示，其中各变量均经归一化处理。

表 13－4　某 140 万 t/a 重油 FCCU 装置主分馏塔的动态数学模型

	CV_1	CV_2	CV_3
MV_1	$\frac{0.0059+0.0321q^{-1}}{1-0.9287q^{-1}}q^{-8}$	0	0
MV_2	$\frac{0.6369-0.53561q^{-1}}{1-0.9081q^{-1}}q^{-3}$	$\frac{0.1312+0.0216q^{-1}}{1-0.9144q^{-1}}q^{-5}$	0
MV_3	0	$\frac{0.195-0.0198q^{-1}}{1-0.9182q^{-1}}q^{-1}$	$\frac{0.7044-0.5191q^{-1}}{1-0.8615q^{-1}}q^{-3}$

从表 13－4 可以看出，不少通道具有较大的滞后，部分通道具有非最小相位特性，且操纵变量之间存在较严重的耦合。

(2)多变量广义预测控制

采用以下内模控制策略：

$$A_{ii}(q^{-1})y_i(t) = \sum_{j=1}^{m} B_{ij}(q^{-1})u_j(t) \tag{13-16}$$

式中，$y_i(t)$ 和 $u_j(t)$ 分别为 t 时刻的第 i 个输出和第 j 个输入；$A_{ii}(q-1)$ 和 $B_{ij}(q-1)$ 由传递函数矩阵 $G_{ij}(q-1)$ 获得，且 $A_{ii}(q-1)$ 为对角矩阵，其对角线上的元素等于 $G_{ij}(q-1)$ 相应行的最小公分母，$B_{ij}(q-1)=A_{ii}(q-1)G_{ij}(q-1)$。

相应地，预测模型可以写为：

$$\hat{y}_i(t+k\mid t) = \sum_{j=1}^{m} G_{ij}(q^{-1})\Delta u_j(t+k-1) + f_i(t) \tag{13-17}$$

式中，$f_i(t) = \sum_{j=1}^{m} G_{pij}(q^{-1})\Delta u_j(t-1) + G_0(q^{-1})y_i(t)$。

然后，将优化目标设计为：

$$\mathrm{Min}\ J = \sum_{i=1}^{n} P_i \sum_{j=N_{1i}}^{N_{2i}} [\hat{y}_i(t+j\mid t) - w_i(t+j)]^2 + \sum_{i=1}^{m} Q_i \sum_{j=1}^{N_{ui}} [\Delta u_i(t+j-1)]^2 \tag{13-18}$$

式中，N_{1i}和N_{2i}分别为预测时域的初值和中值，$N_{1i}=d_i+1$，$d_i=\min_j(d_{ij})$，d_{ij}为第j个输入到第i个输出之间的滞后时间；$N_{2i}=N_{1i}+N_i-1$，N_i为预测时域的长度；$N_{ui}<\max_j(N_i-d_{ij})$，$N_{ui}$为控制时域；$w_i(t+j)$为未来的输出参考值；$P_i$和$Q_i$为加权因子，均为正数。

最后，当前时刻的第i个操作标量控制作用$u_i(t)$通过式(13－19)计算：

$$u_i(t)=u_i(t-1)+d^{\mathrm{T}}(w_i-f_i) \tag{13-19}$$

式中，$w_i=[w_i(t+1)\cdots w_i(t+N)]^{\mathrm{T}}$，$f_i=[f_i(t+1)\cdots f_i(t+N)]^{\mathrm{T}}$，$d$可由模型与控制器参数确定。

先进控制系统投运后，整个催化裂化装置的控制性能得到明显改善，装置运行的平稳性显著提升，不仅实现了产品质量卡边控制，使得产品合格率和收率均得到提升，同时也降低了装置的整体能耗。

13.4 催化重整过程控制

催化重整是重要的石油二次加工方法，通常以直馏汽油馏分(生产上也称为石脑油)为原料，其目的是生产高辛烷值汽油(一般在90以上)或轻芳烃(苯、甲苯、二甲苯，简称BTX)，同时副产氢气作为加氢工艺的原料来源。“重整”是指对烃类的分子结构重新调整排列，使之变成具有另外一种分子结构的烃类。采用铂催化剂的重整过程称为铂重整，采用铂铼催化剂的重整过程称为铂铼重整，采用多金属催化剂的重整过程称为多金属重整。

随着环境保护的日益加强，炼油企业的发展和炼厂加氢装置处理能力的不断增强，且催化重整过程的产品附加值高，因此，催化重整在炼油工业中占据重要地位。但是，催化重整装置工艺复杂。所使用的催化剂昂贵，反应条件苛刻，反应温度在500℃以上，生产的物料具有潜在的危险性。所以，催化重整过程对控制的要求很高。

13.4.1 催化重整过程的基本工艺流程

图13－18所示为以生产芳烃为主要目标的催化重整工艺流程，主要包括原料油的预分馏和预加氢、原料油的重整反应、产品的后加氢和稳定处理三部分。生产芳烃为目的的催化重整装置还包括芳烃抽取和芳烃分离的部分。

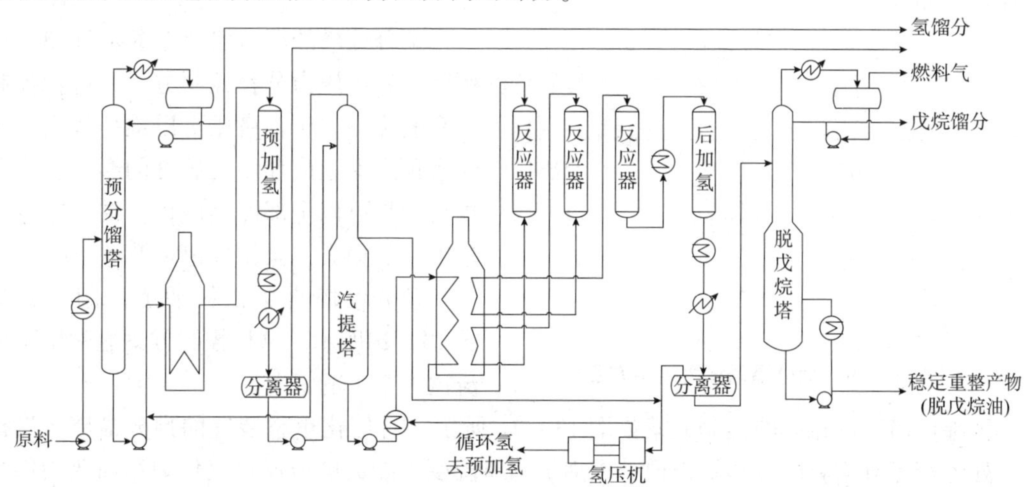

图13－18 催化重整过程的工艺流程

1. 预分馏和预加氢

原料油先进入预分馏塔去除沸点小于60℃的轻馏分，之后再进入预加氢反应器。预加氢的目的是脱除原料油中的杂质，其原理是：在催化剂和氢的作用下，使原料油中的硫、氮和氧等杂质分解，分别生成二氧化硫、氨和水；烯烃加氢生成饱和烃；砷、铅等重金属化合物在预加氢条件下进行分解，并被催化剂吸附除去。若砷含量过高，必须经过预脱砷。预加氢后的液体油中会含有少量的二氧化硫、氨和水，这些杂质必须除去，脱除的方法有汽提法和蒸馏脱水法，以后者较为常用。

2. 重整反应

预加氢后的精制油由泵抽出，并与循环氢混合，然后进入换热器与反应产物换热，再经加热炉加热后进入反应器。由于重整反应是吸热反应而反应器又近乎绝热操作，物料反应后温度会降低。为了维持足够高的反应温度条件（通常在500℃左右），重整反应部分一般设置3～4个反应器串联使用，且每个反应器前都设有加热炉，用以加热至所需的反应温度。对于大型重整装置，各个反应器可单独设计加热炉；对于小型重整装置，常采用一个加热炉多段供热的流程（见图13－18）。

3. 后加氢和稳定处理

由于重整反应器中存在裂解反应，重整生成油中常含有少量烯烃。在后续的芳烃抽提中，烯烃会混入芳烃中而影响芳烃的纯度。所以在以生产芳烃为主要目的的工艺中，还需要进行后加氢处理，目的是在催化剂的作用下使烯烃饱和。加氢产物经分离器分出富含氢的气体（一般氢气占85%～95%，其余为甲烷、乙烷、丙烷等）后再进入稳定塔脱去气态烃及戊烷，塔底产物即可作为芳烃抽提的原料。

4. 催化剂再生

催化剂连续操作一段时间后由于积碳导致活性下降，可以用含少量氧气（0.2%～0.5%）的氮气在高温下烧去积碳而再生。重整反应的催化剂可经多次再生，反复使用多年。

13.4.2 原料预处理的常规控制

原料预处理环节的作用是获得馏分范围符合要求的重整原料，包括预分馏、预脱砷和预加氢三部分。

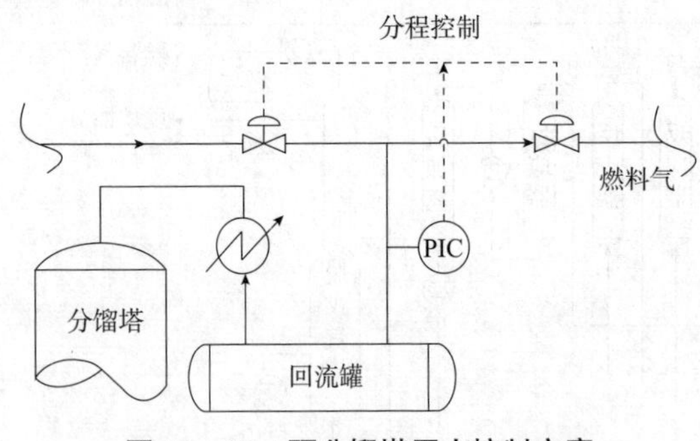

图13－19 预分馏塔压力控制方案

预分馏塔的压力控制方案如图13－19所示，采用压力分程控制方案。这种控制方案的优点在于：塔压可以维持较高，不受塔顶产品组成和冷凝温度的影响；塔顶拔头产品可以全部冷凝成拔头油，减少了轻组分的损失，操作也相对平稳。

预分馏塔直接物料平衡控制方案如图13－20所示。这种控制方案通常用于回流比大于1的情况。

重沸炉出口汽化率的控制方案如图13－21所示。对催化重整装置的预分馏塔、汽提塔等处理窄馏分物料的分馏塔来说，重沸炉出口温度不能灵敏地反映汽化炉和加热炉供热

量的多少。因此，在图 13－21 所示的控制方案中，采用在加热炉出口安装适用于汽液两相的偏心孔板，根据孔板差压调节加热炉的燃料量来控制加热炉出口汽化率，从而实现预分馏塔的平稳操作。

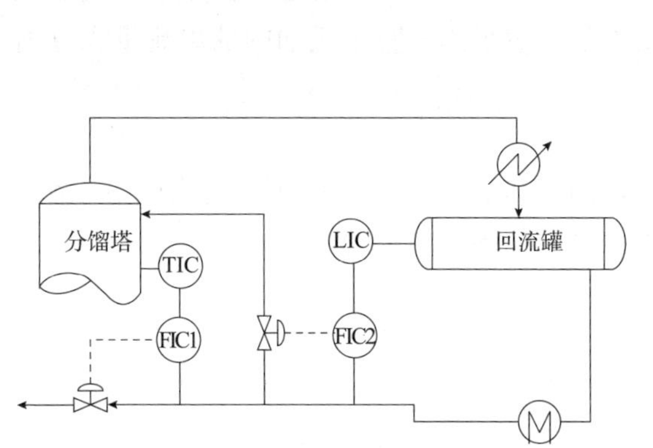

图 13－20　预分馏塔直接物料平衡控制方案

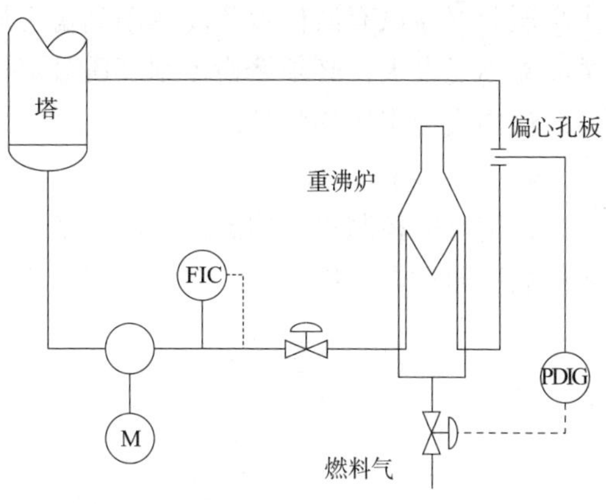

图 13－21　重沸炉出口汽化率控制方案

13.4.3　重整反应器的常规控制

1. 预分馏塔的控制

预分馏塔用来切割轻组分，其塔底产品作为重整原料，因此，预分馏塔的控制采用典型的提馏控制方案。即顶回流采用定值控制，塔底的温度是产品质量的反映，通过调节塔底再沸器来控制塔底温度。这种控制方案与下面的稳定塔控制方案类似。

2. 加热炉的控制

采用出口温度和燃料的串级控制。铂铼催化重整过程使用的加热炉大部分是箱式加热炉，加热炉的各部分分别为各反应器提供反应所需热量，各部分之间互相影响，为了保证重整反应的顺利进行对加热炉温度进行严格控制。对于多个反应器串联的重整装置，各个反应器的入口温度(加热炉出口温度)一般设定为相同的温度，或逐个递增。控制方案如图 13－22 所示。这里再介绍一种重整加热炉的改进控制方案，如图 13－23 所示。该方案中增设了燃料气压力的安全值与温度控制器输出值高选控制器，即在正常情况下，出口温度与燃料气压力采用串级控制方案；异常情况下，温度控制器输出值低于燃料气压力的安全值，串级回路的主回路被燃料气压力的安全值代替，从而保证加热炉在安全范围内工作。

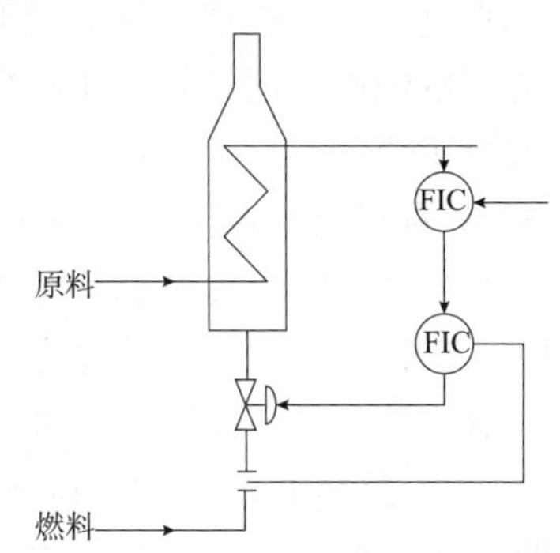

图 13－22　催化重整加热炉串级控制方案

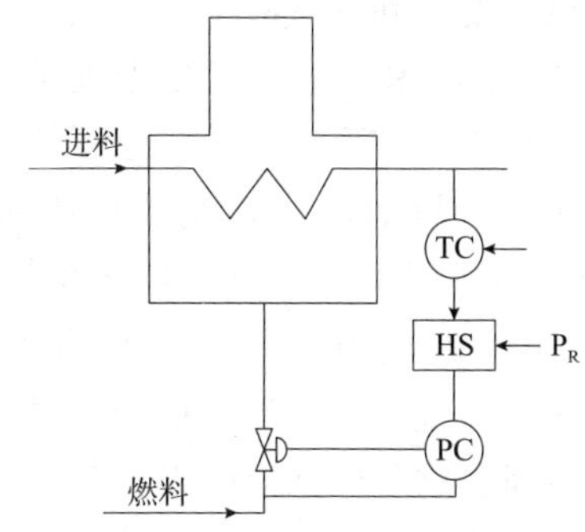

图 13－23　重整加热炉的改进控制方案

3. 高压分离器的控制方案

高压分离器的控制方案如图 13－24 所示，采用液位和抽出量的串级均匀控制。高压分离器的压力为 1.5MPa 左右，其后的稳定塔压力为 0.8MPa 左右，2 个装置相连，为了防止高压分离器没有液位致使高压串到稳定塔引起严重事故，同时保证进入稳定塔的油品流量波动不要太大，必须严格控制高压分离器的液位，故采用重整生成油的抽出流量和分离器液位构成的串级均匀控制。

4. 稳定塔的控制方案

稳定塔的控制也采用提馏控制方案，控制顶回流和塔底温度。顶回流采用定值控制塔底的温度通过调节塔底再沸器的加热蒸汽量来控制，如图 13－24 所示。

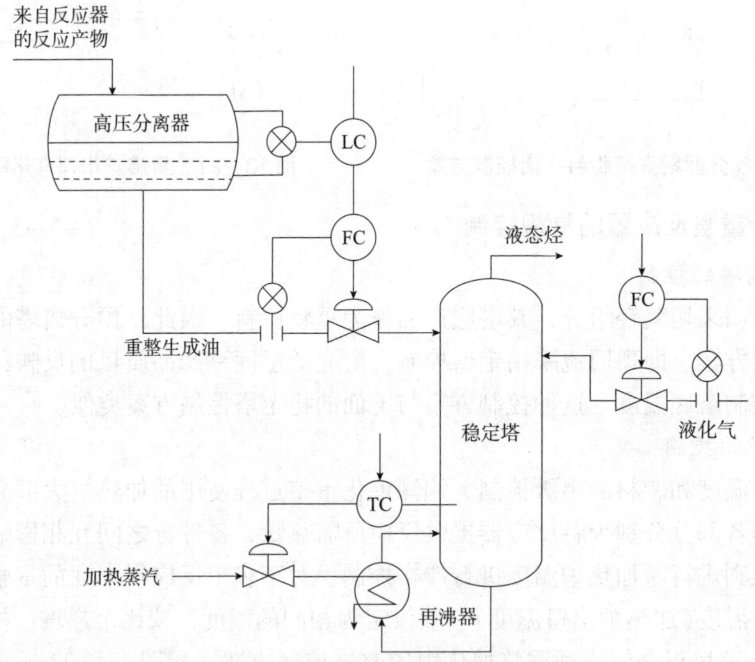

图 13－24　催化重整加热炉串级控制方案

5. 反应系统压力的控制方案

重整装置设有提纯氢气的油气再接触系统，使含氢气体和重整生成油在较高的压力和较低的温度下建立新的汽液平衡，通过吸收气体中的烃类来提高外送氢气的纯度和重整生成油的液体收率。由于在一定的温度条件下，外送氢气的纯度随再接触系统的操作压力变化而变化，所以重整反应及再接触系统的压力控制非常重要。

催化重整装置的压力控制采用串级加分程与选择的复杂控制系统，其控制方案如图 13－25所示。以重整产物气液分离罐的压力 PIC－1 为主回路，重整氢增压机入口分液罐的压力 PIC－2 为副回路。正常情况下，控制阀 PV－1 全关，PIC－2 通过控制 PV－2 的返回氢气量来保证重整氢增压机的排量，从而稳定重整产物气液分离罐的压力。当 PIC－2 处压力过高时，将气体送至燃料气管网。再接触罐的压力控制 PIC－3 采用同样的分程控制，正常情况下，PIC－3 通过调节控制阀 PV－3 的开度来控制压力，当压力过高时，逐渐开大 PV－3；当 PV－3 全开后，若压力仍高于设定值，通过分程控制和低选器打开控制阀 PV－2。

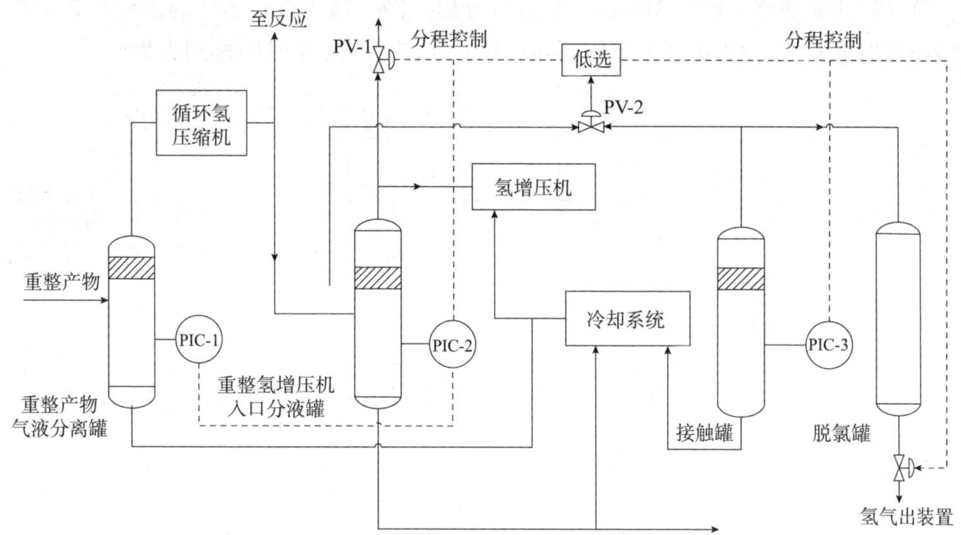

图 13－25　催化重整反应系统压力和再接触部分压力分程－超驰控制方案

催化重整压力系统的控制，首先要调节后一级高压气体返回线调节阀，在系统内部互相调节和补偿以维持系统压力的平衡：当整个系统压力高于设定水平时，打开阀门 PV－1，部分氢气放空；系统压力低于设定值时，关小或关闭 PV－1，少产或不产氢气。这种控制方案既满足了工艺需求，也减少了氢气损失并提高烃的回收率。

有些重整装置为了增加可调节范围，在 PV－2 处又设置了分程控制，用 2 个调节阀取代 PV－2。对采用 2 个再接触罐的重整工艺流程，要增加对分程的压力控制回路，以保证系统压力的稳定。

13.4.4　重整反应器的先进控制

重整反应的主要目标是生产高辛烷值汽油或轻芳烃。影响重整反应的主要因素有催化剂、原料性质和各种工艺条件，在催化剂和原料确定的情况下，生产操作的主要任务是在生产操作约束范围内，设定和维持最佳的操作条件，以提高经济效益。但连续重整反应过程复杂，随着产品规格的提高，常规控制系统难以满足工艺要求，因此先进控制技术可用于重整装置取得了很好的经济效益。本节介绍一种采用多变量预测控制器的催化重整先进控制方案。

美国环球公司（UOP）的连续重整专利技术是我国最常用的一种催化重整工艺，如图 13－26所示。整进料来自石脑油分离塔底部，在进入石脑油分离塔之前已经在预加氢装置中进行过处理，石脑油与循环氢混合后进入热交换器 E－1。去 E－1 的循环氢由 3HIC－104 控制，换热后的进料在 H－1 加热炉中进一步加热，之后进入第 1 反应器；然后在 H－2 加热炉中进一步加热，之后进入第 2 反应器；最后在 H－3 加热炉中加热，进入第 3 反应器。因为反应是吸热的，所以由 H－1、H－2 和 H－3 提供所需的热量。在 3 个反应器中进行环烷烃脱氢和形成芳烃的反应。

第 3 个反应器出来的物料在 E－1 中用进料进行冷却，然后在 E－2 中用空气进行冷却，再到 E－3 中用水冷却，之后进入产品分离器 D－1。产品分离器底部分离出的液体进入第 2 级再接触罐，顶部的循环氢气通过 C－1 循环压缩机与石脑油混合进入 E－1 作为重整原料；

另外，氢气被分成两路，通过 3PIC－249 进行分程控制，当 3PIC－249 的阀位在 0～50% 时，通过增压压缩机 C－2A/B 送至第 1 级再接触罐；在阀位 >50% 时则排到火炬。

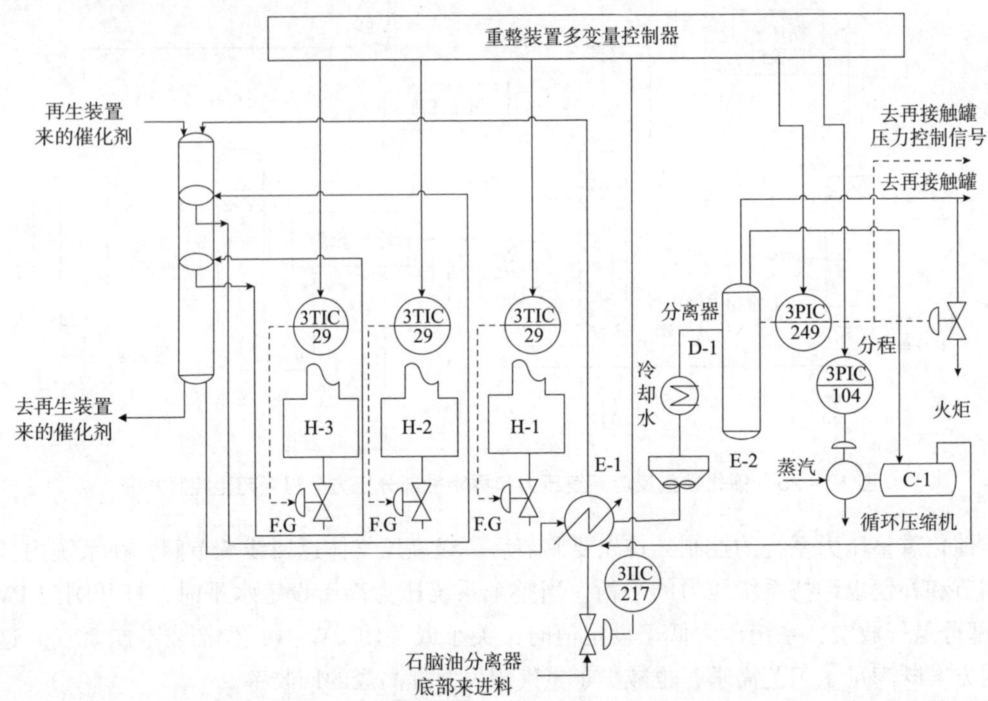

图 13－26　连续重整装置工艺流程及多变量控制示意

采用多变量预测控制软件 SMCA，可实现如下目标：

①在生产工况波动情况下，将重整产品辛烷值严格控制在设定值上。

②在生产操作约束范围内，保证一定辛烷值条件下，尽量提高装置的处理量。

③降低操作压力，提高产品收率。

④控制氢/油摩尔比，以减少催化剂结焦和压缩机能耗。

连续重整装置先进多变量控制系统结构如图 13－27 所示。

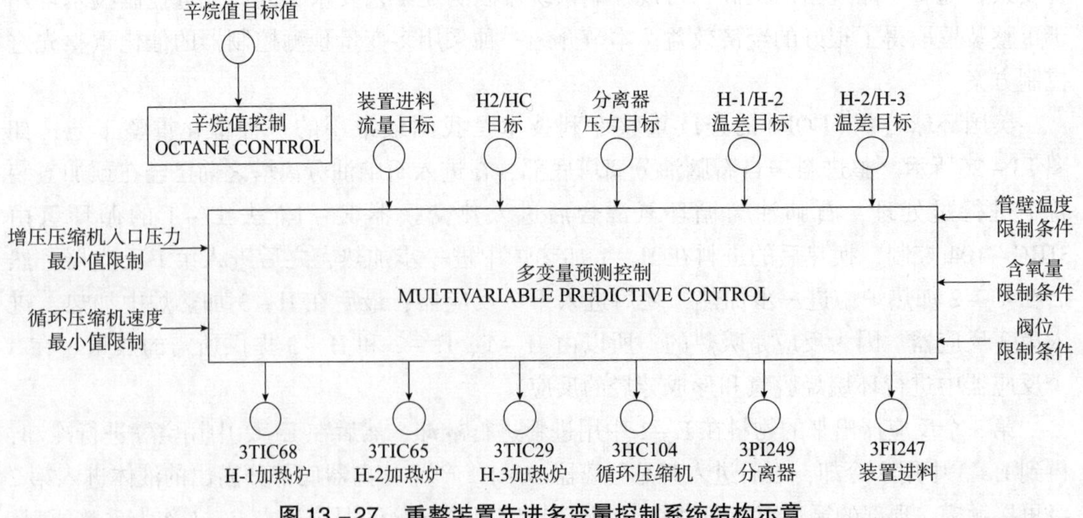

图 13－27　重整装置先进多变量控制系统结构示意

主要先进控制策略为：

1. 重整产品辛烷值控制

辛烷值控制基于UOP专利模型，利用实时采集工艺过程数据和取样分析数值估计当前辛烷值 R_{ON}，即：

$$R_{ON}=f(T_{WAIT},\ V,\ P,\ A_{NA}) \tag{13-20}$$

式中，T_{WAIT}为反应器入口加权平均温度；V为根据进料体积流量和催化剂体积计算得到的液相空速；P为反应器压力；A_{NA}为原料中环烷烃和芳烃含量。

利用辛烷值模型来预测为保持辛烷值在目标值上的加权平均入口温度设定值 T_{WATIS}：

$$T_{WAITS}=g(R_{ONC},\ P,\ T_{WABT},\ A_{NA}) \tag{13-21}$$

式中，R_{ONC}为目标辛烷值；T_{WABT}为反应器加权平均床层温度。

3个反应器入口温度的设定值控制在理想的加权平均入口温度上，即可实现辛烷值目标控制。

催化剂上焦炭的生成会降低催化剂活性，因此随着活性降低就必须提高反应器的入口温度来保持目标辛烷值，此功能由辛烷值模型来完成。

2. 反应器苛刻度控制

保持反应器入口加权平均温度 T_{WAIT}和反应气温度差在它们的设定值上，通过控制反应温度来控制反应的苛刻度，即：

①T_{WAIT}加权平均入口温度。

②反应器 R_1/R_2 的温差。

③反应器 R_2/R_3 的温差。

T_{WAIT}目标值由辛烷值控制策略来设定，反应器温差由工艺人员设定。

3. 反应器压力控制

降低反应器压力，在同样进料量下，可以增加更多汽油。在保证压缩机入口压力足够高且不影响控制系统其他性能的前提下，可以缓慢地将反应器压力调到较低的设定值。

4. 氢/油摩尔比控制

随着进料流量和循环气中氢气纯度的变化，维持氢/油摩尔比能为反应器提供足够的氢气，以尽量减少催化剂的结焦。

5. 催化剂结焦控制

建立重整装置催化剂结焦模型，用于预测与结焦控制相对应的氢/油摩尔比的设定值，以保证装置稳定操作。

该连续重整装置先进控制技术在我国某石化企业炼油厂投运后，在操作平稳性和安全性方面都得到了提高，同时也降低了综合能耗，提高了产品质量和液体产品性质。操作人员的劳动强度也得到了改善，不再需要随着原料和气候等因素的改变而频繁地调节操作条件。

13.5 延迟焦化过程控制

延迟焦化是一种热破坏加工方法，它以贫氢的重质油料(如减压渣油、裂化渣油等)为原料，在高温下进行深度裂化和缩合反应，在此过程中渣油的一部分转化为焦化气体、焦化汽油、焦化柴油和焦化蜡油，另一部分热缩合反应生成工业上大量需求的石油焦。延迟焦化工艺作为一种成熟的重油加工方法，可以加工残炭值和重金属含量很高的劣质渣油，具有装置投资和操作费用低、技术可靠程度高、原料的适应范围广等特点，在现代炼油企业中占有重要地位。

延迟焦化装置加工的是劣质与重质原料油，具有连续－间歇、高温操作的特点，装置内各个设备耦合严重。其中，加热炉的结焦是制约延迟焦化装置长周期平稳运行的主要因素，而焦炭塔的切换则会对装置产生周期性的影响。这些因素对延迟焦化的安全和平稳控制提出了很高的要求。长期以来，延迟焦化的控制较其他装置来说，处于相对落后的水平。提高延迟焦化装置的控制水平，具有重要意义。首先，可以使加热炉的操作更加平稳，延缓其结焦速度，延长开工周期；其次，可以减弱甚至消除焦炭塔切换对分馏塔操作的影响，显著降低操作人员的劳动强度，从而带来明显的经济效益和社会效益。

13.5.1 延迟焦化过程的基本工艺流程

延迟焦化装置的工艺流程有不同的类型，有一炉二塔、二炉四塔、三炉六塔等，1台加热炉和2座焦炭塔相连为1套。随着装置的大型化发展，我国新建一炉二塔焦化装置的加工能力已超过100万吨/年。延迟焦化的工艺可分为焦化和除焦2部分，焦化为连续生产过程，除焦为两塔交替间断操作。图13－28所示为延迟焦化装置的工艺原理流程。

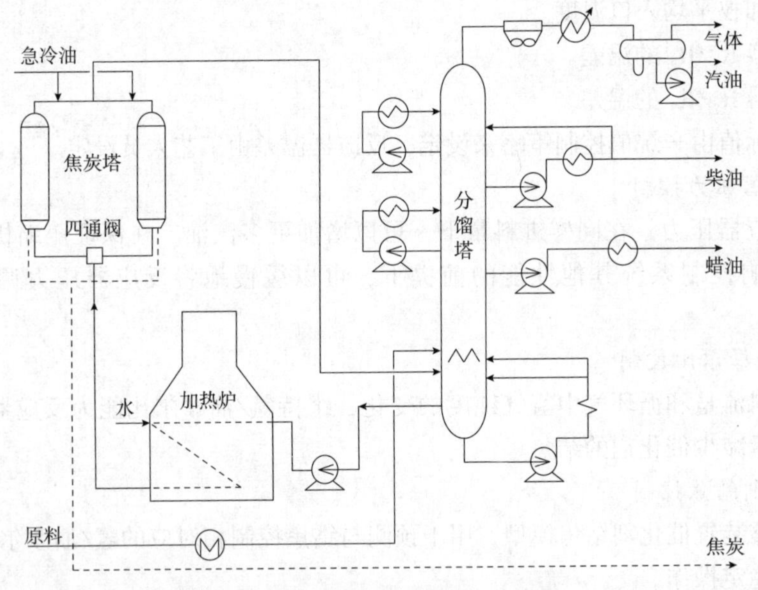

图13－28 延迟焦化装置工艺流程

原料经预热后，先进入分馏塔底部，与焦化塔顶过来的焦化油气在塔内接触换热，将原料加热至390～395℃，同时把原料中的轻组分蒸发出来。焦化油气中相当于原料油沸程的部分称为循环油，它随原料油从塔底流出并一起进入加热炉的辐射室，被快速加热至500℃左右并通过四通阀由底部进入焦炭塔，进行焦化反应。

进入焦炭塔的高温渣油，需要在塔内停留足够的时间进行裂解与缩合等焦化反应。反应生成的油气从焦炭塔顶引出进入分馏塔，分出焦化气体、汽油、柴油和蜡油，塔底循环油和原料油一起再进行焦化反应。焦化生成的焦炭停留在焦炭塔内，当聚集到一定程度(约2/3塔高)时通过水力除焦从塔内排出。

延迟焦化过程的特点如下：

(1)“延迟”特点

高温的劣质重质原料油在加热炉炉管内会不可避免地发生结焦，从而影响装置的开工周期。为了防止原料油在加热炉管内结焦，须向炉管内注水或蒸汽，以加大管内流速，缩短油在炉管内的停留时间，使焦化反应主要在焦炭塔内进行，延迟焦化也由此得名。

(2)“连续－间歇生产”的特点

延迟焦化装置整个生产过程是连续的，而焦化塔是间歇式操作的。即当一个塔内的焦炭聚结到一定的程度时，用四通阀进行切换，将加热炉出来的原料切换至另一塔内进行反应，已充满焦的塔则进行除焦。

13.5.2　焦化炉的控制

加热炉是延迟焦化设备的心脏，它为整个装置提供热量，焦化加热炉进料一般分为几个支路，由于对油品流量的控制要求不高，每个支路的流量均采取单回路定值控制，同时各支路上注水(汽)点也采取单回路控制，从而实现对管内油品流速的调节。

由于加热炉出口温度的变化直接影响加热后油品在焦炭塔内的反应深度，从而影响焦化产品的产率和质量，焦化装置对其要求非常严格，且延迟焦化生产过程具有连续－间歇的操作特点，焦化加热炉受过程干扰的影响较大且频繁，因此常采用的控制方案是把加热炉每条支路的炉出口温度作为被控变量，支路燃料流量(压力)为副变量而构成的炉出口温度与燃料流量(压力)串级控制，如图13－29所示。

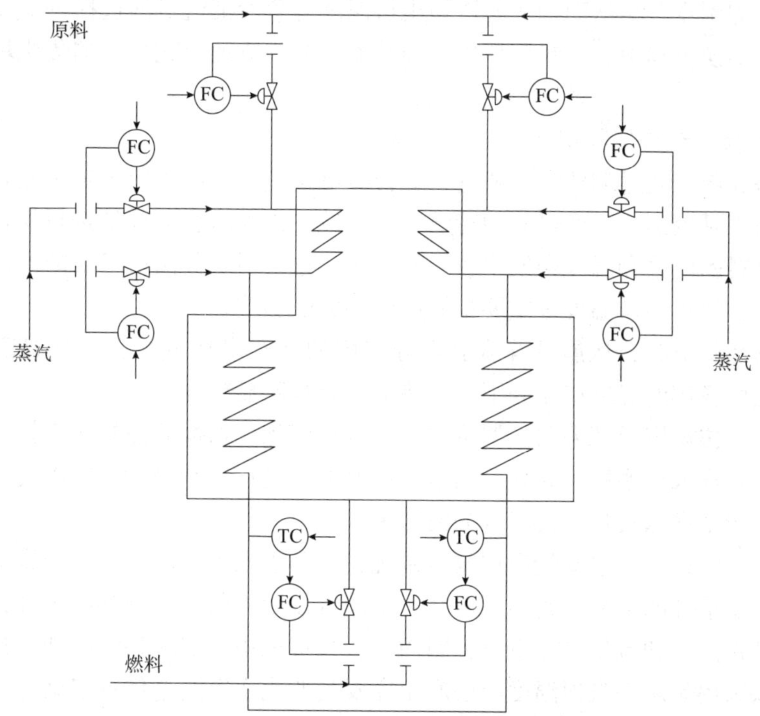

图13－29　延迟焦化装置中加热炉的控制回路

此外，部分加热炉还包括加热炉炉膛压力和加热炉氧含量控制，前者根据加热炉炉膛压力及抽力情况自动控制风机转速或风管道挡板开度，二者通常采用单回路定值控制方案。

13.5.3 焦炭塔的控制

焦炭塔的控制如图 13－30 所示。

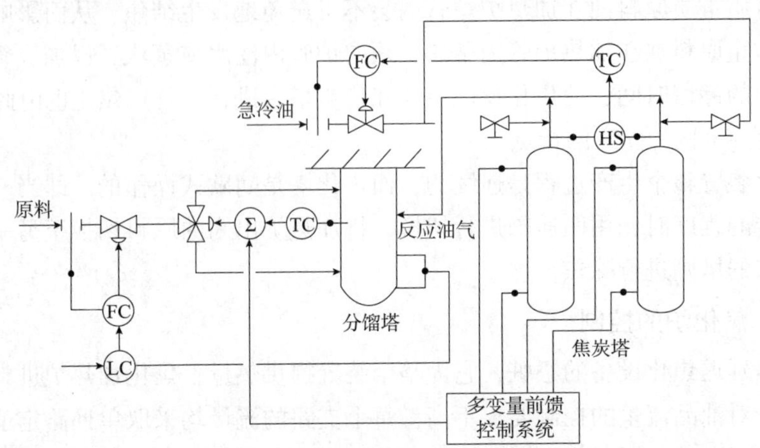

图 13－30 延迟焦化装置中焦炭塔的控制

1. 塔顶温度控制

如果焦炭塔到分馏塔的油气温度过高，则容易加剧分馏塔底和加热炉炉管的结焦，其处理方法是在焦炭塔出口管线的水平段打入急冷油来控制油气的入塔温度。由于焦炭塔是轮流使用的，故选用高选器，将两塔塔顶温度进行比较，则其高者作为被控变量，并选取急冷油流量作为副变量，从而构成的塔顶出口温度与急冷油流量的选择—串级控制。

在焦炭塔切换过程中，焦炭塔顶急冷油的流向要相应地由充焦后的焦炭塔切换到未充焦的焦炭塔。

2. 塔顶切换扰动前馈控制

分馏塔塔底部分通过调整与气相进料进行接触换热的液相进料流量来实现分馏塔塔底温度控制。由于延迟焦化生产过程的特殊操作特性，焦炭塔会频繁地进行切换操作，分馏塔塔底气相进料的流量和温度会发生较大的变化，这将引起分馏塔塔底的温度发生较大的变化，从而对加热炉出口温度等重要指标产生较大的影响。

①油气预热新塔时，从焦炭塔顶部至分馏塔的油气量要减少，油气温度低于正常温度，此时分馏塔各部的温度有显著下降，蜡油出装置明显减少。

②切换时，焦炭塔顶部来的油气量又有一大的变化。切换后焦炭塔汽提，水蒸气与油气从焦炭塔顶部逸入分馏塔，导致分馏塔汽速增加，气相负荷增大，气体夹带许多液体进入上层塔板，产生雾沫夹带，会降低分馏效果。

③切换汽提结束后，水蒸气改往放空系统，而不进入焦炭塔，又对分馏塔产生影响。

焦炭塔切换事件的信息为离散型信息，不能直接用于前馈控制器的设计，且通常装置上没有气相进料温度和流量的测量点，因而无法直接采用气相进料温度和流量进行前馈补偿。对此可以采用焦炭塔塔顶温度与塔底温度及其变化率等测量信息来确定切换事件，设计规则触发的前馈控制器，如图 13－30 所示。当切换事件发生时，系统根据检测到的信息，将自动产生一个相应幅度的阶跃信号激发前馈补偿控制作用。

13.5.4 延迟焦化装置的先进控制

近年来加工高硫原油带来的产品质量、设备腐蚀、环境保护等方面的问题日益严重，对延迟焦化的操作提出了越来越高的要求。常规控制往往不能满足这些要求。相对于国内，国外的过程控制公司较早推出了各自的延迟焦化装置先进控制软件。如ABB Simcon公司的延迟焦化装置APC软件包，其主要功能有加热炉支路平衡控制、辐射出口温度控制、燃烧优化控制、柴油和汽油产品质量控制、焦炭塔切塔控制、焦炭产率预测等。Setpoint公司的APC软件包通过克服焦炭塔周期性的操作带来的干扰保持加热炉辐射出口温度的稳定，从而提高液收和焦炭产品质量。北辰－横河公司的APC策略包括：加热炉的燃烧优化控制和注蒸汽控制；焦炭塔塔顶急冷油控制、产品质量控制等。C. F. Picou联合公司的APC系统主要致力于稳定加热炉和主分馏塔的操作、提高分馏塔产量等。但这些产品在国内的推广应用中存在一定的问题，如先进控制项目的开发和应用需要较强的技术队伍；软件产品技术保密性强；产品价格高；产品的维护成本高等。

本节介绍国内某炼化公司3炉6塔延迟焦化装置的加热炉先进控制策略。该先进控制策略将预测函数控制(predictive function control，PFC)与常规PID控制结合，采用PFC－PID透明控制结构，辅以基于焦炭塔的预热切换事件设计的前馈控制器，分别对加热炉的炉膛压力、加热炉辐射出口温度、氧含量进行控制。以下仅以加热炉出口温度控制系统为例进行介绍。

该炼化公司延迟焦化装置的加热炉所用燃料为自产的高压瓦斯气，从南北两侧进入加热炉，原料渣油从南北两侧送入加热炉对流室预热至330℃左右，之后合并进入分馏塔底，与焦炭塔顶来的油气接触并进行传热传质，使原料中的轻组分蒸发，上升至精馏塔段进行分离，原料中蜡油以上的馏分与来自焦炭塔顶油气中被冷凝的重组分一起流入分馏塔塔底。约360℃的分馏塔塔底油经辐射进料炉分两路送至加热炉辐射室迅速加热至495℃左右，滞后进入焦炭塔进行裂解反应。加热炉受焦炭塔的频繁预热、切换操作的影响较严重。采用常规PID控制加热炉出口温度时，直接调节燃料阀，通过改变进炉燃料瓦斯流量来保持出口温度恒定，但由于没有考虑辐射进料温度波动及进料流量变化的影响，导致在焦炭塔预热切换时，加热炉出口温度控制一直处于波动中，严重影响了产品品质。因此，采用如图13－31所示的以PFC为监督层的透明结构的先进控制策略。系统内层保留了原有PID控制器，外层为先进控制器，其输出用于修正内层PID控制器的设定值，先进控制器的设定值输入为根据工艺要求确定的理想出口温度。为克服辐射进料流量、进料温度对炉出口温度的影响，设计了基于焦炭塔预热、切换等事件的前馈补偿器，以提高出口温度的控制精度和平稳性。

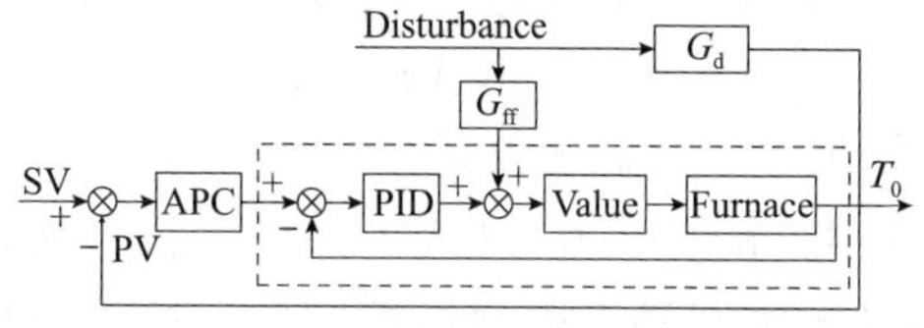

图13－31 炉出口温度先进控制系统结构

1. 预测函数控制

预测函数控制保留了预测控制的模型预测、滚动优化和误差校正3个基本特征，可以克服其他模型预测控制可能出现规律不明的控制输入问题，具有良好的跟踪能力和鲁棒性。根据实际阶跃测试结果，焦化炉温度控制回路可近似为一阶惯性加纯滞后对象，其传递函数如式(13－22)所示：

$$G_m(s) = \frac{K_m}{T_m s + 1} e^{-\tau_m s} \tag{13-22}$$

离散化后，得模型的差分方程为：

$$y_m(k+1) = a_m y_m(k) + K_m(1 - a_m) u(k - L) \tag{13-23}$$

式中，$y_m(k)$和$u(k)$分别为对象和控制器在k时刻的输出；$a_m = e^{-T_s/\tau_m}$；T_s为采样周期τ_m/T_s的整数部分。

取控制输入为一个基函数，即：

$$u(k+i) = u(k) \tag{13-24}$$

PFC需要根据当前已知信息和未来加入的控制量来推导出未来预测时域内过程预测输出值。为此，先假设式(13－23)中$L=0$，然后根据式(13－23)和式(13－24)可得未来p步的模型预测输出值为：

$$y_m(k+p) = a_m^p y_m(k) + K_m(1 - a_m^p) u(k) \tag{13-25}$$

式中，$a_m^p y_m(k)$、$K_m(1-a_m^p)u(k)$分别为模型的自由响应和强迫响应，设$k+p$时的参考轨迹为：

$$y_r(k+p) = c(k+p) - \lambda^p [c(k) - y(k)] \tag{13-26}$$

式中，$c(k)$为系统在k时刻的设定值；$y(k)$为系统在k时刻的实际输出值；$\lambda = e^{-T_s/T_r}$；T_r为参考轨迹的等效时间常数。采用单值预测思想，考虑到预测误差$e(k) = y(k) - y_m(k)$和反馈校正，取最优化目标为：

$$\mathrm{Min}J = \min\,[y_m(k+p) + e(k) - y_r(k+p)]^2 \tag{13-27}$$

求得k时刻的控制输出为：

$$u(k) = \frac{c(k+p) - \lambda^p c(k) - y(k)(1-\lambda^p) + y_m(k)(1-a_m^p)}{K_m(1-a_m^p)} \tag{13-28}$$

当$L \neq 0$时，参考Smith预估器的思想，PFC仍采用$L=0$的模型，但要对系统输出进行修正，即：

$$y_{pav}(k) = y(k) + y_m(k) - y_m(k-L) \tag{13-29}$$

式中，$y_{pav}(k)$为修正后的对象输出值，修正后的误差为：

$$e(k) = y_{pav}(k) - y_m(k) \tag{13-30}$$

综合式(13－25)～(13－27)及式(13－30)可得加热炉的预测函数控制输出为：

$$u(k) = \frac{c(k+p) - \lambda^p c(k) - y_{pav}(k)(1-\lambda^p) + y_m(k)}{K_m(1-a_m^p)} \tag{13-31}$$

2. 基于焦炭塔预热、切换事件的前馈控制

有关焦炭塔预热、切换事件的分析在13.5.3节中已经分析过了，为克服相关扰动的影响，采用13.5.3节中设计的规则触发的前馈控制器。这种方法既简化了先进控制器的设计，又方便了算法的实现，同时也符合现场操作员的习惯，取得了令人满意的效果。

3. 先进控制系统的预测效果

先进控制系统投运前后，加热炉出口温度如图13－32所示，控制性能如表13－5所示。

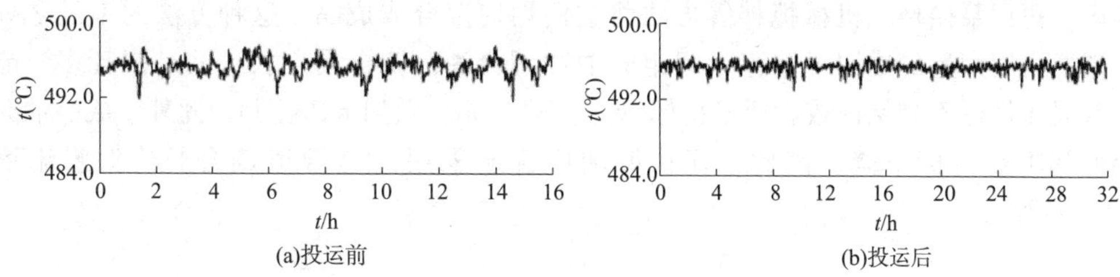

(a)投运前　(b)投运后

图 13－32　先进控制投运前后的焦化炉出口温度

表 13－5　先进控制系统投运前后的控制性能比较

	变化量	标准差	变化范围
投运前	0.4443	0.6666	6.412
投运后	0.2479	0.4979	3.528
下降率	44.2%	25.3%	45.0%

从图 13－31、图 13－32 及表 13－5 中可以看出，该先进控制策略投运后，有效克服了进料温度、流量变化对炉出口温度的影响，过程的平稳性也得到显著提高，控制效果明显。

13.6　油品调合过程控制

炼油厂中很难从某种加工过程中直接得到完全符合质量标准的石油产品，因此大多数燃料和润滑油等石油产品都是由不同组分调合而成的调制品。油品调合就是将 2 种或 2 种以上的油品和添加剂或掺合剂，按照一定的适当比例进行掺合，使调合产品达到某一石油产品的规格要求。油品调合的作用与目的在于：①达到产品质量标准的要求，并保持产品质量的稳定性；②改善油品使用性能，提高产品质量等级，增加经济效益；③合理使用各种组分，提高产品收率和产量；④加入必需的添加剂。例如，用辛烷值较高的催化裂化汽油和辛烷值较低的直馏汽油按一定比例调合得到辛烷值符合规格要求的车用汽油。油品调合是炼油厂各种石油产品的最后一道生产工序。

相对于石油炼制过程，油品调合过程相对简单，且过去对环保指标要求不高，因此，油品调合的控制系统相对简单、控制技术也相对落后。随着清洁燃料生产的要求越来越严格，油品的质量指标规范逐渐增多，完全从加工装置中生产出合格的产品是不经济的，有时也无法做到，凭经验或半经验的方法进行油品调合容易产生质量过剩或不合格。

实时油品调合的优化控制可在诸多方面产生效益，包括：①减少质量过剩；②优化组分使用；③降低成品油和组分油的库存；④减少修正和重调；⑤使产品质量指标更符合环保要求；⑥提高调合效率，加快对市场需求的响应速度。因此，越来越多的炼油企业开始重视油品调合过程的控制。另外，计算机控制和分析仪表技术的发展，为在线油品调合的优化控制创造了有利的条件。

13.6.1　油品调合工艺与特点

炼油厂目前常用的调合可分为 2 大类：罐式搅拌调合和管道调合。

罐式搅拌调合是把待调合的各组分油、添加剂等按照所规定的调合比例，分别送入调合罐内，再用泵循环、机械搅拌等方法将它们均匀混合成成品。这种方法的不足之处在于，需要占用大量的罐用于储存中间组分油和调合油，调合周期长，油品损耗多、能耗大。有时质量得不到保证或者质量指标“好过头”，无法做到卡边控制。此外，成品油久存也会使其质量指标下降。因此，现在炼油厂普遍采用的是管道调合，其工艺流程如图 13－33所示。

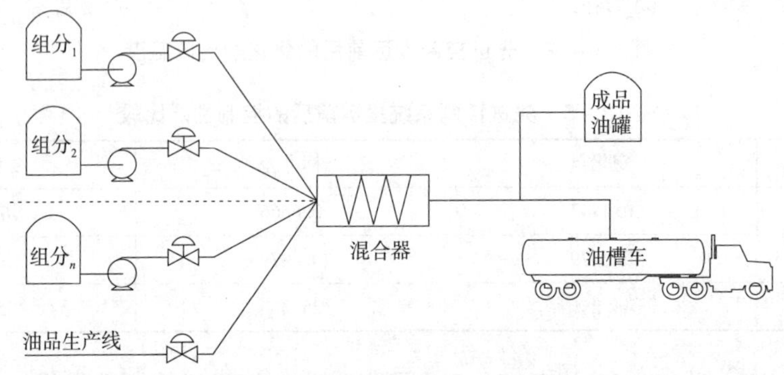

图 13－33　管道调合的工艺流程

管道调合是使各个组分连续地按照预定的比例同时进入总管和管道混合器内进行调合，即进行比值控制，混合后的油品可以直接出厂。管道调合可实现连续生产，混合比自动控制且准确度高，同时减少储存容器和占地面积，从而提高生产效率、节约投资和成本。另外，这种调合方式在改变产品方案时，操作也十分灵活方便。

油品调合通常可分为 2 种类型：一是油品组分的调合，是将各种油品基础组分，按比例调合成基础油或成品油；二是基础油与添加剂的调合。调合后油品的不同特性与调合组分间存在线性或非线性关系，表现在组分间有无加和效应。某一特性等于其中每个组分按其浓度比例叠加的称为线性调合，亦即有加和性；反之称为非线性调合，即没有加和性。调合后的数值高于线性估算值的为正偏差，低于线性估算值的为负偏差。出现这些偏差的原因是与油品化学组成和该物性间关系不同有很大关系。油品的组成十分复杂，因此一般在调合中大多属于非线性调合。例如车用汽油，当用几种组分调合后，其燃烧的中间产物既可使其自燃点降低，也可能使其自燃点升高，结果车用汽油的调合辛烷值不再和所含组分的辛烷值呈线性关系；一般烷烃和环烷烃的辛烷值基本上是线性调合，而烯烃和芳香烃则表现为非线性调合。因此直馏汽油、催化裂化汽油、烷基化汽油和重整汽油之间调合比例或组分改变时，调合辛烷值也随之改变。在多组分调合时，各种正负偏差相互抵消，可按近似线性关系估算不同辛烷值组分的调合比例或调合汽油的辛烷值。又如，油品的闪点与油品中所含最轻部分组成有关，当闪点较高的重组分中调入很少量(如 0.5% m)的低沸组分时，调合油的闪点就会大大降到接近纯沸组分的闪点而远远偏离线性调合，呈现严重的偏差。

13.6.2　油品调合过程的常规控制

从调合产品质量指标方面来看，调合控制已由幅值控制发展到目标控制。由比值调节、比值调节质量监视的幅度控制发展为比值调节质量监控的目标控制，以及在最佳调合系统中由控制一两个主要目标质量发展为控制产品全部目标质量的所谓闭环高级控制系统。

1. 开环比值控制

最简单的调合控制系统是各个组分都是一个独立的流量调节系统，各流量的给定值均人为地预先计算后给定，经混合器获得相应的产品。典型的一种比值调节方案为如图13－34所示的用催化汽油、重整汽油、烷基化油和MTBE(甲基叔丁乙醚)生产标号汽油的控制系统。

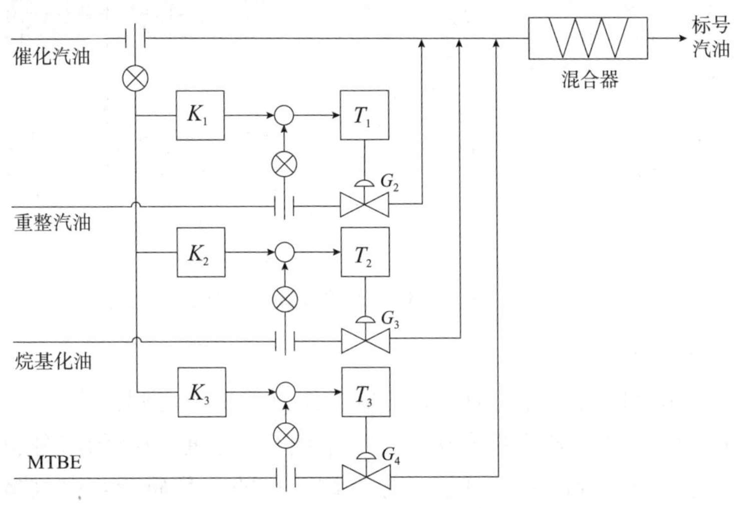

图13－34 油品调合过程的比值调节系统

在这一系统中，由于催化汽油的流量最大，所以将其作为主流量，其他组分作为副流量。主流量等于给定值时，比值器 K_1、K_2 和 K_3 的输出稳定并作为副调节器 T_1、T_2 和 T_3 的给定值。副流量由闭环调节系统来稳定，而且与主流量(催化汽油的流量)保持一定的比值。这种比值控制系统本质上是随动流量比值控制，其中的主流量在前一个工序中已经确定，或在操作中由操作人员确定。而其他几种油品的流量(副流量)随主流量的变化而成比例地变化。各路副流量的设定值由主流量变送器的输出信号经比值器给定。各组分的用量和它们之间的比例，根据一定的模型(通常是最简单的线性调合模型或者经验公式)计算出。这种方式虽然简单易于执行，但主流量未设定流量控制器，受到干扰时流量波动范围大，副流量也随之大范围波动，各路油品的流量不容易保持稳定，总流量也不能达到恒定。此外，主副流量在较大范围波动时，可能导致计算各路油品流量所使用的调合模型和经验公式精度降低，导致油品调合性能下降。在这种情况下，可以采用如图13－35所示的带有主流量控制器的双闭环比值调节系统，克服主流量的扰动，以便稳定副流量及总流量。在图13－35中，主流量用A表示，副流量用B表示。

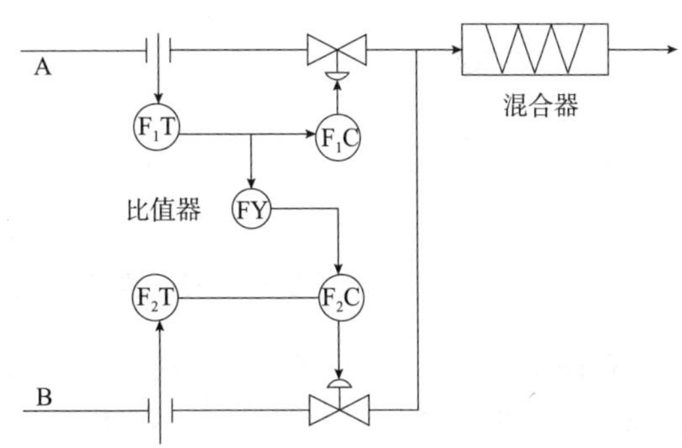

图13－35 油品调合双闭环比值控制系统

另一种油品调合比值控制系统由总流量给定的流量比值控制，如图13－36所示(以2种组分油为例)。在图13－36(a)中，调合后物料总流量控制器FC的输出作为组分油A流

量控制器 F_1C 的给定值，而组分 B 的流量则与组分 A 的流量成比例。图 13－36(b)中，组分 A、B 的流量控制器均由调合后总流量调节给定值，保持 2 种组分 A、B 的流量比稳定在设定值。

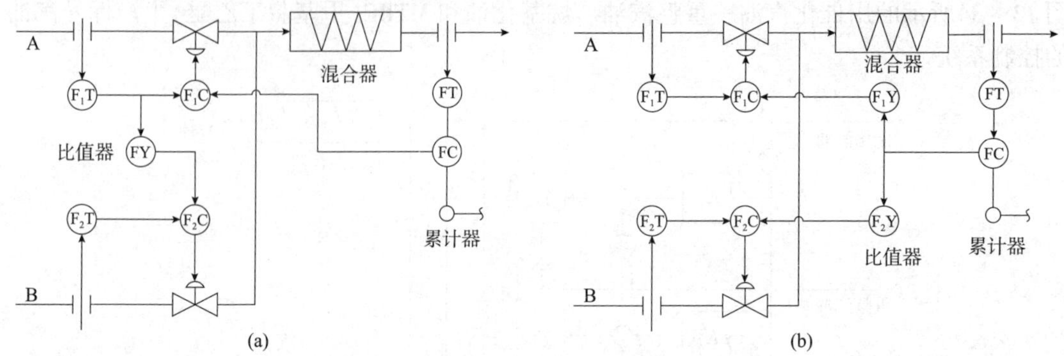

图 13－36　总量给定的流量比值控制

2. 质量闭环比值控制

上述油品调合比值控制系统均为开环控制系统，即未考虑到调合后的油品质量。在现代炼油企业中，由于原料来源的多样性，用于调合的各路油品的组分也会发生波动，再按照固定不变的比例进行调合，可能会导致调合后的油品质量难以维持在预期水平。在这种情况下，各种不同的油品按照不同的质量指标进行调合，若能采用质量闭环调合则是较理想的办法。为了随时保证调合后的产品质量合格，可采用工业成分分析仪表在线分析调合后的油品关键性能指标，如辛烷值、倾点(凝固点)、黏度、密度、芳香烃含量、沸点等，然后根据质量指标进行调合。仍以 2 种组分油 A 和 B 为例，这种方案如图 13－37所示。

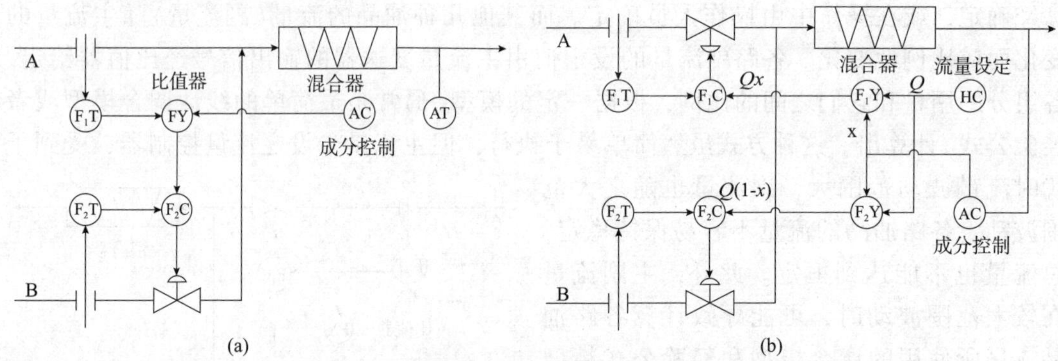

图 13－37　质量闭环控制的油品调合控制方案

在图 13－37(a)中，按照调合质量与给定值偏差的大小自动修改比值器的比值，从而实现按质量指标进行调合的目标。在图 13－37(b)中，可对总流量进行设定，并且组分油 A 和 B 的流量比具有无限可调范围。成分控制器 AC 决定组分油 A 占总流量的百分比 x，当 x 在 0～1 的范围内变化时，组分 B 的可调范围为 0～∞。

下面介绍某炼油企业采用的润滑油调管道调合系统的闭环质量控制方案，如图 13－38所示，以减压三线与四线馏分油、脱沥青油三组分和复合添加剂、降凝剂 2 种添加剂共 5 组分调合成润滑油，其中：A 表示减压三线馏分油；B 表示减压四线馏分油；C 表示脱沥

青油；D 表示复合添加剂；E 表示降凝剂；F 表示各个之路流量计；F_0表示总流量计；V 表示各黏度计；V_0表示总黏度计；sp 表示凝点在线分析仪；H 表示混合器；R 表示目标调合比。

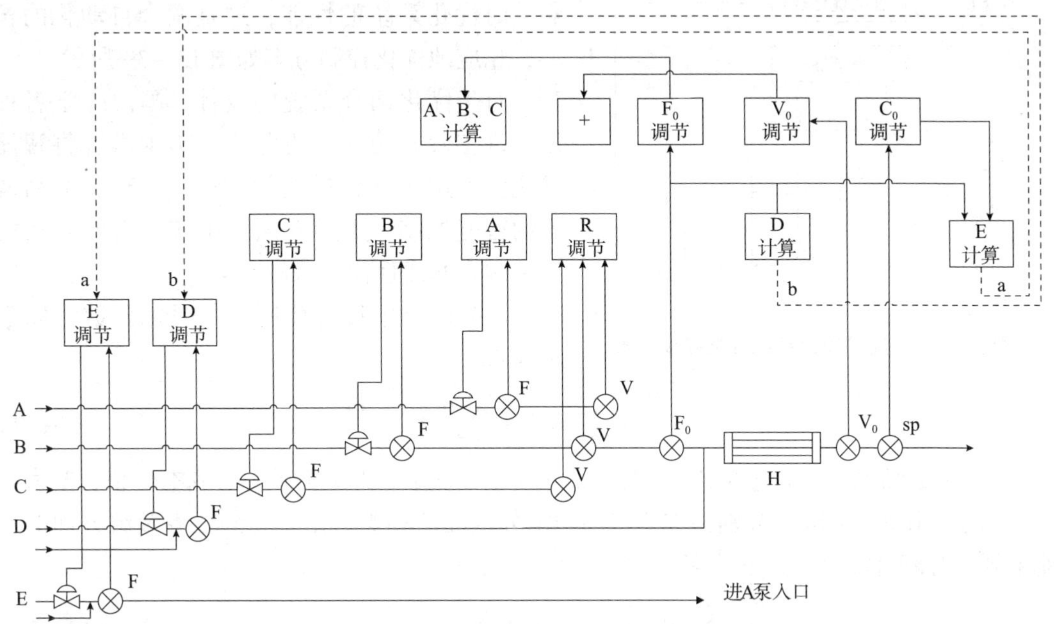

图 13 – 38 润滑油调管道调合系统的闭环质量控制方案

调合控制系统主要由微处理机、在线黏度计和凝点在线分析仪、混合器及其他常规设备与仪表组成，进行轻、中、重(减压三线、四线馏分油、脱沥青油)3 种基础油、复合添加剂、降凝剂共 5 种管道来料的自动调合。微处理机根据输入的程序自动完成调合比例计算、纯滞后补偿、流量调节与凝点数值控制等。添加剂按比例自动跟踪加入闭环质量控制系统中。目前国内使用较多且质量较好的国产分析仪有汽油辛烷值分析仪、倾点分析仪等。近年来出现了近红外分析仪(NIR)测辛烷值，测量准确迅速，为质量闭环控制提供了有利条件，近红外分析仪测量辛烷值的在线控制调合系统已经获得了成功应用。需要指出的是，在线分析仪和黏度计等仪表十分昂贵，而且由于精度漂移和耗材更换等原因，投资和维护的成本很高。此时，可以考虑软测量技术，利用软仪表来在线校正分析仪表、降低分析周期以提高关键部件的使用寿命。基于软测量技术的在线分析方法被广泛应用于油品质量实时分析中。

13.6.3 油品调合过程的优化控制

一方面，在清洁燃料生产要求越来越高的背景下，对油品质量指标的要求也日益增加；另一方面，油品调合是多组分混合的过程，且组分油性质可能经常波动，油品的一些质量指标存在非线性调合效应，使得调合问题变得十分复杂。传统的根据小调实验和调合人员经验确定调合配方往往造成成品油存在较大的质量过剩，或一次调合合格率低。在获得质量满足要求的产品的前提下，如何减少质量过程，且如何在多组分的情况下尽量少用价格高的组分，提出了油品调合进行优化控制的命题。

油品调合优化控制的目的是在调合操作的约束条件下获得最大利润的同时生产满足所

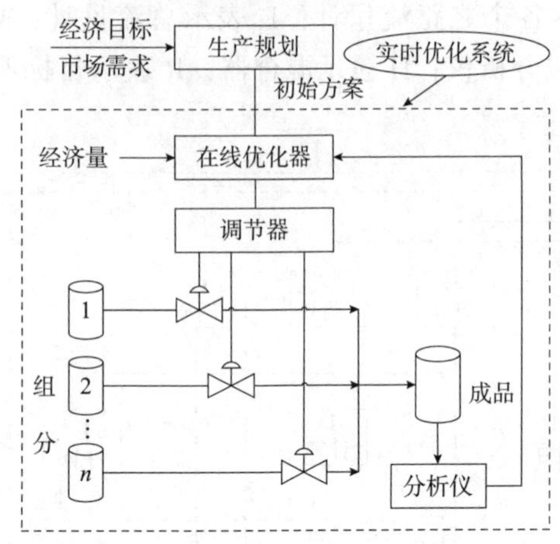

图 13－39 油品调合系统优化控制方案

有产品质量要求的产品。大多数调合自动化系统都是建立在 3 个层次上：离线规划；在线优化；调整控制。在线优化器决定了最终的配方和实时优化系统的性能，这是调合自动化的核心，相应地优化控制方案如图 13－39 所示。

对于优化调合系统的设计，国内外学者提出了许多设计方案。近年来，不少学者将智能优化技术用于配比模型的求解，实现了油品调合的智能控制。下面介绍一中基于遗传算法的汽油调合非线性模型求解方案。

油品调合中待优化问题的目标函数可以表示为：

$$f = \sum_{i=1}^{n} p_i Y_i - \sum_{j=1}^{m} c_j X_j \tag{13-32}$$

式中，p_i为成品油 i 的市场价格；Y_i为成品油 i 的产量；c_j为组分油 j 的成本价格；X_j为组分油 j 的使用量；n 和 m 分别为成品汽油和组分汽油的种类。由于受到成本及组分油的产能限制，对调合配比有如下约束：

$$0 \leqslant \sum_{i=1}^{n} X_j^{(i)} \leqslant B_j, i = 1,2\cdots n; j = 1,2\cdots m \tag{13-33}$$

其中，$X_j^{(i)}$ 为组分油 j 参与成品油 i 的调合量；B_j为工调合组分油 j 的总量。炼厂对于汽油生产需要大于国家的给定计划，同时不超过市场需求，因此有约束条件 $ordl_i < Y_i < ordh_i$，$ordl_i$和 $ordh_i$分别为产量要求的上下线。用系列不等式方程 $g_t(x) \leqslant 0$，$t = 1, 2\cdots$表示辛烷值约束、抗爆指数约束、组分油供应量及产量约束等。由于因为调合效应的非线性特性及调合的连续性，描述该问题的数学模型为带不等式约束的非线性规划问题。

汽油调合可选组分油的搭配有很多，本例选用比较常规的配比进行仿真。5 种组分油分别为催化裂化汽油、重整生成油、烷基化油、正丁烷、轻石脑油。它们的质量指标由于每次原油的质量不同和生产工艺流程上的些许差异有一定范围的不同，5 种组分油质量指标如表 13－6 所示。

表 13－6 5 种组分油质量指标和供应量

	催化裂化汽油	重整生成油	烷基化油	正丁烷	轻石脑油
RON	92.9	94.1	95.0	93.8	70.7
MON	80.8	80.5	91.7	90.0	68.7
RVP	5.3	3.8	6.6	138	12.0
氧含量(%)	48.8	1.0	0	0	1.8
芳香烃含量(%)	22.8	58.0	0	0	2.7
价格(美元/桶)	31.3	34.0	37.0	10.3	26.0
供应量(桶/天)	12000	6500	3000	5500	800

调合目标汽油质量指标和实际订单量如表 13－7 所示。

表 13－7　成品油规定标准

	价格(美元/桶)	需求上限(桶)	需求下限(桶)	最小 RON	最小抗暴指数	蒸汽压上限
普通汽油	33.0	8000	7000	88.5	82.7	10.8
优质汽油	37.0	10000	10000	91.5	82.7	10.8

针对 2 种工况进行优化设计，分别是空罐工况和罐底油参与调合的工况。

1. 空罐工况

此时不需要考虑罐中油品的质量指标和总量，遗传算法使用浮点数编码、轮盘赌选择、算术交叉、非均匀变异、每代种群中设定 50 个个体。染色体表示为：X_0，X_1，X_2，X_3，X_4，X_5，X_6，X_7，X_8，X_9；其中 X_0和 X_5表示重整生成油参与调合量；X_1和 X_6表示轻石脑油参与调合量；X_2和 X_7表示正丁烷参与调合量；X_3和 X_8表示催化裂化汽油参与调合量；X_4和 X_9表示烷基化油参与调合量。从而可得配比模型的约束条件为：

$$\begin{cases} 0 < X_0 + X_5 < 12000 \\ 0 < X_1 + X_6 < 6500 \\ 0 < X_2 + X_7 < 3000 \\ 0 < X_3 + X_8 < 5500 \\ 0 < X_4 + X_9 < 800 \\ 7000 < X_0 + X_1 + X_2 + X_3 + X_4 < 8000 \\ X_5 + X_6 + X_7 + X_8 = 10000 \\ 88.5 < RON_{\mathrm{nor}} < 89 \\ 91.5 < RON_{\mathrm{high}} < 93 \\ 82.7 < (RON_{\mathrm{nor}} + MON_{\mathrm{nor}})/2 < 83.7 \\ 85.7 < (RON_{\mathrm{high}} + MON_{\mathrm{high}})/2 < 86.7 \\ (RVP)_{\mathrm{nor}} < 10.8 \\ (RVP)_{\mathrm{high}} < 10.8 \end{cases} \tag{13-34}$$

上述不等式分别表示重整生成油的供应量约束、轻石脑油的供应量约束、正丁烷的供应量约束、催化裂化汽油的供应量约束、烷基化油的供应量约束、按照订单要求需要调合的普通汽油总量约束、优质汽油总量约束、普通汽油的辛烷值约束、优质汽油的辛烷值约束、普通汽油的抗爆指数约束、优质汽油的抗爆指数约束、普通汽油的雷德蒸汽压约束、优质汽油的雷德蒸汽压约束。

在遗传算法中交叉概率设定为 0.8，变异概率设定为 0.015。通过遗传算法得到优化结果所生产的汽油质量参数如表 13－8 所示，辛烷值指标等均达到规定且满足卡边生产要求，既避免了油品质量不达标的问题，又有效地控制了超调过头的现象，调合模型的函数值即最终利润工超过传统方式，且计算方法更为简洁，所需背景知识更少。

表 13－8　空罐工况下，优化调合工艺生产的汽油质量参数

	调合量(桶)	研究法辛烷值	抗爆指数	雷德蒸汽压
普通汽油	7920	88.6	83.04	9.623
优质汽油	10000	92.7	85.93	8.224

2. 罐底油参与调合的工况

通过对某石化公司长时间的实地调研发现，为节省一次性投资成本，同一个油罐要担负多种牌号油品的调合任务，且在调合油品时一次性将成品油罐调满。而且为了留有余量一般每次调合都会比实际需要多生产部分成品油，出场后罐中一般都有剩余的罐底油。下一次调合周期到来时罐底油也参与调合。此时需要将染色体扩展为 X_0，X_1，X_2，X_3，X_4，X_5，X_6，X_7，X_8，X_9，X_{10}，X_{11}，其中，X_5和 X_{11}表示原有的罐底普通成品汽油量。通过遗传算法得到优化结果所生产的汽油质量参数如表 13－19 所示，辛烷值指标等均达到规定且满足卡边生产要求，调合模型的函数值即最终利润工超过传统方式。调研中还发现，由于某些特殊情况会造成调合组分油供应量不足甚至缺失，通过实验仿真证明本方法也可在一定条件范围内完成其调合配比的计算。此 2 项应用体现了遗传算法的广泛适应性，从正常调合到罐底油参与调合，整个算法和进化程序不需要做较大改动即可完成。

表 13－9　罐底油参与调合的工况下，优化调合工艺生产的汽油质量参数

	调合量/桶	研究法辛烷值	抗爆指数	雷德蒸汽压
普通汽油	7998	89.0	83.27	9.986
优质汽油	10000	92.9	86.02	9.306

13－1　对炼油过程进行高效控制有何意义？

13－2　在常减压工艺中，对常压塔的控制选取了哪些被控对象？采用了何种控制方法？

13－3　相比于常压塔，对减压塔的控制有哪些不同？

13－4　为何要对常压塔的塔底液位采用非线性控制方法？

13－5　对常压塔的先进控制中，设置哪些控制器来实现控制目标？

13－6　对加热炉的控制方案有哪些？

13－7　对催化裂化装置进行控制时，其控制目标是什么？

13－8　在对吸收－解吸塔的控制中，采取了哪些控制方法？

13－9　催化重整过程中，在对原材料预处理的过程中采用了哪几种控制方案？

13－10　重整反应过程的被控对象有哪些？分别采取了何种控制方法？

13－11　重整反应的主要先进控制策略有哪些？

13－12　在对焦化炉出口温度的控制中，何为被控变量？采用了何种控制方法？

13－13　焦炭塔的塔顶为何要采用前馈控制？

13－14　延迟焦化装置的加热炉先进控制采用了何种控制策略？其优势是什么？

13－15　油品调合过程的常规控制有哪些？

13－16　油品调合过程的优化控制的目的是什么？

附录 A　工程设计表达与图例符号规定

自控工程设计是根据各种条件，根据对这些条件的详细分析，设计、规划自控技术方案。技术方案有各种不同的表达，如有技术语言表达、数学语言表达等。工程设计是采用规范的工程语言来表达技术方案，即采用标准图例与符号，用各种设计文件表达技术方案。不同专业有不同的标准图例与符号规定，不同行业的自控专业，其图例与符号规定也有差别。

过程工业的自控，一般采用化工行业标准(HG)、石油行业标准(SY)、石化行业标准(SH)、机械行业标准(JB)、国家标准(GB)等。其中采用最多的是化工行业标准和石化行业标准。下面对其中 2 个标准进行简要说明。

行业标准 HG/T 20505—2014《过程测量与控制仪表的功能标志及图形符号》中功能标志和图形符号主要适用于初步设计/基础设计、工程设计/施工图设计中仪表位号编制、P&ID(管道仪表流程图)，以及监控系统原理图等设计工作。另外，在新体制的设计规定中，专有一个分规定 HG/T 20637. 2—2017《自控专业工程设计用图形符号和文字代号》，列出了适用于化工装置自控工程设计的仪表回路图、仪表位置图、仪表电缆桥架布置图、仪表电缆(管缆)及桥架布置图、现场仪表配线图、逻辑图、半模拟流程图和 DCS 过程显示、仪表常用电器设备等图形符号的绘制。

A. 1　仪表功能标志

仪表的功能标志由 1 个首位字母及 1 ~ 3 个后继字母组成，功能字母代号如表 A – 1 所示，如 PI，首位字母 P 表示被测变量，后继字母 I 表示读出功能。又如，FFICA 首位字母 FF 表示被测变量 + 修饰字母，后继字母 ICA 表示读出功能 + 输出功能 + 读出功能。

仪表功能标志首位字母与后继字母的选用应符合表 A – 1 的规定，仪表功能标志的所有字母均应大写。

表 A – 1　仪表功能标志

	首位字母[(1)]		后继字母[(2)]		
	被测变量或引发变量	修饰词	读出功能	输出功能	修饰词
A	分析[(3)]		报警		
B	烧嘴、火焰		供选用[(4)]	供选用[(4)]	供选用[(4)]
C	电导率			控制	
D	密度	差			
E	电压(电动势)		检测原件		
F	流量	比率(比值)			

续表

	首位字母(1)		后继字母(2)		
	被测变量或引发变量	修饰词	读出功能	输出功能	修饰词
G	毒性气体或可燃气体		视镜、观察(5)	供选用(4)	供选用(4)
H	手动				高(6)
I	电流		指示		
J	功率	扫描			
K	时间、时间程序	变化速率(7)		操作器(8)	
L	物位		灯(9)		低(6)
M	水分或湿度	瞬动			中、中间(6)
N	供选用(4)		供选用(4)	供选用(4)	供选用(4)
O	供选用(4)		节流孔		
P	压力、真空		连接或测试点		
Q	数量	积算、累计			
R	核辐射		记录、DCS 趋势记录		
S	速度、频率	安全(10)		开关、联锁	
T	温度			传送(变送)	
U	多变量(11)		多功能(12)	多功能(12)	多功能(12)
V	振动、机械监视			阀、风门、百叶窗	
W	重量、力		套管		
X	未分类(13)	X 轴	未分类(13)	未分类(13)	未分类(13)
Y	事件、状态(14)	Y 轴		继动器(继电器)、计算器、转换器(15)	
Z	位置、尺寸	Z 轴		驱动器、执行元件	

对功能字母代号的说明如下：

(1)“首位字母”在一般情况下为单个表示被测变量或引发变量的字母(简称变量字母)，在首位字母附加修饰字母后，首位字母则为首位字母+修饰字母。

(2)“后继字母”可根据需要为 1 个字母(读出功能)、或 2 个字母(读出功能+输出功能)、或 3 个字母(读出功能+输出功能+读出功能)等。

(3)“分析(A)”指本表中未予规定的分析项目，当需指明具体的分析项目时，应在表示仪表位号的图形符号(圆圈或正方形)旁标明。如分析二氧化碳含量，应在图形符号外标注 CO_2，而不能用 CO_2代替仪表标志中的“A”。

(4)“供选用”指此字母在本表的相应栏目处中未规定其含义，可根据使用者的需要确定其含义，即该字母作为首位字母时表示一种含义，而作为后继字母时则表示另一种含义。并在具体工程的设计图例中做出规定。

(5)“视镜、观察(G)”表示用于对工艺过程进行观察的现场仪表和视镜，如玻璃液位计、窥视镜等。

(6)“高(H)”“低(L)”“中(M)”应与被测量值相对应，而并非与仪表输出的信号值相对应。H、L、M 分别标注在表示仪表位号的图形符号(圆圈或正方形)的右上、下、中处。

(7)“变化速率(K)”在与首位字母 L、T 或 W 组合时，表示测量或引发变量的变化速率，如 WKIG 可表示重量变化速率控制器。

(8)“操作器(K)”表示设置在控制回路内的自动－手动操作器，如流量控制回路中的自动－手动操作器为 FK，它区别于 HC 手动操作器。

(9)“灯(L)”表示单独设置的指示灯，用于显示正常的工作状态，它不同于正常状态的“A 报警灯。如果“L”指示灯是回路的一部分，则应与首位字母组合使用，如表示一个时间周期(时间累计)终了的指示灯应标注为 KQL。如果不是回路的一部分，可单独用一个字母“L”表示，如电动机的指示灯，若电压是被测变量，则可表示为 EL；若用来监视运行状态，则表示为 YL。不要用 XL 表示电动机的指示灯，因为未分类变量“X”仅在有限场合使用，可用供选用字母“N”或“O”表示电动机的指示灯，如 NL 或 OL。

(10)“安全(S)”仅用于紧急保护的检测仪表或检测元件及最终控制元件，如“PSV”表示非常状态下起保护作用的压力泄放阀或切断阀。也可用于事故压力条件下进行安全保护的阀门或设施，如爆破膜或爆破板用 PSE 表示。

(11)首位字母“多变量(U)”用来代替多个变量的字母组合。

(12)后继字母“多变量(U)”用来代替多种功能的字母组合。

(13)“未分类(X)”表示作为首位字母或后继字母均未规定其含义，它在不同地点作为首位字母或后继字母均可有任何含义，适用于一个设计中仅一次或有限的几次使用。例如，XR－1 可以是应力记录，XX－2 则可以是应力示波器。在应用 X 时，要求在仪表图形符号(圆圈或正方形)外注明未分类字母“X”的含义。

(14)“事件、状态(Y)”表示由事件驱动的控制或监视响应(不同于时间或时间程序驱动)也可表示存在或状态。

(15)“继动器(继电器)、计算器、转换器(Y)”表示是自动的，但在回路中不是检测装置，其动作由开关或位式控制器带动的设备或器件。表示继动、计算、转换功能时，应在仪表图形符号(圆圈或正方形)外(一般在右上方)标注其具体功能。但功能明显时也可不标注，如执行机构信号线上的电磁阀就无须标注。

功能标志只表示仪表的功能，不表示仪表的结构。例如，要实现 FR(流量记录)功能，可采用差压记录仪，也可采用单笔记录仪或多笔记录仪。

功能标志的首位字母选择应与被测变量或引发变量相符，可以不与被处理的变量相符。例如，调节流量的控制阀，用在液位控制系统中的功能标志是 LV，而不是 FV。

仪表功能标志的首位字母后面可以附加一个修饰字母，这时原来的被测变量就变成一个新变量。例如，在首位字母 P、T 后面加 D，变成 PD、TD，原来的压力、温度就变成压差、温差。

仪表功能标志的后继字母后面也可以附加一个或两个修饰字母，以对读出功能进行修饰。例如，功能标志 PAH 中，后继字母 A 后面加 H，表示限制读出功能 A 的报警为高报警。

功能标志的字母编组的字母数，一般不超过 4 个。为了减少字母编组的字母数，对于一台仪表同时用于指示和记录同一被测变量时，可以省略 I(指示)。

仪表位号由仪表功能标志与仪表回路编号两部分构成。例如 FIC－116，FC 为功能标志，116 为回路编号。回路编号可以用工序号＋仪表顺序号组成，也可以用其他规定的方法进行编号。例如：

```
FIC  - 1 16
 │     │ └─顺序号（一般两位数字,也可用三位数字）
 │     └───顺序号（一般一位数字,也可用两位数字）
 └─────────功能标志
```

仪表位号按不同的被测变量分类，同一装置(或工序)同类被测变量的仪表位号中的顺序编号是连续的，顺序号中间可以空号；不同被测变量的仪表位号不能连续编号。

如果同一仪表回路中有两个以上功能相同的仪表，可用仪表位号附加尾缀字母(尾缀字母应大写)的方法以示区别。例如，FT－201A、FT－201B，表示同一回路中有 2 台流量变送器；FV403A、FV－403B 表示同一回路中有 2 台控制阀。

多个检测元件共用一台显示仪表时，显示仪表的位号不表示工序号，只编顺序号；检测元件的位号是在共用显示仪表编号后加后缀。如多点温度指示仪的位号为 TI－1，其检测元件的位号为 TE－1－1、TE－1－2 等。

当一台仪表由两个或多个回路共用时，各回路的仪表位号都应标注。例如，一台双笔记录仪要记录流量 FR－121 和压力 PR－131 时，仪表位号为 FR－121/PR－131。

多机组的仪表位号一般按顺序编制，不采用同一位号加尾缀字母的表示方法。例如，压缩机组 106－JA、106－JB、106－JC 的测轴温仪表位号分别是：I－1～I－10(106－JA)、TI－11～TI－20(106JB)、TI－21～TI－30(106－JC)。

可用回路代号(也称回路标志)表示一个监控回路，回路代号由首位字母与回路编号组成，如用回路代号 T－105 表示 TI－105 这个检测回路；用回路代号 F－303 表示 FIC－303 这个控制回路。

在自控专业表格类的设计文件中，编写仪表位号的要求是，一般情况下功能标志后继字母不再附加修饰字母，如带上、下限报警(联锁)的指示、控制系统的位号，只编写PIA－101、TIS－213 或 FICA－502、LICS－201，不需将报警(联锁)的修饰字母 H、L 编写出来。

A.2 仪表图形符号

常规仪表图形为细实线圆圈，如图 A－1 所示。

DCS 图形由细实线正方形与内切圆组成，如图 A－2 所示。

控制计算机图形为细实线正六边形，如图 A－3 所示。

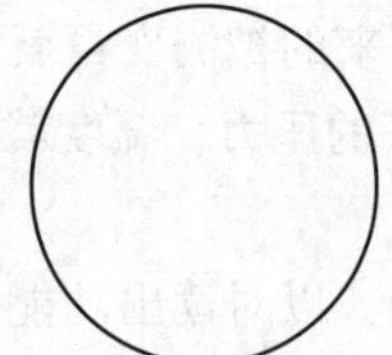

图 A－1 常规仪表图形符号

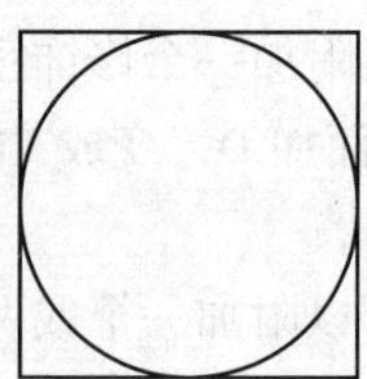

图 A－2 DCS 仪表图形符号

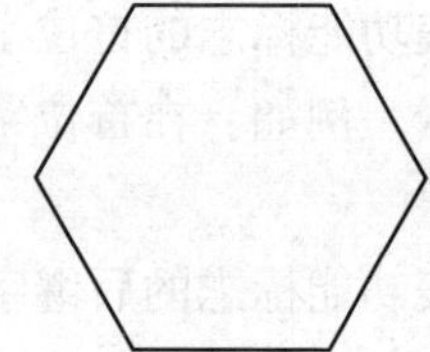

图 A－3 控制计算机仪表图形符号

可编程序逻辑控制器图形由细实线正方形与内接四边形组成，如图 A－4 所示。

联锁系统图形为细实线菱形，菱形中标注“I”(interlock)，在局部联锁系统较多时，应将联锁系统编号，如图 A－5 所示。

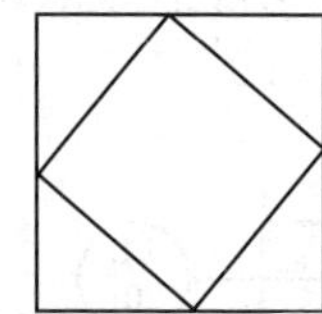

图 A－4 可编程序逻辑控制器仪表图形符号

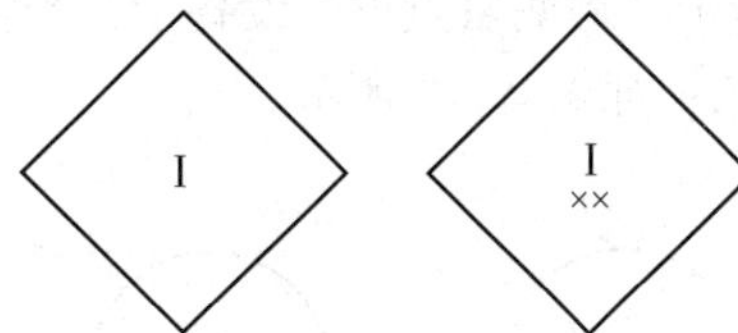

图 A－5 联锁系统仪表图形符号

表示仪表安装位置的图形符号见表 A－2。

表 A－2 表示仪表安装位置的图形符号

	现场安装	现场盘装	盘后安装或后台实现	控制室安装
单台常规仪表				
DCS				
计算机功能			①	
可编程逻辑控制			②	
继电器执行联锁	I 或 I ×××			
PLC 执行联锁	I 或 I ×××			
DCS 执行联锁	I 或 I ×××			

注：①不与 DCS 进行通信联接的计算机功能组件。
②不与 DCS 进行通信联接的 PLC。

测量点(包括检出元件)是由过程设备或管道引至检测元件或就地仪表的起点，一般不单独表示。需要时，检出元件或检出仪表可用细实线加图形 PP、LP、AP 等表示，如图 A－6 所示。若测量点位于设备中，当需要标出测量点在设备中的位置时，可用细实线或虚线表示，如图 A－7 所示。

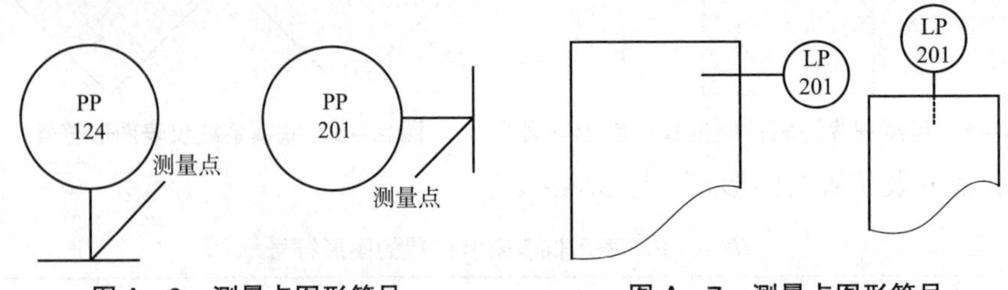

图 A－6　测量点图形符号　　　　图 A－7　测量点图形符号

图 A－8 所示细实线作为仪表连接线的应用场合是：

图 A－8　细实线连接线

(1)工艺参数测量点与检测装置或仪表的连接线。

(2)仪表与仪表能源的连接线，仪表能源包括空气源(AS)、

仪表空气(LA)、电源(ES)、气体源(GS)、液压源(HS)、氮气源(NS)、蒸汽源(SS)、水源(WS)等。

(3)在 P & ID 上用简化方法表示测量和控制系统构成的连接线，即 P & ID 上不表示变送器等检测仪表，工艺参数测量点与控制室监控仪表用细实线直接连接。

当上述细实线与其他线条可能造成混淆时，可在细实线上加斜短划线(斜短划线与细实线成 45°角)。当有必要区分信号线的类别时，还可以专门的图形符号来表示，如图 A－9 所示。

图 A－9　仪表信号线的一些图形符号

就地仪表与控制室仪表(包括 DCS)的连接线、控制室仪表之间的连接线、DCS 内部系统连接线或数据连接线的图形符号参见 HG/T 20505—2014《过程测量与控制仪表的功能标志及图形符号》

在复杂系统中，当有必要表明信息流动的方向时，应在信号线符号上加箭头，如图 A－10所示。

信号线的交叉为断线，信号线相接不打点，如图 A－11 所示。

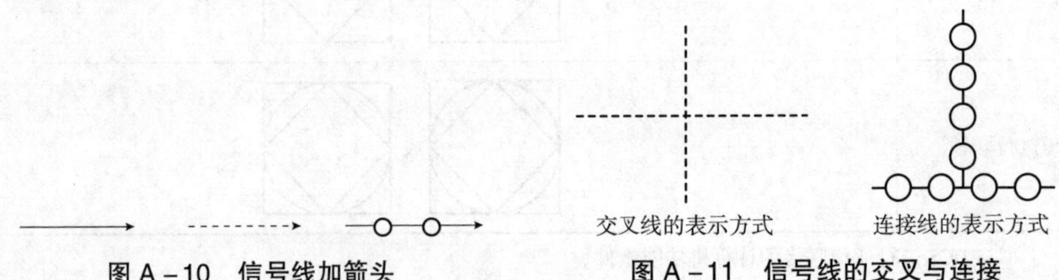

图 A－10　信号线加箭头　　　　图 A－11　信号线的交叉与连接

执行机构图形符号见表 A－3。

表 A－3 执行机构图形符号

带弹簧的薄膜执行机构	不带弹簧的薄膜执行机构	电动执行机构	数字执行机构
		 M	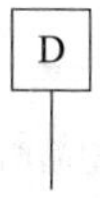 D
活塞执行机构单作用	活塞执行机构双作用	电磁执行机构	带手轮的气动薄膜执行机构
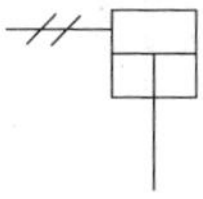	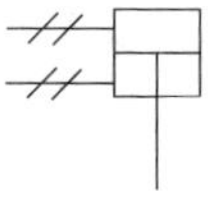	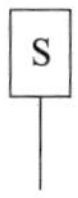 S	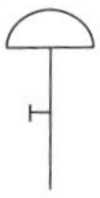
带气动阀门定位器的气动薄膜执行机构		带电气阀门定位器的气动薄膜执行机构	
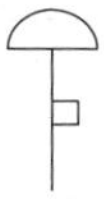		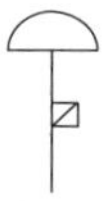	
带人工复位装置的执行机构(以电磁执行机构为例)		带远程复位装置的执行机构(以电磁执行机构为例)	
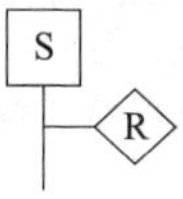 S R		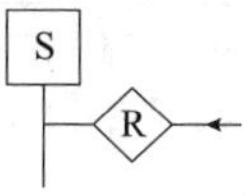 S R	

控制阀体图形符号、风门图形符号见表 A－4。

表 A－4 控制阀体图形符号、风门图形符号

截止阀	角阀	三通阀	四通阀
	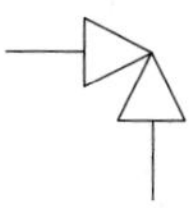	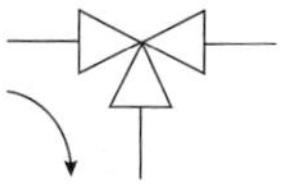	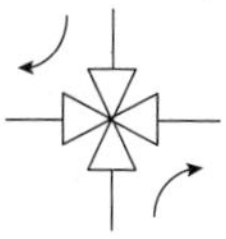
球阀	蝶阀	旋塞阀	其他型式的阀(X 表示阀的型号)
			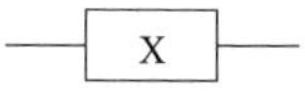 X
隔膜阀	风门或百叶窗		
	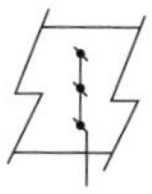	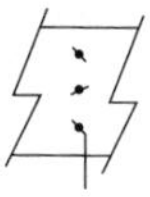	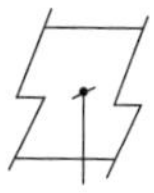
闸阀			

执行机构能源中断时控制阀位置的图形符号(以带弹簧的气动薄膜执行机构控制阀为例)如表 A-5 所示。

表 A-5　能源中断时阀位的图形符号

能源中断时，直通阀开启	能源中断时，直通阀关闭	能源中断时，三通阀 流体流通方向 A-C
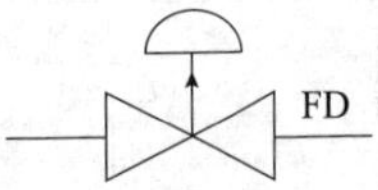 FD	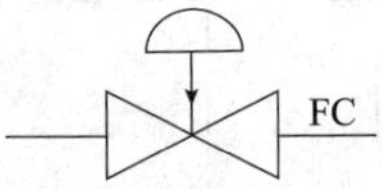 FC	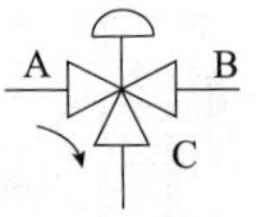 A B C
能源中断时，四通阀流体 流动方向 A-C 和 D-B	能源中断时，阀保持原位	能源中断时，不定位
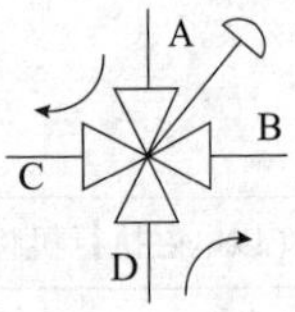 A B C D	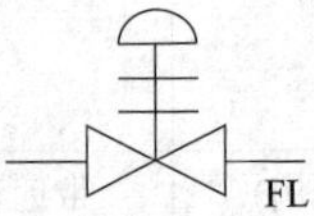 FL	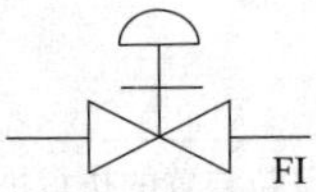 FI

注：上述图形符号中，若不用箭头、横线表示，也可以在控制阀体下部标注下列缩写词：

FD—能源中断时，阀开启；FC—能源中断时，阀关闭；FL—能源中断时，阀保持原位；FI—能源中断时，不定位。

节流装置、非压差型流量测量仪表、自动式控制阀、仪表辅助设施的图形符号参见 HG/T 20505—2014《过程测量与控制仪表的功能标志及图形符号》。

附录 B　常用标准热电阻分度表

B.1　Pt100 型铂热电阻分度表

常用的 Pt100 型铂热电阻可查表 B－1，更多温度下的电阻可查 GB/T 30121—2013。

表 B－1　常用的 Pt100 型铂热电阻分度表

分度号 Pt100　R(0℃)＝100.00Ω

温度/℃	0	5	10	15	20	25	30	35	40	45
	对应的电阻值/Ω									
－200	18.52	20.68	22.83	24.97	27.10	29.22	31.34	33.44	35.54	37.64
－150	39.72	41.80	43.88	45.94	48.00	50.06	52.11	54.15	56.19	58.23
－100	60.26	62.28	64.30	66.31	68.33	70.33	72.33	74.33	76.33	78.32
－50	80.31	82.29	84.27	86.25	88.22	90.19	92.16	94.12	96.09	98.04
0	100.00	101.95	103.90	105.85	107.79	109.73	111.67	113.61	115.54	117.47
50	119.40	121.32	123.24	125.16	127.08	128.99	130.90	132.80	134.71	136.61
100	138.51	140.40	142.29	144.18	146.07	147.95	149.83	151.71	153.58	155.46
150	157.33	159.19	161.05	162.91	164.77	166.63	168.48	170.33	172.17	174.02
200	175.86	177.69	179.53	181.36	183.19	185.01	186.84	188.66	190.47	192.29
250	194.10	195.91	197.71	199.51	201.31	203.11	204.90	206.70	208.48	210.27
300	212.05	213.83	215.61	217.38	219.15	220.92	222.68	224.45	226.21	227.96
350	229.72	231.47	233.21	234.96	236.70	238.44	240.18	241.91	243.64	245.37
400	247.09	248.81	250.53	252.25	253.96	255.67	257.38	259.08	260.78	262.48
450	264.18	265.87	267.56	269.25	267.56	272.61	274.29	275.97	277.64	279.31
500	280.98	282.64	284.30	285.96	287.62	289.27	290.92	292.56	294.21	295.85
550	297.49	299.12	300.75	302.38	304.01	305.63	307.25	308.87	310.49	312.10
600	313.71	315.31	316.92	318.52	320.12	321.71	323.30	324.89	326.48	328.06
650	329.64	331.22	332.79	334.36	335.93	337.50	339.06	340.62	342.18	343.73
700	345.28	346.84	349.92	349.92	351.46	353.00	354.53	356.06	357.59	359.12
750	360.64	362.16	363.67	365.19	366.70	368.21	369.71	371.51	372.71	374.21
800	375.70	377.19	378.68	380.17	381.65	383.13	384.60	386.08	387.55	389.02
850	390.48									

B.2 Cu50 型铂热电阻分度表

常用的 Cu50 型铂热电阻可查表 B-2，更多温度下的电阻可查 GB/T 30121—2015。

表 B-2 常用的 Cu50 型铂热电阻分度表

分度号 Cu500 R(0℃)=100.00Ω

温度/℃	0	-1	-2	-3	-4	-5	-6	-7	-8	-9
	对应的电阻值/Ω									
-50	39.242									
-40	41.400	41.184	40.969	40.753	40.537	40.322	40.106	39.890	39.674	39.458
-30	43.555	43.339	43.124	42.909	42.693	42.478	42.262	42.047	41.831	41.616
-20	45.706	45.491	45.276	45.061	44.846	44.631	44.416	44.200	43.985	43.780
-10	47.854	47.639	47.425	47.210	46.995	46.780	46.566	46.351	46.136	45.921
-0	50.000	49.786	49.571	49.356	49.142	48.927	48.713	48.498	48.284	48.069

温度/℃	0	1	2	3	4	5	6	7	8	9
	对应的电阻值/Ω									
0	50.000	50.214	50.429	50.643	50.858	51.072	51.286	51.501	51.715	51.929
10	52.144	52.358	52.572	52.786	53.000	53.215	53.429	53.643	53.857	54.071
20	54.285	54.500	54.714	54.928	55.142	55.356	55.570	55.784	55.998	56.212
30	56.426	56.640	56.854	57.068	57.282	57.496	57.710	57.924	58.137	58.351
40	58.565	58.779	58.993	59.207	59.421	59.635	59.848	60.062	60.276	60.490
50	60.704	60.918	61.132	61.345	61.559	61.773	61.987	62.201	62.415	62.628
60	62.842	63.056	63.270	63.484	63.698	63.911	64.125	64.339	64.553	64.764
70	64.981	65.194	65.408	65.622	65.836	66.050	66.264	66.478	66.692	66.906
80	67.120	67.333	67.547	67.761	67.975	68.189	68.403	68.617	68.831	69.045
90	69.259	69.473	69.687	69.901	70.115	70.329	70.544	70.758	70.972	71.186
100	71.400	71.614	71.828	72.042	72.257	72.471	72.685	72.899	73.114	73.328
110	73.542	73.757	73.971	74.185	74.400	74.614	74.828	75.043	75.258	75.472
120	75.686	75.901	76.115	76.330	76.545	76.759	76.974	77.189	77.404	77.618
130	77.833	78.048	78.263	78.477	78.692	78.907	79.122	79.337	79.552	79.767
140	79.982	80.187	80.412	80.627	80.843	81.058	81.273	81.488	81.704	81.919
150	82.134									

附录 C　常用标准热电偶分度表

C.1　总则

本附录采用的分度以5℃为间隔，给出了各类型热电阻的电动势值(E，单位为 μV)。以50℃为间隔，给出塞贝克系数值(S，单位为 μV/℃)。

C.2　铂铑10－铂热电偶分度表(S 型)

表 C－1　常用 S 型热电偶分度表

GB/T 16839.1—2018

t_{90}/℃	S/(μV/℃)	电动势(E/μV)，间隔为5℃									
		0	－5	－10	－15	－20	－25	－30	－35	－40	－45
0	5.4	0	－27	－53	－78	－103	－127	－150	－173	194	－215
－50	5.4	－236									
t_{90}/℃	S/(μV/℃)	电动势(E/μV)，间隔为5℃									
		0	5	10	15	20	25	30	35	40	45
0	5.4	0	27	55	84	113	143	173	204	235	267
50	6.5	299	332	365	399	433	467	502	538	573	609
100	7.3	646	683	720	758	795	834	872	911	950	990
150	8.0	1029	1069	1110	1150	1191	1232	1273	1315	1357	1399
200	8.5	1441	1483	1526	1569	1612	1655	1698	1742	1786	1829
250	8.8	1874	1918	1962	2007	2052	2096	2141	2187	2232	2277
300	9.1	2323	2369	2415	2461	2507	2553	2599	2646	2692	2739
350	9.4	2786	2833	2880	2927	2974	3021	3069	3116	3164	3212
400	9.6	3259	3307	3355	3403	3451	3500	3548	3596	3645	3694
450	9.7	3742	3791	3840	3889	3938	3987	4036	4085	4134	4184
500	9.9	4233	4283	4332	4382	4432	4482	4532	4582	4632	4682
550	10.1	4732	4782	4833	4883	4934	4984	5035	5086	5137	5188
600	10.2	5239	5290	5341	5392	5443	5495	5546	5598	5649	5701
650	10.4	5753	5805	5857	5909	5961	6013	6065	6118	6170	6223
700	10.5	6275	6328	6381	6434	6486	6539	6593	6646	6699	6752
750	10.7	6806	6859	6913	6967	7020	7074	7128	7182	7236	7291
800	10.9	7345	7399	7454	7508	7563	7618	7673	7728	7783	7838
850	11.0	7892	7948	8003	8059	8114	8170	8226	8281	8337	8393

续表

t_{90}/℃	S/(μV/℃)	电动势(E/μV)，间隔为5℃									
		0	5	10	15	20	25	30	35	40	45
900	11.2	8449	8505	8562	8618	8674	8731	8787	8844	8900	8957
950	11.4	9014	9071	9128	9185	9242	9300	9357	9414	9472	9529
1000	11.5	9587	9645	9703	9761	9819	9877	9936	9993	10051	10110
1050	11.7	10168	10227	10285	10344	10403	10461	10520	10579	10638	10697
1100	11.9	10757	10816	10875	10934	10994	11053	11113	11172	11232	11291
1150	11.9	11351	11411	11471	11531	11590	11650	11710	11770	11830	11890
1200	12.0	11951	12011	12071	12131	12191	12252	12312	12372	12433	12493
1250	12.1	12554	12614	12675	12735	12796	12856	12917	12977	13038	13098
1300	12.1	13159	13220	13280	13341	13402	13462	13523	13584	13644	13705
1350	12.1	13766	13826	13887	13948	14009	14096	14130	14191	14251	14312
1400	12.1	14373	14433	14494	14554	14615	14676	14736	14797	14857	14918
1450	12.1	14978	15039	15099	15160	15220	15280	15341	15401	15461	15521
1500	12.0	15582	15642	15702	15762	15822	15882	15942	16002	16062	16122

C.3 铂铑13－铂热电偶分度表(R型)

表C－2 常用R型热电偶分度表

GB/T 16839.1—2018

t_{90}/℃	S/(μV/℃)	电动势(E/μV)，间隔为1℃									
		0	−5	−10	−15	−20	−25	−30	−35	−40	−45
0	5.3	0	−26	−51	−76	−100	−123	−145	−167	−188	−208
−50	3.7	−226									
t_{90}/℃	S/(μV/℃)	电动势(E/μV)，间隔为1℃									
		0	5	10	15	20	25	30	35	40	45
0	5.3	0	27	54	82	111	141	171	201	232	264
50	6.5	296	329	363	397	431	466	501	537	573	610
100	7.5	647	685	723	761	800	839	879	919	959	1000
150	8.2	1041	1082	1124	1166	1208	1251	1294	1337	1381	1425
200	8.8	1469	1513	1558	1602	1648	1693	1739	1784	1831	1877
250	9.3	1923	1970	2017	2046	2122	2159	2207	2255	2304	2352
300	9.7	2401	2449	2498	2547	2597	2646	2696	2746	2796	2846
350	10.1	2896	2947	2997	3048	3099	3150	3201	3253	3304	3356
400	10.4	3408	3460	3512	3564	3616	3669	3721	3774	3827	3880
450	10.6	3933	3986	4040	4093	4147	4201	4255	4309	4363	4417
500	10.9	4471	4526	4580	4635	4690	4745	4800	4855	4910	4966
550	11.1	5021	5077	5133	5189	5245	5301	5357	5414	5470	5527
600	11.4	5583	5640	5697	5754	5812	5869	5926	5984	6041	6099
650	11.6	6157	6215	6273	6332	6390	6448	6507	6566	6625	6684
700	11.8	6743	6802	6861	6921	6980	7040	7100	7160	7220	7280

续表

t_{90}/℃	S/(μV/℃)	电动势(E/μV),间隔为1℃									
		0	5	10	15	20	25	30	35	40	45
750	12.1	7340	7401	7461	7522	7583	7644	7705	7766	7827	7888
800	12.3	7950	8011	8073	8135	8197	8259	8321	8384	8446	8509
850	12.6	8571	8634	8697	8760	8823	8887	8950	9014	9077	9141
900	12.8	9205	9269	9333	9397	9461	9526	9590	9655	9720	9785
950	13.0	9850	9915	9980	10046	10111	10177	10242	10308	10374	10440
1000	13.2	10506	10572	10638	10705	10771	10838	10905	10972	11039	11106
1050	13.4	11173	11240	11307	11375	11442	11510	11578	11646	11714	11782
1100	13.7	11850	11918	11986	12054	12123	12191	12260	12329	12397	12466
1150	13.8	12535	12604	12673	12742	12812	12881	12950	13019	13089	13158
1200	13.9	13228	13298	13367	13437	13507	13577	13646	13716	13786	13856
1250	14.0	13926	13996	14066	14137	14207	14277	14347	14418	14488	14558
1300	14.1	14629	14699	14700	14840	14911	14981	15052	15122	15193	15263
1350	14.1	15334	15404	15475	15546	15616	15687	15758	15828	15899	15969
1400	14.1	16040	16111	16181	16252	16323	16393	16464	16534	16605	13376
1450	14.1	16746	16817	16887	16958	17028	17099	17169	17240	17310	17380
1500	14.1	17451	17521	17591	17661	17732	17802	17872	17642	18012	18082

C.4 铂铑30－铂铑6热电偶分度表(B型)

表C－3 常用B型热电偶分度表

GB/T 16839.1—2018

t_{90}/℃	S/(μV/℃)	电动势(E/μV),间隔为1℃									
		0	5	10	15	20	25	30	35	40	45
0	−0.2	0	−1	−2	−2	−3	−2	−2	−1	0	1
50	0.3	2	4	6	9	11	14	17	21	25	29
100	0.9	33	38	43	48	53	59	65	72	78	85
150	1.5	92	99	107	115	123	132	141	150	159	168
200	2.0	178	188	199	209	220	231	243	255	267	279
250	2.5	291	304	317	330	344	358	372	386	401	416
300	3.0	431	446	462	478	494	510	527	544	561	578
350	3.6	596	614	632	650	669	688	707	727	746	766
400	4.1	787	807	828	849	870	891	913	935	957	979
450	4.6	1002	1025	1048	1071	1095	1119	1143	1167	1192	1217
500	5.0	1242	1267	1293	1318	1344	1371	1397	1424	1451	1478
550	5.5	1505	1533	1561	1589	1617	1646	1675	1704	1733	1762
600	6.0	1792	1822	1852	1882	1913	1944	1975	2006	2037	2069
650	6.4	2101	2133	2165	2197	2230	2263	2296	2329	2363	2397
700	6.8	2431	2465	2499	2534	2569	2604	2639	2674	2701	2749
750	7.2	2782	2818	2854	2891	2928	2965	3002	3040	3078	3116
800	7.6	3154	3192	3230	3269	3308	3347	3386	3426	3466	3506

续表

t_{90}/℃	S/(μV/℃)	电动势(E/μV)，间隔为1℃									
		0	5	10	15	20	25	30	35	40	45
850	8.0	3546	3586	3626	3667	3708	3749	3790	3832	3873	3915
900	8.4	3957	3999	4041	4084	4127	4170	4213	4256	4299	4343
950	8.8	4387	4431	4475	4519	4564	4608	4653	4698	4743	4789
1000	9.1	4834	4880	4926	4972	5018	5065	5111	5158	5205	5252
1050	9.5	5299	5346	5394	9441	5489	5537	5585	5634	5682	5731
1100	9.8	5780	5828	5878	5927	5976	6026	6075	6125	6175	6225
1150	10.1	6276	6326	6377	6427	6478	6529	6580	6630	6683	6735
1200	10.4	6786	6838	6890	6942	6995	7047	7100	7152	7205	7258
1250	10.6	7311	7364	7417	7471	7524	7578	7632	7686	7740	7794
1300	10.9	7848	7903	7957	8012	8066	8121	8176	8231	8286	8342
1350	11.1	8397	8453	8508	8564	8602	8675	8731	8787	8844	8900
1400	11.3	8956	9013	9069	9126	9182	9239	9296	9353	9410	9467
1450	11.4	9524	9581	9639	9696	9753	9811	9868	9926	9984	10041
1500	11.6	10099	10157	10215	10273	10331	10389	10447	10505	10563	10621

C.5 铜-铜镍(康铜)热电偶分度表(T型)

表C-4 常用T型热电偶分度表

GB/T 16839.1—2018

t_{90}/℃	S/(μV/℃)	电动势(E/μV)，间隔为1℃									
		0	-5	-10	-15	-20	-25	-30	-35	-40	-45
0	38.7	0	-193	-383	-571	-757	-940	-1121	-1299	-1475	-1648
-50	33.9	-1819	-1987	-2153	-2316	-2476	-2633	-2788	-2940	-3089	-3235
-100	32.8	-3379	-3519	-3657	-3791	-3923	-4052	-4177	-4300	-4419	-4535
-150	28.4	-4648	-4759	-4865	-4969	-5070	-5167	-5261	-5351	-5439	-5523
-200	22.3	-5603	-5680	-5753	-5823	-5888	-5950	-6007	-6059	-6105	-6146
-250	15.7	-6180	-6209	-6232	-6248	-6258					
t_{90}/℃	S/(μV/℃)	电动势(E/μV)，间隔为1℃									
		0	5	10	15	20	25	30	35	40	45
0	38.7	0	195	391	589	790	992	1196	1403	1612	1823
50	42.8	2036	2251	2468	2687	2909	3132	3358	3585	3814	4046
100	46.8	4279	4513	4750	4988	5225	5470	5714	5959	6206	6454
150	50.2	6704	6956	7209	7463	7720	7977	8237	8497	8759	9023
200	53.1	9288	9555	9822	10092	10362	10634	10970	11182	11458	11735
250	55.8	12013	12293	12574	12856	13139	13423	13709	13995	14283	14572
300	58.1	14862	15153	15445	15738	16032	16327	16624	16921	17219	17518
350	60.2	17819	18120	18422	18725	19030	19335	19641	19947	20255	20563
400	61.8	20872									

C.6 镍铬－铜镍(康铜)热电偶分度表(E型)

表C－5 常用E型热电偶分度表

GB/T 16839.1—2018

t_{90}/℃	S/(μV/℃)	电动势(E/μV)，间隔为－1℃									
		0	-5	-10	-15	-20	-25	-30	-35	-40	-45
0	58.7	0	-292	-582	-868	-1152	-1432	-1709	-1984	-2255	-2523
-50	52.6	-2787	-3048	-3306	-3561	-3811	-4058	-4302	-4542	-4777	-5009
-100	45.2	-5237	-5461	-5681	-5896	-6107	-6314	-6516	-6714	-6907	-7096
-150	36.2	-7279	-7458	-7632	-7800	-7963	-8121	-8273	-8420	-8561	-8696
-200	25.1	-8825	-8947	-9063	-9172	-9274	-9368	-9455	-9534	-9604	-9666
-250	9.7	-9718	-9762	-9797	-9821	-9835					
t_{90}/℃	S/(μV/℃)	电动势(E/μV)，间隔为1℃									
		0	5	10	15	20	25	30	35	40	45
0	58.7	0	294	591	890	1192	1495	1801	2109	2420	2733
50	63.2	3048	3365	3685	4006	4330	4656	4985	5315	5648	5982
100	67.5	6319	6658	6998	7341	7685	8031	8379	8729	9081	9434
150	71.1	9789	10145	10503	10863	11224	11587	11951	12317	12684	13052
200	74.0	13421	13792	14164	14537	14912	15287	15664	16041	16420	16800
250	76.2	17181	17562	17945	18328	18713	19098	19484	19871	20259	20647
300	77.9	21036	21426	21817	22208	22600	22993	23386	23780	24174	24569
350	79.2	24964	25360	35757	26154	26552	26950	27348	27747	28146	28546
400	80.1	28946	29346	29747	30148	30550	30952	31354	31756	32159	32562
450	80.6	32965	33368	33772	34175	34579	34983	35387	35792	36196	36601
500	80.9	37005	37410	37815	38220	38624	39029	39434	39839	40243	40648
550	80.9	41053	41457	41862	42266	42671	43075	43479	43883	44286	44690
600	80.7	45093	45497	45900	46302	46705	47107	47509	47911	48313	48715
650	80.2	49116	49517	49917	50318	50718	51118	51517	51916	52315	52714
700	79.7	53112	53510	53908	54306	54703	55100	55497	55893	56289	56685
750	79.1	57080	57475	57870	58265	58659	69053	59446	59839	60232	20625
800	78.4	61017	61409	61801	62192	62583	62974	63364	63754	64144	64533
850	77.7	64922	65310	65698	66086	66473	66860	67246	67632	68017	68402
900	76.8	68787	69171	69554	69937	70319	70701	71082	71463	71844	71223
950	75.8	72603	72981	73360	73738	74115	74492	74869	75245	75621	75997
1000	75.2	76373									

参考文献

[1]常太华，苏杰．过程参数检测及仪表[M]．北京：中国电力出版社，2009.

[2]柏逢明．过程检测及仪表技术[M]．北京：国防工业出版社，2010.

[3]潘炼．检测技术及工程应用[M]．武汉：华中科技大学出版社，2010.

[4]李新光．过程检测技术[M]．北京：机械工业出版社，2004.

[5]王化祥．自动检测技术[M]．北京：化学工业出版社，2018.

[6]王树青，乐嘉谦．自动化与仪表工程师手册[M]．北京：化学工业出版社，2010.

[7]王毅，张早校．过程装备控制技术及应用[M]．2版．北京：化学工业出版社，2007.

[8]张宝芬，张毅，曹丽．自动检测技术及仪表控制系统[M]．北京：化学工业出版社，2012.

[9]俞金寿．软测量技术及其在石油化工中的应用[M]．北京：化学工业出版社，2000.

[10]丁云，于静法．原油蒸馏塔的质量估计和优化管理[J]．石油炼制与化工，1994，25(5)：23－28.

[11]黄克谨．精馏过程模型化及仿真[D]．杭州：浙江大学，1992.

[12]王骥程，祝和云．化工过程控制工程[M]．2版．北京：化学工业出版社，1991.

[13]何玉樵，韩德禄．化工过程控制及仪表[M]．成都：成都科技大学出版社，1991.

[14]张一，王艳．化工控制技术[M]．北京：北京航空航天大学出版社，2014.

[15]俞金寿，顾幸生．过程控制工程[M]．4版．北京：高等教育出版社，2012.

[16]李斌．典型过程装备控制技术[M]．北京：科学出版社，2016.

[17]潘立登．过程控制[M]．北京：机械工业出版社，2008.

[18]俞金寿，孙自强．过程自动化及仪表[M]．2版．北京：化学工业出版社，2007.

[19]杨为民，邬齐斌．过程控制系统及工程[M]．西安：西安电子科技大学出版社，2008.

[20]戴连奎，张建明，谢磊等．过程控制工程[M]．4版．北京：化学工业出版社，第四版，2020.

[21]潘立登．过程控制技术原理与应用[M]．北京：中国电力出版社，2007.

[22]2018年国内外油气行业发展报[R]．中国石油经济技术研究院，2019年1月16日．

[23]2018年石化化工行业经济运行情况[R]．中华人民共和国工业和信息化部原材料工业司，2019年1月31日．

[24]2019年国内外油气行业发展报[R]．中国石油经济技术研究院，2020年1月13日．

[25]黄德先，江永亨，金以慧．炼油工业过程控制的研究现状、问题与展望[J]．自动化学报，2017，43(6)：902－916.

[26]王树青，乐嘉谦．自动化与仪表工程师手册[M]．北京：化学工业出版社，2020.

[27]金有海，刘仁桓．石油化工过程与设备概论[M]．北京：中国石化出版社，2008.

[28]张早校，王毅．过程装备控制技术及应用[M]．3版．北京：化学工业出版社，2018.

[29]许友好，我国催化裂化工艺技术进展[J]．中国科学(化学)，2015(44)：13－44.

[30]陆德民．石油化工自动化控制设计手册[M]．北京：化学工业出版社，1999

[31]王树青. 过程控制工程[M]. 1版. 北京：化学工业出版社，2002

[32]蒋慰孙，俞金寿. 过程控制工程[M]. 2版. 北京：中国石化出版社，1999

[33]王树青，乐嘉谦. 自动化与仪表工程师手册[M]. 北京：化学工业出版社，2011

[34]潘立登. 过程控制工程[M]. 北京：机械工业出版社，2008

[35]林世雄. 石油炼制工程[M]. 2版. 北京：石油工业出版社，1988

[36]杨智，胡惠琴，赵子文. 常压蒸馏塔的多变量预估控制[J]. 控制理论与应用，2000，17(5)：725-729.

[37]贾倩蕊. 先进控制技术在常减压装置中的应用[J]. 天津：天津大学，2005.

[38]孙琳娟，王树立，倪源，等. 先进控制技术在常减压装置中的应用[J]. 石油化工自动化，2007(6B)：36-39.

[39]乔悦峰，杨文慧，金翔，等. 先进控制在华北石化分公司聚丙烯装置中的应用[J]. 计算机与应用化学，2009，26(9)：1148-1152.

[40]董浩. 工业过程先进控制与优化策略研究[D]. 杭州：浙江大学，1997.

[41]杨马英，王树青，王骥程. FCCU先进控制发展现状与前景[J]. 化工自动化及仪表，1997，24(5)：3-7.

[42]孙优贤，褚健. 工业过程控制技术[M]. 北京：化学工业出版社，2006.

[43]钟璇，张泉灵，王树青. 催化裂化主分馏塔产品质量的广义预测控制策略[J]. 控制理论与应用，2001，18(增刊1)：134-136，140.

[44]徐国忠，徐惠，李振光，等. 先进控制技术在催化裂化分馏塔中的应用[J]. 石油炼制与化工，2002，33(2)：39-42.

[45]徐承恩. 催化重整工艺与工程[M]. 北京：中国石化出版社，2005.

[46]瞿国华. 延迟焦化工艺与工程[M]. 北京：中国石化出版社，2008.

[47]张建明，谢磊，苏成利，等. 焦化加热炉先进控制系统[J]. 华东理工大学学报(自然科学版)，2006，32(7)：814-817.

[48]周猛飞. 延迟焦化工业过程先进控制与性能评估[D]. 杭州：浙江大学，2010.

[49]孙根旺，赵小强，王亚玲，等. 汽油在线优化调合系统控制模型及其应用[J]. 石油炼制与化工，1999，30(11)：33-36.

[50]谢磊，张泉灵，王树青，等. 清洁汽油优化调合系统[J]. 化工自动化及仪表，2001，28(4)：40.

[51]毛国平，卢文煜，胡国银. 先进控制技术在连续重整装置中的应用[J]. 石油化工自动化，2001，2：18.

[52]孔睿，李德麟. 先进多变量控制在连续重整装置的应用[J]. 炼油化工自动化，1997，4：36.

[53]王继东，王万良. 基于遗传算法的汽油调和生产优化研究[J]. 化工自动化及仪表，2005，32(1)：6-9.

[54]迟天运. 汽油调和非线性模型求解及在线调和研究[D]. 大连：大连理工大学，2007.

[55]彭定波. 智能控制在油品调和中的研究与应用[D]. 上海：东华大学，2008.

[56]黄德先，王京春，金以慧. 过程控制系统[M]. 北京：清华大学出版社，2011.

[57]罗健旭，黎冰，黄海燕，何衍庆. 过程控制工程[M]. 北京：化学工业出版社，2015.

[58]孙洪程，翁维勤. 过程控制系统及工程[M]. 4 版. 北京：化学工程出版社，2021.

[59]李亚芬. 过程控制系统及仪表[M]. 3 版. 大连：大连理工大学出版社，2010.

[60]L. Yao，Z. Ge. Refining data – driven soft sensor modeling framework with variable time reconstruction[J]. Journal of Process Control，2020，87：91 – 107.

[61]GE Z Q，HUANG B A，SONG Z H. Mixture semisupervised principal component regression model and soft sensor application[J]. Aiche Journal，2014，60(2)：533 – 545.

[62]SHAO W，TIAN X，PING W，et al. Online soft sensor design using local partial least squares models with adaptive process state partition [J]. Chemometrics and Intelligent Laboratory Systems，2015，144：108 – 121.

[63]厉玉鸣. 化工仪表及自动化[M]. 6 版. 北京：化学工业出版社，2019.

[64]Grosdidier P，Mason A，Aitolahti A，et al. FCC unit reactor – regenerator control [J]. 1993，17(2)：165 – 179.

[65]SINGH A，FORBES J F，VERMEER P J，et al. Model – based real – time optimization of automotive gasoline blending operations[J]. Journal of Process Control，2000，10(10)：43 – 58.